膜生物反应器污水处理理论与应用

王志伟　吴志超　著

科学出版社

北京

内 容 简 介

膜生物反应器（MBR）技术与传统生物处理工艺相比具有出水水质好、占地面积小、污泥产量低等优点，在污水处理与资源化领域具有广阔的应用前景。本书系统地介绍了 MBR 技术基本构成和基础知识、MBR 的污染机理和膜清洗技术、抗污染膜材料制备、MBR 市政污水处理性能、厌氧 MBR 技术、电化学 MBR 技术、正渗透技术、膜分离技术应用于污泥浓缩消化和 MBR 工程案例。

本书可供污水处理领域科研人员、工程技术人员、MBR 运行管理人员和高等院校市政工程、环境工程专业的本科生、研究生参考。

图书在版编目（CIP）数据

膜生物反应器污水处理理论与应用/王志伟，吴志超著. —北京：科学出版社，2018.9
　ISBN 978-7-03-058785-5

Ⅰ.①膜… Ⅱ.①王… ②吴… Ⅲ.①生物膜反应器–污水处理–研究
Ⅳ. ①X703

中国版本图书馆 CIP 数据核字(2018)第 209293 号

责任编辑：万 峰 朱海燕 / 责任校对：严 娜 彭珍珍
责任印制：徐晓晨 / 封面设计：北京图阅盛世文化传媒有限公司

科 学 出 版 社 出版
北京东黄城根北街 16 号
邮政编码：100717
http://www.sciencep.com

北京中石油彩色印刷有限责任公司 印刷
科学出版社发行　　各地新华书店经销

*

2018 年 9 月第 一 版　　开本：787×1092 1/16
2020 年 1 月第二次印刷　　印张：38 1/2
字数：900 000
定价：258.00 元
(如有印装质量问题，我社负责调换)

序

我国经济高速发展的同时，也带来了诸多环境问题，其中水资源短缺和水体污染是突出的环境问题之一。为解决我国的水资源危机和水环境污染问题，国家实施了"水体污染防治行动计划"重大战略，对水体污染防治的具体行动目标做出了全面部署。解决我国水体污染问题需要强有力的科技支撑，研发适用于我国国情的污水处理与资源化技术是科研工作者的孜孜追求。高等院校的环境工程专业和科研队伍在解决我国环境问题的进程中理应发挥重要作用。

膜生物反应器技术在近几十年来备受关注，是污水处理与资源化领域研究的热点之一，同时也是未来污水处理与再生利用的主导技术之一，具有广阔的应用前景。同济大学环境科学与工程学院是国内最早从事膜分离技术的研究单位之一。由王志伟教授、吴志超教授编著的《膜生物反应器污水处理理论与应用》是其团队十余年致力于膜生物反应器研究的结晶，是遵循基础研究—高技术研发—工程应用创新链获得重要科研创新成果的缩影。在国家大力实施水体污染防治行动计划的背景下，出版《膜生物反应器污水处理理论与应用》的专著显得恰合时宜。

《膜生物反应器污水处理理论与应用》这本著作包括了膜材料制备、膜污染机理与控制、膜清洗、微生物作用机制、膜工艺研发和工程应用等方面，是对膜生物反应器技术的系统总结和分析，相信该书的出版可以推动膜生物反应器技术成果的及时分享和交流，可以为从事膜生物反应器技术的研究人员、工程技术人员、运行管理人员及高等院校环境工程专业学生提供参考，对于推动我国膜生物反应器技术的研发与应用具有积极意义。在此，向该书的作者表示衷心的祝贺！希望作者及其团队再接再厉，能够做出更多、更好的成果，为我国水环境问题的解决做出应有贡献！

同济大学资深教授
原同济大学常务副校长

同济大学环境科学与工程学院院长
国家"千人计划"特聘教授
二〇一七年八月于同济大学

前　　言

随着社会经济的快速发展，我国环境问题尤其是水污染问题日益严重。水污染与水资源短缺问题已成为制约我国社会、经济发展的重要因素。污水排放是造成水污染的最直接原因之一，开展污水处理与再生利用是控制水体污染、改善水体环境、缓解水资源危机的重要途径。膜生物反应器（membrane bioreactor, MBR）技术是将膜分离与生物处理有机结合的新型技术工艺，与传统活性污泥法工艺相比，具有出水水质好、占地面积小、污泥产量低等优点，是污水处理与再生利用的主导技术之一，具有广阔的应用前景。

我国 MBR 技术研发虽然晚于国外，但是在过去 10 余年间取得了快速发展与进步，成为世界上 MBR 技术研究和应用最活跃的国家之一。尤其是最近几年在 MBR 技术应用方面与国外几乎同步，部分领域处于世界领先水平。随着研究不断深入和技术持续优化，在高性能膜材料制备、系统降耗、膜污染控制以及运行管理优化等方面取得了长足的进步，支撑了 MBR 技术在污水处理与资源化领域的快速推广应用。据不完全统计，截至 2014 年年底，我国投入运行的 MBR 系统累计处理能力已达到 350 万 m^3/d。可以预见，未来几年 MBR 技术在我国的应用将持续快速增加。

本书作者及其研究团队得益于同济大学顾国维先生的鼓励和倡导，自 20 世纪末开始开展膜生物反应器的理论与技术的研究工作，研究内容覆盖膜材料与膜组件制备、膜污染机制与控制、膜清洗、微生物作用机制、膜技术工艺开发、成果转化与应用等方面，团队在国内外权威期刊发表 150 余篇论文，其中 SCI 收录论文 100 余篇，申请国家发明专利 30 余项，获授权专利 20 项，所研发膜材料和膜技术在 100 多座（套）污水处理工程与装备中获得应用，研究成果获上海市科学技术进步三等奖（3 项）、中国膜工业协会科学技术奖二等奖（1 项）和中国国际工业博览会铜奖（1 项）等奖励，合作完成的成果获国家科技进步奖二等奖 1 项和教育部科技进步奖一等奖 1 项，为我国 MBR 技术的发展做出了一定贡献。

本书共分为 10 章，包含了膜材料制备、膜污染机制与控制、膜清洗、微生物作用机制、膜工艺研发和工程应用等 MBR 技术涵盖的各个方面。第 1~3 章系统介绍 MBR 技术基本构成和基础知识、MBR 的污染机制和膜清洗技术，这些章节的内容主要来源于本书作者和团队的长期研究工作，以及本书作者和团队所发表的有关膜污染、膜清洗的综述论文，为了使广大读者对 MBR 有清晰和系统的认知，在第 1~3 章中包含了部分教科书和已有文献的内容。第 4~9 章主要内容包括抗污染膜材料制备、MBR 市政污水处理性能、厌氧 MBR 技术、电化学 MBR 技术、正渗透技术、膜分离技术应用于污泥浓缩消化等内容，全部来自于本书作者和团队的研究成果。第 10 章主要介绍 MBR 技术的工程应用，主要遴选了处理市政污水、新农村分散型污水、餐饮废水、纺织工业废水、垃圾渗滤液等 MBR 工程案例。

本书工作主要源于 20 余位研究生的研究工作，主要包括博士研究生张新颖、王巧英、王盼、马金星、梅晓洁、韩小蒙、于鸿光、张杰、张星冉、安莹、王新华、朱学峰、陈妹、王雪野、董莹，硕士研究生黄健、唐霁旭、黄菲、唐书娟、谢震方、Suor Denis、何磊，联合培养硕士研究生余杨波、陈海琴等，在此一并对所有做出贡献的研究生和团队其他成员表示衷心感谢！

本书的主要研究成果得到了国家自然科学基金优秀青年基金项目、国家自然基金面上项目、科技部国际合作课题、国家科技支撑计划课题、国家"863"计划子课题、国家水体污染控制与治理科技重大专项、上海市科学技术委员会科技计划课题、企业合作课题等的支持，在此深表谢意！同时，在本书作者和研究团队开展科研过程中，得到了本领域权威专家学者、技术合作单位和技术应用单位的同仁们的大力支持，在此一并感谢他们的帮助与支持！同时感谢作者和团队所在单位同济大学及协同创新中心在科研过程和书籍撰写过程中给予的大力支持！

希望本书相关内容能对我国 MBR 技术的研究与应用有所裨益。本书可供污水处理领域科研人员、工程技术人员、MBR 运行管理人员和高等院校市政工程、环境工程专业本科生、研究生参考。由于作者水平有限，书中难免有不足之处，敬请各位读者和同仁批评指正。

作　者

2016 年 2 月于同济大学

目　　录

序

前言

第1章　膜生物反应器基础知识··1

1.1　膜生物反应器技术简介··1

1.2　膜生物反应器的研究与发展历史··6

1.3　膜生物反应器操作运行··9

1.4　膜生物反应器工艺设计重点··15

1.5　膜生物反应器技术研究与应用的驱动力····································18

参考文献··18

第2章　MBR污染机制及其控制···20

2.1　MBR膜污染概述···20

2.2　MBR污染物鉴定、表征及膜污染特性······································38

2.3　不同膜材料及操作条件与膜污染的关系····································80

2.4　MBR污染控制方法··118

参考文献···151

第3章　MBR膜清洗··153

3.1　膜清洗基础知识···153

3.2　膜清洗特点、参数、机制与效率··158

3.3　膜清洗方案的选择···164

3.4　膜化学清洗对膜的损伤··166

3.5　膜化学清洗对微生物活性影响··172

参考文献···199

第4章　膜材料制备及性能研究··201

4.1　膜材料制备的优化···201

4.2　抗污染共混膜的制备··233

4.3　有机/无机纳米颗粒共混膜的制备··237

4.4　相转化过程中纳米颗粒的表面聚集制备抗污染膜··························246

4.5　抗菌/抗污染共混膜的制备··256

4.6　膜表面聚合制备抗菌膜··288

参考文献···293

第 5 章 MBR 处理市政污水理论与技术 ·················296

5.1 不同操作模式对 MBR 运行性能影响 ·················296

5.2 不同 C/N 值污水对 MBR 运行性能影响 ·············308

5.3 不同曝气强度对 MBR 运行性能影响 ·················313

5.4 低碳源污水 MBR 处理性能研究 ·····················320

5.5 不同 MBR 工艺组合运行对比 ·······················342

参考文献 ···357

第 6 章 厌氧膜生物反应器污水处理理论与技术 ···········359

6.1 厌氧动态膜 MBR 处理垃圾渗滤液 ···················359

6.2 厌氧 MBR 处理城市生活污水 ·······················382

6.3 AnDMBR 处理生活污水研究 ························414

6.4 AnMBR 膜清洗研究 ································427

参考文献 ···438

第 7 章 新型电化学膜生物反应器原理与技术 ··············440

7.1 EMBR 的基本原理与构型 ···························440

7.2 外加电源型 EMBR 处理生活污水性能 ·············444

7.3 生物电化学型 EMBR 处理生活污水特性 ···········460

参考文献 ···486

第 8 章 正渗透膜分离技术污水处理性能 ··················487

8.1 正渗透膜基本过滤行为 ······························487

8.2 正渗透膜处理城市污水性能 ························500

8.3 正渗透膜处理垃圾渗滤液性能 ······················522

8.4 正渗透的清洗方案研究 ······························529

8.5 正渗透膜分离污水处理可能技术路线 ···············539

参考文献 ···540

第 9 章 膜分离技术应用于污泥浓缩消化 ··················541

9.1 平板膜应用于剩余污泥浓缩 ························541

9.2 平板膜应用于剩余污泥同步浓缩消化 ···············557

9.3 厌氧动态膜生物反应器用于污泥发酵 ···············562

参考文献 ···593

第 10 章 膜生物反应器技术工程设计与应用案例 ··········594

10.1 MBR 工艺设计 ···································594

10.2 MBR 工程应用案例 ·······························602

参考文献 ···607

第1章 膜生物反应器基础知识

1.1 膜生物反应器技术简介

1.1.1 膜生物反应器基本概念

污水处理用膜生物反应器（MBR）是指膜分离与传统生物处理工艺紧密结合的一种处理工艺技术。简言之，MBR 是利用膜分离设备代替了传统活性污泥法中的二次沉淀池，实现固液分离（图 1.1），又称为生物分离膜生物反应器（biomass separation membrane bioreactor）（Wang et al.，2008）。

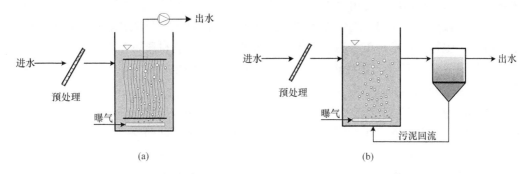

图 1.1　MBR 与传统活性污泥法的对比
（a）MBR；（b）传统活性污泥法

1.1.2 膜生物反应器基本构成、分类与特点

1. 膜生物反应器基本构成与分类

膜生物反应器基本构成包括膜组件和生物反应器。根据膜组件与膜生物反应器的组合方式可将膜生物反应器分为：分置式膜生物反应器（recirculated membrane bioreactor，RMBR），又称分体式 MBR；浸没式膜生物反应器（submerged membrane bioreactor，SMBR），又称一体式 MBR。RMBR 把膜组件与生物反应器分开放置［图 1.2（a）］，生物反应器的混合液经泵增压后进入膜组件，在压力驱动下混合液中的水分子及小分子物质透过膜得到系统出水，活性污泥和大分子物质则被膜截留随浓缩液回流到生物反应器内。SMBR 是将膜组件直接置于反应器内［图 1.2（b）］，通过泵的抽吸得到过滤液；SMBR 通过鼓风机进行曝气供氧，一方面满足微生物生长和污染物去除的需要，另一方面在膜表面形成一定的水力紊动和膜面错流流速，从而控制和减缓膜污染；SMBR 采用曝气等形式在膜表面产生一定剪切力，以保证良好传质并控制膜污染。

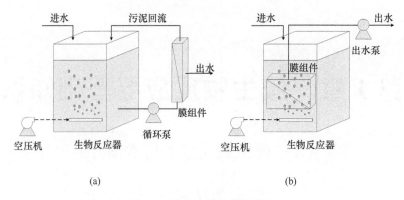

图 1.2　膜生物反应器示意图

（a）分置式；（b）浸没式

根据生物处理方式可分为好氧膜生物反应器和厌氧膜生物反应器。好氧膜生物反应器一般用于生活污水的处理，厌氧膜生物反应器一般用于高浓度或难降解有机废水的处理。为了达到特定的处理目标，也出现了厌氧-缺氧-MBR（A/O-MBR）、厌氧-缺氧-好氧-MBR（A/A/O-MBR）的组合工艺。

另外，按孔径大小可分为动态膜生物反应器、微滤膜生物反应器、超滤膜生物反应器、纳滤膜生物反应器、正渗透膜生物反应器等；根据膜的材质可分为有机膜生物反应器和无机膜生物反应器；按照膜组件的类型可分为平板膜生物反应器、中空纤维膜生物反应器、管式膜生物反应器等。

此外，随着技术研究与发展，出现了其他新型膜生物反应器，如电化学膜生物反应器。例如，外加电源的电化学膜生物反应器、生物电化学辅助的膜生物反应器等，由于其综合了电化学以及膜生物反应器技术的优势，可以达到提高反应器运行效能（控制膜污染）或者提升物质的降解或转化效率的目的（如提升难降解有机物去除效率、提高甲烷产率等）（见本书第 7 章）。

2. 膜生物反应器特点

与传统活性污泥法相比，由于 MBR 引入了膜分离，可以强化系统内的微生物、颗粒物、大分子有机物（根据膜的具体孔径大小）的分离去除效果，使 MBR 具有以下优点。

（1）出水水质好。由于膜分离的引入，强化了固液分离效果，出水的悬浮颗粒物（SS）大幅度降低（即使是动态膜生物反应器出水 SS 也比传统活性污泥法低）。其次，膜分离使系统的生物相浓度大幅度提升，一般 MBR 工程混合液悬浮固体浓度（mixed liquid suspended solids，MLSS）浓度为 8～15 g/L（甚至达到 20 g/L），而传统活性污泥法污泥浓度仅为 2～4 g/L，因而 MBR 耐冲击负荷强，高污泥浓度使污泥负荷降低（F/M[①]降低），可以提升污染物的去除效果。膜分离同时使系统的水力停留时间（HRT）和污泥停留时间（SRT）分离，使操作更为灵活方便，MBR 可以应用比传统活性污泥法高数倍的 SRT，可以截留富集世代周期比较长的细菌（如硝化细菌等），可以提高对特定目标污染物的

---

① F/M：基质的总投加量/微生物总量

去除能力。

（2）占地面积小。由于系统可以维持较高的污泥浓度，因而其容积负荷可以大大增加。根据我们的统计分析，MBR 容积负荷一般可以达到 $1.0\sim4.0$ kg COD/（$m^3\cdot d$）或者更高（Wang et al.，2013），占地面积可以大幅度缩小。另外，一般 MBR 工艺可以省掉初沉池，同时由于膜分离代替了二沉池，因而 MBR 工艺的流程更为简短、布置更为紧凑，节约占地面积。

（3）剩余污泥量少。在长泥龄或者低 F/M 条件下会导致微生物出现维持代谢（maintenance metabolism），从而实现生物维持性代谢的污泥减量。根据我们统计，MBR 中的污泥负荷一般在 $0.04\sim0.31$ kg COD/（kg MLSS·d）（Wang et al.，2013a），也有达到 0.55 kg COD/（kg MLSS·d）（黄霞和文湘华，2012），一般低于传统活性污泥法污泥负荷 $0.4\sim1.0$ kg COD/（kg MLSS·d）[传统活性污泥法去除碳源的污泥负荷为 $0.2\sim0.5$ kg BOD_5/（kg MLSS·d），假定 COD 的 50% 为 BOD_5]（参见室外排水设计规范，GB50014—2006）。当然，对于短泥龄 MBR（如以获取生物质为目的），其污泥负荷可以高达 1.4 kg COD/（kg MLSS·d）。污泥产量或污泥产率与系统的污泥龄具有直接联系，图 1.3 是 MBR 中表观污泥产率（Y_{obs}）在典型 SRT 条件下的统计数据范围（Wang et al.，2013）。从图中可以看出，Y_{obs} 在常用 SRT 范围内，其值为 $0.05\sim0.25$ kg MLVSS/kg COD（混合液挥发性悬浮固体，mixed liquid volatile suspended solids，MLVSS）。如果 SRT 继续延长，污泥表观产率系数会进一步降低，泥龄在 1000 天左右时，产率系数可以达到 0.01 kg MLVSS/kg COD。传统活性污泥法的表观污泥产率系数一般为 $0.3\sim0.6$ kg MLVSS/kg BOD_5（参见室外排水设计规范，GB50014—2006），换算表观污泥产率系数为 $0.15\sim0.30$ kg MLVSS/kg COD。因此，MBR 中表观污泥产率系数低于传统活性污泥法的产率系数，且从图 1.3 可以看出，一般而言 MBR 的污泥产率系数多集中于 $0.05\sim0.15$ kg MLVSS/kg COD（当 SRT 大于 20 天）。

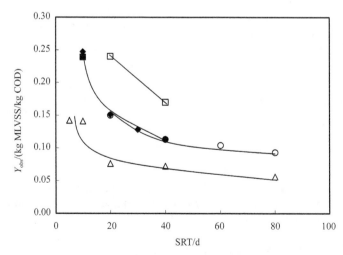

图 1.3　MBR 中污泥产率范围及与污泥龄（SRT）之间的关系
有关表观污泥产率、净污泥产率的概念请参阅其他相关生物处理书籍
数据来源：◆（王志伟，2007）；■（Teck et al.，2009）；△（Huang et al.，2001）；
□（Yoon et al.，2004）；○（Pollice et al.，2008）

当然，MBR 技术也存在一定的缺点，如能耗高、膜更换成本高和管理要求高等。能耗高主要与膜池曝气相关，随着技术的发展，MBR 的能耗大幅度降低，现阶段国际最先进水平吨水处理能耗可以达到 0.5 kW·h/m³ 以下。此外，目前膜的寿命一般处于 5～8 年（中空纤维膜 5 年、平板膜 8 年），当组件达到使用寿命时，需要进行膜更换。由于 MBR 采用大量监测仪表，同时鉴于 MBR 存在的膜污染问题，需要进行相关仪表维护、监测以及膜清洗维护操作，增加了运行管理工作量。

3. 膜生物反应器常用膜材料与膜组件

MBR 中常用的膜材料有聚偏氟乙烯（PVDF）和聚醚砜（PES），是 MBR 应用广泛的膜材料。其他的膜材料有聚丙烯腈（PAN）、聚丙烯（PP）、聚乙烯（PE）、聚苯乙烯（PS）、聚氯乙烯（PVC）、聚四氟乙烯（PTFE）等。就材料本身而言，PAN 为亲水性材质，PVDF、PES、PS 等为疏水性材质，在 MBR 应用中需要进行亲水改性。在 MBR 实际应用中，除考虑膜材料的选择外，还应考虑膜的制备方法，如相转化法（non-solvent induced phase separation，NIPS）和热致相分离法（thermally induced phase separation，TIPS）。特别是在中空纤维膜的制备中，TIPS 方法制作的膜往往具有较高的强度，膜的使用寿命也相对较长。随着膜制备技术的发展，依据材料本身性能，也相继开发了其他新型的膜制备方法，如相转化法与热致相分离法的结合等。此外，自组装法及电纺丝法等主要用于膜材料的制备。

MBR 中常用的膜组件包括平板膜组件和中空纤维膜组件，这两种膜组件是浸没式 MBR 应用最为广泛的组件形式。在分体式 MBR 中，膜组件常采用管式膜组件。三种膜组件的典型图片如图 1.4 所示。MBR 中应用的膜组件孔径一般为 0.01～0.4 μm，即以超滤膜和微滤膜为主。当然，随着技术研究的不断深入，其他类型的膜组件也应用到 MBR 中，如正渗透膜组件（forward osmosis）。

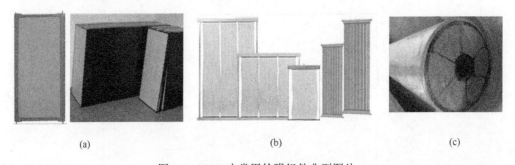

(a)　　　　　　　　　(b)　　　　　　　　　(c)

图 1.4　MBR 中常用的膜组件典型图片

（a）作者与相关公司合作研制的平板膜，左侧为边框式黏结平板膜，右侧为超声波焊接平板膜；（b）三菱丽阳中空纤维膜和天津膜天膜中空纤维膜（资料来源：三菱丽阳 http://www.m-chemical.co.jp/；天津膜天膜 http://www.motimo.com/）；（c）荷兰 Norit 管式膜组件（资料来源：荷兰诺瑞特 http://www.cabotcorp.com/）

1）平板膜与中空纤维膜相比具有以下优点

（1）平板膜组件水力学条件易于控制，其抗污染能力强，而中空纤维膜在实际应用中易发生杂质缠绕、污泥沉积等问题；

（2）平板膜组件应用于 MBR 中，能够在高污泥浓度条件下运行（如 15～20 g/L），而中空纤维膜一般要求污泥浓度在 10 g/L 以下；

（3）平板膜组件比中空纤维膜组件的运行通量高；

（4）平板膜组件比中空纤维膜组件的运行压力低；

（5）由于平板膜是有机高分子材料与无纺布的复合，其强度高，寿命长，而中空纤维膜一般仅有高分子材料层（目前也有采用有机高分子层和无纺布复合制作中空纤维膜的报道），其强度低，在运行过程中易发生断丝等问题；

（6）平板膜 MBR 其应用范围相对较为广泛，如应用到高浓度废水处理中。

2）平板膜与中空纤维膜相比具有以下缺点

（1）平板膜组件的装填密度较小，膜区占地面积比中空纤维膜占地面积大；

（2）平板膜组件不能进行在线反冲洗（德国迈纳德 BIO-CEL 平板膜可以进行在线反冲洗），而中空纤维膜组件可以进行在线反冲洗；

（3）平板膜组件的价格比中空纤维膜相对较贵；

（4）中空纤维膜可应用于大型 MBR，而平板膜比较适合中小规模的 MBR。

管式膜组件主要用于分置式膜生物反应器，如用于垃圾渗滤液等高浓度有机废水的处理。管式膜组件的主要优点是能耐受悬浮固体等物质，对料液的前处理要求相对较低，可有效地控制浓差极化，并能大范围地调节料液的流速，对料液进行高倍浓缩，膜生成污垢后容易清洗；其缺点是投资和运行费用较高，单位体积内膜的比表面积较低，膜区占地面积相对较大。

目前，在 MBR 实际工程中主要应用的膜材料、膜组件及膜供应商列于表 1.1（郑祥等，2015）。

表 1.1　MBR 中膜材料和膜组件应用情况

膜的分类	代表公司	孔径 /μm	材料	膜产地
中空纤维	通用泽能（GE Zenon）	0.04	PVDF	匈牙利
中空纤维	美能（Memstar）	<0.1	PVDF	新加坡
中空纤维	海南立升	0.02～0.1	PVDF/PVC	国产
中空纤维	西门子（Seimens Memcor）	0.02	PVDF	澳大利亚
中空纤维	科氏（Koch）	0.03	PES	美国
中空纤维	北京碧水源	0.3	PVDF	国产
中空纤维	津膜科技	0.1	PVDF	国产
中空纤维	三菱丽阳（Mitsubishi Rayon）	0.4	PE/PVDF	日本
中空纤维	旭化成（Asahi Kasei）	0.1	PVDF	日本
平板膜	东丽（Toray）	0.08	PVDF	日本
平板膜	琥珀（Huber）	0.038	PES	德国
平板膜	久保田（Kubota）	0.2	氯化 PVC	日本
平板膜	斯纳普（Sinap）	0.1	PVDF	国产
平板膜	阿法拉伐（Alfa laval）	0.2	PVDF	瑞典

1.2 膜生物反应器的研究与发展历史

1.2.1 国外 MBR 研究与发展

膜生物反应器技术起源于 20 世纪 60 年代的美国，其研究和发展大致经历以下三个阶段：

第一阶段（1966～1980 年），即膜生物反应器的研究和开发的起步阶段。1966 年，美国的 Dorr-Oliver 公司首先将膜生物反应器用于废水处理的研究，开发了 MST 工艺（membrane sewage treatment）。1968 年，Smith 等将好氧活性污泥法与超滤膜相结合的膜生物反应器用于城市污水处理，其研究结果发表在废弃物处理的年会报告中（Smith et al.，1969），结果表明该工艺具有减少活性污泥产量、能够维持较高污泥浓度、占地面积小等优点。1969 年，Budd 等的分离式膜生物反应器技术获得了美国专利（Budd，1969）。20 世纪 70 年代初期，好氧膜生物反应器处理城市污水的试验规模进一步扩大，同时，厌氧膜生物反应器研究也相继开始进行（Grethlein，1978）。但是限于当时落后的膜生产技术，膜的使用寿命短、通量小，加之当时对水处理排放出水水质要求不严，使膜生物反应器技术在此阶段仅仅停留在实验室研究规模，未能投入实际应用。

第二阶段（1980～1995 年），即膜生物反应器的发展阶段：在该阶段，膜生物反应器在日本发展较快。日本受制于国土面积小，地面水体由于流程较短而导致自净能力差和水体易受污染等问题。膜生物反应器技术由于其占地面积小、出水水质优良和布置紧凑等优点在日本备受关注。自 1983～1987 年，日本有 13 家公司使用好氧膜生物反应器技术处理大楼废水，经处理后的水作为中水回用。1985 年日本建设省牵头组织了"水综合再生利用系统 90 年代计划"，其内容涉及新型膜材料的开发、膜分离装置的构造设计和膜生物反应器运行系统研究等，该计划把膜生物反应器的研究在污水处理对象及规模两个方面大大推进了一步，主要采用的膜生物反应器的形式为分置式。另外，加拿大的 Zenon 公司（目前已并入 GE 公司）推出了该公司的分置式膜生物反应器，用于生活污水的好氧处理。从 80 年代后期到 90 年代初，Zenon 公司开发了用于处理工业废水的膜生物反应器系统。Zenon 公司的商业化产品 Zeno Gem^{TM} 于 1982 年投入使用。有关膜技术与厌氧反应器的组合使用在 80 年代初也受到一定的关注。1982 年 Dorr-Oliver 公司开发了 MARS 工艺（membrane anaerobic reactor system）用于处理高浓度有机工业废水。同时 80 年代初，英国也开发了类似的工艺，该工艺在南非进一步发展为 ADUF 工艺（anaerobic digester ultrafiltration process）。在 1989 年，日本学者 Yamamoto 等将膜组件直接置入生物反应器内，提出了运行能耗低、占地更为紧凑的浸没式膜生物反应器（submerged membrane bioreactor，SMBR）（Yamamoto et al.，1989）。

第三阶段（1995 年至今），即膜生物反应器技术的快速发展和应用阶段：进入 20 世纪 90 年代中后期，国际上对膜生物反应器在生活污水、工业废水等处理方面进行了大量的研究，出现了以加拿大 Zenon 公司（被 GE 公司收购）、US Filter 公司（被西门子公司收购）、日本 Mitsubishi Rayon 公司、日本 Kubota 公司等为代表的膜生物反应器膜组件供应商。在该阶段，国内外的研究者开展了大量的、卓有成效的有关膜生物反应器膜材质、操作运行条件以及污泥性质的研究，深入研究了的膜污染特性以及污染机制，进而提出了相关膜污染控制措施，这些研究有力地推进了膜生物反应器的应用和发展。据估计，到 2015 年底，全球投入运行及在建的大大小小 MBR 工程超过 2 万套，MBR 处理对象包括市政污水、工业废水以及其他特种废水的处理等。

　　图 1.5 为过去 20 年国际上有关 MBR 的 SCI 论文发文量逐年变化情况（来源于 Web of Science 数据库，检索关键词"membrane bioreactor"）。从图 1.5 中可以看出，国际上 SCI 论文发表量逐年增加，尤其是 2005 年之后，论文发表数量急剧增加，表明 MBR 技术在 2005 年前后受到世界范围内的广泛关注，MBR 技术的研究和应用迈入了快速发展阶段。目前有关 MBR 论文的年发表量在 600 篇以上。

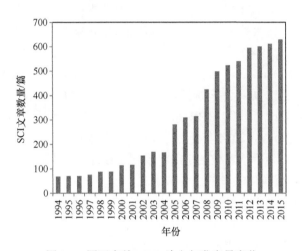

图 1.5　国际有关 MBR 论文年发表量变化
资料来源：Web of Science 数据库

1.2.2　国内 MBR 研究与发展

　　我国对 MBR 的研究起步较晚，从 20 世纪 90 年代初开始对分置式膜生物反应器进行研究。但是，最近几年在技术应用方面与国外几乎同步，甚至在部分领域处于世界领先水平。MBR 在中国的研究与应用大致可以分为 4 个阶段（郑祥等，2015）。

　　第一阶段（1990~2000 年），初始实验室研究阶段：1991 年岑运华介绍了 MBR 在日本的研究状况（岑运华，1991）。此后，相关高校和研究机构开始了 MBR 技术的研究。1996 年，国家"九五"攻关开始资助研究 MBR 工艺研究，清华大学、同济大学、天津大学、浙江大学、中国科学院生态环境研究中心等开始实验室小试、中试研究。我国第一个采用 MBR 工艺的中水回用装置于 1998 年由大连大器公司设计，处理量为 200 m^3/d，用于处理市政污水和回用。

　　第二阶段（2001~2005 年），深入研究及小型工程应用阶段：2001 年国家推出膜产业化政策，2002 年国家"863"重大专项资助 MBR 研究，清华大学、天津大学、浙江大学同时获得资助，MBR 工艺进入了深入研究阶段。与此同时，主要应用于小区楼宇建筑中水、小型城镇污水和工业废水等领域的数百至数千立方米/天的实际工程开始建造。

第三阶段（2006~2009 年），规模工程应用阶段：2005 年国家推出节能减排和污水资源化利用政策促进了 MBR 的应用发展，开始出现每天万吨级规模工程的设计和建设，MBR 应用由中小型向大型污水处理设施延伸。北京密云再生水工程（$4.5 \times 10^4\,\mathrm{m^3/d}$）为国内首个万吨以上处理规模的 MBR 工程。在此阶段，MBR 工程主要集中在北京地区和江苏无锡。

第四阶段（2010 年至今），全面推广应用阶段：从 2010 年开始，处理规模在万吨以上的 MBR 工程迅速增加。随着排放标准的严格和民众对环境保护意识的提高，以及膜材料价格的下降和 MBR 技术经济型的提升，MBR 工艺开始在全国多地大规模的商业化应用，出现了北京清河污水处理厂（$15 \times 10^4\,\mathrm{m^3/d}$）、广州京溪污水处理厂（$10 \times 10^4\,\mathrm{m^3/d}$）、南京城东污水处理厂（$15 \times 10^4\,\mathrm{m^3/d}$）、昆明第十污水处理厂（$15 \times 10^4\,\mathrm{m^3/d}$）、武汉三金潭污水处理厂（$20 \times 10^4\,\mathrm{m^3/d}$）、福州洋里污水处理厂（$20 \times 10^4\,\mathrm{m^3/d}$）等超 10 万吨以上处理规模的 MBR 工程。据不完全统计，目前中国投入运行或在建的 MBR 系统已经超过 1000 套且已有近百个万吨级 MBR 系统在市政污水处理领域得到应用。2010 年总处理能力接近 $100 \times 10^4\,\mathrm{m^3/d}$。2014 年年底，MBR 系统累计处理能力超过 $450 \times 10^4\,\mathrm{m^3/d}$。到 2015 年年底，投入运行或在建的 MBR 系统累计处理能力超过 $700 \times 10^4\,\mathrm{m^3/d}$。MBR 技术成为污水处理与资源化领域的主导技术之一。

图 1.6 是我国研究者过去 20 余年的国际论文发表量的逐年变化情况。从研究论文的发表量来看，快速增加的时间点在 2003 年前后，主要得益于国家相关重大研究计划的实施，凝聚培养了一批从事 MBR 技术研究的专业人才队伍。在 2005 年之后，年论文发表量在 50 篇以上；2015 年论文发表量达到 200 篇以上，并呈现持续增加的趋势，研究点拓展到 MBR 技术与其他新型技术的结合（如电化学膜生物反应器、正渗透膜生物反应器、以能源/资源回收为目标的膜生物反应器等）。

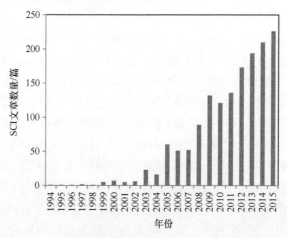

图 1.6　我国研究者有关 MBR 论文年发表量变化

资料来源：Web of Science 数据库

1.3　膜生物反应器操作运行

1.3.1　膜过滤模式与基本参数

1. 膜过滤模式

膜过滤操作模型可以分为死端过滤和错流过滤，死端过滤为进料流体的流动方向与膜面方向垂直，而错流过滤中料液平行于膜面流动，两种过滤方式如图 1.7 所示。在错流过滤中，料液流经膜表面时产生剪切力，固体颗粒的运动受沿膜面平行流动的剪切流和垂直膜面的过滤渗透流的共同作用，渗透流趋向于将固体颗粒拉向膜面，剪切流力图保持颗粒悬浮，将其随循环流带出膜区。因此，错流过滤与死端过滤相比，一定程度上能够控制膜污染的快速发展。因而，在 MBR 技术的实际操作中，一般均采用错流过滤模式；在实验室进行膜性能或者膜污染评价时，可以采用死端过滤方式进行。

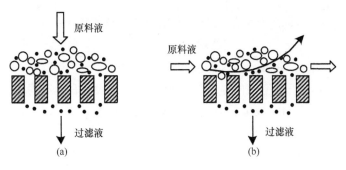

图 1.7　死端过滤和错流过滤示意图
（a）死端过滤；（b）错流过滤

从过滤过程中膜通量或膜压力是否维持恒定可以分为两种操作模式，即恒流过滤与恒压过滤。在恒流过滤过程中，膜通量保持恒定，而随着膜污染的发生操作压力逐渐上升；在恒压过滤中，膜通量逐渐下降。一般而言，工程上多采用恒流过滤模式。

此外，MBR 的过滤操作也可以分为泵出流方式与重力出流方式。工程上一般用泵出流为主，也有实际工程采用重力出流的方式进行，当运行通量衰减到一定值时进行膜的清洗。

2. 基本评价参数

1）膜通量

膜通量是指单位时间内透过单位面积膜的水的体积，一般习惯用单位为 L/（m²·h）。膜通量又可以分为瞬时通量和有效通量（净通量）。瞬时通量（抽吸通量）是单位面积膜在单位抽吸时间内通过水的体积，见式（1.1）。

$$J = \frac{V}{At} \tag{1.1}$$

式中，J 为瞬时通量，L/（m²·h）；A 为膜有效面积，m²；t 为抽吸时间，h；V 为 t 时间内的透水体积，L。

由于在实际运行中，MBR 一般采用间歇过滤模式，即每过滤一段时间停止抽吸一定时间，并且对于中空纤维膜而言，过滤一定时间后需要进行反冲洗。MBR 中有效通量（J_{eff}）可以通过式（1.2）计算。

$$J_{eff} = \frac{(J_f t_f - J_b t_b)}{(t_f + t_r + t_b)} \tag{1.2}$$

式中，J 为膜通量，L/（m²·h）；t 为操作时间，min；下标 f、r、b 分别为过滤、停止过滤、反冲洗。

2）跨膜压力（TMP）

压力是 MBR 运行过程中另外一个关键指标，可以分为真空表显示值（或压力传感器显示值）和跨膜压力（TMP）。由于 MBR 中的膜采用负压抽吸方式，因此真空表显示值为负值。

跨膜压力（TMP）即膜外静压力与膜内压力的差值，单位为 kPa。

$$TMP = P_1 - P_2 \tag{1.3}$$

式中，P_1 为膜外静压力，kPa；P_2 为膜内压力值，kPa。

TMP 并不一定等于真空表的显示值的绝对值，一般而言，在忽略管道的水头损失的前提下，只有真空表的安装位置与反应器液位在同一水平面上，此时 TMP 的数值可以近似认为等于真空表读数的绝对值。

下面采用图示分析 TMP 和真空表读数之间的关系。如图 1.8（a）所示，不能以真空表的读数 P 的绝对值作为过膜压差。计算如下：

$$TMP = P_1 - P_2 \tag{1.4}$$

$$P_1 = \rho g h_3 \tag{1.5}$$

$$P_2 = P + \rho g(h_1 + h_\lambda + h_\zeta) \tag{1.6}$$

式中，h_λ 为真空表节点至膜组件出水口的管道沿程阻力（水头损失），m；h_ζ 为真空表节点至膜组件出水口的管道局部阻力（水头损失），m；ρ 为液体密度，g/cm³；h_1、h_3 为高度，m；g 为重力加速度，取值 9.8N/kg。

如忽略管道沿程和局部水头损失，则

$$TMP = P_1 - P_2 = -P - \rho g(h_1 - h_3) = -P - \rho g h_2 \tag{1.7}$$

图 1.8（b）中：

$$TMP = P_1 - P_2 = -P - \rho g(h_1 - h_3) = -P - \rho g h_4 \tag{1.8}$$

图 1.8（c）中，如果泵的抽吸级数较小时，低压运行时，真空表的读数可以为零。因而，MBR 可以实现重力自流的方式运行。

3）阻力及过滤性能

膜的阻力（R）可以通过式（1.9）计算：

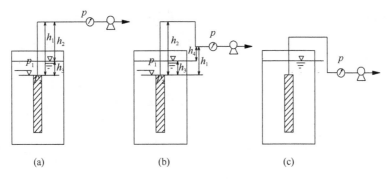

图 1.8　TMP 与操作压力计算示意图

$$R = \frac{\text{TMP}}{\mu J} \tag{1.9}$$

式中，μ 为透过液的黏度，Pa·s；J 为瞬时通量，L/（m²·h）。

R 为膜分离过程中的总阻力，m⁻¹，它包括膜自身的阻力 R_{m}，内部阻力 R_{p}（内部吸附及膜孔堵塞）和外部阻力 R_{c}，即

$$R = R_{\text{m}} + R_{\text{p}} + R_{\text{c}} \tag{1.10}$$

其中，外部阻力包括泥饼层阻力、凝胶层阻力和浓差极化现象产生的阻力，但一般以前两者形成的阻力为主导。

膜的过滤能力采用单位压力下的膜通量 P_{B} 表征，膜的过滤能力的变化能够反映膜本身在运行过程中由于膜污染所造成的膜透过性能的变化，单位为 L/（m²·h·bar）（bar=10⁵ Pa）：

$$P_{\text{B}} = \frac{J}{\text{TMP}} \tag{1.11}$$

1.3.2　膜运行通量选择

如上所述，一般工程上主要采用恒流的运行模式。选择一个适宜的运行通量（或设计运行通量）对于工程的稳定运行具有重要意义。如果通量选择过高，可能导致运行过程中污染速率过快，需要频繁的清洗，系统不能实现稳定运行；如果通量选择过低，将大大增加一次性膜组件投资。

临界通量（critical flux）是 MBR 运行操作及污染控制中的一个重要概念（Field et al.，1995）。临界通量的概念为：存在这样一个通量，当通量大于此值时，跨膜压力（TMP）显著增加；而当通量小于此值时，TMP 保持稳定不变。同时，将运行通量高于临界通量的操作称为超临界通量操作；将运行通量低于临界通量的操作称为次临界通量操作。临界通量的测定方法采用通量阶式递增法（Wu et al.，2007）。即在一定的操作条件下，采用恒通量操作（即出水泵固定在一定的转速），测定 MBR 在一段时间 ΔT 内（如 15min 或者 ≥20 min）TMP 的变化情况。如果 TMP 固定不变，继续增加膜通量，测定 ΔT 时间内 TMP 的变化情况。重复以上操作，直至 ΔT 时间内 TMP 出现明显升高，此时的膜通

量为 J_{n+1}。则临界通量 J_c 介于 J_n 与 J_{n+1} 之间，图1.9为其测定过程的示意图。

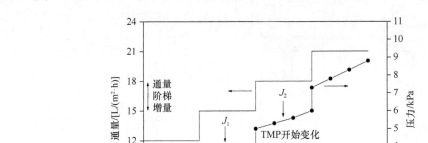

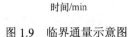

图 1.9　临界通量示意图

从以上测定方法可以看出，临界通量的测定是在短时间内进行的，其判定依据即 TMP 的增加与否是基于短期运行的结果，而在长期运行的 MBR 中，即使采用次临界通量的操作模式，其 TMP 也是逐渐增加的。但相对于采用高的膜通量（如超临界通量）而言，采用通量小于临界通量值（即次临界通量）运行时其压力增加非常缓慢，系统可以处于长期稳定运行状态。且采用的通量值越小，系统的运行压力增长速率越慢。具体运行通量值的选取需要综合考虑膜的临界通量、清洗周期要求以及工程投资（膜一次性投资）等因素。

1.3.3　膜污染及其控制

膜污染是膜与反应器内的污泥混合液中的污染物质相互作用而引起的在膜孔内或者膜面吸附、聚集、沉淀等，从而引起膜跨膜压力的升高（恒流模式）或者膜通量的降低（恒压模式）的现象。活性污泥体系中物质众多，包括污水基质、菌胶团、微生物细胞、细胞碎片以及微生物代谢产物如胞外聚合物（EPS）和溶解性微生物产物（SMP）以及各种有机、无机溶解性物质等，理论上讲每一部分对膜污染都有贡献。有关污染物与膜材料之间的相互作用机制及污染过程详见本书第2章。活性污泥体系中的物质在膜孔内的吸附和聚集形成的污染，称之为内部污染；而在膜表面聚集或沉积形成的污染称之为外部污染。

需要指出的是，MBR 的外部污染中存在"泥饼层"污染和"凝胶层"污染的现象。泥饼层污染是指大量污泥絮体在膜面沉积而形成的污染；凝胶层污染则是一些小颗粒物质，如胶体物质、EPS、SMP 等物质在膜面的吸附和聚集，这些物质的粒径分布往往较广，完全控制这些物质不在膜面沉积是不可能的。在 MBR 运行过程中，一旦出现泥饼层的污染，系统随之会出现压力迅速上升或者通量急剧衰减的现象，MBR 在短期内达到运行终点，需要进行膜的清洗。而且，在长期运行过程中，这些被认为"可逆"的泥饼层污染会逐渐向"不可逆"过渡，影响系统的长期稳定运行。尽管有研究者认为泥饼层污染可以起到拦截细小颗粒物等的作用，但是一般在 MBR 操作运行中要尽可能避免泥饼层的过渡形成。凝胶层污染所带来的是膜污染阻力缓慢上升的过程，在恒流操作模式中表现为压力的缓慢上升，在恒压操作模式中表现为通量的缓慢衰减。

　　此外，目前关于 MBR 中优势污染物的研究与认识仍存在争议，但是一般认为反应器中存在的胶体物质以及微生物产物是引起 MBR 长期运行过程中污染的主要污染物，并且无机离子与有机物之间存在的架桥和络合作用会引起更加严重的污染现象。在MBR 中，膜污染与膜材料、污泥混合液性质以及操作运行条件等三方面相关。因此，MBR 的膜污染控制也主要集中于上述三方面，即高性能膜材料/膜组件研制、污泥混合液性质调控和操作运行条件优化。

　　膜材料和膜组件是 MBR 以及其他膜分离工艺的核心，是影响膜分离工艺中膜污染的关键因素之一。采用高性能、抗污染的膜材料和膜组件是有效控制膜污染的直接、有效的手段。为此，目前市场上出现了多种材质、各式各样膜组件的膜产品。从膜材料而言，膜孔径、亲/疏水性、Zeta 电位、膜面粗糙度以及膜面官能团情况等均会对膜污染造成影响。在高性能膜材料制备过程中，需要综合考虑膜面各个物理化学性能指标的影响。目前，膜材料性能的改良包括膜面改性与膜本体改性两种途径（Zhang et al.，2014）。具体而言，又包括：①亲水性改良，如等离子体处理、药剂浸泡-干化等；②抗污染因子添加或接枝，如添加功能洗涤剂因子、纳米材料、表面紫外光照/γ 光照射接枝等；③膜面电荷修饰；④膜孔径、孔隙率、粗糙度等改良。一般而言，MBR 中膜材料希望具有亲水性强、负电性高、孔径分布均匀、粗糙度低的特点。除此之外，值得一提的是一些廉价基材，如无纺布、筛绢、不锈钢丝网、涤纶网等可以利用在基材上形成动态膜进行过滤分离，不仅取得了良好的分离效果，同时可以避免传统膜污染严重的问题，这类膜基材的清洗也十分方便。当然，膜组件以及膜组器的优化设计对有效控制膜污染也很重要。

　　混合液性质是影响膜污染的另一重要因素，主要包括污泥浓度、污泥成分（纤维状物质、胶体、溶解性物质、SMP、EPS、无机离子等）、污泥粒径、污泥黏度、污泥菌群等。混合液性质与膜污染之间的关联十分复杂，且研究结论存在着一定的争议和矛盾之处。随着研究的深入，有关混合液性质与膜污染之间的关系有以下几点已基本明晰：①混合液中颗粒粒径越大越有利于减轻膜污染；②一般而言，混合液中胶体物质和溶解性物质的浓度越低膜污染就越低；③合适的 MLSS 浓度有利于膜污染控制；④大分子质量的溶解性物质中一般易形成膜污染；⑤污泥膨胀/污泥破碎易形成严重的膜污染；⑥一般而言污泥黏度越大膜污染越严重。此外，污泥菌群会影响微生物在膜表面的滋生。污泥混合液中存在的毛发以及其他纤维状的物质会对 MBR 中膜组件产生严重的缠绕和堵塞现象，并导致膜丝或者膜片之间出现大量污泥颗粒或者泥饼层的污染，需要设置精细的预处理设施或者在回流污泥中增加处理设施（臧莉莉等，2014；李汉冲等，2015）。

　　操作条件优化对于膜污染控制具有重要意义，其主要包括以下几个方面：①选择合适的运行通量和操作压力，对于恒流运行模式而言，其运行通量要处于次临界通量范围内（见 1.3.2 节），同样对于恒压操作模式需要在次临界压力范围内；②曝气强度及水力学流态控制，在 MBR 错流过滤中，一般提高曝气强度会提升膜表面的水力剪切力和错流过滤速率，但是也存在一个最大的曝气强度，超过该值，错流速率并无明显提升，也可以通过反应器优化、投加惰性颗粒物、旋转膜/振动膜等方法提高水力学条件；③膜的过滤模式，采用间歇过滤有助于污染控制，提升系统运行稳定性；④达到一定的操作压力及时进行清洗，污染物在长期过程中性质会发生变化，一些可逆污染会转变为不可逆污染或者不可恢复污染，及时清洗是避免污染物性质转化的有效手段；⑤选择合适的 HRT 和 SRT（见 1.3.5 节）。操作条件反过来又影响了污泥混合液性质，两者之间相互关联。

1.3.4　膜　清　洗

无论采用何种膜污染控制措施，膜污染仍是不可避免的，当 MBR 运行到一定程度，必须采用膜清洗手段恢复膜的过滤性能。膜清洗主要分为物理清洗、化学清洗、物理-化学联合清洗以及生物清洗等。其中物理清洗包括水力清洗、机械擦洗、超声清洗等；化学清洗主要是用酸、碱、氧化剂和其他化学药剂（如络合剂、表面活性剂）对膜进行清洗。物理-化学联合清洗是充分利用物理和化学清洗各自的优势，提升清洗效果，如化学强化反冲洗、超声-化学清洗等。生物清洗主要可以分为酶制剂清洗、能量解偶联和群感猝灭等。关于膜清洗具体内容请参见本书第 3 章。

1.3.5　膜生物反应器的生物处理操作

MBR 生物处理的关键操作参数有污泥龄、水力停留时间、污泥浓度等（见 1.4 节）。一般而言，MBR 的污泥浓度比传统活性污泥法高出很多，且 MBR 运行过程中并非是污泥浓度越低污染就越易控制，如部分短泥龄 MBR 中膜污染反而严重。在实际 MBR 运行中，污泥浓度要维持在合适范围，如 8～15 g/L。污泥浓度过高，导致污泥黏度增加和其他性状改变，膜污染也会加重。水力停留时间和污泥停留时间的变化会引起反应器内污泥浓度和污泥性质的变化，进而影响膜污染。水力停留时间过短，会导致污泥负荷的增加，即食料比增加（F/M），在基质充裕的情况下，会导致微生物产物的生成量增加（substrate utilization-associated products，UAP），从而加重膜的污染。此外，水力停留时间过短直接影响到污染物的去除效果，而水力停留时间过长会导致容积负荷减小，污泥浓度降低，系统的运行也会受到影响。

污泥龄是 MBR 生物处理操作的另外一个关键参数。总体而言，MBR 存在一个适宜的污泥龄范围，过短或者过长的污泥龄可能对膜污染造成影响，一般而言 MBR 的污泥龄宜在 20～60 d 的范围内运行。过长的泥龄可能导致微生物内源呼吸作用加强，微生物内源代谢过程会产生生物代谢相关的微生物产物或者胶体物质（biomass-associated products，BAP），也会影响膜污染。

1.3.6 膜生物反应器的冬季低温运行

MBR 在冬季运行时，由于水温降低，微生物活性受到影响，污泥性质会发生相应变化（如混合液中微生物产物量增加），且黏度增加，会导致 MBR 的污泥混合液过滤性能降低，导致膜污染速率增加（Wu et al.，2007）。

MBR 冬季运行时往往导致膜清洗频繁，但是工程实际运行表明频繁膜清洗之后污染速率出现明显加快的现象，一种可能的原因是在频繁的维护性清洗后导致清洗药剂如 NaClO 扩散到混合液中的浓度较高，微生物的活性进一步受到影响，进而影响到混合液的过滤性能，且部分工程冬季运行反应池内出现严重的泡沫现象。因此，在冬季运行时，MBR 工程可以实施必要的污染控制措施，如投加混凝剂等措施；采用恢复性清洗措施等。此外，在进行工程设计时，可以将膜分离单元等建在室内，此外，设有备用膜池的工程在冬季运行时可以将备用膜池启用，降低膜的运行通量等。

1.4 膜生物反应器工艺设计重点

1.4.1 生物处理的关键参数

1. 容积负荷

容积负荷是指在保证一定去除率前提下单位容积曝气池在单位时间内能够接纳的有机物的量，即：

$$L_V = \frac{QS_0}{V} \tag{1.12}$$

式中，L_V 为容积负荷，kg/（m³·d）；Q 为进水平均流量，m³/d；S_0 为进水有机物浓度，mg/L（计算时换算为 kg/m³）；V 为曝气池体积，m³。

进水有机物浓度可以 COD 计或者 BOD$_5$ 计，相应的容积负荷单位为 kg COD/（m³·d）或 kg BOD$_5$/（m³·d）。

相应地，如果进水污染物浓度以氮计，则有生物处理的氮容积负荷。

2. 污泥负荷

污泥负荷（L_S）是基质的量（F）与微生物总量（M）的比值，可以通过式（1.13）计算。

$$L_s = \frac{QS_0}{VX} \tag{1.13}$$

式中，X 为污泥浓度，g/L。由于式中 S_0 可以 COD 计或者 BOD$_5$ 计，同时 X 可为 MLSS 或者 MLVSS，因此污泥负荷的单位可以为 kg COD/（kg MLSS·d）、kg BOD$_5$/（kg MLSS·d）、kg COD/（kg MLVSS·d）和 kg BOD$_5$/（kg MLVSS·d）。

相应地，如果进水污染物浓度以氮计，则有生物处理的氮污泥负荷。

3. 水力停留时间（HRT）

HRT 是指污水在反应池里的停留时间，也是污水在反应池中的平均反应时间，单位一般为 h，可以用式（1.14）表征。

$$HRT = \frac{V}{Q} \qquad (1.14)$$

4. 污泥停留时间（SRT）

污泥停留时间（也称为污泥龄）是指活性污泥在反应池内的平均停留时间，等于体系内活性污泥总量与每日排放的污泥量之比，单位一般为天。

$$SRT = \frac{VX}{\Delta X} \qquad (1.15)$$

式中，ΔX 为每日排出系统外的活性污泥量。

如果污水处理系统中设置有厌氧区、缺氧区、好氧区以达到脱氮除磷的目的，则污泥龄可以分区单独计算，即每个反应区的污泥总量与系统每日排泥量的比值。

1.4.2　MBR 生物处理的关键参数取值

虽然 MBR 生物处理原理与传统活性污泥法并无区别，但是由于膜分离的引入，系统内的微生物性质、生物量、细菌群落、微环境等发生了显著变化，在具体进行 MBR 设计时其关键参数取值与传统活性污泥法相比同样发生改变，不能完全采用传统活性污泥法的相关取值范围。对于典型的城镇污水，MBR 生物处理的参数取值范围如表 1.2 所示（数据来源于同济大学参编的上海市工程建设规范《平板膜生物反应器法污水处理工程技术技术规范》）。有关其他关键参数、具体计算公式和反应池设计等参见第 10 章。表 1.2 给出了氮负荷，其主要用途也在第 10 章中进行阐述。

表 1.2　MBR 生物处理的参数取值

项目	单位	参数取值范围
COD 容积负荷	kg COD/（m³·d）	1.0～3.0
BOD₅ 污泥负荷	kg BOD₅/（kg MLSS·d）	0.05～0.15
凯氏氮容积负荷	kg TKN/（m³·d）	0.11～0.20
总氮污泥负荷	kg TN/（kg MLSS·d）	≤0.05
污泥龄	d	15～60
MBR 池污泥浓度	g MLSS/L	8～18

1.4.3　MBR 工艺设计注意要点

1. MBR 工艺预处理

MBR 由于膜分离作用可以实现固体物质的完全拦截去除，污水中杂质一旦进入

MBR 中将很难被清除。且污水中存在的头发丝、纤维状物质很容易缠绕中空纤维膜膜丝，堵塞膜丝之间的间隙以及平板膜之间的膜间隙，影响膜的稳定运行。目前，一些 MBR 工程已发现由头发丝、纤维状物质所引起的严重污染问题（图 1.10）。在 MBR 实际工程运行中，一旦出现严重的头发丝、纤维状物质缠绕现象，必须进行手工清洗。

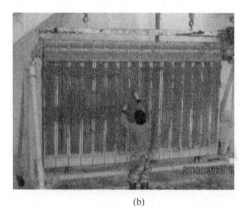

(a)   (b)

图 1.10　膜污染实物图

（a）国外 MBR 工程中空纤维膜的膜堵塞（Gabarrón et al., 2013）；（b）我国某实际工程的纤维状物质堵塞膜组件照片

鉴于 MBR 存在的上述问题，在预处理要求方面比传统活性污泥法更为严格，设计符合要求的预处理十分重要。目前，大多数 MBR 实际工程使用的超细格栅（或称为膜格栅）一般栅条间隙或网孔尺寸在 1 mm 左右，但对于头发丝等一些细小物质的拦截去除效率仍然存在欠缺。此外，污水中存在的砂粒可以对膜表面造成损伤，而目前的沉砂池对于细小砂粒的去除效果有限（直径为 0.2 mm 砂粒去除率在 85%左右、直径在 0.1 mm 左右的砂粒去除率为 50%）。因此，在 MBR 处理实际工程中，有条件的地方可以采用去除精度在 0.5 mm 或者更高精度的精细格栅，甚至可以设置精度在 0.2 mm 及以上精度的精细格栅。为了去除膜池中存在的一些纤维状物质，也可以在污泥回流中增加相应的格栅设备。我们针对 MBR 预处理要求，研发了具有污水、污泥杂质精细化处理的污水与污泥杂质分离设备（藏莉莉等，2014；李汉冲等，2015），以实现污水中头发丝、纤维状等物质的拦截去除。

2. MBR 工艺设计

处理工艺选择取决于处理对象以及处理目标等。一般而言，以除碳为目标的工艺可以设计为好氧 MBR，即 O-MBR；如果以脱氮为目的的 MBR，可以设计为缺氧-好氧 MBR，即 A/O-MBR；如果以脱氮除磷为目的，则可以设计为厌氧-缺氧-好氧 MBR，即 A/A/O-MBR。

MBR 工艺中好氧池、缺氧池、厌氧池等的设计可以按照室外排水设计规范（GB50014—2006）进行，但是其工艺参数及微生物动力学参数需要按照 MBR 工艺实测值和工程常数参数值进行设计计算。具体计算过程和参数值选取请参照第 10 章。

1.5　膜生物反应器技术研究与应用的驱动力

MBR 技术的研究和应用目前正处于方兴未艾阶段,其主要驱动力包括:污水排放标准日益严格、再生水需求、城市用地紧缺以及污水资源化/能源化处理的需求几个方面。因此 MBR 技术在全球范围内受到广泛关注,成为污水处理与资源化领域的主流技术之一。

目前我国重点流域水体水污染形势依然严峻。水体污染加剧了水资源危机,严重影响水质安全,而污水处理与资源化是控制水体污染、缓解水资源危机、保障用水安全的重要手段。因此,我国的污水处理与排放标准的实施日益严格,在重点流域地区严格执行《城镇污水处理厂综合排放标准(GB 18918—2002)》中的一级 A 标准,在缺水严重地区,地方政府制定了高于国家一级 A 标准的污水排放标准。此外,城镇污水处理厂综合排放标准的修订工作正在进行中。污水排放标准的提高使得一些新建污水处理厂应用能够达到更高排放标准的 MBR 工艺,已建污水处理厂应用 MBR 工艺进行工程改造,因此,污水排放标准的提升是 MBR 工艺技术研究与规模应用的驱动力。

我国众多城市存在着资源性缺水和水质性缺水问题,对市政污水进行再生回用成为缺水地区缓解缺水矛盾的重要手段。MBR 出水水质可以满足多种再生水水质标准,MBR 结合纳滤、反渗透等技术可以生产高品质再生水以满足更高水质指标的回用需求。因此,MBR 技术在城市再生水回用方面优于其他以传统处理联合深度处理的工艺流程,是推动 MBR 技术快速发展与应用的另外一个原因。

随着城市化进程的不断推进,城市土地资源趋于紧张,由于 MBR 技术具有布置紧凑、流程简短、占地面积小等优势,成为大中型城市污水处理青睐技术。此外,近年来越来越多的城市选择了 MBR 工艺建造地下式污水处理厂。地下式 MBR 污水厂建成后,地表可以建成绿地、公园,节省用地空间,对周边用地产生的影响减小。例如,广州京溪污水处理厂($10 \times 10^4 m^3/d$)、昆明市第十污水处理厂($15 \times 10^4 m^3/d$)、山西太原晋阳污水处理厂($12 \times 10^4 m^3/d$)均采用了 MBR 工艺建造地下式污水处理厂。

此外,随着资源、能源短缺矛盾日益突出,污水处理正逐步由"以污染物去除为目标"向"污染物资源化、能源化"转变。由于 MBR 技术本身所具有的优势,其在污水资源化与能源化处理中扮演重要角色。目前,采用 MBR 技术进行资源化、能源化的研究日益增多,如用于回收生物质能源的短泥龄 MBR、处理市政污水的厌氧 MBR、电化学 MBR、营养盐回收的正渗透 MBR 等。污水可持续处理的趋势推动了 MBR 技术从污水深度处理与回用逐步拓展到污水的资源化与能源化处理领域,并成为了近年来的研究热点。

参 考 文 献

岑运华. 膜生物反应器在污水处理中的应用. 1991. 水处理技术, 17(5): 319-323.

黄霞, 文湘华. 2012. 水处理膜生物反应器原理与应用. 北京: 科学出版社.

李汉冲, 王志伟, 梅晓洁, 等. 2015. 污泥杂质分离器的工艺设计与运行参数优化研究. 给水排水,

41 (10): 105-110.

王志伟. 2007. 浸没式平板膜-生物反应器长期运行特性研究. 上海：同济大学博士学位论文.

藏莉莉, 王志伟, 王荣生, 等. 2014. 基于数学模型的污泥杂质分离工艺设计与应用. 中国给水排水, 30 (23): 107-112.

郑祥, 魏源送, 王志伟, 等. 2015. 中国水处理行业可持续发展战略研究报告 (膜工业卷). 北京：中国人民大学出版社.

Budd W E, Okey R W. 1969. Dorr-Oliver incorporated: US 3472765DA.

Field R W, Wu D, Howell J A, et al. 1995. Critical flux concept for microfiltration fouling. Journal of Membrane Science, 100(3): 259-272.

Gabarrón S, Gomez M, Monclus H, et al. 2013. Ragging phenomenon characterization and impactin a full-scale MBR. Water Science and Technology, 67 (4): 810-816.

Grethlein H E. 1978. Anaerobic digestion and membrane separation of domestic wastewater. Journal WPCE, 50 (4): 754-763.

Huang X, Gui P, Qian Y. 2001. Effect of sludge retention time on microbial behavior in a submerged membrane bioreactor. Process Biochemistry, 36(10):1001-1006.

Pollice A, Laera G, Saturno D, et al. 2008. Optimal sludge retention time for a bench scale MBR treating municipal sewage. Water Science and Technology, 57(3):319-322.

Smith C V Jr, Gergorio P P, Talcott R M. 1969. The use of ultrafiltration membrane for activated sludge separation. Presented paper at 39th Annual Purdue Industrial Waste Conference, Indiana.

Teck H C, Loong K S, Sun D D, et al. 2009. Influence of a prolonged retention time environment on nitrification/denitrification and sludge production in a submerged membrane bioreactor. Desalination, 245(1-3): 28-43.

Wang Z W, Wu Z C, Mai S H, et al. 2008. Research and applications of membrane bioreactors in China: Progress and prospect. Separation and Purification Technology, 62 (2): 249-263.

Wang Z W, Yu H G, Ma J X, et al. 2013. Recent advances in membrane bio-technologies for sludge reduction and treatment. Biotechnology Advances, 31(8): 1187-1199.

Wu Z C, Wang Z W, Zhou Z, et al. 2007. Sludge rheological and physiological characteristics in a pilot-scale submerged membrane bioreactor. Desalination, 212 (1-3): 153-164.

Yamamoto K, Hiasa M, Mahamood T, et al. 1989. Direct solid-liquid separation using hollow fiber membrane in an activated sludge aeration tank. Water Science and Technology, 21(4-5): 43-54.

Yoon S H, Kim H S, Yeom I T. 2004. The optimum operational condition of membrane bioreactor (MBR): cost estimation of aeration and sludge treatment. Water Research, 38 (1): 37-46.

Zhang J, Wang Q Y, Wang Z W, et al. 2014. Modification of poly(vinylidene fluoride)/polyethersulfone blend membrane with polyvinyl alcohol for improving antifouling ability. Journal of Membrane Science, 464(18): 293-301.

第 2 章　MBR 污染机制及其控制

膜污染是 MBR 技术广泛应用的主要障碍之一,膜污染可以引起跨膜压力的升高(恒流操作模式)或膜通量的衰减(恒压操作模式),导致频繁的膜清洗,最终影响膜的使用寿命。长期以来,膜污染问题是 MBR 技术研究的重点和热点。由于 MBR 膜污染成因复杂、影响因素众多,目前 MBR 工程应用和膜污染机制与控制研究几乎处于并行发展阶段,研究者仍然在致力于更为深刻认识膜污染机制并开发相应污染控制策略,以更好地实现 MBR 技术的稳定运行。本章结合作者及其团队长期在 MBR 污染方面的研究介绍 MBR 污染机制及其控制策略。

2.1　MBR 膜污染概述

2.1.1　膜污染基本概念

MBR 的膜污染是指膜与反应器内的污泥混合液中的污染物质相互作用而引起的在膜孔内或者膜面吸附、聚集、沉淀等,从而引起膜跨膜压力的升高(恒流模式)或者膜通量的降低(恒压模式)的现象。活性污泥体系中物质众多,包括污泥絮体、胶体物质、溶解性有机物(污水残余基质、溶解性微生物产物等)和无机物质,从理论上讲每一部分对膜污染都有贡献。膜污染可以导致频繁的膜清洗、缩短了膜的使用寿命,增加 MBR 的运行维护费用。此外,MBR 实际工程应用中发现,活性污泥体系中存在着膜格栅未能有效拦截的一些漂浮物(头发、纤维、纸屑等)也可导致 MBR 长期运行过程中形成严重污染问题。

2.1.2　膜污染的表现

1. 恒流运行模式

如第 1 章所述,MBR 操作根据通量或者压力是否保持恒定,可以分为恒流运行模式或者恒压运行模式两种。膜污染在恒流运行模式中主要表现压力的不断升高,如图 2.1 所示。在图 2.1 中,当运行通量超过临界通量(在第 1 章里介绍了 MBR 中临界通量的概念),即超临界通量操作条件下,膜污染的表现为 TMP 的快速增加(无明显的阶段污染特征)。由于通量选择过大,导致膜面往往有污泥絮体沉积,造成泥饼层污染,导致 TMP 的快速增加,在此过程中,虽然采用了恒流操作模式,但是 TMP 的快速增加导致了通量出现衰减现象。

而当运行通量小于临界通量时,即次临界通量操作条件下,膜污染使 TMP 出现两阶段变化的特征(Wang et al., 2008),即 TMP 缓慢增加阶段(阶段 1)和 TMP 快速增

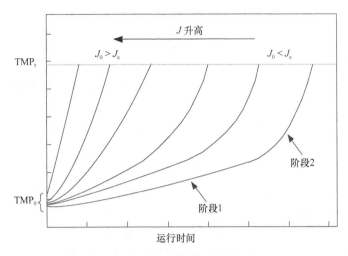

图 2.1　恒流运行模式下膜污染表现

加阶段（阶段 2）。也有相关文献提出三阶段的污染特征，把膜初始投入反应器内而尚未开始过滤时，由污染物与膜之间相互作用（吸附等）而发生的污染称之为阶段 1；一旦膜开始过滤，初始污染所形成的膜阻力与整体阻力相比可以忽略不计。因此，本书仍然按照两阶段污染特征进行描述。

在阶段 1，TMP 的缓慢发展主要是胶体物质和溶解性物质形成的污染所导致。由于采用了次临界通量的运行模式，污泥絮体所形成的污染可以很大程度的避免。在阶段 2，膜污染的持续累积到一定程度，导致 TMP 出现跳跃式增加。主要原因在于随着污染的进行，膜的临界通量逐渐降低（即 local critical flux），而此时运行通量保持恒定，其运行通量值超出了此时膜的临界通量值，因此出现 TMP 的快速增加。另外一种理解方法，即如果把临界通量视为不变，由于膜污染所导致膜孔变小或者堵塞，使透过残余膜孔的实际通量超出了临界通量值，因此 TMP 呈现快速增加的趋势。

2. 恒压运行模式

恒压模式下膜污染所导致的膜通量衰减表现如图 2.2 所示。从图 2.2 可以看出，如果

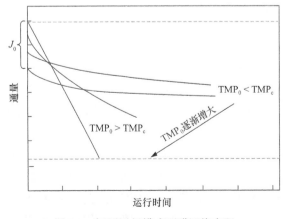

图 2.2　恒压运行模式下膜污染表现

选择的 TMP 超过临界值，虽然初始的运行通量很高，但是会导致快速的通量衰减现象。如果采用的 TMP 小于跨膜压力临界值，在初始运行阶段，膜污染可引起通量的小幅快速衰减，之后膜通量稳定在一个相对较高水平，可以维持长期稳定运行，通量缓慢衰减。同样，在 TMP 超过临界 TMP 值，运行过程中会出现泥饼层污染的问题。

2.1.3　膜污染的分类

按照膜污染所发生的位置，可以分为浓差极化、外部污染、内部污染等。浓差极化主要是由于水分子不断透过膜而使在靠近膜面的一层薄流体层内的溶质浓度或者颗粒物浓度高于主体混合液的现象，一般不把浓差极化作为膜污染看待，浓差极化现象可以通过水力学条件优化进行控制。外部污染是指在膜表面沉积颗粒物、胶体物质和大分子有机物形成污染层，又可以分为泥饼层（污泥絮体为主）和凝胶层（胶体和溶解性大分子为主）。内部污染是指在膜孔内部吸附或者沉积溶解性物质或者细小颗粒物，引起膜孔变窄或者膜孔堵塞。

按照污染物的理化性质，膜污染可以分为生物污染、有机污染和无机污染。生物污染主要由于微生物沉积或者微生物滋生造成的污染，也称为生物膜或者生物泥饼等。有机污染主要是蛋白质、多糖、腐殖酸等有机物所形成的有机污染，SMP 和 EPS 被认为是有机污染的优势污染物。无机污染主要是指金属离子如 Ca^{2+}、Mg^{2+}、Fe^{2+}、Al^{3+} 及阴离子 CO_3^{2-}，SO_4^{2-}，PO_4^{2-} 和 OH^- 等引起无机结垢、无机颗粒物沉积或者无机离子架桥络合作用形成复合污染。

按照污染物与膜之间的黏附强度或按照污染物清洗去除的难易可以分为可逆污染、不可逆污染、残余污染和不可恢复污染。可逆污染是指污染物松散附着于膜表面或膜孔，可以通过水力清洗的方法进行去除（如反冲洗、间歇过滤等）。不可逆污染是指长时间运行过程中所形成的凝胶层污染或者在膜孔内部形成的污染，采用水力清洗等方法不能去除。残余污染是指用化学强化反冲洗或者维护性清洗手段不能去除的污染物所形成的污染，然而又可以通过恢复性清洗进行去除。不可恢复污染是指采用任何清洗方法都不能去除的膜污染物所形成的污染，又称永久性污染或者长期运行中的不可逆污染。

2.1.4　膜污染影响因素

影响 MBR 膜污染的因素有很多，主要可分为：膜的理化性质及膜组件特性、反应器运行操作条件、进水和活性污泥混合液特性等。

膜的理化性质包括膜材质及种类、孔径大小、孔隙率、亲/疏水性、表面粗糙度、表面电荷等。不同膜材质制备的膜表现出不同的孔径、孔隙率、亲水性等特征，导致出现不同程度的膜污染。虽然有关膜的理化性质与膜污染之间的关系研究结论还存在不一致的问题，但是对上述关键因素已经形成了基本的结论性认识：①MBR 常用膜材料在第 1 章已经叙述，主要包括 PVDF、PES 和氯化 PVC 等材质；②对于某一特定水质、污泥特性和运行工况，存在最佳膜孔径，膜孔径分布越窄，越利于控制膜污染，一般而言 MBR

采用的膜孔径范围为 0.04～0.4 μm；③亲水性膜由于不容易与混合液中蛋白质类污染物结合，从而减少了膜对于生物类污染物质的吸附，因此一般而言 MBR 采用的膜均是亲水性的膜或者经过亲水化改性之后的膜；④由于 MBR 污泥混合液物质带负电荷，膜表面的负电势越强（Zeta 电位绝对值越大）越易与污染物形成强烈排斥作用，使膜污染减轻。膜面粗糙度与膜污染之间的关系尚无统一定论，膜面粗糙度大可以提高微环境中的液体扰动、增大了膜的过滤面积（如特意制备的表凸凹形状的粗糙膜），但也有可能提高了污染物吸附与微生物滋生附着的可能性，目前一般认为膜面的粗糙度越低越好。此外，膜元件和膜组件的形式和结构也是影响膜污染的一个重要因素。国内外中空纤维膜厂商的膜元件一般以帘式膜居多，但也有柱状式中空纤维膜。

MBR 运行操作条件包括曝气强度、污泥龄（SRT）、水力停留时间（HRT）、温度、抽停比、膜的清洗等。一般而言，曝气强度越大，膜面的错流速率（CFV）越大，越有利于污染控制。但是，对于一个特定构型的反应器，曝气强度增大到一定值后，错流速率进入平台期，因此存在着一个曝气量的临界值，一般曝气量要小于此临界值。污泥龄和水力停留时间可以影响污泥混合液特性，间接地影响膜污染，对于 MBR 系统而言，存在着适宜的污泥龄和水力停留时间，一般 MBR 污泥龄采用 15～60 天，水力停留时间（具有脱氮除磷功能的 MBR）的范围多处于 7～12 h。反应器构型优化也可以提升反应器内的水力学条件，从而提升抗污染性能。

MBR 膜污染是由膜和污泥混合液中污染物质共同作用的结果。活性污泥混合液的各种组分是膜污染的物质来源，对膜污染具有更加直接的影响。混合液的性质包括污泥浓度、污泥粒径、混合液所含胶体及溶解性有机物（SMP）、胞外聚合物（EPS）浓度及其成分等，这些性质之间相互交叉影响，因此，污泥混合液对膜的污染极为复杂。

2.1.5　不同粒态污染物的污染理论分析与评价

MBR 污泥混合液中存在不同粒径的污染物，污染物与膜之间的相互作用受不同粒态而影响，可以采用相应的理论进行分析。对于颗粒态污染物，可以通过颗粒的受力进行分析。对于胶体和溶解性物质所形成的污染，可以通过表面基础物理化学理论进行解析。

1. 颗粒态污染物受力分析

膜生物反应器中污泥颗粒的受力情况列于表 2.1（Wang and Wu，2009a）。其中重力和浮力是竖直方向的，范德华力和过滤推动力是朝向膜面的，促使污泥颗粒向膜面迁移，双电层斥力、剪切扩散力、边界层迁移和布朗扩散力是远离膜面的，其作用是促使污泥颗粒脱离膜表面，颗粒所受到的合力决定了其运动迁移状态。其中污泥颗粒（絮体）的粒径简化为球状颗粒，d_p 为直径。

根据牛顿第二运动定律可以得出颗粒受力方程：

$$F = ma \tag{2.1}$$

式中，F 为颗粒所受到力的合力，N；m 为颗粒的质量，kg；a 为颗粒运动的加速度，m/s^2。

表 2.1   影响污泥颗粒迁移的因素

因素	流速表达式
重力（F_g）	$v_g = \pi\eta d_p^2 \rho_p g / 18$
范德华力（F_A）	$v_A = A\pi\eta S^2 / 36$
过滤推动力（F_J）	J
浮力（F_b）	$v_b = \pi\eta d_p^2 \rho_1 g / 18$
双电层斥力（F_R）	$v_R = 2k\varepsilon\varsigma^2 \eta \exp(-kS) / 3$
剪切扩散力（F_S）	$v_s = 0.0225 u_0 d_p^2 \delta / h$
边界层迁移（F_L）	$v_L = 0.108\rho_p u_0^2 d_p^3 h^2 / \eta$
布朗扩散（F_B）	$v_B = kT\pi\eta d_p \delta / 3$

注：d_p 为颗粒直径，m；ρ_p 为颗粒密度，kg/m³；η 为动力黏度系数，Pa·s；A 为 Hamaker 常数；S 为颗粒间距，m；ρ_1 为液体密度，kg/m³；k 为 Debye-Hückel 参数；ε 为流体过滤性能参数；δ 为边界层厚度，m；ζ 为 Zeta 电位，mV；u_0 为流体平均速度，m/s；h 为流体通道半高度，m。

根据影响污泥颗粒迁移的因素，画出颗粒受力图，如图 2.3 所示。

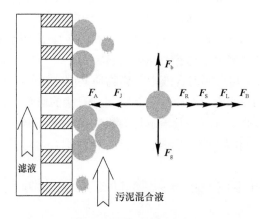

图 2.3   颗粒受力示意图

根据力的作用效果可得

$$\frac{\pi}{6}\rho_p d_p^3 \frac{dv_p}{dt} = (F_b - F_g) + (F_R - F_A) + (F_B + F_S + F_L) - F_J \tag{2.2}$$

式（2.2）两边同除以 $3d_p\eta^{-1}$ 可以转化为速度的关系方程式：

$$\frac{\pi}{18}\rho_p \eta d_p^2 \frac{dv_p}{dt} = (v_b - v_g) + (v_R - v_A) + (v_B + v_S + v_L) - J \tag{2.3}$$

当 $\frac{dv_p}{dt} < 0$ 时，颗粒将发生沉积；$\frac{dv_p}{dt} > 0$ 颗粒不会沉积；$\frac{dv_p}{dt} = 0$ 即颗粒刚好不发生沉积。

忽略颗粒在竖直方向的受力作用，令 $\frac{dv_p}{dt} = 0$，方程式（2.3）简化为

$$J_c = (v_R - v_A) + (v_B + v_s + v_L) \tag{2.4}$$

根据 v_R 和 v_A 都是常数表达式，$v_R - v_A$ 也为常数，方程转化为

$$J_c = C + (v_B + v_s + v_L) \tag{2.5}$$

式中，C 为常数。

根据 v_s、v_L 和 v_B 的表达式，可将 d_p 表示为 J_c 的函数：

$$d_p = f_1(J_c) \tag{2.6}$$

又膜通量 J 和操作压力 TMP 之间可用方程式（Darcy 定理）表示：

$$J = \frac{\text{TMP}}{\mu R} \tag{2.7}$$

式中，R 为膜阻力，m^{-1}。可将 d_p 表示为 TMP^* 的函数：

$$d_p = f_2(\text{TMP}^*) \tag{2.8}$$

式中，TMP^* 为临界通量 J_c 所对应的压力值，称之为"临界操作压力"。

当恒流操作中（次临界通量运行模式）的通量值 J 小于 J_c 或者恒压操作中压力值 TMP 小于 TMP^*，根据方程式（2.6）和式（2.8）可知 $d > d_p$，理论上认为颗粒不至于在膜面沉积形成沉积层；而当恒流操作中的通量值大于 J_c 或者恒压操作中压力值大于 TMP^* 时，根据方程式（2.6）和式（2.8）可知 $d < d_p$，颗粒将沉积于膜表面形成沉积层使膜污染阻力迅速上升，使恒压操作中的通量迅速衰减，恒流操作中的压力迅速上升。同时，从上述分析可知，在浸没式膜-生物反应器的运行过程中，小颗粒物质是优先到达膜面或进入膜孔而形成膜污染的。相比而言，大颗粒物质是较难形成膜污染的。

2. 控制颗粒物污染的理论分析

在 MBR 中，膜污染与膜材质（如膜疏水/亲水性能、膜面电荷性质等），混合液特性（如污泥浓度、污泥粒径、污泥组分、溶解性物质、胞外聚合物等）以及操作运行条件（如曝气强度、次临界通量操作、间歇抽吸等）都有关系。在所有这些条件中，曝气与 MBR 的运行性能密切相关，它是 MBR 运行中最关键、最基本、最常用的膜污染控制及维持稳定运行的手段。曝气的一个作用是向污泥混合液中供氧以维持微生物生长和污染物去除的需要，另一个重要作用就是形成一定的膜面错流流速（cross-flow velocity，CFV）和良好的水力循环来控制或减缓膜污染的发展。下面结合气液二相流理论简要分析曝气在控制颗粒物膜污染方面的机制。

颗粒所受到的绕流阻力可用式（2.9）来表示：

$$F_r = \frac{1}{2} C_D \rho A V_r^2 f(\varepsilon) \tag{2.9}$$

式中，C_D 为阻力系数；A 为颗粒的投影面积，m^2，$A = \frac{\pi}{4} d^2 n = \frac{3}{2} \frac{(1-\varepsilon)}{d}$，其中，$d$ 为颗粒直径，m，n 为颗粒数，ε 为孔隙率；ρ 为混合液密度，kg/m^3；V_r 为膜面混合液流速，即 CFV，m/s；$f(\varepsilon)$ 为与孔隙率 ε 有关的函数。

设 φ 为体积浓度，$\varphi = \dfrac{\pi}{6} d^3 n$，同时 $\varphi = 1 - \varepsilon$

C_D 值分层流区、过渡区和紊流区分别计算，在层流区，$C_D = \dfrac{24}{Re}$（$Re < 0.2$）；过渡区 $C_D = \dfrac{18.5}{Re^{0.6}}$（$0.2 \leqslant Re \leqslant 500$）；紊流区 $C_D = 0.44$（$Re > 500$）。

在浸没式膜-生物反应器中，根据 $Re = \dfrac{\rho v D}{\mu}$ 计算膜片之间的雷诺系数，其中 D 为当量直径，其值等于水力半径的 4 倍（水力半径等于面积除以湿周）。在中试规模的浸没式 MBR 中，根据膜片尺寸、间距、实际测定的膜面上升流速和流体黏度值，计算得到 Re 值在 1600 左右，显然，流体处于紊流状态，因此 $C_D = 0.44$。

如果不考虑颗粒与颗粒之间的相互影响，考察单一污泥颗粒的受力情况，如图 2.4 所示。

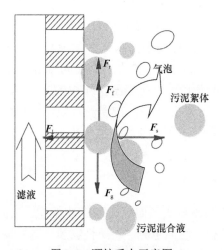

图 2.4　颗粒受力示意图

适当简化污泥颗粒的受力情况，可以看出，污泥颗粒主要受到重力 $\boldsymbol{F}_g$、浮力 $\boldsymbol{F}_f$、压差推动力 $\boldsymbol{F}_J$、绕流阻力 $\boldsymbol{F}_r$ 以及剪切扩散力 $\boldsymbol{F}_s$。污泥颗粒在混合液中受到的浮力近似等于污泥颗粒的重力作用，因而仅考察污泥颗粒在绕流阻力、剪切扩散力以及压差推动力作用下的运动状况。

$$\boldsymbol{F}_r = \frac{1}{2} C_D \rho A_1 V_r^2 = 0.22 \rho A_1 V_r^2 \tag{2.10}$$

$$\boldsymbol{F}_s = k_s \rho A_2 V_r^2 \tag{2.11}$$

$$\boldsymbol{F}_J = k_J \mathrm{TMP} A_2 \tag{2.12}$$

式中，A_1 为颗粒在垂直方向上的投影面积，m^2；A_2 为颗粒在水平方向的投影面积，m^2；k_s 和 k_J 分别为剪切扩散和压力推动力的常系数。

根据受力情况可得

$$\frac{\pi}{6}\rho_p d_p{}^3 \frac{\mathrm{d}\boldsymbol{v}_p}{\mathrm{d}t} = \boldsymbol{F}_r - k_f(\boldsymbol{F}_J - \boldsymbol{F}_s) \tag{2.13}$$

式中，ρ_p 为污泥颗粒密度，kg/m^3；d_p 为污泥颗粒直径，m；k_f 为颗粒与膜面之间的摩擦系数。

根据颗粒在膜面不沉积的条件，即 $\dfrac{\mathrm{d}\boldsymbol{v}_p}{\mathrm{d}t} \geqslant 0$，可得

$$\boldsymbol{F}_r - k_f(\boldsymbol{F}_J - \boldsymbol{F}_s) \geqslant 0 \tag{2.14}$$

根据式（2.14）可以求出：

$$V_r \geqslant \sqrt{\frac{k_f k_J A_2 \mathbf{TMP}}{0.22\rho A_1 + k_f k_s \rho A_2}} \tag{2.15}$$

即 $V_r \geqslant \sqrt{\dfrac{k_f k_J A_2}{0.22\rho A_1 + k_f k_s \rho A_2}} \sqrt{\mathbf{TMP}} = k_r\sqrt{\mathbf{TMP}}$ \qquad(2.16)

式中，k_r 为常系数，$k_r = \sqrt{\dfrac{k_f k_J A_2}{0.22\rho A_1 + k_f k_s \rho A_2}}$

从式（2.16）可以看出，当膜面错流流速（CFV）大于等于 $k_r\sqrt{\mathbf{TMP}}$ 时，污泥颗粒不至于在膜面沉积；当 CFV 小于 $k_r\sqrt{\mathbf{TMP}}$ 时，污泥颗粒有可能在膜面沉积。

从上述分析可知，CFV 是控制泥饼层形成的一个重要因素，在进行浸没式膜生物反应器的设计中，必须进行适当的水力学条件设计，维持一定的 CFV。

但同时，从上述的分析也可知，控制泥饼层形成的 CFV 与 **TMP** 值有关，而 **TMP** 的大小其实又和通量 J 有关，因而我们可以获知，在一定 CFV 的条件下，要想控制泥饼层的形成，就要降低运行通量 J，这就是浸没式膜-生物反应器要采用次临界通量运行模式的原因。

由污泥颗粒不至于沉积在膜表面的临界 CFV 与 **TMP** 的关系式：

$$\mathbf{CFV} = k_r\sqrt{\mathbf{TMP}} \tag{2.17}$$

又 $$J = \frac{\mathbf{TMP}}{\mu R} \tag{2.18}$$

因而 $$J = \frac{\mathbf{CFV}^2}{k_r{}^2 \mu R} \tag{2.19}$$

由于在浸没式膜生物反应器中，CFV 不可能无限制地提高，当 CFV 通过水力学优化达到一定值时，为了控制泥饼层的形成，必须选择一个适宜的运行通量 J。

3. 胶体与溶解性污染物膜污染理论分析

对于胶体与溶解性物质而言，其膜污染行为受限于污染物与膜材料之间的表面物化作用，并不能够简单地利用颗粒物的理论分析进行阐释；而胶体化学中成熟的 DLVO 理论（Derjaguin-Landau-Verwey-Overbeek）可以模拟相互之间的作用。虽然 DLVO 认为是用于表述经典的胶体物质的迁移行为，但是如果把溶解性物质视为具有粒径的物质，

DLVO 也可以拓展应用到溶解性有机物的膜污染行为的评价中。因此，本章利用扩展的
DLVO（XDLVO）理论对不同化学环境下模拟溶解性污染物与膜之间微距作用进行评价，
考察 pH 值及离子强度对两者之间相互作用能及污染趋势的影响，以阐释胶体和溶解性
污染物膜污染的理论。

　　1）实验材料与测试评价方法

　　实验用海藻酸钠（模拟污染物）购于美国 Sigma Aldrich 公司，配制浓度 500mg/L。
海藻酸钠基本参数见表 2.2。海藻酸钠的 pH 值分别由 1mol/L HCl 和 1mol/L NaOH 调
节，离子强度由 NaCl 调节。实验用膜分别为自主研制的 PVDF、PVC 及 PAN 材质微
滤膜，基本参数如表 2.2 所示。另外一种 PVC 材质微滤膜从日本 Kubota 公司购买，
编号为 PVC-K。试验选用超纯水、甲酰胺及二碘甲烷为指示剂，测定膜与海藻酸钠表
面张力参数。超纯水由 Millipore 超纯水机制备，甲酰胺及二碘甲烷均为分析纯，购于
国药集团化学试剂有限公司。

表 2.2　海藻酸钠及膜的基本性质

实验材料		浓度/(mg/L)	平均粒度/nm	平均孔径/nm	Zeta 电位/mV	接触角/（°）		
						水	甲酰胺	二碘甲烷
污染物	海藻酸钠*	500	104.5	—	−41.63	79.5	63.9	54.2
膜	PVDF（自制）	—	—	0.08	−52.09	79.7	53.0	47.5
	PVC（自制）	—	—	0.01	−60.94	74.3	54.9	34.1
	PAN（自制）	—	—	0.01	−55.82	49.5	40.0	41.3
	PVC−K（Kubota）	—	—	0.20	−57.57	92.8	59.3	31.2

*pH 值为 6.5；离子强度为 10 mmol/L NaCl。

　　分别采用酸碱及 NaCl 溶液调节海藻酸钠 pH 值及离子强度，考察 pH 值和离子强度
对海藻酸钠的物化性质以及其表面张力参数、表面自由能的影响，利用 XDLVO 理论评
价不同 pH 值及离子强度对海藻酸钠与膜面之间微距界面相互作用能的影响，并预测膜
污染趋势。实验设计 pH 值分别为 3.5、4.7、6.5、7.5 和 9.0。离子强度为 5 mmol/L、10
mmol/L、50 mmol/L 和 150 mmol/L NaCl。膜污染试验采用氮气瓶施压的死端过滤方法，
过滤压力为 40 kPa。操作温度为 25 ℃。所有膜样品使用前在超纯水中浸泡 24 h，过滤
后膜在 35℃内干燥 24 h 后，进行接触角的测定，用于计算污染后膜表面自由能及污染
膜与海藻酸钠相互作用能。

　　XDLVO 将界面相互作用力分为静电力（EL）、范德华力（LW）和极性力（AB）三
种力来描述，计算公式为（Wang Q Y et al.，2013）

$$U_{mlc}^{XDLVO} = U_{mlc}^{LW} + U_{mlc}^{EL} + U_{mlc}^{AB} \qquad (2.20)$$

式中，U_{mlc}^{LW}、U_{mlc}^{EL} 及 U_{mlc}^{AB} 分别为由范德华力（LW）、静电力（EL）和极性力（AB）引
起的界面作用能；下标 m、l、c 分别为膜、溶液（水）、胶体。

a. 表面能参数

首先，通过测定三种已知表面能参数的液体对膜及胶体（溶解性物质）的接触角，利用扩展的 Young's 方程来计算膜与胶体（溶解性物质）的表面能参数。Young's 方程描述了固体表面液体的接触角与该液体及固体的表面能参数之间的关系，方程表达式如下：

$$(1+\cos\theta)\gamma_1^{\text{TOT}} = 2(\sqrt{\gamma_s^{\text{LW}}\gamma_1^{\text{LW}}} + \sqrt{\gamma_s^+\gamma_1^-} + \sqrt{\gamma_s^-\gamma_1^+}) \tag{2.21}$$

式中，θ 为接触角；γ^{LW} 为 LW 成分；γ^+ 为电子供体参数；γ^- 为电子受体参数；下标 s 和 1 分别为固体及液体；等式左边为该液体单位面积的吸附自由能，右边为该液体与固体之间的单位面积吸附自由能；γ^{TOT} 为总的表面张力，即非极性的 LW 及极性力 AB 之和：

$$\gamma^{\text{TOT}} = \gamma^{\text{LW}} + \gamma^{\text{AB}} \tag{2.22}$$

式中，γ^{AB} 由电子供体及电子受体两部分组成：

$$\gamma^{\text{AB}} = 2\sqrt{\gamma^+\gamma^-} \tag{2.23}$$

b. 吸附自由能

单位吸附自由能表示两种二维表面相接触时（即膜与污染物质）的单位面积相互作用能。LW 及 AB 单位吸附自由能分别由式（2.24）、式（2.25）计算：

$$\Delta G_{h_0}^{\text{LW}} = 2\left(\sqrt{\gamma_1^{\text{LW}}} - \sqrt{\gamma_m^{\text{LW}}}\right)\left(\sqrt{\gamma_c^{\text{LW}}} - \sqrt{\gamma_1^{\text{LW}}}\right) \tag{2.24}$$

$$\Delta G_{h_0}^{\text{AB}} = 2\sqrt{\gamma_1^+}\left(\sqrt{\gamma_m^-} + \sqrt{\gamma_c^-} - \sqrt{\gamma_1^-}\right) + 2\sqrt{\gamma_1^-}\left(\sqrt{\gamma_m^+} + \sqrt{\gamma_c^+} - \sqrt{\gamma_1^+}\right) - 2\left(\sqrt{\gamma_m^+\gamma_c^-} + \sqrt{\gamma_m^-\gamma_c^+}\right) \tag{2.25}$$

式中，$\Delta G_{h_0}^{\text{LW}}$ 及 $\Delta G_{h_0}^{\text{AB}}$ 分别表示当作用距离为 h_0 时的范德华及酸碱相互作用自由能，其中 h_0 定义为物体之间最小分离距离，为 0.158 nm。膜与胶体（溶解性物质）之间的单位界面自由能大小说明了该材料在液相中的稳定性。如果该自由能为正值，说明该材料处于稳定状态，反之亦然。

c. 膜与污染物之间相互作用能

随着膜与胶体（污染物质）之间分离距离的增加，LW 及 AB 组成产生的自由能将逐渐削弱。而由膜与胶体（污染物质）之间静电力作用产生的相互作用能（EL）可以根据下式计算：

$$U_{\text{mlc}}^{\text{LW}} = 2\pi\Delta G_{h_0}^{\text{LW}}\frac{h_0^2 a}{h} \tag{2.26}$$

$$U_{\text{mlc}}^{\text{AB}} = 2\pi a\lambda\Delta G_{h_0}^{\text{AB}}\left(\frac{h_0-h}{h}\right) \tag{2.27}$$

$$U_{\text{mlc}}^{\text{EL}} = \pi\varepsilon a\left\{2\xi_c\xi_m\ln\left[\frac{1+e^{-kh}}{1-e^{kh}} + \left(\xi_c^2 + \xi_m^2\right)\ln\left(1-e^{-2kh}\right)\right]\right\} \tag{2.28}$$

式中，a 为胶体（溶解性物质）粒径；h 为膜与胶体（溶解性物质）之间的分离距离；λ 为 AB 作用力的衰变长度，为 0.6 nm；ε 为介电常数；k 为双电层厚度的倒数；ξ_m 及 ξ_c 分别为膜与胶体（溶解性物质）的表面电位。

双电层厚度的倒数 k 由式（2.29）计算：

$$k = \sqrt{\frac{e^2 \sum n_i z_i^2}{\varepsilon_r \varepsilon_0 kT}} \qquad (2.29)$$

式中，e 为电子电荷；n_i 为 i 离子浓度；z_i 为 i 化合价；k 为 Boltzmann 常数；T 为溶液温度。本试验以 0.01 mol/L NaCl 为电解液，并在室温下操作（25.0℃±1.0℃）。

2）海藻酸钠溶液 pH 值及离子强度对其粒度及电位的影响

海藻酸钠粒度及电位随着 pH 值变化曲线如图 2.5 所示。随着 pH 值由 3.5 增加到 4.7，电位由−34.4 mV 下降至−39.1 mV，并在 pH 值大于 6.5 后，稳定在−41.0 mV 左右。同样，当 pH 值大于 6.5 时，海藻酸钠粒径几乎不受 pH 值变化影响，而当 pH 值降至 4.7 时，粒度明显下降，pH 值进一步下降到 3.5 时，粒度又有所增加。海藻酸钠作为一种聚阴离子电解质，其在 pH 值小于 5.0 时羧基水解产生的游离羧酸盐基团（—COO¯）将被质子化为—COOH。并且其质子化程度随着 pH 值的降低而增加，从而中和了海藻酸钠主链中负电荷，增加 Zeta 电位值。当溶液 pH 值大于 5.0 时，羧基发生去质子化作用，游离羧酸盐基团（—COO¯）再次形成。当溶液 pH 值达到 6.5 时，羧基被完全去质子化，溶液的 Zeta 电位值处理最低状态。因此，海藻酸钠溶液电位随着 pH 值的变化主要受到其主链上羧基的质子化与去质子化作用控制。

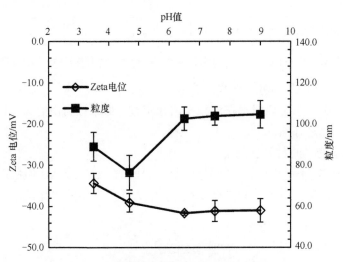

图 2.5　pH 值对海藻酸钠粒度及电位的影响

根据多糖物质特性，海藻酸钠在酸性条件下会发生水解分裂。当 pH 值小于 5.0 时，酸性水解作用加强，使得海藻酸钠粒度降低。但当 pH 值下降到小于 pK_a 值（为 3.38～3.65）时，海藻酸钠将会聚集形成酸性凝胶，从而增加溶液平均粒度。这也就说明 pH 值为 3.5 时，海藻酸钠粒度的增加是由于其酸性凝胶的形成导致。

试验通过向海藻酸钠中加入不同剂量的 NaCl，考察不同离子强度对海藻酸钠粒度及电位的影响。图 2.6 给出了海藻酸钠粒度及电位随着离子强度的变化曲线。由图 2.6 可以看出，随着溶液中离子强度的增加，海藻酸钠粒度逐渐减小，而电位逐渐增加。且当离子强度大于 10 mmol/L 时，这种影响更为显著。由于双电层压缩及反电荷离子屏蔽作用，离子强度的增加将会降低 Zeta 电位的绝对值，并使海藻酸形成更紧凑致密的盘绕结构，即降低了海藻酸的粒度。本研究中，当离子强度为 50 mmol/L 时，Zeta 电位值绝对值小于 30 mV，粒度小于 100 nm。

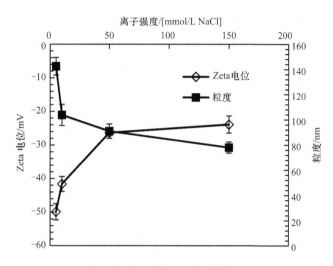

图 2.6　离子强度对海藻酸钠粒度及电位的影响

3）海藻酸钠溶液 pH 值及离子强度对其表面自由能的影响

试验用膜表面张力参数及表面吸附自由能如表 2.3 所示。由表可知，不同材料制备的膜表现出不同极性及非极性特性。首先，PVC 及 PVC-K 膜非极性表面张力参数 γ^{LW} 均大于 PAN 膜及 PVDF 膜。且几种材质膜表面都表现出强的给电子单极性，即高的电子供体成分 γ^- 和相对低的电子受体成分 γ^+。PVC-K 膜表面给电子参数及受电子参数值都很低，从而导致 γ^{AB} 成分值较小。带电子供体基团的表面易与带电子受体基团表面发生作用，从而可能导致吸引的 AB 相互作用。

表 2.3　不同材质膜表面单位自由能

材质	γ^{LW}	γ^+	γ^-	γ^{AB}	γ^{TOT}	ΔG_{y0}^{LW}	ΔG_{y0}^{AB}	ΔG_{SWS}
PVDF	35.68	0.96	3.95	1.95	37.64	−3.40	−49.82	−53.22
PVC	42.45	0.26	9.49	1.57	44.02	−6.82	−35.77	−42.59
PAN	38.95	0.37	30.37	3.35	42.30	−4.94	8.20	3.25
PVC-K	43.72	0.08	0.22	0.13	43.85	−7.55	−87.33	−94.89

膜表面 LW 及 AB 组分表面自由能由式（2.24）及式（2.25）计算得到，两者之和为膜表面吸附自由能即 ΔG_{SWS}。ΔG_{SWS} 表示该材料在液相中（本节中指水溶液）的内聚能。ΔG_{SWS} 值能够定量的表示材料表面亲疏水性程度。正值代表亲水性表面，而负值表示疏水性表面，且绝对值越小表明相应亲疏水性程度越低。从表 2.3 可以看出，PVDF 膜、PVC 膜及 PVC-K 膜表面 ΔG_{SWS} 为负值，而 PAN 膜为正值，表明 PAN 膜具有亲水性表面，而其他三种膜表面呈疏水性。并且 PVC-K 膜表面的 ΔG_{SWS} 值最低，为 $-94.89\ mJ/m^2$，表明 PVC-K 膜表面疏水性最强。

4）pH 值及离子强度对海藻酸钠表面自由能的影响

表 2.4 给出了不同 pH 值下海藻酸钠表面张力参数及内聚力自由能的计算结果。由表面张力参数计算结果可以看出，海藻酸钠表面呈现出强的给电子特性。并在酸性条件下，海藻酸钠的给电子特性成分（γ^-）随着 pH 值的增加而增加，而当溶液呈弱碱性时，给电子成分 γ^- 开始随着 pH 值的增加而降低。LW（ΔG_{y0}^{LW}）与 AB（ΔG_{y0}^{AB}）成分表面自由能也呈现出了相同的变化规律，从而导致海藻酸钠表面自由能（ΔG_{SWS}）的变化。这一实验结果显示，在 pH 值为 6.5 时，海藻酸钠溶液亲水性最强，更酸或更碱的条件都会增加海藻酸钠溶液的疏水性。

表 2.4　pH 值对海藻酸钠表面张力参数及表面自由能的影响

pH 值	γ^{LW}	γ^+	γ^-	γ^{AB}	γ^{TOT}	ΔG_{y0}^{LW}	ΔG_{y0}^{AB}	ΔG_{SWS}
3.5	39.83	0.25	3.52	0.94	40.77	−5.39	−57.76	−63.15
4.7	33.90	0.01	6.24	0.24	34.14	−2.66	−50.56	−53.22
6.5	31.93	0.10	8.83	0.94	32.87	−1.93	−39.35	−41.28
7.5	36.51	0.14	4.48	0.80	37.31	−3.77	−54.81	−58.58
9.0	37.15	0.54	0.93	0.71	37.86	−4.07	−70.45	−74.51

由于海藻酸钠的异构性，其分子链上的亲水及疏水单元将随着主链上羧基的质子化与去质子化作用的改变而改变。当解离的羧基逐渐被质子化时，海藻酸钠分子链上开始出现疏水段。随着 pH 值的进一步降低，被质子化的羧基数量增加，海藻酸钠的亲水性降低。实验最初，由于分子中大量的负电荷存在，海藻酸钠分子以伸展的、随机的线圈形态悬浮在溶液中。然而，当分子链中羧基逐渐被质子化后，疏水片段的出现，以及质子化后羧酸之间氢键作用使得海藻酸钠发生自组装。当 pH 值大于 6.5 时，羧酸完全去质子化，此时海藻酸钠亲水性最强。随着碱的继续加入，海藻酸钠的供电子特性被削弱，亲水性下降。

海藻酸钠溶液的离子强度也会对其表面自由能产生较大的影响。表 2.5 给出了不同离子强度对其表面张力参数及表面自由能的影响。随着 NaCl 浓度的增加，静电屏蔽作用加强，使得海藻酸钠的供电子特性 γ^- 下降。此外，增加离子强度将导致海藻酸钠表面自由能 ΔG_{SWS} 的下降，也就是疏水性及热力学不稳定性增强。分析其原因是由于高的离子强度值导致双电层厚度减小，污染物质之间相互吸引，从而不稳定性增加。

表 2.5　离子强度对海藻酸钠表面张力参数及表面自由能的影响

离子强度	γ^{LW}	γ^+	γ^-	γ^{AB}	γ^{TOT}	ΔG_{y0}^{LW}	ΔG_{y0}^{AB}	ΔG_{SWS}
IS*=5 mmol/L	34.22	0.13	12.83	1.28	35.51	−2.79	−24.97	−27.76
IS=10 mmol/L	31.93	0.10	8.83	0.94	32.87	−1.93	−39.35	−41.28
IS=50 mmol/L	36.36	1.01	3.11	1.77	38.13	−3.70	−53.17	−56.88
IS=150 mmol/L	37.48	0.33	2.71	0.94	38.42	−4.22	−59.09	−63.31

* IS 表示离子强度（ionic strength）。

5）pH 值及离子强度对膜与溶液之间相互作用能的影响

为确定膜与海藻酸钠之间各组分相互作用能随着分离距离的变化情况，本节利用

XDLVO 理论构建 pH 值为 6.5，离子强度为 10mmol/L NaCl 条件下海藻酸钠溶液与四种膜相互作用能与分离距离之间函数关系，结果如图 2.7 所示。

　　由图 2.7 可见，对所有膜来说，LW 组分及 AB 组分作用能在分离距离小于 3 nm 时表现出相互吸引作用，并且 AB 组分作用能贡献大于 LW 组分作用能。相反，EL 组分作用能表现出排斥作用，并其作用距离达到 12 nm。分析是由于膜与海藻酸钠表面都荷负电，并双电层相对较厚。LW、AB 组分及 EL 组分作用能之和则表示当海藻酸钠逐渐向膜面迁移时所受到的界面相互作用。如图 2.7 所示，当海藻酸钠到达膜表面 12 nm 距离时，开始受到由静电力引起的排斥作用。为进一步向膜面靠近，海藻酸钠必须克服逐渐增加的静电斥力作用。而这种作用能在分离距离为 1~2 nm 时最强。污染物质与 PVDF 膜、PVC 膜、PAN 膜及 PVC-K 膜之间能垒分别为 1.73 kT、2.08 kT、2.23 kT 及 1.79 kT。这一结果表明，PAN 膜表面对污染物质的排斥作用最强，而由于 PVDF 及 PVC-K 膜与污染物质的能垒较低，膜表面容易首先吸附上污染物。当海藻酸钠越过能垒后，LW 组分及 AB 组分作用逐渐增长，并抵消掉静电斥力作用，导致污染物质在膜表面的吸附。当分离距离小于 0.2 nm 时，除 PAN 膜面，污染物质与膜表面相互作用能均表现出相互吸引，并且 PVC-K 与污染物质之间吸引作用最强。分析是由于 PVC-K 强疏水表面导致。

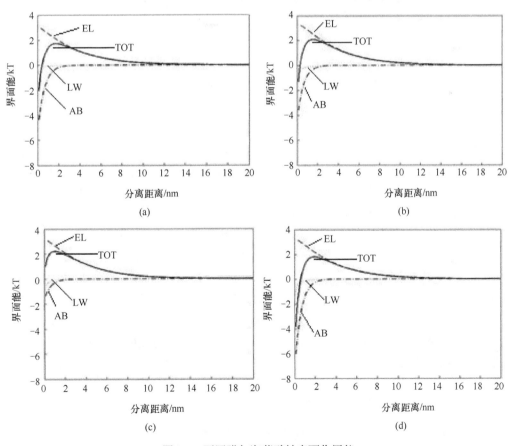

图 2.7　不同膜与海藻酸钠表面作用能
（a）PVDF 膜；（b）PVC 膜；（c）PAN 膜；（d）PVC-K 膜

而由于低的 AB 组分相互作用值以及强的亲水性表面，PAN 膜在污染物质靠近的过程中均表现出相互排斥的作用。本节实验结果表明，AB 组分与 EL 组分作用能在污染物质向膜表面靠近时起到重要的作用，污染物质与膜表面总相互作用能主要受膜面亲水性及表面电位大小决定。

不同 pH 值及离子强度下 PAN 膜与海藻酸钠的界面相互作用能如图 2.8 所示。

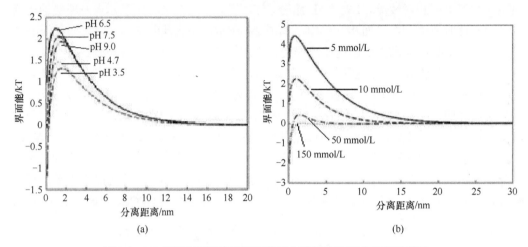

图 2.8　pH 值及离子强度对污染物质与膜界面相互作用能的影响
（a）pH 值；（b）离子强度

由图 2.8（a）可以看出，膜与污染物质的分离距离达到 15 nm 时，两者之间界面相互作用能出现，并在本节采用的 pH 值范围内，膜与污染物质之间界面相互作用能均为正值，即两者之间受到排斥作用。pH 值在 3.5 到 6.5 范围内时，能垒随着 pH 值的增加而增加，之后随 pH 值的增加能垒下降。在酸性条件下，由 pH 值增加引起的海藻酸钠质子化降低了污染物质表面负电荷数量，从而削弱了膜面与污染物质表面之间静电斥力，易于污染物质在膜面的吸附。然而，在碱性条件下，海藻酸钠电子供体特性的降低，加强了 AB 吸引组成作用，从而降低了能垒。

图 2.8（b）可能看出，改变离子强度对 PAN 膜与海藻酸钠之间的相互作用能有显著影响。随着离子强度的增加，膜与海藻酸钠之间的相互作用能明显减弱，并且其作用距离逐渐缩短。离子强度为 5 mmol/L、10 mmol/L、50 mmol/L 和 150 mmol/L 时膜与海藻酸钠之间能垒分别为 4.4 kT、2.23 kT、0.44 kT 和 0.01 kT。由于 NaCl 电解液的增加导致海藻酸钠溶液 Zeta 电位值下降，使膜与海藻酸钠之间静电斥力减弱，进而降低了能垒。此外，当离子强度由 5 mmol/L 增加到 150 mmol/L 时，膜与海藻酸钠之间的作用距离相应地由 50 nm 缩短到 2 nm。这是由于 NaCl 浓度增加产生的压缩双电层作用缩短了作用距离。实验结果说明，当 pH 值为 6.5、离子强度为 5 mmol/L NaCl 时，海藻酸钠与膜之间的排斥作用最强，即污染趋势最低。

6）膜面吸附层对膜与溶液之间相互作用能的影响

过滤初期，海藻酸钠与膜之间的吸附作用由两者之间的相互作用能控制。但随着运行时间的延长，膜表面物化特性逐渐被吸附在膜面的污染物质改性。此时，海藻酸钠与膜之间的吸附趋势由沉积在膜面的海藻酸钠与游离的海藻酸钠之间的内聚能所控制。为说明污染前后膜与海藻酸钠界面相互作用能的变化，图 2.9 给出了不同 pH 值及离子强度下新膜-海藻酸钠和污染物-海藻酸钠的单位面积相互作用能计算结果。

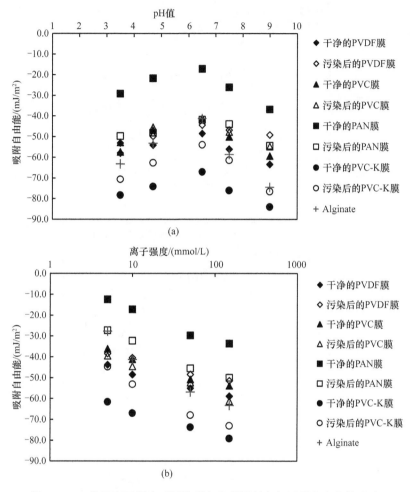

图 2.9　pH 值及离子强度对污染膜与海藻酸钠之间吸附自由能的影响
（a）pH 值；（b）离子强度

由图 2.9 可知，污染后膜面吸附自由能被沉积的海藻酸钠改性，所有污染膜表现出与海藻酸钠溶液相似的表面自由能特性。可以看出，膜面的海藻酸钠沉积层分别降低了 PAN 膜的亲水性以及 PVC-K 膜的疏水性。而由于 PVDF 膜及 PVC 新膜表面自由能与海藻酸钠相近，所以污染前后膜表面自由能特性差异较小。由此可以得到结论，疏水性膜表面形成的污染层可以阻碍溶液中的污染物进一步向膜面迁移。尽管亲水性膜面最初污染层的形成相对困难，但随着运行时间的延长，膜面最终会被污染层所覆盖，而此后膜的污染趋势则取决于溶液中污染物质与改性后的膜表面吸附自由能。

7）膜污染试验结果与讨论

在 pH 值为 6.5、离子强度为 10 mmol/L 时，四种膜过滤海藻酸钠的膜相对通量下降曲线如图 2.10 所示。

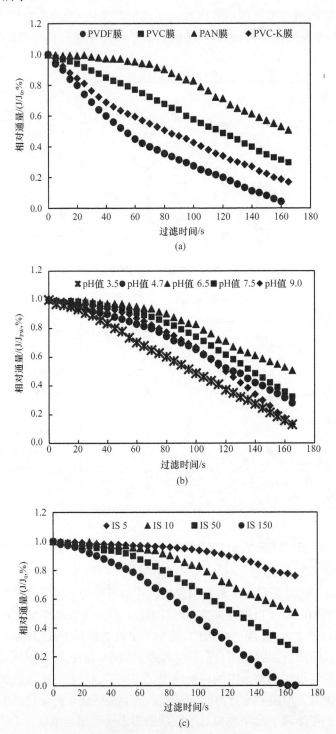

图 2.10　膜相对通量下降曲线

（a）四种膜的影响；（b）pH 值的影响；（c）离子强度的影响

由图 2.10（a）可以看出，四种膜的最初膜相对通量下降率差异较大，其下降速率大小顺序为：PVDF 膜＞PVC-K 膜＞PVC 膜＞PAN 膜。这一结果与 XDLVO 理论计算得到的新膜与海藻酸钠之间能垒顺序相一致。随着过滤时间的增加，膜表面的理化性质逐渐被沉积的海藻酸钠改性。因此，过滤 60 s 后，所有膜的通量下降速率相似。此时膜污染趋势由污染膜与海藻酸钠之间的相互作用能控制。

　　下面以 PAN 膜为例阐述不同 pH 值及离子强度条件下海藻酸钠溶液的膜污染特性。图 2.10（b）给出了 PAN 膜过滤不同 pH 值下海藻酸钠溶液时的相对通量下降曲线。可以看出，前 60 s 过滤时间内，pH 值相对膜通量下降速率大小顺序为：6.5＜7.5＜9.0＜4.7＜3.5，与 PAN-海藻酸钠相互作用能垒结果一致。60 s 后 pH 值相对膜通量下降速率顺序大致为：6.5＜7.5＜4.7＜3.5＜9.0，这一结论与图 2.9 中膜与海藻酸钠之间表面自由能计算结果相吻合。由此可以得到结论：过滤初期海藻酸钠在膜面上的吸附快慢主要由膜与海藻酸钠之间相互作用能垒决定。其后，随着膜面污染层的逐渐形成，膜污染速率则主要取决于沉积海藻酸钠-悬浮海藻酸钠之间的吸附自由能。

　　基于 XDLVO 理论对不同离子强度下新膜-海藻酸钠及污染膜-海藻酸钠相互作用能的预测，高离子强度下的海藻酸钠溶液污染潜力比低离子强度条件大。这一预测也在图 2.10（c）中得到证实。膜污染试验结果表明，pH 值及离子强度的改变对海藻酸钠溶液的污染特性产生显著的影响，并且 XDLVO 理论可以有效地预测膜污染趋势。

　　对不同粒态污染物的膜污染行为机制进行对比，可以看出，颗粒态污染物主要与反应器的操作运行条件密切相关（CFV、通量和操作压力等），而胶态和溶解态污染物主要受界面的微作用力影响（范德华力、静电作用力、酸碱作用力），如图 2.11 所示。

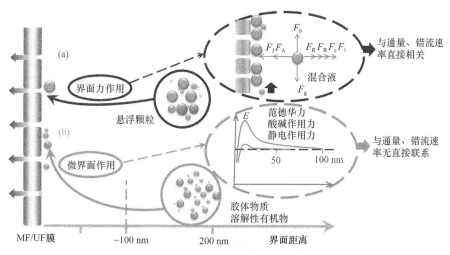

图 2.11　不同粒态污染物的界面污染行为机制
(a)界面力作用；(b)微界面作用

2.1.6　膜污染的表征指标

　　膜污染的表征指标很多，最为普遍应用的是 TMP 增长速率以及膜过滤性能变化等（Wang Z W et al.，2013a）。对于恒流运行条件，单位时间内 TMP 的变化可以反映膜污染发展的情况，即 dTMP/dt。膜过滤性能可以表示为 J/TMP，其单位时间的变化 d（J/TMP）/dt 同样可以用来间接表征膜污染发展的状况，对于恒流、或者恒压模式均适用。此外，也可以用阻力变化情况（dR/dt）来表示膜污染的状况，如过滤 30 min 时间内的阻力变化（ΔR_{30}）。

根据文献调研（Wang Z W et al.，2013b），在恒压过滤条件下，一些其他指标也被应用于膜污染的表征，如过滤一定体积所需的时间（TTF）、改良的污染指标（MFI）、过滤比阻力（SRF）等指标。

MFI 污染指标可以通过下式进行计算：

$$\frac{t}{V} = \frac{\mu R_{\mathrm{m}}}{\Delta PA_{\mathrm{m}}} + \frac{\mu \alpha C}{2\Delta PA_{\mathrm{m}}{}^2}V \tag{2.30}$$

$$\mathrm{MFI} = \frac{\mu \alpha C}{2\Delta PA_{\mathrm{m}}{}^2} \tag{2.31}$$

式中，t 为过滤时间，s；V 为过滤体积，L；μ 为过滤液黏度，Pa·s；R_{m} 为清洁膜阻力，m^{-1}；ΔP 为过滤过程使用的跨膜压力，kPa；A_{m} 为膜面积，m^2；α 为泥饼层比阻力，m/kg（即 SRF）；C 为主体混合液污染物浓度，mg/L。

过滤比阻力（SRF）可以通过式（2.31）得出：

$$\mathrm{SRF} = \left(\frac{2A_{\mathrm{m}}{}^2\Delta P}{\mu C}\right)\mathrm{MFI} \tag{2.32}$$

同时污泥的泥饼层阻力与 SRF 之间具有下述关系：

$$R_{\mathrm{c}} = \frac{\mathrm{SRF} \times M}{A_{\mathrm{m}}} \tag{2.33}$$

以上指标可以用于污染情况的表征，同时随着膜污染研究的深入以及新仪器的使用，一些其他指标也逐渐被提出并应用于污染的表征，不再逐一赘述。

2.2　MBR 污染物鉴定、表征及膜污染特性

2.2.1　EPS、SMP 等物质的鉴定与表征

1. EPS、SMP 物质的三维荧光光谱鉴定与表征

本节主要介绍采用三维荧光光谱对 MBR 中的 EPS、SMP 等物质进行鉴定与表征，利用灵敏度高、检测便捷、无损伤的光谱分析方法与传统化学分析测试方法结合，可以更为清楚地认知膜生物反应器优势污染物的物化性质。有关三维荧光具体分析机制和方法不再赘述（Wang et al.，2009a，2009b）。

1）EPS 的三维荧光光谱（EEM）分析

图 2.12 给出了典型的生活污水和 MBR 中 EPS 三维荧光光谱。进行三维荧光扫描时，激发波长和发射波长的扫描范围都是 200～600 nm，发现生活污水荧光图谱中激发波长

>400nm，发射波长＞500nm 的范围内没有任何荧光峰，同时 EPS 荧光图谱中激发波长
＞550nm，发射波长＞550nm 范围内也没有荧光峰。因此图 2.12 中给出的两个样品的
EEM 图谱的扫描范围进行了一定程度的缩小。

　　从图 2.12 可见，生活污水的 EEM 光谱有两个主要的荧光峰 A 和峰 B，中心
位置（$\lambda_{ex}/\lambda_{em}$）分别位于 235nm/345nm 及 280nm/335nm，与类蛋白质物质有关，
分别是酪氨酸和色氨酸荧光；在 λ_{ex}＞250nm，λ_{em}＞375nm 的区域内有一个宽阔的
峰带，其中心位置 $\lambda_{ex}/\lambda_{em}$ 在 315nm/420nm 处（C），与类富里酸物质有关，强度相
对较弱。

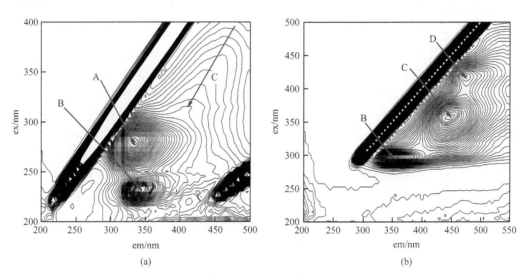

图 2.12　典型的生活污水和 EPS 荧光图谱
（a）生活污水；（b）EPS

　　MBR 段 EPS 中 B 峰、C 峰仍然存在，但其中心位置 $\lambda_{ex}/\lambda_{em}$ 与污水中的 B 峰、C 峰
有较大的差异，分别为 290nm/350nm 和 350nm/440nm。荧光峰位置的改变表征着荧光
物质结构的改变。荧光峰向短波长方向移动称为蓝移，蓝移与氧化作用导致的结构变化
有关，如稠环芳烃分解为小分子，芳香环和共轭基团数量的减少以及特定官能团如羰基、
羟基和胺基的消失；荧光峰向长波长方向移动称为红移，红移则与荧光物质中羰酰基取
代基团，如羰基、羧基、羟基和胺基等的增加有关。相对于生活污水，EPS 中 B 峰和 C
峰都有很大程度的红移，可以解释为分子中羰基、羧基和胺基的增加，共轭效应的增加，
分子缩合程度加强。此外，研究认为 B 峰与芳环氨基酸结构有关，而 A 峰则与微生物
降解产生的类蛋白质有关，EPS 中 A 峰消失、B 峰强度则很大，说明微生物降解产生的
类蛋白质物质没有分布在 EPS 中，而芳环的氨基酸结构则较多地分布在 EPS 中。与此
同时，EPS 中出现了另外一个污水中没有的荧光峰 D，该峰位于 415nm/475nm 处，与类
腐殖酸物质有关。该物质不是来自于污水中，而是来自于微生物自身衰减过程。上述分
析表明，可以利用三维荧光光谱分析技术进行 EPS 中物质成分、物质结构等的分析，以
更深入地理解 EPS 物质的性质。

2）SMP（DOM）的性质分析

由于在实际污水处理过程中，反应器中的混合液上清液除了包含 SMP 之外，还包含部分进水中未降解或者难以降解的有机物，因此用溶解性有机物（DOM）代替 SMP 可以更客观地反映实际情况。

a. 实验装置及参数

试验所用 MBR 中试装置由缺氧段（A 段）和好氧段（O 段）构成，有效容积分别为 160 L 和 480 L。O 段设置隔板，形成水力循环，隔板之间垂直放置 9 片聚偏氟乙烯平板膜（上海子征公司），平均孔径 0.2 μm，每片膜有效过滤面积为 0.7 m²。空气泵经由曝气管向 MBR 供氧，同时在膜表面产生错流，曝气量由气体流量计进行控制。进水经过 9 mm 格网后通过进水泵提升进入 A 段，然后自流进入 O 段，通过液位控制器维持反应器内液位恒定。出水泵采用抽吸 10 min、停 2 min 的模式，对膜组件抽真空运行，出水流量及跨膜压力（TMP）分别由流量计和压力计读出。运行过程中膜通量约为 25 L/（m²·h），A 段和 O 段水力停留时间（HRT）分别为 1.3 h 和 3.9 h，污泥停留时间（SRT）为 40 d，污泥回流比为 300%。曝气量为 6 m³/h，以维持膜表面错流速率在 0.3 m/s 左右。A 段和 O 段的溶解氧浓度分别维持在 1～3 mg/L 及 0.2 mg/L 左右。当 TMP 达到 30 kPa 时，将膜片在 0.5%（体积分数）NaClO 溶液中浸泡 2 h 进行化学清洗。

与 MBR 作对比的 CAS 工艺为上海某污水处理厂厌氧/缺氧/好氧（AAO）工艺，日处理量约 75 000 m³，厌氧、缺氧及好氧段 HRT 分别为 1.5 h、1.5 h 和 4.7 h，SRT 为 8～10 天。

b. MBR 装置运行情况

MBR 中试装置进水为曲阳水质净化厂 AAO 工艺沉砂池出水，COD 为（361±221）mg/L，TN、TP 分别为（45.6±20.6）mg/L、（8.8±3.6）mg/L。装置稳定运行期间出水平均 COD、TN 和 TP 分别为 22.0 mg/L、15.4 mg/L 和 4.0 mg/L。膜通量及 TMP 变化情况见图 2.13，图中箭头表示当天对膜进行了化学清洗。

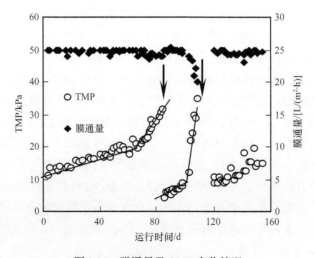

图 2.13　膜通量及 TMP 变化情况

从图 2.13 可见, 膜污染过程分为两个阶段, 最初 TMP 增加较慢, 运行一段时间后 TMP 急剧增加, 当 TMP 达到 30 kPa 时, 则对膜进行化学清洗。化学清洗前, 将膜片取出进行观察, 发现膜表面没有明显的泥饼层, TMP 的增加主要是由于凝胶层在膜表面的聚集产生的。

c. MBR 处理过程中 EEM 光谱变化

MBR 处理过程中 EEM 光谱变化如图 2.14 所示。生活污水的 EEM 光谱有两个主要的荧光峰 A 和峰 B, 中心位置 ($\lambda_{ex}/\lambda_{em}$) 分别位于 235~240 nm/340~350 nm 及 280~285 nm/320~335 nm, 为类蛋白质荧光; 在 λ_{ex}>250 nm, λ_{em}>375 nm 的区域内有一个宽阔的峰带 (C), 与类腐殖质有关, 强度相对较弱。从图 2.15 可见, 生活污水在 MBR 处理过程中, 荧光峰的位置及强度均发生了显著的变化。各处理阶段荧光强度 (FI) 相对于进水 FI 的平均去除率如表 2.6 所示, 其中 B/A 表示荧光峰 B 与峰 A 的强度比值。

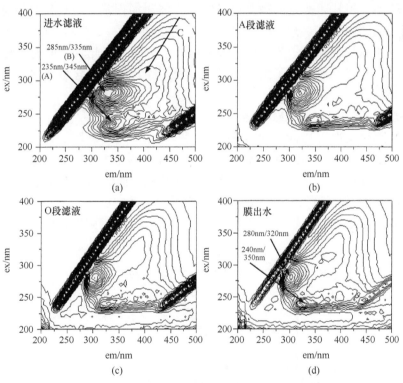

图 2.14 MBR 处理生活污水过程中典型的 EEM 光谱图
(a)进水滤液; (b)A 段滤液; (c)O 段滤液; (d)膜出水

表 2.6 MBR 处理过程中 FI 的变化

处理阶段	A 峰/%	B 峰/%	C 峰/%	B/A 值
进水	0	0	0	1.52
A 段	17.2	30.2	16.0	1.34
O 段	14.7	31.7	15.8	1.26
出水	18.5	35.1	15.9	1.21

从表 2.6 可见，整个处理过程中 A 段对各个峰 FI 削减的程度最大，占总去除率的 86% 以上。出水中 A 段、B 段的 FI 均比 O 段滤液降低了 3%～4%，说明膜对部分类蛋白质起了一定的截留作用。三个荧光峰中，C 峰的强度降低最小，这与类腐殖质较难被微生物降解的情况是一致的。B 峰的 FI 去除率最大，因此荧光峰 B 常被认为与污水中易生物降解组分联系最紧密。此外，B/A 值反映了类蛋白质的结构组成，也可以作为污水的荧光特征之一。文献报道含工业废水比例较大的城市污水 B/A 值约为 1.31，生活污水的 B/A 值约为 1.6。本节研究对象为典型的生活污水，进水的 B/A 值为 1.52，处理过程中 B/A 值逐渐降低。从以上分析可见，B/A 值越低，意味着污水中难降解物质的比例越高。

从荧光峰中心位置看，MBR 处理过程使荧光峰 A 红移了 5～10 nm，荧光峰 B 蓝移了 5～15 nm。蓝移与氧化作用导致的结构变化有关，如稠环芳烃分解为小分子，芳香环和共轭基团数量的减少以及特定官能团如羰基、羟基和胺基的消失；红移则与荧光基团中羰基、羧基、羟基和胺基的增加有关。因此，在 MBR 处理过程中，类蛋白质的共轭基团、芳香环等被分解为小分子，因此其强度也有较大程度的降低；同时，还有一部分分子结构中羰基、羧基等官能团的含量增加，表现为荧光峰 A 的红移。

d. 溶解性膜污染物的 EEM 光谱分析

溶解性膜污染物的 EEM 光谱如图 2.15 和表 2.7 所示。从图 2.15 可见，溶解性膜污染物与污水的 EEM 光谱相似，也是有 A 峰、B 峰两个主要的荧光峰及 C 峰带。与 O 段混合液滤液相比，荧光峰 A 有较大程度的蓝移，而荧光峰 B 有轻微的红移，说明膜污染物与 O 段滤液类蛋白质的结构有所不同，其中以小分子为主，结构中芳香环及共轭基团含量较低。此外，溶解性膜污染物中 C 峰带强度很弱，可见其中类腐殖质含量较低。

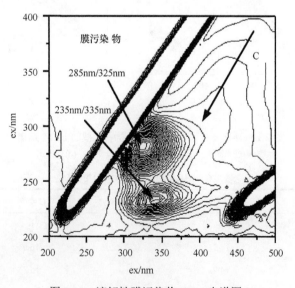

图 2.15　溶解性膜污染物 EEM 光谱图

表 2.7　溶解性膜污染物特性

荧光强度		UVA/cm^{-1}	DOC/（mg/L）	SUVA/[L/(mg·m)]
A 峰	B 峰			
102.5	163.7	0.59	46.23	12.76

2. EPS、DOM（SMP）的凝胶过滤色谱分析

凝胶过滤色谱法（GPC）可以测定有机物的分子量，以揭示污水处理过程中有机物分子量的变化以及膜过滤前后分子量的变化。分子量越大的物质其在体系中保持时间越短，分子量越小的物质保持时间越长。在 A/O-MBR 处理城市生活污水中，典型的有机物分子量迁移变化情况如图 2.16 所示（Wang and Wu，2009b）。

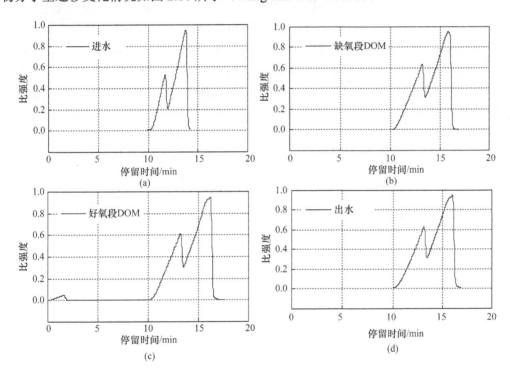

图 2.16　进水、缺氧段 DOM、好氧段 DOM 和出水的凝胶过滤色谱图

用于评价分子量分布的指标中，最常用的是重均分子量（Mw）和数均分子量（Mn）的比值。数均分子量是按试样含有分子的数目统计的平均分子量，重均分子量是按试样的重量进行统计的平均分子量。常用 Mw/Mn 值表征分子量的分布范围大小，Mw/Mn 值越大，表明分子量分布越宽。在 A/O-MBR 系统中的具体分子量分布信息列于表 2.8 中。

表 2.8　MBR 中 DOM 的 MW、Mw 和 Mn 的分布情况

测试水样	MW/kDa	Mw/kDa	Mn/kDa	Mw/Mn 值
进水	80.9～2176.5	342.9	209.2	1.64
缺氧段 DOM	11.5～1689.6	162.2	53.5	3.03
好氧段 DOM	6.1～382000.0	49036.1	47.3	1037.5
出水	10.9～1869.7	164.3	52.2	3.15

从图 2.16 和表 2.8 可以看出，A/O-MBR 系统沿程 Mw/Mn 值逐渐升高（从进水到好氧段），分子量分布依次变宽。且发现 A/O-MBR 好氧段 DOM 的 Mw/Mn 值达到了 1037.54，分子量分布范围大大增加，其中 Mw 大于 10^7 Da 的物质就占到了 3% 的比例，可能原因是膜的截留作用导致这类大分子物质在 MBR 中的累积，同时说明这类物质并非是由于进水中有机物形成的，而是膜生物反应器中微生物新陈代谢的产物，即 SMP 等物质。MBR 出水的分子量分布范围要明显窄于好氧段 DOM 分子量分布，膜的高效截留作用便是主要的原因。同时 A/O-MBR 出水中也未检测到 Mw 大于 10^7 Da 的物质，说明膜的确截留了这部分物质，因此这部分物质也是容易形成膜污染的一类大分子物质。

为了更好地分析分子量在 MBR 系统中的迁移变化特性，将有机物分子量分为小于 10 kDa、10~50 kDa、50~100 kDa、100~500 kDa 和大于 500 kDa 等 5 个范围，各分子量范围内有机物所占百分比的变化如图 2.17 所示。从图 2.17 可以看出，进水、缺氧段 DOM 和出水中不含分子量小于 10 kDa 的有机物，在好氧段 DOM 中约占到了 0.1%。此外，进水中分子量在 100~500 kDa 和大于 500 kDa 的有机物被降解成为低分子量有机物（10~100 kDa）。此外，明显可以看出，在好氧段 DOM 中分子量＞500 kDa 有机物百分比高于出水中含量，表明这部分有机物可以被膜截留。

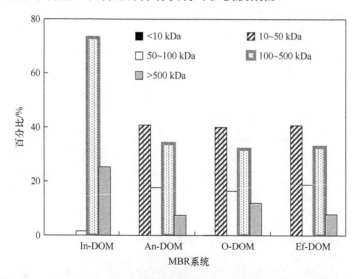

图 2.17　MBR 系统中有机物分子量迁移变化特性

MBR 缺氧段微生物 EPS 和好氧段微生物 EPS 的分子量分布如图 2.18 所示。结合图 2.16 可以看出，好氧段 EPS 中宽分子量分布特征可能是 MBR 好氧段 DOM 具有宽分子量分布的原因，而且 EPS 中的高分子质量物质的释放可能造成严重的有机物污染。

3. EPS 物质的提取方法研究

一般而言，SMP 的提取方法较为单一，通常为通过一定时间的离心将 SMP 与微生物分离，取上清液作为 SMP 进行后续研究。但是 EPS 的提取方法则繁芜丛杂，包括化学提取、离子交换树脂提取、加热提取和超声提取等多种方法。

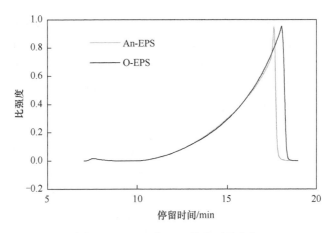

图 2.18　MBR 中 EPS 的分子量分布

在提取 EPS 的研究实践过程中，上述数种方法均有使用。但是，化学方法提取的 EPS 中含有一定量的提取试剂，对后续某些指标的测定可能产生一定影响；离子交换树脂解离污泥絮体的过程较为缓慢，因此操作时间较长，常常达到数小时甚至十几小时；加热提取由于高温操作，因此会对污泥活性产生影响，无法应用于对提取 EPS 后的污泥进行研究的实验。而超声提取方法是一种较为简便快捷、对 EPS 污染较小且提取量深度适当的方法，因此，本节将着重研究超声提取方法。

在超声提取过程中，超声功率和超声时间是重要的影响因素，但是现有研究人员所用的超声功率和时间参数各不相同，且没有依据。值得注意的是，超声可以将 EPS 与细胞分离，但是过高功率的超声作用也可能破碎细胞、造成胞内物质释放，既损伤了污泥又造成提取 EPS 不准确。因此，有必要对不同超声功率对 EPS 提取效果的影响进行研究。本节将从 EPS 中常见组分如蛋白质、腐殖酸、糖类的含量以及胞内代表性组分 DNA 含量等多种角度开展实验，并且提出了"临界超声功率"的概念。

1）实验材料与方法

本实验中，污泥样品取自位于上海某污水处理厂 A/O-MBR 好氧区，该 A/O-MBR 反应器进水为生活污水，缺氧区和好氧区的有效容积均为 21 L，总水力停留时间为 10.4 h。污泥样品首先在 6000 g 离心 10 min，去除上清液后沉淀污泥重悬在 0.05%（w/w）的 NaCl 溶液中。使用的超声机（JY90-II，新芝，中国）超声频率为 25 kHz，超声探头面积为 0.28 cm^2，有效超声时间为 2 min。污泥混合液首先进行初次超声 2 min，然后在 8000 g 离心 10 min，上清液为 LB-EPS。离心管底部污泥重悬在 0.05%（w/w）的 NaCl 溶液中，然后进行二次超声 2 min，并且在 60 ℃条件下加热 30 min，最终在 11000 g 离心 30 min，上清液为 TB-EPS。以上样品超声过程均在冰水浴条件下进行，以防止样品升温引起误差。

在进行 LB-EPS 研究时，初次超声功率分别为 3.2 W/10 ml、6.5 W/10 ml、13 W/10 ml、35 W/10 ml、65 W/10 ml、100 W/10 ml 和 150 W/10 ml 污泥，二次超声功率为 6.5 W/10 mL 污泥。在进行 TB-EPS 研究时，初次超声功率为 6.5 W/10 ml 污泥，二次超声功率分别

为 3.2 W/10 ml、6.5 W/10 ml、13 W/10 ml、35 W/10 ml、65 W/10 ml、100 W/10 ml 和 150 W/10 ml 污泥。以上实验均进行两次，结果为两次平均值且给出标准偏差。

本实验采取二苯胺法测定 DNA 浓度，使用鲑鱼精子 DNA 作为标准物质。首先将不同超声功率提取的 LB-EPS 和 TB-EPS 样品置于 10 kDa 孔径的透析膜中，浸泡在去离子水中透析 80 min 去除小分子有机物以减少对 DNA 测定影响。取 0.5 ml 样品，加入 0.5 ml 三氯乙酸（25%）后在 4 ℃条件下静置过夜，使 DNA 沉淀。在 13000 g 离心 10 min，去除上清液后将离心管底部沉淀物与 80 μl 含有 EDTA 的 Tris-HCl 溶液在 90 ℃条件下振荡混合 15 min，形成提纯后的 DNA 待测样品。将 150 mg 二苯胺溶解在 10 mL 冰醋酸中，配制成二苯胺溶液。在以上 DNA 待测样品中加入 160 μl 二苯胺溶液，37 ℃条件下反应 4 h，然后加入 150 μl 浓硫酸和 50 μl 乙醛溶液。混合均匀后使用多功能酶标仪（Synergy 4，Bio-Tek，美国）在 570 nm 波长下比色。

本实验使用 FITC（fluorescein-isothiocyanate）探针对蛋白质染色，使用 Con A（concanavalin A）探针对 α-糖染色。以上探针购买于 Life Technologies（美国）公司，根据使用说明，将 FITC 溶解于二甲亚枫（dimethylsulfoxide，DMSO）中形成 1 mg/ml 的储存溶液；将 Con A 溶解于 0.1 mol/L NaHCO₃ 中形成 0.25 mg/ml 的储存溶液。在离心后的底部污泥样品中加入 0.1 mol/L NaHCO₃，使氨基处于去质子化的状态。在该混合物中加入适量 FITC 溶液，振荡 1 h 后离心，并使用磷酸盐缓冲溶液（phosphate buffered saline，PBS）清洗以去除多余探针。然后加入适量 Con A 溶液，振荡 30 min 后离心，并使用 PBS 缓冲溶液清洗以去除多余探针。最后将染色完毕的污泥样品置于载玻片上，使用 CLSM（Leica TCS SP2，德国）在 20×物镜下观察。FITC 染色的蛋白质在激发波长 488 nm、发射波长 500~550 nm 下观察；Con A 染色的 α-糖在激发波长 561 nm、发射波长 570~590 nm 下观察。

2）超声功率对 LB-EPS 提取的影响

一般认为，EPS 的主要组分包括糖类、蛋白质和腐殖酸，因此本节实验通过测定以上组分浓度及 TOC 浓度反映不同超声功率对 EPS 提取量的影响，结果如图 2.19 所示。空白组为无超声作用时离心后上清液中的组分。由图 2.19 可知，相比于空白组，在超声作用下，LB-EPS 中糖类、蛋白质和腐殖酸的提取量均高于空白组，相应的 TOC 浓度也高于空白组。这说明当超声功率高于 3.2 W/10 ml 时，超声作用可以促进 LB-EPS 与微生物细胞的分离。

在图 2.20 中，当首次超声功率由 3.2 W/10 ml 增加到 150 W/10 ml 时，LB-EPS 中糖类浓度由 2.1 mg/g SS 增加到 16.9 mg/g SS，蛋白质浓度由 9.7 mg/g SS 增加到 73.3 mg/g SS，腐殖酸浓度由 1.1 mg/g SS 增加到 24.7 mg/g SS，TOC 浓度由 3.6 mg/g SS 增加到 21.7 mg/g SS。但是 TB-EPS 中各组分浓度基本不随首次超声功率变化，说明随着首次超声功率增加，LB-EPS 的提取量随之增加，但是首次超声功率对 TB-EPS 的提取率无明显影响。利用 SPSS 软件对超声功率和糖类、蛋白质、腐殖酸、TOC 浓度关系进行分析，结果显示其 Pearson 相关系数分别为 0.987、0.975、0.986 和 0.971，超声功率与 LB-EPS 中的糖类、蛋白质、腐殖酸和 TOC 的浓度有显著正相关性，说明超声功率对 LB-EPS 的提取有显著影响。此外，对超声功率和以上组分浓度线性拟合的 R^2 值均大于该条件下的临界值 0.568，说明超声功率与以上组分浓度具有线性关系。

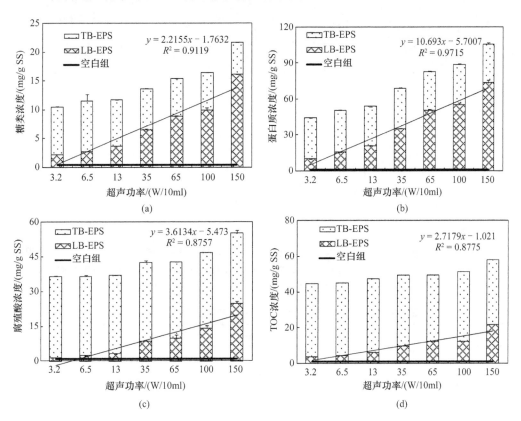

图 2.19　不同超声功率下 LB-EPS 中浓度变化
（a）糖类；（b）蛋白质；（c）腐殖酸；（d）TOC

组分荧光染色及 CLSM 分析已成功应用于活性污泥或颗粒污泥的结构分析和膜面污染物分析中。因此，为了更加直观地反映不同超声功率作用下污泥中各组分的变化情况，本节实验对提取了 LB-EPS 且离心后的底部剩余污泥进行了染色。染色后的蛋白质在 488 nm 激光的激发下发射绿色荧光，染色后的糖在 488 nm 激光的激发下发射红色荧光，在目镜 20 倍的 CLSM 系统中观察，结果如图 2.20 所示。

由图 2.20 可知，随着超声功率的增加，黏附在污泥细胞表面的蛋白质和糖都不断减少，说明提取到 LB-EPS 中的蛋白质和多糖的量在增加。将上图中蛋白质和糖的荧光染色面积进行统计，汇总于表 2.9。可以看出，污泥中糖和蛋白质的含量均随超声功率的增加而逐渐下降，这与前文结论相符，同时也证明了超声功率对 LB-EPS 的提取具有影响。

以上研究证明了超声功率对 LB-EPS 的提取率有明显影响，但是值得注意的是，过高的超声功率可能造成对微生物细胞损伤以及胞内物质释放，因此有必要研究超声功率与胞内物质释放量的关系，以期探索一种适宜的超声提取功率。因此，本节实验对 LB-EPS 中 DNA 浓度变化进行了研究，结果如图 2.21 所示。在超声作用下 LB-EPS 中

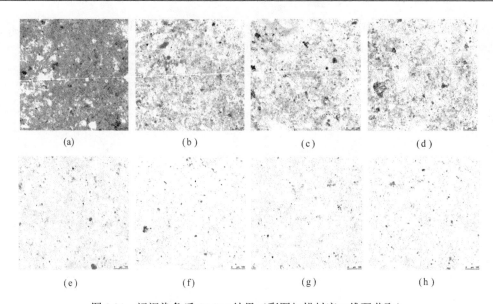

图 2.20　污泥染色后 CLSM 结果（彩图扫描封底二维码获取）

（a）无超声处理；（b）3.2 W/10 ml 功率；（c）6.5 W/10 ml 功率；（d）13 W/10 ml 功率；（e）35 W/10 ml 功率；
（f）65 W/10 ml 功率；（g）100 W/10 ml 功率；（h）150 W/10 ml 功率

表 2.9　不同超声功率下污泥中蛋白质和糖的荧光染色面积对比

超声功率/（W/10 ml）	糖（红色区域）/%	蛋白质（绿色区域）/%
0	17.6	23.1
3.2	7.3	13.6
6.5	4.8	8.6
13	3.5	4.2
35	1.5	2.4
65	0.4	1.3
100	0.8	1.1
150	0.6	1.0

DNA 浓度均高于空白组，推测可能是由于 LB-EPS 中存在死亡裂解后的细胞释放的 DNA，即使在低功率超声作用下也会释放至上清液中。LB-EPS 中 DNA 浓度与相应的超声功率之间存在三次方关系。与图 2.19 中糖类、蛋白质、腐殖酸和 TOC 浓度随超声功率逐渐增加不同，当超声功率低于 13 W/10 ml 时，DNA 浓度基本没有变化，而当超声功率高于 13 W/10 ml 时，DNA 浓度突然增加。这可能是由于在这一超声功率下大量微生物细胞发生了裂解，胞内 DNA 大量释放所致。超声对于微生物细胞的部分作用来自气泡破裂时产生的水力紊流，当超声功率增加时，会产生更多的气泡，因此产生的紊流增加、对微生物细胞的破坏程度增加。当产生的能量高于微生物细胞所能承受的范围时，即超声功率高于临界值时，就引起了污泥中大量细胞破裂。基于以上数据和分析，结论为在 LB-EPS 的提取过程中，当超声功率低于 13 W/10 ml 时 LB-EPS 提取量随超声功率增加而上升，当超声功率高于 13 W/10 ml 时细胞大量破裂、胞内物质释放，因此

13 W/10 ml 是 LB-EPS 提取的临界超声功率。综合考虑提取深度和细胞完整性两方面因素，13 W/10 ml 是提取 MBR 污泥 LB-EPS 的适宜超声功率。

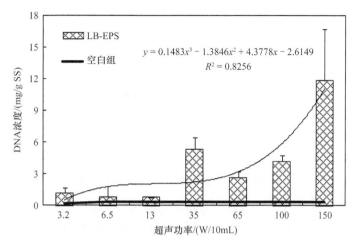

图 2.21　不同超声功率下 LB-EPS 中 DNA 浓度变化

3）超声功率对 TB-EPS 提取的影响

如前文所述，目前超声提取 EPS 的方法研究多集中于 LB-EPS 的提取研究，而超声功率对于 TB-EPS 提取的影响鲜见报道，因此本节实验方法为采用 6.5 W/10 ml 功率提取 LB-EPS，然后对比不同超声功率对 TB-EPS 提取的影响。

不同超声功率作用下 TB-EPS 中糖类、蛋白质、腐殖酸以及相应的 TOC 浓度变化如图 2.22 所示。相比于空白组，在超声作用下，TB-EPS 中糖类、蛋白质和腐殖酸的提取量均高于空白组，相应的 TOC 浓度也高于空白组。这说明当超声功率高于 3.2 W/10 ml 时，超声作用可以促进 TB-EPS 与微生物细胞的分离。但是值得注意的是，与 LB-EPS 的变化趋势不同，当超声功率低于 65 W/10 ml 时，TB-EPS 中各组分含量基本不随超声功率的增加而增加，这反映了在此范围内超声功率对 TB-EPS 的提取无明显影响。当超声功率高于 65 W/10 ml 时，TB-EPS 中的糖类、蛋白质、腐殖酸和 TOC 浓度都有所增加，这可能与胞内物质释放有关，下节将对此展开进一步讨论。

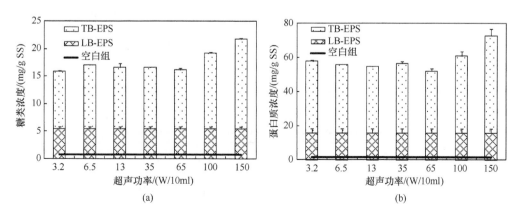

(a)　　　　　　　　　　　　　　　　　　(b)

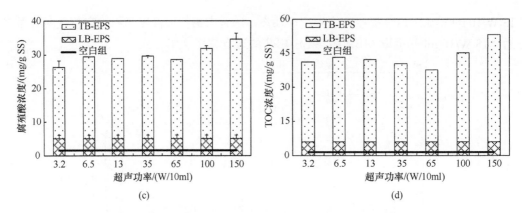

图 2.22 不同超声功率下 TB-EPS 中多种物质的浓度变化

(a) 糖类；(b) 蛋白质；(c) 腐殖酸；(d) TOC

对比图 2.19(a)和图 2.22(a)，发现在超声功率为 150 W/10 ml 时，LB-EPS 和 TB-EPS 的糖类浓度之和基本相等，但是图 2.19 (a) 中 LB-EPS 糖类浓度高于图 2.22 (a) 的，图 2.19 (a) 中 TB-EPS 糖类浓度低于图 2.22 (a) 的。这可能是由于 LB-EPS 与 TB-EPS 之间没有明确的界限，两者都是细胞外的动态结构。如果初次超声采取了低功率，则 LB-EPS 浓度低而 TB-EPS 浓度高，反之亦然。

如图 2.23 所示，当超声功率低于 65 W/10 ml 时 DNA 浓度没有明显变化，然而当超声功率从 65 W/10 ml 变为 100 W/10 ml 时 DNA 浓度从 4.8 mg/g SS 急剧增至 19.8 mg/g SS。因此可以推论，65 W/10 ml 是 TB-EPS 提取的临界功率，MBR 污泥提取 TB-EPS 时超声功率应低于 65 W/10 ml。应当指出的是，本节研究发现 65 W/10 ml 是 TB-EPS 提取的临界功率仅适用于 MBR 污泥，当样品为其他类型污泥时临界功率可能发生改变。同样，本节结论是在污泥浓度为 6.8~8.0 g/L 的基础上得出的，当污泥浓度发生大幅度改变时临界功率也可能发生改变。

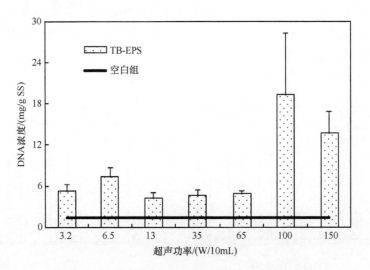

图 2.23 不同超声功率下 TB-EPS 中 DNA 浓度变化

2.2.2　EPS 与膜污染之间关系研究

1. 工艺情况及运行条件

在上海市某污水处理厂建立了两套相同的 AAO 平板膜生物反应器小试装置，如图 2.24 所示。每套小试总容积为 58.6 L，包括厌氧段（8.0 L）、缺氧段（15.3 L）、可变段（7.3 L）及 MBR 段（28.0 L）。其中可变段设有搅拌器和曝气管，当开启搅拌、关闭曝气时，为搅拌模式，此时可变段为缺氧段；当开启曝气，关闭搅拌，为曝气模式，此时可变段为好氧段。MBR 段中放置两片聚偏氟乙烯平板膜，平均孔径为 0.2 μm，每片膜有效过滤面积为 0.172 m²。膜下安装曝气管，空气经曝气管向 MBR 段供氧，为微生物降解污染物提供氧气，同时在膜表面形成错流，控制膜面泥饼层的形成。曝气量用气体流量计控制。装置进水来自该污水处理厂的沉砂池出水，为典型的生活污水。采用蠕动泵抽吸恒流出水，抽停比为 10 min∶2 min，跨膜压差（TMP）通过压力计显示。当 TMP 达到 30 kPa 时，用 0.5%（体积分数）NaClO 溶液对膜进行化学清洗。

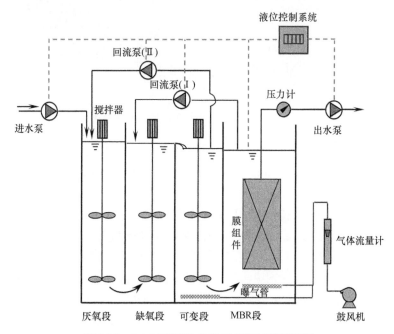

图 2.24　AAO 平板膜-生物反应器试验装置图

试验过程中改变反应器的污泥停留时间（SRT）、回流比 1、回流比 2、可变段运行模式和膜通量几个因素，考察不同的参数组合条件下反应器的运行状况以及 EPS 与膜污染之间的关系。

实验设计的工况情况如表 2.10 所示。

2. AAO-膜生物反应器中 EPS 含量的变化

EPS 的含量通常用单位重量的活性污泥对应的糖类和蛋白质含量来表征，也可以用

TOC 来表示，各工况 EPS 的含量见图 2.25。

表 2.10　试验各工况运行条件

工况号	运行时间（年.月.日）	泥龄/d	回流 I	回流 II	可变段模式	通量/[L/(m²·h)]
1	2008.10.11-2009.01.14	60	3	1	搅拌	20
2	2009.02.21-2009.06.02	60	2	0.5	曝气	25
3	2009.06.02-2009.08.19	40	3	1	曝气	25
4	2009.02.21-2009.05.10	40	2	0.5	搅拌	20
5	2009.05.13-2009.06.24	20	3	0.5	搅拌	25
6	2009.06.24-2009.08.23	20	2	1	曝气	20
7	2009.09.10-2009.10.08	10	3	0.5	曝气	20
8	2009.08.19-2009.10.08	10	2	1	搅拌	25

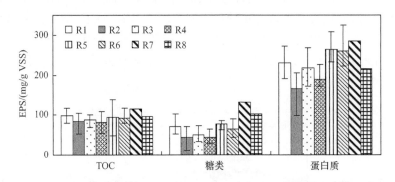

图 2.25　AAO 平板膜-生物反应器 EPS 含量比较

从图 2.25 中可见，各工况 TOC 浓度差异不大，工况 7 的浓度最高，达到 115.19 mg/g VSS，工况 4 浓度最低，为 82.74 mg/g VSS。各工况中蛋白质（EPS_p）浓度都比糖类（EPS_c）高，且两者的变化较为一致。

污染速率最低的工况 2 中 EPS_p 和 EPS_c 浓度都最低，工况 7 中 EPS_p 和 EPS_c 浓度在所有工况中都是最高，其膜污染速率也较高。膜污染速率与 EPS 中各种物质含量的关系如图 2.26 所示。从图 2.26 可见，污染速率随 TOC、EPS_p 和 EPS_c 都有很明显的增加趋势，可见 EPS 浓度的增加会加剧膜污染。通过对 TOC、EPS_c 和 EPS_p 与膜污染速率进行线性分析后发现，其相关系数 r 值分别为 0.4836、0.5208 和 0.7344。查表可知在检验显著水平 $\alpha=0.05$、$n=8$ 的条件下，一元线性回归相关系数的临界值 $r_{min}=0.707$，即只有 $r>0.707$ 时，才可认为两者之间有显著的相关性。所以，在本节研究中，只有 EPS_p 浓度与膜污染速率有显著的正相关性，EPS 中蛋白质比糖类在膜污染中起了更重要的作用。因此，在 MBR 运行过程中，通过改变运行条件，降低 EPS 中蛋白质的浓度，或者开发抗蛋白质污染的膜材料，可能成为控制膜污染的有效措施。

为了比较运行条件对 EPS_p 浓度的影响，进行正交分析（表 2.11）发现，最重要的影响因素仍然是泥龄，可见泥龄的选择在 MBR 的运行当中有非常重要的作用。在 SRT 从 10 天增加到 20 天时，EPS_p 浓度略有增加，但当 SRT 在 20~60 天的范围内时，EPS_p 的浓度随着 SRT 的增加有显著的降低。因此，在 MBR 优化运行中，SRT 的选择是一个重要因素。

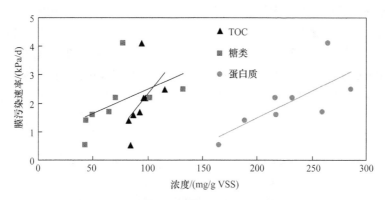

图 2.26　膜污染速率与 EPS 含量关系

表 2.11　EPS$_P$ 与运行条件正交分析

工况号	泥龄/d	回流Ⅰ	回流Ⅱ	可变段模式	通量/[L/(m²·h)]	EPS$_P$/（mg/g VSS）
1	60	3	1	搅拌	20	231.55
2	60	2	0.5	曝气	25	165.23
3	40	3	1	曝气	25	217.80
4	40	2	0.5	搅拌	20	188.69
5	20	3	0.5	搅拌	25	264.72
6	20	2	1	曝气	20	259.26
7	10	3	0.5	曝气	20	285.65
8	10	2	1	搅拌	25	216.67
K1	396.78	999.72	925.28	901.63	965.15	
K2	406.49	829.85	904.29	927.94	864.42	
K3	523.98					
K4	502.32					
k1	198.39	249.93	231.32	225.41	241.29	
k2	203.25	207.46	226.07	231.99	216.11	
k3	261.99					
k4	251.16					
极差	63.60	42.47	5.25	6.58	25.18	
因素主→次			泥龄—回流Ⅰ—通量—回流Ⅱ—运行模式			
最优方案	60	2	0.5	搅拌	25	

　　从正交分析表可以看出，回流Ⅰ对 EPS$_P$ 也有较大的影响，当回流Ⅰ比较小时，EPS$_p$ 浓度较低，同时从表 2.11 也可以看出，此时膜污染速率也较低。可能的原因是回流的增加一定程度上会提高反应器内液体的流速，增加污泥 EPS 的释放。正交分析结果表明，EPS$_p$ 最低的运行条件是 SRT 为 60 天，回流Ⅰ为 200%，回流Ⅱ为 50%，可变段为搅拌模式，通量为 25 L/（m²·h）。

　　由于在膜通量一定的情况下，单位时间内通过膜的液体量一定，以单位体积混合液内 EPS 的含量为指标对各工况进行比较，一定程度上也可以表征 EPS 对膜污染的影响程度（图 2.27）。从图 2.27 可见，从工况 1 到工况 8，随着 SRT 的降低，EPS 的 TOC、糖类和蛋白质浓度都有显著的降低。SRT 从 60 天降低到 10 天时，TOC 浓度从 551.3 mg/L 下降到 120.0 mg/L，下降了 78.2%；蛋白质浓度的从 1151.4 mg/L 下降到了 272.5 mg/L，下降了 76.3%；糖类的浓度变化较蛋白质小，下降了 61.8%。虽然单位体积混合液 EPS 的浓度有很大程度的降低，但膜污染速率并没有随之降低，可见这一指标并不能表征 EPS 与膜污染的关系。

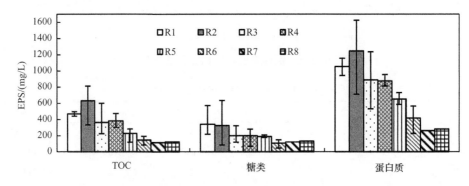

图 2.27　单位体积混合液中 EPS 含量比较

　　众多的研究者都发现，EPS 在反应器内有累积的现象，本节研究在第一套反应器重启后跟踪监测反应器内 EPS 的变化，如图 2.28 所示。可见，在反应器运行初期，EPS 累积现象很明显，蛋白质浓度提高很快，TOC 和糖类浓度增加的则比较缓慢。一段时间后，EPS 含量则在一定范围内波动，不再有明显的增加趋势。可见 EPS 在反应器内的累积作用在运行初期比较显著，运行后期在反应器内则基本稳定。

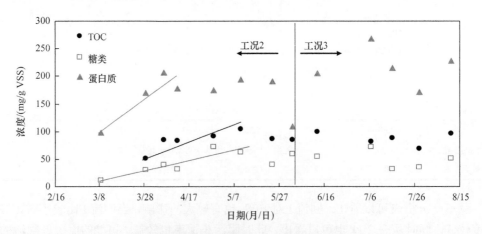

图 2.28　同一反应器内 EPS 随时间的变化

3. AAO-膜生物反应器中 EPS 的三维荧光分析

如 2.2.1 节所述，MBR 中的 EPS 三维荧光光谱显示有 3 个峰，即 B 峰、C 峰和 D

峰，B 峰为色氨酸荧光、C 峰为与类富里酸物质有关、D 峰为与类腐殖酸物质有关（主要来自于微生物自身衰减的过程）。

对不同工况 MBR 段 EPS 的三个荧光峰强度（FI）进行对比分析，如图 2.29 所示。从图中可见，EPS 中 B 峰的强度比 C 峰和 D 峰高很多，污染速率最慢的工况 2 中各峰的强度都是最低，但污染速率最快的工况 7 的 C 峰和 D 峰也是最高，但 B 峰的强度却不是最高。

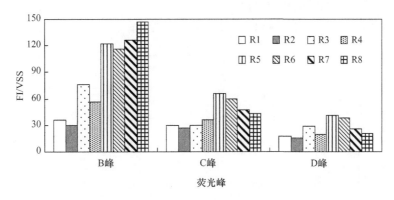

图 2.29　各工况 EPS 中荧光峰强度比较

膜污染速率与随各峰强度的变化如图 2.30 所示，从图中可见，膜污染速率随三个荧光峰的强度增加都有增加的趋势，通过线性分析发现膜污染趋势与 B 峰、C 峰和 D 峰的 FI 相关系数分别为 0.5937、0.7208 和 0.6263，同样显著性水平为 0.05 时，临界相关系数 r_{min} 为 0.707，因此只有荧光峰 C 与膜污染速率有显著的相关性。但是当检验显著性水平分别为 0.10 和 0.15 时，r_{min} 分别为 0.6205 和 0.5587，因此荧光峰 B 在检验显著性水平为 0.15 时与膜污染速率显著相关，而 D 峰在检验显著性水平为 0.10 时与膜污染速率显著相关。从以上分析可见，EPS 中的蛋白质在膜污染中起了重要的作用，但通常被认为不会对膜污染产生作用的类腐殖酸和类富里酸也对膜污染有重要的影响，EPS 中类富里酸和类腐殖酸 FI 强度越高，膜污染速率越高。

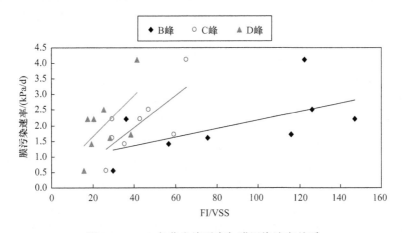

图 2.30　EPS 各荧光峰强度与膜污染速率关系

4. AAO-膜生物反应器中 EPS 的分子量分布（MW）

从以上分析可以看出，EPS 中类腐殖酸和类富里酸也对膜污染有重要的影响，EPS 还含有其他有机物质，具有不同的官能团，根据官能团进行分类研究往往比较困难，而通过 EPS 分子量分布可以为 EPS 的研究提供新的途径。此外，分子量分布与膜的过滤特性密切相关，因此在 MBR 系统中研究不同组分的分子量分布情况，能够为污染物去除和膜污染机制的研究提供理论基础。

图 2.31 给出了工况 1 进水和 EPS 分子量分布情况。

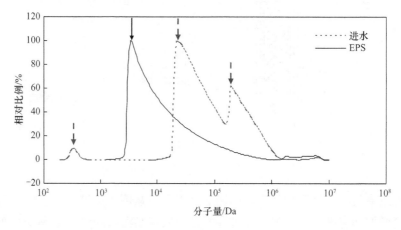

图 2.31　EPS 和进水分子量分布

从图 2.31 中可见，进水的分子量分布范围较 EPS 的分子量分布略宽，分别为 194～10^7 Da 和 1287～10^7 Da。进水中有三个主要的峰，分别在 345 Da、38 021 Da 和 29 7540 Da 处，且大部分分子量分布在 10^4～10^6 Da 范围内，可见进水中的有机物主要以大分子物质存在，很小的一部分有机物分布在 1000 Da 以下。EPS 的分子量分布则只呈现出一个大的峰，在 7702 Da 处，且主要分布在大于此分子量的范围内。值得注意的是，EPS 的分子量很大部分分布在 5000～10 000 Da 的范围内，而进水中几乎没有此范围的分子，可见进水中的有机物影响 EPS 的可能性非常小，而是通过改变微生物的活动来影响 EPS 的性质。

对工况 2 运行过程中的不同阶段的 EPS 进行分子量分布测定，其分子量 Mn 和 Mw 随运行时间的变化如图 2.32 所示。从图中可见，随着反应器运行时间的增加，EPS 的平均分子量有明显增加的趋势，说明大分子物质在 EPS 中的含量越来越高，这可能与膜的截留作用有关。可见 EPS 在反应器中的累积不仅包括浓度的增加（图 2.28），也包括平均分子量的增加。在工况 4 中也发现了类似的规律，其他工况运行过程中对 EPS 的分子量分布测定的次数太少，没有发现明显的规律。但是实际运行表明工况 2 共有三个清洗周期，其膜污染速率分别为 1.04kPa/d、0.44kPa/d 和 0.13kPa/d，随着运行时间的增加，污染速率反而降低，可见在操作条件不变的情况下，EPS 中大分子物质的增加并不会导致膜污染速率的加快，因此 EPS 对膜污染的影响与其分子量分布（一定范围内）并无明显的关系，EPS 导致膜污染的原因可能是 EPS 与膜表面物质的反应或 EPS 与其他物质的共同作用。

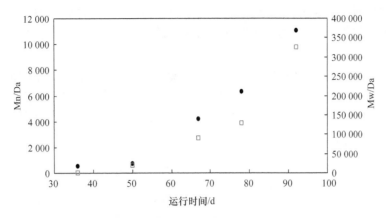

图 2.32　EPS 和进水分子量分布（黑色实圈为 Mn，方形标记为 Mw）

2.2.3　AAO-膜生物反应器处理过程中 DOM 变化及与膜污染关系

1. AAO-膜生物反应器处理过程中 DOC 的变化

由于 DOM 包括糖类、蛋白质、腐殖酸等多个组分，但各个组分浓度都很低，对各组分单独测定则需要复杂的预处理过程，且测定结果误差很大，因此采用溶解性有机碳（dissolved organic carbon，DOC）作为 DOM 含量的表征。工况 1 处理过程中 DOC 的变化如图 2.33 所示，其中可变段是缺氧段，各反应段去除率是指该段 DOC 与进水 DOC 的差值占进水 DOC 的比例。从图 2.33 可以看出，进水 DOC 的平均值为 49.6 mg/L，且变化幅度很大，最高值可达 96.8 mg/L；污水进入厌氧段后 DOC 浓度大幅度减低至 13.6 mg/L，相对于进水降低了 72.6%，在接下来的缺氧段和可变段，DOC 浓度继续降低，但降低的幅度相对较小，进入 MBR 段后 DOC 浓度又有所升高，可能是 DOM 中易被微生物降解

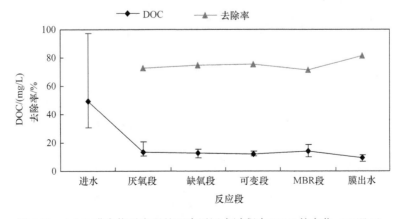

图 2.33　AAO-膜生物反应器处理生活污水过程中 DOC 的变化（工况 1）

的部分已在前面几个反应段被降解完全，此段内的微生物活动释放的 SMP 造成了 DOC 浓度的升高。相对于 MBR 段，膜出水中 DOC 浓度也有明显的降低，可见膜的截留作用对 DOC 的去除有非常重要的作用，同时 DOC 在膜面的截留也可能是导致膜污染的一个原因。

为了研究 MBR 段 DOC 对膜污染的影响，对各工况 MBR 段内的 DOC、糖类和蛋白质浓度进行比较，如图 2.34 所示。从图中可见，各工况中 DOM 的浓度都比较低，基本都在 20 mg/L 以下，大部分工况的蛋白质浓度甚至不超过 5 mg/L。各工况的三个指标变化没有呈现出一致性，例如，在所有工况中，工况 5 的 DOC 浓度最高，但其糖类和蛋白质的浓度都很低。

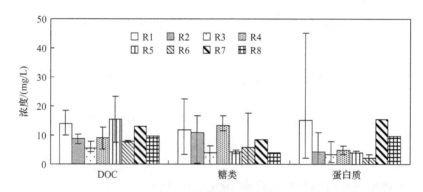

图 2.34　各工况 MBR 段 DOM 浓度比较

膜污染速率和 DOC、糖类、蛋白质浓度关系如图 2.35 所示。可以看出，膜污染速率只和 DOC 浓度有比较明显的正相关关系，与糖类和蛋白质浓度没有明显的关系。通过线性分析发现，膜污染速率与 DOC 浓度的相关系数 $r = 0.754$，大于 $r_{\min} = 0.707$，因此两者在 $\alpha = 0.05$ 显著水平下，两者呈显著正相关，MBR 段 DOC 浓度的增加会显著增加膜污染的速率。而膜污染速率与糖类和蛋白质的相关系数只有 0.458 和 0.210，可见它们之间没有显著的相关性。但这并不能说明 MBR 段内糖类和蛋白质对膜污染速率没有影响，因为两者浓度都很低，采用分光光度法测定的误差较大，因此不能正确分析两者对膜污染的影响。因此本节研究，在其后将采用三维荧光技术分析 MBR 系统中的 DOM 物质，以进一步明确各种物质对膜污染的影响。

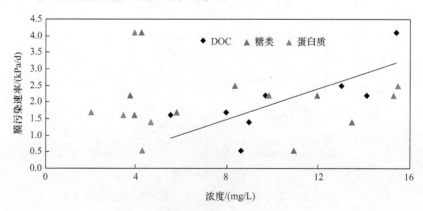

图 2.35　膜污染速率与 DOM 浓度关系

2. AAO-膜生物反应器处理过程中分子量分布变化

通过对 MBR 处理过程中有机物的分子量分布的测定，也能够分析有机物在 MBR 处理过程中被去除的机制，同时也能够了解 DOM 对膜污染影响的机制。AAO-膜生物反应器处理过程中分子量分布变化如图 2.36 所示。

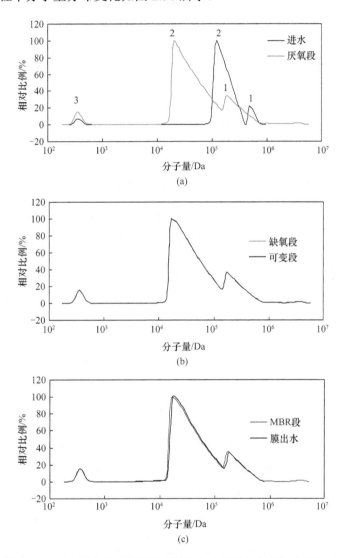

图 2.36　AAO-膜生物反应器处理过程中分子量分布变化（工况 1）

从图 2.36（a）中可以看出，进水主要有三个峰，两个最主要的峰 1 和峰 2 均大于 10×10^4 Da，说明生活污水中的有机物主要是大分子物质。厌氧段 DOM 的分子量分布也有三个峰，峰 1 和峰 2 的大小均比进水的两个峰小很多。两个样品峰 3 的位置基本相同，但厌氧段 DOM 的峰 3 的峰高比进水中高，说明厌氧段中小分子物质的含量比进水有所增加。说明进水中的大分子有机物在厌氧段被微生物降解为小分子物质。从图 2.36（b）和图 2.36（c）可以看出，MBR 处理过程中缺氧段、可变段（缺氧段 2）、MBR 段和膜出水 DOM 的分子量分布与厌氧段 DOM 基本相同。图 2.36（c）中膜出水 DOM 和 MBR 段 DOM 的分子量分布也没有明显的差异，膜对大分子物质的截留作用在此处并不明显。但是图 2.37 中工况 4 中 MBR 段 DOM 中还有一个高达几百万道尔顿的峰（图中箭头处），而膜出水中此峰消失了，说明 MBR 中膜对 DOM 的截留作用主要作用于几百万道尔顿的超大分子，对于污水中小于 100×10^4 道尔顿的物质的截留，则没有明显的选择性。

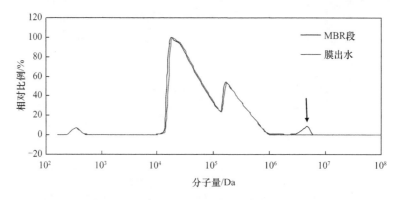

图 2.37　膜出水与 MBR 段膜 DOM 分子量分布对比（工况 4）

3. AAO-膜生物反应器处理过程中 DOM 的三维荧光分析

正如前一部分所述，MBR 中 DOM 浓度都很低，采用分光光度法测定的糖类和蛋白质浓度误差都很大，而三维荧光技术灵敏度比较高，即使在浓度很低的情况下也能得到较高的荧光响应。因此本章采用三维荧光技术，分析 DOM 中蛋白质和腐殖质在 MBR 处理过程中的变化及对膜污染的影响。工况 1 处理过程中各反应段的三维荧光图谱如图 2.38 所示。

三维荧光图谱中等高线代表荧光峰的强度，等高线越密集表示荧光峰强度越高，相应的荧光物质的浓度也越高。从图 2.38 可见，进水中与蛋白质荧光基团有关的 A 峰、B 峰两个峰的强度都较高，厌氧段 A 峰、B 峰两个峰的强度有显著下降，从厌氧段到 MBR 段的过程中，两个峰的强度变化则不明显。相对于 MBR 段，出水 DOM 的 A 峰、B 峰的强度又有明显的降低，说明膜在一定程度上对 DOM 中的类蛋白物质有截留作用。从以上分析可以看出，在 MBR 系统中，大部分类蛋白质物质的去除是通过厌氧段微生物的降解作用，膜的截留作用也在一定程度上降低了出水中类蛋白质物质的浓度。C 峰在整个处理过程中则相对比较稳定，甚至有增强的趋势，这与类富里酸物质较难生物降解有关。整个处理过程中 B 峰被削减的程度最大，一般认为 B 峰与污水中易生物降解组分联系最为紧密，A 峰则与微生物降解产生的蛋白质有关，微生物对进水中的蛋白质进行降解的同时，也会释放出一部分 SMP，因此整个过程对 A 峰的去除效果不如 B 峰明显。

除了荧光峰强度，荧光峰的位置在处理过程中也有改变。在整个处理过程中，A 峰的位置逐渐红移了 5～10 nm；相对于进水 DOM，厌氧段 DOM 的 B 峰沿激发波长蓝移

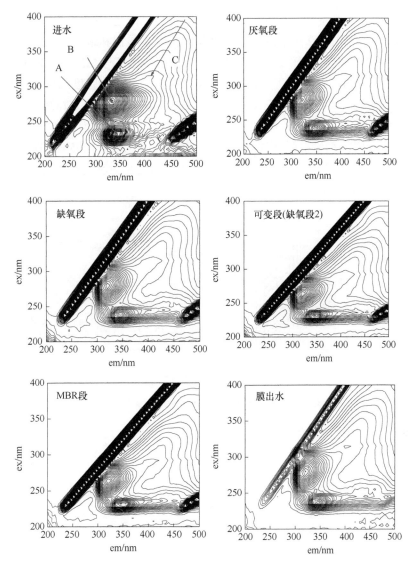

图 2.38　AAO-膜生物反应器处理过程中三维荧光图谱（工况 1）

了 15 nm，在后续的生物处理及膜过滤的过程中，B 峰的位置则基本不变；C 峰的位置沿发射波长有轻微的红移。如前所述，蓝移与氧化作用导致的结构改变相关，而红移则与荧光物质中羧酰基取代基团的增加有关。三个荧光峰位置的变化说明在 MBR 处理过程中，DOM 中荧光物质不仅浓度改变，其结构也发生了变化。B 峰的蓝移显然是微生物对类蛋白质的降解作用导致其结构的改变造成的，A 峰的红移则可能是微生物降解产生的类蛋白质与活性污泥混合液中其他物质的相互作用导致的，而 C 峰代表的类富里酸物质在整个处理过程中相对较稳定，其位置移动也很小。

　　对各工况 MBR 段 SMP（DOM）的三个荧光峰的强度进行比较，如图 2.39 所示。从图 2.39 可以看出，即使 SMP 的浓度很低，三个荧光峰的强度仍然很大，C 峰的强度明显比 A 峰、B 峰两个荧光峰的强度低，且各工况之间差异不大。差异最大的是 A 峰的强度,最小的工况 2 的平均值为 81.9,A 峰强度最高的是工况 5,平均值为 162.0,接近工况 2 的 2 倍。而工况 2 和工况 5 也分别是污染速率最慢和最快的工况。工况 5 MBR段 SMP 中 B 峰的强度在所有工况中也是最高。膜污染速率与 MBR 段 SMP 荧光峰强度的关系如图 2.40 所示。从图中可见,膜污染速率随三个荧光峰强度的增加都有增大的趋势,与 A 峰、B 峰、C 峰的相关系数 r 分别为 0.6290、0.4879 和 0.7836。当 $n = 8$ 时,检验显著性水平 $\alpha = 0.05$ 和 $\alpha = 0.10$ 时,临界相关系数 r_{min} 分别为 0.707 和 0.6205,可见膜污染速率与 A 峰强度没有显著的相关性,检验显著性水平为 0.05 时,膜污染速率与 C峰强度呈显著正相关,且膜污染速率随 C 峰强度增加上升的速度非常快。检验显著性水平为 0.10 时,与 B 峰强度也呈显著正相关。

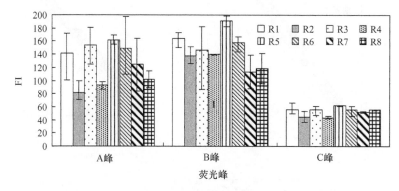

图 2.39　各工况 MBR 段 SMP 荧光峰强度比较

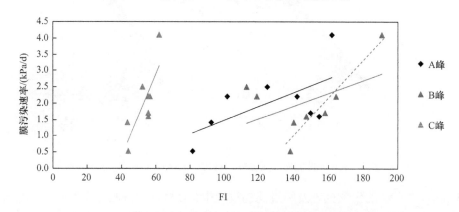

图 2.40　膜污染与 MBR 段 SMP 荧光峰强度关系

值得注意的是,在 B 峰强度大于 120 的范围内,膜污染速率与 B 峰的相关系数 r为 0.9633(图中虚线所示)。有 6 个工况 B 峰的强度超过了 120,在 $n = 6$、$\alpha = 0.05$ 和临界相关系数为 0.811,膜污染速率与 B 峰强度呈显著相关,甚至当检验显著性水平 α 为0.01 时,两者之间的相关系数仍大于临界相关系数 $r_{min} = 0.917$,可见两者之间具有非常显著的相关性。从以上分析可见,SMP 中的类蛋白质物质和类富里酸物质都对膜污染产生了显著的影响,从相关系数分析,SMP 在膜污染中的作用甚至超过了 EPS。通过合理调整运行工况,控制 SMP 在较低的水平,也可能是控制膜污染的有效措施。

对 MBR 段 SMP 中 B 峰、C 峰的荧光强度与运行条件进行正交分析,如表 2.12 所示。从该正交分析表可以看出,对 SMP 中 B 峰和 C 峰强度影响最大的运行条件仍然是 SRT。结合表 2.12,EPS 中 B 峰强度和 SMP 中 B 峰、C 峰强度与 SRT 的关系如图 2.41 所示。从图中可见,SRT 对 EPS 和 SMP 荧光强度的影响有一致性,在 SRT 从 60 天缩短至 20 天的过程中,各荧光峰强度都有明显的增加趋势,但当 SRT 缩短至 10 天时,各峰强度又有所降低,SMP 中 B 峰强度下降幅度则很大,SRT 为 10 天时其峰值甚至比 SRT 为 60 天时还低。虽然根据正交分析,B 峰强度最低的 SRT 为 10 天,但此 SRT 下的膜污染速率并没有相应地降低,且出水中 TN 浓度很高,因此排除该 SRT。那么,SMP 中 B 峰强度最低的运行条件应为 SRT 60 天,回流 I 200%,回流 II 100%,可变段运行模式为曝气,通量为 20 L/(m²·h),与膜污染速率最低的运行条件相一致(数据将另行叙述)。SMP 中 C 峰强度最低运行条件是 SRT 60 天,回流 I 200%,回流 II 50%,可变段为搅拌模式,通量为 20L/(m²·h),其影响作用最大的两个因素——SRT 和回流 I 与最优工况相一致。

表 2.12　MBR 段 SMP 中 B 峰、C 峰强度与运行条件正交分析

工况号	泥龄/d	回流 I	回流 II	可变段模式	通量/[L/(m²·h)]	B 峰 FI	C 峰 FI
2	60	2	0.5	曝气	25	138.07	44.07
3	40	3	1	曝气	25	147.00	55.81
4	40	2	0.5	搅拌	20	139.65	43.44
5	20	3	0.5	搅拌	25	190.75	61.96
6	20	2	1	曝气	20	157.90	55.97
7	10	3	0.5	曝气	20	113.12	52.25
8	10	2	1	搅拌	25	118.855	55.78
k1	142.43	149.42	142.64	149.01	139.37		
k2	143.33	138.62	145.40	139.02	148.67		
k3	174.33						
k4	115.99						
极差	58.34	10.80	2.76	9.99	9.30		
因素主→次			泥龄-回流 I-运行模式-通量-回流 II				
最优方案	20	2	1	曝气	20		
k1	49.11	56.04	55.43	51.45	51.45		
k2	49.63	49.82	50.43	52.02	54.40		
k3	58.96						
k4	54.01						
极差	9.34	6.23	5.00	0.57	2.95		
因素主→次			泥龄-回流 I-回流 II-通量-运行模式				
最优方案	60	2	0.5	搅拌	20		

综上所述,AAO-膜生物反应器系统内 MBR 段 SMP 的含量对膜污染有重要的影响,膜污染速率与 SMP 中 DOC 的浓度有显著的正相关性。由于污水处理过程中 DOM 的浓度很低,采用分光光度法测定其中的糖类和蛋白质误差很大,三维荧光技术则有较高的

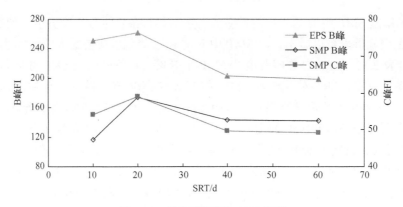

图 2.41 荧光峰强度与 SRT 关系

灵敏度，能够用来表征污水处理过程中 DOM 中的类蛋白质物质和类富里酸物质。通过三维荧光光谱分析发现，膜污染速率与 EPS 和 SMP 中的类蛋白质都有显著相关性，此外 SMP 中的类富里酸物质也对膜污染速率有很重要的影响，而之前的研究中通常认为这类物质分子量较小，不参与膜污染的过程。通过正交分析发现 SRT 是影响 EPS 和 SMP 含量的最重要的运行参数之一，SRT 为 60 天时，微生物释放的类蛋白质物质和类富里酸物质都较低，相应的膜污染速率也最低。本节证实了文献报道的 SRT 对膜污染的影响，即认为 SRT 的改变会导致系统中微生物释放 EPS 和 SMP 含量的变化，但文献中报道的 SRT 基本都在 30 天以下。

4. AAO-膜生物反应器处理过程中 DOM 组分划分

如前所述，DOM 中不同的组分对膜污染有不同的影响，根据不同的亲疏水性和带点性，将 DOM 划分成不同的组分，分别研究各个组分的膜污染趋势、分子量分布、三维荧光图谱。

1）DOM 组分划分方法

进水和污泥混合液经过滤纸过滤后再通过 0.45 μm 滤膜得到 DOM 样品，膜出水则直接作为 DOM 样品进行组分划分。组分划分方法如图 2.42 所示。DOM 样品先经酸化至 pH = 2，然后依次通过 DAX-8 树脂（Supelco，PA，美国）和 XAD-4 树脂（Amberlite，Rohm & Hass，116 PA，美国），这两个树脂能够分别吸附 DOM 中的强疏水性（hydrophobic，HPO）组分和弱疏水性（Transphilic，TPI）组分，再分别用 0.1mol/L NaOH 溶液将这两种组分洗脱出来。将未被 DAX-8 和 XAD-8 树脂吸附的亲水性物质调整 pH = 8，再通过 IRA-958 树脂，其中带电荷的组分被树脂吸附，用 1mol/L NaCl 和 1mol/L NaOH 的混合液洗脱后得到带电亲水性（charged hydrophilic，HPI-C）组分，未被任何树脂吸附的则是中性亲水性组分（neutral hydrophilic，HPI-N）。

各组分污染趋势采用死端过滤方式进行。污染趋势测定前先用超纯水（milli-Q gradient，MILLIPORE，美国）将各组分样品调整为 DOC=5mg/L，用盐酸和 NaOH 溶液调整 pH=7。测定中所用的膜片与 MBR 反应器中所用的膜完全相同，每片新膜在使用前先用去离子水浸泡 24h，再过滤 300ml 去离子水，以完全清除新膜中的杂质。测定过程中用真空泵保持 TMP 30kPa 左右。

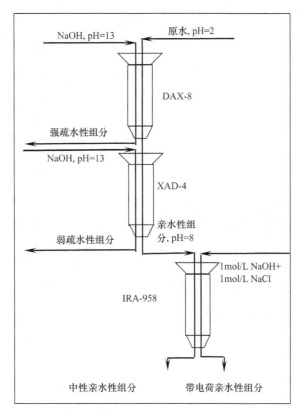

图 2.42　组分划分方法示意图

2）DOM 组分划分结果

表 2.13 列出的是进水 DOM 组分划分的结果。从表中可见，生活污水中中性亲水性（HPI-N）组分所占比例最大，达 54.9%，其次是强疏水性（HPO）组分，占 21.02%，弱疏水性（TPI）组分和带电亲水性（HPI-C）组分所占的比例则比较小。

表 2.13　进水 DOM 组分划分结果

指标	原水	HPO	TPI	HPI-C	HPI-N	回收率
体积/ml	410	100	100	110	411	
DOC/（mg/L）	21.02	18.96	7.55	11.6	11.63	101%
比例/%		21.78	8.67	14.65	54.90	

在 MBR 处理过程中，各组分的 DOC 浓度变化如图 2.43 所示。从图中可以看出，各组分 DOM 的浓度都在 MBR 处理过程中逐渐降低，MBR 段 DOM 与进水 DOM 浓度的差异表征了微生物降解作用对 DOM 的去除作用，而出水 DOM 与 MBR 段 DOM 浓度的差异则表征了膜截留作用对 DOM 的去除作用。在所有组分中，HPI-N 组分呈现出最高的可生物降解性，生物降解去除率达到了 45.5%，HPO 的生物降解去除率也到了 32.3%。相对于其他组分，膜截留作用对 HPI-N 组分的去除作用也比较显著，通过膜截

留去除的 HPI-N 占总 DOC 的 10.0%。膜截留作用最明显的组分是 HPI-C，去除率为
15.8%。TPI 组分在整个处理过程中相对比较稳定，总的去除率只有 12.7%。

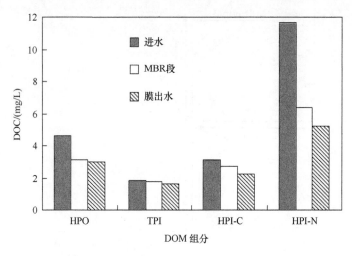

图 2.43　MBR 处理过程中 DOM 组分的变化

各工况 MBR 段中 DOM 组分比较如图 2.44 所示。各工况中 HPI-N 都是比例最高的
组分，占总 DOC 的 41.4%~48.9%。HPO 组分所占的比例为 16.8%~28.0%。

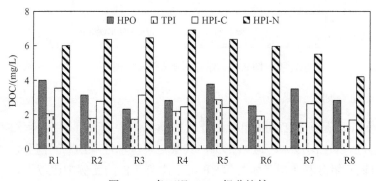

图 2.44　各工况 DOM 组分比较

3）DOM 组分特性研究

为了进一步了解各 DOM 组分的特性，对 MBR 段 DOM 分离出的各 DOM 组分进行
了更细致的分析，包括膜污染趋势（图 2.45）、分子量分布（图 2.46）及三维荧光的测
定（图 2.47）。

从图 2.45 可见，几个组分污染趋势从大到小的顺序依次是 HPI-N＞HPO＞TPI＞
HPI-C，HPI-N 组分在 MBR 系统中表现出最强的污染趋势。HPO 的主要成分是腐殖酸，
在用膜过滤技术处理地表水过程中也被认为是重要的污染因素，在本节，HPO 在 MBR
系统中也表现出显著的膜污染趋势。从图 2.46 可以看出，相对于其他组分，HPI-N 组分
中大分子物质所占的比例更大，99%的 HPI-N 的分子量大于 10 000 Da，而大部分的 HPI-C
组分的分子量小于 1000 Da。HPO 组分的平均分子量比 TPI 组分略大，两者的分子量基

本为 1000～10 000 Da。HPI-N 组分的高污染趋势可能由于其分子量较大有关，且中性的性质可能使其更容易吸附于膜表面。如前所述，在所有组分中，HPI-N 组分通过膜截留作用去除的比例最高，这也可能是导致其高污染趋势的原因。在本节研究中，HPO

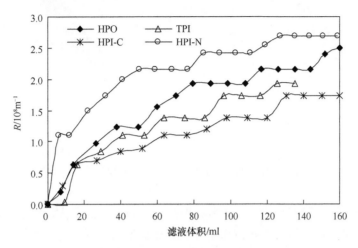

图 2.45　DOM 各组分污染趋势测定

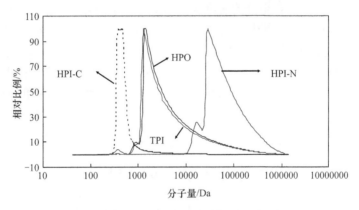

图 2.46　DOM 各组分分子量分布

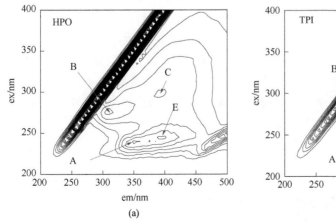

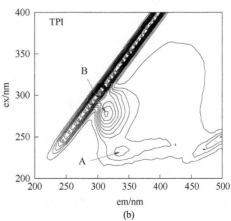

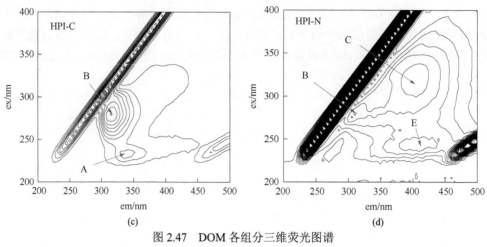

图 2.47　DOM 各组分三维荧光图谱

(a)HPO；(b)TPI；(c)HPI-C；(d)HPI-N

和 TPI 的分子量比 HPI-C 组分大，其污染趋势也比 HPI-C 组分大。值得注意的是，HPI-C 组分虽然分子量最小，但其膜截留作用并没有比其他组分低，这可能是其所带电荷与带电荷的膜表面物质相互排斥导致的，相应的其污染趋势也最低。

从图 2.47 可以看出，各组分的三维荧光图谱有一定的差异。在 HPO 和 HPI-N 组分中出现一个新的荧光峰 E，其中心位置位于 245/400～435nm 处，也是类富里酸荧光。HPO 组分中有芳香性类蛋白质峰（A）、色氨酸类蛋白质峰（B）、可见富里酸峰（C）和紫外可见富里酸峰（E）；HPI-N 组分中没有 B 峰。TPI 和 HPI-C 组分中都只有 A 峰、B 峰两个类蛋白质荧光峰，且 B 峰的强度远比 A 峰高，表明在 TPI 组分和 HPI-C 组分中，类蛋白质物质主要以色氨酸的形式存在。HPI-N 组分和 HPO 各种组分的复杂反应和共同效应可能解释这两种组分比另外两个组分污染趋势高的现象。

2.2.4　泥饼层和凝胶层污染特性分析

为研究泥饼层和凝胶层的特性，通过平行运行两套不同曝气强度的 A/O-MBR，使膜表面形成不同污染层。接种污泥采用上海市某污水处理厂曝气池内活性污泥，经培养驯化 60 天后进行试验。A/O-MBR 以 20 L/（$m^2 \cdot h$）恒通量运行。缺氧段及好氧段水力停留时间分别为 3.0 h 和 5.1 h，内回流比为 1.7，污泥龄为 30 天。反应器进水水质为：COD（258.2±29.7）mg/L，TN（41.1±12.0）mg/L，NH_3-N（29.9±3.5）mg/L，TP（9.5±5.2）mg/L。反应器 COD 负荷为 0.032 mg COD/（mg MLSS·d）。为得到不同曝气强度对 MBR 运行性能及污染特性的影响，两套 A/O-MBR 曝气强度分别控制为 420 L/h（MBR-L）及 630 L/h（MBR-H），其他运行参数相同。

1. 膜污染速率分析

稳定运行过程中，膜阻力上升速率如图 2.48 所示。如图可见，过滤初期两套反应器中膜污染速率相当。120 h 后，MBR-L（低曝气强度）中膜污染阻力上升速率逐渐高于 MBR-H（高曝气强度），且由于膜面污染物的快速累积，膜污染阻力几乎呈线性增长，其污染阻力上升速率值分别为 3.1×10^{10} m^{-1}/h 和 1.5×10^{10} m^{-1}/h。MBR 运行过程中，混合液中一些污泥颗粒、胶体及溶解性大分子物质在过滤抽吸力的作用下将沉积在膜表面，部分大粒度物质会受到曝气冲刷的剪切力作用脱离膜表面，重新进入到混合液中，但胶体及溶解性大分子物质则不容易被冲刷去除。

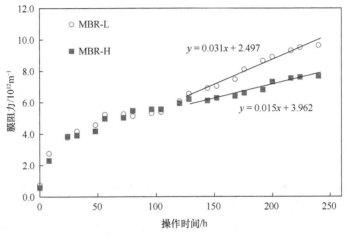

图 2.48　膜阻力上升速率

低曝气反应器（MBR-L）中，曝气冲刷强度不足以将已经吸附在膜面的污泥颗粒物质洗脱，故在运行后期泥饼层污染形成。然而，在高曝气反应器（MBR-H）中，污泥颗粒物质在剪切力的作用下不能在膜面吸附，膜表面形成了由胶体及溶解性大分子物质组成的凝胶层污染层。不同类型的膜面污染层导致膜污染阻力上升速率不同，即泥饼层污染速率大于凝胶层。到达运行终点时，MBR-L 中膜面形成一层厚的泥饼层，而 MBR-H 中膜面形成薄薄的褐色黏性凝胶层。

2. 不同污染层特性分析

1）污染层基本成分

两种类型污染层基本成分如表 2.14 所示。两种污染层中最主要组成成分均为 SS，其在凝胶层及泥饼层中所占比例分别为 66.6% 和 90.0%。其次是溶解性总有机物质（TOC）成分，其中凝胶层中占 30.4%，但是泥饼层中仅占 8.4%。无机元素在两种污染层中所占比例都非常小。成分分析结果表明，泥饼层污染物主要由混合液中的污泥颗粒组成，而凝胶层污染物中溶解性有机物质含量明显大于泥饼层。

表 2.14　不同类型污染层基本成分分析

污染层	SS/（g/m^2）	TOC/（g/m^2）	无机元素/（g/m^2）	总含量/（g/m^2）
凝胶层	7.4±0.7（66.6）	3.4±0.0（30.4）	0.3±0.2（3.0）	11.0±0.9（100.0）
泥饼层	63.4±2.5（90.0）	5.9±0.2（8.4）	1.1±0.7（1.6）	70.8±1.6（100.0）

注：括号内的数据为百分比

表 2.15 对不同类型污染层物理特性进行了分析。可以看出，凝胶层及泥饼层污染物分别占总污染阻力的 59.1% 及 69.7%。这也说明本研究中膜外部污染层的形成仍然

是导致膜阻力上升的主要原因。尽管膜面泥饼层污染物的含量大于凝胶层污染物，但其 α_c 则明显低于凝胶层。凝胶层的 α_c 值高达 5.83×10^{14} m/kg，几乎为泥饼层的 6 倍。并且凝胶层孔隙率（$\varepsilon_c = 56.8\%$）低于泥饼层（$\varepsilon_c = 69.6\%$），可能的原因是凝胶层污染物中含有大量的微生物分泌物，而泥饼层的主要成分为污泥颗粒。凝胶层污染物中黏度较大的溶解性及胶体态微生物产物在膜面聚集，凝胶形成致密的不透水层，因此其单位比阻较大。

表 2.15　不同类型污染层物理特性分析

污染层	$R_t/10^{12}$ m^{-1}	$R_c/10^{12}$ m^{-1}	R_c/R_t/%	$\alpha_c/(10^{14}$m/kg)	d_p/μm	ε_c/%
凝胶层	7.3±0.4	4.7±0.7	59.1±0.8	5.83±0.15	6.86±0.37	56.8±0.4
泥饼层	8.7±0.9	6.1±0.5	69.7±1.6	0.95±0.12	9.81±0.09	69.6±2.6

2）污染物颗粒粒径分布

混合液及污染层颗粒粒度分析如图 2.49 所示。两套反应器内混合液颗粒粒度主要为 0～100 μm，MBR-L 和 MBR-H 中混合液平均粒度分别为 31.46 μm 和 23.80 μm。之前文献中研究也表明，高曝气强度将破坏混合液中大颗粒物质。因此，本节研究中加大曝气

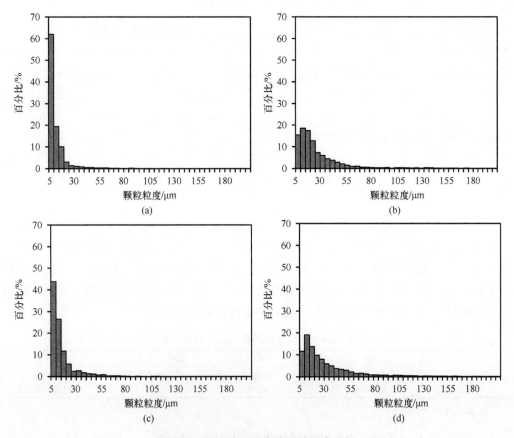

图 2.49　混合液及污染物颗粒粒度分析

（a）凝胶层污染物；（b）MBR-H 混合液；（c）泥饼层污染物；（d）MBR-L 混合液

强度虽然能够阻碍膜面泥饼层的形成，降低膜污染速率，但同时增加了反应器内小颗粒污泥比例。

　　凝胶层及泥饼层污染物平均粒径分别为 6.86 μm 和 9.81 μm，并且粒径小于 5 μm 的颗粒物质分别在两种类型污染层中占 61.2%和 43.8%。表明凝胶层中含有更多的小颗粒物质，而这些小颗粒物质则会导致凝胶层孔隙率低且过滤阻力大。然而，在两套反应器混合液中粒径小于 5 μm 的颗粒物仅占 11.6%（MBR-L）和 15.4%（MBR-H）。这一结果与文献报道的小颗粒物质易吸附在膜表面形成膜面污染物的结论相符。如果粗略的将粒径为 0.45～5 μm 的物质定义为胶体物质，则胶体物质在凝胶层及泥饼层中分别占 60% 及 40%。因此胶体物质在膜面污染层的形成过程中起到很大的作用，尤其是凝胶层。

　　3）污染层有机成分

　　反应器混合液及不同类型膜面污染物中 SMP、LB-EPS 和 TB-EPS 的含量分布如图 2.50 所示。总溶解性有机物质的含量由 SMP、LB-EPS 及 TB-EPS 之和来表示。混合液、凝胶层污染物以及泥饼层污染物中总溶解性有机物质含量分别为 164.1 mg/g VSS、839.1 mg/g VSS 和 353.6 mg/g VSS。在反应器混合液中 87.1%的有机成分来源于 TB-EPS 组分，仅有 4.9%来自于 SMP 组分。但 SMP 对凝胶层污染物中溶解性有机物贡献率达到 77.2%，泥饼层污染物中 SMP 所占比例为 34.5%。这一结果表明，相对于 LB-EPS 及 TB-EPS，SMP 是导致膜面污染的主要成分，且凝胶层污染物中 SMP 的含量大于 EPS。

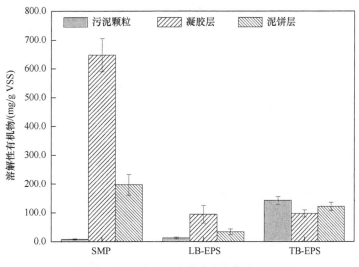

图 2.50　混合液及污染物中有机物含量分布

　　4）污染层形态及元素分析

　　凝胶层及泥饼层扫描电镜图像如图 2.51 所示。由图可见，凝胶污染层致密且光滑，而泥饼污染层由于大量污泥颗粒物的存在，其形成污染层呈现出不平坦、粗糙度高的形态。由两种污染层电镜图像也可看出，相对泥饼污染层而言，凝胶污染层表面更加致密，孔隙率低。

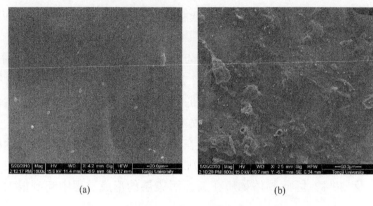

图 2.51　不同类型膜面污染层扫描电镜图像
（a）凝胶层；（b）泥饼层

　　混合液及两种污染层中 C、Na、Mg、Al、K、Ca 和 Fe 元素分析结果如表 2.16 所示。元素分析结果可知，无论溶解态还是固态形式，C 元素在两种污染层中所占的百分比最高，这说明有机物质如多糖、蛋白质为主要膜污染物。一价金属元素如 Na 和 K 主要在溶解态中检出，表明一价无机元素并不能与污染层中有机污染物发生复杂的螯合作用或凝胶反应，而被固着在膜表面。但多价金属元素如 Ca、Mg 和 Al 则只在固态检出。Mg、Al、Ca 和 Fe 等对膜面污染物的形成有很大的影响。尽管该类元素含量很低，但其会与膜表面沉积的细菌及生物聚合物发生架桥作用，从而形成厚的污染层。

表 2.16　混合液及污染层元素分析

元素	溶解态			固态		
	混合液/（mg/L）	凝胶污染物/（mg/m²）	泥饼污染物/（mg/m²）	混合液/%	凝胶污染物/%	泥饼污染物/%
C	15.0±2.3[a]	625.0±43.8[a]	795.0±63.7[a]	50.6±6.7	60.7±4.9	53.6±2.8
Na	91.2±7.4	12.6±1.9	6.3±0.9	N.D.	N.D.	N.D.
Mg	10.9±1.2	3.7±0.6	2.8±0.3	2.4±1.0	3.6±1.2	1.6±1.6
Al	N.D.	1.7±0.2	N.D.	3.2±1.6	N.D.	9.6±6.6
K	17.0±2.2	5.1±1.0	3.5±0.7	1.9±2.6	N.D.	1.3±1.8
Ca	50.8±3.2	33.7±2.4	19.4±1.4	8.1±4.8	4.5±1.1	2.8±2.0
Fe	N.D.	N.D.	N.D.	5.1±7.3	N.D.	N.D.

a 通过 TOC 测定；N.D. 表示低于检测线。

5）污染层分子量分布分析

　　混合液及污染物中 SMP、LB-EPS 和 TB-EPS 成分 GPC 图谱分析如图 2.52 所示。MBR-L 和 MBR-H 中混合液 GPC 图谱相似，这里仅以 MBR-L 混合液图谱为例分析。由图 2.52（a）可见，混合液 SMP 的 GPC 图谱在分子量为 $10^4 \sim 10^7$ Da 时出现两个峰，而两种污染物 SMP 中都只检测出一个峰，且范围在 $10^6 \sim 10^8$ Da。这表明，相对混合液 SMP，凝胶层及泥饼层污染物 SMP 具有大分子特性，并凝胶层污染物 SMP 分子量大于泥饼层。由图 2.52（b）可以看出，混合液，凝胶层污染物以及泥饼层污染物 LB-EPS

成分 GPC 图谱几乎相同，最高分子量为 573～580 Da，分子量分布较宽。然而，混合液 TB-EPS 与污染物 TB-EPS 的分子量分布图谱相差较大［图 2.52（c）］。混合液 TB-EPS 出现了双峰分布，分别在分子量为 10^4～10^5 Da 和 10^6～10^7 Da 范围内，而污染物 TB-EPS 则集中分布在 10^5～10^6 Da，且凝胶层污染物 TB-EPS 的最高峰值大于泥饼层。

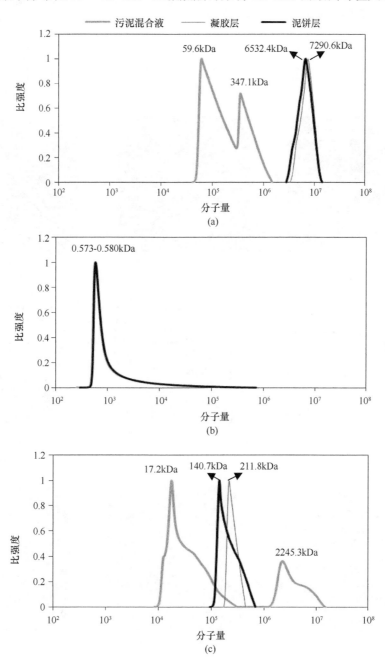

图 2.52　分子量分布分析
（a）SMP；（b）LB-EPS；（c）TB-EPS

分子量为 10^6～10^8 Da 的物质已经被认为是含有糖醛酸单元的多糖类物质，并且这种物质是生物污染的重要部分。这一结果表明，SMP 中多糖类物质是重要的溶解性有机污染物。而膜面污染物与混合液 SMP 及 TB-EPS 分子量分布范围的差异表明，膜面污染层的形成并非单纯的是 SMP 及 EPS 的沉积。这些污染物相互之间可能发生了某些复杂的反应，如凝胶或螯合作用等。并且沉积在膜面上微生物也会利用污染物进行代谢等活动，并产生新的物质。

6）污染层荧光特性分析

为进一步鉴定不同污染层的化学成分特性的差异，采用三维荧光手段对混合液及污染物的 SMP、LB-EPS 和 TB-EPS 中物质光谱特性进行分析（图 2.53）。由 EEM 图谱分

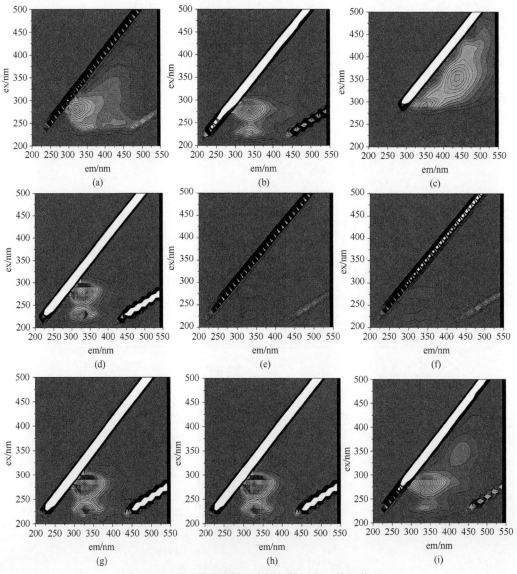

图 2.53　EEM 图谱分析（彩图扫描封底二维码获取）

（a）混合液 SMP；（b）混合液 LB-EPS；（c）混合液 TB-EPS；（d）凝胶层 SMP；（e）凝胶层 LB-EPS；（f）凝胶层 TB-EPS；
（g）泥饼层 SMP；（h）泥饼层 LB-EPS；（i）泥饼层 TB-EPS

析得到的相关参数如荧光强度（FI）和峰的位置列于表 2.17。相对荧光强度比值（B/A）可反映出蛋白质类物质的组成。如图 2.53 所示，所有样品荧光峰都落于区域 I、区域 II 和区域 V，并分别标记为 A 峰、B 峰和 C 峰。第一个峰位于 ex/em=225～235 nm/325～345 nm（A 峰），与芳香族蛋白质类物质有关。第二个峰位于 ex/em=280～295 nm/310～350 nm（B 峰），色氨酸蛋白质类物质和溶解性微生物产物有关。混合液 SMP 中 C 峰位于 ex/em=255 nm/445 nm，但在 LB-EPS 和 TB-EPS 组分中并偏移至 ex/em=345～355 nm/ 440～445 nm。虽然都位于区域 V，表示其荧光特性物质为腐殖酸，但其荧光峰位置的偏移也说明了 SMP 中腐殖酸类特性与 EPS 中不同。泥饼污染物中 LB-EPS 及 TB-EPS 组分的 C 峰位于 ex/em=345～365 nm/435～445nm。这一结果表明，泥饼层污染物中检测出的腐殖酸物质与混合液中 LB-EPS 和 TB-EPS 中腐殖酸类物质具有相同的荧光特性。但是，凝胶层污染物的所有组成部分中仅检测到与芳香族及色氨酸有关的蛋白质类物质，并未发现腐殖酸类物质。

表 2.17　EEM 图谱分析结果

污染物	污染层	A 峰		B 峰		C 峰		A/B	A/C	B/C
		ex/em	Int.[a]	ex/em	Int.	ex/em	Int.			
SMP	混合液	235/340	79.6	280/320	116.3	255/445	45.5	0.68	1.75	2.56
	凝胶层	230/325	157.8	280/325	202.8	—	—	0.78	—	—
	泥饼层	230/330	147.5	280/330	240.9	—	—	0.61	—	—
LB-EPS	混合液	230/330	87.4	280/340	141.9	355/440	24.11	0.62	3.63	5.89
	凝胶层	230/330	17.5	280/335	14.4	—	—	1.22	—	—
	泥饼层	230/330	68.5	280/335	66.13	365/445	18.13	1.04	3.78	3.65
TB-EPS	混合液	—	—	295/350	116.8	350/445	104.7	—	—	1.12
	凝胶层	225/330	17.4	280/310	13.1	—	—	1.33	—	—
	泥饼层	230/345	53.3	285/340	138.7	345/435	39.3	0.38	1.36	3.53

a Int. 表示峰强度值；"—"表示低于检测下限。

2.2.5　次临界通量运行下的膜污染分析

在 2.2.4 节中，研究了以泥饼层和凝胶层为主导的膜污染特性，本节将进一步研究次临界通量长期运行条件下的膜污染情况，为长期运行研究中膜污染控制提供基础支撑。

实验装置如 2.21 节中所述。在运行工况达到终点时收集膜表面污染物样品，对其物理化学性质进行分析，同时对体系中的 EPS 等物质进行分析。表 2.18 是凝胶层与反应器内 EPS 有机碳的平均氧化价态 [MOS，通过式（2.34）计算] 的分析结果。

$$MOS = \frac{4(TOC - COD)}{TOC} \tag{2.34}$$

表 2.18　有机碳的平均氧化价态（$n=6$）

污染物	COD/TOC	有机碳平均氧化价态	污染物预测
EPS	1.06±0.02	−0.23±0.18	多糖、蛋白质
凝胶层	1.60±0.21	−2.45±0.78	—

从表 2.18 可以看出，凝胶层污染物的 MOS 与 EPS 差别较大，即凝胶层污染物并不是全部为 EPS。除了 EPS 之外，其他有机物也存在于凝胶层污染中。通过平均价态与污染物种类的联系（Wang et al.，2008），EPS 物质主要成分可以判定为多糖与蛋白质类物质；而凝胶层污染物具有高复杂性，并不能进行直接判断。因此，需要进一步借助其他分析手段对凝胶层的物化特性进行进一步分析。

图 2.54 为凝胶层污染物以及体系内 EPS 的 FT-IR 光谱。从图 2.54（a）可以看出，在 3421 cm^{-1} 处存在的宽阔吸收峰是与羟基官能团有关，在 2932 cm^{-1} 处的吸收峰与 C—H 基团有关。在 1653 cm^{-1} 和 1558 cm^{-1} 处的吸收峰与蛋白质的二级结构有关，即酰胺 I 和酰胺 II，说明凝胶层中存在蛋白质类物质。在 1378 cm^{-1} 和 1247 cm^{-1} 处的峰分别与甲

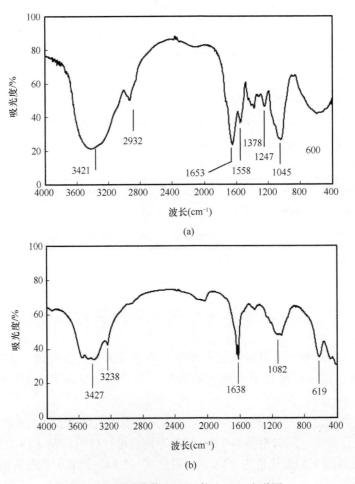

图 2.54　膜污染物和 EPS 的 FT-IR 光谱图

（a）膜污染物；（b）EPS

基和酯基相关。除此之外，在 1045 cm^{-1} 处的宽阔峰与多糖类物质有关。与此对比，图 2.54（b）中在 3427 cm^{-1}、1638 cm^{-1} 和 1082 cm^{-1} 处出现了类似的峰，表明 EPS 物质中存在着羟基、蛋白质和多糖类物质。但是，图 2.54（b）中的峰数量小于凝胶层中的峰数量，尤其是在 1000～1600 cm^{-1}。说明凝胶层污染物中存在着更为复杂的污染成分，除了多糖、蛋白质之外，还包括其他有机污染物，这也与 MOS 氧化价态的评价结果相一致。

图 2.55 是进水、膜出水、混合液中 SMP 和凝胶层中溶解性污染物的凝胶过滤色谱图。从图 2.55 中可以看出，在 12 min 前仅有 SMP 和凝胶层污染物中有峰出现，而进水、出水中无相关峰出现，说明大分子量物质在 SMP 和凝胶层污染物中存在，这些大分子量物质很可能是微生物代谢分泌产物。中间分子量的物质也是膜污染中的主要成分（位于 12 min 至 20 min）。出水中缺少大分子物质是由于膜的孔径拦截作用以及凝胶层污染物质的形成对污染物的进一步截留。然而，低分子量物质可以透过凝胶层以及膜孔而出现于膜出水中。

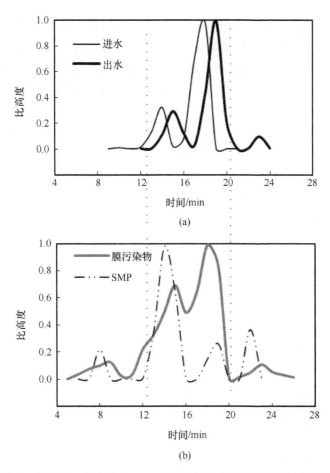

图 2.55　进水、膜出水、混合液中 SMP 和凝胶层中溶解性污染物的凝胶过滤色谱图
（a）进水和膜出水；（b）SMP 和膜污染物

为了进一步理解样品的分子量分布，对有机物的数均分子量（Mn）、重均分子量（Mw）和 Mw/Mn 进行了分析（列于表 2.19 中）。Mw/Mn 值越低说明有机物分子量的分布越窄。从表 2.19 可以看出，与进水和出水相比，SMP 和污染物的分子量分布较广。在过滤过程中，大分子量的 SMP 物质以及胶体等可以被膜截留，形成凝胶层。凝胶层的形成可以进一步拦截大分子量有机物质而允许小分子量物质通过，因此造成出水中的有机物分子量分布很窄（Mw/Mn = 7.07）。

表 2.19　进水、膜出水、SMP 以及膜污染物的分子量分布

指标	进水	出水	SMP	凝胶层污染物
MW/kDa	16.8～7426.1	0.9～1215.0	0.9～35450.6	0.2～201075.0
Mw/kDa	228.2	142.1	4092.7	6824.6
Mn/kDa	40.5	20.1	16.8	16.0
Mw/Mn	5.63	7.07	243.61	426.54

研究同时对污染物以及 MBR 污泥混合液的粒径进行了测试分析，结果如图 2.56 所示。从图中可以看出，膜污染物的粒径分布较窄，多集中分布于 0.5～2.0 μm。与之相比，MBR 中污泥混合液的粒径分布较宽（0.5～100 μm），同时在 0.57 μm 和 20.0 μm 处分别有一个峰值。数据统计分析表明，约 88% 的膜污染物粒径分布在 0～2.0 μm，而此部分粒径物质在污泥混合液中仅占到了 19%。此结果表明，膜污染的粒径比混合液的粒径要小，即小粒径物质更容易在膜表面形成污染。在膜过滤过程中，颗粒的传输主要受两个力作用，即过滤驱动力和 CFV 造成的剪切力。小粒径物质如胶体物质以及大分子量的 SMP 物质可以容易地沉积在膜表面，但是又不能轻易地被冲刷剪切去除；而大颗粒的物质在次临界通量操作下通过曝气冲刷可以脱离膜表面。因此，胶体物质、SMP 以及其他细小颗粒物可以在次临界通量操作下形成凝胶层。

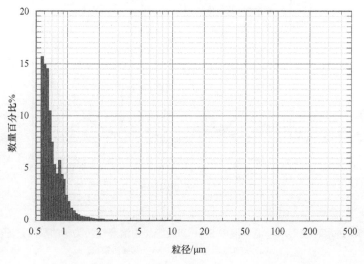

(a)

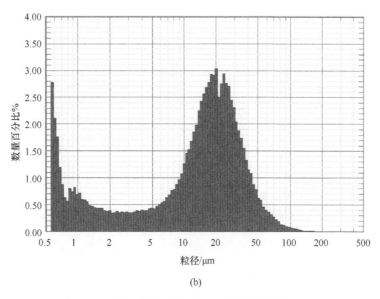

(b)

图 2.56 膜污染物以及污泥混合液的粒径分布图

（a）膜污染物；（b）污泥混合液

x 轴表示粒径大小（μm）；y 轴表示粒径的数量百分比（%）

图 2.57 为清洁膜和污染膜的 SEM 图像，从图中可以看出，被凝胶层污染后的膜表面呈现致密状态，这与 2.2.4 节中的研究结果相一致。图 2.58 是膜面污染物的 EDX 分析结果，从图中可以看出，元素 C、O、N、Cl、P、Na、Mg、Fe、Al、K、Ca 和 Si 等被检出。其中 Au 元素是由于测试中需要采用 Au 涂覆，其与污染元素无直接联系。Mg、Fe、Al 和 Ca 等金属元素与有机物之间的络合等可以形成更为严重的凝胶层污染。

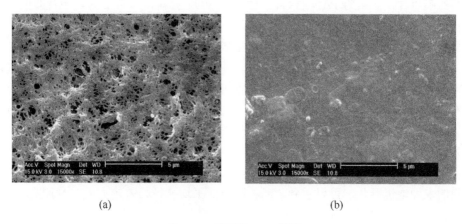

(a)   (b)

图 2.57 膜面的 SEM 图像

（a）清洁膜；（b）污染膜

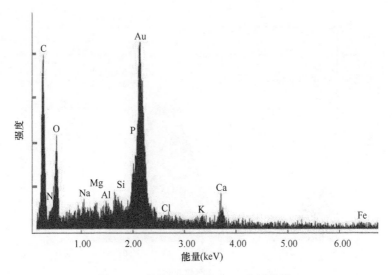

图 2.58　凝胶层污染的 EDX 分析结果

2.3　不同膜材料及操作条件与膜污染的关系

2.3.1　不同膜材料的污染行为研究

1. 工艺情况及运行条件

考虑 MBR 出水水质情况，试验设计采用 A/A/O-MBR 工艺（装置位于上海市某污水处理厂），如图 2.59 所示。反应器有效总容积为 188.3 L，包括厌氧段（19.7 L）、缺氧段 I（42.0 L）、缺氧段 II（42.3 L）、好氧 MBR 段（84.3 L）。好氧段内同时放置 2 组不同材料的膜组件，一组为 PAN 材料，一组为 PVDF 材料，每组 2 片，单片膜的有效过滤面积均为 0.24 m²。膜下安装曝气管，空气经曝气管向 MBR 段供氧，为微生物降解污染物提供氧气，同时在膜表面形成错流，控制膜面泥饼层的形成。底部曝气管的孔径约为 1 mm，曝气量的大小通过气体流量计来调节控制，气水比为 30∶1，好氧段内溶解氧（DO）控制在 1～3 mg/L，厌氧段及缺氧段的 DO<0.2 mg/L。运行通量为 15 L/(m²·h)，水力停留时间为 15.6 h，污泥龄 SRT 选用 60 天。采取抽吸 10 min，停 2 min 的方式，恒流运行，跨膜压差 TMP 通过水银压力计读数记录。当 TMP 达到 30kPa 时，用 0.5%（v/w）NaClO 溶液对膜进行化学清洗 2h。

实验用的 PAN 和 PVDF 平板膜均为自制，两种膜的理化性质见表 2.20，图 2.60 为两种膜的表面电镜照片。可以看到，两种膜表面平均孔径相差较大，PAN 膜孔径较小，但是具有类似的孔隙率。另外，两种膜表面均呈现亲水的特性（接触角小于 90°），但是 PAN 膜接触角更小一些，即 PAN 膜亲水性更好。同时，在利用通量阶梯递增的方法测试两种膜的临界通量时，两种膜的临界通量相同，均为 28～31 L/(m²·h)。

2. 反应器运行特性

A/A/O-MBR 反应器共运行 3 倍泥龄 180 天，MLSS 稳定在 4.0～5.0 g/L，MLVSS

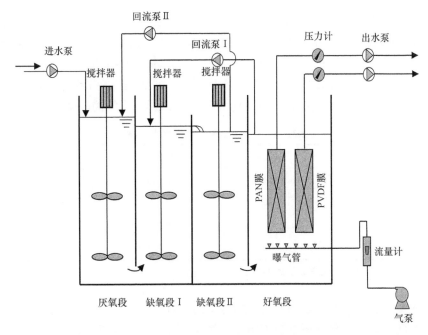

图 2.59　A/A/O-MBR 装置示意图

表 2.20　不同膜材质的理化特性

性能指标	PAN	PVDF
平均孔径/μm	0.02	0.15
体积孔隙率/%	50.8	51.3
接触角/ (°) [a]	59.6±2.7	77.6±3.7
清水通量/ [L/ (m²·h·kPa)] [a]	4.0±4.7	12.7±3.1
临界通量/ [L/ (m²·h)] [b]	28～31	28～31

a 表中数据为平均值±标准偏差（接触角为 5 次平均值，清水通量为 3 次平均值）；b 临界通量测试过程中污泥浓度 MLSS 为 4.1 g/L。

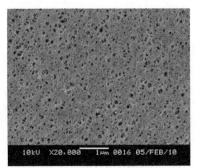

(a)　　　　　　　　　　　　　　　　　(b)

图 2.60　膜表面电镜照片

（a）PAN 膜；（b）PVDF 膜

为 2.6～3.3 g/L。实验中定期监测反应器的进出水水质情况，如表 2.21 所示。可以看到，A/A/O-MBR 工艺对进水中的 COD 有良好的去除效果，出水 COD 维持在 21.0 mg/L 左右；系统对 TN、NH$_3$-N 也有超过 80%的去除率，出水 NH$_3$-N 在 0.9 mg/L 左右，出水 TN 平均值为 9.0 mg/L，均远低于"城镇污水处理厂一级 A 排放标准"。但是系统出水 TP 为 2.3 mg/L，主要原因是反应器运行的污泥龄较长，影响系统的除磷效率。

表 2.21　A/A/O-MBR 的进出水水质情况

项目	进水/（mg/L）	出水/（mg/L）	去除率/%
COD	280.3±51.5	21.0±7.3	92.5±15.8
TN	45.1±10.1	9.0±2.7	80.0±16.6
NH$_3$-N	35.6±5.1	0.9±0.9	97.6±11.7
TP	6.0±2.0	2.3±0.7	61.5±22.0

注：表中数值为 34 次测量结果的平均值±标准偏差。

在反应器的长期运行中，PAN、PVDF 两种膜材质以 15 L/（m^2·h）的通量恒流运行，其运行压力随时间的变化如图 2.61 所示。从图上可以看到，膜压力随着时间的延长而增加，在最初的 4 个周期内，两种膜均表现出快速增长的压力变化，两者之间的污染速率差异并不明显，平均周期为 7 天。此间膜污染快的主要原因是反应器处于启动初期，MBR 内的微生物生长代谢并不稳定，导致系统运行不稳。而随着时间的延长，当反应器运行 40 天以后，两种材质的膜污染速率均呈现大幅度下降，后续三个运行周期平均为 30～40 天，并且 PAN 膜相较 PVDF 而言，其污染速率更低一些。

另外，两种膜的污染趋势均表现出典型的"二阶段"污染现象。所谓"二阶段"污染指浸没式 MBR 在次临界通量恒流操作模式下，TMP 的变化分为缓慢发展的阶段 1 和迅速上升的阶段 2，具体与 EPS、SMP 以及其他大分子有机物质在膜面吸附、沉积或膜孔堵塞过程有关。从图 2.61 中折线所示的两种膜各阶段的污染趋势来看，PVDF 膜不论在第一阶段还是第二阶段，其污染速率均高于 PAN 膜。

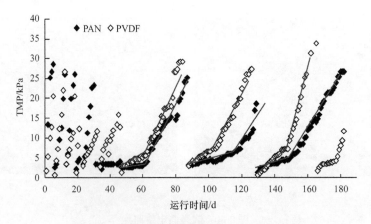

图 2.61　两种膜的 TMP 随运行时间变化情况

3. 两种膜污染阻力分布

当反应器运行到第 87 天、第 129 天时，膜运行压力达到终点，将两种膜取出，测试不同材质膜的阻力分布情况。两次阻力分布测试的结果平均值如图 2.62 所示。从图中可以明显看出，两种材质膜污染层的阻力 R_c 占膜总阻力的百分比均超过 90%，表明外部污染层污染是膜污染的主要原因，并且 PVDF 膜的污染层阻力较 PAN 膜更低一些。而膜本身阻力对最终膜总阻力贡献很小（两种膜均小于 5%），并且 PVDF 膜的本身阻力要高于 PAN 膜的本身阻力。另外，对于膜孔吸附、堵塞阻力 R_p 来说，PVDF 膜的 R_p 阻力占总阻力的百分比要远高于 PAN 膜，说明 PVDF 膜需化学清洗的内部不可逆污染要比 PAN 膜更加严重。

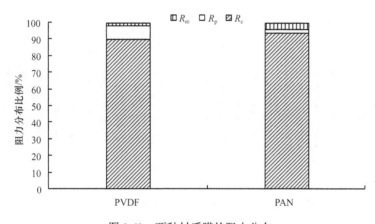

图 2.62　两种材质膜的阻力分布

4. 不同材质平板膜对 SMP 截留特性研究

在 MBR 过滤时，膜直接与污泥混合液中的 SMP 相互作用，因此，SMP 特性对膜污染贡献很大。在整个实验过程中，MBR 内的 SMP 与膜出水的有机物质被定期监测，以 TOC 表征其浓度。同时，SMP 与出水中的糖类、蛋白质及 UV_{254} 含量也被定期监测，具体如图 2.63 所示。表 2.22 列示了两种膜对 SMP 中有机物的截留率。

从图 2.63（a）可以看到，两种膜出水的 TOC 浓度均低于 SMP 的浓度，表明膜的截留对有机物的去除有一定贡献，并且具有较小孔径的 PAN 膜（0.02 μm）与较大孔径的 PVDF 膜（0.15 μm）相比，其对 SMP 中的 TOC 的膜截留率更高，说明孔径对膜截留能力影响较大。

从图 2.63（b）和（c）中可以看到，两种膜出水中糖类与蛋白质含量经膜过滤后明显下降，同时 PVDF 膜出水中糖类浓度比 PAN 膜出水中的低，而蛋白质浓度则比 PAN 膜出水中的高，表明 PVDF 膜对 SMP 中糖类物质截留更多，PAN 膜则对 SMP 中的蛋白质物质截留更多。正如表 2.22 所示，PVDF 膜对 SMP 中糖类、蛋白质的平均截留率分别为 34.9%和 28.2%；PAN 膜的糖类、蛋白质的平均截留率则为 16.4%和59.4%。

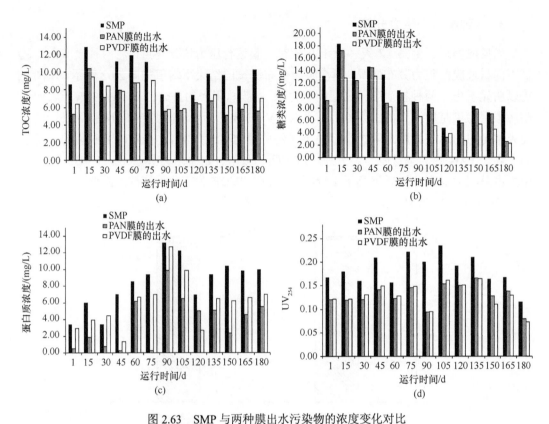

图 2.63　SMP 与两种膜出水污染物的浓度变化对比

（a）SMP 与两种膜出水中 TOC 浓度的变化；（b）SMP 与两种膜出水中糖类浓度的变化；（c）SMP 与两种膜出水中蛋白质浓度的变化；（d）SMP 与两种膜出水中 UV$_{254}$ 的变化

表 2.22　两种膜对 SMP 中有机物的平均截留率

膜种类	SMP 截留率/%	SMP 糖类截留率/%	SMP 蛋白质截留率/%	SMP$_{UV}$ 截留率/%
PAN 膜	31.0±8.9	16.4±15.5	59.4±22.2	28.9±7.0
PVDF 膜	23.9±5.4	34.9±11.2	28.2±17.5	29.0±6.9

注：表中截留率的值为 13 次测试结果的平均值±标准偏差。

　　两种材质的膜对糖类、蛋白质的截留率差异的原因主要为：①糖类、蛋白质物质具有不同的理化特性，如亲/疏水性及分子量的大小；②两种膜具有不同的平均孔径及亲疏水特性差异。膜过滤为膜本身与污染物质的相互作用过程，小孔径的 PAN 膜对糖类物质截留率比大孔径的 PVDF 膜要低，表明膜对有机物质的截留并不单独取决于孔的筛分作用，其他作用如膜材料与污染物质的亲/疏水联合作用对膜的截留行为影响也很大。一般认为糖类是中性亲水物质，而蛋白质则具有强烈的疏水性。本实验中所用的 PAN 材质的平板膜表面接触角小，具有较强的亲水性，在 MBR 过滤过程中，亲水性的糖类物质更易通过膜进入出水，而疏水的蛋白质物质则由于亲/疏水联合作用被膜截留。对于孔径较大、亲水不强的 PVDF 膜来说，过滤过程中的主导机制仍然是孔的筛分作用，具有低分子量的蛋白质相对高分子量的糖类物质更容易透过 PVDF 膜进入出水，膜对糖类的截留率高。已有许多研究认为糖类物质在膜污染中起着重要作用，而 PVDF 膜截留了更多的 SMP 中的糖类物质，这也许是 PVDF 膜在 MBR 内的实际运行中表现出更高的污染速率的原因。

本实验中，UV_{254} 被用作表征 SMP 与出水中的腐殖酸类物质。从图 2.63（d）可以看到，由于膜的截留作用，两种膜出水的腐殖酸含量明显下降。并且，两种膜对腐殖酸类物质的截留率相差不多，主要是由于腐殖酸类物质相对糖类、蛋白质具有较低的分子量，膜不宜截留。

5. 不同膜材质膜面污染物的粒径分布

为了进一步分析了解膜污染的机制，当反应器运行了 5 天、19 天、87 天和 129 天时，对膜面污染物质进行收集分析，其粒径分布如图 2.64 所示。

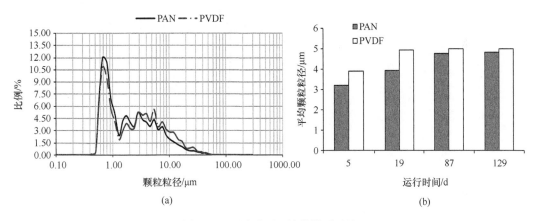

图 2.64　两种膜面污染物性质对比

（a）粒径分布曲线；（b）平均粒径（数均）

图 2.64 中结果显示两种膜污染物的粒径分布（按数量百分比）为 0.5～10.0 μm，而 MBR 内活性污泥的平均粒径一般在 10 μm 之上，说明膜污染物粒径小于污泥混合液粒径，在膜污染的过程中首先是粒径较小的物质优先进行堵塞膜孔或者在膜面进行累积，而大颗粒物质相比之下比较不易在膜面累积。

从图 2.64（b）可以看到，4 次测试中，PAN 膜面污染物质的粒径均小于 PVDF 膜面污染物质，主要是两种膜之间的孔径差异造成的。粒径较小的物质更容易通过孔径大的 PVDF 膜，相对 PAN 膜来讲，只有较大粒径的物质被 PVDF 膜截留，引起两种膜面污染物性质的不同。

6. 分子量分布特性分析

分子量分布与膜的过滤特性密切相关，研究 SMP、两种膜出水及膜面污染物的分子量分布情况，能够为进一步认清膜污染机理提供理论基础。采用凝胶色谱的方法对上述样品的分子量分布情况进行测试分析，停留时间越长，表明分子量越小，结果如图 2.65 所示。

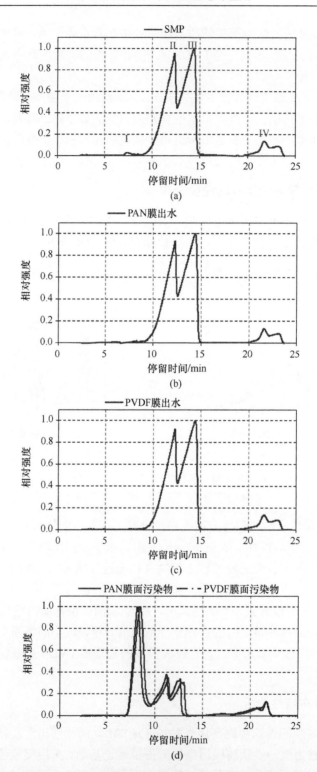

图 2.65　分子量分布图（彩图扫描封底二维码获取）

（a）MBR 内 SMP 的分子量分布；（b）PAN 膜出水的分子量分布；（c）PVDF 膜出水的分子量分布；
（d）PAN、PVDF 膜面污染物的分子量分布

从图 2.65（a）可以看到，MBR 内的 SMP 分子量分布主要有四个峰：代表大分子的 I 峰（Mw 为 $1.2\times10^8\sim1.5\times10^8$ Da）峰值较低，分子量在 II 峰（Mw 为 $1.1\times10^6\sim2.8\times10^6$ Da）、III 峰（Mw 为 $7.5\times10^3\sim2.8\times10^5$ Da）区间的物质含量最多，IV 峰代表分子量 1000 Da 以下的小分子物质。而两种膜出水的分子量分布 ［图 2.65（a）、（b）］与 SMP 相比，II 峰、III 峰、IV 峰的位置与强度均未发生变化，但是大分子的 I 峰消失不见，说明这部分物质被膜所截留。图 2.65（d）为两种膜面污染物质的分子量分布，可以看到，膜面污染物质的分子量也呈现出与 SMP 位置类似的 4 个峰，但是不同的是大分子物质的 I 峰强度非常大，远远超过其余 3 个峰。

图 2.66 为 SMP、两种膜出水与两种膜面污染物的不同分子量物质分布区间图。

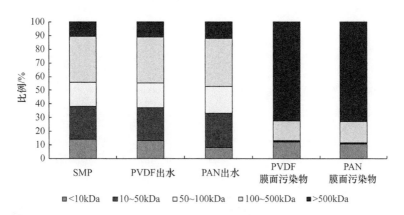

图 2.66　SMP、两种膜出水与两种膜面污染物的不同分子量物质分布区间图（彩图扫描封底二维码获取）

从图中可以看到，PAN 出水中分子量<10 kDa 的物质所占比例低于 PVDF 膜出水，而其余大分子量分布区间的物质所占比例高于 PVDF 膜出水，说明小分子物质更易被 PAN 膜截留。两种膜面污染物质内 85%以上是分子量超过 100 kDa 的物质，且分子量小于 10 kDa 的物质占 10%左右，说明这两部分对膜污染最严重，膜面污染层形成过程中除了大分子的糖类、蛋白质的联合作用外，小分子的多价金属离子的络合架桥也起了重要作用。但是分子量为 10～100 kDa 的物质几乎不存在于污染膜表面，可以说对膜表面污染没有影响。

结合上述分析，说明分子量位于 I 峰区间的物质能被两种膜大幅截留并富集在膜表面，引起膜污染；而较小分子量的物质则极易透过膜进入出水。另外，PVDF 膜面污染物质的停留时间在 PAN 膜面污染物质之前，PAN 膜出水中的小分子物质更少，说明 PAN 截留了更多的小分子物质，其膜面污染物分子量更小，这主要由两种膜的孔径大小与截留特性决定。

7. 三维荧光特性分析

本节采用三维荧光技术，分析 SMP、两种膜出水、膜面污染物及膜内污染物质的荧光光谱特性，进一步认清膜污染的机理。图 2.67 为上述几种样品的 EEM 光谱，进行三维荧光扫描时，激发波长和发射波长的扫描范围都是 200～600 nm，从图中可以

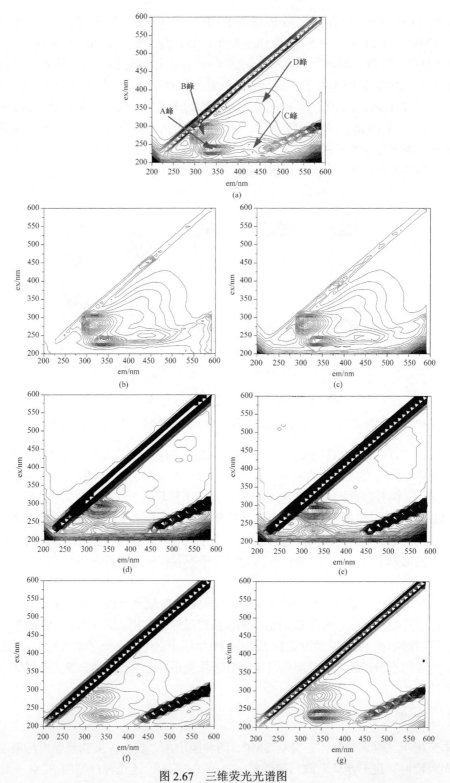

图 2.67　三维荧光光谱图

（a）SMP；（b）PAN 膜出水；（c）PVDF 膜出水；（d）PAN 膜面污染物；（e）PVDF 膜面污染物；

（f）PAN 膜内污染物；（g）PVDF 膜内污染物

看到，SMP 及两种膜出水的 EEM 图谱中有 4 个荧光峰 A 峰、B 峰、C 峰和 D 峰，其中心位置（$\lambda_{ex}/\lambda_{em}$）分别位于 230～240 nm/330～350 nm（A 峰），280～290 nm/320～350 nm（B 峰），240～250 nm/430～460 nm（C 峰）以及 340～360 nm/430～440 nm（D 峰）。其中 A 峰代表芳香类蛋白物质；B 峰代表色氨酸荧光，与微生物降解产生的类蛋白质有关；C 峰则与类富里酸类物质相关；D 峰代表类腐殖酸类物质。图 2.67（d）和（e）中两种膜面污染的 EEM 中，只有 A 峰、B 峰、D 峰三个荧光峰，C 峰几乎没有，表明类富里酸类物质由于分子量较小极易透过平板膜，而类腐殖酸物质则被截留在膜表面（D 峰）。

EEM 中，荧光峰的位置与峰强度也可以用来表征有机物的特性，荧光峰位置的改变表征着荧光物质结构的改变。荧光峰向短波长方向移动称为蓝移，蓝移与氧化作用导致的结构变化有关，如稠环芳烃分解为小分子，芳香环和共轭基团数量的减少以及特定官能团如羰基、羟基和胺基的消失；荧光峰向长波长方向移动称为红移，红移则与荧光物质中羰酰基取代基团，如羰基、羧基、羟基和胺基等的增加有关。

表 2.23 为 SMP、两种膜出水、膜面污染物及膜内污染物的荧光峰位置及强度，从表中可以看出，两种膜出水相对 SMP 来讲，其荧光峰的位置并没有发生显著变化，说明物质结构未发生改变，但是对应峰的强度经过膜过滤后则出现一定程度的下降。此外，膜面污染物的荧光峰位置与 SMP 相比表现出不同的特性。A 峰各沿发射波长与激发波长上蓝移了 10 nm，表明膜面污染物质相对 SMP 内物质结构发生改变，在膜面污染物的累积过程中，芳香类蛋白物质降解引起芳香环和共轭基团数量的减少；而污染物的荧光 B 峰则沿发射波长与激发波长上红移了 10nm，D 峰也沿发射波长红移了 10～20 nm，说明其物质结构中羰酰基取代基团增加。说明膜面污染物中的类蛋白物质与 SMP 相比结构发生了一定变化。

表 2.23　各个荧光峰的位置、强度表

项目	A 峰		B 峰		C 峰		D 峰	
	ex/em	FI	ex/em	FI	ex/em	FI	ex/em	FI
SMP	240/340	155.0	280/320	171.1	250/430	72.28	340/430	41.28
PAN 出水	240/340	127.7	280/320	162.7	250/440	65.49	340/430	36.24
PVDF 出水	240/340	121.7	280/320	158.3	250/460	60.31	340/430	36.76
PAN 膜面污染物	230/330	96.9	290/330	240.1			360/430	19.28
PVDF 膜面污染物	230/330	127.3	290/330	250.1			350/430	15.44
PAN 膜内污染物	230/340	82.6	280/330	83.64			340/430	24.77
PVDF 膜内污染物	240/350	177.0	290/350	94.49			340/430	16.90

另外，值得注意的是膜面污染物 EEM 中，峰强 B/A 的值远高于其在 SMP 中的值。B 峰蛋白物质主要与溶解性微生物产物有关，A 峰主要与简单的芳香类蛋白物质相关，B/A 值越高，表明污染物质中溶解性微生物产物的量越大，进一步说明这些物质是积累在膜表面、引起膜污染的主要物质。从图 2.67（f）和（g）两种膜内污染物的 EEM 图谱中可以看到，PAN、PVDF 膜之间表现出一定差异。首先，PAN 膜内污染物的 EEM 中有一个强

烈的类腐殖酸峰 D，而 PVDF 膜内污染物 EEM 中该峰强度较低。其次，PAN 膜内污染物 EEM 中，峰强 B/A 的值也远高于其在 PVDF 膜内污染物中，表明 PVDF 的膜孔内存在更多的芳香类蛋白质。结果说明，对 PAN 不可逆污染有巨大贡献的除了类蛋白质以外，类腐殖酸物质也起了重要作用；对 PVDF 膜造成不可逆污染的主要是芳香类蛋白物质。

总的来说，当两种膜初始投入运行时，主要是膜材质与污染物质发生作用，膜先发生孔内吸附、堵塞污染，蛋白类、腐殖酸类等物质首先吸附在 PAN 膜孔内，而糖类、蛋白类等物质则吸附在 PVDF 膜孔内；当运行到一定时间后，部分污染物质沉积在膜面或膜孔，此时污染物与污染物的相互作用占主导，因此两种膜的膜面污染物除粒径大小外，荧光特性类似。

8. SMP 及膜出水的组分划分与过滤实验

污水中的有机物按照亲疏水性及荷电性,可通过树脂吸附解脱将其划分为 4 种组分：强疏水性组分（HPO）、弱疏水性组分（TPI）、中性亲水组分（HPI-N）、带电极性亲水组分（HPI-C）。本节研究将 SMP 与两种膜出水进行组分划分，并对 SMP 的四种组分进行膜过滤实验，以进一步认清两种膜材质的污染机制。图 2.68（a）为 SMP 与两种膜出水组分划分后的实验结果，可以看到，HPI-N 组分占 SMP 中有机物质比例最大，达到

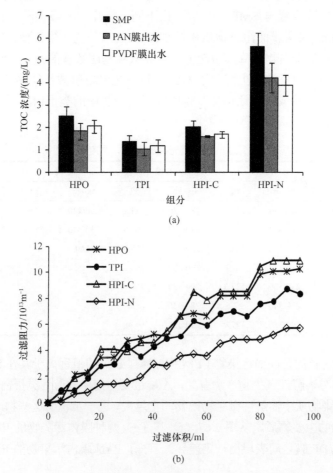

(a)

(b)

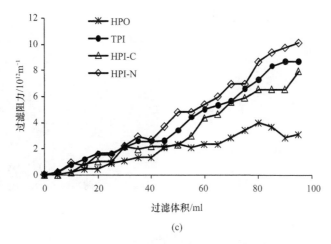

(c)

图 2.68　SMP 及膜出水组分、过滤性能
（a）SMP 与两种膜出水的 4 种组分浓度；（b）SMP 4 种组分过滤 PAN 膜时的阻力变化；
（c）SMP 4 种组分过滤 PVDF 膜时的阻力变化（$n=3$）

50%；其次为 HPO 组分，HPI-C 次之，TPI 组分浓度最低。另外，从图上还可以看出，经过膜过滤后，膜出水中的 4 种组分的浓度均比 SMP 中的低，并且 PAN 出水中的 HPO、TPI 及 HPI-C 组分较低，而 PVDF 出水中的 HPI-N 组分较低，说明 PAN 膜对前三种组分的截留率更高，PVDF 膜则截留了更多的 HPI-N 组分。据文献资料，HPI-N 组分一般分子量大于 100 kDa，且主要物质为糖类；而蛋白质与腐殖酸被认为是疏水性物质。因此，PAN 膜截留了更多的疏水性物质，PVDF 膜截留了更多的糖类等大分子。这一结果也与前述章节中有关 SMP 的膜截留率和荧光特性分析结论一致。

图 2.68（b）和（c）为 SMP 的 4 种组分在同样 TOC 浓度下分别对 PAN 膜、PVDF 膜过滤的污染趋势测定结果。可以看到，4 种组分对两种膜的污染贡献各不相同。对于 HPO 组分来说，它对 PAN 膜表现出最快的污染趋势，而过滤 PVDF 膜时，其阻力上升则最慢。TPI 组分则对两种膜均表现出很强的污染能力。HPI-N 组分对 PVDF 膜表现出最强烈的污染趋势，但是对 PAN 膜来说，其污染能力并不显著。这主要取决于膜材料与污染物的亲/疏水联合作用。HPI-C 组分对 PAN 膜有强烈的污染趋势，主要由于 PAN 中含有大量的极性—CN 键，带有一定的电性，带电的 HPI-C 物质与 PAN 膜的相互作用更加强烈引起膜污染的增加。

2.3.2　不同进水水质条件（C/N 比）的污染行为研究

1. 工艺情况及运行条件

本实验中，两组结构完全相同的 A/O MBR 平行运行，反应器形式如图 2.69 所示。每套反应器的缺氧区和好氧区的有效容积均为 21 L。好氧区中设置两片 PVDF 平板膜，平均膜孔径 0.2 μm。每片膜有效过滤面积为 0.24 m²。在膜区下方安装穿孔曝气管，通过鼓风机提供微生物所需溶解氧并提供膜面气水冲刷。膜出水管连接蠕动泵和压力计，通过蠕动泵抽吸出水，并通过压力计监测跨膜压差。

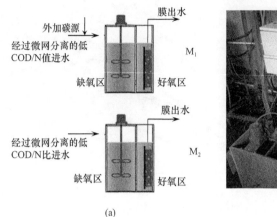

（a）　　　　　　　　　　　　　　　　　（b）

图 2.69　MBR 装置

（a）流程示意图；（b）实物照片

　　MBR 接种污泥为城市生活污水处理厂好氧区污泥，在进行本实验前 MBR 已稳定运行 3 个月以上。由于本实验在冬季进行，水温仅为 4～10℃，因此膜通量设定为 10 L/（$m^2 \cdot h$）。蠕动泵设置为抽吸 10 min、停歇 2 min 以控制膜污染。缺氧区和好氧区的 HRT 均为 5.2 h，总 HRT 为 10.4 h。通过每天排泥保持 SRT 为 30 天。回流比为 200%。膜区单位投影面积的曝气量为 72 m^3/（$m^2 \cdot h$）。好氧区 DO 控制在 3～6 mg/L，缺氧区 DO 控制 0.3 mg/L 以下。当 TMP 达到 25 kPa 时使用 0.5%（v/w）NaClO 溶液化学清洗 2 h。

　　1 号 MBR（M_1）进水为经过微网过滤的上海某污水处理厂的原污水，并添加了经过预处理的污泥发酵液，COD/N 值为 9.9 g COD/g N；2 号 MBR（M_2）进水仅为经过微网过滤的上海曲阳污水处理厂的生活污水，COD/N 值为 5.5 g COD/g N。M_1 和 M_2 的进水水质见表 2.24。

表 2.24　M_1 和 M_2 的进水水质（$n=15$）

指标	M_1	M_2
COD/（mg/L）	306±47	169±23
TN/（mg/L）	30.9±4.2	30.4±3.9
NH_3-N/（mg/L）	29.6±5.4	29.1±5.1
NO_3^--N/（mg/L）	0.8±0.4	0.8±0.4
NO_2^--N/（mg/L）	低于检测限	低于检测限
COD/N 值/（g COD/g N）	9.9	5.5

　　为了消除进水水质影响，在相同条件下进一步明确不同 MBR 污泥的微生物产物的产生和特性，开展了相应的批次实验。污泥分别取自 M_1 和 M_2 的好氧区，在 3500g 离心 10 min，去除上清液后加入 PBS 缓冲溶液清洗，以上步骤重复 3 次，以去除污泥表面残留的基质。然后将污泥重悬在 PBS 缓冲溶液中并调节 MLVSS 浓度为 5 g/L。将污泥混合液倒入广口瓶中，投入磁力转子并放置在磁力搅拌器上搅拌，通过曝气机供氧，维持 DO 在 5～6 mg/L，温度控制在 8℃。在以上两种污泥混合液中分别加入乙酸钠（NaAc），使其浓度达到 550 mg/L。间隔一定时间取样，提取 SMP、LB-EPS 和 TB-EPS，测定糖

类、蛋白质和腐殖酸浓度，利用石英晶体微天平（QCM-D）测定其吸附特性，具体原理可以参见相关文献（Han et al., 2015）。并且利用气相色谱测定 SMP 中 NaAc 浓度。NaAc 浓度变化的动力学过程按照下列公式建立模型。

$$v = \frac{\mathrm{d}S}{\mathrm{d}t} = k \cdot S^n \tag{2.35}$$

式中，v 为基质代谢速率；S 为基质浓度；t 为反应时间；k 为反应速率常数；n 为反应级数。

QCM-D 芯片表面吸附的物质质量（Δm）可以通过 Sauerbrey 公式计算，如下所示：

$$\Delta m = -\frac{C\Delta f}{n} \tag{2.36}$$

式中，C 为石英晶体灵敏度常数 17.7 ng·cm^2/Hz；n 为倍频数；Δf 为频率变化。

耗散因子 D 是指振动在吸附层中传递过程中，耗散能量 $E_{\mathrm{dissipation}}$ 和储存能量 E_{stored} 之比，耗散因子能够反映吸附层的刚性大小。

$$D = -\frac{E_{\mathrm{dissipation}}}{2\pi E_{\mathrm{stored}}} \tag{2.37}$$

此外，对实验结果可以建立吸附动力学模型，如式（2.38）和式（2.39）所示。其中，$Q_{(t)}$ 为 t 时间的芯片表面 SMP 或 EPS 的吸附量，通过式（2.36）计算可得，a、b、c 为待拟合值。a 反映了吸附结束时的最大吸附量，C_{aq} 是样品溶液中颗粒物的浓度（mmol/L），k 是吸附速率常数（L/M min）。由于本节中 SMP 或 EPS 分别调节至相同浓度，因此 C_{aq} 为定值，b 与 k 呈正比线性关系。根据相关文献（Han et al., 2015），c 与吸附模型形式有关，当 c 值为 1 时为单分子层的 Langmuir 吸附模型，当 c 值为 0.5 时为扩散受限的 Langmuir 吸附模型。

$$Q(t) = a(1 - \mathrm{e}^{-b \cdot t^c}) \tag{2.38}$$

$$b = C_{\mathrm{aq}} \cdot k \tag{2.39}$$

2. 两套反应器跨膜压力变化情况

两套反应器由于进水 C/N 比不同导致 TN 的去除有较大差异，M$_1$ 出水 TN 浓度为 12.7 mg/L、达到一级 A 排放标准，去除率 59%；M$_2$ 出水 TN 浓度为 20.3 mg/L，去除率仅为 33%。相应的，M$_1$ 出水 NO$_3^-$-N 浓度也低于 M$_2$。这证明了提高进水 COD/N 比可以提升污泥反硝化效果、增加脱氮效率。但是在脱氮效率提升的情况下，膜污染行为值得关注。图 2.70 显示，进水 COD/N 值较高的 M$_1$ 的 TMP 增加速率较快，在 65 天运行过程中化学清洗次数达到了 10 次，平均清洗周期仅为 6.5 天。而进水 COD/N 值较低的 M$_2$ 的 TMP 增加速率较慢，化学清洗次数为 4 次，平均清洗周期 16.2 天。M$_1$ 的化学清洗周期明显比 M$_2$ 的短，说明提高进水 COD/N 值虽然能够提升脱氮效果，但是会引起较为严重的膜污染问题、缩短清洗周期，在实际应用中应引起重视，并采取相应膜污染控制措施。

3. 长期运行的 MBR 中微生物产物特性研究

上节研究结果发现，进水 COD/N 比高的 M$_1$ 中膜污染较为严重。通常认为膜污染与微生物产物有直接关系，因此对 M_1 和 M_2 中的 SMP、LB-EPS 和 TB-EPS 的浓度和特性进一步开展研究。

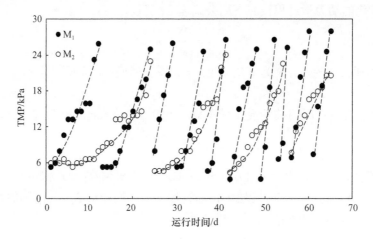

图 2.70　MBR 中 TMP 变化（TMP 下降为采取了化学清洗）

图 2.71 为长期运行过程中 M_1 和 M_2 的好氧区污泥 SMP、LB-EPS 和 TB-EPS 中蛋白质、腐殖酸和糖类的浓度平均值。M_1 和 M_2 的 SMP 中糖类和蛋白质浓度相近，但是 M_1 的 SMP 中腐殖酸浓度比 M_2 的高了 2 mg/L，因此 M_1 的 SMP 总量比 M_2 的高。M_1 的 LB-EPS 中蛋白质、腐殖酸和糖类浓度分别比 M_2 的高了 21.1 mg/L、20.1 mg/L 和 10.7 mg/L，相应的，M_1 的 LB-EPS 总量比 M_2 的高。然而，M_1 的 TB-EPS 中各组分均比 M_2 的低。推测在本实验条件下，SMP 的腐殖酸浓度和 LB-EPS 各组分浓度可能对膜污染影响更大。这也说明较高的进水 COD/N 值会使 MBR 污泥产生更多的 SMP 和 LB-EPS，从而导致了较为严重的膜污染。

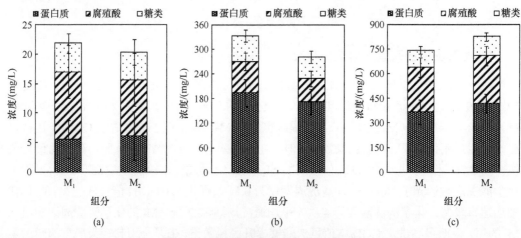

图 2.71　微生物组分分布各组分浓度中
（a）SMP；（b）LB-EPS；（c）TB-EPS

目前，不同研究人员对于微生物产物中糖类、蛋白质和腐殖酸中哪种组分对膜污染影响更大有不同的结论。值得注意的是，M_1 的 SMP 和 LB-EPS 中腐殖酸浓度分别为 11.5

mg/L 和 76.5 mg/L，M_2 的 SMP 和 LB-EPS 中腐殖酸浓度分别为 9.5 mg/L 和 56.5 mg/L，M_1 的 SMP 和 LB-EPS 中腐殖酸浓度均高于 M_2 的。因此推测除了糖类和蛋白质之外，腐殖酸可能对于膜污染也有重要影响。

图 2.72（a）显示了 M_1 和 M_2 的 SMP 分子量分布。两者 SMP 在分子量约为 4×10^4 道尔顿和 40×10^4 道尔顿的位置有明显出峰，且 M_1 的响应值更大，说明 M_1 的 SMP 中分子量为数万道尔顿至数十万道尔顿的大分子物质比 M_2 的多，这可能也是 M_1 膜污染较为严重的原因之一。由图 2.72（b）和（c）可知，M_1 和 M_2 的 LB-EPS 和 TB-EPS 的分子量分布近似，与 SMP 的分子量相比分布范围变窄，推测可能由于微生物的作用代谢掉了部分有机物。TB-EPS 与 LB-EPS 相比，出峰位置向右移动，即大分子物质变多，推测微生物产生的物质以大分子物质居多。

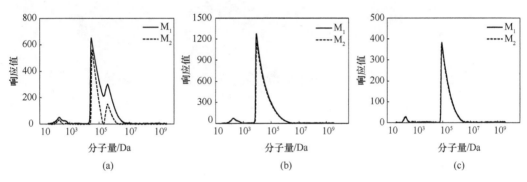

图 2.72　SMP、LB-EPS 和 TB-EPS 的分子量分布
（a）SMP；（b）LB-EPS；（c）TB-EPS

图 2.73 为 M_1 和 M_2 的 SMP、LB-EPS 和 TB-EPS 的 EEM 图谱。由于瑞利散射（Rayleigh scatter）和拉曼散射（Raman scatter）在图谱中有很强的荧光峰，会对后续分析造成干扰，因此使用 Matlab 软件将瑞利散射和拉曼散射的荧光峰消除，最终结果如图所示。图 2.73（a）显示，M_1 和 M_2 的 SMP 荧光特性近似，出峰位置主要有 ex/em=250 nm/420～440 nm 和 ex/em=330 nm/400～420 nm。图 2.73（b）显示了 M_1 和 M_2 的 LB-EPS 的荧光特性，主要存在 A 峰、B 峰、C 峰和 D 峰，位置分别是 ex/em=235～240 nm/340～355 nm、ex/em=280～285 nm/345～350 nm、ex/em=360～365 nm/445～450 nm 和 ex/em=280～285 nm/445～450 nm。A 峰和 B 峰与蛋白质类物质有关：A 峰代表了芳香族蛋白质类物质，B 峰代表了色氨酸类物质。C 峰和 D 峰与腐殖酸类物质有关：C 峰代表了可见区腐殖酸类物质，D 峰代表了紫外区腐殖酸类物质。对比图 2.73（c）和（d）可知，M_1 的 LB-EPS 的 B 峰和 C 峰强度高于 M_2，说明前者的色氨酸类物质和可见区腐殖酸类浓度较高，这与图 2.71 中 M_1 和 M_2 的 LB-EPS 各组分浓度关系一致，反映了 M_1 的 LB-EPS 中污染物浓度较高可能导致了其膜污染较严重。对比图 2.73（a）、（b）和（c）、（d），发现 A 峰和 C 峰的激发和发射波长数值都有明显变小的现象，即出峰位置 "蓝移"，这说明 SMP 与 LB-EPS 的物质结构差异较大。在图 2.73（e）和（f）中，M_1 的 TB-EPS 的 B 峰强度低于 M_2 的，说明 M_1 的 TB-EPS 中色氨酸类物质浓度比 M_2 的低，这与图 2.71 结果相符。

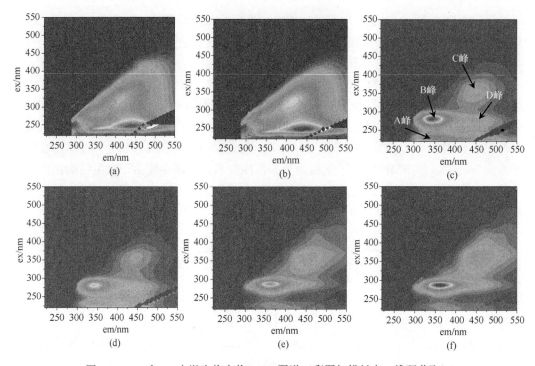

图 2.73　M_1 和 M_2 中微生物产物 EEM 图谱（彩图扫描封底二维码获取）
（a）M_1 的 SMP；（b）M_2 的 SMP；（c）M_1 的 LB-EPS；（d）M_2 的 LB-EPS；
（e）M_1 的 TB-EPS；（f）M_2 的 TB-EPS

为了进一步分析 M_1 和 M_2 的微生物产物 EEM 特性，将 EEM 图谱分为 5 个区域 [图 2.74（a）]，对每个区域的荧光强度平均值进行归一化处理，形成 FRI 分析结果，如图 2.74（b）所示（韩小蒙，2016）。区域 I 和区域 II 为激发波长小于 250 nm、发射波长小于 350 nm 的短波区域，该区域与简单的芳香族蛋白质类物质有关。由图 2.74（b）可以看出，M_1 的 LB-EPS 中区域 I 和区域 II 比例之和高于 M_2 的 LB-EPS，说明 M_1 的 LB-EPS 中芳香族蛋白质类物质含量较高。区域 III 为激发波长 200~250 nm、发射波长大于 380 nm

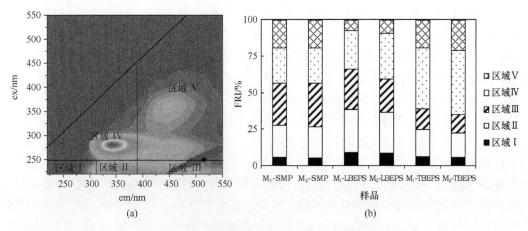

图 2.74　FRI 分析结果（彩图扫描封底二维码获取）
（a）FRI 区域划分示意图；（b）M_1 和 M_2 的 SMP、LB-EPS 和 TB-EPS 的 FRI 分布结果

的区域，与富里酸类物质有关。M_1 和 M_2 中均有 SMP 的区域 III 比例高于 LB-EPS 和 TB-EPS 的，说明 SMP 中富里酸比例高于 LB-EPS 和 TB-EPS。区域 IV 为激发波长 250～280 nm、发射波长小于 380 nm 的区域，与溶解性细胞产物有关。TB-EPS 的区域 IV 比例高于 SMP 和 LB-EPS 的，推测可能是 TB-EPS 的性质与微生物代谢活动关系更密切。区域 V 为激发波长大于 280 nm、发射波长大于 380 nm 的长波区域，其与腐殖酸类物质有关。

4. 微生物产物吸附（黏附）特性研究

QCM-D 能够精确反映有机物在芯片表面的吸附行为，因此本节实验使用了带负电的金涂层芯片模拟微生物产物在带负电的平板膜表面的吸附特性。为了消除浓度影响，不同反应器中 SMP 的糖类、蛋白质和腐殖酸浓度之和调整为 15 mg/L，LB-EPS 和 TB-EPS 的以上各组分浓度之和均调整为 120 mg/L。在 QCM-D 基线稳定后，测定 SMP 吸附特性时进样顺序为 10 min 双蒸水-20 min 样品-10 min 双蒸水。由于提取 LB-EPS 和 TB-EPS 时使用 0.05%（质量分数）NaCl 溶液，因此选择该溶液作为背景溶液，进样顺序为 10 min 双蒸水-10 min 背景溶液-20 min 样品-10 min 背景溶液-10 min 双蒸水。结果如图 2.75 所示。

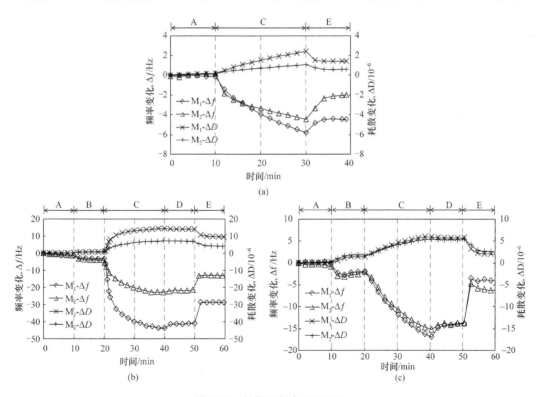

图 2.75　长期运行中 M_1 和 M_2

（a）SMP；（b）LB-EPS；（c）TB-EPS 的吸附性能

A～E 表示进样顺序：A 为双蒸水；B 为背景溶液；C 为样品；D 为背景溶液；E 为双蒸水

当 QCM-D 芯片表面吸附有机物后，芯片振动频率会降低，频率变化量（Δf）与吸附质量为线性关系，因此 Δf 降低越多吸附质量越高。由图 2.75（a）可知，在 20 min 的吸附时间中，M_1 的 SMP 的 Δf 下降值比 M_2 的 SMP 更多，说明 M_1 的 SMP 在芯片表面吸附量更多。由图 2.75（b）可知，同样的，M_1 的 LB-EPS 的 Δf 下降值比 M_2 的 LB-EPS 多，说明 M_1 的 LB-EPS 在芯片表面吸附量也比 M_2 的多。这反映了在相同浓度下，M_1 的 SMP 和 LB-EPS 更易吸附在芯片表面。而图 2.75（c）则显示 M_1 和 M_2 的 TB-EPS 在芯片表面吸附量接近。推测 M_1 的 SMP 和 LB-EPS 吸附能力更强是 M_1 的膜污染比 M_2 严重的一个原因。而且 SMP 和 LB-EPS 对膜污染贡献较大，TB-EPS 对膜污染影响较小。

由于耗散因子反映的是芯片停止振动后，波在吸附层内传递过程中能量的损失，因此将耗散变化量标准化后，即 $\Delta D/\Delta f$ 的值可以用来表征吸附层的弹性。在图 2.76 中，将各样品的对应的 ΔD 和 Δf 值进行线性回归，由于 Δf 是负值，因此使用斜率的绝对值来反映各样品的吸附层弹性。如图所示，M_1 的 SMP 的 $\Delta D/\Delta f$ 绝对值大于 M_2，说明 M_1 的 SMP 吸附在芯片表面后弹性较大。吸附层弹性较大说明其流动性较强，更易进入膜孔内部，因此膜污染潜能更大。综上，推测 M_1 中较高的微生物产物浓度、较强的吸附能力和吸附层较强的弹性共同造成了其膜污染较为严重的现象。

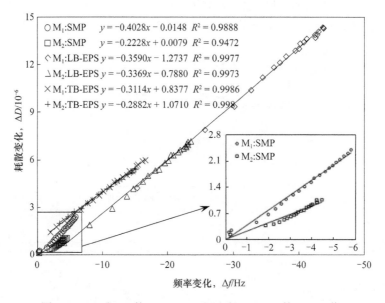

图 2.76　M_1 和 M_2 的 SMP、LB-EPS 和 TB-EPS 的 $\Delta D/\Delta f$ 值

在对 M_1 和 M_2 的微生物产物的吸附能力和吸附弹性进行了研究的基础上，通过建立模型对微生物产物吸附过程的动力学进一步开展探索。根据式（2.38）和式（2.39），对图 2.75 中吸附阶段的数据进行拟合，a、b、c 的拟合值以及相应的 R^2 值列于表 2.25 中。各样品的 R^2 值均高于该条件的临界值，因此拟合结果可信。a 代表了最大吸附量，b 与吸附速率常数成正比。M_1 的 SMP 和 LB-EPS 的 a 值均高于 M_2，反映了 M_1 的 SMP 和 LB-EPS 在芯片表面的最大吸附量比 M_2 的高，这与图 2.75 中的趋势也是一致的。而 M_1 和 M_2 的 TB-EPS 的 a 值近似，说明两者的最大吸附量接近。M_1 的 SMP 和 LB-EPS 的 b 值高于 M_2 的，说明了 M_1 的 SMP 和 LB-EPS 在芯片表面的吸附速率高于 M_2。M_1 和 M_2 的 SMP 和 LB-EPS 的 c 值都在 0.5 附近，说明其吸附过程符合扩散受限的 Langmuir 吸

表 2.25 M₁ 和 M₂ 的微生物产物吸附动力学拟合值

样品	a	b	c	R^2
M₁: SMP	168.96	0.041	0.53	0.976
M₂: SMP	148.98	0.036	0.57	0.913
M₁: LB-EPS	271.17	0.611	0.54	0.998
M₂: LB-EPS	246.84	0.202	0.51	0.980
M₁: TB-EPS	200.45	0.091	0.68	0.998
M₂: TB-EPS	199.81	0.078	0.71	0.997

附模型，即吸附过程受到颗粒扩散的限制。而 M₁ 和 M₂ 的 TB-EPS 的 c 值分别为 0.68 和 0.71，介于 0.5～1.0，说明 TB-EPS 的吸附过程既不符合单分子层吸附的 Langmuir 模型又不符合扩散受限的 Langmuir 吸附模型。

5. 批次实验中微生物产物特性

在研究了 M₁ 和 M₂ 长期运行过程中污泥的微生物产物特性后，本节通过批次实验对不同污泥产生微生物产物过程的动力学进行研究。为了消除 M₁ 和 M₂ 不同进水水质的影响，选择了研究中常用的乙酸钠（NaAc）作为基质。在相同浓度的 M₁ 和 M₂ 污泥中加入等量 NaAc 后，在 6 h 内间隔 1 h 测定 SMP、LB-EPS 和 TB-EPS 中各组分浓度，结果如图 2.77 所示。发现 M₁ 和 M₂ 污泥的 SMP 浓度随时间有明显增加（p 值分别为 0.017 和 0.000038），而两者的 LB-EPS 浓度和 TB-EPS 浓度则无明显变化（两者 LB-EPS 的 p 值分别为 0.740 和 0.981，TB-EPS 的 p 值分别为 0.631 和 0.815）。这说明在短时间内污泥

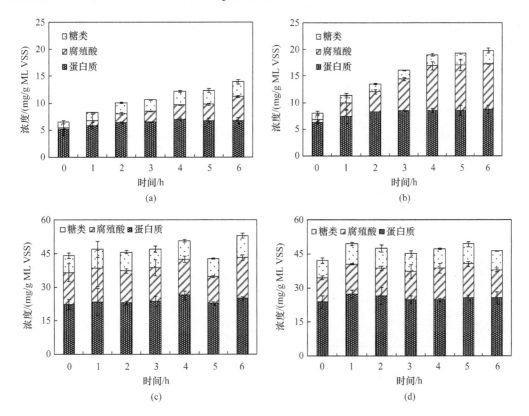

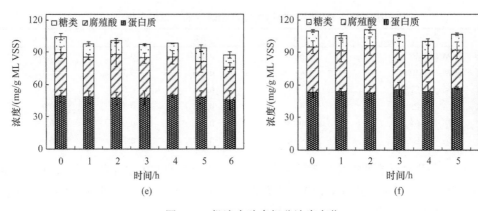

图 2.77　批次实验中组分浓度变化

（a）M_1 的 SMP；（b）M_2 的 SMP；（c）M_1 的 LB-EPS；（d）M_2 的 LB-EPS；（e）M_1 的 TB-EPS；（f）M_2 的 TB-EPS

的 LB-EPS 和 TB-EPS 基本保持在稳定状态，下文将重点讨论 SMP 浓度变化。对比图 2.77 （a）和（b）发现，在 6 h 内 M_2 污泥产生的 SMP 比 M_1 污泥更多，M_2 污泥的 SMP 中蛋白质、腐殖酸和糖类分别增加了 2.5 mg/g SS、7.8 mg/g SS 和 1.4 mg/g SS，而 M_1 污泥的 SMP 中三者仅增加了 1.6 mg/g SS、4.1 mg/g SS 和 1.6 mg/g SS。其原因可能是 M_2 进水 COD/N 低、污泥长期处于饥饿状态，在批次实验中加入足够量的 NaAc 基质后，由饥饿状态突然转变为基质过剩状态，污泥产生大量的酶来缓解代谢压力或者将多余的基质转化代谢产物，因此造成 M_2 污泥的 SMP 中蛋白质和腐殖酸浓度上升比 M_1 污泥更多。

将图 2.77 中数据归一化后，考察蛋白质、腐殖酸和糖类在总的 SMP、LB-EPS 和 TB-EPS 中的比例变化。在图 2.78 中发现，M_1 和 M_2 污泥的 SMP 中糖类比例基本保持不变，而腐殖酸比例明显增加，相应的蛋白质比例在逐渐减少，且 M_1 污泥的 SMP 中腐殖酸比例低于 M_2 污泥、蛋白质和糖类比例高于 M_2 污泥。M_1 和 M_2 污泥的 LB-EPS 和 TB-EPS 中各组分比例基本保持不变。这说明在批次实验中，不同性质的污泥不仅微生物产物的浓度有区别，而且各组分的比例也是不同的。

图 2.79 显示了批次实验中 NaAc 基质浓度的变化。由图 2.79（a）可以看出，M_1 污泥中 NaAc 的浓度下降速率比 M_2 污泥的快。对图 2.79（a）中的数据进行拟合，得到 M_1 和 M_2 污泥对 NaAc 的代谢速率和基质浓度的关系，如图 2.79（b）所示。可以看出，

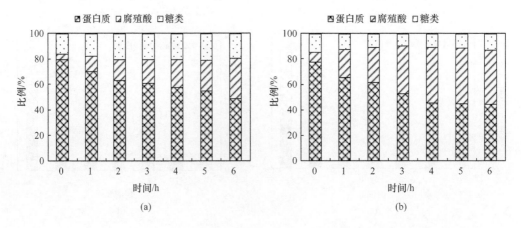

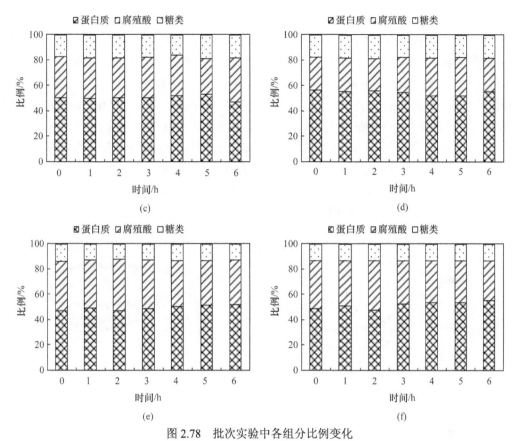

图 2.78　批次实验中各组分比例变化

（a）M_1 的 SMP；（b）M_2 的 SMP；（c）M_1 的 LB-EPS；（d）M_2 的 LB-EPS；（e）M_1 的 TB-EPS；（f）M_2 的 TB-EPS

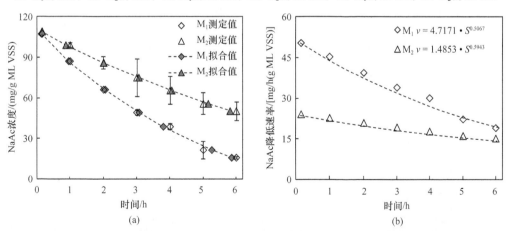

图 2.79　M_1 和 M_2 污泥 SMP 中 NaAc 的浓度和降低速率

（a）NaAc 浓度；（b）NaAc 降低速率

随着基质浓度的降低，M_1 和 M_2 污泥对 NaAc 的代谢速率都在下降，但是在 6 h 内总有 M_1 污泥的代谢速率高于 M_2 污泥。由拟合公式可知，M_1 和 M_2 污泥对 NaAc 的代谢过程中，反应级数 n 均在 0.5 左右，即基质浓度影响反应速率。而反应速率常数 k 消除了基质浓度的影响，仅与污泥活性有关。由拟合结果可知，M_1 污泥的 k 值为 4.7172，M_2 污

泥的 k 值为 1.4853，这说明了 M_1 污泥的活性比 M_2 污泥高。

由于实验过程中一直存在 NaAc 基质，因此可以认为本实验中产生的 SMP 主要为 UAP，即 SMP 来源于基质代谢。结合图 2.77 和图 2.79 分析，发现 M_1 污泥 SMP 产生量少、NaAc 下降量多，而 M_2 污泥 SMP 产生量多、NaAc 下降量少。具体来说，如果将蛋白质、腐殖酸和糖类含量之和作为 SMP 总量的话，M_1 污泥每代谢掉 1 mg NaAc 产生 0.039 mg SMP，而 M_2 污泥每代谢掉 1 mg NaAc 产生 0.094 mg SMP。因此推测 M_1 污泥异化作用较强，代谢掉的 NaAc 主要用于供能，而 M_2 污泥同化作用较强，代谢掉的 NaAc 主要用于合成自身组分。

在研究了 M_1 和 M_2 污泥 6 h 内微生物产物的浓度变化后，本节进一步测定了微生物产物吸附特性的变化。同样的，为了消除浓度影响，SMP 浓度均调节为 10 mg/L，LB-EPS 和 TB-EPS 浓度调节为 60 mg/L，结果如图 2.80 所示。图 2.80（a）和（b）显示，M_1

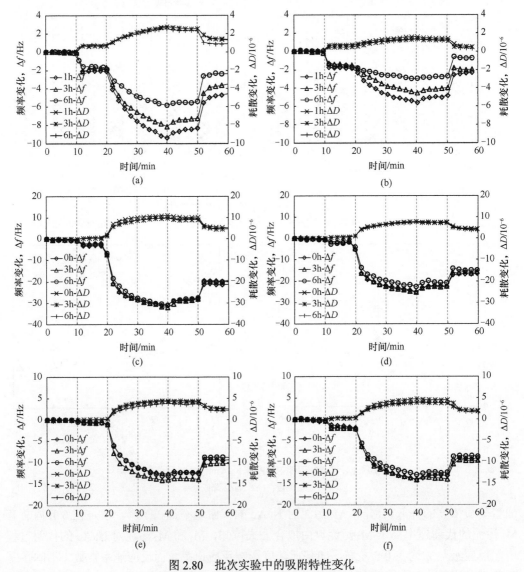

图 2.80 批次实验中的吸附特性变化

（a）M_1 的 SMP；（b）M_2 的 SMP；（c）M_1 的 LB-EPS；（d）M_2 的 LB-EPS；（e）M_1 的 TB-EPS；（f）M_2 的 TB-EPS

和 M_2 污泥的 SMP 在芯片表面的吸附量由 0 h 到 6 h 逐渐降低，这可能与 SMP 中各组分比例变化有关。在 0～6 h 中，一直有 M_1 污泥的 SMP 吸附量高于 M_2 污泥，反映了在短期实验中 M_1 污泥产生的 SMP 吸附性更强。图 2.80（c）和（d）显示，M_1 和 M_2 污泥的 LB-EPS 吸附量基本不随反应时间而变化，但是在 0～6 h 中一直有 M_1 污泥的 LB-EPS 吸附量高于 M_2 污泥，这与图 2.75 的结果一致。图 2.80（e）和（f）显示，M_1 和 M_2 污泥的 TB-EPS 吸附量基本不随时间变化，且 M_1 和 M_2 污泥的 TB-EPS 吸附量之间没有明显区别，这也与长期实验结果一致。

对 M_1 和 M_2 污泥的不同时间的 SMP、LB-EPS 和 TB-EPS 的吸附阶段 $\Delta D/\Delta f$ 值进行计算，结果如图 2.81 所示。由图 2.81（a）和（b）发现，M_1 和 M_2 污泥产生的 SMP 不

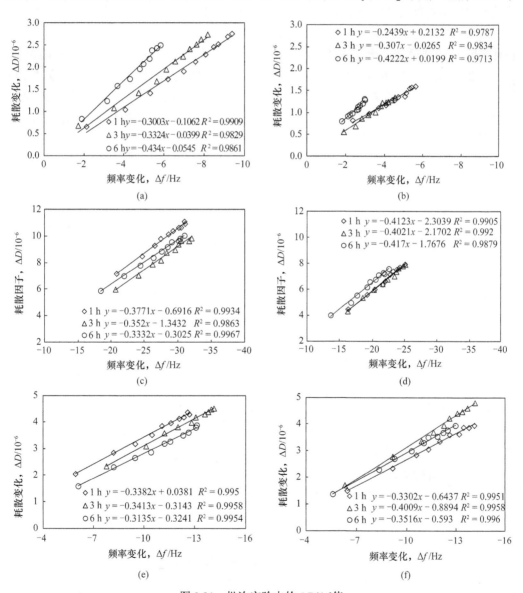

图 2.81　批次实验中的 $\Delta D/\Delta f$ 值

（a）M_1 的 SMP；（b）M_2 的 SMP；（c）M_1 的 LB-EPS；（d）M_2 的 LB-EPS；（e）M_1 的 TB-EPS；（f）M_2 的 TB-EPS

仅吸附量随时间变化，而且 $\Delta D/\Delta f$ 值也随时间变化。M_1 和 M_2 污泥的 SMP 均有 $\Delta D/\Delta f$ 绝对值随反应进行而增加的现象，即产生的 SMP 弹性越来越大、污染倾向也越来越严重，这可能也与 SMP 中各组分比例变化有关（图 2.78）。而且各时间点 M_1 污泥的 SMP 的 $\Delta D/\Delta f$ 绝对值均高于 M_2 污泥，说明 M_1 污泥产生的 SMP 可能比 M_2 污泥弹性更大、更容易引起膜污染。

2.3.3　温度对膜污染行为影响研究

实验采用了仅有好氧段的中试 MBR 研究不同季节波动对膜污染行为的影响，反应器的水力停留时间为 2.2～3.3 h，对应通量为 25～17 L/（m²·h），污泥停留时间为 40 天。在中试反应器运行的第 45～180 天，反应器内的水温从 26℃左右逐步降低到 8℃左右。在此期间，连续监测污泥性质变化以及膜污染行为变化，考察温度对反应器运行的影响。

图 2.82 是反应器中污泥性质随着运行温度变化的情况。在此运行期间，反应器中的污泥浓度由 20 g/L 逐步降低至 10 g/L（主要由于冬季极端低温情况下，膜污染发展迅速，通量不能够维持在较高水平，致使水力停留时间延长）。由于 SVI 指数受污泥浓度影响，因此采用了稀释的污泥 SVI 指数 DSVI 进行评价。

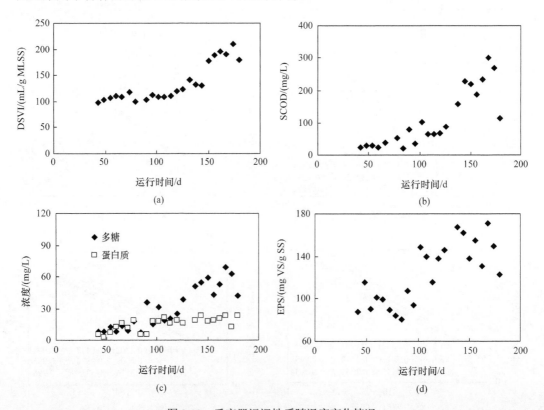

图 2.82　反应器污泥性质随温度变化情况

从图 2.82（a）可以看出，随着温度的逐渐降低，污泥的 DSVI 指数逐渐升高，表明污泥的沉降性能逐渐变差。类似地 SCOD、多糖、蛋白质以及 EPS 的浓度均呈现了升高的趋势。微生物多聚物浓度的上升的原因可能是在低温条件下微生物多聚物的分泌能力增加而降解能力又受到抑制。上述污泥性质研究结果表明温度对于污泥性质具有显著影响，而 SCOD、多糖、蛋白质浓度的升高会对加剧膜污染。

表 2.26 是膜运行到一定时间的膜面污染物中的多糖、蛋白质以及 EPS 等含量的情况。从表 2.26 可以看出，在操作运行时间为 151~156 天的膜面污染物量大于 97~102 天膜面污染物的量。在 97~102 天运行过程中，跨膜压力从 2.5 kPa 增加至 10.5 kPa，而在 151~156 天期间发生了严重的膜污染现象，压力从 2.4 kPa 升至 30 kPa。

表 2.26　膜面污染物的含量情况

测定次数	操作时间/d	多糖/（mg/m²）	蛋白质/（mg/m²）	EPS [a]/（mg/m²）
1	97~102	82.0	54.0	136.0
2	151~156	262.5	214.5	477.0

a EPS 以多糖和蛋白质浓度之和计算。

表 2.27 是 MBR 中温度与反应器内各个参数之间的 Pearson 关联系数，从表可以看出，除 MLSS 之外，温度对其他参数之间具有负影响，尤其是对 EPS、CST、蛋白质和 ΔR_{30}（30 min 内的污染速率，采用小试装置进行测试）具有显著负相关关系，表明温度降低加剧了污染物的产生和污泥性质的恶化，因而导致了严重的膜污染。

表 2.27　温度对各参数影响的 Pearson 关联系数（r_{p}）

项目	MLSS	EPS	CST	SCOD	多糖	蛋白质	ΔR_{30}
温度	−0.111	−0.781[**]	−0.771[**]	−0.740[**]	−0.733[*]	−0.516[**]	−0.720[**]

*表示相关性水平在 0.05 level；** 表示相关性水平在 0.01 level（2-tailed）。

表 2.28 是膜在第 97 天和第 151 天采用小试装置测定各个污泥组分所形成的总阻力情况。从表中可以看出，第 151 天膜总阻力高于第 97 天的膜总阻力，说明 151 天时的污泥混合液可以造成更为严重的膜污染。且第 151 天胶体和溶解性物质引起的阻力比第 97 天的阻力大，而污泥絮体所形成的阻力两者近似。在第 97 天和 151 天时，污泥浓度分别为 20.8 g/L 和 21.5 g/L，污泥浓度相差不大，因此污泥絮体形成的阻力近似。以上研究表明，低温条件下溶解性物质和胶体物质浓度上升所导致的污泥阻力加大是低温膜污染加剧的主要原因。

表 2.28　污泥中各组分对膜污染的影响

组分	第 97 天	第 151 天
微生物絮体/m⁻¹	1.72×10^{12}（66.9%）	1.52×10^{12}（32.0%）
胶体/m⁻¹	4.50×10^{11}（17.5%）	1.69×10^{12}（35.6%）
溶解性物质/m⁻¹	4.01×10^{11}（15.6%）	1.54×10^{12}（32.4%）
总阻力/m⁻¹	2.57×10^{12}（100%）	4.75×10^{12}（100%）

注：括号内数字表示组分形成阻力占总阻力的百分比。

进一步采用了比脱氢酶活性（SDA）研究低温影响，45～148 天，平均 SDA 为 5.5 μg TF/（mg MLSS·h）（n=10），而 SDA 值在 149～181 天降低至 3.3 μg TF/（mg MLSS·h）（n=5），进一步证实了低温条件下的微生物活性降低。

2.3.4 过滤模式对膜污染的影响研究

1. 工艺情况及运行条件

研究采用的装置如图 2.83 所示。反应器进水为人工配水，配水成分如表 2.29 所示。反应器容积为 57.6 L，容积负荷为 1.5 kg COD/（m³·d），水力停留时间为 4.9 h，污泥龄为 30 天，气水比为 100∶1。反应器稳定运行 60 天后开展试验，期间混合液基本性能如表 2.30 所示。

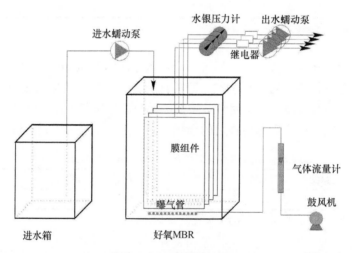

图 2.83 实验装置示意图

表 2.29 配制污水成分

成分	浓度/（mg/L）
葡萄糖	350.0
NH₄Cl	63.5
KH₂PO₄	10.8
Na₂SO₄	1.5
MgSO₄·7H₂O	5.1
CaCl₂·2H₂O	1.8
FeCl₃	1.5
CuSO₄·5H₂O	2.0
NaHCO₃	175.0

表 2.30 混合液基本性能

温度/℃	pH 值	MLSS/（mg/L）	MLVSS/（mg/L）	MLVSS/MLSS	黏度（10^{-3}Pa·s）	SV/%	SVI/（ml/g）
26	7.0	6232	5566	0.89	1.6	97	155.6

实验在相同日通量的条件下，采用不同抽停时间比的运行模式，考察其对膜污染特性的影响。反应器内共放置四片平板膜组件，膜组件分别编号为 M1、M2、M3 和 M4。每片膜组件有效过滤面积为 0.175 m²。反应器设计每片膜日处理量为 70 L，M1～M4 分别在抽停比为 10∶10、10∶5、10∶2 和 10∶0（min∶min）条件下运行。此时 M1～M4 膜的实际运行通量分别为 33.3 L/（m²·h）、25.0 L/（m²·h）、20.0 L/（m²·h）和 16.7 L/（m²·h），从而考察抽吸时间比对膜污染特性的影响。

2. 四种过滤模式下的膜污染情况

间歇过滤模式对于减缓膜污染的效果已经被证实，但是一般采用的间歇抽吸模式并未考虑膜元件的净产水量问题。如果维持净产水量一致的情况下，间歇抽吸模式适宜的运行参数需要进一步研究。

不同抽停比运行模式下跨膜压力增长速率如图 2.84 所示。由图 2.84 可以看出，M1 的 TMP 增长速率最快，其次依次为 M2、M3 及 M4。表明，运行通量对膜污染速率起主导作用，膜运行通量越高，膜污染速率越快。

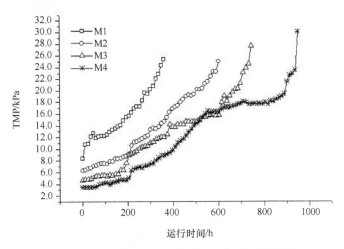

图 2.84　不同抽吸模式下跨膜压力随时间增长曲线

四片膜污染阻力分布测定结果如表 2.31 所示。连续抽吸模式下运行的 M4 总污染阻力值最高为 $4842.1×10^9 m^{-1}$，其中外部阻力为 $2748.0×10^9 m^{-1}$，明显高于内部阻力。然而，三种间歇运行模式下，膜内部阻力 R_p 占总阻力的百分比达到 75.3%～86.1%。由表 2.31 可以看出，四种运行模式下，膜内部污染阻力值相差不大，而连续运行下的膜外部阻力值则约为间歇运行的 4～7 倍。这表明，间歇运行时，曝气冲刷能够有效的延缓膜面污染物的形成和累积，从而使得其外部污染阻力仅占总阻力的 1/4 左右。但是高的运行通量快速的形成膜孔堵塞污染，减少有效的过滤孔道。随着孔道的进一步堵塞，为维持恒通量运行，则有效过滤孔道的局部瞬时通量快速增加，当局部孔的瞬时通量达到临界通量值时，膜污染加剧，并膜面污染物开始形成。因此，尽管有较长的间歇时间，但瞬时通量越高，膜污染速率越快。

表 2.31　不同抽吸模式下膜污染阻力分布比较

过滤模式	$R_t/10^9\,m^{-1}$	$R_p+R_c/10^9\,m^{-1}$	$R_c/10^9\,m^{-1}$	$R_p/10^9\,m^{-1}$	$R_m/10^9\,m^{-1}$	$R_c/(R_p+R_c)$ /%	$R_p/(R_p+R_c)$ /%
M1	3676.6	2941.4	388.2	2553.2	735.2	13.9	86.1
M2	4037.8	3187.6	529.1	2658.6	850.2	16.6	83.4
M3	3685.1	2858.5	705.3	2153.2	826.6	24.7	75.3
M4	5653.6	4842.1	2748.0	2094.1	811.5	56.8	43.2

3. 四种过滤模式下的污染物及膜面污染物性质分析

膜生物反应器中混合液颗粒粒径被认为是影响膜污染的重要因素之一。图 2.85 给出了反应器混合液及膜表面污染物的颗粒粒径分布图（基于体积百分比）。M1～M4 及污泥混合液的平均粒度分别为 168.1 μm、179.1 μm、174.8 μm、163.7 μm 和 196.1 μm。MBR 中混合液粒度多集中在 160.0～240.0 μm。相反，膜面污染物的粒度分布较宽，集中在 90～260 μm，且粒度小于 150.0 μm 的颗粒所占比例明显高于混合液。说明小颗粒、胶体及大分子溶解性有机物易受到抽吸力的作用而沉积在膜表面，形成膜污染物。

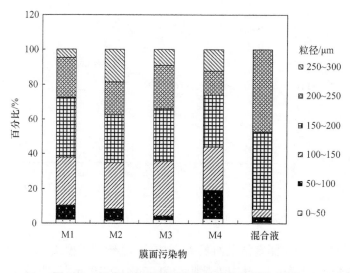

图 2.85　混合液与膜面污染物的颗粒粒径分布图

由图 2.85 还可以看出，膜污染物中也存在一定比例的大粒度物质（250～300 μm）。图 2.86 给出了膜污染物与混合液的显微镜照片。可以看到混合液与膜污染物中都有丝状菌的存在，并且膜污染物中丝状菌的丰度明显高于混合液。膜污染物中大粒度物质的存在是因为吸附在膜面的丝状菌形成了固着胶体、大分子物质及颗粒物的骨架结构，使膜面污染物团聚成大颗粒物质。

进水、反应器混合液以及膜出水的溶解性物质分子量分布如图 2.87 所示。在进水中，分子量在＞1000 kDa、500～1000 kDa 和 100～500 kDa 范围内的物质分别占 10.8%、23.4% 和 51.7%，而在混合液及膜出水中这三个分子量范围内物质所占比例分别为 4.4%、

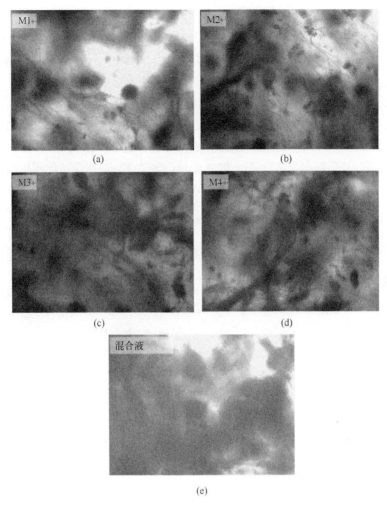

图 2.86　污染物与混合液的显微镜照片

（a）M_1 膜面污染物；（b）M_2 膜面污染物；（c）M_3 膜面污染物；（d）M_4 膜面污染物；（e）混合液

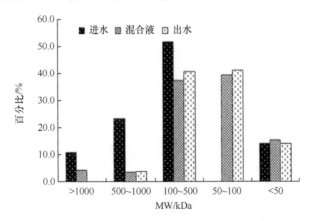

图 2.87　反应器中溶解性物质分子量分布变化

3.8%、37.3%以及 0.0%、4.0%和 40.7%。由此可知，进水中含有的大分子溶解性物质在

MBR 中经过微生物作用被降解。同时，在 MBR 混合液及膜出水中分子量为 50～500 kDa 的溶解性物质占最大比例，而这部分在进水中并未监测到。这表明，该分子量范围内的溶解性物质是经过微生物分解代谢产生并释放进入反应器中。此外，分子量大于 1000 kDa 的物质并未在膜出水中监测出，说明该部分物质有效的被膜拦截。

　　污泥混合液与 M1 污染物中溶解性物质的 GFC 曲线如图 2.88 所示。试验测定的 M1～M4 污染物 GFC 图谱基本相似，仅析出时间有微小差异。本节以 M1 污染物为例，分析膜面污染物的 MW 分布特性。从图 2.88 可以看出，污染物仅在时间为 12 min 时出现 1 个峰，而混合液出现大小不一的 5 个峰。表 2.32 总结了混合液与污染物溶解性物质的数均分子量（Mn）、重均分子量（Mw）及分子量分布系数（Mn/Mw）。可以看出，混合液的分子量分布系数（Mn/Mw）明显大于污染物，也就说明混合液的分子量分布范围广，且膜面污染物中溶解性物质分子量都大于 100 kDa。这一结论说明小分子类物质可以透过膜孔随着膜出水排出，而大分子类物质则被膜孔及膜表层拦截，形成膜面污染物。

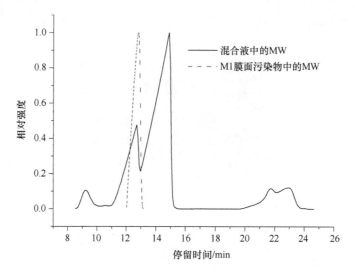

图 2.88　混合液及膜面污染物分子量分布曲线

表 2.32　混合液与膜面污染物的 MW 分布规律　　　　　　（单位：Da）

指标	Start MW	End MW	Mn	Mw	Mw/Mn
M1 膜面污染物	185 772	428 524	270 733	278 342	1.03
M2 膜面污染物	264 641	599 381	375 379	385 593	1.03
M3 膜面污染物	4 353 323	17 710 359	8 331 233	8 949 440	1.07
M4 膜面污染物	341 933	1 025 338	617 355	633 885	1.03
混合液	41	5 659 179	1 696	272 241	160.51

　　混合液的脱水性能是表征其污泥过滤性能的有效指标。污泥毛细吸水时间（CST）已经被广泛用于评价污泥脱水性能，毛细吸水时间越长表明污泥的过滤性

能越差。膜面污染物与混合液污泥的标准化 CST 比较如表 2.33 所示。可以看出，膜面污染物的 CST/TSS 值明显大于混合液污泥，意味着膜面污染物的脱水性能较差。研究表明，污泥絮体的形态、物理及化学特性都会影响其脱水性能。其中，小粒度的颗粒物存在以及丝状菌的生长都是造成污泥脱水性能下降。这也与本节的研究结果相符。

表 2.33　混合液与膜面污染物的 CST 比较

试样	CST/s	TSS/（mg/L）	CST/TSS/（s·L/g）
混合液	39.0±27.7	7595±802	5.1±3.5
M1 污染物	14.5	404	35.9
M2 污染物	14.9	432	34.5
M3 污染物	25.8	991	26.0
M4 污染物	262	3848	68.1

图 2.89 给出了膜面污染物与混合液 SMP、EPS 的三维荧光图谱。

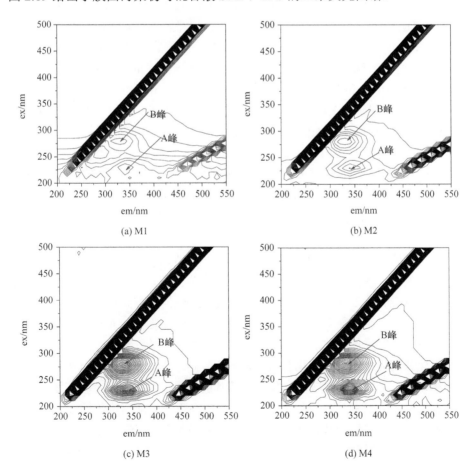

(a) M1　　　　　　　　　　　　　(b) M2

(c) M3　　　　　　　　　　　　　(d) M4

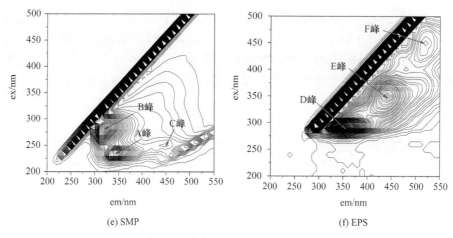

(e) SMP　　　　　　　　　　　(f) EPS

图 2.89　膜面污染物与混合液 SMP、EPS 荧光图谱

由图 2.89 可以看出，四种膜面污染物的荧光图谱相似，荧光物质主要由两个峰构成。其中，第一个峰（A 峰）位于 ex/em = 230 nm /330～345 nm，与芳香族蛋白质类物质有关。第二个峰（B 峰）位于 280 nm/325～335 nm，与溶解性微生物产物和色氨酸类蛋白质物质有关。混合液 SMP 的荧光图谱除上述 A 峰和 B 峰两个峰外，还发现了位于 ex/em = 250 nm /445 nm 位置的 C 峰，该位置峰代表类富里酸物质。混合液 EPS 荧光图谱中出现 3 个峰，分别为位于 ex/em = 280 nm /350 nm 的 D 峰，位于 ex/em = 350 nm/ 440 nm 的 E 峰以及位于 ex/em = 445 nm /520 nm 的 F 峰。根据荧光物质的 ex 和 em 位置，其 EEM 图谱可被划分为 5 个区域。区域 I（ex＜250 nm，em＜330 nm）和区域 II（ex＜250 nm，330 nm＜em＜380 nm）分别与简单的芳香氨基酸类蛋白质物质有关；区域 III（ex＜250 nm，em＞380 nm）与类富里酸物质有关；区域 IV（ex＞250 nm，em＜380 nm）与溶解性微生物产物和色氨酸类蛋白质物质有关；区域 V（ex＞250 nm，em＞380 nmm）与类腐殖酸物质有关。D 峰属于区域 IV，与溶解性微生物产物和色氨酸类蛋白质物质有关。E 峰和 F 峰属于区域 V，与类腐殖酸物质有关。

对膜面污染物及混合液 SMP、EPS 的 EEM 分析结果可知，四种膜面污染物具有相似的荧光特性物质，主要由芳香族、色氨酸类蛋白质类物质及溶解性微生物产物组成。这两类物质也在混合液 SMP 的 EEM 图谱中被检测到，但其荧光特性峰的位置都发生了一定程度的红移和蓝移。相对于 SMP 的荧光图谱，膜污染物中 A 峰的 EEM 的激发波长蓝移了 5nm，发射波长红移了 5～15nm，B 峰的发射波长红移了 5～20nm。荧光物质的蓝移与氧化作用导致的结构变化有关，如稠环芳烃分解为小分子，芳香环和共轭基团数量的减少以及特定官能团如羰基、羟基和胺基的消失。红移则与荧光基团中羰基、羧基、羟基和胺基的增加有关。因此，吸附到 SMP 在形成膜面污染物的过程中发生了相应的化学反应，类蛋白质的共轭基团、芳香环等被分解为小分子，表现为 A 峰的蓝移；同时，还有一部分分子结构中羰基、羧基等官能团的含量增加，表现为 A 峰和 B 峰的红移。

2.3.5　微生物短期暴露新型污染物对污染的影响

随着纳米材料的使用，一些纳米形态的新型污染物在水体里不断被检出。纳米环境污染物的出现可能对微生物的性质造成一定影响。本节即采用纳米颗粒污染物与 MBR 中污泥进行短期暴露，考察溶解性微生物产物的生成情况以及对膜污染的影响。实验采用的纳米 ZnO 的粒径为 93 nm，实验所采用的 ZnO 浓度为 0～297.5 mg/L。污泥取自于一套中试 A/A/O-MBR 系统，泥龄为 60 天，污泥浓度为（9.14±1.30）g/L，MLVSS/MLSS 的比值为（61.5±3.8）%。

在 8 h 暴露条件下，SMP 的生成情况如图 2.90 所示。从图中可以看出，纳米颗粒的浓度越高，SMP 的浓度越高；而且随着暴露时间的增加，SMP 的浓度持续上升。类似地，多糖和蛋白质的浓度随着纳米颗粒浓度以及暴露时间的增加而增加。以上结果表明纳米颗粒污染物刺激了 SMP 的生成。

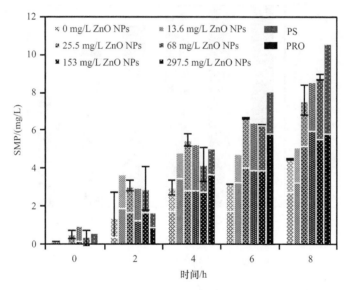

图 2.90　微生物暴露于不同纳米浓度以及暴露不同时间的 SMP 生成情况
（彩图可以参阅 Mei et al.，2014）

为了进一步研究 SMP 的生成机制，分析了微生物对有机物的降解特性以及附着性 EPS 的生成情况，结果如图 2.91 所示。众所周知，SMP 可以分为基质利用相关产物（UAP）和生物相关产物（BAP）。从图 2.91（a）可以看出，微生物在暴露不同纳米颗粒污染物后，有机物的代谢速率受到不同程度的抑制。对照组在 4 h 之内可以实现对污染物的完全降解，而暴露于 13.6 mg/L 的纳米污染物中的微生物在 6 h 之内才可以完全降解有机物。随着纳米颗粒物浓度的提升，其降解速率更为缓慢。

上述结果表明污泥的活性受到抑制。通过细胞毒性测试试剂盒 kit-8（CCK-8，cell proliferation assays，Dojindo）进一步测试了暴露于不同纳米颗粒污染物的微生物活性。结果如图 2.92 所示。

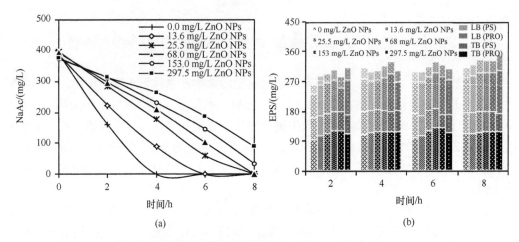

图 2.91　不同纳米颗粒浓度对微生物的影响（彩图可以参阅 Mei et al.，2014）

（a）对微生物降解有机物的影响；（b）EPS 的生成情况

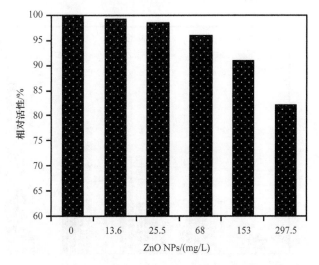

图 2.92　不同纳米颗粒污染物浓度下微生物活性测试结果

从图 2.92 中可以看出纳米颗粒物对微生物活性造成不利影响。一般认为 UAP 的产生是正比于基质代谢，从基质代谢情况［图 2.91（a）］以及微生物活性的测试结果表明，随着纳米颗粒物的出现，UAP 的产生应同比例降低。因此，可以推测，SMP 浓度的上升主要是由于 BAP 浓度的上升。一般认为 BAP 浓度的上升主要来源于附着性 EPS 的水解，而从图 2.91（b）可以看出附着性 EPS 的浓度并无明显变化，因此推测 BAP 的上升是由于内部多聚物（IPS）的释放。

进一步对 SMP 和 EPS 进行 FTIR 和 QCM-D 分析，结果如图 2.93 所示。在 1597 cm^{-1} 处的峰为 N—H 官能团，与蛋白质的二级结构有关。在 1244 cm^{-1} 和 1296 cm^{-1} 处的峰为 C—O 官能团。在 1107 cm^{-1} 和 1151 cm^{-1} 处的峰主要与多糖类物质有关。

从图 2.93 中可以看出，SMP 中有关多糖和蛋白质的峰随着纳米颗粒物浓度的增加峰值增加，与图 2.90 中的结果一致。而 EPS 中峰值并无明显变化，与图 2.91（b）中的结果相符。

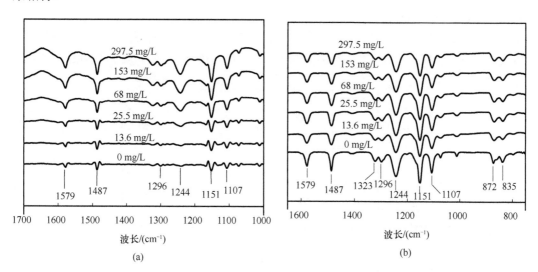

图 2.93　微生物暴露于不同纳米颗粒污染物浓度中的 FTIR 图谱

（a）SMP；（b）EPS

SMP 吸附行为和黏弹性通过 QCM-D 进行分析，结果如图 2.94 所示。从图中可以看出，暴露于高浓度纳米颗粒中的微生物所产生的 SMP 具有高的吸附能力（即频率变化幅度较大）[图 2.94（a）]。除频率变化之外（ΔF），QCM-D 有关耗散因子的变化（ΔD）可以反映吸附层的特性。$\Delta D \sim \Delta F$ 曲线不同斜率可以反映吸附层不同的黏弹性质。从 2.94（b）中可以看出，不同 SMP 的吸附层黏弹性质并未发生明显变化。结合 2.94（a）和 2.94（b）可以看出，吸附质量的增加主要是由于 SMP 浓度的变化而不是其流变性质的变化。

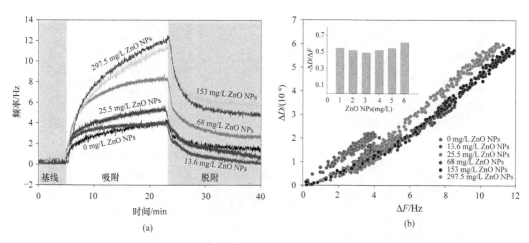

图 2.94　不同纳米颗粒浓度暴露对 SMP 的影响（彩图扫描封底二维码获取）

（a）SMP 吸附、脱附过程中的频率变化；（b）SMP 吸附层的 $\Delta D \sim \Delta F$ 曲线特性。

在图（b）中的插入图里 1～6 分别代表纳米颗粒物浓度为 0，13.6 mg/L、25.5 mg/L、68.0 mg/L、153.0 mg/L 和 297.5 mg/L（彩图可以参阅 Mei et al.，2014）

　　SMP 污染行为通过死端过滤评价池进行研究，其过滤特性如图 2.95 所示。从图中可以看出，暴露于高浓度纳米颗粒中的微生物所产生的 SMP 的污染速率也相对较高。在 297.5 mg/L 的纳米颗粒物中暴露所产生的 SMP 的过滤阻力几乎是 25.5 mg/L 中暴露的 10 倍。这与 QCM-D 的 SMP 黏附结果相吻合，即 SMP 浓度越高、吸附质量和污染阻力越大。

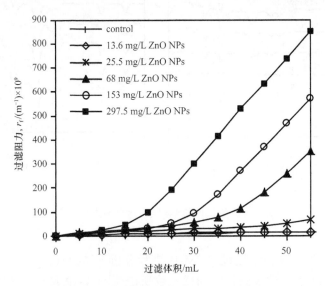

图 2.95　不同暴露条件下 SMP 的过滤行为

　　为了进一步明晰 SMP 的污染行为，采用 SEM 观察污染膜的形貌。从图 2.96 可以看出，在空白组和低浓度条件下（13.6 mg/L），并没有发生严重的膜孔堵塞现象［图 2.96（a）和（b）］。当纳米颗粒物浓度提升至 25.5 mg/L 以上时，凝胶层污染形成［图 2.96（c）～（f）］。随着暴露的纳米颗粒污染物浓度的上升，污染层变得更厚、更密实。

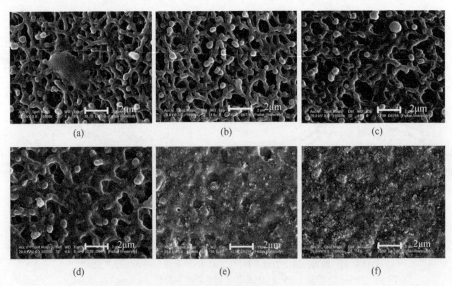

图 2.96　SMP 污染之后膜形貌 SEM 分析
（a）0 mg/L；（b）13.6 mg/L；（c）25.5 mg/L；（d）68.0 mg/L；（e）153.0 mg/L；（f）297.5 mg/L

纳米颗粒物的存在可能是引起严重膜污染的另外一个原因。因此，进一步分析了纳米颗粒污染物在污泥混合液中的分布情况，结果如图 2.97 所示。从图中可以看出，在 SMP 里存在的纳米颗粒物浓度分别为 0.28 mg/L、0.49 mg/L、0.65 mg/L、1.24 mg/L 和 2.23 mg/L，而在污泥中的量分别占到了 85.2%、96.2%、97.0%、96.2%和 96.2%。结果表明纳米颗粒物的去除大部分是通过吸附于污泥中而得到去除。

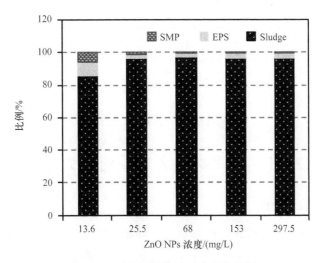

图 2.97　纳米颗粒物的赋存分布分析

在图 2.96 中同时发现在污染层中分散一些白色的有机颗粒，为进一步研究这些颗粒性质，采用 EDX 和 XRM 进行了分析，结果如图 2.98 所示。EDX 测试结果列于表 2.34 所示。从表 2.34 可以看出，随着暴露的纳米颗粒污染物浓度的上升，污染层中的 Zn 元

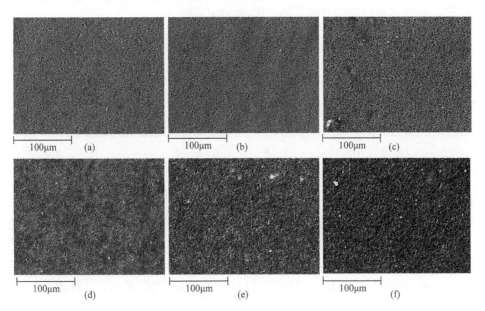

图 2.98　SMP 中纳米颗粒污染物在膜面赋存的 XRM 分析结果（彩图扫描封底二维码获取）
（a）0 mg/L；（b）13.6 mg/L；（c）25.5 mg/L；（d）68.0 mg/L；（e）153.0 mg/L；（f）297.5 mg/L

表 2.34 污染层中元素的 EDX 分析

元素比例/%	纳米颗粒浓度					
	0 mg/L	13.6 mg/L	25.5 mg/L	68 mg/L	153 mg/L	297.5 mg/L
C	67.62	67.16	66.56	64.57	64.10	57.48
O	17.38	22.50	18.42	19.88	17.80	19.55
S	15.00	10.28	15.02	15.35	16.15	15.97
Zn	0.00	0.06	0.00	0.20	1.95	7.00

素含量逐渐升高。图 2.98 证实纳米颗粒物分散于污染层中。纳米颗粒物与 SMP 之间的螯合以及吸附性能的改变是膜拦截性能提升的原因。

2.4 MBR 污染控制方法

2.4.1 采用次临界通量的方式运行

1. 临界通量测试条件

次临界通量运行是解决膜污染控制的最重要的手段。针对 MBR 中的临界通量问题，需要进一步研究临界通量与不同操作条件之间的关系。本节采用次临界通量测定装置，研究膜材料、操作条件、膜污染历史、临界通量测定参数等与临界通量之间的关系，为实际工程中采用次临界通量操作提供有益借鉴。

所采用 MBR 的有效容积为 33 L，反应器采用隔板分隔为一个升流区和两个降流区，降流区和升流区的比例为 2∶1。所采用膜的面积为 0.175 m²，所采用膜的基本性质列于表 2.35 中。临界通量的测定方法参见（Wu et al.，2008）。

表 2.35 所用膜材料基本性质

膜	材料	面积/m²	平均孔径/μm	泡点压力/psi	泡点孔径/μm
M1	PP	0.175	0.4	1.109	5.985
M2	PES	0.175	0.8	0.951	6.980
M3	PES	0.175	0.2	2.580	2.574

2. 膜材料对临界通量的影响

M1 膜、M2 膜和 M3 膜的临界通量值的测定结果如图 2.99 所示。从图 2.99 可以看出，膜材料对临界通量值具有重大影响，M1 膜、M2 膜和 M3 膜的临界通量值分别为 16~19 L/（m²·h）[平均值 17.5 L/（m²·h）]、28~31 L/（m²·h）[平均值 29.5 L/（m²·h）]和 40~43 L/（m²·h）[平均值 41.5 L/（m²·h）]。结果表明，M3 膜的临界通量值最高，较适合于 MBR 的使用。后续实验均采用 M3 膜进行测试，以考察其他操作参数及测定条件对膜临界通量的影响。

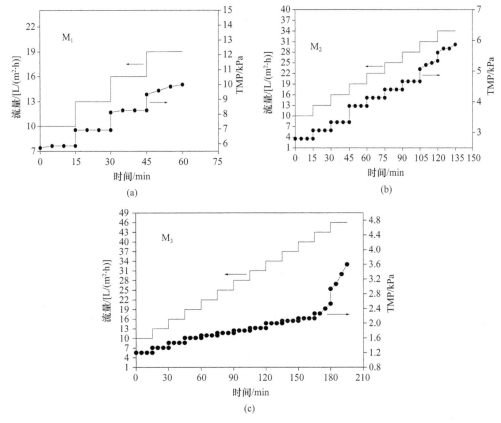

图 2.99　三种膜的临界通量值测定结果

（a）M1 膜；（b）M2 膜；（c）M3 膜

测试条件：污泥浓度为 8 g/L，曝气强度为 1.5 m³/h，测试温度为 25℃，起始测定通量为 10 L/（m²·h），

测定步长为 15 min，测定步高为 3 L/（m²·h），SCOD 为（30±5）mg/L

3. 曝气强度和污泥浓度对临界通量的影响

众所周知，反应器错流速率的提升有助于膜污染的控制，因而可以提高膜的临界通量。图 2.100 列出了曝气强度与反应器内的错流速率之间的关系。从图 2.100 可以看出，随着膜曝气强度的升高（0.5～1.5 m³/h），错流速率从 0.141 m/s 增加至 0.377 m/s；而当曝气强度从 1.5 m³/h 增加至 2.5 m³/h 时，错流速率增加幅度变缓；而当曝气强度超过 2.5 m³/h 时，错流速率几乎维持不变。因此，选择 0.5～2.5 m³/h 的曝气强度，研究其对临界通量的影响。

曝气强度对临界通量的影响测定结果如图 2.101 所示（固定污泥浓度为 4.5 g/L）。从图 2.101 可以看出，增加曝气强度可以提高临界通量。当曝气强度从 0.5 m³/h 增加至 2.5 m³/h 时，临界通量值从 42.5 L/（m²·h）增加至 48.5 L/（m²·h）。

同时研究了在不同污泥浓度、不同曝气强度下的临界通量值，临界通量测定的结果图与图 2.101 类似，不再逐一列示（共 20 个图），仅将临界通量的测定结果列于图 2.102 中。临界通量与不同参数之间的关系通过线性拟合得出，结果列于表 2.36 中。从图 2.102 可以看出，随着污泥浓度的增加临界通量逐渐降低，随着曝气强度的升高临界通量逐渐

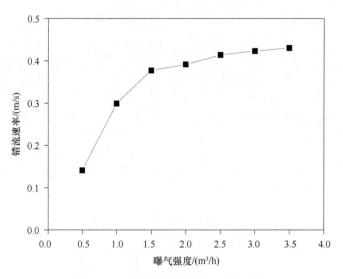

图 2.100　曝气强度与错流速率的关系

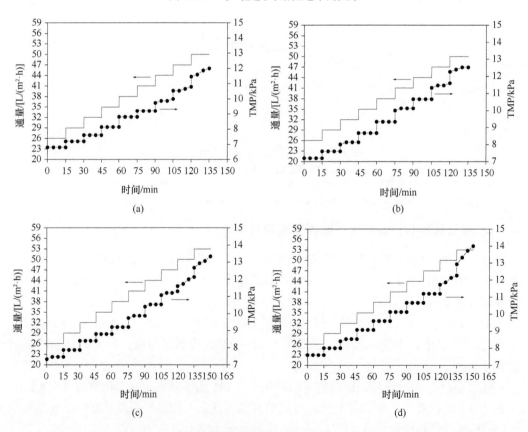

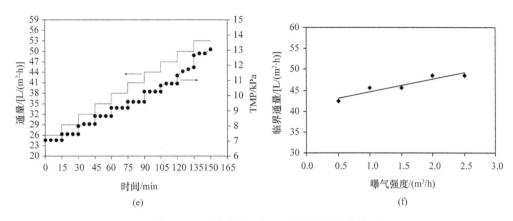

(e)　　　　　　　　　　　　　　　(f)

图 2.101　曝气强度对 M3 膜临界通量的影响

（a）0.5 m³/h；（b）1.0 m³/h；（c）1.5 m³/h；（d）2.0 m³/h；（e）2.5 m³/h；（f）曝气强度与临界通量的关系

测试条件：污泥浓度为 4.5 g/L；温度为 25℃；起始通量为 26 L/（m²·h）；步长为 15 min；

步高为 3 L/（m²·h）；SCOD 为（30±6）mg/L

增加。研究表明，在 MBR 中，如果在较高污泥浓度下运行，一般而言需要采用相对较高的曝气强度来维持一定的临界通量值。

表 2.36　在不同污泥浓度条件下临界通量与曝气强度之间的关系

污泥浓度/（g/L）	数学表达式	R^2
4.5	$J_c=3.0\times A_i+41.6$	0.8929
9.6	$J_c=6.0\times A_i+37.1$	0.9259
12.4	$J_c=6.6\times A_i+32.6$	0.8643
15.9	$J_c=6.6\times A_i+27.8$	0.9167
22.6	$J_c=7.8\times A_i+19.8$	0.9389

注：J_c 表示临界通量 [L/（m²·h）]；A_i 表示曝气强度（m³/h）。

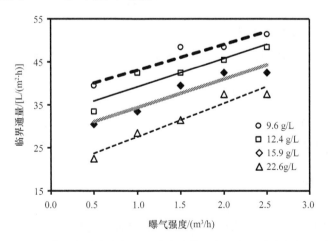

图 2.102　临界通量在不同污泥浓度条件下与曝气强度之间的关系

从表 2.36 可以看出，在不同污泥浓度下直线的斜率不同。一般而言，污泥浓度越大，直线的斜率越大，表明在较高污泥浓度条件下，曝气强度对于提高临界通量的贡献越大。在实际应用中，提高曝气强度可以使临界通量越大，能够应用的运行通量越高，处理单位水量所需的膜面积可以降低；但是提高曝气强度需要的能耗越大。因此，在实际应用中需要对污泥浓度和曝气强度进行优化设计。

4. 混合液溶解性 COD 对临界通量的影响

溶解性 COD（大部分为 SMP）对于膜污染有一定影响，因此，需要研究 SCOD 对临界通量的影响。选取了污泥试样中 SCOD 含量分别为 22 mg/L、30 mg/L、56 mg/L 和 160 mg/L，结果如图 2.103 所示。从图中可以看出，在 SCOD 为 22 mg/L 时，临界通量为 45 L/（m²·h）；SCOD 为 30 mg/L 时，临界通量为 41 L/（m²·h）；SCOD 为 56 mg/L 时，临界通量为 37 L/（m²·h）；SCOD 为 160 mg/L 时，临界通量为 33 L/（m²·h）。因此，在临界通量测试中，除了污泥浓度等相关指标之外，需要测定 SCOD 浓度值。

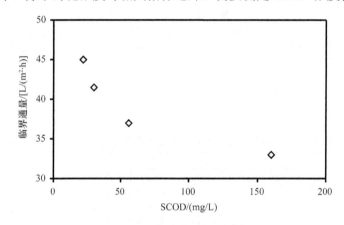

图 2.103　SCOD 对临界通量的影响

测试条件：曝气强度为 1.5 m³/h，温度为 25℃，污泥浓度为 8 g/L，初始测定通量为 26 L/（m²·h），
步长为 15 min，步高为 2 L/（m²·h）

5. 测定参数对临界通量的影响

临界通量的测定参数如起始通量、测定步长、步高等对临界通量也会产生一定影响，具体测试结果如图 2.104 所示。

从图 2.104 可以看出，起始通量对临界通量测定结果并无明显影响（初始通量分别为 12 L/（m²·h）、21 L/（m²·h）和 30 L/（m²·h））。但是，起始通量不宜选择过高，如果选择值超过临界通量值，则需要下调起始通量。图 2.104（b）反映了步长对临界通量的测定结果具有一定影响，步长增加，临界通量测定结果偏小。步高在一定范围内变化也会对临界通量测定值带来影响。因此，在临界通量测定时，为保证结果的可比性，需要保证测定参数一致。

图 2.105 是膜污染历史（即运行不同时间）对临界通量的影响。所用膜材料为 M3，采用 20 L/（m²·h）的通量连续运行 13 天。从图中可以看出，随着膜运行时间的延长，临界通量值逐渐减小，表明在 13 天运行过程中膜不断被污染，临界通量值逐渐降低。这也是长期运行过程中出现压力两阶段增长现象的原因（次临界通量运行模式）。在长期运行过程中，虽然在次临界通量条件下运行，膜污染依然缓慢发展，局部（local）临界通量逐渐降低；当污染当一定程度时，局部临界通量值超过了临界通量值，压力将会快速增加。

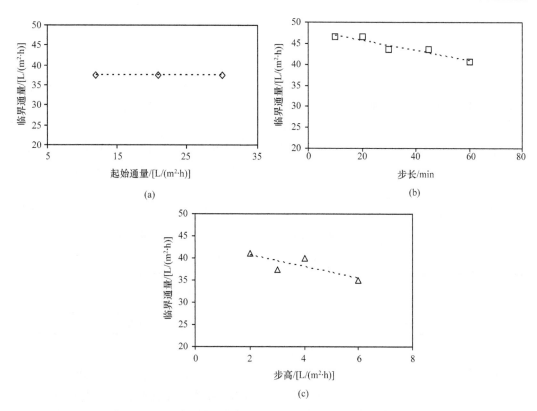

图 2.104　临界通量测定参数对临界通量结果的影响（测试条件：曝气强度为 1.5 m³/h，温度为 25℃）
（a）不同起始通量对临界通量的测定结果影响［污泥浓度为 8.5 g/L，步长为 15 min，步高为 3 L/（m²·h），SCOD 为（45±6）mg/L］；（b）不同步长对临界通量的影响［污泥浓度为 9.5 g/L，初始通量为 26 L/（m²·h），步高为 3 L/（m²·h），SCOD 为（30±5）mg/L］；（c）不同步高对临界通量测定的影响［污泥浓度为 8.6 g/L，初始通量为 26 L/（m²·h），步长为 15 min，步高为 3 L/（m²·h），SCOD 为（35±5）mg/L］

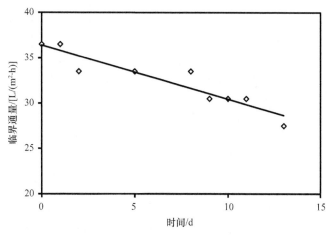

图 2.105　膜使用历史对临界通量的印象
测试条件：曝气强度为 1.5 m³/h，温度为 25 ℃，污泥浓度为 8 g/L，步长为 15 min，步高为 3 L/（m²·h），SCOD 为（40±5）mg/L

2.4.2　优化反应器运行泥龄

反应器污泥龄是一个重要操作运行参数，选择适宜的污泥龄对于实现 MBR 膜污染控制以及稳定运行具有重要意义。本节研究了不同污泥龄（20 天、40 天、60 天）对反应器运行以及膜污染的影响。

实验采用的装置如图 2.26 所示，反应器缺氧段设置了两段。在实验过程中，反应器的好氧段 DO 在 1～3 mg/L，两个缺氧段 DO＜0.2 mg/L，厌氧段 DO＜0.1 mg/L，反应器水温控制在(20±2)℃。好氧段至缺氧段混合液的回流比为 2，缺氧段至厌氧段为 0.5。膜采用间歇抽吸运行模式，即抽停比为 10 min：2 min，膜运行通量为 25 L/（m²·h）。反应器总的 HRT为 8 h，泥龄设置 20 天、40 天和 60 天进行对比。所采用的进水水质如表 2.37 所示。

表 2.37　污水进水水质 [a]

指标	污染物浓度/（mg/L）				
	COD	TN	TP	NH₃-N	SS
浓度	297.6±113.0	48.9±10.4	5.32±1.4	30.8±8.4	260±220

a 测定次数：n=39。

在运行过程中，三个工况条件下的 MLSS 和 MLVSS 浓度情况如图 2.106 所示。从图中可以看出，随着泥龄的增加，反应器的 MLSS 和 MLVSS 相应增加，而 MLVSS/MLSS的比例略有减小，表明随着泥龄的增加，污泥的内源呼吸作用逐渐增强，使挥发性有机质成分比例降低。

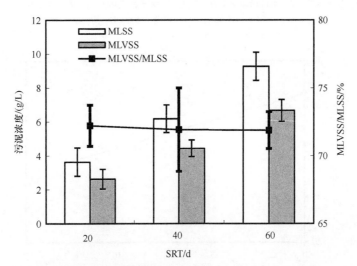

图 2.106　三个泥龄下 MLSS、MLVSS 和 MLVSS/MLSS
n=12（SRT 20 d）；n=21（SRT 40 d）；n=26（SRT 60 d）

三个工况运行条件下的跨膜压力情况如图 2.107 所示。从图 2.107 可以看出，在 20天泥龄条件下，跨膜压力的增长最快，而 40 天和 60 天泥龄条件下 TMP 的增加变缓。TMP 的变化表明，在合适的 SRT 条件下，可以提高 MBR 运行的稳定性。

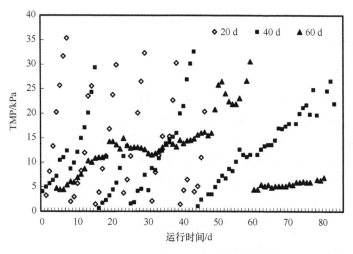

图 2.107　三种运行工况条件下 TMP 的变化情况

实验同时采用 EEM 光谱技术测定了反应器内溶解性有机物的变化情况，结果如图 2.108 所示。其中 A 峰和 B 峰分别与芳香族类蛋白质和色氨酸类蛋白质有关，C 峰和腐殖酸类物质有关。从图 2.108（a）可以看出，随着泥龄的增加，三个峰的荧光强度都逐渐降低。类似地，附着性 EPS 的三个峰的荧光强度也呈现了降低的趋势。据我们的研究和一些文献资料，蛋白类等物质与膜污染具有紧密联系。

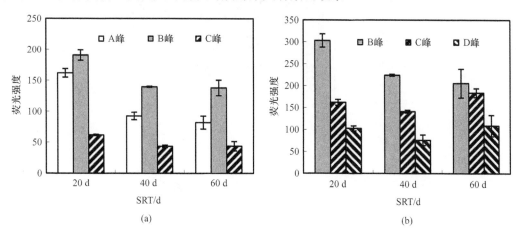

图 2.108　不同泥龄条件对反应器有机物的影响

（a）DOM 的 A 峰、B 峰和 C 峰荧光强度变化（n=8）；（b）附着性 EPS 的 A 峰、B 峰和 C 峰荧光强度变化（n=6）

从图 2.107 和图 2.108 可以看出，TMP 的变化情况与 EEM 光谱的峰值变化情况相吻合。进一步证明采用合适的泥龄可以降低优势污染物的含量，进而减轻膜污染。

2.4.3　优势污染物的去除

在 MBR 中存在着一些优势污染物（如 SMP、EPS 等微生物多聚物），如果能够将这些物质从反应器排除，则可以降低膜污染。本节主要探索了采用高污染特性的膜组件，从反应器中过量吸附沉积优势污染物，通过采用机械擦洗等方式将沉积的污染物排除反应器外，从而减轻主体膜组件的膜污染。

1. 工艺情况及运行条件

实验系统包括两套 A/O-MBR（图 2.109），每套 A/O-MBR 的有效容积为 53 L，包括缺氧区 26.5 L 和好氧区 26.5 L。反应器的水力停留时间均为 9 h，泥龄为 20 天。在一套反应器中（控制组，Control-MBR），放置一片 0.175 m² 的 PVDF 膜组件（平均孔径 0.1 μm）；在另外一套反应器中（Dual-MBR），除了放置一篇一片 0.175 m² 的 PVDF 膜组件，还增加了一片面积为 0.035 m² 的 PAN 膜组件（出水回流至反应器中）。在两套反应器中，PVDF 膜的通量均维持在 20 L/（m²·h），而为了沉积优势污染物，PAN 膜采用 25 L/（m²·h）的通量运行。在本实验开展之前，两套反应器已经驯化了 30 天。两套反应器的曝气强度均维持在 1.0 m³/（m²·h）（以膜面积计），两套反应器的污泥回流比均为 200%。反应器进水为实际市政污水，其水质指标为：COD（280.3±51.6）mg/L，TN（45.1±10.1）mg/L，NH$_3$-N（35.6±5.1）mg/L，TP（6.0±2.0）mg/L，SS（141.7±21.8）mg/L。

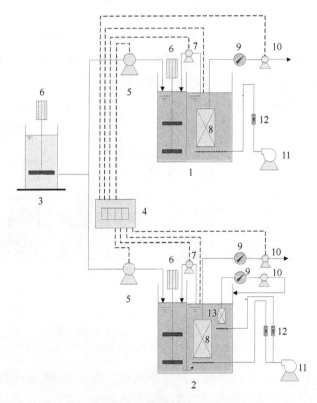

图 2.109　两套 MBR 示意图

1. Control-MBR；2. Dual-MBR；3. 废水储存箱；4. 控制系统；5. 进水泵；6. 搅拌器；7. 回流泵；8. PVDF 膜；9. 压力表；10. 出水泵；11. 鼓风机；12. 气体流量计；13. PAN 膜

2. 两套反应器运行情况

两套反应器的 PVDF 膜的 TMP 变化情况如图 2.110（a）所示。从图中可以看出，

Dual-MBR 表现出了较低的污染速率，尤其是在反应器运行 10 天之后。主要原因可能为 PAN 膜上面沉积的污染物不断地通过物理清洗手段得到去除。在两套反应器运行中，系统对污染物的去除效率近似一样，即 COD 去除率、氨氮去除率、TN 去除率分别达到了 88.1%、96.2%和 75.7%。然而，两套反应器的出水总磷差别明显，Dual-MBR 的出水总磷平均为 1.91 mg/L，而控制组的 TP 为 2.72 mg/L，这可能是由于排除反应器外的微生物多聚物含有一部分磷。

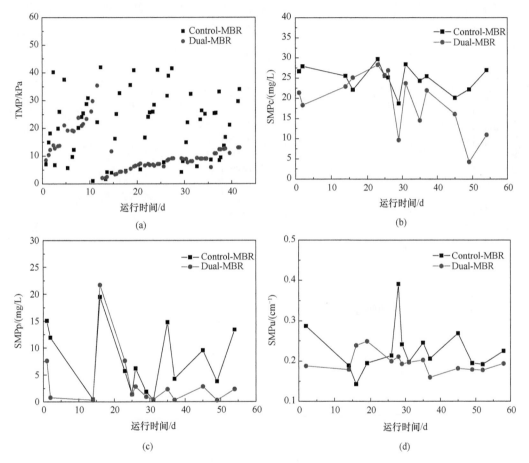

图 2.110　两套反应器中运行情况（彩图扫描封底二维码获取）
（a）TMP 变化情况；（b）SMP 中多糖变化情况（SMPc）；（c）蛋白质变化
情况（SMPp）；（d）UV254 变化情况（SMPu）

3. 两套反应器微生物多聚物的迁移变化情况

两套反应器运行过程中 SMP 中的多糖、蛋白质和腐殖酸的变化情况如图 2.110（b）～（d）所示。从图中可以看出，在运行前 25 天内，两套反应器的 SMP 中的多糖、蛋白质和腐殖酸并无明显差别。在开始启动时，Dual-MBR 的 SMP 浓度快速降低，而后 SMP 浓度又开始上升；在 25 天之后，Dual-MBR 的 SMP 中的多糖、蛋白质、腐殖酸的浓度比空白组下降。其可能的原因为：当 PAN 膜开始运行时，由于污染物被排除 MBR 外，因而 SMP 浓度下降；在第二阶段，污泥倾向于产生更多的多聚物以使达到平衡状态。

在第三阶段，微生物开始适应多聚物排除的状态（超过 1 倍泥龄的运行时间），因而 SMP 浓度低于控制组。

两套反应器的 SMP 以及进出水的 GFC 图谱定期测定，其典型的图谱（三次测定的平均值，在运行时间 45 天时三次取样）如图 2.111 所示。在 SMP 图谱中，共有 4 个峰，其中峰 A 的分子量大致为 12 000 kDa，在进水和出水中都没有发现。因此，A 峰所代表的物质可以被认为是微生物的多聚物。B 峰和 C 峰代表的分子量分别为 150～170 kDa 和 90 kDa，主要是多糖和蛋白质物质。D 峰表示一些小分子有机物（有机酸、腐殖酸等）。从图 2.111 可以看出，在 Dual-MBR 中 A 峰的强度比控制组的峰值强度要低，说明在 Dual-MBR 中，PAN 膜的使用可以使大分子量物质的量减少。

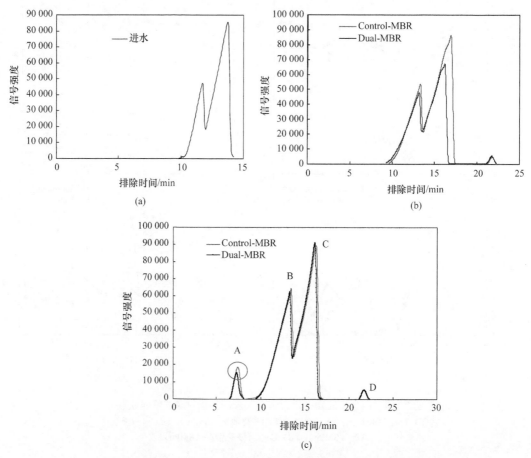

图 2.111　两套反应器中多聚物情况（彩图扫描封底二维码获取）

（a）进水的 GFC 图谱；（b）两套 MBR 出水 GFC 图谱；（c）两套反应器 SMP 的 GFC 图谱

两套反应器中 SMP 的荧光光谱如图 2.112 所示。荧光光谱上存在两个主要的峰（即 A 峰和 B 峰）。从图中可以看出，Dual-MBR 的 A 峰荧光强度比控制组要低（Dual-MBR 为 105.1，而控制组为 145.7），而 B 峰的强度两者近似一样。结果表明，A 峰物质在 Dual-MBR 中由于使用 PAN 膜而得以排除反应器外。

结合图 2.111 可以分析得出，EEM 图谱中的 A 峰可能含有大分子量有机物。

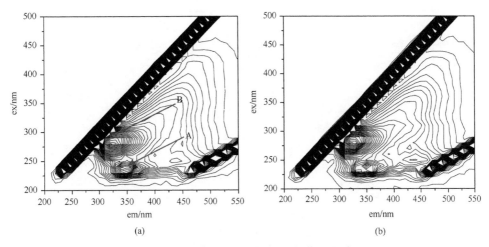

图 2.112　两套反应器中 SMP 的荧光光谱
（a）控制组；（b）Dual-MBR

进一步分析了 SMP 中有关亲、疏水等组成情况，结果如图 2.113 所示。从图 2.113 可以看出，HPI-N（中性亲水成分）是两套 MBR 系统 SMP 的主要成分，其次是 HPO（疏水）、HPI-C（带电亲水）和 TPI（过渡性亲水）成分。与控制组对比，Dual-MBR 含有的 HPI-N 和 HPO 浓度较低，而 HPI-C 和 TPI 比控制组略高。

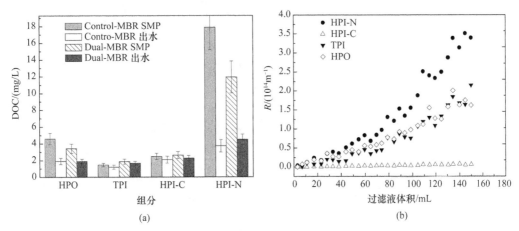

图 2.113　两套反应器中污染趋势分析（各组分控制相同浓度）
（a）SMP 和出水中的成分（$n=3$）；（b）SMP 中的成分

从图 2.113 还可以看出，膜以及表明所形成的污染层对于 HPI-N 和 HPO 组分具有很强的拦截去除效果。控制组和 Dual-MBR 中 HPI-N 膜本身的截留效率（MRD）分别为 79.1% 和 62.4%，控制组和 Dual-MBR 中 HPO 的 MRD 分别为 58.5% 和 44.5%。但是对于 TPI 和 HPI-C 的截留效率均低于 20%。图 2.113（b）为不同组分（相同浓度时）的膜过滤情况，可以看出，不同组分的污染潜能为 HPI-N＞HPO ≈ TPI＞HPI-C。结合图 2.113（a）可知，Dual-MBR 中的 HPI-N 组分的降低是污染减轻的原因之一。

对 SMP 中的各组分的性质进行了进一步研究，图 2.114 是两个系统中 SMP 各组分的 GFC 图谱。

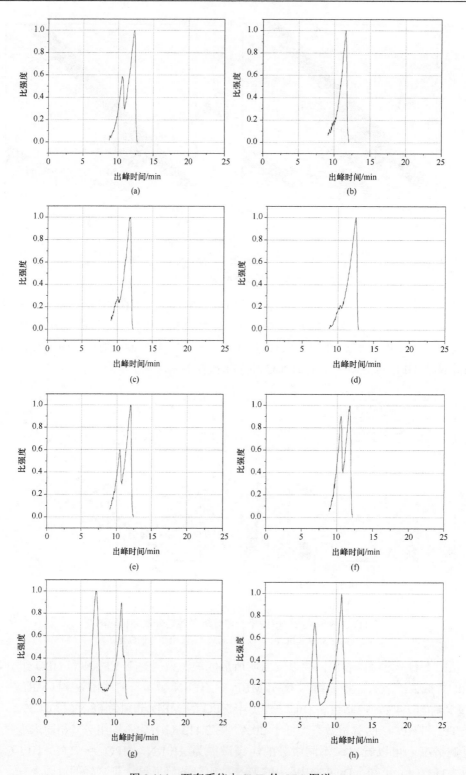

图 2.114　两套系统中 SMP 的 GFC 图谱

（a）控制组的 HPO；（b）Dual-MBR 的 HPO；（c）控制组的 TPI；（d）Dual-MBR 的 TPI；（e）控制组的 HPI-C；
（f）Dual-MBR 的 HPI-C；（g）控制组的 HPI-N；（h）Dual-MBR 的 HPI-N

从图 2.114 可以看出，与其他组分相比，HPI-N 含有大分子量物质。同时从图中还可以看出，在 Dual-MBR 的 HPI-N 中的第 7 min 的峰值强度与控制组相比有所下降。因此，可以推测此部分大分子量物质的去除是 Dual-MBR 膜污染减轻的原因。

图 2.115 是两个 MBR 系统中 EfOM 中的组分分子量分布情况。

从图 2.115 中可以看出，SMP 中 HPI-N 的大分子量物质（7 min 左右的峰值）在出水中没有出现，进一步证实这些大分子量物质可以被膜或者膜上面的污染层拦截。

有关 EEM 图谱（图 2.116 和图 2.117）也证明了 SMP 中 HPI-N 是大分子量物质，可以被 Dual-MBR 系统中的膜拦截并被 PAN 膜去除。图 2.116 和 2.117 是分别是 SMP 和出水中（EfOM）的各个组分的 EEM 图谱。

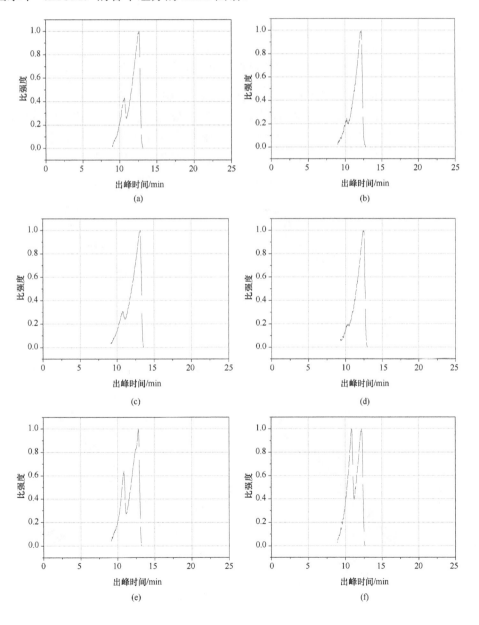

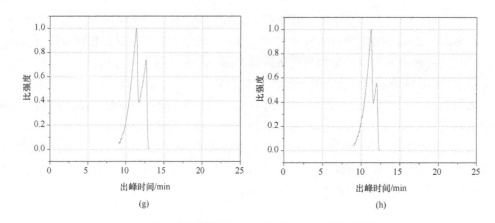

图 2.115　两套系统中出水（EfOM）的 GFC 图谱

（a）控制组的 HPO；（b）Dual-MBR 的 HPO；（c）控制组的 TPI；（d）Dual-MBR 的 TPI；（e）控制组的 HPI-C；（f）Dual-MBR 的 HPI-C；（g）控制组的 HPI-N；（h）Dual-MBR 的 HPI-N

结合图 2.116（a）和图 2.116（b）可以看出，在 HPO 组分中主要有两个峰，即 A 峰和 B 峰。其中 Dual-MBR 中的峰值强度低于控制组，说明 Dual-MBR 中的 PAN 膜可以拦截去除一部分 A 峰和 B 峰代表的物质。SMP 中的 TPI 成分也有两个峰，其中一个主要的 B 峰和一个微弱的 A 峰。Dual-MBR 中 TPI B 峰的强度比控制组也低；而 A 峰比控制组略高。图 2.116 中有关 HPI-C 也有类似的趋势。控制组中 HPI-N 成分主要有三个

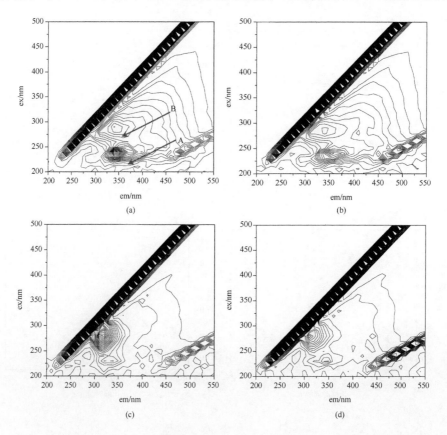

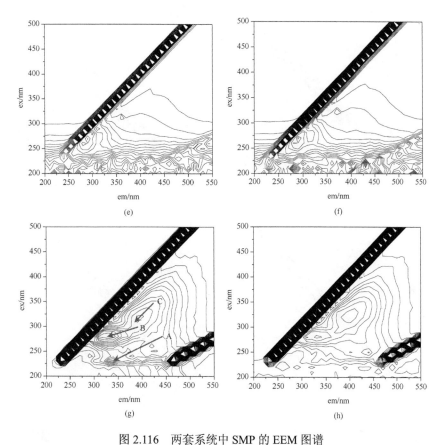

图 2.116　两套系统中 SMP 的 EEM 图谱

（a）控制组的 HPO；（b）Dual-MBR 的 HPO；（c）控制组的 TPI；（d）Dual-MBR 的 TPI；（e）控制组的 HPI-C；
（f）Dual-MBR 的 HPI-C；（g）控制组的 HPI-N；（h）Dual-MBR 的 HPI-N

峰，即 A 峰、B 峰和 C 峰。在 Dual-MBR 中的 HPI-N 的 A 峰消失，而且 B 峰和 C 峰的强度与控制组相比也减小，说明 HPI-N 成分被 Dual-MBR 中的 PAN 膜进行拦截去除。结合图 2.117 可以看出，HPI-N 成分同样是被削减最多的成分。因此，上述研究结果进一步证实 A 峰消失以及 B 峰和 C 峰强度的降低是 Dual-MBR 膜污染减轻的主要原因。

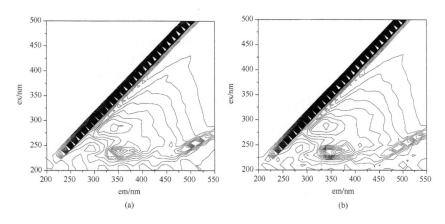

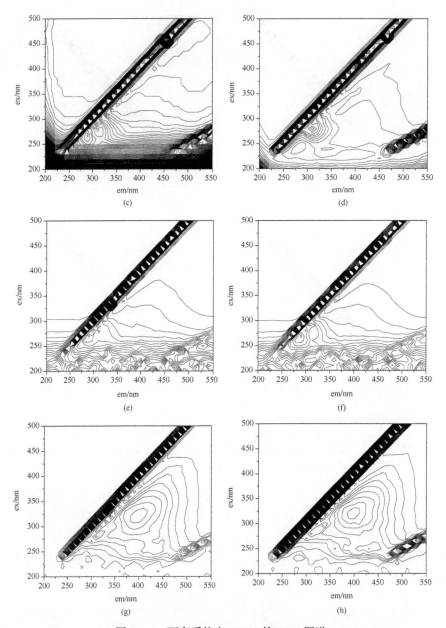

图 2.117　两套系统中 EfOM 的 EEM 图谱

(a) 控制组的 HPO；(b) Dual-MBR 的 HPO；(c) 控制组的 TPI；(d) Dual-MBR 的 TPI；(e) 控制组的 HPI-C；(f) Dual-MBR 的 HPI-C；(g) 控制组的 HPI-N；(h) Dual-MBR 的 HPI-N

4. 微生物多聚物排除对污泥性质的影响

微生物多聚物的排除可能会对污泥性质造成影响，两套 MBR 系统中污泥的附着性 EPS 的浓度变化情况如图 2.118 所示。从图中可以看出，Dual-MBR 中的附着性 EPS 浓度低于控制组，表明 Dual-MBR 中 PAN 膜的使用可以有效排除微生物多聚物，在运行过程中 EPS 可以释放到反应器内形成 SMP，Dual-MBR 可以过量排除 SMP 等物质，因而使 EPS 的浓度减少。

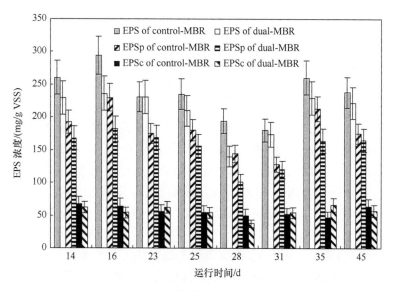

图 2.118　两套 MBR 系统中的附着性 EPS 浓度（每个数据测定 3 次）

　　一般认为 EPS 会影响污泥的表面物化性质，而 Zeta 电位是表面物化性质的一个重要指标。因此，实验同时考察了两套 MBR 系统中污泥的 Zeta 电位变化，结果如图 2.119 所示。

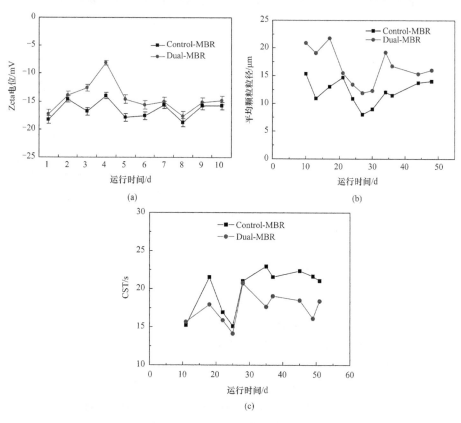

图 2.119　两套反应器中污泥性质
（a）Zeta 电位（n=3）；（b）数均粒径分布情况；（c）污泥的 CST 情况

从图 2.119 可以看出，Dual-MBR 中污泥的 Zeta 电位的绝对值与控制组相比略有降低。一般认为 EPS 与污泥表明电位具有直接联系，且蛋白质和腐殖酸对污泥表面的电荷影响更大。同时从图 2.118 可以看出，Dual-MBR 中 EPS 的降低主要是由于蛋白质类物质的减少。采用 ANOVA 对两套反应器中污泥的 Zeta 电位差别进行分析表明其具有显著性差异（$p = 0.053$）。

图 2.119（b）为两套 MBR 系统中混合液的平均颗粒粒径的分布情况，可以看出 Dual-MBR 比控制组的粒径更大，在运行过程中 Dual-MBR 的粒径为 11.91～21.77 μm，而控制组的粒径为 7.98～15.36 μm。粒径的增加对于膜污染控制是有益的。ANOVA 分析表明两套 MBR 中污泥粒径具有显著性差异（$p = 0.002$）。根据 DLVO 理论，增加表面电位可以导致污泥絮体的分散。因此 Dual-MBR 中表面电位绝对值降低使其粒径变大。

污泥脱水性能［图 2.119（c）］研究表明 Dual-MBR 的脱水性能更好，且脱水性能具有显著差异（ANOVA，$p = 0.049$）。脱水性能的提升主要是由于 Dual-MBR 中微生物多聚物的不断排除，污泥附着性 EPS 成分的降低以及污泥粒径的增加均有助于提高污泥的脱水性能。

Dual-MBR 中的 PVDF 膜和 PAN 膜对于微生物多聚物的吸附和捕获能力不同是降低 PVDF 膜污染的关键。因此，进一步研究了两片膜对于微生物多聚物的吸附能力，如表 2.38 所示。

表 2.38　PVDF 膜和 PAN 膜吸附和捕获能力情况（时间 4 h）

污染物	PVDF	PAN
多糖/（g/m^2）	0.042	0.198
蛋白质/（g/m^2）	0.061	0.202
TOC/（g/m^2）	0.158	1.012
UV_{254}/（cm^{-1}/m^2）	4.877	13.152

2.4.4　其他污染控制方法研究

1. 投加絮凝剂控制膜污染

1）工艺情况与运行条件

试验用四套 A/O-MBR 装置如图 2.120 所示。接种污泥采用上海某污水处理厂曝气池内活性污泥。四套 A/O-MBR 以 20 L/（m^2·h）恒通量运行。反应器有效容积 57.6 L，缺氧段及好氧段水力停留时间分别为 3.0 h 和 5.1 h，内回流比为 1.7，污泥龄为 30 天。反应器 COD 负荷为 0.032 mg COD/（mg MLSS·d）。四套反应器依次编号为 1#、2#、3#和 4#。按照烧杯实验确定的最佳剂量分别向 2#、3#和 4#反应器中投加 $FeCl_3$、聚合硫酸铁（PSF）、聚合氯化铝（PACl），1#反应器作为空白组。

图 2.120　试验装置图

2）短期烧杯实验确定最佳投加量

a. 氯化铁最佳剂量的确定

试验设计 $FeCl_3$ 投加浓度梯度为 100 mg/L、200 mg/L、400 mg/L、600 mg/L 和 800 mg/L。利用上述方法测定不同浓度 $FeCl_3$ 对混合液性质改善结果如表 2.39 所示。由表可知，投加 $FeCl_3$ 对溶液 pH 值影响较大，当 $FeCl_3$ 浓度达到 800 mg/L 时，溶液 pH 值由最初的 6.68 下降到 2.97。此外，混合液 Zeta 电位值也随着阳离子的添加而增大。由 TOC 值变化可以看出，$FeCl_3$ 为 100 mg/L 时，混合液中 55.4% 的溶解性有机物质被吸附去除，TOC 值由最初的 14.8 mg/L 下降为 6.6 mg/L。$FeCl_3$ 浓度为 400 mg/L 时，TOC 去除率最高。而 $FeCl_3$ 浓度进一步增加，TOC 浓度则开始上升。当 pH 值过低时，H 离子就会竞争金属盐的水解产物，与有机物质形成副产物，重新溶解在水中，降低 DOM 的去除率。$FeCl_3$ 对污泥过滤性能的改善主要由 CST 及污泥比阻两个指标体现。由 CST 值变化可以看出，随着 $FeCl_3$ 的添加，污泥脱水性能逐渐被改善，而当 $FeCl_3$ 浓度大于 200 mg/L 后，这种改善作用逐渐不明显。这一结果与 $FeCl_3$ 对污泥比阻改善作用相似。当 $FeCl_3$ 达到 200 mg/L 时，污泥比阻值由原来的 $32.1 \times 10^9 \, s^2/g$ 显著下降到 $6.9 \times 10^9 \, s^2/g$，而 $FeCl_3$ 进一步的增加，污泥比阻值改变不大。为考察 $FeCl_3$ 对微生物活性的影响，试验测定了添加不同浓度 $FeCl_3$ 后污泥 OUR 变化。由表可见，混合液 OUR 值随着 $FeCl_3$ 浓度的增加而降低，微生物活性逐渐降低。这主要是由于 pH 值的下降以及 Fe^{3+} 对微生物细胞的毒性作用所导致。

表 2.39　不同浓度 $FeCl_3$ 对混合液性质的影响

浓度/（mg/L）	pH 值	Zeta 电位/mV	TOC/mg	CST/s	污泥比阻值/（$10^9 \, s^2$/g）	OUR/［mg O_2/（g VSS·h）］
0	6.68	−17.1	14.8	22.0	32.1	12.5
100	6.10	−16.3	6.6	20.6	20.0	10.8
200	5.44	−16.0	6.5	16.0	6.9	8.6
400	4.46	−11.5	5.4	15.3	6.1	6.8
600	3.76	−8.43	7.3	14.4	5.8	3.6
800	2.97	−1.71	8.6	14.2	5.2	3.0

综合上述实验结果，采用 200 mg/L 作为反应器内 FeCl₃ 最佳剂量，并在 A/O-MBR 中长期考察其对膜污染特性以及混合液性质的影响。

b. 聚合硫酸铁最佳剂量的确定

试验设计 PSF 投加浓度梯度为 100 mg/L、200 mg/L、400 mg/L、600 mg/L 和 800 mg/L。不同浓度 PSF 对混合液性质的影响如表 2.40 所示。由表可见，随着 PSF 浓度的增加，混合液 pH 值下降，而 Zeta 电位值增大。对 TOC 的测定结果显示，PSF 浓度为 400 mg/L 时，溶解性有机物去除率最高。PSF 对污泥过滤性能具有一定改善作用。CST 及污泥比阻值都随着 PSF 的增加而降低。当 PSF 浓度大于 600 mg/L 时，混合液 OUR 值低至 3.8 mg O₂/ (g VSS·h)，表明此时微生物活性受到明显的抑制。综合上述几个指标，选择 400 mg/L 为 PSF 的最佳投加剂量。

表 2.40　不同浓度 PSF 对混合液性质的影响

Dose/（mg/L）	pH 值	Zeta /mV	TOC/mg	CST/s	污泥比阻值/ (10^9 s²/g)	OUR/ [mg O₂/ (g VSS·h)]
0	6.83	−19.2	14.8	21.4	31.2	13.0
100	6.38	−18.4	10.6	18.7	18.1	11.8
200	5.98	−17.7	8.64	16.5	16.9	10.1
400	5.23	−17.1	6.64	14.0	10.9	8.0
600	4.7	−16.5	8.81	12.7	3.3	3.8
800	4.25	−10.0	7.92	11.8	1.6	3.3

c. 氯化铝最佳剂量的确定

试验设计 PACl 投加浓度梯度为 200 mg/L、400 mg/L、600 mg/L、800 mg/L 和 1000 mg/L。不同浓度 PACl 对混合液性质的影响如表 2.41 所示。由表可见，铝盐对混合液 pH 值影响较小，PACl 浓度为 1000mg/L 时，混合液 pH 值仍然大于 6。混合液 Zeta 电位值随着 PACl 的添加而增大。PACl 对 TOC 去除效果较好，浓度为 200 mg/L 时，TOC 值去除率即达到 62.8%，随后 PACl 的进一步增加，对 TOC 的去除率影响不大。PACl 对污泥过滤性能有明显的改善作用。由表可见，PACl 浓度为 200 mg/L 时，CST 值及污泥比阻值明显降低。PACl 浓度为 400 mg/L 后，PACl 的继续添加对污泥比阻值改变不大。从混合液 OUR 值的结果可以看出，铝盐的加入对微生物活性的影响不大。综合上述结果，试验选用 400 mg/L 作为 PACl 的最佳剂量。

表 2.41　不同浓度 PACl 对混合液性质的影响

Dose/（mg/L）	pH 值	Zeta /mV	TOC/mg	CST/s	污泥比阻值/ (10^9 s²/g)	OUR/[mg O₂/(g VSS·h)]
0	6.72	−20.8	13.2	21.9	34.1	13.6
200	6.57	−18.0	4.9	10.9	10.9	12.8
400	6.43	−13.1	3.9	10.5	6.9	12.8
600	6.32	−8.91	3.9	10.7	6.6	12.1
800	6.25	−4.41	4.8	11.6	6.0	12.5
1000	6.18	−1.17	4.9	11.1	6.5	11.5

3）投加絮凝剂对 MBR 运行效果及污染速率的影响

根据批次试验结果，分别向 2#、3#及 4# A/O-MBR 中投加 200 mg/L FeCl₃、400 mg/L PSF、400 mg/L PACl，1#反应器作为空白组。A/O-MBR 反应器共运行 360 天，通过对反应器中污染物去除效果以及混合液性质的监测，考察不同絮凝剂对 MBR 运行性能及膜污染影响，探究絮凝剂对 A/O-MBR 中膜污染的延缓机理。

a. 絮凝剂投加对污染物去除效果的影响

试验期间，A/O-MBR 对 COD、TN、NH₃-N、NO₃⁻-N、TP 的去除效果见图 2.121～图 2.125。从图 2.121 可以看出，在整个运行过程中，尽管进水 COD 波动较大，出水 COD 基本维持在 40 mg/L 以下，COD 去除率维持在 90%左右，说明 MBR 具有较强的抗冲击负荷的能力。由图 2.121 可以看出，絮凝剂的投加对反应器 COD 去除效率影响不大。计算得到 1#、2#、3#和 4#反应器出水 COD 平均值分别为 28.8 mg/L、27.6 mg/L、26.5 mg/L 和 27.7 mg/L。

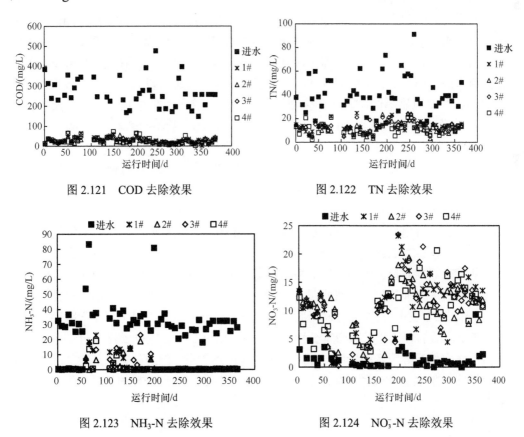

图 2.121　COD 去除效果　　　　　　　图 2.122　TN 去除效果

图 2.123　NH₃-N 去除效果　　　　　　图 2.124　NO₃⁻-N 去除效果

反应器对 TN 的去除效果如图 2.122 所示。试验期间，反应器进水 TN 平均值为 41.0 mg/L，且数值波动较大。出水 TN 值大部分在 15 mg/L 以下。装置运行 190～211 天时，由于进水 TN 浓度的波动较大，导致反应器出水 TN 值略有提高。由图可看出，不同絮凝剂的投加对反应器 TN 的去除效果影响不大，四套反应器对 TN 的去除率在 68.0%～71.4%范

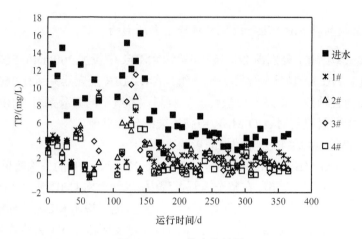

图 2.125　TP 的去除效果

围内，出水 TN 平均值都小于 15 mg/L，达到一级 A 标准。

反应器对 NH_3-N 的去除效果如图 2.123 所示。由图可见，试验期间进水 NH_3-N 基本稳定在 20～40 mg/L。在 70～130 天左右出水氨氮值有上升的现象，最高值达 22.9 mg/L。分析是由于当时正值冬季，反应器内混合液温度只有 8～10 ℃，硝化菌活性降低导致出水氨氮值偏高。由图 2.124 反应器进出水硝酸盐浓度变化也可以看出，该时段反应器出水 NO_3^--N 浓度明显降低，表明硝化作用受到抑制。除冬季低温运行时间，反应器对 NH_3-N 去除效果良好，出水 NH_3-N 基本小于 1.0 mg/L，且不同絮凝剂对 NH_3-N 去除率没有影响。

反应器对 TP 的去除效果如图 2.125 所示。如图可见，试验运行前 150 天时反应器进水 TP 值较高，之后基本保持在 6 mg/L 以下。几套反应器对 TP 的均有一定的去除效果，但还是很难达到 0.5 mg/L。运行初期，由于进水 TP 浓度较高，几套反应器出水 TP 在 3～4 mg/L，后期稳定在 2mg/L。1#、2#、3#和 4#反应器出水 TP 平均值分别为（2.69±1.78）mg/L、（2.38±1.82）mg/L、（2.15±2.39）mg/L 和（1.77±1.95）mg/L。可以看出，几种絮凝剂对反应器中 TP 的去除都有一定的效果，但出水 TP 仍不达标。将几种絮凝剂的投加量换算到每日进水量可得到 2#、3#和 4#反应器所投加的无机盐含量分别为 1.2 mg Fe/L 进水、2.5 mg Fe/L 进水和 2.5 mg Al/L 进水。按照金属化学除磷机制换算，三套反应器的理论化学除磷量分别为 0.66 mg/L、1.38 mg/L 和 2.87 mg/L。由于反应器实际操作中传质等因素的影响，并没有达到理论除磷量。但三种絮凝剂投加除磷效果与预期相同，即 4#化学除磷效果最佳，而 2#反应器由于 Fe 离子投加量低，化学除磷效果最差。

b. 膜污染速率

MBR 运行过程中，膜污染会导致膜阻力的增加，在恒通量模式运行的情况下，膜阻力的增加会进一步导致 TMP 的增加。本研究通过每天监测四套 A/O-MBR 中 TMP 的变化，考察投加不同絮凝剂对膜污染速率的影响。试验期间反应器跨膜压力（TMP）变化曲线如图 2.126 所示。当 TMP 达到 30 kPa 左右时对膜进行化学清洗，图中每次 TMP 的陡降即是由于化学清洗的结果，两次化学清洗之间为一个清洗周期。由图可知，四套反应器 TMP 在运行第 50～150 天期间 TMP 增加速率较快，膜污染周期甚至小于 7 天。分析是由于此时正值冬季低温运行，微生物活性低，反应器中有机物含量增加，并且低温可能导致反应器 SMP 和 EPS 的释放。在运行第 150～250 天时，运行时间为夏季，各反应器 TMP 增加速率较慢，清洗周期为 30～50 天。由图还可看出，四套反应器中 TMP 增加速率并不相同，投加絮凝剂的反应器 TMP 增长速率要慢于空白组，即絮凝剂的投加延缓了膜污染速率。而三种絮凝剂对膜污染的延缓效果有所差异，以 4#反应器中膜清洗频率最少，膜污染速率最慢，其次依次为 3#、2#反应器。故本研究得出几种无机絮凝剂对膜污染的作用大小顺序为：PACl＞PSF＞$FeCl_3$。

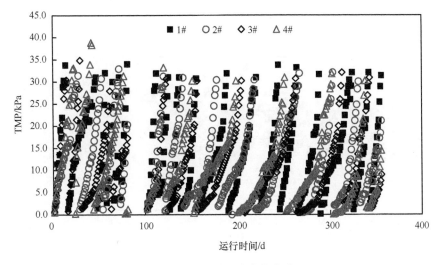

图 2.126　跨膜压力变化曲线

c. 投加絮凝剂对 MBR 污泥混合液特性的影响

反应器 MLSS、MLVSS 及 MLVSS/MLSS（f）变化如图 2.127 所示。由图可见，MBR 经过污泥接种后，污泥浓度开始上升，在 SRT 为 30 天条件下，运行一段时间后（至第 70 天），污泥浓度达到 7 g/L 左右。之后进入冬季低温运行期（70～130 天），由于低温导致污泥产率下降，反应器污泥浓度呈下降趋势。在第 130 天后，混合液污泥浓度开始

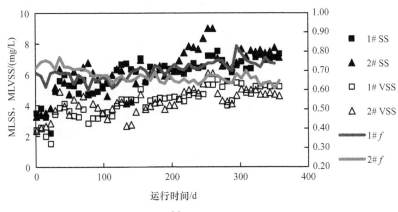

(a)

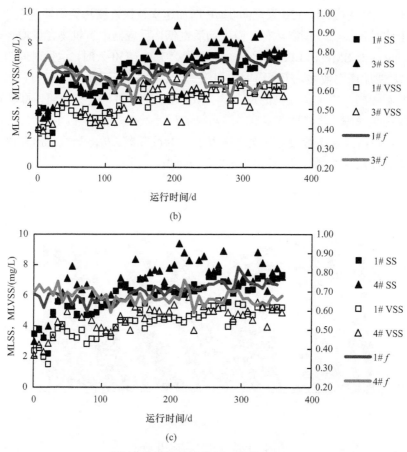

图 2.127　絮凝剂对污泥浓度的影响

(a)200mg/L FeCl₃；(b)400mg/L PSF；(c)400mg/L PACl

逐渐恢复增长，并基本稳定。由图可以看出，投加絮凝剂后，反应器污泥增长速率有所增加。1#～4#反应器平均 MLSS 值分别为 5.99 g/L、6.32 g/L、6.49 g/L 和 6.87 g/L。但由于絮凝剂投加浓度较低，反应器污泥浓度并没有大幅增加。由图 2.127 还可以发现，投加无机絮凝剂后反应器 MLVSS/MLSS 值有所降低。不过这样一降低幅度不大，四套反应器内 f 平均值均为 0.65～0.70。图 2.128 给出了投加絮凝剂对污泥沉降性能 SVI 的影响。由图可知，投加絮凝剂对污泥沉降性能有所提高，1#～4#反应器污泥 SVI 平均值分别为 105.6 mL/g、99.5 mL/g、94.7 mL/g 和 93.1 mL/g，这主要是由于反应器内无机成分的增加导致。

　　投加絮凝剂对污泥颗粒粒径分布（以体积重量计）的影响如图 2.129 所示。由图可以看出，投加絮凝剂后 MBR 污泥粒径主要为 0～300 μm，而 1#反应器中污泥粒径主要分布在 200 μm 以下，可见加入絮凝剂后反应器污泥粒径分布明显向大颗粒方向移动。表 2.42 给出了四套反应器中污泥平均粒径，D10、D50 及 D90 值。1#～4#反应器中污泥平均粒径分别为 124.59 μm、163.03 μm、160.44 μm 和 159.43 μm。污泥混合液中胶体及小颗粒物质一直被研究者认为是导致膜孔及膜面污染的主要成分。在本研究中四个反应器粒径小于 50 μm 的污泥颗粒物所占比例分别为 12.35%、4.91%、6.09%及 4.04%。由此可见，投加絮凝剂能够有效的使反应器中胶体及小颗粒物质聚集形成大分子颗粒，从而缓解膜污染速率。

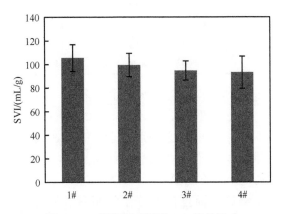

图 2.128　絮凝剂对污泥 SVI 值的影响

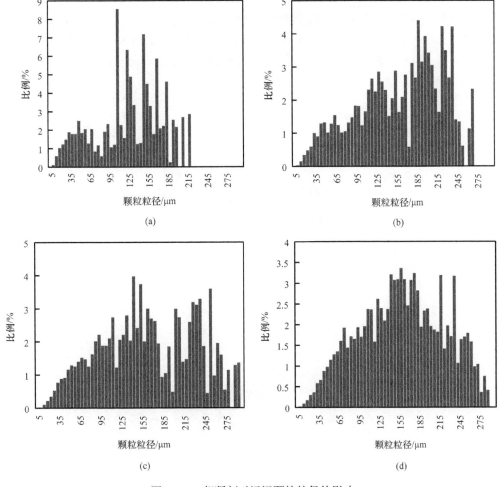

图 2.129　絮凝剂对污泥颗粒粒径的影响

（a）1#；（b）2#；（c）3#；（d）4#

表 2.42　　絮凝剂对污泥平均粒度的影响

反应器编号	粒径/μm	STD/μm	Conf./%	D10/μm	D50/μm	D90/μm
1#	124.59	51.78	99.08	45.13	126.84	189.96
2#	163.03	68.25	99.99	68.71	160.23	252.63
3#	160.44	62.63	99.75	65.19	169.75	237.84
4#	159.43	63.05	100.00	71.64	159.65	247.65

　　投加絮凝剂对反应器 SMP、EPS 及膜出水中多糖（PS）、蛋白质（PN）含量的影响如图 2.130 所示。首先由图 2.130（a）和图 2.130（b）比较可以看出微滤膜对 PN 及 PS 的拦截率不同。在 SMP 中 PS 浓度高于 PN，而在膜出水是 PN 浓度高于 PS，也就说明膜对 PS 的拦截能力较强。数据分析结果显示，反应器平板膜对 PS 的拦截率为 46.5%～58.9%，而对 PN 的拦截率仅为 12.8%～34.0%，分析主要是由于多糖类物质多为溶解性大分子物质，而蛋白质分子量相对多糖要低。由图 2.130（b）和图 2.130（c）可以看出，投加絮凝剂对反应器 SMP 及 EPS 含量均有一定去除作用，而且仍然是 PS 的去除效率高于 PN，表明通过絮凝作用，溶液中胶体及溶解性大分子类物质经过聚集，与多价金属螯合以及吸附等作用转移到混合液中固相体系。由图 2.130 也可以看出，反应器 SMP 中 PS 含量大于 PN，而 EPS 中 PN 含量大于 PS。关于反应器 SMP 及 EPS 中多糖及蛋白质含量对膜污染的影响一直受到争议。大多数

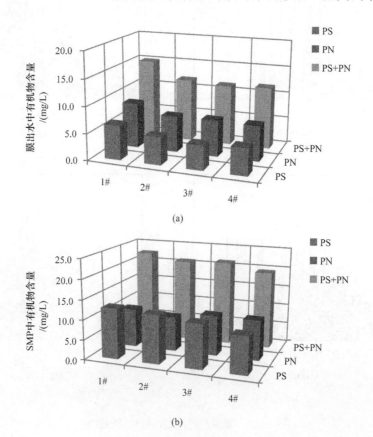

(a)

(b)

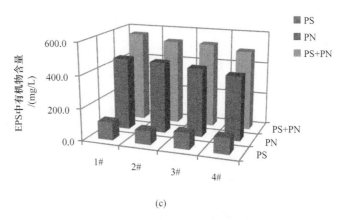

(c)

图 2.130　絮凝剂对混合液中糖类蛋白含量的影响

(a) 出水有机物；(b) SMP；(c) EPS

研究者认为 SMP 物质比 EPS 物质对膜污染的贡献大，且多糖物质与膜污染的相关性更大。本节研究结果表明，絮凝剂对 MBR 混合液 SMP 中糖类物质的去除作用也是其延缓膜污染的主要原因之一。

四套反应器混合液 DOM 的 GPC 图谱如图 2.131 所示。由图可见，絮凝剂的投加对混合液 DOM 分子量分布有一定的影响。表 2.43 给出了 GPC 图谱基本信息。Mw 为重均分子量。空白组 DOM 分子量值达到 4.93×10^7 Da，投加 $FeCl_3$、PSF 及 PACl 的 DOM 重均分子量依次降低。反应器 DOM GPC 图谱均出现三个峰，小分子量物质峰值出现在 164～169 Da，响应强度相似，表明絮凝剂的投加对小分子量物质的影响不大；第二个峰值出现在分子量为 20 kDa 左右，且絮凝剂的投加使该峰值略向小分子量方向迁移；第三个峰值出现在 10^5 Da 数量级，且可以看出 1#反应器 DOM 峰值较其他三个反应器小，但是其响应值较大，也就是说其大分子量物质含量较多。由图可以看出，投加 PACl 的 4#反应器中大分子物质的去除效果最好。

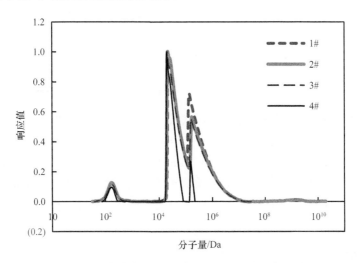

图 2.131　絮凝剂对混合液 DOM 分子量分布影响

表 2.43　混合液 GPC 图谱信息　　　　　　　　　（单位：Da）

反应器编号	Top MW I	Top MW II	Top MW III	Mw
1#	164	22041	130082	49300000
2#	164	21103	167553	440228
3#	164	20201	156988	323340
4#	169	19458	152497	37630

2. 特定水质条件下丝状菌生长控制膜污染

在特定进水水质条件下，控制适当操作条件可以使反应器内出现大量丝状菌。虽然研究报道丝状菌的生长可以导致严重的膜污染现象，但是本研究却发现在特定水质条件下丝状菌的过量生长有利于膜污染的控制。因此，本节研究了丝状菌反应器的运行特性，并讨论分析了其有利于污染控制的原因。

1）工艺情况及运行条件

实验采用了两套均只有好氧段的 MBR，有效容积为 68.4 L，每个反应器中放置 3 片 PVDF 膜组件，其平均孔径为 0.2 μm，每片膜的有效面积为 0.175 m²。实验所用水质如表 2.44 所示。该废水明显氮磷营养元素偏低，主要用来模拟氮磷营养匮乏的一类废水。

表 2.44　废水成分及水质特性

成分	浓度/（mg/L）	水质指标	浓度/（mg/L）
葡萄糖	450	COD	432～480
NH_4Cl	15	NH_3-N	3.7～3.9
KH_2PO_4	5	TP	1.0～1.1
$NaHCO_3$	200	pH 值	6.7～7.2
$MnSO_4$	5		
$FeCl_3$	2		
$MgSO_4$	2		

两套 MBR 系统的运行通量为 20 L/（m²·h），采用间歇抽吸模式（10 min 抽吸、2 min 停止抽吸）。两套反应器的 HRT 为 7.8 h、泥龄为 20 天。两套反应器的差别是维持不同的 DO 浓度，一套为（4.0±0.4）mg/L、一套为（0.6±0.4）mg/L。两套 MBR 污泥均接种于上海某污水处理厂。两套反应器稳定运行期间的 MLSS 浓度分别为（8.5±0.5）g/L（高 DO）和（8.3±0.4）g/L（低 DO）。实验过程不控温，反应器水温在（14～24）℃。

2）两套 MBR 系统运行基本情况

由于两套 MBR 系统运行过程中的 DO 不同，导致反应器出现了不同的污泥特性，在高 DO 运行条件的污泥属于正常污泥（NS-MBR），另外一套污泥出现膨胀现象（BS-MBR）。膨胀污泥出现主要是由于大量丝状菌存在造成的，如图 2.132 所示，而 NS-MBR 中并未出现丝状菌的大量增殖现象。两套 MBR 污泥的 SVI 指数分别为（77±12）ml/g 和（140±40）ml/g，表明 BS-MBR 污泥沉降性能恶化。

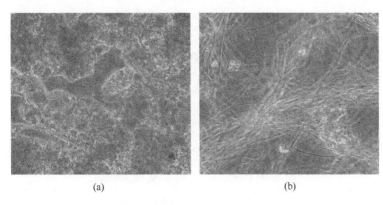

图 2.132　微生物的光学显微镜图片
（a）NS-MBR；（b）BS-MBR

表 2.45 是 BS-MBR 和 NS-MBR 对 COD 和 NH$_3$-N 的去除情况。BS-MBR 中的 COD 去除率为 93%，而 NS-MBR 中的去除率达到 95% 以上。类似地，NS-MBR 的氨氮去除效率比 BS-MBR 也略好。

表 2.45　BS-MBR 和 NS-MBR 中 COD 和 NH$_3$-N 去除情况

指标	BS-MBR	NS-MBR
COD 去除/%	93.0±7.3	95.7±3.7
NH$_3$-N 去除/%	94.1±3.4	97.7±2.0

注：$n=10$（BS-MBR）；$n=9$（NS-MBR 中 COD）；$n=6$（NS-MBR 中 NH$_3$-N）

图 2.133 是 NS-MBR 和 BS-MBR 运行过程中 TMP 的变化情况。从图中可以看出，BS-MBR 的压力增长速率更低，说明 BS-MBR 中的膜污染速率更低。如前所述，BS-MBR 中发生了丝状菌膨胀现象，因此为了进一步明晰其污染速率较低的原因，对 BS-MBR 的污泥性质进行分析研究。

3）污泥性质分析

a. 污泥粒径分析

由于两套 MBR 系统的污泥浓度分别为 8.3 g/L（BS-MBR）和 8.5 g/L（NS-MBR），因此污泥浓度的差别并不是两者污染速率不同的主要原因。进一步分析了污泥的粒径分布，如图 2.134 所示。从图中可以看出，BS-MBR 的污泥平均粒径为 59.4 μm，而 NS-MBR 平均粒径为 48.4 μm。从粒径分析来看，BS-MBR 较大的污泥粒径对于污染降低是有利因素之一，这主要是由于丝状菌的增长加大了污泥的平均粒径。

b. 污泥 SMP 和 EPS 性质分析

表 2.46 为两套系统中 SMP、胶体以及 EPS 的含量。如表 2.46 所示，BS-MBR 中

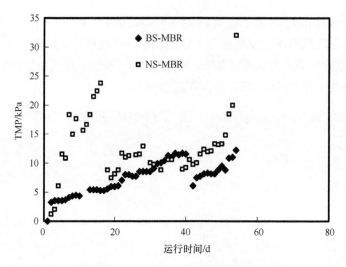

图 2.133　两套系统中的 TMP 变化情况

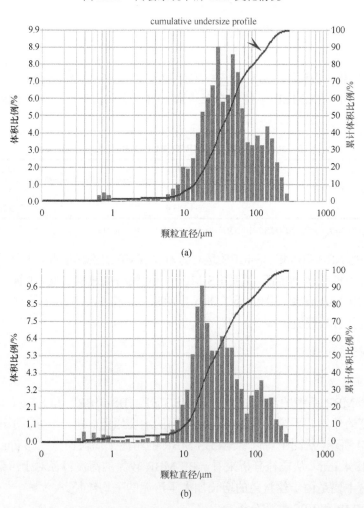

图 2.134　两套 MBR 系统中污泥的 PSD 粒径分布（数均分布）
(a) BS-MBR；(b) NS-MBR

SMP 和 EPS 均比 NS-MBR 中含量高,主要是由于丝状菌的增长。说明膜污染除了与 SMP和 EPS 等直接相关之外, 还与其他指标相关。

c. GFC 分析

两套系统中 SMP 和 EfOM 的 GFC 分析结果如表 2.47 所示。从表可以看出,BS-MBR中平均分子量较 NS-MBR 大, 而且 Mw/Mn 的比值也较大, 说明 BS-MBR 中的分子量分布范围较宽。此外,从表 2.47 可以看出,BS-MBR 中对大分子量物质的拦截去除结果也更为明显。但是 BS-MBR 的污染速率却较低,说明分子量分布并不是影响膜污染的主导因素。

表 2.46　两套 MBR 中 SMP、EPS 以及成分情况

指标	BS-MBR	NS-MBR
SMP/（mg/L）	190.7±19.1（124.3±13.5）[a]	44.6±4.6（27.5±3.2）[a]
胶质/（mg COD/L）	8.1±0.9	8.1±1.0
EPS/（mg/g SS）	139.2±19.0	96.7±9.0
PS/（mg/g SS）	52.2±3.9	38.5±0.7
PN/（mg/g SS）	87.1±15.1	58.3±9.7

a COD（TOC），测定次数：$n=4$

表 2.47　SMP 和 EfOM 的分子量分布

指标		BS-MBR	NS-MBR
SMP	Mw/kDa	951.3	341.5
	Mn/kDa	31.1	26.6
	Mw/Mn	30.6	12.9
EfOM	Mw/kDa	169.8	334.9
	Mn/kDa	23.9	199.1
	Mw/Mn	7.1	1.7

d. 有机物亲疏水性成分分析

表 2.48 为 SMP 亲疏水成分情况。从表中可以看出,BS-MBR 和 NS-MBR 中的 SMP成分不同。在 BS-MBR 中,HiN（亲水性中性大分子）是主要成分, 而 HoS（强疏水）和 HoW（弱疏水）只占到了 4.98% 和 2.40%。但是, 在 NS-MBR 中, HoS 和 HoW 却占到了很大份额, 疏水性成分主要可能有腐殖酸和富里酸等组成。高含量的疏水性物质可能是膜过滤过程中产生严重污染的原因。

表 2.48　NS-MBR 和 BS-MBR 中 SMP 亲疏水性成分分析

成分	成分/%	
	BS-MBR	NS-MBR
HoS	4.98	18.69
HoW	2.40	11.46
HiC	8.10	28.19
HiN	89.20	17.61

e. 三维荧光光谱分析

两套 MBR 系统的 SMP 和 EfOM 的 EEM 光谱如图 2.135 所示。从 EEM 图谱上可以看出，主要存在着 A 峰和 B 峰两个峰，均与蛋白质类物质有关。荧光图谱参数信息包括荧光峰位置和荧光强度列于表 2.49 中。从表中可以看出 BS-MBR 对 A 峰和 B 峰所代表性物质的削减程度比 NS-MBR 高，说明丝状菌的增长以及在膜表面形成的污染层可以更好地拦截蛋白质类物质。

f. 膜面污染特性分析

对两套 MBR 系统中达到运行终点的膜组件的膜面污染特性进行分析，结果如图 2.136 所示。

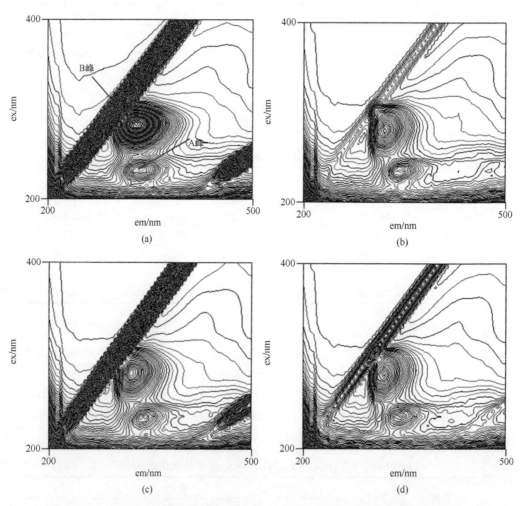

图 2.135　两套 MBR 系统中 SMP 和 EfOM 图谱（彩图扫描封底二维码获取）
(a) BS-MBR 的 SMP；(b) BS-MBR 的 EfOM；(c) NS-MBR 的 SMP；(b) NS-MBR 的 EfOM

从图 2.136 可以看出，BS-MBR 中的污染膜表明具有松散的絮体，而 NS-MBR 中出现了褐色的凝胶层污染现象。在 BS-MBR 中，膜表面的松散絮体或许能够起到动态膜分离的作用，阻止微生物多聚物等在膜面的沉积和聚集。因此，从以上研究可以看出，

BS-MBR 中膜污染趋势的减轻可能与以下几个因素相关：①BS-MBR 中絮体粒径的增大；②SMP 中疏水性物质的减少；③丝状菌在膜面形成的松散絮体状污染层发挥次生动态膜的拦截作用。

表 2.49　SMP 和 EfOM 中荧光峰位置和强度

指标	BS-MBR				NS-MBR			
	A 峰		B 峰		A 峰		B 峰	
	位置（ex/em）	强度	位置（ex/em）	强度	位置（ex/em）	强度	位置（ex/em）	强度
SMP	235/340	151.2	285/330	324.4	235/345	129.8	280/320	184.7
EfOM	235/345	133.1	280/320	169.1	235/345	128.4	280/320	166.3
去除率	—	12.0%	—	47.9%	—	1.1%	—	10.0%

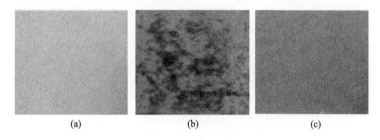

图 2.136　膜实物图

（a）清洁膜；（b）BS-MBR 污染膜；（c）NS-MBR 污染膜

参 考 文 献

韩小蒙. 2016. 膜生物反应器中微生物产物的产生特性与作用. 上海:同济大学博士学位论文.

Han X M, Wang Z W, Ma J X, et al. 2015. Membrane bioreactors fed with different COD/N ratio wastewater: impacts on microbial community, microbial products and membrane fouling. Environmental Science and Pollution Research, 22 (15): 11436-11445.

Mei X J, Wang Z W, Zheng X, et al. 2014. Soluble microbial products in membrane bioreactors in the presence of ZnO nanoparticles. Journal of Membrane Science, 451 (1): 169-176.

Wang Q Y, Wang Z W, Zhu C W, et al. 2013. Assessment of SMP fouling by foulant-membrane interaction energy analysis. Journal of Membrane Science, 446 (11): 154-163.

Wang Z W, Wu Z C, Yin X, et al. 2008. Membrane fouling in a submerged membrane bioreactor (MBR) under sub-critical flux operation: Membrane foulant and gel layer characterization. Journal of Membrane Science, 325 (1): 238-244.

Wang Z W, Wu Z C. 2009a. A review of membrane fouling in MBRs: characteristics and role of sludge cake formed on membrane surfaces. Separation Science and Technology, 44 (15): 3571-3596.

Wang Z W, Wu Z C. 2009b. Distribution and transformation of molecular weight of organic matters in membrane bioreactor and conventional activated sludge process. Chemical Engineering Journal, 150(2-3): 396-402.

Wang Z W, Wu Z C, Tang S J. 2009a. Characterization of dissolved organic matter in a submerged membrane bioreactor by using three-dimensional excitation and emission matrix fluorescence spectroscopy. Water Research, 43 (6): 1533-1540.

Wang Z W, Wu Z C, Tang S J. 2009b. Extracellular polymeric substances (EPS) properties and their effects on membrane fouling in a submerged membrane bioreactor. Water Research, 43(9): 2504-2512.

Wang Z W, Mei X J, Ma J X, et al. 2013a. Potential foulants and fouling indicators in MBRs: a critical review. Separation Science and Technology, 48(1): 22-50.

Wang Z W, Han X M, Ma J X, et al. 2013b. Recent advances in membrane fouling caused by extracellular polymeric substances: a mini-review. Desalination and Water Treatment, 51 (25-27): 5123-5131.

Wu Z C, Wang Z W, Huang S S, et al. 2008. Effects of various factors on critical flux in submerged membrane bioreactors for municipal wastewater treatment. Separation and Purification Technology, 62 (1): 56-63.

第 3 章　MBR 膜清洗

在 MBR 运行中，虽然采用一系列膜污染控制措施可以减缓膜的污染，但是膜污染仍然是不可避免的，尤其是在长期运行过程中会逐渐形成不可逆的污染，需要通过合适的膜清洗手段恢复膜的过滤性能。本章重点介绍 MBR 膜清洗方法、清洗原理、特性以及存在的相关问题。本章中有关膜清洗方法、原理、特性等的知识主要来源于作者在 *Journal of Membrane Science* 发表的一篇有关膜清洗的长篇综述论文（Wang et al.，2014）及作者和团队在膜清洗方面开展的一些研究工作（韩小蒙，2016；王盼，2013；尹星，2010）。同时基于我们的研究成果，介绍膜的化学清洗对膜材料和微生物所造成的不利影响以及解决对策（Han et al.，2016；Wang et al.，2010）。

3.1　膜清洗基础知识

3.1.1　膜污染分类及特点

在第 2 章对膜污染机制及其控制进行了详述，本章为了更好地阐释膜清洗的机制和清洗特性，对膜污染物按照污染物所处位置、理化性质以及污染物与膜的黏附强度进行分类，总结列于表 3.1 中。

表 3.1　膜污染物的分类

分类	描述	备注
一、污染位置分类		
· 浓差极化	由于水分子不断透过膜而使在靠近膜面的一层薄流体层内的溶质浓度或者颗粒物浓度高于主体混合液的现象	一般不视为膜污染物
· 外部污染	在膜表面沉积颗粒物、胶体物质和大分子有机物形成污染层，又可以分为泥饼层（污泥絮体为主）和凝胶层（胶体和溶解性大分子为主）	
· 内部污染	在膜孔内部吸附或者沉积溶解性物质或者细小颗粒物，引起膜孔变窄或者膜孔堵塞	膜腔内（膜内表面）可能也会形成污染
二、理化性质分类		
· 生物污染	主要由于微生物沉积或者微生物滋生造成的污染，也称为生物膜或者生物泥饼等	部分研究也把 SMP、EPS 等视为生物污染
· 有机污染	主要是蛋白质、多糖、腐殖酸等有机物所形成的有机污染，SMP 和 EPS 被认为是有机污染的优势污染物	
· 无机污染	金属离子如 Ca^{2+}、Mg^{2+}、Fe^{3+}、Al^{3+} 以及阴离子 CO_3^{2-}、SO_4^{2-}、PO_4^{3-} 和 OH^- 等引起无机结垢、无机颗粒物沉积或者无机离子架桥络合作用形成复合污染	
三、黏附强度分类		
· 可逆污染	污染物松散附着于膜表面或膜孔，可以通过水力清洗的方法进行去除（如反冲洗、间歇过滤等）	

续表

分类	描述	备注
三、黏附强度分类		
• 不可逆污染	长时间运行过程中所形成的凝胶层污染或者在膜孔内部形成的污染,采用水力清洗等方法不能去除	长期运行过程中可逆污染可以向不可逆污染转化
• 残余污染	用化学强化反冲洗或者维护性清洗手段不能去除的污染物,然而又可以通过恢复性清洗去除的污染物	
• 不可恢复污染	采用任何清洗方法都不能去除的膜污染物,又称永久性污染或者长期运行中的不可逆污染	与膜的使用寿命直接关联

3.1.2 膜清洗分类及特点

膜污染和膜清洗之间的关系可以从图 3.1 看出。根据污染物去除机制或者去除途径可以把膜清洗分为物理清洗、化学清洗、物化结合清洗和生物清洗几类。其中物理清洗主要针对可逆污染、化学清洗主要去除不可逆污染;物化结合清洗可以充分发挥物理与化学二者优势(如化学强化反冲洗、超声-化学清洗联合等);生物清洗主要是利用对生物活性产生作用的制剂进行污染物去除(部分研究将其作为污染控制的手段)。根据清洗时是否需要把膜组件从反应器中取出可以分为在线清洗(原位清洗)和离线清洗(非原位清洗)两种,在实际工程中,在线清洗是倾向使用的主要清洗途径。

图 3.2 是 MBR 中离线清洗与在线清洗的示意图。为了更好地阐述膜清洗,本节研究中除在线反冲洗之外,将间歇过滤(抽吸)、超声、颗粒擦洗以及振动/旋转膜等也作为物理清洗的手段进行分析研究。从图 3.2 可以看出,在 MBR 中实施的很多清洗手段可以归为在线清洗,包括间歇过滤(间歇抽吸)、在线超声清洗、颗粒或悬浮载体的擦洗、反冲洗、生物清洗、化学强化反冲洗、维护性清洗 [或称为就地清洗(cleaning-in-place,CIP)]、膜裸露于空气中的清洗(cleaning-in-air,CIA)及恢复性清洗(或称为强化在线清洗)。离线清洗需要将膜组件从膜池中吊出,然后进行物理与化学的联合清洗。如前所述,一般而言,在线清洗是优先考虑的清洗方式,在线清洗的频率比离线清洗的频率高。从工程经验上来看,一般离线清洗的周期为 1～3年,而在线清洗根据污染情况以及所采用的清洗方案,其周期可以为数分钟、几周或者几个月。

需要指出的是,反冲洗对于中空纤维膜是常用的清洗手段,但是对于大部分商用的平板膜组件而言,由于膜本身结构特性限制,并不能进行反冲洗。一般平板膜的清洗是采用间歇抽吸结合化学清洗的方式进行。但是,随着技术的发展,一些具有反冲洗功能的新型平板膜元件被开发出来,如 MICRODYN-NADIR GmbH 公司生产的 BIO-CELL膜组件,A3 Water Solution 公司的平板膜,加拿大 NewTerra 公司的 MicroClear 平板膜组件以及瑞典 Alfa Laval 公司的 ClearLogic 的中空-平板膜(结合中空纤维膜和平板膜两者的优势)。

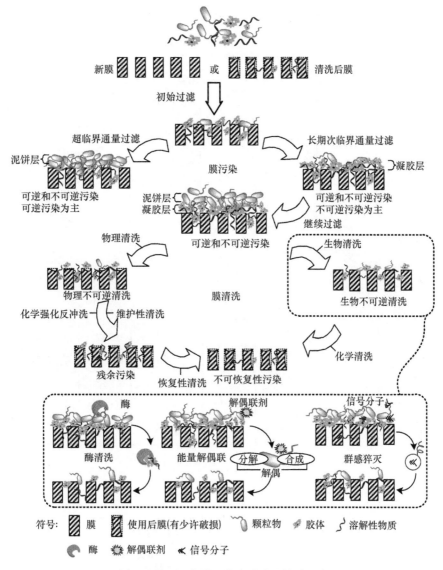

图 3.1　MBR 中膜污染和膜清洗关系示意

图 3.3 进一步反映了 MBR 长期运行过程中（恒流模式）的压力变化、膜污染以及膜清洗之间的联系。从图 3.3 可以看出，可逆、不可逆、残余和不可恢复污染的速率（dP/dt）具有明显差别，其中可逆污染的 dP/dt 变化最快，其次是不可逆污染和残余污染。不可恢复性污染的 dP/dt 变化最慢，但最终决定了膜的使用寿命。从图中还可以看出，维护性清洗（CEB，CIP）其清洗效率比反冲洗和间歇抽吸效率更高，经过维护性清洗后，尚存在残余污染，在经过一定时间运行后，需要进行恢复性清洗或者离线清洗以更好地恢复膜的过滤性能。

表 3.2 总结了不同的清洗方法能够针对性去除污染物的情况。从表 3.2 可以看出，不同的清洗方法能够去除的污染物不同，清洗效率也不同。因此，在实际清洗中，需要甄别污染物的类型，从而针对性地采用最为合适的清洗方法（或者组合清洗方法）。此

外，即使是同一类别的清洗方法，采用的药剂不同，清洗的针对对象可能也会不同，如化学清洗中的酸洗、碱洗和氧化剂清洗等（见 3.2.2 节）。

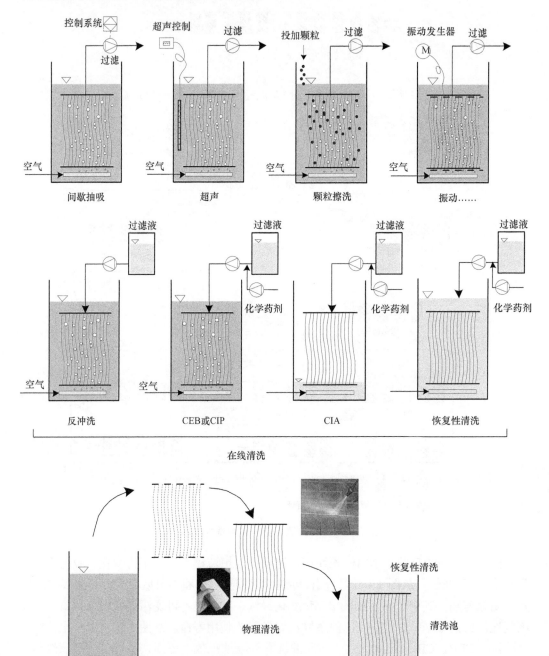

图 3.2　MBR 中在线清洗与离线清洗示意

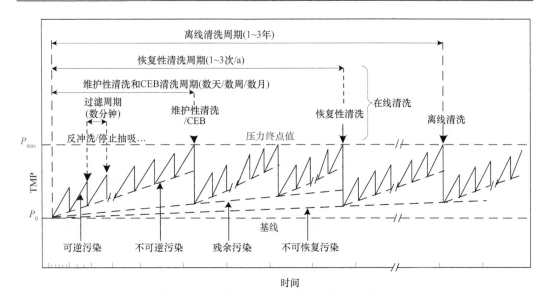

图 3.3　恒流过滤模式下 MBR 中的膜污染与膜清洗情况

P_{max} 为运行的压力终点值,超过此值,过滤不可持续;P_0 为新膜或者恢复性清洗之后膜重新投入运行时的压力

注:P_{max} 这里仅为示意,在 CEB 等清洗时其终点压力并不一定等同于维护性清洗和恢复性清洗时的终点压力值

表 3.2　不同清洗方法去除污染物情况

清洗方法			膜类型			污染类型									
						黏附强度分类				生化性质分类			位置分类		
													外部		内部
			HF	FS	MT	可逆	不可逆	残余	不可恢复	生物污染和有机污染(泥饼)	有机(凝胶污染)	无机	泥饼	凝胶	
在线清洗	物理清洗	反冲洗	+++	+	+	+++				+++	+	+	+++	+	+
		间歇/振动/超声等	+++	+++	+++	+++				+++	+	+	+++	+	
	物理-化学联合清洗	化学强化反冲洗	+++	+	+	+++	+++			+++	+++	+++	+++	+++	+++
	化学清洗	维护性清洗:CIP/CIA	+++	+++	+++	+++	+++	+++		+++	+++	+++	+++	+++	+++
		恢复性清洗	+++	+++	+++	+++	+++	+++	+++	+++	+++	+++	+++	+++	+++
	生物(生化)清洗		+++	+++	+++	+	+			+	+	+	+	+	
离线清洗	物理清洗	海绵擦洗/水冲洗等	+++	+++	+++	+++				+++	+	+	+++		
	化学清洗	恢复性清洗	+++	+++	+++	+++	+++	+++	+++	+++	+++	+++	+++	+++	+++

注:+++表示该清洗方法非常适用于相关膜类型或可以非常有效地去除相关污染类型;+表示该清洗方法可以适用于部分膜组件或者可以在一定程度上去除相关类型的污染物;空白框表示该清洗方法对相关污染无效。此外,化学清洗的主要目标污染物为有机污染、凝胶层污染和不可逆污染物,但在较大剂量条件下也可以去除部分可逆污染或者泥饼层污染;对于存在有可逆污染的类型,为了更为有效地实现污染物的去除,一般建议在化学清洗之前进行物理清洗。

表中,浓差极化并未述及,主要是由于浓差极化可以通过水力手段进行很好的控制,一般不作为膜污染物看待。

HF 代表中空纤维膜;FS 代表平板膜;MT 代表管式膜。

3.2　膜清洗特点、参数、机制与效率

3.2.1　物理清洗

1. 水力清洗

物理清洗可以分为水力清洗、机械清洗和超声波清洗等方法。水力清洗是一种重要的清除可逆污染的方法，既可以在线也可以离线清洗。在物理的离线清洗中，主要采用海绵擦洗或者采用一定压力的水流冲洗的方式。常用的在线水力清洗方法包括气体冲洗、反洗和间歇过滤（抽吸）等，此外脉冲式曝气等方法也被应用于 MBR 可逆污染的控制，同时可以节省曝气能耗。

气体冲洗（擦洗）是一种广泛采用的清洗方式（部分研究也称之为污染控制的手段），由曝气所产生的错流速率或者膜面出现的水力剪切力可以消除浓差极化现象和膜面的可逆污染。一般而言，增大曝气强度可以使错流速率和剪切力提升，有助于实现更好的可逆污染控制效果。但是，错流速率与曝气强度之间存在一个平台期，即过度增加曝气强度并不能有效提高错流速率（Wu et al.，2008）；同时增大曝气量会引起电耗的相应增加，污水处理费用相应升高。此外，在 MBR 中的曝气清洗效果不仅与曝气强度、反应器构型、膜组件构型及间隙大小等有关，同时还与气泡大小与气泡形状有关。虽然目前关于大气泡和微气泡的冲洗效果仍存在一定争议，但一般认为 MBR 中大气泡对膜的冲刷效果优于微气泡。

水力反冲洗是中空纤维膜最常用的一种清洗方式，其关键参数是反冲洗通量、历时和反冲洗频率等。我们综合了相关研究以及实际工程中应用的反冲洗参数（Wang et al.，2014），绘制了中空纤维膜（含管式膜）反冲洗关键参数的取值范围（图 3.4）。

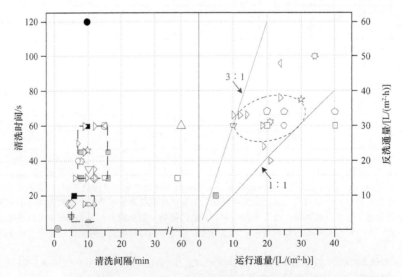

图 3.4　中空纤维膜（含管式膜）的反冲洗基本参数取值范围统计分析

本图所涉及文献可以参阅 Wang 等（2014）在 *Journal of Membrane Science* 上的相关叙述

　　从图 3.4 可以看出，反冲洗频率和历时可以分为两组：清洗间隔（清洗周期）与反冲洗历时长的群组（7～16 min 过滤/30～60 s 反洗）和清洗间隔与反冲洗历时相对短的群组（5～12 min 过滤/5～20 s 反洗）。从工程实际应用情况来看，更倾向于用清洗间隔与反冲洗历时相对短的反冲洗模式。如果膜类型发生变化，可能反冲洗参数将发生很大变化，如具有反冲洗功能的平板膜组件清洗频率大大下降，每天才进行一次反冲洗。反冲洗的通量范围为正常过滤通量的 1～3 倍，说明反洗时一般采用比过滤通量相对较高的通量进行。

　　值得说明的是，目前工程上采用的反冲洗频率和时间一般都是厂家根据经验确定或者根据实验确定，在整个膜的生命周期内反冲洗参数常保持不变。实际上，在工程运行过程中受进水水质波动、环境条件变化、操作参数改变等因素影响膜污染行为会发生很大的变化，反冲洗参数理应进行优化改变。因而，MBR 实际工程应用应考虑进行 MBR 反冲洗方案优化，如采用 TMP 控制的方法进行反冲洗，当 TMP 达到一定值后启动反冲洗，这样就避免了一味按照预先设定的间隔进行清洗，达到提高清洗效率的目的。

　　间歇过滤在停止抽吸阶段，污染物可以反向扩散，而且通常条件下，在停止过滤时曝气是正常供应的，可以进一步强化污染物的反向迁移。一般而言，对于好氧 MBR，采用的间歇抽吸参数为每过滤 7～15 min 停止抽吸 1～2 min；对于厌氧 MBR，一般为每过滤 4～10 min 停止抽吸 0.5～2 min，这主要是由于好氧 MBR 和厌氧 MBR 之间的污染特性不同。间歇过滤同时可以与反冲洗联合使用，通常采用的模式是停止抽吸-反冲的方案，有的也采用停止抽吸-反冲-停止抽吸的方式进行。此外，需要注意的是反冲洗和间歇过滤均会造成净产水量的降低，因此，在实际评价过滤效能的过程中，需要考虑反洗和间歇过滤带来的通量损失，其过滤净通量（Jeff）可以通过式（3.1）计算。

$$J_{\text{eff}} = \frac{\left(J_f t_f - J_b t_b\right)}{\left(t_f + t_r + t_b\right)} \tag{3.1}$$

式中，J 为膜通量，L/（m²·h）；t 为操作时间，min；下标 f、r、b 分别为过滤、停止过滤、反冲洗。

2. 机械清洗

　　机械清洗采用的方法包括投加颗粒物和悬浮载体、设计成振动膜或旋转膜以及机械擦洗等。投加颗粒物和悬浮载体的清洗机制主要包括以下 4 个方面：①颗粒和悬浮载体随流体运动进行擦洗膜表面；②颗粒和悬浮载体引起的紊动可以提升污染物的反向扩散；③颗粒或者悬浮载体运行引起中空纤维膜的振动；④一些多聚物或者细小胶体物质可以吸附于悬浮颗粒或者载体上。投加的颗粒物或者悬浮载体主要包括：塑料球、海绵、颗粒活性炭/粉末活性炭等。一般而言，在 MBR 中投加颗粒活性炭/粉末活性炭和其他惰性颗粒的剂量为 1～5 kg/m³，悬浮载体的投加剂量按照体积比一般为 1%～10%。如果是出于其他目的，如构建流化床，其剂量可能达到 100 kg/m³。我们同时研发了适用于平板膜的自动在线机械清洗技术与设备，可以用于小规模的膜生物反应器污水处理工程与装备（王志伟等，2011）。

3. 超声清洗

超声清洗也被应用于 MBR 的膜清洗，超声清洗的主要参数包括：超声频率、功率密度和清洗时间，其他影响超声清洗效率的因素还有超声模式（间歇超声）、超声传感器的放置方向、距离，清洗时系统中的污泥浓度、错流速率、温度，膜材料，以及污染物的性质等（Wang et al., 2014）。图 3.5 给出了目前研究和应用中超声清洗主要参数取值范围的统计结果。从图 3.5 可以看出，考虑到清洗的效率（低频率超声波清洗效果更好），一般建议选用的清洗频率为 20~50 kHz；同时高的功率密度可能引起膜的损伤，因此可以选用 0.1~0.5 W/cm² 的功率密度。清洗周期（间隔）和清洗时间一般为每 10~60 min 过滤（无超声）开启超声 1~8 min。此外，超声清洗可以方便地与化学清洗或者其他物理清洗措施进行联合，以提高清洗的效率。目前，超声清洗虽然研究很多，但是在实际工程中的应用还相对较少，需要进一步验证超声清洗措施工程可应用性。

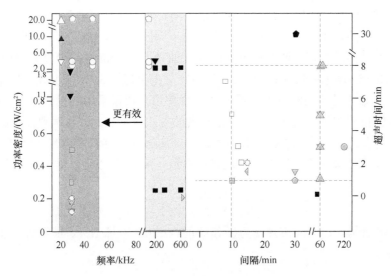

图 3.5　超声清洗关键清洗参数统计结果
功率密度是指单位面积超声传感器上的功率强度

3.2.2　化　学　清　洗

1. 清洗剂和清洗机制

化学清洗剂主要可以分为四类：酸、碱、氧化剂以及其他化学药剂（络合剂、表面活性剂等）。各类清洗剂的清洗机理示意图见图 3.6 所示。酸洗主要是去除无机物引起的结垢以及生物诱导引起的多聚物和盐之间络合沉淀。中和反应和复分解反应是酸洗去除上述污染物的主要机制。常用的酸包括草酸、柠檬酸、硝酸、盐酸、磷酸和硫酸等。硝酸和草酸除了中和与双分解反应之外，还可以和金属离子等形成复合物，因此在某些清洗案例下，硝酸和草酸可以取得比较好的清洗效果。

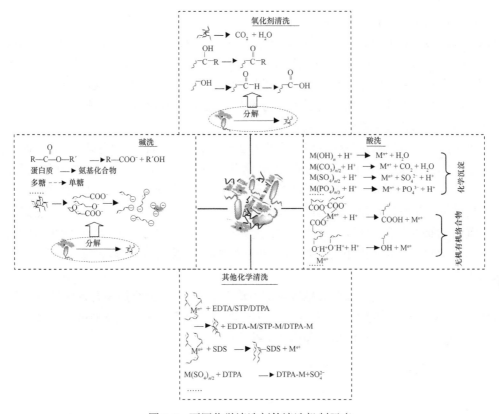

图 3.6　不同化学清洗剂的清洗机制示意

我们对比了长期处理高效混凝沉淀池（投加聚合氯化铝）出水的 MBR 中的污染膜的不同酸洗效果，采用 EDX 能谱分析手段分析清洗前后膜面主要残余离子的百分比含量，结果如表 3.3 所示（因为硝酸会引入氮素物质，故没有用作清洗剂）。从表 3.3 可以看出草酸和柠檬酸、盐酸之间的一个不同之处在于，草酸对于钙离子的污染以及硅的污染不能有效去除，因而，在实际膜清洗中，如果污染物钙离子含量较高，则建议使用柠檬酸和盐酸进行清洗。

表 3.3　不同酸洗对无机污染的去除效果（元素质量百分比含量）

元素	污染的膜	草酸	柠檬酸	盐酸
Na	5.29	25.5	54.5	33.4
Mg	3.11	—	—	—
Al	21.0	—	—	—
Si	16.1	21.3	—	—
Cl	5.93	27.2	45.5	66.6
Ca	9.69	26.0	—	—
Mn	12.7	—	—	—
Fe	22.4	—	—	—
Cu	3.73	—	—	—

注："—"代表检测不到。

碱洗是主要去除有机污染物。NaOH 是最常用的一类碱，在碱性条件下，有机颗粒物或者微生物可以被分解成细小颗粒物或者溶解性物质。蛋白质或者多糖物质可以被水解/分解成小分子有机物。脂肪和油类物质可以与碱通过皂化作用，生成可以溶于水的皂化胶束。当 pH 值在 11 以上时，污染物的官能团会发生去质子化，污染物负电性增强，相互之间会产生电排斥作用，对于污染物的去除起到了积极贡献。但是，一般而言碱洗对于钙离子的络合污染物的清洗效果不佳。

氧化剂清洗可以通过氧化或者消毒作用去除有机污染物和生物污染，最常用的氧化剂为 NaClO，其次是 H_2O_2。氧化剂可以氧化有机物的官能团，形成醛、酮和羧酸基团。污染物被氧化后，其亲水性增强，可以减弱污染物与膜之间的黏附作用。氧化剂同样可以氧化微生物和胶体物质，使它们变成细小颗粒物和溶解性有机物，以有利于它们的进一步氧化。NaClO 是一种最广泛清洗剂，但是在清洗过程中与有机物的反应可以生成有机卤化物（AOX）和三卤甲烷（THM）等，而 H_2O_2 清洗可以有效避免这些有毒有害物质的生成。

其他化学药剂包括金属螯合剂以及配方清洗剂等。常用的金属螯合剂包括：柠檬酸、EDTA、三聚磷酸钠（STP）、二乙烯三胺五乙酸（DTPA）和十二烷基硫酸钠（SDS）等，其与污染物之间的结合反应机理如图 3.6 所示。

2. 维护性清洗与恢复性清洗

维护性清洗一般认为是中空纤维膜常用的清洗手段，实际上对于不可反冲洗的平板膜组件同样可以进行维护性清洗，平板膜维护性清洗示意图见图 3.7。恢复性清洗是在维护性清洗效率达不到预期要求时进行，两种清洗方式的关键参数包括清洗周期、清洗时间以及药剂浓度等。

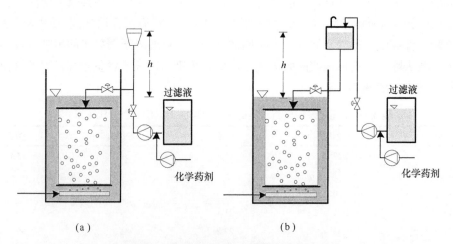

图 3.7　不可冲洗平板膜的维护性清洗示意
（a）采用清洗泵直接进行清洗；（b）采用高位水箱的清洗

本节在调研统计文献以及部分工程资料的基础上，给出了维护性清洗和恢复性清洗的关键参数取值范围的统计结果，如图 3.8 所示。从数学统计分析结果可知，对于维护性清洗，其清洗周期一般为 1～6 周（25%～75%百分比概率），清洗时间大部分为 1～3 h，平均清洗时间为 2 h。对于恢复性清洗而言，清洗周期一般为 0.5～1 年（25%～75%百分比概率），清洗时间大部分在 8～24 h。从药剂浓度上来看，维护性清洗使用的 NaClO 浓度多集中于 300～2000 mg/L（平均值约 1300 mg/L），柠檬酸 0.2%～1.5 wt.%（wt.% 为质量分数，下同）（平均值约 0.9 wt.%）；恢复性清洗 NaClO 浓度多集中于 500～3000 mg/L（平均值 2000 mg/L），柠檬酸 0.4～2.0 wt.%（平均值 1.1 wt.%）。

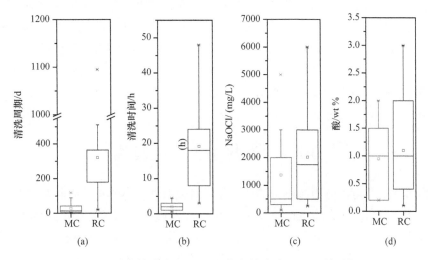

图 3.8　维护性清洗（MC）和恢复性清洗（RC）的对比
（a）清洗周期；（b）清洗时间；（c）次氯酸钠浓度；（d）酸浓度

3. 化学清洗其他方面

由于在实际应用中膜污染发展是动态的，膜清洗效率会因污染不同而不同；其次 MBR 之间由于进水水质、污泥性质、操作条件、膜的类型、膜材料和膜污染历史等可能存在差异，很难客观地对比不同研究或者不同 MBR 工程之间的清洗效率。因此，在实际应用时，针对具体应用情况、膜污染情况等应针对性选择清洗措施，评价其清洗效率。

同时，清洗效率受清洗温度以及清洗药剂 pH 值等影响。一般而言，清洗时温度越高越利于膜的清洗。此外，对于 NaClO 清洗而言，一般清洗液的 pH 值要在 11 以上，因为高的 pH 值可以有利于污染物质的去质子化，增加污染物之间的相互电排斥作用。对于酸洗，一般酸洗液的 pH 值控制在 2～3。

化学清洗如果控制不当会对 MBR 的运行产生不利影响。首先在化学清洗过程中，NaClO 药剂会扩散到主体混合液中，如果超过一定限值，微生物的活性将会受到影响，甚至出现灭活现象（见 3.5 节），这也是部分 MBR 污水处理厂在冬季实施频繁的膜清洗仍然不能控制膜污染发展的可能原因。其次，NaClO 清洗也可能造成膜的老化和膜的破损（见 3.4 节）。对于化学强化反冲洗以及维护性清洗，将产生清洗废液，这些清洗废液与有机物之间的反应可能会生成有毒有害物质。对于恢复性清洗和 CIA（膜裸露在空气中的清洗）均会产生大量清洗废液，目前工程中的做法是将其回流到污水处理厂前池，但对于这种工程方案是否会影响到 MBR 污水处理厂运行尚不清楚。采用还原性化学物质实现有效氯的消除是可以考虑的工程措施。

3.2.3　物理-化学联合清洗

工程上常使用的一种物理-化学结合的清洗方法是化学强化反冲洗（CEB），通过在反冲洗水中投加低浓度的清洗药剂，实现清洗效果的提升。化学强化反冲洗一般的清洗频次是每天进行一次，清洗间隔时间长的也可以达到 7～14 天清洗一次。化学强化反冲洗 NaClO 药剂典型浓度范围为 100～500 mg/L；其他化学清洗药剂也可以用于 CEB 以实现针对性去除特定膜污染物的目的。此外，超声波清洗也可以与化学清洗联合使用，超声波对污染物和污染层可以起到松动作用，可以提升化学药剂的渗透效果，从而提高清洗效率。

3.2.4　生物（生化）清洗

生物清洗主要可以分为酶制剂清洗、能量解偶联和群感猝灭。酶制剂清洗主要采用的制剂包括：蛋白酶（去除蛋白质类污染物）、海藻酸裂解酶（去除多糖类物质）、淀粉酶（去除蛋白质、腐殖酸类污染）以及脂肪酶（去除脂肪、油类污染物）等。一般而言，酶制剂清洗的 pH 值为 6.5～10.0，最佳 pH 值取决于污染物性质；一般认为可以取得比较好的清洗效果的温度为 40～50℃。能量解偶联的清洗方法是依赖于解偶联剂的投加生物膜生长的控制，常用的解偶联剂包括 2,4-二硝基苯酚（DNP）等。群感猝灭是通过加入抑制群感效应的物质控制生物污染的形成，如一些动物脏器的酰基转移酶可以实现对信号分子的灭活，从而控制了细菌群感效应（Yeon et al.，2009）。总体而言，生物清洗方法的效率仍然有限，且需要进一步验证其工程应用的可行性。

3.3　膜清洗方案的选择

一般而言，选择适宜的膜清洗方案应同时实验确定，可以在实验室通过死端过滤评价池或者小试实验装置模拟工程污染，或者收集工程上的污染膜进行清洗实验。主要的实验步骤包括：污染实验（或污染膜的收集）、清水浸泡、清洗实验等。在清水浸泡步骤中主要是消除非紧密附着污染物和浓差极化现象，在污染与清洗实验中可以通过以下指标进行评价膜过滤性能（k）的变化：

$$k = \frac{J}{\text{TMP}} \qquad\qquad (3.2)$$

$$R = \frac{\text{TMP}}{\mu J} \qquad\qquad (3.3)$$

式中，μ 为过滤液黏度，Pa·s；TMP 为跨膜压差，Pa；R 为膜阻力，m^{-1}；J 为膜通量，$m^3/(m^2 \cdot s)$。

在清洗过程中，k 值的升高或者 R 值的降低可以表示清洗的效率。因而，可以引入过滤性能的恢复率（r_k 或者 r_k'）或者阻力的去除率（r_R 或者 r_R'）等进行对比清洗的效率。

$$r_k = \frac{k_2}{k_m} \tag{3.4}$$

$$r_k' = \frac{k_2 - k_f}{k_m - k_f} \tag{3.5}$$

$$r_R = 1 - \frac{R_2}{R_f} \tag{3.6}$$

$$r_R' = \frac{R_f - R_2}{R_f - R_m} \tag{3.7}$$

式中，k_2 为膜清洗后的过滤性能；k_m 为新膜或者清洁膜的过滤性能；k_f 为污染膜的过滤性能；R_2 为膜清洗后的阻力；R_m 为新膜或者清洁膜的阻力，R_f 为污染膜的阻力。

图 3.9 给出了 MBR 中选择适宜清洗方案的步骤。经过系统评价和清洗效果的反馈调控，可以选择适宜于实际情况的膜清洗方案。

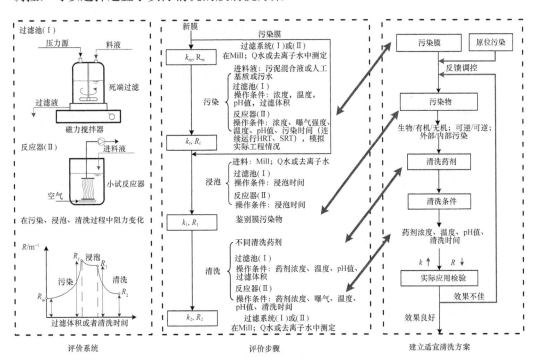

图 3.9　清洗方案选择路线图

图 3.10 为基于故障树进行选择适宜清洗方案的路线图。从图中不难看出，对污染物的性质进行甄别是选择适宜清洗方案的关键。总体而言，如果外部污染出现了泥饼层的污染现象，可以先采用反冲洗或者提高曝气强度进行冲洗，然后再考虑其他清洗措施。此外，在 MBR 长期运行过程中，膜面的污染多出现有机-无机的复合污染，因此，在清

洗选择时要考虑联合清洗方案。

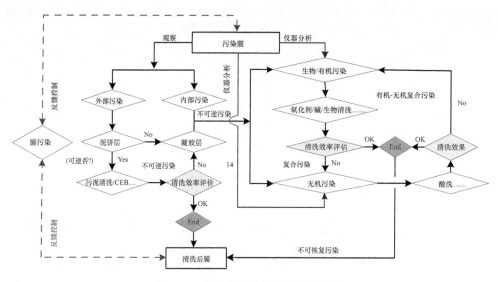

图 3.10　清洗方案选择的故障树分析

3.4　膜化学清洗对膜的损伤

3.4.1　实验装置系统和参数

该清洗实验采用单独好氧 MBR 工艺，装置位于上海市某污水处理厂。MBR 尺寸长×宽×高=600 mm×600 mm×1400 mm，总有效容积为 504 L。好氧段内共放置 20 片膜组件，膜材料为 PVDF 平板膜，孔径大小约为 0.2 μm，单片膜的有效过滤面积均为 0.17 m²，4 片一组，共用同一集水管路，共 5 套集水管路。曝气管置于膜组件下方 70 cm 处，空气经曝气管向 MBR 段供氧，为微生物降解污染物提供氧气，同时在膜表面形成错流，控制膜面泥饼层的形成。底部曝气管的孔径约为 1 mm，曝气量的大小通过气体流量计来调节控制，气量约为 6 m³/h，好氧段内溶解氧控制在 2 mg/L 以上。

实验采用的膜通量为 20 L/(m²·h)，水力停留时间为 8.6 h，整个运行过程中无排泥，进水水温为 23～27℃。MBR 采取抽吸 10 min，停 2 min 的方式，恒流运行，跨膜压差 TMP 通过水银压力计读数记录。

每隔一段时间（3～7 天）将 MBR 内 PVDF 膜组件取出，物理清洗后再用一定剂量的 NaClO 溶液清洗。NaClO 溶液的剂量用浓度 C（有效氯计）与清洗时间 t 的乘积表示，单位为 g·h/L。本实验中所用的清洗药剂剂量为 7.92 g·h/L NaClO，即用 1%（体积比）的 NaClO 清洗液（3.3%的有效氯）浸泡 24 h，其清洗浓度为实际工程中正常采用浓度的 2 倍（实际浓度 0.5% NaClO 溶液），清洗时间为实际工程中正常采用时间的 12 倍（实际浸泡时间 2 h）。

反应器内 20 片膜组件分为 5 组，每组 4 片，当清洗次数分别进行到第 4 次、第 5 次、第 6 次、第 10 次及第 12 次时，各取出一组，按照顺序的先后编号为 A1、A2、A3、

A4 及 A5。以实际工程最不利运行（每周 0.5% NaClO 离线清洗 1 次，每次 2h）为标准，实验中的五组膜组件分别相当于实际工程运行 1.84 年、2.30 年、2.76 年、4.60 年和 5.52 年后清洗的状况。原始新膜的编号为 A0，所有测试用膜清洗后用一定浓度的甘油后处理后，室温风干，以备性能测定。另外，当从反应器中取出所需的膜组件后，再于装置内放置等同面积的膜继续运行，以维持前后水力停留时间恒定。

3.4.2　反应器运行情况

MBR 反应器共运行 68 天，整个过程中，污泥混合液浓度维持在 8 g/L。反应器对污染物的去除效果见表 3.4。从表中可以看到，该好氧 MBR 对 COD、NH_3-N 具有很好的去除效果，出水 COD 在 20 mg/L 以下，NH_3-N 小于 1.0 mg/L。由于该反应器为单独的好氧 MBR，无缺氧过程，反硝化作用受抑制，出水 TN 浓度较高，且主要以硝酸盐为主；同时无厌氧释磷过程，系统对磷的去除能力也不高。

表 3.4　反应器进出水水质分析（$n=7$）

项目	污染物浓度/（mg/L）		去除率/%
	进水	膜出水	
COD	275.9±51.8	17.9±4.7	93.5±1.3
TN	48.6±4.1	26.7±5.3	45.0±11.6
NH_3-N	43.2±7.7	0.9±0.5	97.9±2.0
TP	5.3±0.6	2.8±0.9	47.1±13.6

整个运行过程中的跨膜压差变化及通量变化情况如图 3.11 所示。图中箭头表示在运行当天，将膜从 MBR 内取出，物理清洗过后进行高剂量的 NaClO 溶液清洗。从图中可以看到，在全部过程中，共对膜组件进行了 12 次清洗。图中 A1、A2、A3、A4 和 A5 分别代表在膜组件进行了第 4 次、第 5 次、第 6 次、第 10 次及第 12 次清洗。另外，从图中可以观察到，在前三个周期的运行中，压力增长迅速，4 天内压力可涨至 15 kPa，通量也出现一定的下降，主要原因是反应器处于启动运行阶段，污泥性质尚未达到稳定

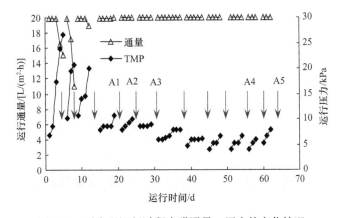

图 3.11　反应器运行过程中膜通量、压力的变化情况

状态。另外，前三个周期运行的初始启动压力在清洗后并未恢复，反而呈现上升的趋势。而在随后的九个周期内，随着反应器的逐渐稳定，PVDF 膜运行压力增长缓慢，并且初始启动压力逐渐恢复到原始水平且趋于稳定。另外，值得注意的一点是在后几个周期的运行中，反应器中膜表现出更快的污染速率，表明 NaClO 溶液的清洗虽然对膜通量的恢复有良好效果，但是随着清洗次数的增加，会引起后续运行膜污染的加剧。

3.4.3　化学清洗对膜性能影响

原始 PVDF 膜及经不同时间 NaClO 溶液清洗后膜的清水通量值列于表 3.5 中。从表中可以看到，经过多次 NaClO 溶液清洗后的膜与原始膜相比，清水通量出现一定的下降趋势，特别是第 4 次清洗后，A1 膜与原始膜 A0 相比，清水通量有近 45%的下降程度。众所周知，氧化剂、碱性清洗剂可以有效地去除有机物类污染物，酸性清洗剂对无机污染物的去除效果更好。因此，本实验中利用作为氧化剂的 NaClO 溶液清洗膜，虽然对膜面及膜内的蛋白质、糖类等有机污染物有着很好的去除作用，但是一些无机污染物仍有可能残留吸附在膜面/内，引起膜通量的下降。

表 3.5　原始膜及 NaClO 溶液清洗后膜的水通量变化

编号	清水通量/ $[L/(m^2 \cdot h)]$
A0	298.6±15.9
A1	167.2±8.0
A2	143.3±3.2
A3	107.5±6.0
A4	95.5±5.0
A5	71.7±4.8

图 3.12（原始膜及不同清洗次数之后的膜面电镜照片）也能很好地反映这一现象。从图 3.12 中可以看到，原始膜表面多孔，孔隙率高，但是当膜在反应器中运行一定时间并清洗后，膜面的孔数目变少，有部分污染物质仍会覆盖在膜表面，引起膜通量的下降。仅从 SEM 图像来看，膜清洗并未显著改变膜的表观形貌。

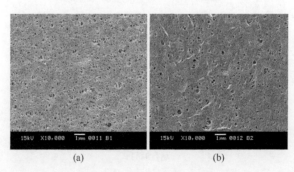

(a)　　　　　　　　　　　　　　　(b)

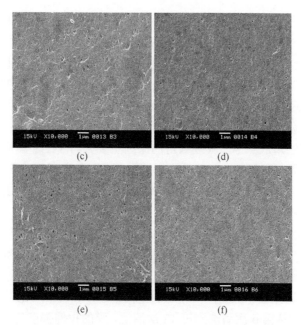

图 3.12　原始膜及不同清洗次数之后的膜表面电镜照片

（a）A1；（b）A2；（c）A3；（d）A4；（e）A5；（f）A6

接触角是表征膜面亲/疏水性能的重要指标，通常认为接触角越小，膜面亲水性越好。当接触角小于 90°时，认为膜面为亲水性的，当接触角大于 90°时，则认为膜面为疏水性的。

图 3.13 为原始膜 A0 及不同 NaClO 清洗次数后膜面的接触角测定情况。从图中可以看到，NaClO 溶液的清洗对膜面接触角有着显著影响。原始的 PVDF 表现一定的疏水性，其接触角为 91.8°，经过在 MBR 中运行并清洗后，除 A2 膜接触角相对 A1 膜有一定的增加外，整体来讲，膜面的接触角呈现出下降的趋势，由最初的 91.8°降至最后的

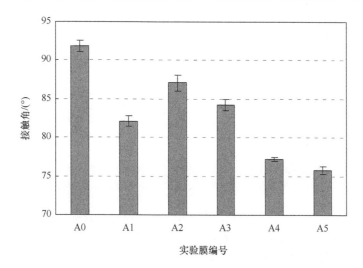

图 3.13　原始膜及不同清洗次数之后的膜面接触角变化情况

75.8°，表明清洗后的膜变得越来越亲水。另外，值得注意的是，当 PVDF 膜只被化学清洗过一次后，膜面接触角变化并不明显。例如，当膜清洗到第 5 次后（A2 膜）的接触角为 87.1°，再经过一次清洗（A3 膜）其接触角变为 84.2°，仅变化 2.9°；A4 膜到 A5 膜接触角变化也仅为 1.5°。但是当膜经过两次或两次以上清洗后，膜面接触角变化更为明显，如 A3 膜接触角为 84.2°，而 A4 膜接触角则为 77.3°。主要原因是 NaClO 溶液处理或者污染物质的积累改变了膜面的性质。

　　至于 A1 膜接触角低于 A2 膜接触角的原因主要归咎于 A1 膜面较多污染物质的累积。在最初的三个周期运行中，由于系统初始启动，不稳定运行，导致膜污染非常严重，污染物质积累量更多，相同剂量下的 NaClO 溶液清洗并不能完全去除污染物质，进一步引起膜面亲水性能的变化。

　　图 3.14 为原始膜 A0 及不同 NaClO 清洗次数后膜的拉伸强度、断裂伸长率及杨氏模量等机械性能的变化情况。从图中可以明显看到，NaClO 溶液的清洗对 PVDF 膜的机械性能影响显著。图 3.14（a）中，膜的拉伸强度随着清洗药剂剂量的增加，呈现出下降的趋势，当清洗进行第 5 次后，A2 膜的拉伸强度由 46.2 MPa 急剧下降到 41.5 MPa；之后下降趋势减缓，从第 6 次清洗到第 12 次清洗，膜的拉伸强度仅由 40.0 MPa（A3 膜）降至 38.6 MPa（A5 膜）。此外，从图 3.14（b）中还可以看到膜杨氏模量的变化，其趋势与拉伸强度变化趋势类似，也是到第 5 次清洗后，A2 膜的杨氏模量显著下降，由原始膜 A0 的 2.3 GPa 下降到 1.2 GPa，后续的变化速率骤减，截止到第 12 次清洗后，A5 膜的杨氏模量仍达到 1.0 GPa。杨氏模量又称弹性模量，是描述固体材料抵抗形变能力的物理量，杨氏模量的大小标志了材料的刚性，杨氏模量越大，材料刚性越强，越不容易发生形变。因此，可以看到，NaClO 溶液的长期清洗使 PVDF 膜的刚性降低。

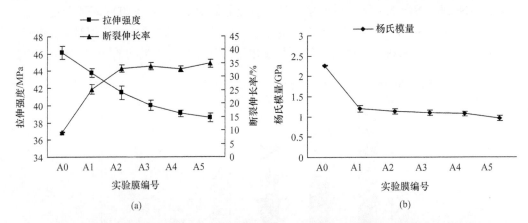

图 3.14　原始膜及 NaClO 清洗后的膜拉伸强度、断裂伸长率及杨氏模量的变化情况
（a）拉伸强度及断裂伸长率的变化情况；（b）杨氏模量的变化情况

　　另外，从图 3.14（a）中还可以看到，膜的断裂伸长率会随着清洗药剂剂量的增加，呈现出上升的趋势，并且其变化的情况与杨氏模量的变化情况类似，即也是到第 5 次清洗后，A2 膜的断裂伸长率明显增加，由原始膜 A0 的 8% 增加到 A2 膜的 25%，之后增加趋势减缓，到最后第 12 次清洗后，A5 膜的断裂伸长率达到 35%。也就是说，经过一

定剂量的 NaClO 溶液处理后，本实验中所用的 PVDF 膜刚性变弱，柔性增加。

图 3.15 为原始膜 A0 及不同 NaClO 溶液清洗次数后膜的拉伸强度-位移的变化曲线图。从图上可以明显观察到，原始膜 A0 的拉伸强度-位移变化曲线与 NaClO 溶液清洗过的膜的曲线有显著区别。随着拉伸强度的增加，原始膜 A0 会在强度达到一定程度时，猝然断裂，不发生位移的变化，强度会立即由 50.0 MPa 变为 0 MPa，表现为膜样品的断口齐整、均匀，说明膜具有一定的脆性。而经过 NaClO 溶液清洗过的膜表现出同样的拉伸强度-位移变化规律，当膜样品被拉伸，强度达到一定值时，力会首先作用在膜内部高分子联合力最弱的一点，引起该位置的断裂，随后力的作用位置会转移到另外一个地点，最终由内部受力不均引起膜的异步断裂，其拉伸强度缓慢下降到 0，表现为膜的断裂面高低不齐。这与图 3.14 的研究结果相吻合，但是 NaClO 清洗导致 PVDF 膜刚性减弱的机制有待进一步研究。

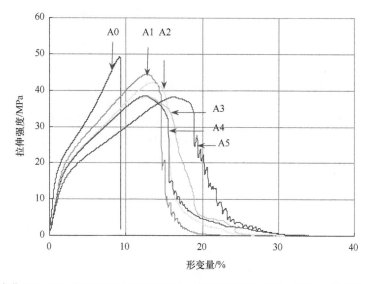

图 3.15　原始膜及 NaClO 清洗后的膜的拉伸强度-形变量的变化曲线（彩图扫描封底二维码获取）

目前，部分研究将 PES 膜及 PS 膜的最终拉伸强度及断裂伸长率的变小归咎于高分子化学键的断裂。但一般均使用 BSA 做污染物质对膜进行短期过滤实验，过滤周期短，因此，污染后的膜会更加容易被 NaClO 溶液清洗干净，几乎没有物质会残留在膜面/内。而在本研究中，具有高化学稳定性的 PVDF 微滤膜被用于实际运行的 MBR 中长达 2 个月，NaClO 溶液可能会联合其他作用，如塑化作用，对 PVDF 膜的性能产生影响，具体作用机制仍需深入研究。

傅里叶红外反射光谱（ATR-FTIR）是一种方便、高效的认清薄膜化学结构的分析手段。为了进一步了解 NaClO 溶液处理是否对 PVDF 膜的化学结构产生影响，对原始膜 A0 及不同清洗次数后的膜进行傅里叶红外光谱分析，具体结果见图 3.16。PVDF 的化学式为$[—CH_2—CF_2—]_n$，该材质膜的经典红外光谱图如图中 A0 所示，位于 1404 cm^{-1}、1182 cm^{-1}、975 cm^{-1} 和 880 cm^{-1} 处的吸收峰为 C—H 键的面外弯曲振动；1065 cm^{-1} 处为 C—C 键的伸缩振动；840 cm^{-1} 和 795 cm^{-1} 处为 C—H 键的摇摆振动；766 cm^{-1} 处则为 C—F 键的弯曲振动。

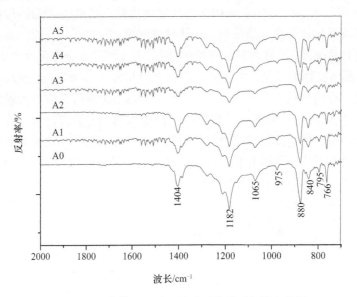

图 3.16　原始膜及 NaClO 清洗后的膜面红外光谱图

　　另外，从图 3.16 中可以看到，相对于原始膜 A0 的红外光谱谱图，经 NaClO 溶液处理后的膜面的红外光谱图上并未出现特征吸收峰位置或数目的增加或减小，有所变化的仅仅是对应位置特征峰强度的变化。特征吸收峰的峰强从原始膜到第 6 次清洗后的 A3 膜，出现一定程度的下降；在随后的清洗过程中，特征峰峰强又出现一定的增加，但是直到第 12 次清洗完后，峰强未完全恢复到原始膜 A0 的水平。同时，还能发现，并不是单个特征吸收峰的峰强发生变化，而是谱图上所有吸收峰统一增大或减小。这些结果表明 NaClO 溶液的处理并不会改变 PVDF 膜的化学结构，说明 PVDF 膜具有很强的耐化学氧化性，预期使用 5 年多后依然能保持原有结构。

　　值得注意的是，化学清洗过后膜面的红外特征吸收峰峰强的变化趋势与反应器运行周期的初始启动压力密切相关。在前 6 次的 NaClO 溶液清洗后，膜的初始启动压力逐渐上涨，而其红外光谱吸收峰峰强则缓慢下降。而在随后的清洗周期中，初始启动压力下降，反之，膜的红外光谱吸收峰峰强则逐渐上升。众所周知，如果污染后的膜污染物不能得到有效去除，则膜的初始启动压力会高于原始水平。这就意味着清洗过后的仍有部分残余物质覆盖在膜表面，正是这些物质的覆盖，削弱了 PVDF 膜的红外吸收峰峰强。

3.5　膜化学清洗对微生物活性影响

3.5.1　实验材料与方法

1. 污泥样品

本节研究所用活性污泥取自 A/O MBR 小试反应器的好氧区。该反应器位于上海某污水处理厂，进水为实际生活污水，缺氧区有效容积为 22 L、好氧区有效容积为 30 L。好氧区中设置了 4 片 PVDF 平板膜，平均膜孔径 0.2 μm，总有效过滤面积为 0.63 m²。在膜区下方安装穿孔曝气管，通过鼓风机提供微生物所需溶解氧并提供膜面气水冲刷。膜出水管连接蠕动泵和压力计，通过蠕动泵抽吸出水，并通过压力计监测 TMP。膜通量为 15 L/（m²·h），HRT 为 6.6 h，SRT 为 60 天。

2. NaClO 浓度计算

在实验之前，需对污泥接触的 NaClO 浓度进行合理计算，为简化计算过程有如下两点假设：膜清洗过程中使用的 NaClO 全部透过膜进入到反应器中，在此过程中 NaClO 没有浓度损失。

1）可反冲洗膜的清洗

对于中空纤维膜和部分可反冲洗的平板膜来说，MBR 中的 NaClO 浓度计算如下：

$$c = \frac{qtc_0}{V + qt} \tag{3.8}$$

式中，c 为 MBR 中 NaClO 浓度；q 为反冲洗水流量；t 为反冲洗时间；c_0 为反冲洗水中 NaClO 浓度；V 为 MBR 的总有效容积。

反冲洗水量 q 和 MBR 膜出水流量 Q 的关系如下：

$$q = nQ \tag{3.9}$$

MBR 容积 V 与膜出水流量 Q 的关系如下：

$$V = QT \tag{3.10}$$

式中，T 为 MBR 的总 HRT。

综合式（3.8）～式（3.10），可得式（3.11）：

$$c = \frac{nt}{T + nt} c_0 \tag{3.11}$$

根据调研，反冲洗水量一般为膜出水流量的 1～3 倍，即 n 取值为 1～3，MBR 通常的 HRT 可以认为在 12 h 左右。CIP 过程中，持续时间 t 为 1～3 h，反冲洗水中 NaClO 浓度 c_0 为 300～2000 mg/L，此时 c 计算结果为 23～857 mg/L；CEB 过程中，t 为 0.5～1.0 min，c_0 为 200～500 mg/L，此时 c 计算结果为 0.14～2.1 mg/L，有时 CEB 持续时间可达 15～30 min，此时 c 计算结果为 4.2～63 mg/L。

2）不可反冲洗膜的清洗

对于大多数的平板膜来说，因为不可反冲洗所以通常采用 CIP 模式进行清洗，即将清洗剂注入膜腔内然后浸泡一段时间，在此模式下 MBR 中的 NaClO 浓度可以根据式（3.12）进行计算：

$$c' = \frac{aSc_0}{V} \tag{3.12}$$

式中，c' 为 MBR 中的 NaClO 浓度；a 为清洗单位面积的膜所用的清洗剂的量；S 为膜面积;c_0 为清洗剂中 NaClO 浓度;V 为 MBR 的总有效容积。引入膜通量 J 后可以将式(3.12)
改写为如下形式:

$$c' = \frac{aSc_0J}{VJ} = \frac{ac_0}{TJ} \tag{3.13}$$

在平板膜的 CIP 过程中,清洗剂中 NaClO 浓度常常为 2000~5000 mg/L,每平方米
膜使用 3~5 L 清洗剂,膜通量为 15~25 L/ (m^2·h),此时 c' 计算值为 20~139 mg/L。

通过以上计算,MBR 膜清洗过程中可能的 NaClO 浓度范围为 0.14~857 mg/L,MBR
中常见的 MLSS 浓度为 10 g/L,因此单位污泥可能接触到的 NaClO 浓度范围为 0.01~
86 mg/g SS。在实际工程中,由于 NaClO 常常不会完全扩散到反应器中,而且也存在
NaClO 与膜污染物反应造成 NaClO 的损失,因此认为实际与污泥接触的 NaClO 浓度仅
为计算浓度的 50%~60%,即不超过 50 mg/g SS。

3. 实验设计

取 A/O MBR 好氧区污泥样品,一部分污泥清洗 2 次后将 MLSS 浓度调整至 10 g/L
作为原始污泥样品,分装在 6 个烧杯中;另一部分采用超声方法(Han et al.,2013)去
除 EPS 后清洗 2 次,同样将 MLSS 浓度调整至 10 g/L 作为去除 EPS 的污泥样品,分装
在 6 个烧杯中。将以上烧杯置于磁力搅拌器上进行搅拌,根据计算结果,加入不同量的
NaClO 原液使其浓度分别为 0 mg/g SS、1 mg/g SS、5 mg/g SS、10 mg/g SS、20 mg/g SS、
50 mg/g SS。为消除离子强度对微生物的影响,在以上样品中加入不同量的 NaCl 使其离
子强度均为 15.4 mmol/L。在 0~4 h 内不同时间点取样,测定细胞结构完整性、有机物
释放、脱氢酶(dehydrogenase,DHA)活性、三磷酸腺苷(adenosine triphosphate,ATP)
含量、氮代谢关键酶活性,并且测定第 4 h 的污泥有机物代谢速率、硝化速率和反硝化
速率。为了考察 EPS 与 NaClO 之间的反应行为,提取的 EPS 试样分装在 6 个烧杯中,
置于磁力搅拌器上进行搅拌,加入不同量的 NaClO 原液使其浓度分别为 0 mg/L、10
mg/L、50 mg/L、100 mg/L、200 mg/L 和 500 mg/L,即分别对应上述 NaClO 浓度 0 mg/g
SS、1 mg/g SS、5 mg/g SS、10 mg/g SS、20 mg/g SS 和 50 mg/g SS。为消除离子强度的
影响,在以上样品中同样加入不同量的 NaCl 使其离子强度均为 15.4 mmol/L。在 0~4 h
内不同时间点取样,测定其水力学粒径、EEM 光谱和 FTIR 光谱。

4. 主要测试分析方法

1)有机物释放测试

在 0~4 h 不同时间点取样后,在样品中加入足量的 Na_2SO_3 以消除剩余的 NaClO。
然后将样品在 8000 g 重力加速度下离心 5 min,上清液使用 0.45 μm 滤膜(PTFE,安谱)
过滤,最后使用 TOC 仪(TOC-L_{CPH},岛津,日本)测定其有机碳浓度,以表征有机物
的释放量。

2)细胞结构完整性测试

本研究使用钙黄绿素(calcein-AM,CAM)和碘化丙啶(propidium iodide,PI)对

污泥样品染色、流式细胞仪（flow cytometry，FCM）计数的方法测定污泥样品中结构完整/破损的细胞比例。CAM 可以进入结构完整的细胞并被胞内的活性组分分解为绿色荧光物质，而 PI 不可以通过细胞膜，仅可以进入破损的细胞并与核酸结合生成红色荧光物质，具体步骤如下。污泥样品在 8000 g 重力加速度下离心 5 min 以分离污泥细胞和 NaClO 上清液，使用 4-（2-hydroxyethyl）-1-piperazineethanesulfonic（HEPES）缓冲溶液（10 mmol/L，pH=7.0）清洗污泥细胞以加强完整/破损的细胞区分度。然后将污泥重悬在 15.4 mmol/L 的 NaCl 溶液中，稀释 100 倍后使用低功率（1.3 W/ml 悬液）超声分散细胞。将 CAM 和 PI（AAT Bioquest 公司，美国）分别溶解在二甲亚枫（dimethyl sulfoxide，DMSO）和乙醇中，然后加入到细胞悬液中使最终浓度均为 2 μg/ml，暗处培养 30 min 后使用 FCM（Accuri C6，Bection Dickinson 公司，美国）对完整/破损的细胞分别进行计数。FCM 流速为 10 μL/min，激发波长 488 nm，CAM 染色的细胞发射波长为 530 nm，在 FL1 频道接收其信号，PI 染色的细胞发射波长为 585 nm，在 FL2 频道接收其信号。

3）DHA、ATP 和氮代谢关键酶的测定

本节研究采用 INT-DHA 的测试方法，污泥样品在 8000 g 重力速度下 5 min 离心后重悬在 15.4 mmol/L 的 NaCl 溶液中，取 0.5 ml 悬液与 1 ml 的 INT 溶液（2 g/L）混合，在 DHA 作用下 INT 会转化为非水溶性的三苯基甲䐶（triphenyl formazan，TF）晶体。在 35 ℃下培养 30 min 后，加入 0.5 ml 甲醛（37%）停止反应，离心（8000 g，5 min）使 TF 晶体沉淀，去除上清液后加入 5 ml 乙酸乙酯以萃取 TF，暗处振荡 30 min 后再次离心（8000 g，5 min），取上清液在 490 nm 波长下比色。

使用 ATP 试剂盒（Promega 公司，美国）测定 ATP 浓度，污泥样品离心 8000 g，5 min）后重悬在 15.4 mmol/L 的 NaCl 溶液中并稀释 50 倍。取 100 μL 样品加入到白色 96 孔板中，再加入 100 μL 试剂盒提供的药剂，混合 2 min 以裂解细胞，然后静置 10 min 以使化学发光信号稳定，最后使用多功能酶标仪（Synergy 4，Bio-Tek 仪器公司，美国）测定其化学发光强度。

参与氮代谢关键酶，包括氨单加氧酶（ammonia monooxygenase，AMO）、亚硝酸盐氧化酶（nitrite oxidoreductase，NOR）、硝酸盐还原酶（nitrate reductase，NAR）和亚硝酸盐还原酶（nitrite reductase，NIR）的测定方法见文献（Keener et al.，1998）。

4）有机物代谢速率、硝化速率和反硝化速率的测定

在污泥与 NaClO 接触 4 h 即结束实验后，将污泥离心去除上清液，清洗后加入不同的基质、在不同操作条件下测定其有机物代谢速率、硝化速率和反硝化速率。

在测定有机物代谢速率时，将清洗后的污泥样品置于烧杯中，磁力搅拌器搅拌并曝气，加入 NaAc 使其浓度为 850 mg/L。在 2 h 内间隔取样，样品离心（8000 g，5 min）后上清液使用 0.45 μm 滤膜（PTFE，安谱）过滤，使用 TOC 仪（TOC-L$_{CPH}$，岛津，日本）测定 TOC 浓度，然后换算成 NaAc 浓度。通过对 NaAc 浓度进行线性拟合来表征污泥的有机物代谢速率。

在测定硝化速率时，将清洗后的污泥样品置于烧杯中，磁力搅拌器搅拌并曝气，加入 NH_4Cl 使 NH_3-N 浓度为 25 mg/L，同时加入适量的 $NaHCO_3$ 以补充碱度。在 2 h 内间隔取样，样品离心（8000 g，5 min）后上清液使用 0.45 μm 滤膜（PTFE，安谱）过滤测定 NO_3^--N 浓度，通过对 NO_3^--N 浓度进行线性拟合来表征污泥的硝化速率。

在测定反硝化速率时，将清洗后的污泥样品置于烧杯中，使用氮气吹脱掉残余氧气，密封并用磁力搅拌器搅拌。加入 $NaNO_3$ 使 NO_3^--N 浓度为 30 mg/L，同时加入适量的 NaAc 以提供电子受体。在 2 h 内间隔取样，样品离心（8000 g，5 min）后上清液使用 0.45 μm 滤膜（PTFE，安谱）过滤测定 NO_3^--N 浓度，通过对 NO_3^--N 浓度进行线性拟合来表征污泥的反硝化速率。

5）胞内活性氧（reactive oxygen species，ROS）测定

本实验采用 H_2DCF-DA 试剂盒（Life Technologies，美国）测定胞内 ROS，洗泥后悬浮在 15.4 mmol/L 的 NaCl 溶液中。根据试剂盒说明，将 H_2DCF-DA 探针溶解后加入到污泥悬液中，在 37 ℃下培养 20 min 使 H_2DCF-DA 进入细胞并在胞内酶的作用下水解成为 H_2DCF。通过离心洗泥去除胞外残留的探针。然后将加载好探针的污泥分装，并且加入不同量的 NaClO 使其浓度分别为 0 mg/g SS、1 mg/g SS、5 mg/g SS、10 mg/g SS、20 mg/g SS 和 50 mg/g SS，在数分钟内 H_2DCF 就可被胞内 ROS 氧化成为荧光物质，利用多功能酶标仪（Synergy 4，Bio-Tek 仪器公司，美国）在激发波长 488 nm、发射波长 525 nm 条件下测定其荧光强度。

6）水力学粒径、EEM 光谱和 FTIR 光谱测定

测定方法不再赘述，可以参见相关文献。

7）PARAFAC 分析方法

平行因子分析是基于三线性分解理论，采用交替最小二乘算法实现的一种数学模型，它将一个三维数据矩阵 X 分解为矩阵 A、B 和 C，如式（3.14）所示。其中，x_{ijk} 代表第 i 个样品、发射波长 j、激发波长 k 处的荧光强度值；F 为荷载矩阵列数，代表因子数；ε_{ijk} 为残差矩阵；a_{if}、b_{jf}、c_{kf} 分别为载荷矩阵 A、B、C 中的元素，分别代表了组分浓度、发射光谱和激发光谱信。理想情况下，平行因子模型的因子数应该等于混合物中的组分数。每个因子的载荷代表了一种纯组分对混合物荧光的贡献。

$$x_{ijk} = \sum_{f=1}^{F} a_{if} b_{jf} c_{kf} + \varepsilon_{ijk} \quad i = 1, \cdots, I; j = 1, \cdots, J; k = 1, \cdots, K \qquad (3.14)$$

利用 Matlab 软件的 DOMFluor 工具包对测试所得数据建立模型，然后对主成分数量及其 EEM 特性进行拟合，并最终得到各个样品的主成分荷载值。具体来说，首先根据相邻数据之间的差异将瑞利散射和拉曼散射形成的两个峰去除，以消除对后续数据处理的影响。然后通过一系列命令将问题数据剔除，并对不同主成分数的模型的可靠性进行初步判断。由于 PARAFAC 求解唯一，因此当建立了一个适宜的模型后，无论以何种方式将数据分为两组，其运算结果都应一致。因此利用"一分为二"法建立模型并确定

主成分数量。最后利用该模型对数据进行拟合，得到主成分 EEM 光谱特征和各样品中主成分荧光强度响应值。

3.5.2　NaClO 对细胞结构的影响

1. NaClO 对细胞完整性的影响

本节采用了 CAM 和 PI 染色、FCM 计数的方法对原始污泥（Original 组，以下简称 ORI 组）和去除 EPS 污泥（Removal 组，以下简称 REM 组）的细胞破损情况进行了测试。能够被 CAM 染色的细胞认为是完整的细胞，能够被 PI 染色的细胞认为是破损的细胞，利用 FCM 对完整和破损的细胞数量分别计数，将破损细胞数量除以细胞总量得到破损细胞比例。图 3.17 显示了 ORI 组和 REM 组污泥与不同浓度 NaClO 接触不同时间后的破损细胞比例。

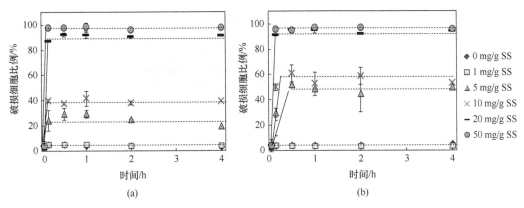

图 3.17　污泥与不同浓度 NaClO 接触不同时间后的破损细胞比例（彩图扫描封底二维码获取）
(a) ORI 组；(b) REM 组

由图 3.17（a）可知，当 NaClO 浓度为 0 和 1 mg/g SS 时，ORI 组污泥在 4 h 内破损细胞比例基本不变，都是低于 3%，这说明当 NaClO 浓度低于 1 mg/g SS 时对细胞壁和细胞膜无明显破坏。当 NaClO 浓度为 5 mg/g SS、10 mg/g SS、20 mg/g SS 和 50 mg/g SS 时，在数分钟内破损细胞比例就急剧上升，分别达到 26%、40%、91% 和 98%，然后在 4 h 内无明显变化（$p > 0.05$）。这说明 NaClO 对细胞结构的破坏是一个非常迅速的过程。污泥微生物的细胞壁主要成分为肽聚糖，是还原性的有机物，可能被强氧化性的 NaClO 破坏。细胞膜具有磷脂双分子层结构，富含不饱和的 C=C 双键，而且膜蛋白含有肽键和氨基组分。而 NaClO 是强氧化剂，Cl^+ 具有很强的电子亲和能力，易于从 C=C 双键、肽键和氨基等组分获得电子，从而造成细胞膜的损伤。图 3.18 显示了 NaClO 浓度和 4 h 内破损细胞比例平均值的关系，发现在 NaClO 浓度为 5～20 mg/g SS 范围内，细胞破损比例与 NaClO 浓度呈现线性关系，而 NaClO 浓度高于 20 mg/g SS 时细胞破损比例接近 100%。

图 3.17（b）显示，REM 组也有相似的变化规律，即当 NaClO 浓度为 0 和 1 mg/g SS

时，4 h 内破损细胞比例基本不变，而当 NaClO 浓度为 5 mg/g SS、10 mg/g SS、20 mg/g SS 和 50 mg/g SS 时，在数分钟内破损细胞比例就急剧上升，分别达到 45%、55%、93% 和 98%，然后在 4 h 内无明显变化（$p > 0.05$）。但是值得注意的是，当 NaClO 浓度为 5 和 10 mg/g SS 时，REM 组的破损细胞比例高于 ORI 组。如图 3.18 所示，当 NaClO 浓度为 0 和 1 mg/g SS 时，ORI 组和 REM 组细胞破损比例都低于 5%，说明当 NaClO 浓度较低时无论是否有 EPS 存在，细胞都无明显破损；当 NaClO 浓度为 5 mg/g SS 和 10 mg/g SS 时，REM 组的破损细胞比例高于 ORI 组，说明此条件下 EPS 对微生物有保护作用，这可能因为是 EPS 首先和 NaClO 反应，从而减少了 NaClO 与细胞的接触、降低了 NaClO 对细胞的损伤；当 NaClO 浓度为 20 和 50 mg/g SS 时，ORI 组和 REM 组细胞破损比例都高于 90%，这可能是由于 EPS 能够反应去除的 NaClO 量是有限的，当 NaClO 浓度很高、超过 EPS 的反应能力后，ORI 组和 REM 组的细胞都会大量破裂。

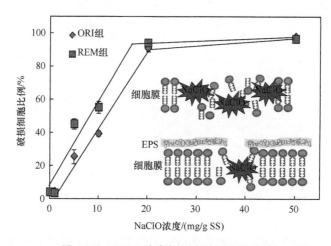

图 3.18　NaClO 浓度与细胞破损比例关系

2. NaClO 对有机物释放的影响

由以上研究可知一定浓度的 NaClO 能够导致污泥细胞的破损，那么胞内或者 EPS 中的有机物有可能会释放到上清液中，因此进一步测定了与不同浓度 NaClO 接触不同时间的污泥的上清液中 TOC 浓度。为便于进行比较，将 ORI 组污泥与 NaClO 接触前的上清液 TOC 浓度设为"1"，其他所有样品测得的 TOC 浓度与之相比，结果如图 3.19 所示。

由图 3.19（a）可知，对于 ORI 组污泥来说，当 NaClO 浓度低于 1 mg/g SS 时，没有明显的有机物释放，这与图 3.17（a）相符，即该条件下细胞无明显破损，因此没有有机物释放。当 NaClO 浓度为 5～10 mg/g SS 时，TOC 浓度先增加然后趋平，图 3.17（a）显示该条件下只有一部分细胞破损，这部分破损的细胞释放了有机物质造成 TOC 浓度增加，当这部分破损细胞的有机物质释放完毕后 TOC 浓度就不再继续增加。当 NaClO 浓度为 20～50 mg/g SS 时，TOC 浓度先急剧上升、然后缓慢增加，这可能是由于高浓度 NaClO 在短时间内造成几乎全部细胞破损，因此大量的 EPS 和部分胞内物质在短时间内被释放，但是有部分胞内物质在细胞破损时没有立刻泄漏，而是随着不断搅拌而缓慢释放到上清液中，因此 TOC 浓度会在 4 h 内持续增加。通过本节可以得到一个重要结论——使用过高浓度的 NaClO 进行膜清洗虽然可以提高膜面清洗效果，但是同时也会引起有机物大量释放到污泥上清液中，继而可能造成更为严重的膜污染。这可能也解释了部分研究人员在实验过程以及笔者研究组在实际工程中观察到的膜化学清洗后 TMP 有所下降、然后又快速增加的现象。因此，在膜化学清洗过程中，不仅应该考虑 NaClO 与膜面清洗效果的关系，同时也应该考虑到 NaClO 渗漏进入反应器后可能对活性污泥造成破坏，导致上清液有机物浓度增加，从而对 MBR 的正常运行产生不利影响。

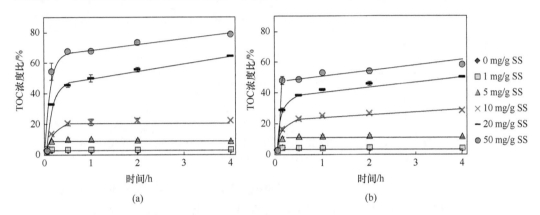

图 3.19　ORI 组和 REM 组污泥与不同浓度 NaClO 接触不同时间后有机物释放情况
(a) ORI 组；(b) REM 组

图 3.19（b）显示，REM 组的 TOC 浓度变化趋势与 ORI 组类似。当 NaClO 浓度低于 1 mg/g SS 时，没有明显的有机物释放，根据图 3.17（b）可知该条件下 REM 组污泥没有明显的细胞破损现象。当 NaClO 浓度为 5～10 mg/g SS 时，REM 组的有机物释放量高于 ORI 组，这可能是因为该条件下 REM 组无 EPS 保护、细胞破损比例较高，因此有机物释放量较高。当 NaClO 浓度为 20～50 mg/g SS 时，TOC 浓度同样具有先急剧上升、然后缓慢增加的规律，但是 TOC 浓度却低于 ORI 组，推测可能原因为此时 ORI 组和 REM 组的细胞破损比例都接近 100%，几乎全部的 EPS 和胞内物质都释放到上清液中，REM 组由于基本没有 EPS，因此总的有机物释放量低于 ORI 组。

3.5.3　NaClO 对碳代谢的影响

1. NaClO 对 DHA 和 ATP 的影响

根据经典的微生物代谢理论，在好氧条件下，有机物如乙酸钠首先转化成乙酰辅酶 A 然后进入三羧酸（tricarboxylic acid，TCA）循环，在 DHA 作用下产生了一系列中间产物，同时形成 NADH 等电子载体和少量 ATP。在氧化磷酸化阶段，NADH 等通过膜蛋白等电子传递系统将电子传递给 O_2，同时形成大量的 ATP 为细胞供能。由此可见，有机物在微生物细胞内的代谢过程分为两个阶段：TCA 循环和氧化磷酸化。DHA 和 ATP

分别是这两个阶段的代表性酶或者产物，因此可以通过测定 DHA 活性和 ATP 含量考察 NaClO 对微生物有机物代谢过程的影响。为便于对比，将 ORI 组污泥与 NaClO 接触前的 DHA 活性或 ATP 含量作为对照，其他所有样品的 DHA 活性或 ATP 含量与之相比（图 3.20）。

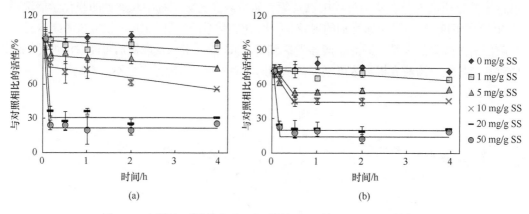

图 3.20　污泥与不同浓度 NaClO 接触不同时间后 DHA 活性变化
(a) ORI 组；(b) REM 组

图 3.20（a）显示了 ORI 组污泥与不同浓度 NaClO 接触不同时间后 DHA 活性的变化。可以看出，当 NaClO 浓度为 0 mg/g SS 时，DHA 活性基本不随时间变化（$p >$ 0.05）。当 NaClO 浓度为 1 mg/g SS 时，DHA 活性有所降低，反映了在该浓度下 NaClO 对 DHA 活性的负面影响已经出现。当 NaClO 浓度为 5 mg/g SS 和 10 mg/g SS 时，DHA 活性迅速下降到 85% 和 78%，然后缓慢下降，在接触 4 h 后降低到 75% 和 56%。而当 NaClO 浓度上升至 20 mg/g SS 和 50 mg/g SS 时，DHA 活性在几分钟内急剧下降到 36% 和 25%，然后基本保持不变。结果表明，在 MBR 的化学清洗过程中污泥的 DHA 活性也会受到 NaClO 抑制，而且高浓度的 NaClO 对 DHA 活性抑制作用更强。这一过程非常迅速，短时间的接触即可造成 DHA 活性明显下降。结合上一小节实验结果分析，NaClO 对 DHA 活性的抑制作用可能是由于 NaClO 在短时间内就可破坏细胞膜，因此 NaClO 进入细胞内部，其氧化性对 DHA 的蛋白质结构或者基团造成了破坏，因此 DHA 活性下降。

图 3.20（b）显示了 REM 组污泥与不同浓度 NaClO 接触不同时间后 DHA 活性的变化。值得注意的是，REM 组污泥在 NaClO 浓度为 0 mg/g SS 条件下 DHA 活性也仅为 75% 左右，低于原始状态的污泥。可能的原因是 EPS 可以加强微生物代谢过程中的电子传递，而 DHA 活性是通过将电子传递给胞外的人工添加的电子受体进行测定，去除 EPS 后微生物的电子传递能力减弱，因此测出的 DHA 活性降低。此外，图 3.20（b）还显示，当 NaClO 浓度为 1~50 mg/g SS 时，REM 组的 DHA 活性都低于 ORI 组，这一方面是由于去除 EPS 降低了微生物的电子传递能力，另一方面也可能是由于去除 EPS 后微生物对 NaClO 的抵抗能力降低，NaClO 对 DHA 活性的抑制作用更加强烈。

图 3.21（a）显示了与图 3.20（a）近似的规律。对于 ORI 组污泥，当 NaClO 浓

度为 1 mg/g SS 时，ATP 浓度略有降低；当 NaClO 浓度上升至 5 和 10 mg/g SS 时，4 h 后 ATP 浓度分别降低至对照组的 84%和 80%；当 NaClO 浓度急剧下降，并且在 4 h 仅有对照组的 42%和 18%。其原因一方面是由于 DHA 活性降低，导致 NADH 等中间产物减少，继而 ATP 浓度降低；另一方面也可能是由于高浓度的 NaClO 直接破坏了细胞膜，使参与氧化磷酸化阶段的细胞色素和膜蛋白等失活，从而更大程度地抑制了 ATP 的生成。

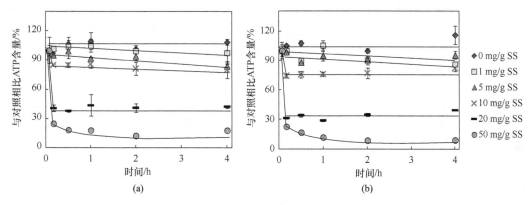

图 3.21　污泥与不同浓度 NaClO 接触不同时间后 ATP 含量变化
(a) ORI 组；(b) REM 组

图 3.21（b）显示，当 NaClO 浓度为 0 mg/g SS 时，虽然 REM 组污泥的 DHA 活性下降，但是 ATP 浓度却仍然与对照组近似。当 NaClO 浓度为 1 和 5 mg/g SS 时，REM 组和 ORI 组的 ATP 浓度无明显差别。这可能由于在低 NaClO 浓度时细菌可以通过其他途径如脱氢酶的同功酶来完成 TCA 循环的功能，从而满足细胞代谢所需能量，但是鉴于微生物代谢过程的复杂性，其具体原因还需进行深入探索。而在 NaClO 浓度在 10～50 mg/g SS 时，有 REM 组污泥 ATP 含量低于 ORI 组，反映了该条件下 EPS 对于微生物细胞具有保护作用。

2. NaClO 对碳代谢速率的影响

在研究了 NaClO 对微生物的 TCA 循环和氧化磷酸化过程的影响后，为综合考察 NaClO 对微生物碳代谢的总体影响，在污泥与 NaClO 接触 4 h 后测定了污泥的碳代谢速率。即 ORI 组和 REM 组污泥与 NaClO 接触 4 h 后，离心去掉上清液，洗泥后加入 NaAc 作为代表性的含碳有机物，测定 2 h 内 NaAc 的浓度变化，并且通过线性拟合计算出污泥的 NaAc 代谢速率。

图 3.22（a）显示，当 NaClO 浓度由 0 mg/g SS 上升至 5 mg/g SS 后，NaAc 代谢速率由 203 mg/（L·h）下降至 67 mg/（L·h），当 NaClO 浓度高于 10 mg/g SS 后，NaAc 代谢速率基本为 0，即污泥丧失有机物代谢能力。图 3.22（b）显示，对于 REM 组，当 NaClO 浓度由 0 mg/g SS 上升至 1 mg/g SS 后，NaAc 代谢速率由 182 mg/（L·h）下降至 135 mg/（L·h），当 NaClO 浓度高于 5 mg/g SS 后，NaAc 代谢速率基本为 0。

图 3.23 进一步对比了不同浓度 NaClO 对污泥碳代谢速率的影响。将 ORI 组污泥在 NaClO 浓度为 0 mg/g SS 条件下的 NaAc 代谢速率作为 100%，其他组样品与之对比。发

现对于 ORI 组污泥来说,当 NaClO 浓度低于 10 mg/g SS 时碳代谢速率随着 NaClO 浓度升高而下降。对该部分的碳代谢速率和 NaClO 浓度数值进行线性拟合后发现斜率数值为–12.6,与横坐标轴交点数值为 7.5,即当 NaClO 浓度低于 7.5 mg/g SS 时碳代谢速率随着 NaClO 浓度升高而直线下降,而 7.5 mg/g SS 的 NaClO 浓度是临界点,高于此浓度后污泥基本丧失碳代谢能力。对 REM 组污泥进行同样的线性拟合,发现斜率数值为–17.7,与横坐标轴交点数值为 5.0。因此可知,当 NaClO 浓度低于临界点值时,相比于 ORI 组污泥,REM 组污泥的碳代谢速率对 NaClO 浓度的变化更加敏感,而且临界点值更小,说明 REM 组污泥对 NaClO 的承受能力低于 ORI 组。而当 NaClO 浓度高于临界点值时 ORI 组污泥和 REM 组污泥均会丧失碳代谢能力。

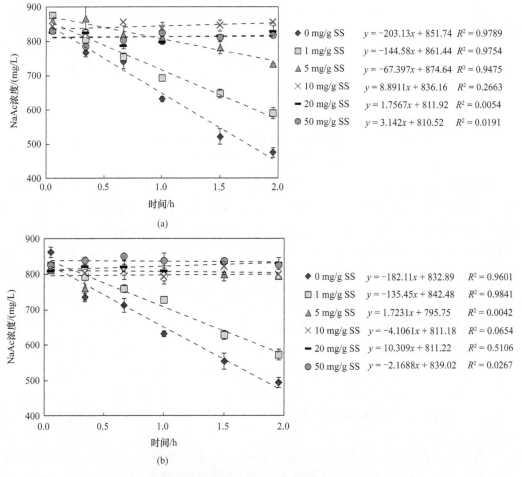

图 3.22　污泥与不同浓度 NaClO 接触 4 h 后对 NaAc 的降解情况
(a) ORI 组;(b) REM 组

图 3.24 进一步显示污泥与 NaClO 接触 4 h 后 DHA 活性、ATP 含量和碳代谢速率之间的关系。如图所示,对于 ORI 组和 REM 组污泥来说,DHA 活性和 ATP 含量共同影响碳代谢速率。利用 SPSS 软件对其相关性进行分析,发现 ORI 组污泥的碳代谢速率与 DHA 活性和 ATP 含量都呈显著正相关,其相关系数分别为 0.961($p<0.01$)和 0.980

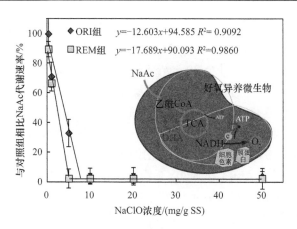

图 3.23　ORI 组和 REM 组污泥与不同浓度 NaClO 接触 4 h 后碳代谢速率对比

（$p < 0.01$）；REM 组污泥的碳代谢速率与 DHA 活性和 ATP 含量也呈现显著正相关，其相关系数分别为 0.772（$p < 0.01$）和 0.637（$p < 0.05$）。这与微生物代谢理论相符，同时证明了利用 DHA 活性和 ATP 含量来表征碳代谢过程是合理的。

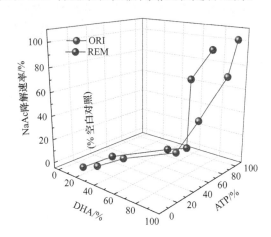

图 3.24　DHA 活性和 ATP 浓度对碳代谢速率的共同影响（彩图扫描封底二维码获取）

3.5.4　NaClO 对氮代谢的影响

1. NaClO 对氮代谢关键酶的影响

在 MBR 污水处理工艺中，除了关注对有机物的去除效果外，脱氮也是工艺稳定运行的重要组成部分。众所周知，脱氮过程由硝化过程和反硝化过程组成，硝化过程的关键酶包括 AMO 和 NOR，反硝化过程的关键酶包括 NAR 和 NIR。以下将对 ORI 组污泥和 REM 组污泥与不同浓度 NaClO 接触后，硝化和反硝化过程中的关键酶的活性变化进行讨论。

图 3.25 显示了硝化过程的关键酶 AMO 和 NOR 活性的变化情况。以 ORI 组污泥与 NaClO 接触前的 AMO 或 NOR 活性作为 100%，其他样品与之对比。图 3.25（a）显示，

对于 ORI 组污泥来说，当 NaClO 浓度为 0 mg/g SS 时，AMO 活性基本不变。当 NaClO 浓度为 1 mg/g SS、5 mg/g SS 和 10 mg/g SS 时，AMO 活性在 4 h 内分别逐渐降低至 85%，82% 和 70%。当 NaClO 浓度上升至 20 mg/g SS 和 50 mg/g SS 时，AMO 活性在几分钟之内就降低至 33% 和 21%，然后在 4 h 内逐渐降低至 20% 和 14%。图 3.25（b）显示 ORI 组污泥的 NOR 活性也具有相似变化规律。这说明了 NaClO 对 AMO 和 NOR 的抑制作用随其浓度升高而增强，而且随接触时间的增加而增强。此外，一个有趣的现象是当 NaClO 浓度为 1 mg/g SS 时，虽然没有明显的细胞破损，但是 AMO 和 NOR 的活性却有所降低，这有可能是因为 AMO 和 NOR 是固定在细胞膜上的酶，因此在细胞膜完整的情况下仍然有可能接触到 NaClO 从而受到影响。当 NaClO 浓度高于 5 mg/g SS 时，细胞膜受到更大程度的破坏，因此 AMO 和 NOR 的活性受到的抑制作用更强。图 3.25（c）和（d）显示，对于 REM 组污泥来说，当 NaClO 浓度为 0 mg/g SS 时，AMO 和 NOR 活性均高于 ORI 组污泥。其原因一方面可能是 REM 组污泥由于去除了 EPS，因此粒径变小、比表面积变大，与基质接触更为充分，另一方面是 EPS 的存在对于氧气的传递有一定阻碍作用，去除 EPS 后氧气传递阻力减少，因此测得的 AMO 和 NOR 活性比对照组高。当 NaClO 浓度为 1 mg/g SS 和 5 mg/g SS 时，虽然 NaClO 对污泥有一定抑制作用，但是由于传质速率较高，所以 REM 组污泥的 AMO 和 NOR 活性仍然高于 ORI 组。当

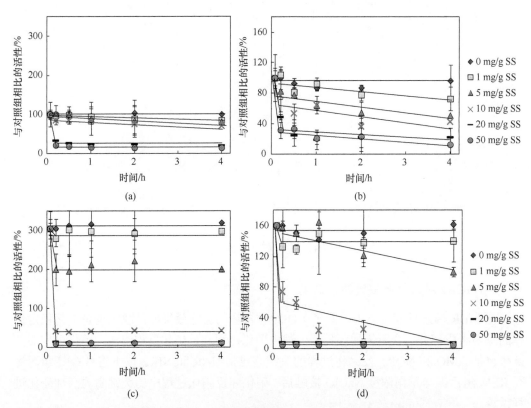

图 3.25　与不同浓度 NaClO 接触后各组污泥 AMO 和 NOR 活性变化情况
（a）ORI 组污泥的 AMO 活性；（b）ORI 组污泥的 NOR 活性；（c）REM 组污泥的 AMO 活性；
（d）REM 组污泥的 NOR 活性

NaClO 浓度为 10 mg/g SS、20 mg/g SS 和 50 mg/g SS 时，NaClO 的抑制作用增强，EPS 的保护作用占主导，所以 REM 组污泥的 AMO 和 NOR 活性低于了 ORI 组。

图 3.26（a）和（b）显示了 ORI 组污泥与不同浓度 NaClO 接触后 NAR 和 NIR 活性的变化，其趋势与图 3.25（a）和（b）类似。在 NaClO 浓度高于 0 mg/g SS 时，NAR 和 NIR 活性在短时间内就有所下降，并且随着接触时间延长而持续下降，其原因与 AMO 和 NOR 活性受抑制的机制近似。当 NaClO 浓度为 1 mg/g SS 时，虽然没有明显的细胞破损，但是 NAR 和 NIR 同样是固定在细胞膜上，因此在细胞膜完整的情况下仍然有可能接触到 NaClO 从而受到影响。当 NaClO 浓度高于 5 mg/g SS 时，细胞膜受到更大程度的破坏，因此 NAR 和 NIR 的活性受到的抑制作用更强。图 3.26（c）和（d）显示，在 NaClO 浓度为 0 mg/g SS 时，REM 组污泥 NAR 和 NIR 活性低于 ORI 组污泥。这可能是因为反硝化菌是缺氧异养菌，其代谢过程同样包括 TCA 循环和氧化磷酸化，与好氧异养菌不同之处只是最终电子受体为 NO_3^- 或 NO_2^-，如前文讨论机制类似，去除 EPS 后反硝化菌的电子传递过程受到影响，测得的 REM 组污泥的 NAR 和 NIR 活性低于 ORI 组污泥。当 NaClO 浓度高于 0 mg/g SS 时，由于以上原因和 EPS 的保护的共同作用，造成 REM 组污泥 NAR 和 NIR 活性低于 ORI 组污泥。

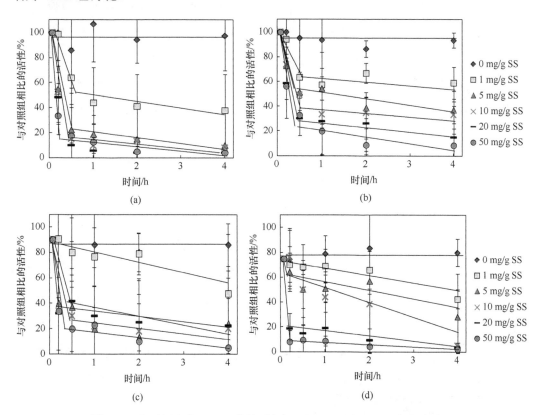

图 3.26　与不同浓度 NaClO 接触后各组污泥 NAR 和 NIR 活性变化情况
（a）ORI 组污泥的 NAR 活性；（b）ORI 组污泥的 NIR 活性；（c）REM 组污泥的 NAR 活性；
（d）REM 组污泥的 NIR 活性

2. NaClO 对硝化速率和反硝化速率的影响

为进一步明确 NaClO 对 ORI 组污泥和 REM 组污泥的硝化和反硝化效率的影响，在污泥与 NaClO 接触 4 h 后离心、洗泥，分别测定其硝化和反硝化速率，结果如图 3.27 所示。图 3.27（a）显示，对于 ORI 组污泥来说，当 NaClO 浓度为 0 mg/g SS 时，硝化过程中 NO$_3^-$-N 的生成速率为 13 mg/（L·h）。随着 NaClO 浓度的升高，硝化速率也逐渐降低，当 NaClO 浓度为 20～50 mg/g SS 时，硝化速率基本为 0。图 3.27（b）显示 REM 组污泥在 NaClO 浓度为 0～5 mg/g SS 时，硝化速率随 NaClO 浓度浓度升高而降低，当 NaClO 浓度为 10～50 mg/g-SS 时，污泥基本丧失硝化能力。图 3.27（c）和（d）显示，ORI 组污泥和 REM 组污泥的反硝化过程也有类似的规律，即随着 NaClO 浓度升高污泥的反硝化速率下降，当 NaClO 浓度过高时反硝化速率基本为 0。

将 ORI 组污泥在 NaClO 浓度为 0 mg/g SS 条件下的硝化和反硝化速率作为 100%，其他样品与之对比，进一步对 ORI 组污泥和 REM 组污泥在不同浓度 NaClO 刺激下硝化

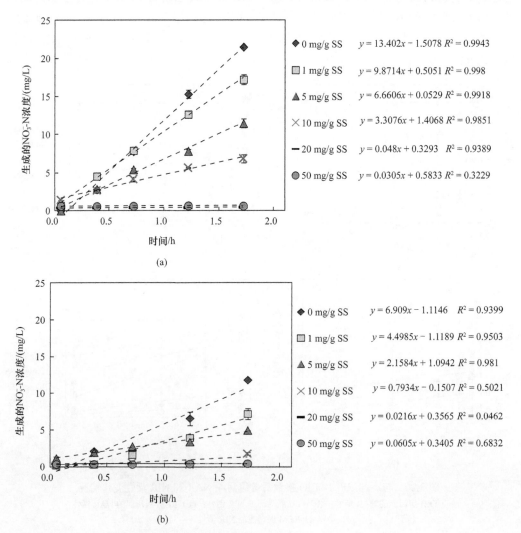

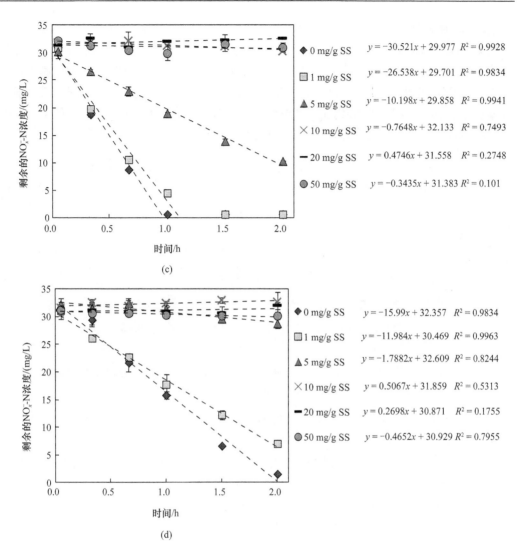

图 3.27　与不同浓度 NaClO 接触 4 h 后各组污泥硝化及反硝化的情况
(a) ORI 组污泥硝化产生 NO_3^--N；(b) REM 组污泥硝化产生 NO_3^--N；(c) ORI 组污泥反硝化剩余 NO_x^--N；
(d) REM 组污泥反硝化剩余 NO_x^--N

和反硝化速率进行分析，如图 3.28 所示。由图 3.28（a）可知，对于 ORI 组污泥来说，当 NaClO 浓度低于 10 mg/g SS 时，硝化速率随着 NaClO 浓度增加而降低，且基本呈线性关系，当 NaClO 浓度高于 20 mg/g SS 时，硝化速率基本为 0。这一结果与图 3.25（a）和（b）一致，即 AMO 和 NOR 活性降低导致了硝化速率降低。对于 REM 组污泥来说也具有类似变化趋势，但是当 NaClO 浓度为 0、1 mg/g SS 和 5 mg/g SS 时，REM 组污泥的硝化速率低于 ORI 组，这与前文 AMO 和 NOR 活性对比结果不一致，其原因可能是由于测定硝化速率时污泥样品量较大，使用了磁力搅拌器进行搅拌，因此氧气的传质速率不再是限制因素，而 EPS 的保护作用占据主导。此外，应当认识到微生物代谢过程较为复杂，受环境影响较大，其具体机理可能仍待进一步探索。由图 3.28（b）可知，当 NaClO 浓度低于 5 mg/g SS 时，对于 ORI 组和 REM 组污泥均有随着 NaClO 浓度升高而反硝化速率下降的现象，且 REM 组污泥的反硝化速率低于 ORI 组污泥。当 NaClO 浓度高于 10 mg/g SS 时反硝化速率基本为 0。这与图 3.26 结果一致，即 NAR 和 NIR 活性受到 NaClO 的抑制而降低，因此反硝化速率降低，且 ORI 组污泥由于具有 EPS 的保护因此反硝化速率高于 REM 组污泥。此外，对比图 3.28（a）和（b）发现，将 ORI 组污泥的硝化速率或反硝化速率和低于 10 mg/g SS 的 NaClO 浓度进行线性回归后，硝化速率的斜率绝对值小于反硝化速率的斜率绝对值，这说明 ORI 组污泥的反硝化过程对 NaClO 更为敏感。

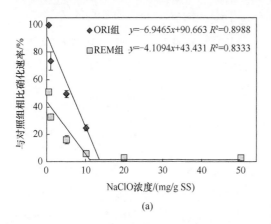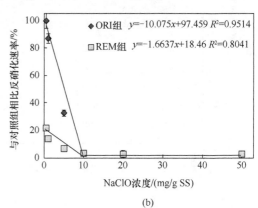

(a)　　　　　　　　　　　　　　　　　(b)

图 3.28　与不同浓度 NaClO 接触 4 h 后 ORI 组污泥和 REM 组污泥的硝化速率和反硝化速率
（a）硝化；（b）反硝化

图 3.29 显示了 AMO 和 NOR 活性与硝化速率的关系，以及 NAR 和 NIR 活性与反硝化速率的关系，发现随着 AMO 和 NOR 活性降低硝化速率降低，随着 NAR 和 NIR 活性降低反硝化速率也降低。进一步利用 SPSS 软件对其数据进行相关性分析，发现 AMO 和 NOR 活性均与硝化速率显著相关，NAR 和 NIR 活性均与反硝化速率显著相关，相应的 Pearson 相关系数结果列于表 3.6 中。这说明采用 AMO 和 NOR 活性表征硝化速率，采用 NAR 和 NIR 活性表征反硝化速率是合理的。

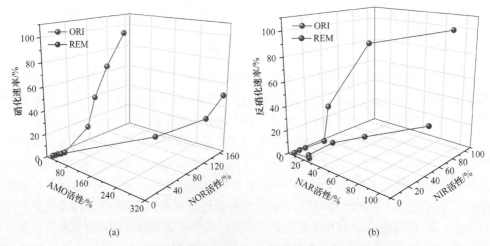

(a)　　　　　　　　　　　　　　　　　(b)

图 3.29　氮代谢速率与关键酶的关系（彩图扫描封底二维码获取）
（a）AMO 和 NOR 活性对硝化速率的影响；（b）NAR 和 NIR 活性对反硝化速率的影响

表 3.6　AMO、NOR、NAR 和 NIR 活性与硝化速率或反硝化速率的 Pearson 相关系数

项目	AMO 活性与硝化速率相关系数	NOR 活性与硝化速率相关系数	NAR 活性与反硝化速率相关系数	NIR 活性与反硝化速率相关系数
ORI 组污泥	0.973	0.976	0.846	0.893
	$p<0.01$	$p<0.01$	$p<0.01$	$p<0.01$
REM 组污泥	0.902	0.900	0.973	0.982
	$p<0.01$	$p<0.01$	$p<0.01$	$p<0.01$

3.5.5　NaClO 对胞内 ROS 的影响

如前所述，在氧化磷酸化过程中，O_2 从 NADH 等中间产物获得电子和质子，最终生成 H_2O。如图 3.30 所示，该过程为单电子还原反应，即 O_2 每一步骤只能获得 1 个电子，因此会产生超氧负离子（$O_2^{-\bullet}$）、过氧化氢（H_2O_2）和羟基自由基（$OH\bullet$）等中间产物，这些物质都具有较活泼的化学反应性，被统称为活性氧 ROS。在正常的生物细胞内，超氧化物歧化酶（superoxide dismutase，SOD）可以清除 $O_2^{-\bullet}$、生成 H_2O_2，而过氧化氢酶（catalase，CAT）将 H_2O_2 进一步分解成 H_2O 和 O_2，从而形成细胞内 ROS 的防御机制。当这一防御机制受到破坏，胞内 ROS 过量累积后，就可能破坏胞内组分，影响细胞的功能。

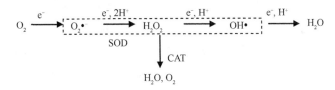

图 3.30　活性氧生成和清除过程示意图

为探究 MBR 污泥与 NaClO 接触后胞内 ROS 的变化情况，本节利用 H_2DCF-DA 荧光探针（fluorescent probes）对胞内 ROS 进行了测定。相比于光谱光度探针（spectrophotometric probes），荧光探针更为灵敏和准确。而电子自旋共振（electron spin resonance，ESR）探针虽然也很灵敏，但是需要电子自旋共振波谱仪才能进行测定，操作较为复杂。为便于对比，将 ORI 组污泥与 NaClO 接触前的 ROS 浓度设为 100%，选取污泥样品与不同浓度 NaClO 接触 10 min 后的数据，结果如图 3.31 所示。

由图 3.31 可知，对于 ORI 组污泥来说，随着 NaClO 浓度升高，胞内 ROS 浓度也随之升高，当 NaClO 浓度为 50 mg/g SS 时 ROS 浓度达到了对照组的 3 倍。这可能是由于 NaClO 进入细胞内，抑制了 SOD 和 CAT 的活性，因此造成了 ROS 的累积。此外，AMO、NIR 和细胞色素等细胞组分含有 Fe（II），本实验测得 ORI 组污泥胞内铁元素含量约为 22 mg/g SS。当以上细胞组分受到破坏后，Fe（II）可能被释放。根据式（3.15）和式（3.16），类似于芬顿反应，NaClO 可以直接和 Fe（II）反应生成 ROS，这可能是造成 ROS 升高的另一原因。REM 组污泥在不同 NaClO 浓度下，ROS 浓度都高于 ORI 组，这可能是由于失去了 EPS 保护，更多的 NaClO 进入细胞内，对 SOD 和 CAT 活性的抑

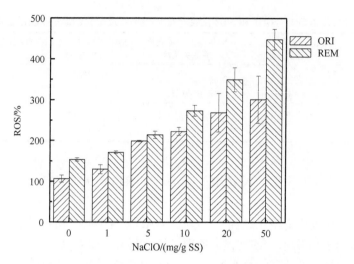

图 3.31 ORI 组污泥和 REM 组污泥与不同浓度 NaClO 接触后胞内 ROS 的变化情况

制作用更强，且直接与 Fe（Ⅱ）反应生成的 ROS 更多。由此可知，当污泥与 NaClO 接触后，不仅 NaClO 本身可能对细胞造成伤害，NaClO 诱发产生的 ROS 也同样可能对细胞造成损害，影响其正常的生理功能。

$$NaClO + Fe（Ⅱ） \longrightarrow \bullet OH + Cl^- + Fe（Ⅲ） + Na^+ \tag{3.15}$$

$$NaClO + O_2^{\bullet -} \longrightarrow \bullet OH + Cl^- + O_2 + Na^+ \tag{3.16}$$

综合以上研究结果，发现 NaClO 在多个方面影响了 MBR 污泥的性能，其机制如图 3.32 所示。首先，较高浓度的 NaClO 能够破坏细胞结构，造成胞内物质泄漏，在膜清洗完成后恢复运行时，可能反而导致更为严重的膜污染。其次，较高浓度的 NaClO 会抑制 TCA 循环中的关键酶 DHA 的活性，并且造成氧化磷酸化阶段的重要产物 ATP 浓度的下降，从而抑制了好氧异养微生物的碳代谢过程。再次，较高浓度的 NaClO 还会抑制硝化过程的关键酶 AMO 和 NOR，以及反硝化过程的关键酶 NAR 和 NIR 的活性，

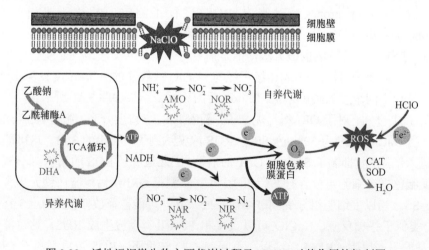

图 3.32 活性污泥微生物主要代谢过程及 NaClO 对其作用的机制图

导致硝化速率和反硝化速率下降。最后，NaClO 还可能抑制 CAT 和 SOD 的活性使得胞内 ROS 累积，或者直接与 Fe（Ⅱ）反应生成 ROS，从而造成胞内 ROS 浓度升高，具有强氧化性的 ROS 也可能攻击细胞，对细胞造成进一步伤害。

3.5.6　EPS 与 NaClO 的作用

由 3.5.3 节、3.5.4 节和 3.5.5 节可知，ORI 组污泥和 REM 组污泥与 NaClO 接触后其功能的变化情况不尽相同，这反映了 EPS 对于细胞具有一定的保护作用。因此本节将进一步探索在污泥与 NaClO 接触的过程中，EPS 与 NaClO 发生的作用。

1. EEM 光谱特征变化情况

荧光光谱法是利用分子在特定波长的激发光照射下发出特征发射光的原理来检测待测物质的含量，EEM 光谱是将荧光强度表示为激发波长和发射波长两个变量的函数，目前已被广泛应用于 EPS 性质的研究。因此本节实验测试了与不同浓度 NaClO 接触不同时间后 EPS 的 EEM 光谱特征，如图 3.33 所示。图 3.33（a1）显示，EPS 与 NaClO 接触前 EEM 光谱主要有 A 峰和 B 峰，而其他图则显示 EPS 与 NaClO 接触后 A 峰和 B 峰的强度都有所变化。

为了更为准确地反映 NaClO 浓度和接触时间对 EEM 光谱的影响，采用 PARAFAC 方法对数据进行分析。当采用"一分为二"法将数据随机分为两组后，其激发和发射波长的残差之和如图 3.34 所示。图中两条曲线极为接近，说明这两组数据的运算结果接近，定性反映了该模型的构建是合理的。由于 PARAFAC 方法求解结果是唯一的，又进一步

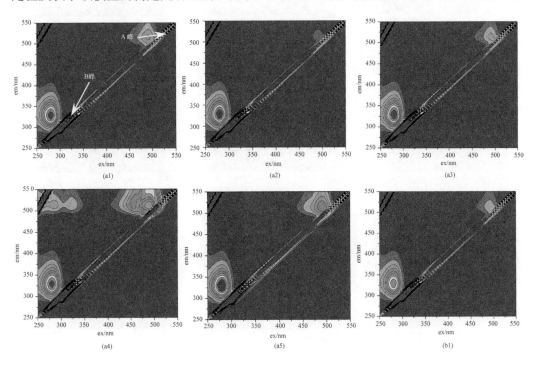

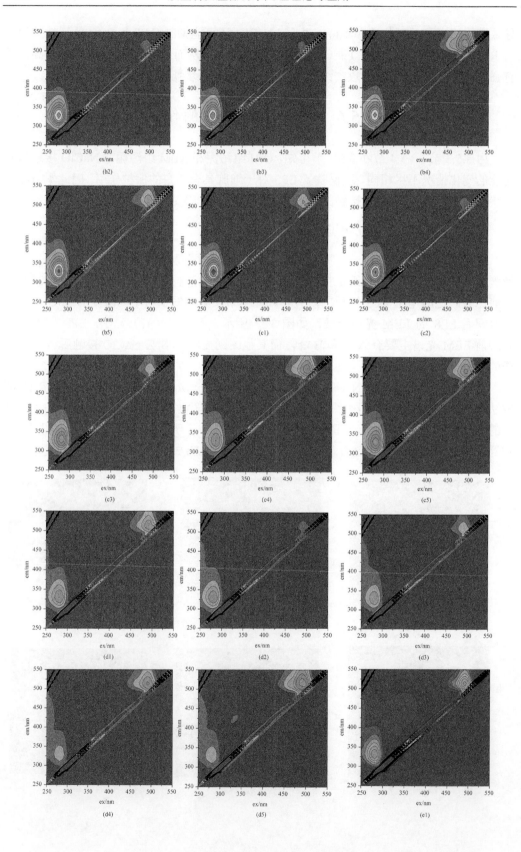

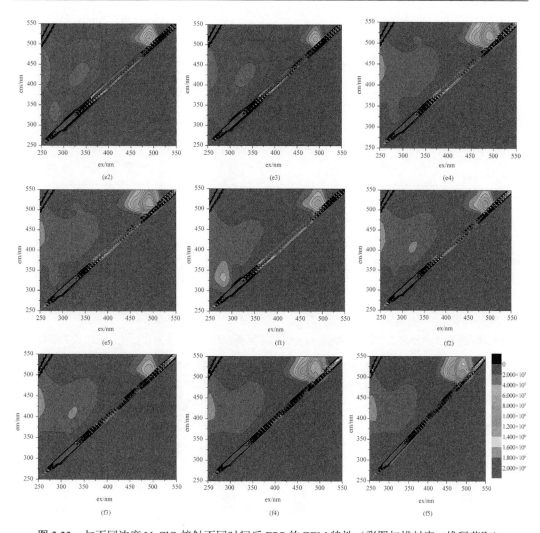

图 3.33　与不同浓度 NaClO 接触不同时间后 EPS 的 EEM 特性（彩图扫描封底二维码获取）
（a）～（f）表示 NaClO 浓度分别为 0、1 mg/g SS、5 mg/g SS、10 mg/g SS、20 mg/g SS、50 mg/g SS，数字 1～5 分别表示
接触时间为 0.1 h、0.5 h、1 h、2 h 和 4 h

测试了不同主成分数量下该模型是否为"Validated"。运算结果发现，当主成分数量为"2"时判定结果为"Validated"，而主成分数量为其他合理值时判定结果为"Not Validated"。因此可知本实验测试数据的主成分数量为 2 个，其 EEM 光谱如图 3.35 所示。

图 3.35 显示了 PARAFAC 确定的 2 个主成分的 EEM 光谱图，其 ex/em 分别为 275～280 nm/325～330 nm 和 480～490 nm/520～530 nm。其中组分 1 为色氨酸类物质，而组分 2 为稠环芳香族类物质（Wang et al.，2009）。

图 3.36 显示了 EPS 与不同浓度 NaClO 接触不同时间后组分 1 和组分 2 的荧光强度响应值的变化。由图 3.36（a）可知，相比于 NaClO 浓度为 0 mg/g SS 的样品，NaClO 浓度为 1 mg/g SS 时组分 1 即色氨酸类物质的荧光强度响应值略有降低；当 NaClO 浓度为 5 mg/g SS 和 10 mg/g SS 时，色氨酸类物质的荧光强度响应值随着接触时间的延长而

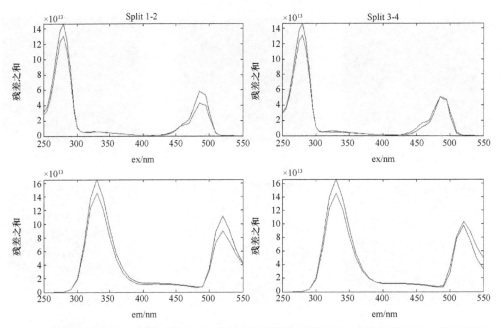

图 3.34　采取"一分为二"法对数据随机分组后运算所得残差情况（彩图扫描封底二维码获取）

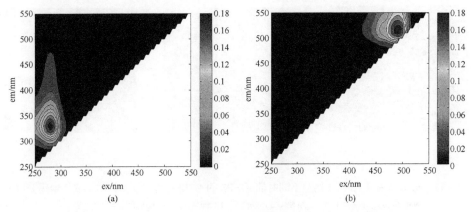

图 3.35　PARAFAC 确定的 EEM 光谱（彩图扫描封底二维码获取）

（a）组分 1；（b）组分 2

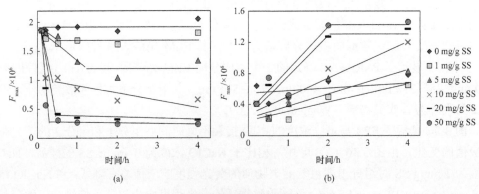

图 3.36　各个样品中的荧光强度响应值

（a）组分 1；（b）组分 2

不断下降，在 4 h 时仅为初始值的 72%和 35%；当 NaClO 浓度为 20 和 50 mg/g SS 时，色氨酸类物质的荧光强度响应值在与 NaClO 短时间接触后就急剧下降，在 4 h 时仅为初始值的 17%和 13%。上述结果表明 NaClO 能够改变色氨酸类物质的结构，从而猝灭其荧光强度。图 3.36（b）则显示，随着 NaClO 浓度的增加以及接触时间的延长，组分 2即稠环芳香族类物质的荧光强度响应值不断增加。说明色氨酸类物质也可能在 NaClO的氧化作用下转化为稠环芳香族类物质，因此色氨酸类物质的荧光强度降低而稠环芳香族类物质的荧光强度增加。

　　为进一步明确 NaClO 浓度与 EPS 的 EEM 光谱特性关系，对接触 4 h 后组分 1 和组分 2 的荧光强度响应值与 NaClO 浓度作图，如图 3.37 所示。发现在 NaClO 浓度低于 20mg/g SS 时，组分 1 的荧光强度响应值随 NaClO 浓度的增加而减弱，组分 2 的荧光强度响应值随 NaClO 浓度的增加而增强。利用 SPSS 软件对其相关性进行分析，结果显示组分 1 和组分 2 的相关系数分别为-0.950 和 0.952，均在 $p < 0.05$ 水平上显著相关。当 NaClO浓度由 20 mg/g SS 上升至 50 mg/g SS 时，组分 1 和组分 2 的荧光强度响应值基本没有变化，可能是在高浓度 NaClO 条件下 NaClO 处于过量状态，组分 1 已经基本全部转化为组分 2，因此浓度增加不会继续改变组分 1 和组分 2 的荧光强度响应值。

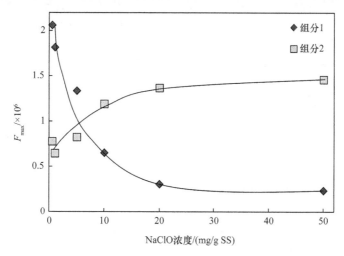

图 3.37　接触 4 h 后 NaClO 浓度与组分 1、组分 2 的荧光强度响应值的关系

2. FTIR 光谱变化情况

　　FTIR 光谱是利用物质对红外光区电磁辐射的选择性吸收特性来分析分子中有关基团结构的定性、定量信息的分析方法，目前广泛应用于 EPS 中官能团的研究。为研究 EPS 与 NaClO 接触后有机物官能团的变化，在 EPS 与不同浓度 NaClO 接触 4 h 后将样品冷冻干燥，测定固体粉末的 FTIR 光谱，如图 3.38 所示。在 4000~400 cm^{-1} 波长范围内的峰可以大致分为 4 个部分：碳氢化合物（3400~3500 cm^{-1} 和 2900~3000 cm^{-1}），蛋白质（1600~1700 cm^{-1} 和 1500~1600 cm^{-1}），糖类（1100~1200 cm^{-1}）和核酸物质（900~1000 cm^{-1}）。其中出峰位置在 3410 cm^{-1} 附近的峰为羟基峰，由图可知随着 NaClO 浓度增加，羟基峰的峰强逐渐降低，这说明了 NaClO 氧化了 EPS 有机物中的羟基。蛋白质

和糖类物质是 EPS 的主要组成部分，因此下面将重点对该波长范围内的吸光度进行讨论。出峰位置在 1140 cm^{-1} 附近的峰代表了糖类中 C—OH 和 C—O 键的振动，由图可知随着 NaClO 浓度增加，该峰的峰强基本没有明显变化，说明 NaClO 对糖类的氧化作用不明显。但是与之不同的是，蛋白质中 C—H 和 C—N 键（1540 cm^{-1} 附近）以及 C═O 键（1650 cm^{-1} 附近）随着 NaClO 浓度升高而峰强明显降低，说明 NaClO 对蛋白质有更为明显的影响。

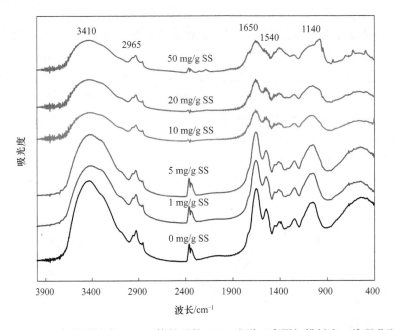

图 3.38　EPS 与不同浓度 NaClO 接触后的 FTIR 光谱（彩图扫描封底二维码获取）

　　一般认为，蛋白质一级结构是指多肽链中氨基酸的顺序，二级结构是指多肽链骨架的局部空间结构，三级结构是指包括侧链排列在内的整条肽链的折叠情况，四级结构是指蛋白质亚基结合成的几何状排列。维持蛋白质二级结构的作用力有多种，其中最重要的是氢键，FTIR 光谱的 1600～1700 cm^{-1} 酰胺带对羧基的几何振动和氢键非常敏感，因此可以通过二阶导数和去卷积技术将其分解为若干子峰，从而反映蛋白质的二级结构。本节利用 Peakfit 软件（V4.0）对波长范围在 1600～1700 cm^{-1} 的谱带平滑处理后，进行二阶导数和去卷积，采用 Gausse 函数拟合，将该谱带分解为 6 个子峰，结果如图 3.39 所示。根据文献（Yin et al., 2015），这 6 个子峰对应的蛋白质二级结构列于表 3.7 中。为便于对比，以图 3.39 (a) 中原始峰的最大峰强值作为 100%，各样品的分解峰的峰强与之对比，同样列于表中。

　　蛋白质的二级结构类型主要包括 α 螺旋、β 折叠及片层、转角和无规卷曲等，示意图见图 3.40。其中，α 螺旋结构为肽链骨架围绕一个轴螺旋延伸形成。β 折叠为肽链的主链呈锯齿状折叠的结构，由于单条 β 折叠的肽链不稳定，因此常常是多条 β 折叠肽链通过氢键形成片层结构，当这几条 β 折叠肽链走向相同时是平行片层，走向相反时是反平行片层。转角为肽链上出现的一定角度的回折。肽链上还有部分局部结构不能被归入到以上规则结构中，被称为"无规卷曲"。表 3.7 显示，当 EPS 与不同浓度 NaClO 接触后，其蛋白质二级结构发生了变化，且 NaClO 浓度越高，反映不同结构类型的子峰峰强就越低，说明蛋白质二级结构变化的程度越大。EPS 与 NaClO 接触后蛋白质的螺旋、

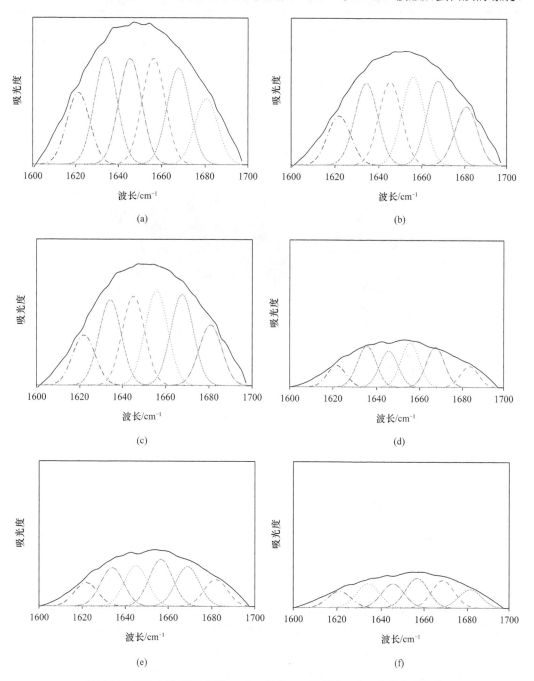

图 3.39　EPS 与不同浓度的 NaClO 接触 4 h 后部分 FTIR 光谱分峰结果

黑线为原始峰，虚线为分解后的峰

（a）0 mg/g SS；（b）1 mg/g SS；（c）5 mg/g SS；（d）10 mg/g SS；（e）20 mg/g SS；（f）50 mg/g SS

折叠和转角等结构遭到破坏，可能造成其疏水性增强，对膜污染的趋势增强，这在实际工程的膜清洗过程中应引起足够重视。

表 3.7　EPS 与不同浓度 NaClO 接触 4 h 后蛋白质二级结构变化

二级结构	波长/cm⁻¹	与对照组相比吸光度/%					
		0/(mg/g SS)	1/(mg/g SS)	5/(mg/g SS)	10/(mg/g SS)	20/(mg/g SS)	50/(mg/g SS)
β 折叠（β-strands）	1625~1610	50.9	35.0	35.8	15.2	16.7	11.7
β 折叠片层（β-sheet）	1640~1630	75.6	57.0	59.9	28.9	33.6	21.3
无规卷曲（random coil）	1645~1640	75.0	40.9	42.6	28.2	27.3	17.2
α 螺旋（α-helix）	1657~1648	75.5	59.0	63.3	14.7	19.2	19.4
转角（turn）	1666~1659	68.4	59.8	64.6	25.1	28.3	13.1
反平行 β 折叠片层（antiparallel β-sheet）	1695~1680	46.0	62.5	67.0	30.5	29.1	17.0

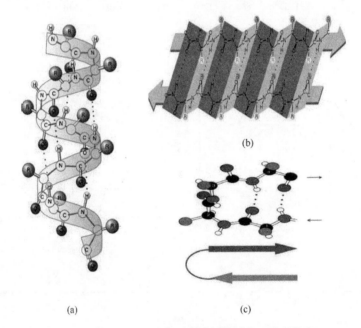

图 3.40　蛋白质二级结构（彩图扫描封底二维码获取）

（a）α 螺旋；（b）β 折叠片层；（c）转角

图片来源：http://wenku.baidu.com/link?url=tEP6HN58ZDsnIjX0GPnQNc2ubhIkipvShcIF7tckbY2Sxl8MbPfinFhmZAhz8bWmQ7FZEGHDY6DDyiGB1SNYCyWozN_0BolsC6pQXkF9P_K

3. EPS 粒径变化

由以上研究发现，EPS 与 NaClO 接触后化学性质会发生变化，而化学结构的改变有可能引起粒径的变化，因此本节采用 DLS 仪测定了 EPS 与不同浓度 NaClO 接触不同时间后水力学直径的变化，如图 3.41 所示。结果发现相比于 NaClO 为 0 mg/g SS 的对照组，NaClO 浓度大于等于 1 mg/g SS 时均有 EPS 平均粒径下降的现象，且 NaClO 浓度越高平均粒径越小、接触时间越长平均粒径越小。NaClO 的强氧化性可以破坏肽键、改变蛋白质结构，并且可能造成其他大分子有机物的破碎，因此造成了 EPS 平均粒径下降。

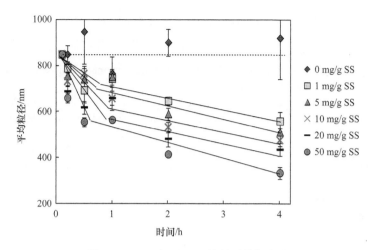

图 3.41　EPS 与 NaClO 接触后粒径变化

3.5.7　NaClO 清洗不利影响的对策

根据上述研究，NaClO 清洗过程会对微生物活性产生不利影响，其解决对策包括：①在 MBR 设计和清洗时保证每次清洗组数在一定限值范围内，确保体系内最大 NaClO 药剂浓度在 1 mg/g MLSS 之下；②避免采用维护性清洗方式，可以采用化学强化反冲洗与恢复性清洗结合的方式，由于化学强化反冲洗采用药剂浓度低、清洗历时短，一般药剂泄露浓度均能保证在 1 mg/g MLSS 之下，而恢复性清洗（污泥排出反应器）避免了 NaOCl 药剂反向扩散对微生物活性的影响；③尽可能降低清洗药剂浓度或者采用其他清洗剂，如能够提升 NaOCl 的清洗效率，其药剂浓度可以进一步下降，如 NaClO 和 NaOH 联合清洗方式、降低 NaClO 表面张力等。

参 考 文 献

韩小蒙. 2016. 膜生物反应器中微生物产物的产生特性与作用. 上海: 同济大学博士学位论文.

王盼. 2013. 平板微孔膜的制备应用及新型膜生物反应器的研究. 上海: 同济大学博士学位论文.

王志伟, 张新颖, 陆风海, 等. 2011. 一种膜生物反应器在线清洗方法. ZL201110127476.8.

尹星. 2010. 平板膜-生物反应器处理生活污水脱氮除磷运行特性及膜污染机理研究. 同济大学硕士学位论文.

Han X M, Wang Z W, Zhu C W, et al. 2013. Effect of ultrasonic power density on extracting loosely bound and tightly bound extracellular polymeric substances. Desalination, 329 (18): 35-40.

Han X M, Wang Z W, Wang X Y, et al. 2016. Microbial responses to membrane cleaning using sodium hypochlorite in membrane bioreactors: Cell integrity, key enzymes and intracellular reactive oxygen species. Water Research, 88: 293-300.

Keener W K, Russell S A, Arp D J. 1998. Kinetic characterization of the inactivation of ammonia monooxygenase in Nitrosomonas europaea by alkyne, aniline and cyclopropane derivatives. Biochimica et Biophysica Acta, 1388 (2): 373-385.

Wang P, Wang Z W, Wu Z C, et al. 2010. Effect of hypochlorite cleaning on the physiochemical characteristics of polyvinylidene fluoride membranes. Chemical Engineering Journal, 162(3): 1050-1056.

Wang Z W, Wu Z C, Tang S J, 2009. Characterization of dissolved organic matter in a submerged membrane bioreactor by using three-dimensional excitation and emission matrix fluorescence spectroscopy. Water Research, 43 (6): 1533-1540.

Wang Z W, Mei X J, Tang C Y Y, et al. 2014. Membrane cleaning in membrane bioreactors: a review. Journal of Membrane Science, 468(20): 276-307.

Wu Z C, Wang Z W, Huang S S, et al. 2008. Effects of various factors on critical flux in submerged membrane bioreactors for municipal wastewater treatment. Separation and Purification Technology, 62 (1): 56-63.

Yeon K M, Cheong W S, Oh H S, et al. 2009. Quorum Sensing: A New Biofouling control paradigm in a membrane bioreactor for advanced wastewater treatment. Environmental Science & Technology, 43(2): 380-385.

Yin C Q, Meng F G, Chen G H. 2015. Spectroscopic characterization of extracellular polymeric substances from a mixed culture dominated by ammonia-oxidizing bacteria. Water Research, 68(68c): 740-749.

第4章 膜材料制备及性能研究

在膜法污水处理与资源化工艺中，膜材料是工艺的核心。制备高性能膜分离材料是提升技术经济性能、提高工艺运行稳定性的关键。随着膜制备技术的发展，目前有相转化法、热致相分离法以及两者结合等方法，丰富了膜制备的工艺。本节结合我们自己的研究工作，主要介绍相转化膜制备平板微滤膜和超滤膜的工作，首先叙述通过优化制膜配方和制膜参数提升微滤平板膜性能的研究情况，在此基础上重点介绍纳米材料添加、功能材料添加（抗菌剂）制备抗污染膜的研究工作（Wang et al.，2012a，2012b；王盼，2013；王巧英，2013；Zhang et al.，2017a，b；张星冉，2018；陈妹，2018）。

4.1 膜材料制备的优化

4.1.1 相转化法制备 PVDF 微滤膜

本节通过浸没沉淀法制备聚偏氟乙烯（PVDF）微孔膜，针对铸膜溶液中溶剂种类，制膜条件包括挥发时间、凝胶浴温度、铸膜厚度及铸膜速度，纳米添加剂等主要影响因素，考察各影响因素对成膜性能的影响规律，改善膜的抗污染性能。膜性能主要包括膜孔形态、孔隙率、扫描电镜图像、亲疏水性、纯水通量、污染速率以及临界通量等指标。

1. 实验材料与制备基本参数

PVDF 原料购自内蒙古氟材料有限公司，型号为 FR904，分子量 Mn=475637，Mw=2092027，d=4.398372，$[\eta=1.4\sim1.9\mathrm{dl/g}]$。PVDF 原料的示差扫描量热（DSC）分析结果见图 4.1。PVDF 原料属于半结晶性聚合物，结晶度为 37.9%。热分解温度为 165.9℃。

其他实验材料与试剂包括 N,N-二甲基甲酰胺（DMF）、N,N-二甲基乙酰胺（DMAC）、二甲亚砜（DMSO）、磷酸三乙酯（TEP）、丙酮、甘油等。

根据不同的配方配制铸膜液，并在一定温度下溶解一定时间；当铸膜液完全溶解后在涂膜机上涂膜，再将涂好的膜迅速置入凝胶浴中数分钟；将凝固成型的膜浸入一定温度的水浴中浸泡 24 h 以上，以去除残留的溶剂；将浸泡后的膜再经甘油水溶液置换处理一定时间，在室温下自然干燥，储存备用。涂膜分别在玻璃板及聚酯膜基材上完成，对应得到均质膜及复合膜。

溶剂与聚合物之间的相互作用可以用"溶解度参数 δ"来表示。δ 定义为内聚能密度的平方根，用来描述分子间相互作用强度。铸膜液中聚合物-溶剂之间的相互作用可通过两者之间的溶解度参数表示。溶剂与聚合物之间的溶解度参数表达公式如下：

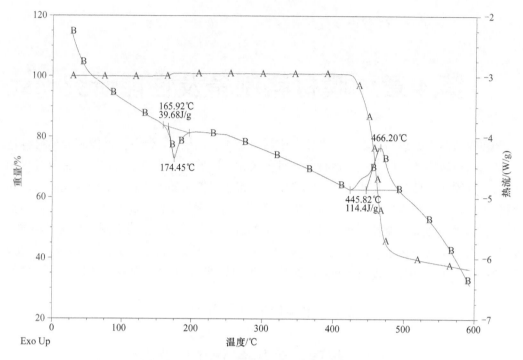

图 4.1　PVDF 原料示差扫描量热曲线

$$\delta = \sqrt{\delta_d^2 + \delta_p^2 + \delta_h^2} \qquad\qquad (4.1)$$

式中，δ_d，δ_p 及 δ_h 分别表示色散力溶解参数（d）、极性力溶解参数（p）及氢键溶解参数（h）。聚合物（P）及溶剂（S）的溶解度参数如表 4.1 所示。

表 4.1　聚合物与溶剂的溶解度参数

编号	溶液成分	$\delta_{S,d}$ MPa$^{1/2}$	$\delta_{S,p}$ MPa$^{1/2}$	$\delta_{S,h}$ MPa$^{1/2}$	δ_S MPa$^{1/2}$	$\delta_{P,S}$ MPa$^{1/2}$
M1	DMF	17.4	13.7	11.3	24.8	2.43
M2	DMAC	16.8	11.5	10.2	22.7	1.47
M3	TEP	16.8	11.5	9.2	22.3	1.08
M4	DMSO	18.4	16.4	10.2	26.7	4.20
M5	DMF/DMAC	17.1	12.6	10.8	23.8	1.56
M6	DMF/TEP	17.1	12.6	10.3	23.6	1.06
M7	DMF/DMSO	17.9	15.1	10.8	25.7	3.07
M8	DMAC/TEP	16.8	11.5	9.7	22.6	1.19
M9	DMAC/DMSO	17.6	14.0	10.2	24.7	1.81
M10	TEP/DMSO	17.6	14.0	9.7	24.5	1.59

注：PVDF 的溶解度参数为 δ_P＝23.2 MPa$^{1/2}$、色散力（$\delta_{P,d}$）、极性力（$\delta_{P,p}$）以及氢键（$\delta_{P,h}$）参数分别为 17.2 MPa$^{1/2}$、12.5 MPa$^{1/2}$ 及 9.2 MPa$^{1/2}$。

混合溶剂与聚合物之间的溶解度参数可根据纯溶剂体积百分比来计算。公式如下：

$$\delta_i = \frac{X_1V_1\delta_{i,1} + X_2V_2\delta_{i,2}}{X_1V_1 + X_2V_2} \quad i = \text{d, p, h} \tag{4.2}$$

式中，δ_i 为混合溶剂的溶解度参数；X 为溶剂百分比；V 为溶剂摩尔分数；1 和 2 分别为两种溶剂；δ_d，δ_p 及 δ_h 分别为色散力溶解参数（d）、极性力溶解参数（p）及氢键溶解参数（h）。

溶剂与聚合物溶解度参数差可以由式（4.3）计算：

$$\delta_{P,S} = \sqrt{(\delta_{P,d} - \delta_{S,d})^2 + (\delta_{P,p} - \delta_{S,p})^2 + (\delta_{P,h} - \delta_{S,h})^2} \tag{4.3}$$

式中，P 和 S 分别代表聚合物及溶剂。聚合物与溶剂之间的溶解度参数相差越小表明溶剂的溶解能力越强。由表 4.1 可以看出本文中四种溶剂的溶解能力大小顺序为：TEP＞DMAC＞DMF＞DMSO。

2. 铸膜溶剂对成膜性能的影响

本节采用 DMF、DMAC、DMSO、TEP 及其两两组合的混合液为溶剂制备 10 种 PVDF 平板微滤膜，其膜编号及相应溶剂成分见表 4.2。对成膜的基本性能如膜孔形态、表面孔隙率、体积孔隙率、厚度、亲水性、Zeta 电位以及清水通量进行测定，以考察不同溶剂对成膜性能的影响。

表 4.2　M1～M10 的溶剂组成成分

膜编号	溶剂成分*
M1	DMF
M2	DMAC
M3	TEP
M4	DMSO
M5	DMF/DMAC
M6	DMF/TEP
M7	DMF/DMSO
M8	DMAC/TEP
M9	DMAC/DMSO
M10	TEP/DMSO

* 铸膜液中溶剂浓度为 90wt.%，混合比例为 1∶1。

1）溶剂组成对成膜形态的影响

M1～M10 的表面扫描电镜照片如图 4.2 所示。除 M6 以外，所有膜呈现出多孔表层，表层膜孔径在 0.05～0.30 μm 范围内。以 DMSO 为溶剂制得的 M4 表面孔明显多于以 DMF、DMAC 以及 TEP 为溶剂制得的 M1～M3。采用混合溶剂 DMF/DMAC 及 DMAC/TEP 制得的 M5 及 M8 相对于由纯溶剂制得的膜而言，膜多孔性提高。但是在本研究中采用 DMF/TEP 为混合溶剂制得的 M6 膜面孔隙率较低。从图 4.3 中还可以看出，以 DMSO 为溶剂或混合溶剂制得的膜都具有丰富的表面孔结构，并且混合溶剂成膜孔径大于纯溶剂成膜孔径。

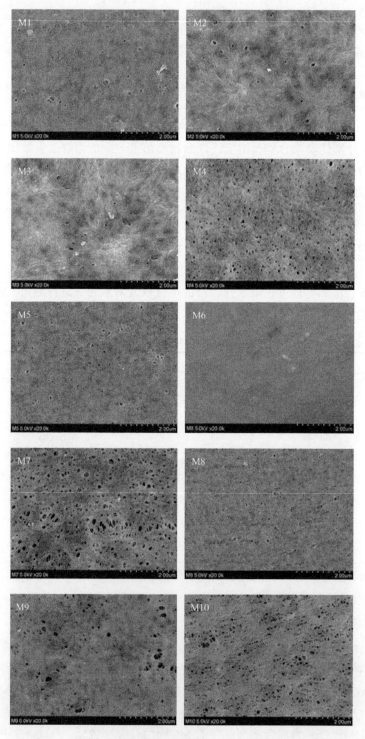

图 4.2 M1～M10 表面扫描电镜照片（放大倍数：20 000）

表 4.3 给出了 M1～M10 的表面孔隙率数值。不同溶剂制得膜的表面孔隙率大小顺序如下：M7>M10>M9>M4>M5>M8>M1>M2>M3>M6。M4、M7、M9 和 M10 由 DMSO 为溶剂或混合溶剂制得的膜具有最大的膜面孔隙率值，并且 M4 的孔隙率明显大于由其他三种纯溶剂制得的膜。这些结果表明，采用 DMSO 作为溶剂易得到具有多孔表层的微滤膜。并且除了 DMF/TEP 以外，混合溶剂成膜的孔隙率也高于纯溶剂。

表 4.3 M1～M10 表面孔隙率测定结果

指标	M1	M2	M3	M4	M5	M6	M7	M8	M9	M10
孔隙率/%	0.23	0.17	0.09	1.4	0.75	0.03	7.67	0.64	1.44	1.47

采用不同溶剂组成制得的膜断面形态如图 4.3 所示。M1～M10 呈现出三种不同的孔形态。对 M1、M2、M3 及 M5 膜断面呈现出分层结构，上部为短指状孔腔，而下部为海绵状孔结构。M4、M7、M8、M9 及 M10 则呈现出贯穿整个断面的大孔结构。而 M6 的断面仅表现出海绵状孔结构。

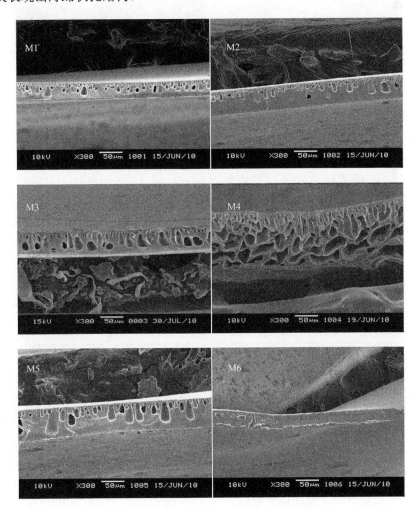

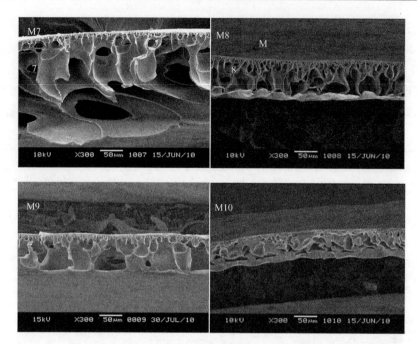

图 4.3　M1～M10 断面扫描电镜照片（放大倍数：300）

表 4.4 给出了 M1～M10 的体积孔隙率数值。由不同溶剂制得膜的体积孔隙率大小顺序如下：M7＞M9＞M4＞M8＞M5＞M3＞M2＞M1＞M10＞M6。在膜制备过程中发现，由 TEP/DMSO 为溶剂制得的 M10 非常软以至于不能保持原有的孔形态，而膜孔结构的压实导致了体积孔隙率值的降低，这一现象由图 4.3 可以观察到。从图 4.3 及表 4.4 的实验结果可以得到如下结论：以 DMF/DMSO、DMAC/DMSO、DMSO 和 DMAC/TEP 为溶剂制得的膜易形成大孔结构并具有最大的体积孔隙率值，其次是以 DMF/DMAC、TEP、DMAC 和 DMF 为溶剂制得的膜，其上部形成指状孔。而由 DMF/TEP 为溶剂制成的 M6 则由于其致密的海绵状孔结构导致膜的体积孔隙率最低。

表 4.4　M1～M10 体积孔隙率测定结果

指标	M1	M2	M3	M4	M5	M6	M7	M8	M9	M10
孔隙率/%	32.2	33.7	34.4	45.8	38.3	8.2	50.2	44.2	48.7	28.6

此外，尽管制膜过程控制刮刀与基材空隙为 100 μm，由图 4.3 可以看出 10 种膜的断面厚度依然各不相同。通过软件分析得到的 M1～M10 厚度值见表 4.5。10 种均质膜的厚度为 32.5～201.8 μm，其大小顺序为 M7＞M4＞M9＞M8＞M10＞M5＞M3＞M2＞M1＞M6。根据成膜动力学，铸膜液与非溶剂凝胶浴接触时溶剂快速从铸膜液中交换到凝胶浴中，此时初生膜将会立即发生收缩。随后，当发生相分离时，初生膜随着次生层中大孔或指状孔的纵向生长而膨胀，直到聚合物固化。因此，快速的相分离以及断面孔结构的充分生长将有助于增加成膜厚度。

表 4.5　M1～M10 厚度测定结果

指标	M1	M2	M3	M4	M5	M6	M7	M8	M9	M10
厚度/μm	34.7	50.1	51.3	131.3	59.4	32.5	201.8	79.2	84.4	61.9

2）溶剂组成对相转化过程的影响

浸没相转化法成膜过程受铸膜液体系热力学以及成膜动力学的影响。当铸膜液与非溶剂接触时，铸膜液中溶剂快速扩散进入凝胶浴中，膜表皮层迅速形成。非溶剂开始通过表皮层进入铸膜液体系中，溶剂与非溶剂进行相互扩散。随着铸膜液中非溶剂含量的不断增加，并到达体系双节分相线组成时，体系原有的热力学平衡将被打破，铸膜液将自发地进行液-液分相，即贫聚合物相与富聚合物相。由溶剂、非溶液和少量聚合物所组成的贫聚合物小滴溶液分散在富聚合物连续相中，这些小液滴将在浓度梯度的推动下不断增大，直到周围的富聚合物连续相经结晶、凝胶化或玻璃化转化等相转变而发生固化为止。在固化前，贫聚合物相小液滴的聚结将形成相互连通的多孔结构，而富聚合物相连续相则形成膜的骨架。根据热力学平衡原理，增加 $\delta_{p,s}$ 意味着溶剂溶解能力的下降，铸膜液体系不稳定，发生液-液分相所需的溶剂量越小，从而导致快速的液-液相分离速度并有助于形成更多的膜孔。另外，基于膜形成动力学，非溶剂的扩散速率越快，在固化之前就会有更多的膜孔形成。

而本研究显示四种溶剂制得膜的表面孔隙率大小顺序如下：M4＞M1＞M2＞M3，这一结果与所采用四种溶剂和 PVDF 的 $\delta_{p,s}$ 大小顺序一致，而不与溶剂与非溶剂扩散速率相符。这也就是说膜表面孔的形成受铸膜液体系热力学平衡原理控制。根据这一结论，混合溶剂将使溶剂的溶解能力下降并导致铸膜液体系不稳定，从而易形成更多的孔。这也解释了为什么 M5，M7～M10 相对于由相应纯溶剂制得的膜具有更大的孔隙率。DMF 与 TEP 的混合液与 PVDF 具有最低的 $\delta_{p,s}$，其溶解能力最强。因此发生了延迟液-液分相，形成了致密的海绵孔结构。

本章引用 Smolders 等（1992）的局部成核理论来解释断面指状孔及大孔结构的形成过程。Smolders 等（1992）提出在表皮层下高溶剂浓度的局部核形成。此时，非溶剂的流入会导致部分核的分相并在次生层形成局部孔。随着更多非溶剂的流入，形成更多的局部孔。由于溶剂与非溶剂的相互扩散相邻孔之间相互交联形成大孔。同时，随着溶剂从铸膜液扩散进入凝胶浴，富聚合物相中聚合物的浓度逐渐增加直到聚合物开始固化，孔生长停止。一些研究认为快速的溶剂与非溶剂交互速率将导致聚合物的迅速固化，从而抵制指状孔及大孔的形成，有助于形成海绵状孔结构。结合铸膜液热力学平衡及溶剂-非溶剂扩散原理，高的 $\delta_{p,s}$ 值以及慢的溶剂与非溶剂扩散速率将有利于大孔结构的形成。

溶剂与非溶剂相互扩散速率顺序为 DMF＞DMAC＞TEP＞DMSO。聚合物与溶剂之间的 $\delta_{p,s}$ 值大小顺序为：DMSO＞DMF＞DMAC＞TEP。从图 4.3 可以判断出成膜断面孔形态由溶剂-非溶剂相互扩散速率决定而非聚合物-溶剂溶解度参数差。快速的溶剂-非溶剂相互扩散速率有助于形成海绵状孔，反之则利于大孔结构。根据这一结论，我们可以推测出混合溶剂能够降低溶剂与非溶剂之间的交换速率，从而更易于形成指状孔及大孔结构。因此，本研究制得的 M7～M10 表现出贯穿的大孔结构，M5 形成的指状孔长度明显大于 M1 及 M2。对于 M6，由于其致密的表皮层阻碍了非溶剂的进入，使分相过程延迟，从而仅形成海绵状孔结构。

3）溶剂组成对成膜亲水性及 Zeta 电位的影响

为考察溶剂组成对成膜表面物理化学特性的影响，本章对膜表面接触角及 Zeta 电位值进行测定，测定结果见表 4.6。M1～M10 的接触角均为 80.1°～87.5°，并且膜接触角大小与溶剂组成没有显著的相关性。可推断铸膜液中溶剂组成对膜亲疏水性没有影响。所有膜面呈现出负电性，且膜表面 Zeta 电位值约为–68.0～–44.7mV。从表 4.6 中可以看出由 DMSO 为溶剂或混合溶剂时制得的膜表面电位较其他溶剂成膜电位低，即 DMSO 制得的膜表面负电荷多。流动电位法是通过计算膜面及膜孔内部的流动电流值得到膜面电位值，因此其测定结果会受膜孔径大小及孔壁结构的影响。本节研究中不同的膜孔结构被认为是影响膜面电位的重要因素。此外，研究膜面电位值是影响膜污染特性的重要因素之一。污泥混合液中菌胶团表面电位约在–40～–30mV。根据静电作用原理，膜表面负电位越强，膜面与菌胶团之间的静电斥力也就越强，膜污染速率越低。

表 4.6　M1～M10 表面接触角及电位测定结果

指标	M1	M2	M3	M4	M5	M6	M7	M8	M9	M10
接触角/（°）	80.1	83.8	87.5	81.2	83.5	86.1	83.0	84.9	81.4	83.5
电位/mV	–55.1	–56.0	–44.7	–62.4	–58.2	–59.6	–68.0	–56.3	–62.2	–65.5

4）溶剂组成对成膜纯水通量的影响

纯水通量是评价膜过滤性能的有效指标。膜纯水通量测定结果见表 4.7。10 种膜纯水通量大小顺序如下：M4>M9>M7>M10>M1>M8>M3>M2>M5>M6。由 DMSO 为溶剂制得的 M4、M7、M9 和 M10 具有较高的纯水通量值，在 102.2～272.2 L/（$m^2 \cdot h \cdot bar$）范围内。而其他膜的纯水通量较低，在 35.2～99.6 L/（$m^2 \cdot h \cdot bar$）范围内。根据前人的研究结论，膜表面孔隙率越大，膜的纯水通量越高。但在本研究结果发现尽管 M7 具有最大的表面孔隙率，其纯水通量值较 M4 和 M9 低。这是由于 M7 的厚度明显大于其他两种膜，而较厚的膜断面会加大水流过时的阻力，因此导致纯水通量下降。此外，M10 膜的断面孔压实导致其渗透性能下降，膜纯水通量降低。而具有致密表层及海绵状断面的 M6 渗透性能最差。对膜纯水通量的测定结果表明，由 DMSO 作为溶剂制得的膜具有多孔表层及大孔断面，因此膜渗透性能最佳。

表 4.7　M1～M10 纯水通量测定结果

指标	M1	M2	M3	M4	M5	M6	M7	M8	M9	M10
纯水通量/[L/（$m^2 \cdot h \cdot bar$）]	99.6	87.7	89.1	272.2	71.3	35.2	215.1	89.6	245.7	102.2

5）溶剂组成对膜临界通量的影响

临界通量已经被广泛用于评价膜污染特性。10 种膜临界通量测定曲线如图 4.4 所示。

随着运行通量的增加，跨膜压力增加。从图 4.4 中可以看出，相同通量下 M4 及 M7～M10 的跨膜压力较其他膜低，而 M6 具有最高的压力值。且在初始通量的 15 min 运行周期内 M6 跨膜压力增长了 0.33 kPa，也就是说运行通量 18 L/（m²·h）已经超过了 M6 的临界通量值。M7 和 M9 具有最高的临界通量值，为 34.5 L/（m²·h）。其次为 M4 和 M10，临界通量值为 31.5 L/（m²·h）。不难看出，以 DMSO 为溶剂制得的膜临界通量值高于其他溶剂成膜。影响膜临界通量的因素有很多，其中主要包括膜表层及断面的孔结构，膜面亲水性，膜面电位及膜的渗透性能。本章研究结果可以看出，以 DMSO 为溶剂制得的膜具备大的表面及体积孔隙率，膜渗透性能好，且膜表面强的负电性抑制了菌胶团在膜面的吸附速率，因此成膜抗污染能力强，临界通量高。

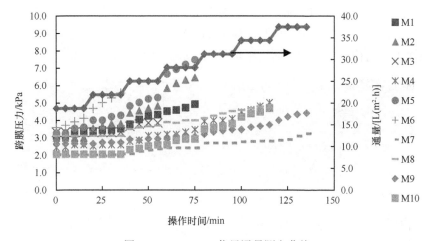

图 4.4　M1～M10 临界通量测定曲线

3. 铸膜条件对成膜性能的影响

在相分离法成膜过程中，溶剂、非溶剂的逆向传质、聚合物溶液组成物性的变化和聚合物溶液的相分离是同时进行的，对于选定的成膜溶液体系，其物理化学特性的变化规律和相分离特性是确定的，不同的制膜条件通过对传质过程的影响，进而影响分相过程和膜性能。因此，本章节通过控制主要制膜因素水平，考察其对成膜基本性能的影响及规律。

1）挥发时间对成膜性能的影响

挥发时间指铸膜液经过刮刀涂覆成膜后，进入凝胶浴之前，在空气中暴露的时间。本节以 6 wt.%PVDF、90 wt.%DMSO、4 wt.%丙酮配制铸膜液。将铸膜液放入反应釜内在 80℃条件下加热搅拌 3 天，然后放置于烘箱内熟化保存 2 天。分别以 10 s、15 s、30 s、60 s、120 s 及 180 s 为挥发时间，控制铸膜厚度为 0.25 mm，凝胶浴温度为 25 ℃，铸膜速度为 1.8 m/min 制备微滤膜。得到微滤膜的评价结果如表 4.8 所示。数据分析结果显示膜孔隙率大小与挥发时间的长短有显著负相关性，随挥发时间的延长孔隙率变小。当铸膜液在空气中暴露时，挥发性较强的添加剂丙酮从气液界面挥发出来，致使铸膜液表层的溶剂浓度高于内部，当浸入凝胶浴时，由于表层与内部溶剂浓度梯度较大使溶剂与非溶剂的交换速率受到抵制，从而降低了膜的孔隙率。

表 4.8　不同挥发时间成膜性能测定结果

挥发时间/s	体积孔隙率/%	纯水通量/[L/（m²·h·kPa）]	膜污染速率/（kPa/h）
10	45.9	27.3	6.1
15	43.0	78.8	8.0
30	44.7	74.3	21.0
60	41.5	81.2	39.4
120	38.2	78.8	27.6
180	40.2	25.2	21.3

图 4.5 给出了不同挥发时间下制备膜表面扫描电镜照片。从图中可以看出，挥发时间较短（10～15 s）时膜表面以小孔均匀分布，而当挥发时间增加到 30 s 后，膜表面出现相互连通大孔结构，当挥发时间逐渐增加后，膜面孔径又进一步减少，当挥发时间达

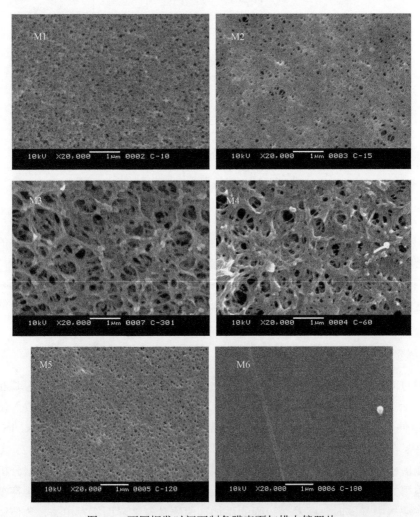

图 4.5　不同挥发时间下制备膜表面扫描电镜照片

到 180 s 后，膜呈现出致密的无孔表层。随着挥发时间的延长，纯水通量呈现先上升后下降的趋势，这与膜面孔隙率结果一致。另外，以 10 s 为挥发时间制得的膜抗污染速率最强。从图 4.5 也可以看出，膜污染速率并不是随着膜表面孔径的大小而线性增大或减小，而是在膜孔径约为 0.05～0.20 μm 时膜污染速率最低。

2）凝胶浴温度对成膜性能的影响

凝胶浴温度是指非溶剂（水）的温度。按上述成分配制铸膜液，放入反应釜内在 80℃ 条件下加热搅拌 3 天后，放置于烘箱内熟化保存 2 天。控制凝胶浴温度分别为 15℃、25℃、35℃、45℃、55℃ 及 65℃，铸膜厚度为 0.25 mm，挥发时间为 15 s，铸膜速度为 1.8 m/min 制备微滤膜。不同凝胶浴温度下制备膜性能测定结果见表 4.9。

表 4.9　不同凝胶浴温度下制得膜性能测定结果

凝胶浴温度/℃	体积孔隙率/%	纯水通量/[L/（m²·h·kPa）]	膜污染速率/（kPa/h）
15	48.6	8.5	8.4
25	57.0	11.3	5.2
35	60.5	13.5	5.9
45	75.4	17.8	3.8
55	49.4	5.8	4.3
65	47.1	5.5	5.3

表 4.9 数据分析结果显示改变凝胶浴水温，对成膜性质有一定的影响。成膜孔隙率及纯水通量在低温度时随凝胶浴温度的升高而增大，当凝胶浴温度达到 45℃ 后逐渐下降。而膜污染速率也随着温度变化呈现先降低后升高的趋势，在 45℃ 成膜污染速率最低。由制备膜表面扫描电镜照片（图 4.6）可以看出，膜表面孔的平均孔径随着凝胶浴温度的升高不断变大。铸膜液与凝胶浴接触时，非溶剂快速扩散到铸膜液界面，而使界面局部铸膜液体系发生瞬时液-液分相，形成表面孔。随着溶剂与非溶剂的逐渐交换，邻近的局部孔之间相互连通，形成大孔。凝胶浴温度的升高能够加快分子间相互作用速度，以及溶剂与非溶剂之间的置换速度，从而有助于大孔的形成。从膜的电镜照片中也观察到低凝胶浴温度下制得的膜，膜孔径小；而高凝胶浴温度下制得的膜，膜孔表现为大窟窿状，孔数较少。当凝胶浴水温过高时，快速的溶剂与非溶剂交换速率又将加速聚合物的固化过程，使得膜断面孔生长受到抑制，从而降低体积孔隙率及渗透性能，使得膜污染速度加快。

3）铸膜厚度对成膜性能的影响

铸膜厚度即为铸膜时刮刀与膜基材之间的缝隙宽度。按上述成分配制铸膜液，放入反应釜内在 80 ℃ 条件下加热搅拌 3 天后，放置于烘箱内熟化保存 2 天。控制铸膜厚度分别为 0.10 mm、0.15 mm、0.20 mm、0.25 mm、0.30 mm 及 0.40 mm，凝胶浴温度为 25℃，挥发时间为 15s，铸膜速度为 1.8m/min 制备微滤膜。不同铸膜厚度下制备膜性能测定结果见表 4.10。

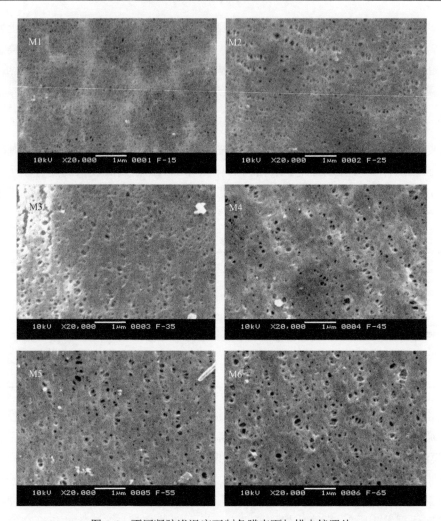

图 4.6　不同凝胶浴温度下制备膜表面扫描电镜照片

表 **4.10**　不同铸膜厚度制备膜性能测定结果

铸膜厚度/mm	体积孔隙率/%	纯水通量/ [L/ (m²·h·kPa)]	膜污染速率/ (kPa/h)
0.10	40.7	30.1	10.5
0.15	46.5	26.1	9.0
0.20	45.9	22.0	8.5
0.25	49.0	19.4	7.9
0.30	44.7	17.2	8.4
0.40	45.5	17.1	11.1

　　表 4.10 数据显示铸膜厚度与膜纯水通量有显著负相关性,铸膜层越厚膜的纯水通量越小。而膜孔隙率随厚度的增加呈现出先增加后减小的规律,分析当厚度小于 0.25 mm 时铸膜液中溶剂与凝胶浴中非溶剂的交换速率并没有受到厚度的抑制,而大于 0.25 mm 后膜厚度导致非溶剂无法进入铸膜液内部而使体系发生延迟分相,从而降低了孔隙率。膜污染速率的测定结果也表明,在 0.25 mm 厚度下制得的膜抗污染能力最强。不同铸膜

厚度下制备膜表面扫描电镜照片如图 4.7 所示。可以看出，当铸膜厚度过低（0.10 mm）或过高时（0.40 mm）膜表面都会出现大的窟窿状孔，并且膜污染速度较快。铸膜厚度在 0.15～0.30mm 范围内时，膜面呈现较为均匀的小孔结构。

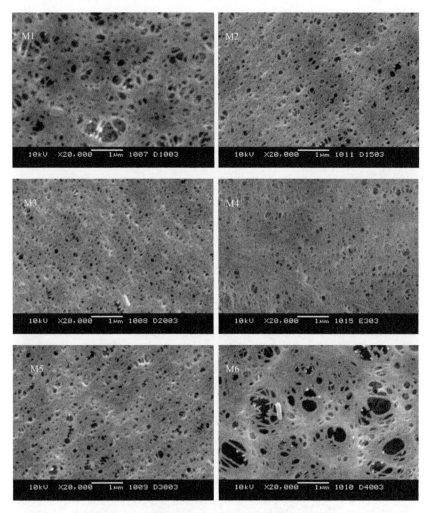

图 4.7　不同铸膜厚度下制备膜表面扫描电镜照片

4）铸膜速度对成膜性能的影响

铸膜速度即为铸膜时刮刀在基材上涂膜的速度。按上述成分配制铸膜液，放入反应釜内在 80℃条件下加热搅拌 3 天后，放置于烘箱内熟化保存 2 天。控制铸膜速度分别为 0.3 m/min、0.6 m/min、1.2 m/min、1.8 m/min、2.4 m/min 及 3.6 m/min，凝胶浴温度为 25℃，挥发时间为 15 s，铸膜厚度为 0.25 mm 制备微滤膜。不同铸膜速度下制备膜性能测定结果见表 4.11。

表 4.11 结果显示铸膜速度与膜的污染速率呈显著负相关性，铸膜速度越大膜污染速度越慢，但 2.4 m/min 为临界铸膜速度。当铸膜速度大于 2.4 m/min 时，膜污染速率加快。由于铸膜速度越快刮刀对膜的剪切力越大，从而表面的高分子取向度增加，膜表面出现

表 4.11　不同铸膜速度下制备膜性能测定结果

铸膜速度/（m/min）	体积孔隙率/%	纯水通量/［L/（m²·h·kPa）］	膜污染速率/（kPa/h）
0.3	45.0	12.7	14.4
0.6	44.9	19.4	11.8
1.2	46.7	18.9	8.7
1.8	49.0	19.4	7.9
2.4	45.7	17.3	3.3
3.6	42.0	4.9	8.5

定向孔结构，如铸膜速度为 3.6 m/min 时成膜扫描电镜图像所示（图 4.8）。且铸膜速度过快时，铸膜液易随着刮刀在基材上被快速携带，并不能完全附着在基材表面成膜，从而导致膜污染速率加快。

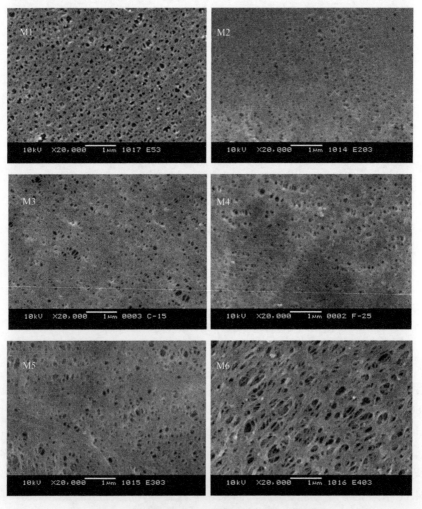

图 4.8　不同铸膜速度下制膜表面扫描电镜照片

4.1.2 聚丙烯腈平板微孔膜的优化制备

1. 不同聚合物浓度对 PAN 成膜性能的影响

1）膜制备材料与参数

聚合物 PAN 购自上海金山石化有限公司，分子量为 70 000 Da；溶剂二甲基甲酰胺（DMF）购自上海国药集团化学试剂有限公司，为分析纯；凝胶浴水采用蒸馏水；后处理药剂选用丙三醇，购自上海国药集团化学试剂有限公司，为分析纯；膜基材无纺布选用日本 Teijin 公司的 PH554 产品，厚度为 140 μm。为考察聚合物浓度对 PAN 膜性能的影响，选用常用溶剂 DMF 为 PAN 聚合物溶剂，研究 PAN 聚合物浓度为 10 wt.%、13 wt.%、16 wt.%、19 wt.%时对最终成膜的形态结构、清水通量、孔隙率、污染速率等性能的影响。膜制备过程中的工艺参数条件见表 4.12。

表 4.12　平板膜制备过程中的工艺参数条件

工艺参数	条件
溶解温度/℃	60
溶解时间/d	5
刮膜厚度/μm	200
刮膜速度/（m/min）	1.2
蒸发时间/s	10
凝胶温度/℃	20
凝胶时间/h	24
后处理药剂浓度/%	30
后处理药剂时间/min	10
空气温度/℃	23
空气湿度/RH%	68

2）不同聚合物浓度制备 PAN 微孔膜的形态结构表征

不同聚合物浓度制备的 PAN 膜表面、断面结构的电镜照片如图 4.9 所示。PAN 浓度为 10 wt.%、13 wt.%、16 wt.%和 19 wt.%时制备的膜分别编号为 Pa、Pb、Pc、Pd，均为非对称膜。随 PAN 浓度的增加，膜的表面及断面孔结构均发生显著变化，表面孔径逐渐变小，孔数目下降；断面大孔结构受到抑制，膜的上皮层逐渐变厚，海绵状结构增加。当 PAN 浓度较低时，铸膜液黏度低，成膜过程中，溶剂 DMF 和凝固浴水的相互扩散速度快，体系发生贫聚合物相成核的瞬时液-液分相，得到具有大孔疏松结构的膜，并且大孔充分发展贯穿整个膜的横断面，如图 4.9 中的 Pa。当 PAN 浓度提高到 19%时，高分子大量聚集，铸膜液黏度大幅度提高，此时制膜液浸入凝胶浴后，溶剂和非溶剂的互相扩散速度减小，导致聚合物溶液发生延时液-液分相，得到结构较为致密的膜结构，表现为指状孔的细化、指状孔结构的减少和海绵状孔结构的增加。

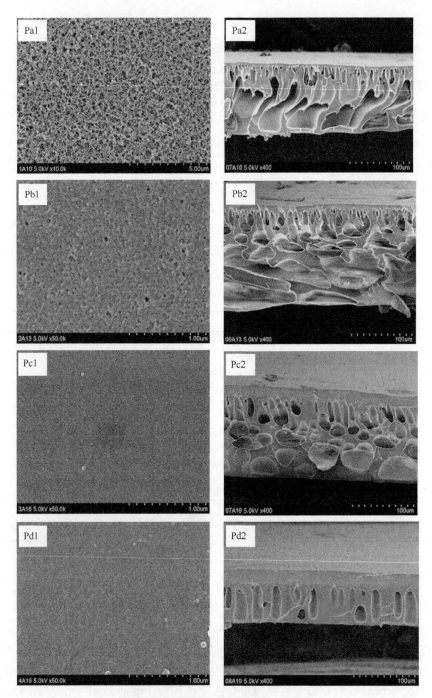

图 4.9　不同聚合物浓度下膜形态结构

1. 表面结构；2. 断面结构

3）不同聚合物浓度制备 PAN 微孔膜性能

不同聚合物浓度下制备的 PAN 膜的清水通量、孔隙率、厚度及膜污染速率如表 4.13 所示。随着聚合物浓度的增加，成膜性能也发生显著变化：膜清水通量由 268 L/（$m^2 \cdot h$）

急剧下降到 43 L/ (m^2·h)，孔隙率也出现下降的趋势，而膜厚度则随着浓度的提高而增加。这主要与不同浓度下成膜的结构息息相关，如上节所述，膜表面孔径随着聚合物浓度的增加而大幅下降，膜横断面结构中大孔结构逐渐减小，进一步引起膜水通量及孔隙率的下降。同时，随着浓度的增加，铸膜液黏度增大，相同刮膜厚度下铸膜液渗入无纺布的量变小，浸入凝胶浴后，溶剂和非溶剂的交换速率变小，致使最终成膜的厚度增加。

表 4.13　不同聚合物浓度下的成膜性能

编号	聚合物浓度/%	清水通量/ [L/ (m^2·h)]	孔隙率/%	厚度/μm	膜污染速率/10^8 m^{-1}
Pa	10	267.68	38.73	0.160	1.85
Pb	13	254.70	38.53	0.165	1.41
Pc	16	105.41	37.43	0.210	3.69
Pd	19	42.68	32.05	0.250	12.70

另外，膜污染速率也有随着聚合物浓度增加而上升的趋势，当浓度增到 19%时，其污染速率高达 12.7 亿 m^{-1}，而当聚合物浓度为 13%时，PAN 成膜则表现出最低的膜污染速率，虽然与 10%浓度相比，抗污染能力提高 20%，水通量与孔隙率相对较低一些，但是其成膜后的表面更加平整光洁，综合考虑，认为制备 MBR 用平板微孔膜时，PAN 聚合物浓度范围为 10%～13%，当浓度为 13%时，PAN 成膜的性能最优。

2. 不同溶剂对 PAN 成膜性能的影响

1）膜制备材料与参数

溶剂二甲基甲酰胺（DMF）、二甲基乙酰胺（DMAc）、二甲基亚砜（DMSO）、N-甲基吡咯烷酮（NMP）购自上海国药集团化学试剂有限公司，为分析纯。经前述试验讨论，得出聚合物浓度为 13%时成膜性能最优。为考察不同溶剂对 PAN 膜性能的影响，选用 DMF、DMAc、DMSO、NMP 为 PAN 聚合物的溶剂，研究在相同聚合物浓度下不同溶剂对 PAN 成膜形态结构、清水通量、孔隙率、污染速率等性能的影响。

平板膜制备工艺参数条件见表 4.12。

2）不同溶剂制备 PAN 微孔膜的形态结构表征

不同溶剂制备的 PAN 膜表面、断面结构的电镜照片如图 4.10 所示。在 PAN 浓度为 13 wt.% 下，四种溶剂制备的膜分别编号为 Sa、Sb、Sc、Sd，均为非对称膜。不同溶剂成膜的表面孔结构相同，均为细小的圆孔，除溶剂 a 表面孔径较大外，其余三种溶剂表面孔径类似。然而，四种溶剂成膜的断面孔结构差异很大，溶剂 a、c 成膜表现出贯穿断面的大孔疏松结构，且表皮层较薄；溶剂 b 成膜的断面出现稀疏的大孔，但更多地为海绵状孔结构，溶剂 d 断面也呈现大孔结构，但是并未贯穿整个断面，上下皮层均较厚。

不同溶剂成膜的结构的差异主要原因为聚合物与溶剂相互作用系数（δ）（即溶解度参数）及溶剂与非溶剂（水）的相互作用系数（$\delta_{t,w-s}$）不同。表 4.14 第二列为聚合物与溶剂的溶解度参数，可以看到，聚合物与溶剂溶解度参数的差值大小顺序为 DMAc＞NMP＞DMF＞DMSO，一般认为，聚合物与溶剂间的溶解度参数差值越小，其相互作用

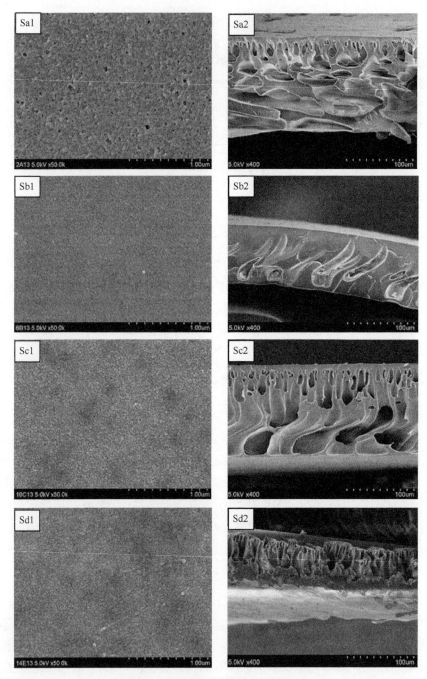

图 4.10 不同溶剂成膜的形态结构
1. 表面结构；2. 断面结构

系数越大，聚合物沉淀速度越慢，非溶剂水进入膜结构内部后产生液液分相并且浓相凝胶固化后，有足够的时间让稀相核充分生长，从而产生大孔结构。另外，从成膜动力学角度来说，溶剂与非溶剂（水）的相互作用系数大小顺序为 DMAc＞NMP＞DMF＞DMSO，相互作用系数越大，溶剂与非溶剂亲和性越差，其扩散系数越小。因此，对于

DMF、DMSO 来说，其与水的相容性更好，在水中交换速度更快，体系越来越趋向于发生瞬时分相，更易形成大孔结构。

表 4.14 聚合物与溶剂溶解度参数、溶剂/非溶剂相互作用系数

种类	$\delta/MPa^{1/2}$	$\delta_{t,w\text{-}s}/MPa^{1/2}$
PAN	26.6	—
DMF	24.8	17.5
DMAc	22.7	19.6
DMSO	26.7	15.6
NMP	22.9	19.4

3）不同溶剂制备 PAN 微孔膜性能

不同溶剂制备的 PAN 膜的清水通量、孔隙率、厚度及膜污染速率如表 4.15 所示。溶剂种类的不同导致成膜结构的差异，进一步引起成膜性能显著变化。具有大孔结构的 DMF、DMSO 溶剂成膜表现出了高的清水通量与孔隙率，同时具有较大孔径的 DMF 溶剂成膜的清水通量最大；大孔结构不丰富、海绵孔占大部分的 DMAc 溶剂成膜的清水通量、孔隙率最小。此外，不同溶剂对膜污染速率也有很大影响，其变化趋势与清水通量类似，采用溶剂 DMF 时，膜污染速率最低，其次为 DMSO、NMP。综合考虑，认为溶剂 DMF 为 PAN 聚合物制备 MBR 微孔膜的最优溶剂。

表 4.15 不同溶剂下 PAN 膜的性能

编号	清水通量/[L/(m²·h)]	孔隙率/%	厚度/μm	膜污染速率/$10^8 m^{-1}$
Sa	239.75	41.17	0.152	1.41
Sb	71.93	37.11	0.151	5.52
Sc	187.80	44.68	0.146	3.89
Sd	95.90	41.50	0.153	6.48

3. 添加剂对 PAN 微孔膜结构性能的影响

1）膜制备材料与参数

添加剂聚乙二醇（PEG），分子量为 400 g/mol，购自上海浦东高南化工厂；聚乙烯基吡咯烷（PVP），分子量为 45000 g/mol，购自上海埃彼化学试剂有限公司；乙醇（EtOH）购自上海国药集团化学试剂有限公司，所有药品皆为分析纯。

根据前两节研究，得出聚合物浓度为 13%，溶剂选择 DMF 时 PAN 微孔膜性能最优。另外，常常在铸膜液中加入除聚合物和溶剂外的添加剂组分，以提高成膜孔隙率，改善膜性能。为考察不同种类添加剂对 PAN 膜性能的影响，选用常用的大分子有机添加剂 PEG、PVP 及小分子有机添加剂 PtOH、EtOH 为 PAN/DMF 体系的第三组分，研究各种添加剂不同浓度对 PAN 成膜的形态结构、清水通量、孔隙率、污染速率等性能的影响。表 4.16 为各个添加剂的浓度。

表 4.16　不同添加剂的种类及浓度

添加剂编号	添加剂种类	添加剂浓度/wt.%			
TA	PEG	1	3	5	7
TB	PVP	1	2	3	4
TC	EtOH	2	5	8	11

平板膜制备过程中的工艺参数条件见表 4.17。

表 4.17　平板膜制备过程中的工艺参数条件

工艺参数	条件
溶解温度/℃	60
溶解时间/d	4
刮膜厚度/μm	100
刮膜速度/（m/min）	1.8
蒸发时间/s	10
凝胶温度/℃	24.5
凝胶时间/h	24
后处理药剂浓度/%	15
后处理药剂时间/min	30
空气温度/℃	24
空气湿度/RH%	48

2）PEG 对 PAN 成膜性能影响

四种 PEG 添加浓度下制备的膜编号分别为 TA1、TA2、TA3 和 TA4，无添加剂的膜编号为 T0，其成膜表面形态如图 4.11 所示，可以看到，大分子 PEG 的添加对 PAN 成膜表面孔形态改变不甚明显，均为细小的圆孔，分布较均匀。但是正如表 4.18 第 2 列、第 3 列所示，PEG 添加前后膜面孔径变化不明显，出现一定的先增大后减小的趋势；未添加 PEG 的原始膜 T0 表面孔径较小，膜面孔数目较少，即表面孔隙率低；随着 PEG 的添加，成膜表面孔隙率也呈现先增大后减小的趋势，特别是当浓度为 TA3 时，膜面孔隙率最高，孔径也较大。

不同浓度 PEG 添加对 PAN 成膜性能的清水通量与污染速率影响如表 4.18 所示，可以看到，适当浓度的 PEG 添加有助于提高膜的清水通量，当添加剂浓度为 TA2 时，膜清水通量相对不含添加剂的原始膜增加了 1.3 倍，但是当 PEG 浓度不小于 TA3 时，成膜的清水通量反而呈现下降的趋势，且浓度越大，水通量越低。对于膜污染速率来说，添加了 PEG 后的 PAN 成膜抗污染能力均得到提高，其变化趋势与水通量变化类似，随着 PEG 浓度的增加污染速率先下降后升高，当添加剂浓度为 TA2 时，膜污染速率最低。不同 PEG 浓度引起膜性能差异的主要原因是 PEG 作为非溶剂加入铸膜液中，由于其本身亲水特性良好的 PEG 的加入能较好地改善铸膜液的亲水性，加快溶剂-非溶剂的交换，提高铸膜液的相分离速度，促进微胞的形成与生长，从而有利于生成大孔结构，有助于膜通量的增加，此时，PEG 作为致孔剂。但是当 PEG 添加剂较多时，相分离速度

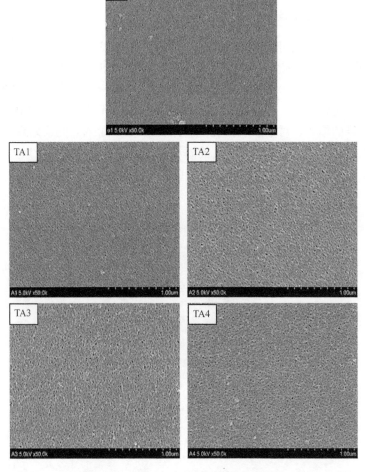

图 4.11 不同 PEG 浓度下成膜表面形态

进一步提高，铸膜液在较短时间内固化，使得微胞结构的生长受到抑制，生成的微胞结构较小，因而微胞与微胞之间构成的孔径也较小；同时微胞与微胞之间的贯通性由于膜的快速固化而受到影响，进而影响膜的孔径大小，引起膜通量下降。

表 4.18 不同 PEG 浓度下成膜性能

编号	孔径/nm	膜面孔隙率/%	清水通量/ [L/（m²·h）]	膜污染速率/$10^8 m^{-1}$
T0	17.40	1.90	375.45	1.47
TA1	17.79	3.18	464.10	0.49
TA2	18.80	3.33	885.16	0.33
TA3	18.26	4.01	291.19	0.98
TA4	17.67	2.04	254.85	1.06

综上所述，结合不同 PEG 添加剂浓度下成膜的性能指标来看，膜 TA2 具有最大的膜面孔径、清水通量，同时在 MBR 中表现出最低的膜污染速率，因此认为在该 PAN 浓

度/溶剂含量下，PEG 作为添加剂的最优浓度为 3 wt.%。

3）PVP 对 PAN 成膜性能影响

四种 PVP 添加浓度下制备的膜编号分别为 TB1、TB2、TB3 和 TB4，无添加剂的膜编号为 T0，其成膜表面形态如图 4.12 所示，大分子 PVP 的添加对 PAN 成膜表面孔形态改变不甚明显，均为细小的圆孔，分布较均匀。表 4.19 为不同 PVP 添加剂浓度下成膜的性能参数，可以看到，PVP 添加前后膜面孔径变化不明显，添加 PVP 后的膜面孔径出现一定程度的增大。对于膜表面孔隙率来说，未添加 PVP 的原始膜 T0 膜面孔数目相对较少，表面孔隙率低；随着 PVP 的添加，成膜表面孔隙率逐渐增大，特别是当浓度为 TB3 时，膜面孔隙率最高。但是当 PVP 浓度为 TB4 时，膜面孔隙率急剧下降，仅为原膜 T0 的 43%。

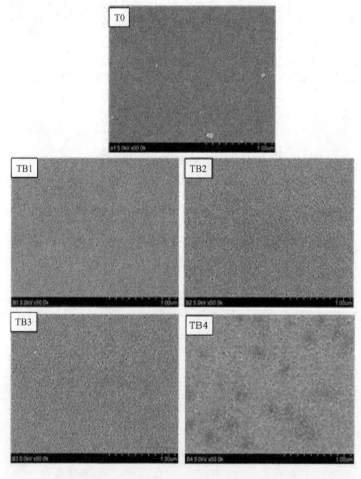

图 4.12　不同 PVP 浓度下成膜表面形态

不同浓度 PVP 添加对 PAN 成膜性能的清水通量与污染速率影响如表 4.19 所示，可以看到，适当浓度的 PVP 添加有助于增加膜的清水通量，提高膜的渗透性。当添加剂浓度为 TB3 时，成膜的清水通量最高，是原始膜通量的 1.6 倍；但是当 PVP 浓度为 TB4

时,成膜的清水通量急剧下降,仅为原始膜通量的 76%,主要与其表面孔隙率较低有关。对于膜污染速率来说,添加了 PVP 后的 PAN 成膜抗污染能力均得到一定程度提高,其变化趋势与水通量类似。随着 PVP 浓度的增加污染速率先下降,当添加剂浓度为 TB3 时,膜污染速率最低,但是当添加剂浓度为 TB4 时,膜污染速率最高。因此,添加剂 PVP 的浓度不宜过高。

表 4.19　不同 PVP 浓度下成膜性能

编号	孔径/nm	表面孔隙率/%	清水通量/[(L/(m²·h))]	膜污染速率/10⁸m⁻¹
T0	17.40	1.90	375.45	1.47
TB1	18.03	2.90	489.35	1.39
TB2	18.67	3.58	544.24	1.47
TB3	18.62	4.31	602.22	0.98
TB4	18.14	0.81	285.26	2.13

不同 PVP 浓度引起膜性能差异的主要原因与 PEG 作用机理类似。PVP 的加入能较好地改善铸膜液的亲水性,有利于非溶剂向膜内部扩散,促进分相的发生,加快成膜速度,有利于生成大孔结构,从而有助于膜通量的增加。同时,随着 PVP 含量的增加,富集在膜表面的 PVP 浓度变大,当膜表面与凝胶浴水接触时,会有更多的 PVP 溶于水,膜表面形成孔,构成指状孔的生长点,在随后的分相过程中向膜内增长形成大孔结构,进一步提高膜通量。但是当 PVP 添加剂含量较多时,铸膜液黏度增大,PVP 扩散入凝胶浴中量减小,留在膜中的多,最终导致膜表面孔数目减少。

综上所述,结合不同 PVP 添加剂浓度下成膜的性能指标,膜 TB3 具有最大的膜面孔径、膜面孔隙率及清水通量,同时在 MBR 中表现出最低的膜污染速率,因此认为在该 PAN 浓度/溶剂含量下,PVP 作为添加剂的最优浓度为 3 wt.%。

4)EtOH 对 PAN 成膜性能影响

小分子醇类作为常见的聚合物膜制备过程中的非溶剂,通常被添加到铸膜液中以改变其热力学性能、调节相转化过程中的凝胶速率、改善分离膜的结构和性能,且小分子醇在成膜过程中可以完全溶出,不影响膜材料本身的性能。本实验选择 EtOH 作为添加剂,考察不同浓度下膜性能的变化,四种添加浓度下制备的膜编号分别为 TC1、TC2、TC3 和 TC4,无添加剂的膜编号为 T0,其成膜表面形态如图 4.13 所示,小分子 EtOH 的添加对 PAN 成膜表面孔形态改变影响不大,均为细小的圆孔,分布较均匀。表 4.20 为不同 EtOH 添加剂浓度下成膜的性能参数,可以看到,EtOH 添加前后膜面孔径变化不明显,添加 EtOH 后的膜面孔径出现一定程度的增大。对于膜表面孔隙率来说,未添加 EtOH 的原始膜 T0 膜面孔数目相对较少,表面孔隙率较低;随着 EtOH 的添加,成膜表面孔隙率得到有效提高,特别是当浓度为 TC2 时,膜面孔隙率最高。随着 EtOH 浓度的增加,膜面孔隙率出现下降,但是仍然比原膜 T0 高。

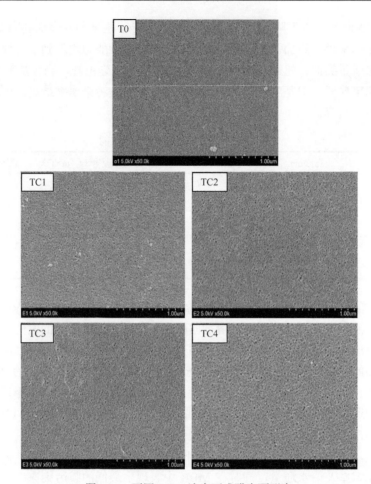

图 4.13　不同 EtOH 浓度下成膜表面形态

表 4.20　不同 EtOH 浓度下成膜性能

编号	孔径/nm	表面孔隙率/%	清水通量/ $[(L/(m^2 \cdot h))]$	膜污染速率/$10^8 m^{-1}$
T0	17.40	1.90	375.45	1.47
TC1	17.42	3.37	487.72	0.98
TC2	18.82	6.91	936.95	1.62
TC3	18.29	5.33	737.50	1.77
TC4	18.40	4.74	629.27	2.69

　　不同浓度 EtOH 添加对 PAN 成膜性能的清水通量与污染速率影响如表 4.20 所示，可以看到，小分子 EtOH 的添加有助于提高膜的清水通量，增强膜的渗透性，当添加剂浓度为 TC2 时，成膜的清水通量最高，是原始膜通量的 2.4 倍，主要与其高的表面孔隙率有关。对于膜污染速率来说，添加了 EtOH 后的 PAN 成膜抗污染能力的提高并不显著，除了添加浓度为 TC1 时，成膜的污染速率下降了 33%，其他添加浓度下，膜的污染速率反而比原始膜更高，特别是当 EtOH 浓度达到 TC4 时。这主要与小分子醇添加剂可以完全溶出而不影响膜性能的特性相关。

　　当在铸膜液中添加非溶剂的小分子醇添加剂时，与溶剂相比，小分子醇在成膜过程中优先被水置换，且添加剂含量越高，分相时聚合物稀相中乙醇与溶剂的比例越大，铸膜液分相速率越快。同时，由于乙醇与非溶剂水在成膜过程中相互扩散，在膜表面形成更多小孔，增加膜的表面孔隙率，提高膜的渗透性。但是当 EtOH 浓度过高时，引起分相时皮层浓相聚合物浓度较高，减缓溶剂与非溶剂的扩散速率，引起通量的下降。

综上所述，结合不同 EtOH 添加剂浓度下成膜的性能指标，得到添加剂 EtOH 的含量不宜过高，膜 TC1 具有适宜的膜面孔径、表面孔隙率及清水通量，同时在 MBR 中表现出最低的膜污染速率，因此认为在该 PAN 浓度/溶剂含量下，EtOH 作为添加剂的最优浓度为 2 wt.%。

4. 膜制备条件对 PAN 微孔膜结构性能的影响

浸没沉淀相转化制膜是一个复杂的过程，在制膜过程中，除聚合物/溶剂/添加剂的种类及配比对成膜的结构及性能产生重大影响外，制膜过程的工艺参数对最终的膜结构性能也有显著影响。制膜过程中的工艺参数繁多并且相互关联，很难通过一定量的试验弄清每个参数对膜性能的影响。Plackett–Burman（PB）设计实验是一种两水平因子筛选试验，主要针对因子数较多，且未确定众因子相对于响应变量的显著性时采用的试验设计方法，可以通过 N 次试验考察 N-1 个因子的影响。本研究采取 PB 的实验设计方法，在确定最优铸膜液配方后，考察膜制备过程中的铸膜液溶解温度、铸膜液溶解时间、无纺布种类、刮膜厚度、刮膜速度、蒸发时间、凝胶温度、凝胶时间、后处理药剂处理浓度、后处理药剂处理时间、热处理温度、热处理时间 12 个参数因素对膜性能的影响，以膜孔径、清水通量、膜污染速率为评价指标，筛选出对膜性能影响最显著的参数。

1）膜制备材料与参数

聚合物 PAN 购自上海金山石化有限公司，分子量 Mn=70 000 Da；溶剂二甲基甲酰胺（DMF）购自上海国药集团化学试剂有限公司，为分析纯；添加剂聚乙二醇（PEG），分子量为 400 g/mol，购自上海浦东高南化工厂；凝胶浴水采用蒸馏水；后处理药剂选用丙三醇，购自上海国药集团化学试剂有限公司，为分析纯；膜基材无纺布选用日本 Teijin 公司的 PH554 产品，厚度为 140μm 以及上海天略纺织新材料有限公司的 TA3618 产品，厚度为 170 μm。

经前述研究，得出聚合物浓度为 13%，溶剂选择 DMF，添加剂 PEG 为 3%时 PAN 微孔膜性能最优，选择此配比为 PB 实验的固定配方。PB 实验利用 Minitab 软件（Version 15.1.30，Minitab Inc.，USA）进行设计，每个因素包含两水平：–1 为低水平，+1 为高水平。12 个因素通过 20 次试验进行评价。表 4.21 为 12 个因素的代号及编码水平数，其水平选取根据文献相关报道及实际实验值得到。表 4.22 则展示了各因子编码水平的 PB 实验设计矩阵，每一行代表一次试验，该试验中的各因素则按照该行设计水平选取，共进行 20 次实验，每次试验重复 2 次，即刮制 40 片膜。膜的孔径性能、清水通量及膜污染速率作为响应变量，各个响应值与各因子变量经方差分析与拟合后，可得到响应值与各因子的一阶模型，如下：

$$Y=\beta_0+\Sigma\beta_i X_i \tag{4.4}$$

式中，Y 为预测的响应变量值；β_0，β_i 为常数；X_i 为编码的各因子。

表 4.21　PB 实验各因素代号及水平

因素	代号	低水平（−1）	高水平（+1）
铸膜液溶解温度/℃	A	20	70
铸膜液溶解时间/d	B	4	8
无纺布种类	C	TA3618	PH554
刮膜厚度/μm	D	100	400
刮膜速度/(m/min)	E	0.6	3.6
蒸发时间/s	F	10	180
凝胶温度/℃	G	12	48
凝胶时间/min	H	5	60
后处理药剂处理浓度/%	I	10	40
后处理药剂处理时间/min	J	5	60
热处理温度/℃	K	50	130
热处理时间/min	L	5	60

表 4.22　PB 实验计矩阵（编码水平）

试验次数	A	B	C	D	E	F	G	H	I	J	K	L
1	1	−1	−1	−1	−1	1	−1	1	−1	1	1	1
2	−1	1	1	−1	1	1	−1	−1	−1	−1	1	−1
3	1	1	−1	1	1	−1	−1	−1	−1	1	−1	1
4	1	−1	1	1	−1	−1	−1	−1	1	−1	1	−1
5	−1	1	1	−1	1	−1	1	1	1	1	−1	1
6	−1	1	−1	−1	−1	1	1	1	1	−1	1	1
7	1	1	1	1	−1	−1	1	1	−1	1	1	−1
8	1	1	−1	−1	1	−1	1	1	1	−1	−1	−1
9	−1	1	1	1	1	−1	−1	1	1	1	1	1
10	1	−1	−1	1	1	1	1	1	−1	−1	−1	−1
11	−1	1	−1	1	1	1	1	−1	−1	1	1	−1
12	−1	−1	1	−1	1	1	−1	1	1	1	−1	1
13	1	−1	1	−1	1	1	1	−1	−1	−1	1	1
14	1	1	−1	−1	−1	1	1	−1	1	−1	1	1
15	−1	−1	1	1	−1	1	1	1	−1	1	−1	1
16	−1	1	1	−1	−1	−1	1	1	1	−1	−1	−1
17	1	−1	1	1	1	1	−1	−1	1	1	−1	1
18	1	1	1	−1	−1	1	1	1	1	1	−1	−1
19	−1	−1	−1	1	−1	1	−1	1	1	1	1	−1
20	−1	−1	−1	−1	−1	−1	−1	−1	−1	−1	−1	−1

2）成膜表面形态

图 4.14 为根据 PB 实验设计制备的 20 种膜的 SEM 图，放大倍数为 50000×。可以

看到，20 种膜表面孔结构形态显著不同：膜 8、膜 18 和膜 20 表现为圆形大孔形态，膜面平均孔径分别为 0.19 μm、0.24 μm、0.45μm（表 4.23）；其他膜片则表现为细小的圆孔分布，平均孔径约为 0.018μm。同样配方下成膜表面形态的千差万别主要是由制膜过程中不同的工艺条件所引起的。在膜 8、膜 18 和膜 20 制备过程中，刮膜厚度、热处理温度、热处理时间三个因子分别处于各自的低水平（100 μm，50℃，5min）。关于每个参数因子对膜孔径的影响大小将在下一小节讨论。

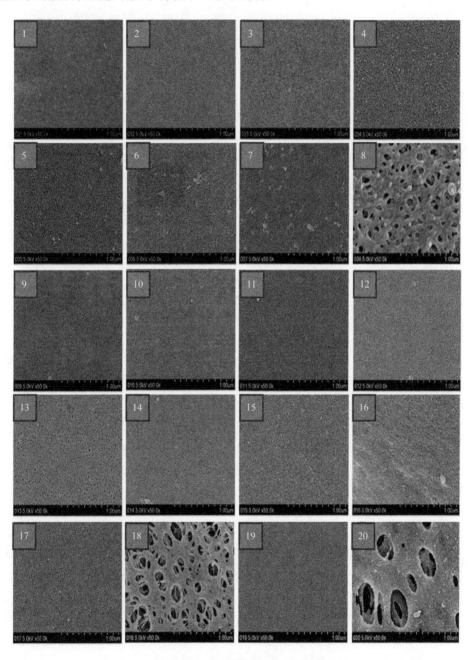

图 4.14 不同成膜表面的 SEM 图

表 4.23 不同成膜的性能指标

试验次数	平均孔径/μm	清水通量/ [L/（m²·h）]	膜污染速率/10⁸ m⁻¹
1	0.0176	1088.8	0.83
2	0.0148	287.3	2.58
3	0.0170	158.8	3.77
4	0.0196	242.0	2.29
5	0.0168	502.8	1.77
6	0.0156	718.3	0.50
7	0.0178	192.8	2.00
8	0.1940	809.0	0.68
9	0.0174	151.2	2.95
10	0.0170	68.0	2.83
11	0.0160	189.0	2.10
12	0.0156	264.6	1.88
13	0.0194	128.5	2.51
14	0.0150	1928.1	0.43
15	0.0178	185.2	0.74
16	0.0188	219.3	1.92
17	0.0156	151.2	2.50
18	0.2412	370.5	2.61
19	0.0158	257.1	0.49
20	0.4510	646.5	0.47

3）制膜工艺参数对膜孔径的影响效应

20 种膜的孔径如表 4.23 所示。利用 Minitab 15.1.30 软件，以膜孔径为响应值，经数学统计分析制得标准 Pareto 图表，如图 4.15（a）所示，该图按照每个因素对响应值的影响效应从大到小排序，可直观地筛选最显著影响因素。每个柱条长度对应每个因子变量对响应值的标准效应的绝对值，其数值为学生检验的 t 值。图中垂直的直线（α=1.895）代表在置信度 90%时的学生检验值 t_{tab}，大小为 1.895。一般认为，因子的标准效应值高于 t_{tab}，则该因素对响应值具有显著影响；而当因素的标准效应值低于 t_{tab} 时，其对响应值的影响并不明显。

图 4.15（a）为制膜工艺参数因子对膜孔径影响效应的 Pareto 图，从图上可以看出，12 个因素的效应值均低于 1.895，说明 12 个制膜参数对成膜孔径均没有显著性影响，但是热处理时间（L）、热处理温度（K）及刮膜厚度（D）三个因素相对于其他因素来讲，对成膜的孔径影响更大。图 4.15（b）为制膜工艺参数因子对膜孔径影响的主效应图，可以看到，热处理时间、热处理温度及刮膜厚度三个因素对膜孔径均呈现出负效应，即三个因素的水平越高，膜面孔径越小。当热处理时间延长及热处理温度升高时，聚合物的分子运动加剧，大分子间排列更加紧密，引起膜孔径的下降。刮膜厚度较厚时，分相过程中会增加溶剂/非溶剂的传质阻力，进一步降低成膜动力学速率，引起膜致密表皮层

的形成及细小的表面孔径。

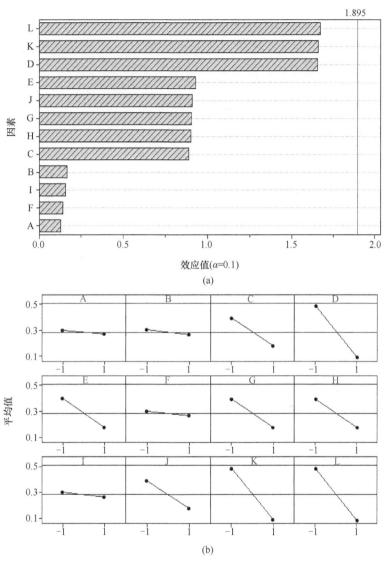

(a)

(b)

图 4.15　制膜工艺参数对孔径的影响
（a）标准 Pareto 图；（b）12 个制膜参数因子的主效应图

4）制膜工艺参数对膜清水通量的影响效应

20 种膜的清水通量测试结果如表 4.23 第三列所示。利用 Minitab 15.1.30 软件，以膜清水通量为响应值，经数学统计分析制得标准 Pareto 图表，如图 4.16（a）所示。从图中可以看到，刮膜厚度（D）、无纺布种类（C）及刮膜速度（E）三个参数对膜清水通量的标准效应值高于 t_{tab}=1.895，因此这三个因素被认为是影响膜清水通量的最显著因素，其他因素则对成膜清水通量影响很小。图 4.16（b）为 12 个制膜工艺参数对膜清水通量影响的主效应图，可以看到，三个显著影响因素对膜清水通量呈现明显的负影响，即在低水平的刮膜厚度、无纺布种类及刮膜速度下，所制备的平板膜表现出更高的清水通量，膜渗透性能更好。

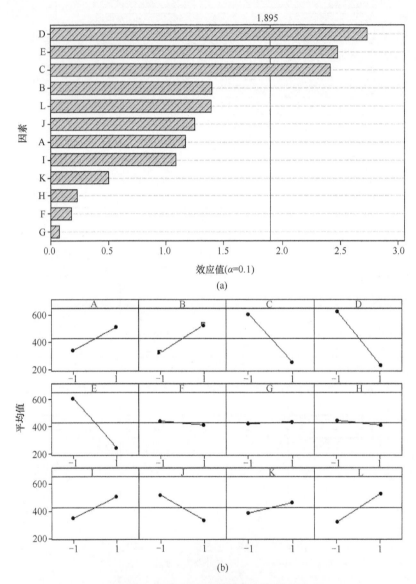

图 4.16　制膜工艺参数对清水通量的影响

（a）标准 Pareto 图；（b）12 个制膜参数因子的主效应图

　　关于刮膜厚度与刮膜速度对膜性能的影响，一般认为厚的刮膜厚度会使成膜的清水通量下降，截留率上升。而高的刮膜速度会使刮刀对膜的剪切力增加，增大的剪切力导致聚合物大分子沿剪切力方向发生取向排列，PAN 大分子的取向度增加，高分子链之间的相互作用增强，大分子之间的空间及空隙变小，引起膜渗透性能的下降。而本实验中发现，无纺布的种类是影响膜清水通量的显著因素，无纺布作为基材与聚合物膜复合后，其本身的孔隙率、厚度、材料特性决定着最终成膜的渗透性能。

5）制膜工艺参数对膜污染速率的影响效应

20种膜污染速率测试结果如表4.23第四列所示,可以看到根据PB实验制得的膜中,膜片14、膜片20、膜片19和膜片6表现出最低的膜污染速率。利用Minitab 15.1.30软件,以膜污染速率为响应值,经数学统计分析制得标准Pareto图表,见图4.17（a）。从图中可以看到,无纺布种类（C）、刮膜速度（E）及刮膜厚度（D）三个参数对膜污染速率的标准效应值高于t_{tab}=1.895,因此这三个因素被认为是影响膜污染速率的最显著因素,其他因素则对成膜污染速率影响很小。

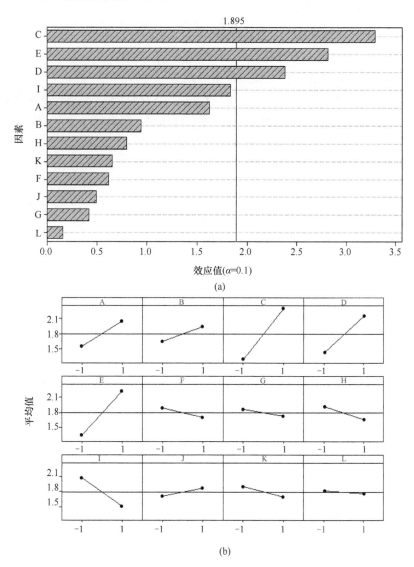

图 4.17 制膜工艺参数对膜污染速率的影响

（a）标准 Pareto 图；（b）12 个制膜参数因子的主效应图

图 4.17（b）为 12 个制膜工艺参数对膜污染速率影响的主效应图,可以看到,三个

显著影响因素对膜污染速率呈现明显的正影响，即在无纺布种类为 TA3618，低水平的刮膜厚度及刮膜速度条件下，所制备的平板膜表现出更低的污染速率，抗污染能力最强。主要原因是当三个主要影响因素处于各自的低水平时，其成膜的清水渗透性能良好，导致膜的抗污染能力增强。另外，无纺布种类是影响膜污染速率的最显著因素，且决定着成膜的清水通量，因此，无纺布的选择决定着最终成膜后的抗污染能力、聚合物膜的复合强度、表面光洁度、MBR 应用中的机械强度等众多性能，在平板膜的实际生产应用中，需根据不同聚合物配方及应用要求慎重、合理选择无纺布类别。

6）回归分析与显著性检验

表 4.24 为以孔径、清水通量、膜污染速率为响应值的 PB 实验结果回归分析与显著性检验。p 值越小，说明置信水平越高，因子的影响效应越显著；相关系数 R^2 反映模型的拟合程度，R^2 越大，越表明拟合模型能很好地符合实验值，一般认为 $R^2 > 0.80$ 回归模型与实际吻合程度较好。从表 4.24 中可以看到，无纺布种类、刮膜厚度及刮膜速度三个因素对膜清水通量及污染速率有显著性影响。以孔径、清水通量为响应值拟合时，相关系数 $R^2 < 0.80$，因此其拟合模型不能很好地反映实际值。而以膜污染速率为相应值拟合时，$R^2 > 0.80$，拟合模型较适合，成膜污染速率值与制膜过程中各个工艺参数的模型如下：

$$Y_{\text{fouling rate}} = 1.7928 + 0.2514\,A + 0.1464\,B + 0.5092\,C + 0.3688\,D + 0.4358\,E - 0.095\,F - 0.066\,G - 0.123\,H - 0.285\,I + 0.0769\,J - 0.101\,K - 0.05L$$

表 4.24 PB 实验结果回归分析与显著性检验

因子	孔径			清水通量			污染速率		
	效应	回归系数	p	效应	回归系数	p	效应	回归系数	p
A	−0.0307	−0.0153	0.902	171.6	85.8	0.280	0.503	0.2514	0.149
B	−0.0394	−0.0197	0.874	205.6	102.8	0.204	0.293	0.1464	0.376
C	−0.2121	−0.1060	0.405	−353.8	−176.9	0.047*	1.018	0.5092	0.013*
D	−0.3962	−0.1981	0.142	−400.8	−200.4	0.029*	0.738	0.3688	0.049*
E	−0.2224	−0.1112	0.384	−363.0	−181.5	0.043*	0.872	0.4358	0.026*
F	−0.0342	−0.0171	0.891	−26.4	−13.2	0.862	−0.19	−0.095	0.559
G	−0.2168	−0.1084	0.395	11.4	5.7	0.941	−0.13	−0.066	0.685
H	−0.2160	−0.1080	0.397	−34.0	−17.0	0.823	−0.25	−0.123	0.452
I	−0.0374	−0.0187	0.880	159.6	79.8	0.313	−0.57	−0.285	0.109
J	−0.2177	−0.1088	0.393	−183.8	−91.9	0.251	0.154	0.0769	0.635
K	−0.3976	−0.1988	0.141	74.0	37.0	0.629	−0.2	−0.101	0.536
L	−0.3999	−0.2000	0.139	205.0	102.5	0.205	−0.05	−0.025	0.877
模型	[a]R^2 = 64.10%，F=1.04		0.501	R^2 = 79.87%，F=2.32		0.136	R^2 = 82.58%，F=2.77		0.092*

* $p < 0.1$ 为影响显著；a R^2 为相关系数。

总而言之，实验中得出无纺布种类、刮膜速度、刮膜厚度为影响膜清水通量及污染速率的最显著因素，且当这三个因素各自处于其低水平时，成膜的清水通量最大、膜污染速率最低。而其他许多研究者提到的对膜性能有很大影响作用的凝胶浴温度、蒸发时间等因素在本实验中并没有发现其对膜性能的影响显著。这主要取决于不同的聚合物膜料液组成。对于不同的铸膜液配方，如 PAN 膜和 PVDF 膜配方来讲，相同的制膜工艺条件会对其成膜性能有不同的影响。因此，不同的铸膜液配方对应着各自的最适宜制膜条件，需通过大量实验来获取。

4.2 抗污染共混膜的制备

4.2.1 实验材料与制备基本参数

铸膜液中 PVDF/PES 的总量为 10 wt.%，PES 浓度设置为 0%、1%、2%和 3%。制备的 PVDF/PES 共混膜称之为 G1、G2、G3 和 G4。铸膜液采用的溶剂为 DMAC 和 DMSO，PEG-600 为致孔剂。根据表 4.25 中有关基本物化性质的评价分析，最终采用 G3 配方进行后续实验，设置 PVA（聚乙烯醇）的浓度分别为 0%、0.3%和 0.5%，最终改性的 PVDF/PES/PVA 膜记为 C1、C2 和 C3。

表 4.25 PVDF/PES 共混膜基本物化性质 （$n=3$）

膜试样	接触角/（°）	纯水过滤性能/ [L/ （m²·h·kPa）]
G1	61.38±3.60	23.7±5.3
G2	64.69±0.75	38.4±6.5
G3	59.28±2.67	43.0±5.1
G4	59.34±3.24	40.8±3.6

在本研究中，膜制备方法为相转化法，即在 80℃条件下溶解 48 h 形成均一铸膜液。铸膜液刮制在 PE 无纺布上，刮制厚度设置为 250 μm。在空气中暴露 30 s［（25±1）℃，（30±5）%的相对湿度］以使部分容积蒸发，然后将刮制在无纺布上的铸膜液浸没入凝胶浴（去离子水）中进而形成微孔膜。

4.2.2 PVA 剂量对膜表面形貌的影响

图 4.18（a）为改性膜 C1～C3 的表面形貌。从图 4.18（a）可以看出所有的膜表面具有微孔结构，其平均孔径在 0.06 μm。因此，PVA 的投加并未明显改变 PVDF/PES 共混膜的表面形貌。微小的区别在于 PVA 改性后的 PVDF/PES 膜表面有一些白色点，这可能与 PVA 投加后导致聚合物之间的缠绕和交联有关。

图 4.18（b）为膜的断面形貌，可见所有膜均具有不对称结构，即：薄而密实的表皮层、多孔亚皮层和指状孔的底层。从图中还可以看出，几种膜的厚度明显不同，随着 PVA 投加量的增加，膜的厚度逐渐降低。其主要原因可能为：随着 PVA 的加入，影响了聚合物链的缠绕，从而提高了其在凝胶浴中的沉降速率。

为了进一步了解膜的表面结构与官能团信息，采用 FTIR 技术对改性膜 C1～C3

进行了分析，结果如图 4.19 所示。其中在 1400 cm^{-1} 处的峰主要与—CH$_2$ 的有关，而 1275 cm^{-1} 和 1178 cm^{-1} 处的峰与—CF$_2$ 有关。875 cm^{-1} 处的峰被认为是 PVDF 的一个特征峰。在 840 cm^{-1} 处的峰与—CH 有关，从图中可以看出 C1 的峰强比 C2 和 C3 略弱，主要是由于 C2 和 C3 加入了 PVA 而导致 PVA 与 PVDF、PES 大分子之间的交联。—OH（1065cm^{-1} 处）的峰值强度也随着 PVA 剂量的增加而增加，表明 PVA 成功改性 PVDF/PES 共混膜。

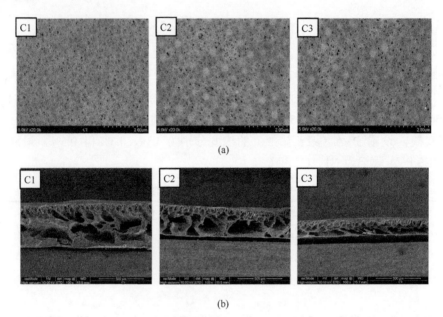

图 4.18　改性膜 C1～C3 的 SEM 图

（a）表面形貌；（b）断面形貌

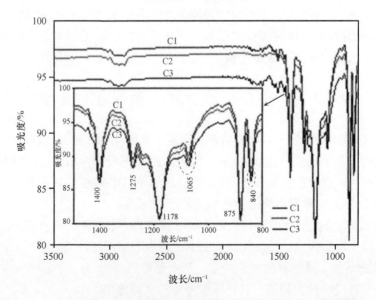

图 4.19　PVDF/PES/PVA 共混膜的 FTIR 图谱（彩图扫描封底二维码获取）

4.2.3 PVA 剂量对膜临界通量和污染行为的影响

PVA 剂量对改性膜的污染速率和临界通量的影响结果如图 4.20 所示。从图 4.20 可以看出，改性膜 C1～C3 的平均临界通量分别为 38.9 L/（m²·h）、46.6 L/（m²·h）和 45.7 L/（m²·h）。平均污染速率（$R30$）分别为 0.21×10^{12} m⁻¹/h、0.09×10^{12} m⁻¹/h 和 0.13×10^{12} m⁻¹/h。结果表明，PVA 改性的 C2 和 C3 具有更高的临界通量和更低的污染速率。且从图 4.20 可以看出，C3 与 C2 相比，在临界通量提升方面并不明显，而其污染速率比 C2 略高，表明 C2 在 0.3%的 PVA 剂量条件下已经达到了较好的效果。

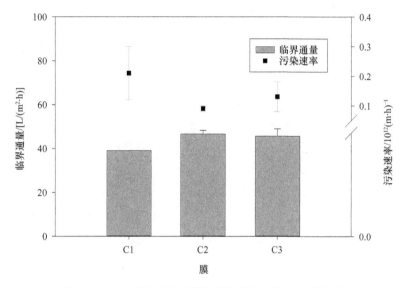

图 4.20 PVA 投加剂量对膜临界通量和污染速率的影响

4.2.4 抗污染行为研究

改性膜和原始膜的孔隙率、接触角、纯水通量列于表 4.26。从表 4.26 可以看出改性膜 C2 接触角明显降低。在抗污染行为研究中，我们选择 C1 和 C2 进行重点对比研究。

表 4.26 共混膜 C1 和 C2 基本物化性质（n=3）

膜试样	孔隙率/%	接触角/（°）	纯水通量/ [L/（m²·h）] [*]
C1	47.97±1.76	69.25±2.02	1306.8±41.7
C2	52.96±1.29	58.81±1.57	1376.7±120.3

[*] 在 30 kPa 压力下测定。

采用 XDLVO 进一步分析改性膜的抗污染行为，膜污染物（以溶解性微生物产物代表）取自于一长期运行的 A/O-MBR（MLSS= 6 g/L），污染物和膜基本性质总结列于表 4.27 中。

通过上述数据进一步计算污染物和膜表面作用能垒，并采用污染物进行过滤实验，其结果分别如图 4.21 和图 4.22 所示。从图 4.21 和图 4.22 可以看出，PVDF/PES/PVA 共混膜表面能垒大幅度提升，从而阻碍了膜污染物膜表面沉积，与批次过滤实验中通量衰减的行为一致。

表 4.27　污染物和膜基本性质参数

试样		TOC 浓度/(mg/L)	粒度/nm	平均孔径/μm	Zeta 电位/mV	接触角/(°)		
						水	甲酰胺	二碘甲烷
污染物	SMP	12±1.56	621.95±32.35	—	−12.8	53.04±0.99	50.13±3.90	42.36±2.01
膜（自制）	C1	—	—	0.058±0.006	−29.35	69.25±2.02	53.37±2.50	45.53±2.40
	C2	—	—	0.059±0.003	−25.0	58.81±1.57	51.64±1.09	46.66±2.34

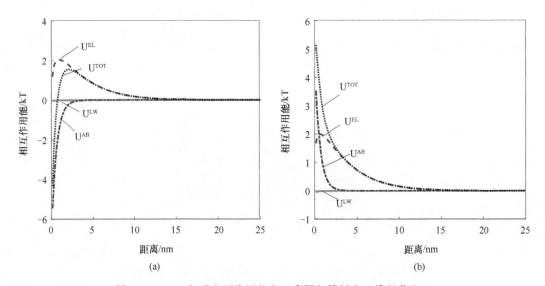

(a) (b)

图 4.21　SMP 与膜表面作用能垒（彩图扫描封底二维码获取）

（a）PVDF/PES 膜；（b）PVDF/PES/PVA 共混膜

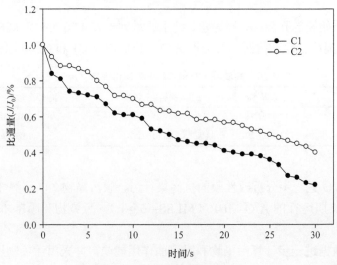

图 4.22　C1 和 C2 膜过滤行为

膜的表面张力系数和自由能可以通过 XDLVO 理论进行计算，结果列于表 4.28 中。

表 4.28　膜的表面张力系数和自由能（n=3）　　　　　　（单位：mJ/m^2）

膜试样	γ^{LW}	γ^+	γ^-	γ^{AB}	γ^{TOT}
C1	36.72±1.30	0.23±0.19	13.91±2.71	1.64±0.74	38.36±1.14
C2	35.66±0.57	0.05±0.02	27.58±0.19	1.15±0.21	36.81±0.44

膜试样	ΔG_{h0}^{LW}	ΔG_{h0}^{AB}	ΔG_{SWS}
C1	−3.88±0.59	−24.44±6.17	−28.32±6.69
C2	−3.39±0.25	3.91±0.39	0.51±0.26

为进一步验证改性膜的抗污染行为，将 C1 和 C2 置入 A/O-MBR，并连续运行 182 天，考察其在长期运行中的抗污染行为，结果如图 4.23 所示。长期运行结果证实 C2 具有较好的抗污染行为。

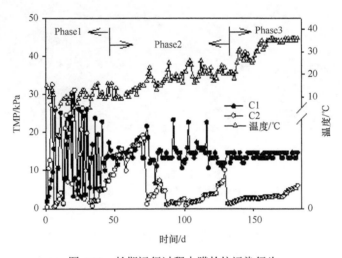

图 4.23　长期运行过程中膜的抗污染行为

4.3　有机/无机纳米颗粒共混膜的制备

本节主要介绍将不同尺寸的水解缩合制成的平均粒径为 5 nm 的纳米 TiO$_2$ 溶胶和直接分散粒径为 21 nm 的纳米 TiO$_2$ 制成的溶胶液分别与具有良好化学抗性、机械性能及热性能的聚偏氟乙烯（PVDF）材料制备的聚合物铸膜液均匀混合后制成混合基膜，并对比其抗污染性能。膜的性能如膜结构、表面孔径、孔隙率、过滤性能、亲水性和 Zeta 电位等均被研究。膜的抗污染性能主要通过 X-DLVO 理论和石英晶体微天平（QCM-D）吸附实验和批次过滤实验进行研究。XPS 技术也被用于分析膜表面化学成分，进一步分析纳米 TiO$_2$ 在膜表面的分布情况。铸膜液稳定性采用多重光散射仪进行测定表征。

4.3.1　不同粒径的 TiO₂ 溶胶液的制备以及膜制备基本条件

TiO₂ 溶胶（Sol-D）是通过将由 Sigma-Aldrich 购得的粒径为 21 nm 的纳米颗粒在有机混合溶剂中超声 30 min 制得的。TiO₂ 溶胶（Sol-HC）通过钛酸四丁酯的水解和缩合制得，制备过程如下所示。8.6 ml 前驱体 Ti(Obu)₄ 在 1000 rpm（1 rpm=1 r/min）下缓缓加入 17.7 ml 乙醇中磁力搅拌 30 min。另取 8.9 ml 乙醇、3.6 ml 去离子水和 1.8 ml HNO₃ 磁力混合搅拌 30 min。乙醇/去离子水/HNO₃ 溶液在室温下逐滴加入 Ti(Obu)₄ 溶液中并磁力搅拌 2 h，得到稳定、均匀分散的 TiO₂ 溶胶溶液。TiO₂ Sol-D 和 TiO₂ Sol-HC 两种溶液的透射电镜（TEM）照片如图 4.24 所示。

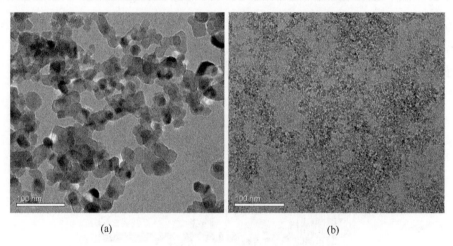

(a)　　　　　　　　　　　　　　　　(b)

图 4.24　TEM 照片

（a）分散 21 nm TiO₂ NPs 制得的溶胶液（Sol-D）；（b）钛酸四丁酯水解缩合制得的
粒径为 5 nm 的 TiO₂ 溶胶液（Sol-HC）

本节研究采用浸没沉淀相转化法制备混合基膜。实验中所涉及膜的化学组成如表 4.29 所示。一定量的 PVDF 和 PEG 首先溶解在 DMAC 和 DMSO 1∶1 混合的部分有机溶剂中，并随后在 80 ℃下溶解 5 天得到均质溶液。随后将制备好的两种含有 0.25 wt.% 的 TiO₂ 溶胶液加入到上述均质溶液中并在 80 ℃下混合搅拌 2 天得到铸膜液。最后，铸膜液在 250 μm 的刮刀厚度下涂覆到无纺布或玻璃板上，随后在空气中暴露 20 s 后进入凝固浴中，得到的膜分别命名为 N1（TiO₂ Sol-D）和 N2（TiO₂ Sol-HC）。不含纳米 TiO₂ 的原始膜作为对照组，依同样方法制备出，命名为 N0。

表 4.29　膜 N0～N2 的化学组成　　　　　　　（单位：wt.%）

膜	PVDF	溶剂（DMAC 和 DMSO）	PEG	TiO₂
N0	10	80	10	0
N1	10	80	10	0.25
N2	10	80	10	0.25

4.3.2　膜基本性能

三种膜的表面孔径分布、水的过滤性能、接触角和 Zeta 电位如图 4.25 和图 4.26 所示。由图 4.25（a）及图 4.26 可见，膜 N1 和 N2 的表面孔径虽然由于两种形式（Sol-D 和 Sol-HC）的 TiO$_2$ 的加入略微减小，但是膜 N2 的孔径依然稍大于膜 N1。如图 4.25（b）所示，膜 N0～N2 的过滤性能有相似规律，这一结果也与表 4.30 所示的膜表面孔径和孔隙率的结果相一致。图 4.25（c）所示的膜 N0～N2 的接触角逐渐降低，表示膜的亲水性逐渐增强。如图 4.25（d）所示，相比于原始聚合物膜 N0，混合基膜 N1 和膜 N2 有更低的 Zeta 电位，且 TiO$_2$ Sol-HC 改性的膜 N2 的电位低于 TiO$_2$ Sol-D 共混改性的膜 N1 的电位。原始膜和改性膜的接触角和 Zeta 电位结果显示共混 TiO$_2$ 可以改变膜的物化性能。

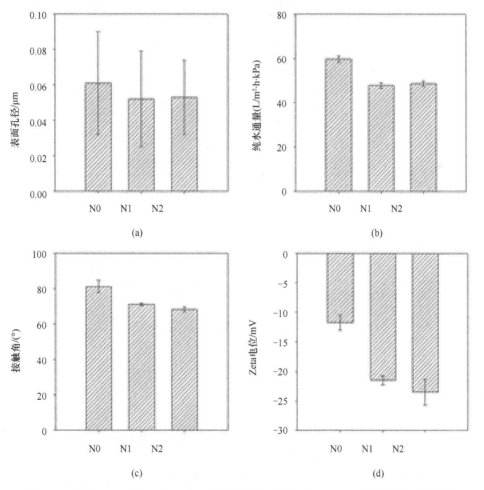

图 4.25　原始 PVDF 膜、TiO$_2$ Sol-D 共混膜（N1）和 TiO$_2$ Sol-HC 改性膜（N2）性能
（a）表面孔径；（b）水的过滤性能（$n=3$）；（c）接触角（$n=10$）；（d）Zeta 电位（$n=3$）

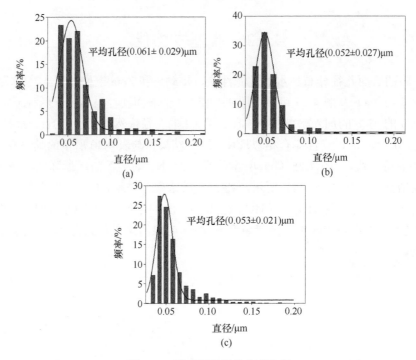

图 4.26　膜表面孔径分布直方图
实线为高斯拟合曲线
（a）膜 N0；（b）膜 N1；（c）膜 N2

表 4.30　原始 PVDF 膜和 PVDF/TiO₂ 混合基膜的性能（$n \geqslant 3$）

膜	厚度/μm	孔隙率/%	内聚能/（mJ/m²）	粗糙度/nm		
				R_q	R_a	R_{max}
N0	0.231±0.008	61.58±5.44	−56.36±0.86	30.4±4.3	24.1±3.7	215.7±19.1
N1	0.249±0.006	56.99±1.63	−38.21±1.00	32.4±1.9	25.8±1.4	307.0±23.3
N2	0.252±0.004	56.97±2.58	−33.29±0.20	32.3±1.9	25.5±1.6	236.3±30.7

注：粗糙度由平均粗糙度（R_a）、表面均方根粗糙度（R_q）和最大粗糙度（R_{max}）表示。

4.3.3　膜抗污染性能的影响

利用三种探针液体测定的膜和 BSA 的接触角及计算出的表面张力参数如表 4.31 所示。不难发现，改性膜的总表面张力参数（γ^{TOT}）及供电子成分（γ^-）均有所增加，这表示膜 N1 和膜 N2 将有更好的抗污染性能。如表 4.31 所示的所有膜的单位面积内聚能（ΔG_{TOT}）均为负值，表示膜与污染物之间呈现吸引作用。膜 N2 绝对值最小的 ΔG_{TOT} 表示该膜对污染物有最弱的吸引作用力。由图 4.27（a）可见，膜 N2 与逐渐靠近的污染物间的相互作用能垒最高，其次是膜 N1 和膜 N0。这也表示膜 N2 具有最佳的抗污染性能。

图 4.27（b）表示由 QCM-D 测定的膜表面的动态吸附实验结果。在向系统中注入 BSA 的过程中，相对于膜 N0 和膜 N1，膜 N2 的频率降低最少，这表示吸附到铸膜液

表 4.31　用三种探针液体测定的膜和 BSA 的接触角及计算出的各表面张力参数（$n \geqslant 3$）

	探针液体	N0	N1	N2	BSA
（a）膜和 BSA 的接触角/(°)	水	81.2±3.5	71.1±0.7	68.2±1.4	67.3±1.0
	甲酰胺	40.5±3.7	44.8±1.4	42.3±1.7	53.4±1.9
	二碘甲烷	49.9±3.8	48.4±0.7	50.1±1.8	48.4±1.1
（b）膜和 BSA 的表面张力参数/（mJ/m²）	γ^{LW}	34.33±0.12	35.04±0.23	34.19±0.42	35.14±0.58
	γ^{+}	4.92±0.41	1.76±0.06	2.32±0.16	0.27±0.14
	γ^{-}	0.11±0.05	7.26±0.40	8.33±0.33	16.09±0.42
	γ^{AB}	1.43±0.30	7.14±0.09	8.79±0.14	4.04±1.12
	γ^{TOT}	35.76±0.42	42.18±0.16	42.98±0.30	39.18±1.01

注：BSA 的粒径和 Zeta 电位分别为（329.7±3.8）nm 和（−12.4±0.8）mV。

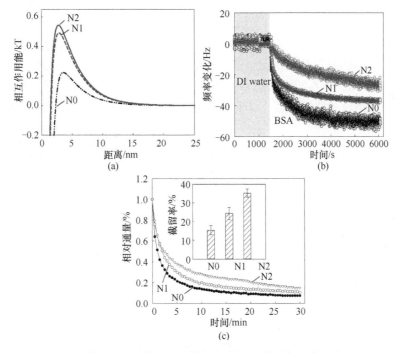

图 4.27　膜 N0～N2 的抗污染性能（彩图扫描封底二维码获取）

（a）膜和污染物间的相互作用能；（b）不同铸膜液涂覆的芯片的频率变化（$n=3$）；（c）过滤 BSA 过程中膜相对通量的变化
内含图表示三种膜对于 BSA 的截留率（$n=3$）

N2 改性的芯片表面的污染物的量最少，这也进一步验证了膜 N2 具有最佳的抗污染性能。这可能是因为被包埋的 TiO_2 有大量的表面羟基，因而减弱了 $PVDF/TiO_2$ 混合基膜和 BSA 的疏水相互作用，降低疏水污染物的吸附和黏附作用。图 4.27（c）显示在死端过滤 BSA 的过程中，膜的通量在前 10 min 显著降低，随后逐渐趋于平衡。初始阶段通量的快速降低可能主要归因于 BSA 在膜与逐渐靠近的 BSA 间的相互作用力驱使下的吸附过程。在过滤终点，膜 N2 有最高的相对稳定的通量，这主要是因为与其具有较好的亲水性，进而阻止 BSA 在膜表面的吸附和沉积有关。尽管如表 4.30 所示，膜 N0～N2 的粗糙度逐渐增加，但是过滤 30 min 后膜相对通量的变化仍与 QCM-D 的实验结果相一致。且如图 4.27（c）内含图所示，截留率也逐渐由膜 N0 的 15.4%逐渐增加到溶胶改性膜 N2 的 35.2%。这可能是由膜 N2 的分离层具有更小的孔径导致的。

4.3.4　改性膜中 TiO₂ 的存在状态和表面组成的变化

为了阐明提高抗污染行为的机理,本研究采用 FT-IR 和 XPS 分析改性膜表面的功能团和元素组成。如图 4.28（a）所示,1400 cm⁻¹ 处的 ATR-FTIR 峰被认定为—CH₂ 的变形振动,1275 cm⁻¹、1178 cm⁻¹ 和 878 cm⁻¹ 处峰被认定为 PVDF 的特征峰。840 cm⁻¹ 处的峰对应—CH 的伸缩振动。3400 cm⁻¹ 处的—OH 的伸缩振动峰的出现可能是因为 TiO₂ 表面 Ti—OH 的存在。峰强度的增加表示混合基膜中 TiO₂ 的成功改性,其中通过溶胶凝胶方法改性的膜 N2 有更高的强度。图 4.28（b）展示膜 N0～N2 的 XPS 全谱图。原始膜 N0 和 Sol-D 改性的膜 N1 中有 C1s、O1s 和 F1s 峰。在膜 N2 中,除了上述三种峰外,还出现了一个较弱的新峰 Ti 2p,表示有 TiO₂ 出现在膜面。此结果也与图 4.28（a）中 3400 cm⁻¹ 处的 Ti-OH 的最强峰一致,膜 N2 亲水性和抗污染性能的提高也佐证了这一点。图 4.29（a）和（b）中不断增加的 O/F 和 Ti/F 质量比也证实了越来越多的 TiO₂ 分布在膜表面。由此推断,对比膜 N1,由于 TiO₂ 溶胶（Sol-HC）与聚合物链间的原位相互作

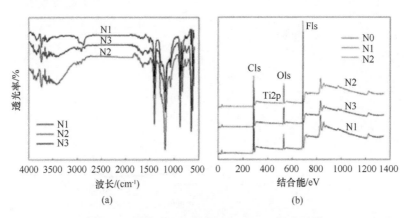

图 4.28　原始 PVDF 膜和 PVDF/TiO₂ 混合基膜

（a）ATR-FTIR 谱图；（b）XPS 谱图

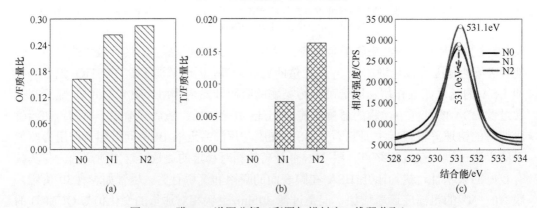

图 4.29　膜 XPS 谱图分析（彩图扫描封底二维码获取）

（a）膜表面 O/F 质量比；（b）膜表面 Ti/F 质量比；（c）O1s 的 XPS 谱图

用，有更少的 TiO₂ NPs 在相转化过程中从膜 N2 中流失。TiO₂ NPs 在膜 N1 底部的严重沉淀也可能是导致 O/F 和 Ti/F 质量比降低的原因。此外，由图 4.29（c）可见，O1s 峰从膜 N0 和膜 N1 中的 531.0 eV 轻微地移动到膜中的 531.1 eV，表示 TiO₂ Sol-HC 和聚合物的 PVDF 膜基之间具有更强的结合能，也揭示了 PVDF 大分子和 TiO₂ Sol-HC 间的有效的化学键联。

本节研究采用 SEM 和 EDX-mapping 进行膜形貌分析进而研究膜基中 TiO₂ 存在形式。图 4.30 和图 4.31(a)-Ⅰ和(b)-Ⅰ显示 TiO₂ NPs 在膜 N1 表面分布不均匀，在膜 N2 表面分布均匀。此外，还可发现膜 N1 的表面孔被 TiO₂ NPs 部分堵塞，因而影响膜表面孔径分布和膜的过滤性能。膜 N2 表面孔径分布相对均匀可能是因为应用 TiO₂ Sol-HC 会使得 TiO₂ NPs 在聚合物网络中的生长受到限制，进而有效阻止 NPs 的团聚，并控制最终的颗粒尺寸。膜 N0 较高的通量可能是因其较大的孔隙率导致的，膜 N1 和 N2 较高的分离效率则可能与较小的孔径有关。如图 4.30(a)-Ⅱ和(b)-Ⅱ所示，EDX-mapping 分析的 Ti 元素的分布也体现 TiO₂ 在膜 N2 表面分布均匀。表 4.32 显示膜 N0～N2 的 EDX 元素分析结果与 XPS 结果相一致，揭示膜表面 TiO₂ 的增加。由图 4.30（a）-Ⅲ可以明显看出，TiO₂ 在膜 N1 断面中部明显团聚，底部显著沉淀。这表明 TiO₂ NPs 在膜 N1 中团聚，然后很容易因沉淀而包埋在膜面以下，进而降低改性效率。然而，因 TiO₂ Sol-HC 在膜基中原位组装生成纳米 TiO₂，故在膜 N2 的断面并未发现明显的团聚或沉积现象。膜形貌的结果与膜化学组成及抗污染性能结果一致。

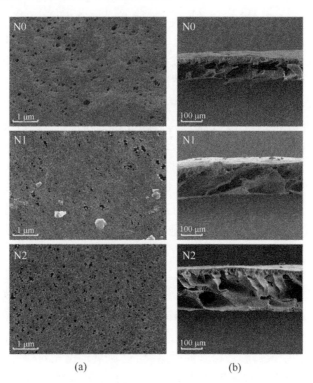

图 4.30　FESEM 测定的原始 PVDF 和 PVDF/TiO₂MMMs 形貌
（a）表面孔径（20K×）；（b）断面形貌（200×）

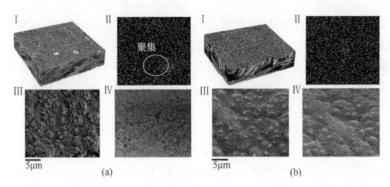

图 4.31　PVDF/TiO₂ 混合基膜的形貌结构（彩图扫描封底二维码获取）
（a）N1；（b）N2
（Ⅰ）表面标记黄方框，断面标记红方框和蓝方框的三维形貌；（Ⅱ）三维形貌中黄方框标记的膜面的
EDX-mapping；（Ⅲ）中部红方框标记的断面结构图（5000×）；（Ⅳ）底部红方框标记的断面结构图（5000×）

表 4.32　XPS 测定的原始膜和 PVDF/TiO₂ 混合基膜的表面化学组成（单位：wt.%）

膜编号	C1s	F1s	O1s	Ti2p
N0	46.35	46.1	7.45	0
N1	49.04	40.11	10.56	0.29
N2	49.19	39.06	11.11	0.64

4.3.5　铸膜液稳定性分析

铸膜液稳定性可能显著影响相转化过程中 NPs 的行为。多重光散射实验的背散射光曲线提供了铸膜液中 NPs 的团聚、絮凝和沉淀信息。图 4.32（a）的重叠曲线和图 10（c）的逐渐靠近的曲线表明膜 N0 和膜 N2 的铸膜液是稳定的。然而，图 4.32（b）和中较低高度的背散射光的峰体现了 NPs 在膜 N1 的铸膜液底部的沉淀过程，较高位置的峰则表示铸膜液顶部的澄清。峰宽越宽表明澄清或沉淀层厚度越厚。图 4.32（d）中样品膜 N1 的分层厚度随时间逐渐增加，这与背散射光信号结果一致。图 4.32（d）中内含图也清晰地展示了膜 N1 铸膜液底部的沉淀，证明 Sol-D 改性的膜 N1 具有较差的稳定性。由图 4.32（d）可见样品膜 N0 和膜 N2 的分层厚度几乎为 0，且在内含图中也未发现样品膜 N2 有明显的沉淀，表明样品膜 N0 和膜 N2 有较好的稳定性。此外，图 4.32（a）～（c）的内含图中铸膜液颜色逐渐变黑可能是由熟化作用导致的。

TSI 被用于进一步评价铸膜液稳定性。TSI 值范围为 0～100，其值越低，溶液的稳定性越好。图 4.32（e）显示在第 20 天，样品膜 N0～N2 的 TSI 值分别为 0.16、0.96 和 0.32。通过引入由分散 TiO₂ NPs 得到的 TiO₂ Sol-D 改性的样品膜 N1 的稳定性最差，且 NPs 的团聚及沉淀都会影响铸膜液的分散稳定性。相对比膜 N1，将由钛醇盐水解缩合形成的 TiO₂ Sol-HC 引入铸膜液得到的样品膜 N2 则展现出相对较好的稳定性，表明了均质的 TiO₂ 溶胶与聚合物基体间具有较好的亲和性。这可能是由 TiO₂ Sol-HC 中 TiO₂ 种子大量的羟基与聚合物基体间的配位和氢键相互作用导致的。稳定均匀分散的膜 N2

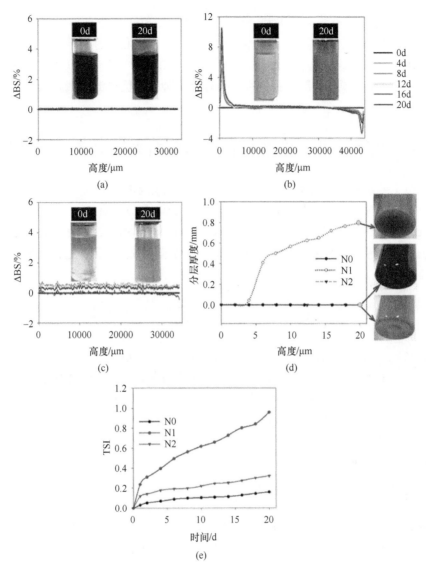

图 4.32 不同铸膜液的稳定性分析（彩图扫描封底二维码获取）

（a）、（b）、（c）20 天内每隔 4 h 的沿样品 N0、N1 和 N2 高度的背散射光强的变化曲线，内含图分别是起始时间（0 天）和结束时间（20 天）的铸膜液图片；（d）20 天内铸膜液的分层厚度，内含图表示 20 天时样品底部照片；（e）测量的 20 天内铸膜液的 TSI

铸膜液促使成膜过程中膜基上进行有序的水解缩合进而生成均匀分散的 NPs。聚合物基中均匀分散的 TiO_2 种子也限制了 NPs 在成膜过程中的生长，进而避免 NPs 的团聚，提高改性效率。

本节研究的结果清晰地证明了铸膜液的稳定性是支配成膜过程中 NPs 行为的重要因素。较好的铸膜液稳定性可能预示着 NPs 在膜表面和膜基体内具有较好的分散情况。这也很好地解释了为什么相对比由分散 TiO_2 NPs 得到的 TiO_2 Sol-D 溶液，由钛醇盐水解缩合形成的 TiO_2 Sol-HC 具有更好的改性聚合物膜的效率。关于最佳 TiO_2 溶胶剂量的研究也可以在监测铸膜液稳定性和膜物化性能基础上进行。此外，如果采用由分散 TiO_2

NPs 得到的 TiO$_2$ Sol-D，那么通过利用研究溶液的稳定性优化粉末 TiO$_2$ NPs 的含量以得到经济效益最好的混合基膜，因为大剂量会破坏铸膜液的稳定性，导致成膜过程中的严重团聚，进而导致低效的改性。适当剂量的粉末 TiO$_2$ NPs 可能可以通过监测稳定性指数来确定。这些结果说明铸膜液稳定性具有作为一种有效优化混合基膜和制备低污染膜的参数的潜力。

4.4　相转化过程中纳米颗粒的表面聚集制备抗污染膜

本章节主要研究利用亲水碳纳米球（CNS）溶胶充当凝固浴制备混合基膜，该方法可使 CNS 在相转化成膜过程中自组装到膜表面。PVDF/CNS MMMs 的物化性能通过接触角、Zeta 电位、孔隙率和过滤性能、XPS 确定引入 CNS 前后的表面组成变化及电化学性能表征。抗污染行为则是通过经典的 X-DLVO 理论预测、批次过滤实验和 MBR 中的长期监测确定。

4.4.1　CNS 溶胶液的制备及膜的制备

向 0.063 g（0.5 mmol）间苯三酚和 0.05 g（0.375 mmol）对苯二甲醛的混合液中加入 28 ml 去离子水在 70 ℃ 下搅拌 30 min 后冷却到室温，即得到含有无定形或者晶型较弱的碳小球的溶胶液。将合成的起始浓度约为 4 g/L 的溶胶液用去离子水分别稀释到 50 mg/L、100 mg/L、200 mg/L、400 mg/L、800 mg/L 后用作凝固浴。不含溶胶液的去离子水作为对照组。

本研究中的膜通过浸没沉淀相转化法制备。PVDF 膜铸膜液按照以下方法制备：首先 10 wt.% 的 PVDF 和 10 wt.% 的 PEG 在 80 ℃ 下通过机械搅拌 7 天溶解在 20 wt.% DMAC 和 60 wt.% DMSO 的混合溶剂中。随后铸膜液利用间隙厚度为 250 μm 的刮刀刮在无纺布或者玻璃板上，最后再将其在室温下于 20 s 内浸没入凝固浴中，得到的膜依次编号为 C2、C3、C4、C5 和 C6。直接浸入去离子水制成的膜编号为 C1。

4.4.2　碳溶胶性质

动态光散射法（DLS）测定的 CNS 的孔径分布见图 4.33（a），且由图可见其平均粒径约为 10 nm。溶胶液中 CNS 的形貌如图 4.33（b）所示，弱结晶态的 CNS 的粒径约为 12 nm，与 DLS 测定结果相近。多重光散射测定的碳溶胶溶液的稳定性如图 4.33（c）所示。透射光强-高度图中所有高度处未发现有峰出现，这表示凝胶液中无沉淀和澄清过程发生。重叠的透射光曲线也表明凝胶液中没有团聚和絮凝发生。内含图中较低的 TSI（小于 0.5）也证明了其具有较好的稳定性。图 4.33（d）表示碳纳米球有较好的亲水性（接触角 34.7°±1.7°）和较负的 Zeta 电位 [（−54.54±0.72）mV]，此结果也表明其具有较强的用于改性膜抗污染性能的潜力。

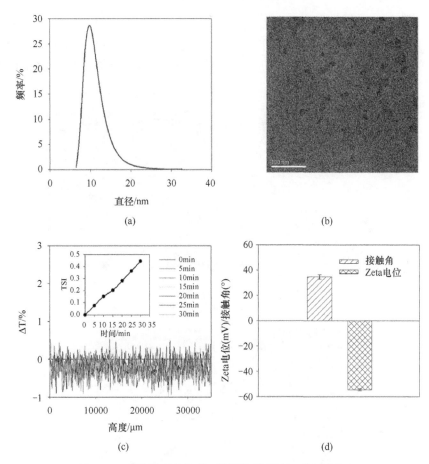

图 4.33　碳纳米球的性质（彩图扫描封底二维码获取）

（a）DLS 法测定的溶胶液中碳纳米球的粒径分布；（b）TEM 图；（c）30 min 内溶胶液透射光强随高度变化图，内含图表示样品的 TSI；（d）碳纳米球的接触角（$n=3$）和 Zeta 电位（$n=3$）

4.4.3　膜性能影响

　　原位改性方法制备膜的形貌如图 4.34 所示。除了更不均匀和更少的孔分布在 C6 膜面外，在原始膜和改性膜之间未发现其余明显不同。这可能是因为凝固浴中溶胶液的浓度较高，更多的纳米球会沉积在膜面堵塞膜孔。图 4.35 的断面结构揭示了膜由典型的非对称结构（膜 C1～C5 中）逐渐向海绵状孔（膜 C6）转变的过程。过量的溶胶浓度（大于 400 mg/L）可能会增加凝固浴的黏度，进而降低溶剂和非溶剂的交换速度，最终导致瞬时分相逐渐向延时分相发展以及致密结构的形成。此外，浸没沉淀相转化过程中的最长的成膜时间也验证了膜 C6 较慢的交换速度。

　　图 4.36（a）和图 4.37 分别表示膜面平均孔径及其分布。膜 C6 的表面孔径相比于膜 C1～C5 轻微降低可能是由沉积的碳纳米球明显覆盖在膜面造成的。图 4.36（b）中膜 C1～C5 的孔隙率逐渐增加，而膜 C6 的孔隙率则明显降低，这可能是由膜 C6 表面孔明显被堵塞以及断面连通孔较少造成的［图 4.35（k）］。图 4.36（c）所示的接触角因溶

胶浓度的增加而明显降低，这意味着改性膜的亲水性得到明显提高。如图 4.36（d）所示，Zeta 电位因 CNS 溶胶的成功改性明显由原始膜 C1 的（−26.53±1.66）mV 逐渐降低到膜 C6 的（−46.14±2.78）mV。本研究中膜的通量在 700～1200 L/（$m^2 \cdot h \cdot bar$）范围内。

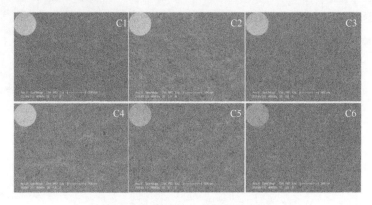

图 4.34　膜 C1～C6 的表面形貌

内含图是相应膜的照片

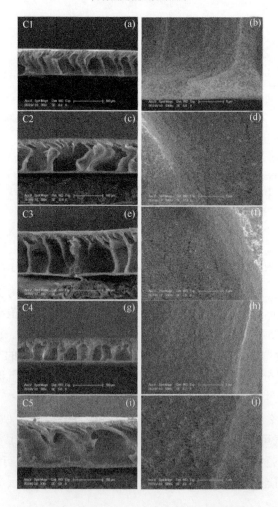

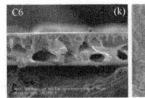

图 4.35　膜 C1～C6 的断面形貌

（a）、（c）、（e）、（g）、（i）、（k）为整体断面结构（300×）；（b）、（d）、（f）、（h）、（j）、（l）为底部形貌（5000×）

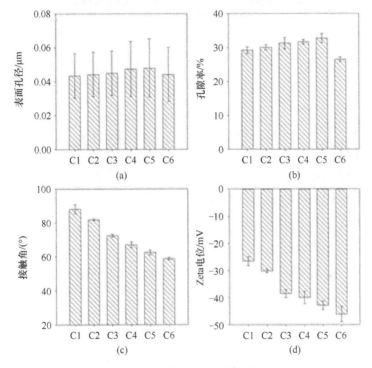

图 4.36　膜 C1～C6 的性质

（a）表面孔径（$n=3$）；（b）孔隙率（$n=3$）；（c）接触角（$n=5$）；（d）Zeta 电位（$n=3$）

XPS 被用于测定碳纳米球和改性膜的化学组成。由图 4.38 中碳纳米球 XPS 谱图可知其碳纳米球共包含两种元素：C 和 O。图 4.39 和表 4.33 分别表示膜 C1～C6 的 XPS

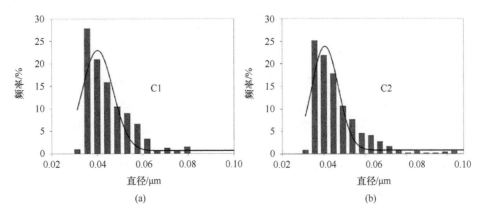

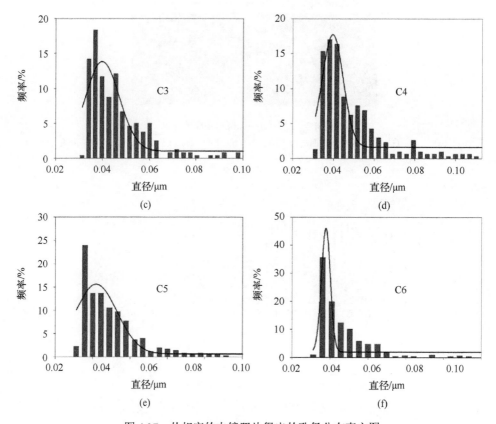

图 4.37 从相应的电镜照片得出的孔径分布直方图

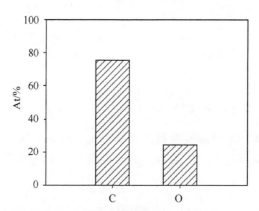

图 4.38 XPS 测定的碳纳米球的化学组成

谱图和化学组成。表 4.34 中逐渐增加的 C 和 O 含量以及逐渐降低的 F 含量表示亲水性碳纳米球在 PVDF 膜基中的成功组装，这也解释了混合基膜亲水性和 Zeta 电位绝对值的提高。图 4.40 中，膜 C1～C6 的粗糙度无明显变化，表明 CNS 的原位组装并不会造成膜形貌的明显改变。计时电流法测定的 PVDF/CNS MMMs 的电化学性能如图 4.41 所示。相比于膜 C1，膜 C5 和膜 C6 的极限电流分别增加了 70%和 103%，进一步证明了 CNS 在膜表面的成功组装。

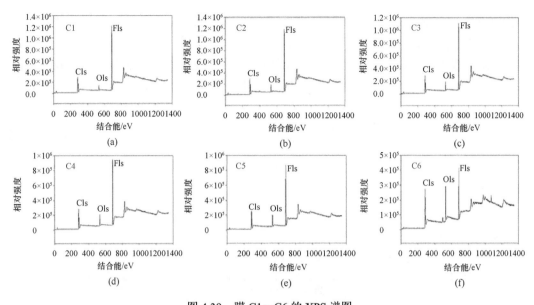

图 4.39　膜 C1～C6 的 XPS 谱图

（a）C1；（b）C2；（c）C3；（d）C4；（e）C5；（f）C6

表 4.33　XPS 测定的 C1～C6 不同膜的化学组成

膜	C1	C2	C3	C4	C5	C6
C1s	42.46	44.15	44.04	44.71	44.90	51.66
O1s	4.91	6.21	6.95	8.32	9.89	14.84
F1s	52.63	49.64	49.01	46.96	45.21	33.50

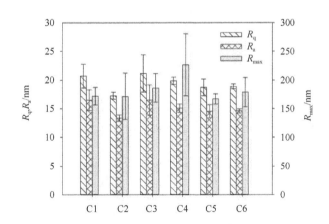

图 4.40　原始 PVDF 膜和 PVDF/CNS 复合膜的粗糙度

　　图 4.42 展示了不同膜的过滤性能和对污染物的截留行为。过滤性能的总体趋势为：膜 C1～C5 的通量随 CNS 溶胶浓度增加而逐渐增加，进一步增加溶胶浓度通量反而降低（膜 C6）。而 BSA 的截留率则随溶胶浓度的增加而逐渐增加。膜面较小的孔径和亚层较大的弯曲度可能是导致低过滤性能和较高的截留率的原因。较小的孔隙率和断面闭合

的大孔可能是导致膜 C6 最低过滤性能的另一原因。尽管膜表面约 40 nm 的孔径比 BSA 12.7 nm 的粒径大，但是膜只表现出 35.3%～67.0% 的截留率。这表明膜面孔径可能仅是影响 BSA 截留率的其中一个因素。图 4.35 中的弯曲度较好的亚层可能也在 BSA 的截留行为上发挥了主要作用。在过滤 BSA 过程中，膜的吸附也可能是增加截留率的原因。

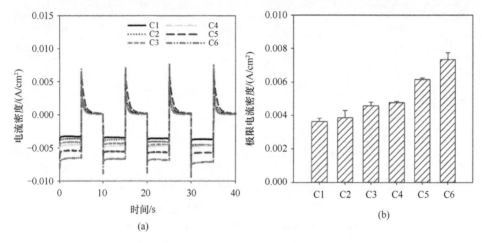

(a)

图 4.41　1.0 mol/L KCl 溶液中不同膜的电流密度
（a）电流密度-时间曲线；（b）极限电流密度

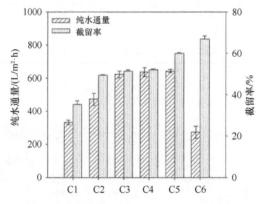

图 4.42　膜的过滤性能和对 BSA 的截留率（n=3）（彩图扫描封底二维码获取）

4.4.4　膜抗污染性能

经典的 XDLVO 理论可以评价膜的抗污染性能。三种探针液体测定的接触角数值和计算出的表面张力参数分别见表 4.34 和表 4.35。所有膜都表现出低的电子受体（γ^+）和相对较高的电子供体（γ^-）。如图 4.43（a）所示，除膜 C6 外，膜 C1～C5 的内聚能显著增加。图 4.43（b）所示的膜表面和污染物间的黏附自由能表现出相似规律。这也意味着当 CNS 溶胶浓度超过 400 mg/L 时，改性效率可能不会进一步提高。图 4.43（c）所示，膜 C1～C6 与逐渐靠近的污染物间的相互作用能垒逐渐增加。这些结果与内聚自由能和黏附自由能相一致，表明膜的抗污染性能的改性随凝固浴中 CNS 溶胶液的浓度逐渐增加。图 4.43（d）中膜对污染物的吸附性能按 C1～C6 的顺序逐渐降低，表示膜对污染物的吸附能力逐渐减弱，抗污染性能逐渐增强，该结果与 XDLVO 理论预测结果相一致。

表 4.34　三种探针液体测定的膜和 BSA 的接触角（$n \geq 3$）　　　［单位：（°）］

探针液体	C1	C2	C3	C4	C5	C6	BSA
水	88.2±2.6	82.5±0.3	73.0±0.5	67.6±1.3	61.6±0.8	58.5±0.4	67.3±1.0
甲酰胺	62.5±0.5	57.7±0.8	49.5±0.2	43.9±0.9	49.3±0.6	43.5±0.4	53.4±1.9
二碘甲烷	54.9±1.1	50.0±2.2	42.2±0.9	39.3±2.6	38.4±0.4	36.8±0.1	48.4±1.1

表 4.35　不同膜和 BSA 的表面张力参数（$n \geq 3$）　　（单位：MJ/m²）

γ^a	C1	C2	C3	C4	C5	C6	BSA[b]
γ^{LW}	31.52±0.61	33.46±1.89	37.09±2.78	39.06±1.52	39.92±1.00	40.78±0.51	35.14±0.58
γ^+	0.61±0.18	0.67±0.12	0.60±0.13	0.75±0.07	0.39±0.38	0.12±0.10	0.27±0.14
γ^-	2.27±1.07	3.12±1.42	7.29±2.28	9.71±2.51	15.89±5.37	21.36±0.42	16.09±0.42
γ^{AB}	2.24±0.37	2.77±0.67	4.06±0.48	5.38±0.77	3.88±2.16	2.90±1.47	4.04±1.12
γ^{TOT}	33.76±0.83	36.23±2.36	41.16±3.20	44.44±1.88	43.81±1.78	43.68±1.97	39.18±1.01

a 表面张力参数（γ）：γ^{LW} 为 LW 成分，γ^+ 为电子受体参数，γ^- 为电子供体参数，γ^{AB} 为 AB 成分，γ^{TOT} 为总表面张力参数
b BSA 的粒径和 Zeta 电位分别是（329.7±3.8） nm 和（−12.4±0.8）mV

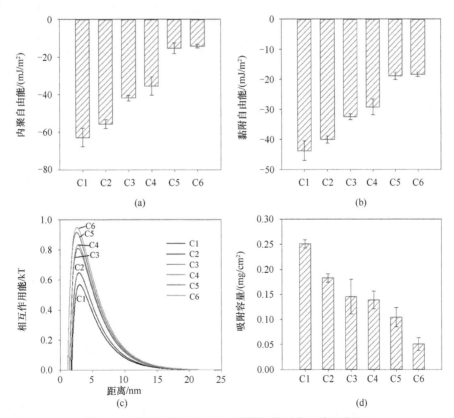

图 4.43　膜抗污染性能对比（彩图扫描封底二维码获取）

（a）原始 PVDF 膜和 PVDF/C 纳米复合膜的内聚能（$n=3$）；（b）膜表面与污染物间的黏附自由能（$n=3$）；（c）膜表面和逐渐靠近的污染物间的相互作用能（$n=3$）；（d）不同膜的蛋白质吸附行为（$n=3$）

　　图 4.44 展示了不同膜对 BSA 的抗污染性能。在经过前 10 min 起始过滤阶段的明显降低之后，相对通量下降速率逐渐趋于稳定。在整个过滤过程中，膜 C1 的相对通量下降 96%，而改性膜通量的降低相对较轻。该结果也与图 4.43（d）中的静态吸附结果相一致。

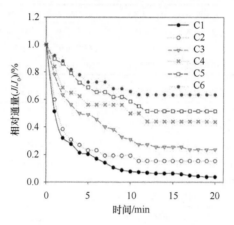

图 4.44　不同膜过滤 BSA 膜过程中的相对通量变化（$n=3$）

　　图 4.45（a）显示了各种膜在 MBR 中长期抗污染行为。在近 80 天的运行过程中，膜 C1 被清洗了 8 次，而膜 C2、膜 C3、膜 C4、膜 C6 和膜 C5 的清洗次数逐渐降低，分别被清洗了 6 次、6 次、5 次、5 次和 3 次。很显然，PVDF/CNS MMMs 的抗污染性通过在相转化过程中固定亲水性的 CNS 逐渐提高，且膜 C1～C5 的改性效率随凝固浴中溶胶液浓度的增加而逐渐增加。与膜 C5 相比，虽然 XDLVO 理论预测，静态吸附和批次过滤实验中膜 C6 表现出更好的抗污染性能，而在 MBR 长期运行过程中膜 C6 的抗污染性能并没有显示出进一步的提高。这可能是由膜表皮层的小孔（图 4.34）和亚层的弯曲结构造成的［图 4.35（k）］。为进一步探究膜的抗污染机理，CLSM 被用于分析图 4.45（b）所示的膜 C1 和膜 C5 表面的污染物。表 4.37 中结果表明膜 C1 表面形成的污染层比膜 C5 的更紧实，这可能是因为膜 C1 较高的自由能使其具有在膜表面吸附并积累污染物的潜力。此外，从表 4.36 中还可看出膜 C1 表面污染物中糖分的比例明显高于膜 C5 表面。因此，可推断 CNS 改性可有效降低多糖污染。膜 C1 和膜 C5 表面污染物类型的不同（如多糖和蛋白质）可能归因于以下几点。首先，根据前述研究，糖类物质的 Zeta 电位比蛋白质类（BSA）的更负。且因 CNS 的引入而导致膜 C5 具有更负的电位，进而增加膜表面与多糖的排斥作用，并因此降低因糖类吸附而引起的污染。其次，因含有大量羟基的亲水性 CNS 的引入，膜 C5 的亲水性和自由能明显提高，进一步有助于减轻 MBR 中污染物吸附现象。再次，膜 C5 表面轻微降低的粗糙度也有利于抗污染性能的提高。

　　进一步采用 XPS 分析长期实验中改性膜 CNS 稳定性。C/F 和 O/F 质量比如表 4.37 所示，且各种膜的 XPS 全谱图如图 4.46 所示。结果显示在长期运行过程中改性膜会逐渐释放 CNS，如对于膜 C2～C5 中 C/F 和 O/F 分别平均降低 4.8% 和 6.4%，而对于膜 C6 则降低更多。这表明凝固浴中过高含量的 CNS 可能会因在膜面的大量沉积而导致其明

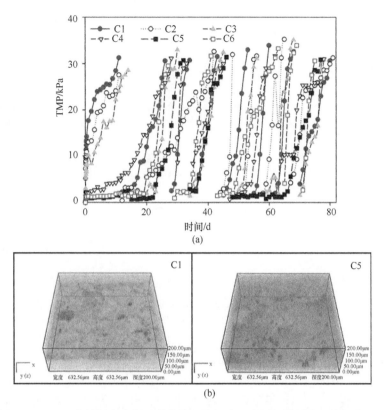

图 4.45　MBR 中长期实验揭示膜的抗污染行为（彩图扫描封底二维码获取）

（a）不同膜 TMP 随时间变化；（b）原始膜 C1 和 PVDF/CNS 膜 C5 在运行终点的膜面污染物 CLSM 照片。图（b）中符号含义：绿色代表蛋白质（FITC 染色），红色代表多糖（Con A 染色）

表 4.36　膜 C1 和 C5 在过滤终点时表面污染层特征和不同染色区域特征

膜	厚度/μm	SS/（g/m²）	密度/（g/cm³）	多糖（红色区域）/%	蛋白质（绿色区域）/%
C1	23.1	8.23	0.356	11.8	1.5
C5	79.7	5.30	0.066	0.9	8.7

显释放。相对比而言，凝固浴中 CNS 剂量较少的膜 C2～C5 则在 80 天的运行中表现出相对令人满意的稳定性。有两个原因可用于解释 CNS 的稳定固定。首先，溶胶液中尺寸较小的 CNS 会在相转化过程中随溶剂交换，并同时很容易固定在新形成的聚合物三维网络中。其次，如范德华力及 CNS 和聚合物间的氢键等非共价相互作用也有利于将 CNS 稳定固定在改性膜中。

表 4.37　在长期实验前后膜 C2～C6 中 C/F 和 O/F 质量比的变化

改性膜	C2	C3	C4	C5	C6
C/F 降低比率/%		4.8±3.4			22.9
O/F 降低比率/%		6.4±5.1			19.5

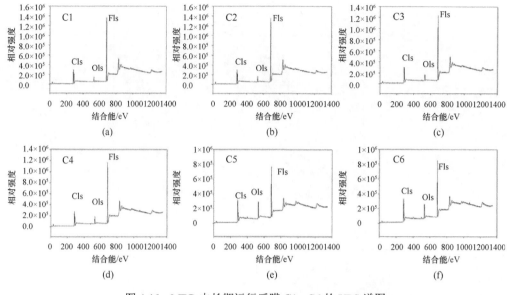

图 4.46　MBR 中长期运行后膜 C1~C6 的 XPS 谱图

(a) C1；(b) C2；(c) C3；(d) C4；(e) C5；(f) C6

4.5　抗菌/抗污染共混膜的制备

4.5.1　季铵盐改性 PVDF 微滤膜的制备及抗污染机制研究

针对膜分离技术应用过程中膜污染尤其是生物污染问题，本节通过季铵盐（quaternary ammonium compound，QAC）与 PVDF 共混、以相转化法制备 QAC/PVDF 微滤膜，研究了 QAC 含量对复合膜表面性能、分离性能、抗菌性能的影响，并筛选出最佳的 QAC 投加量，并在此投加量基础上，着重对膜的抗污染性能及机制进行研究。通过设计实验，揭示膜面及膜附近区域对细菌的灭杀机制；利用 XDLVO 理论对实验结果进行计算和模拟，评价复合膜的抗污染尤其是抗有机污染性能，解释复合膜抗有机污染的机制。最后，将复合膜置于膜生物反应器中长时间处理实际生活污水，验证复合膜抗污染性能及机制。

本研究采用的非溶剂诱导的相转化法制备的非对称 PVDF 微滤膜，制膜方法与 4.2.1 节一致。其中 PVDF 含量为 8.0 wt.%，致孔剂为 PVP（3.0 wt.%），溶剂为 DMAC 和 DMSO，QAC 含量为 0 wt.%、0.1 wt.%、0.2 wt.%、0.4 wt.%，分别命名为 Q0、Q1、Q2、Q3。

1. QAC 含量对膜基本性能的影响

本节使用 XPS、AFM 等测试方法，验证 QAC 与 PVDF 基体成功复合；对不同 QAC 投加量的复合膜的成膜基本性能如膜面形态、表面孔隙率、体积孔隙率、孔径、亲水性、透水性、机械强度、Zeta 电位、截留率等进行测定，以考察 QAC 投加量对成膜性能的影响。

XPS 用于分析膜表面化学成分。图 4.47 展示了膜 Q0~膜 Q3 的 C 1s 谱图。碳谱被分为四个峰，分别为 283.5 eV、284.6 eV、286.3 eV 和 289.3 eV，分别代表官能团 C—C/C—H、—CH$_2$—、C—N 和—CF$_2$—。其中，C—N（286.3 eV）峰的强度随着 QAC（含特征 N 元素）投加量的增加而加强。此结果也与表 4.38 的膜表面元素分布一致，特征 N 元素的含量随着 QAC 投加量的增加而增加，证实了越来越多的 QAC 分布在膜表面，意味着 QAC 成功与 PVDF 基体复合。

表 4.38　膜面元素含量分布

膜编号	膜面元素含量/wt.%		
	F	N	C
Q0	47.44	1.63	46.60
Q1	41.32	2.37	49.45
Q2	42.07	3.00	48.82
Q3	39.20	3.55	51.19

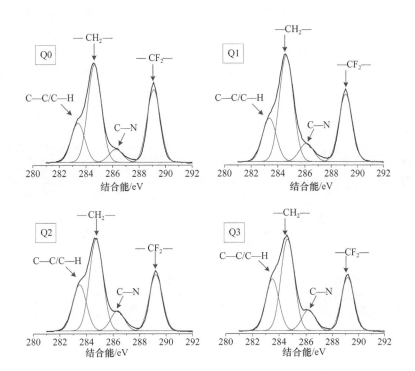

图 4.47　原始膜（Q0）与不同 QAC 投加量复合膜（Q1~Q3）的 XPS C 1s 谱图（彩图扫描封底二维码获取）

图 4.48 为所有膜膜面粗糙度测试结果。可以发现膜面粗糙度随着 QAC 投加量的增加而增加，但是改性膜和空白膜在三种粗糙的表达形式下均没有显著性差异。膜面粗糙的增加可能归因于 QAC 的疏水链段在膜面的聚集，同时对膜面的亲疏水性造成影响（图4.50）。可以预见，如果 QAC 投加量继续增大，膜面粗糙度可能继续增加，同时亲水性会受到影响，说明过量的 QAC 将会对膜的基本性能甚至抗污染性能造成破坏。

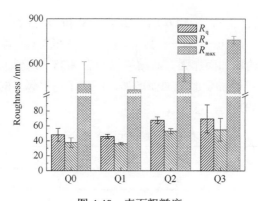

图 4.48 表面粗糙度

R_q 为均方根面粗糙度，R_a 为平均面粗糙度，R_{max} 为最大面粗糙度，$n=3$

空白膜与改性膜的表面、断面形貌如图 4.49 所示。从断面的 SEM 照片中可以看出，所有的 PVDF 膜均呈现出典型的非对称膜结构，包括一层薄的皮层、指状大孔的亚层以及海绵状孔为主的支撑层。随着 QAC 含量的增加，膜孔的结构没有显著变化，说明在有致孔剂（PVP）存在时，少量 QAC 的添加对膜的微孔结构不会有改变。对于膜表面形貌，SEM 照片显示 Q2 复合膜的孔径较大，其余的膜孔径较小。经过 Image-Pro 软件对膜面孔径进行分析，发现当 QAC 在膜体中的含量由 0.0 wt.%增加至 0.2 wt.%时，膜孔径由（0.08±0.03）μm 增加至（0.14±0.12）μm；而当 QAC 含量到达 0.4 wt.%时，膜孔径下降至（0.08±0.05）μm。结果说明 QAC 的投加量对膜面孔径造成影响。

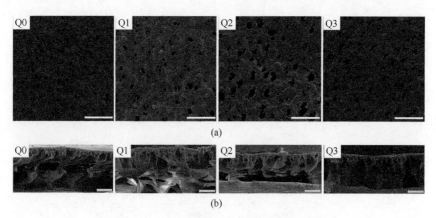

图 4.49 膜 Q0～膜 Q3 的表面及断面形貌

（a）表面形貌；（b）断面形貌

表面形貌标尺为 1 μm，断面形貌标尺为 100 μm

空白膜与改性膜的接触角、Zeta 电位、孔隙率、透水性、拉伸强度和截留率如图 4.50 所示。图 4.50（a）所示的膜 Q0～膜 Q3 的接触角逐渐升高，表示膜的亲水性逐渐降低，且通过 AFM 表面粗糙度可知，亲水性的降低和粗糙度无关。这可能归因于 QAC 疏水链在膜面的聚集。QAC 作为一种杀菌剂的同时，也是一种具有特殊两亲结构的表面活性剂。由于铸膜液刮制成的薄膜在预蒸发阶段时，薄膜的表层处于两相界面，空气为疏水层、铸膜液为亲水层，此时作为表面活性剂的部分 QAC 由亲疏水作用力推动，使得薄膜表面的 QAC 疏水尾部（长碳链）朝向空气相，而亲水头部（季铵官能团）朝向铸膜液相，QAC 疏水链在膜面增多导致最终的接触角随着 QAC 含量的增加而增加。同时 QAC 在膜面的聚集造成了表面 Zeta 电位向正电性偏移，膜 Q0～膜 Q3 的 Zeta 电位由（–14.5±0.8）mV 增加至（–5.7±3.2）mV［图 4.50（b）］，说明 QAC 含有的正电性季铵基团对膜面电位造成了影响。

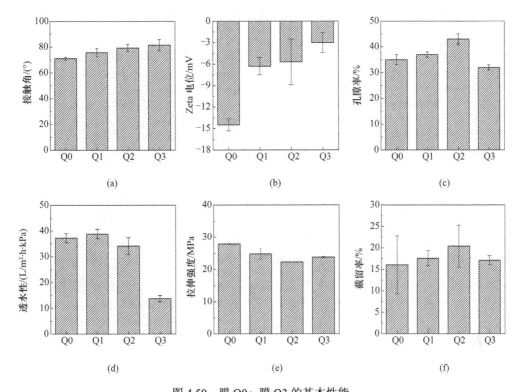

图 4.50　膜 Q0～膜 Q3 的基本性能

（a）接触角（$n=7$）；（b）Zeta 电位（$n=3$，pH=7，$C_{KCl}=10$ mM）；（c）孔隙率（$n=4$）；
（d）透水性（$n=3$，30kPa）；（e）拉伸强度（$n=3$）；（f）截留率（$n=3$）

图 4.50（c）显示当 QAC 的含量增加至 0.2 wt.%时，膜体积孔隙率由（35±2）%提升至（43±2）%；而当 QAC 投加量继续增加至 0.4 wt.%时，孔隙率降低至（32±1）%。与此同时，与空白膜对比，膜 Q3 的透水性能遭到严重破坏，仅为膜 Q0 的 40%，而其他 QAC 剂量的膜样品则与空白膜没有显著性差异［图 4.50（d）］。这主要是由于 QAC 作为表面活性剂可以在铸膜液中包裹住水分子，形成稳定的包裹水的反胶束结构（表面活性剂疏水端朝向聚合物，亲水端朝向水分子），这种反胶束的结构的存在有利于非溶剂向铸膜液中的扩散，使凝胶速率加快，并且表面活性剂形成的反胶束结构可以成为致孔剂，促进膜形成大孔结构。在 QAC 含量逐渐增加时，越来越多的 QAC 形成反胶束结构，造成膜 Q1、膜 Q2 的孔隙率增加。但是，随着 QAC 在膜体含量的继续增加，除了形成包裹水的反胶束结构的 QAC 团簇，一部分 QAC 形成空壳胶束（不含水），从而造成膜的透水性能大幅度下降。

QAC 的添加对 PVDF 膜的机械强度影响不大［图 4.50（e）］，拉伸强度随着 QAC

的添加略有降低，主要是由于 PVDF 具有较强抗冲击性能，少量的添加剂对 PVDF 的机械性能没有损害，并且说明 QAC 与 PVDF 膜的相容性较好。图 4.50 (f) 显示所有膜对 SA 的截留率较小，且 QAC 的投加量对截留率影响不大，这与膜孔径较大（0.08～0.14 μm）有关，同时与 QAC 对膜表面、断面形貌的结论相一致，即 QAC 对膜的表面孔隙率、断面孔结构没有显著影响，造成对 SA 的截留率差别不大。

从以上改性后 PVDF 膜的基本性能数据可以看出，当 QAC 的剂量为 0.2 wt.%时，改性微滤膜的结构与性能在孔隙率、透水性能表现优异，并且其他性能较空白膜没有显著区别；而当 QAC 达到 0.4 wt.%时，膜的基本性能尤其是透水性能遭到严重破坏，无法满足正常运行的需要。

2. QAC 含量对膜抗菌性能的影响

本节中，选用大肠杆菌（*E. coli*）和金黄色葡萄球菌（*S. aureus*）代表革兰氏阴性菌、革兰氏阳性菌作为模型细菌。采用浊度法评估 PVDF 膜及不同含量的 QAC/PVDF 复合膜的抗菌性能，如果膜样品能够抑制细菌在培养基中的生长，培养基在培养一定时间后，OD_{600} 的数值不会发生显著变化；反之，则表明该材料的抗菌效果较差。将与细菌接触一定时间后的膜样品置于 SEM 下观察，可以评估膜面抗细菌黏附的能力，膜面细菌量少说明不易吸附细菌。对 *E. coli* 对数增长期的吸光度值（3-24 h）（Park et al.，2005）进行拟合，获得细菌的增长系数及倍增时间 [图 4.51 (a)]，结果显示膜 Q2 和膜 Q3 的生长系数 μ 显著降低，与此同时倍增时间分别是膜 Q0 的约 10 倍及 76 倍，说明膜 Q2、膜 Q3 对于 *E. coli* 的生长具有明显的抑制作用。图 4.51 (b) 显示了将膜样品浸没于细菌培养基溶液中 24 h 后，膜面细菌黏附、生长的情况。可以明显看出，膜 Q0 和膜 Q1 膜面均黏附有大量的细菌，而膜 Q2 和膜 Q3 面非常"干净"，基本没有细菌附着，这与浊度法的结果一致，证明膜 Q2 和膜 Q3 对 *E. coli* 的生长有明显的抑制作用。

相同实验条件下，*S. aureus* 的实验结果与 *E. coli* 相似（图 4.52）。在 24 h 的培养时间内，膜 Q2 和膜 Q3 吸光度值没有明显增长，而膜 Q0 和膜 Q1 增长显著 [图 4.52 (a)]；膜 Q2 和膜 Q3 的增长系数显著降低（对数增长期为 6～24 小时）（Park et al.，2005），倍增时间分别较膜 Q0 增加 61 倍和 87 倍；膜 Q2、膜 Q3 表面黏附的细菌较膜 Q0 有明显减少 [图 4.52 (b)]。有趣的是，对比图 4.51 和图 4.52，发现膜 Q1 对 *S. aureus* 的抑菌效果高于 *E. coli*，表面黏附的细菌量也明显降低。有研究认为，作为以接触杀菌为主要机制的抗菌剂，当季铵盐单体固化后，可以通过暴露于材料表面的季铵基团与带负电荷的细菌发生静电作用，引起细菌表面电荷分布的紊乱、细胞膜表面 Mg^{2+}、Ca^{2+} 等平衡离子的丢失和细胞膜稳定性的破坏。当材料表面暴露的正电荷密度超过某一阈值时（charge-density threshold），可影响细菌代谢和生长甚至死亡（Kugler et al.，2005），增加材料表面的季铵盐密度是获得稳定杀菌性能的关键，因此膜 Q2 和膜 Q3 由于季铵盐含量较大，显示出较明显的抗菌性能。同时，由于革兰氏阴性菌较革兰氏阳性菌拥有较厚的细胞膜结构（Rawlinson et al.，2010），对电荷变化不敏感，且对季铵盐疏水链的穿透行为有一定的抵御作用，所以膜 Q1 对 *E. coli* 的抑制效果不明显，却对 *S. aureus* 有一定的作用。

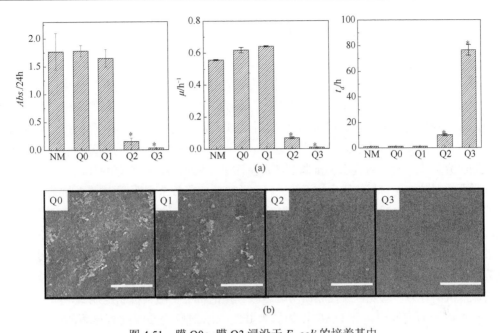

图 4.51　膜 Q0～膜 Q3 浸没于 *E. coli* 的培养基中

（a）培养 24 h 后的 OD$_{600}$ 值、对数生长期的生长系数及倍增时间；（b）培养 24 h 后膜面的 SEM 照片

NM 是指实验对照组，即不含膜样品的细菌培养液

*有显著性差异，$p<0.05$；白色标尺为 50 μm

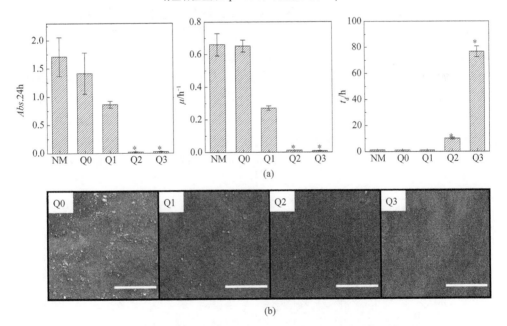

图 4.52　膜 Q0～膜 Q3 浸没于 *S. aurues* 的培养基中

（a）培养 24 h 后的 OD$_{600}$ 值、对数生长期的生长系数及倍增时间；（b）培养 24 h 后膜面的 SEM 照片

NM 是指实验对照组，即不含膜样品的细菌培养液

*有显著性差异，$p<0.05$；白色标尺为 50 μm

3. QAC/PVDF 改性膜抗菌机制研究

如前所述，游离态的季铵盐型抗菌剂拥有强效的杀菌作用，杀菌机制包括以下几个过程：首先季铵盐头部带正电荷的季铵官能团与细胞中的磷脂通过静电作用发生结合，随后其疏水碳链插入细胞膜的疏水中心，引起胞膜压力的增加，同时改变磷脂双分子层的排列分布，最终使细胞丧失正常的渗透调节及其他生理功能。但季铵盐固化后的抗菌机制目前仍未有定论，尤其当季铵盐固定于水处理膜表面时，季铵盐复合膜的抗菌机制、抗生物污染机制研究较少。对于通过添加抗菌剂获得抗污染膜的策略，目前有两种机制：通过抗菌剂从膜面的释放实现材料的抗生物污染改性，称之为"释放杀菌"；通过膜面抗菌剂与微生物的直接接触使其失活，即"接触杀菌"。根据 4.5.1 节得出结论，当 QAC 的添加量不少于 0.2 wt.% 时，QAC/PVDF 复合膜有显著地抗菌效果，在此基础上本节对 QAC/PVDF 抗菌机制进行探索，主要问题为：①哪一种抗菌机理，释放杀菌或者接触杀菌能够解释复合膜的抗菌行为？②如果复合膜的抗菌行为是接触杀菌机制，当膜面被污染时覆盖污染物时是否继续保持抗菌行为？③复合膜在膜面附近区域真正的抗生物污染机制是什么？

根据以上研究发现，当 QAC 投加量为 0.2 wt.% 时复合膜既拥有显著的抗菌性能，膜基本性能也保持稳定，因此选用 0.2 wt.% 代表复合膜进行抗菌机制的探究。

1）释放杀菌与接触杀菌

为了研究复合膜的 QAC 释放行为，将膜 Q2 样品浸泡于不含菌液的培养基中，释放不同时间后，将膜样品取出，浸泡后的膜样品与浸泡液皆使用浊度法进行抗菌测试（*S. aureus* 作为模型细菌），通过与原始膜 Q2 的抗菌结果相对比，获得两者的抗菌效率 E_a。

实验结果如图 4.53（a）所示。对于浸泡液，E_a 在最初的 4 h 明显增加，说明膜 Q2 在 4 h 内释放了一定量的 QAC，从而起到了杀菌效果；随着时间的延长，E_a 一直保持稳定（90% 左右），因此推测这部分释放的 QAC 可能来自于膜孔残留的 QAC。另外，膜 Q2 在浸泡的最初 2 h 内 E_a 值略有下降，可能与膜孔内的 QAC 释放于浸泡液有关；膜 Q2 浸泡 8 d 后依然保持高效的抑菌行为，说明膜 Q2 对微生物有长期稳定的抑制效果。

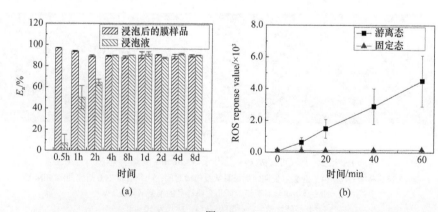

图 4.53

（a）膜 Q2 在浸泡不同时间后，膜与浸泡液抗菌效率（E_a）的变化（$n=6$）；（b）游离态 QAC 与固定态 QAC（Q2）膜引起的 *S. aureus* 胞内活性氧的变化（$n=6$），其中膜 Q2 在浸泡 4 h 后进行测试

为了消除膜孔内 QAC 对实验结果的影响，膜 Q2 在测试前在去离子水中浸泡 4 h。图 4.53（b）显示了游离态与固定态季铵盐在抗菌机制方面的不同，从而说明释放杀菌与接触杀菌在机制方面的差异。活性氧（ROS）包括超氧负离子（O_2^-）、过氧化氢（H_2O_2）和羟基自由基（OH·）等具有较活泼化学反应性的物质。在正常的生物细胞内，超氧化物歧化酶（superoxide dismutase）和过氧化氢酶（catalase）可以清除和分解 O_2^-、H_2O_2 等物质，从而形成细胞内 ROS 的防御机制（Dukan et al.，1999）。当这一防御机制收到破坏，胞内 ROS 过量积累后，就可能破坏胞内组分、影响细胞的功能。由图 4.53（b）可知，游离态季铵盐对于胞内 ROS 的影响显著，ROS 响应值的增加速率约为 73.8 unit/min，说明游离态季铵盐能够通过与细菌的相互作用，使其胞内 ROS 急速上升，造成细菌结构或功能的不可逆破坏并引起细菌的破裂、死亡。对于固定态季铵盐（膜 Q2），即使膜中含有的 QAC 质量远高于实验中游离态的 QAC，ROS 响应值在测试时间内没有明显增长。

根据图 4.53 的结果可以得出结论，对于浸泡后的 QAC/PVDF 复合膜，接触杀菌机制起主导作用。QAC 已被证实能够牢固地与高分子基体复合，因此对于固定于材料基体或表面的 QAC，其抗菌机制应为接触杀菌，避免了释放杀菌的"突释效应"，可保持持久稳定的抗菌效果，并且对环境不造成二次污染。

2）污染后复合膜抗菌性能及机制推测

以接触杀菌为主要机制的材料，能够获得稳定持久的抗菌性能，且对环境无害，不造成二次污染。但是接触杀菌的缺陷在于受限的抗菌范围，只能在材料表面的一定范围内发挥抗菌功效。在 MBR 中，污泥混合液中的微生物及其代谢产物黏附或沉积在膜表面形成污染层，当污染层将膜面抗菌剂覆盖后，以接触杀菌为主的抗菌膜是否能够保持抗菌效果、拥有抗污染性能，抗污染的机制又如何解释，本节将对此进行探究，并提出接触杀菌为抗菌机制的复合膜在膜面附近区域的灭杀机制。

本节使用海藻酸钠（SA）和 *S. aureus* 作为模型污染物，分别代表无生命的有机污染物和生物质污染物。将以上污染物分别沉积于膜面，厚度约为 30 μm，远远大于 QAC 烷基链的长度，且在实验过程中膜面污染物没有脱落。实验前将膜 Q2 在去离子水中浸泡 4 h 以去除膜孔内的残留的 QAC。将覆盖污染物的膜 Q2 使用浊度法进行抗菌测试，通过与原始膜 Q2 的抗菌结果相对比，获得两者的抗菌效率 E_a。从图 4.54 中可以看出，膜 Q2 覆盖 SA 后，E_a 值仅为覆盖前的 13.8%，几乎没有抗菌效果；然而，当污染层是生物质 *S. aureus*，膜 Q2 依然保持高效的抗菌性能，基本与污染前的抗菌效率一致，说明污染物的类型对抗菌效果有显著影响。

综合以上结果，QAC/PVDF 的抗菌机理如图 4.55 所示。自然界中细菌通过细胞间的通讯以协调社会性的群体存在。其中 *mazEF* 是细菌染色体上的"毒素-抗菌素系统"基因（toxin-antitoxin system，TA 系统），可介导胁迫诱导细菌细胞程序性死亡（programmed cell death pathway），即通过细胞表面受体激活细胞凋亡信号转导途径，导致细胞主动的自杀性死亡（Kolodkin-Gal et al.，2007）。当遭遇环境胁迫时，细菌群体表现出类似多细胞生物体特征：细菌启动 *mazEF* 介导的死亡程序，部分细胞死亡后释放

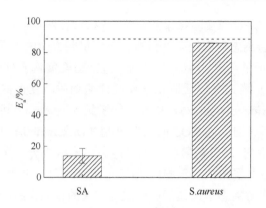

图 4.54 膜 Q2 覆盖不同污染物后，抗菌效率（E_a）的变化（$n=12$）

虚线为膜 Q2 在去离子水中浸泡 4 h 后的 E_a 值，约为 90%

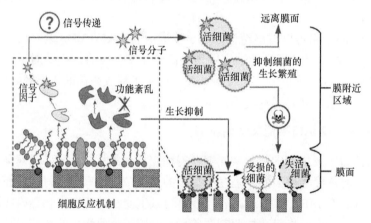

图 4.55 QAC/PVDF 膜抗菌机制示意图

出营养或信号分子，从而使其余部分个体得以生存（Kolodkin-Gal et al.，2007）。对于本节中膜表面固定的抗菌剂 QAC 通过静电吸附和胞膜破坏两个过程，引发细菌生理功能的紊乱，如钾离子和质子的外泄，呼吸功能、电解质转运功能的损害。与此同时，遭受 QAC 攻击的细菌利用 TA 系统向膜面附近的其他细菌释放 SOS 信号，促使体系内的其他细菌远离膜面，降低了膜污染的概率，抑制了细菌在膜面的滋生。有研究显示这种细胞之间的通讯联系不会影响体系内健康细菌的生长与繁殖（Kumar et al.，2014）。

4. QAC/PVDF 复合膜抗有机污染行为研究

MBR 中由微生物产生的溶解性物质如蛋白质和多糖等，被认为是主要的 MBR 膜污染物。近年来，国内外研究人员对 MBR 中有机污染现象进行了广泛的研究探索，通过分析有机污染物与膜材料的理化性质，检测其在膜污染过程中的变化，发现对污染物与膜界面相互作用力的定量化和系统化研究是非常必要的（Ng et al.，2006；Liang et al.，2007）。XDLVO 理论是一种定量研究界面相互作用力的方法，且已经应用到膜污染的研究中（Lee et al.，2006），可以对极性溶剂中存在的相互作用力进行定量描述，而且此理论可以解释界面作用理论预测与膜污染实验数据之间的相关性。

　　图 4.56 显示了空白膜与 QAC 改性膜对 BSA、SA 污染速率的差异。对于两种模型污染物，改性膜的污染速率均高于空白膜。其中，BSA 污染速率随着 QAC 含量的增加而逐渐加快，SA 污染速率对 QAC 含量变化表达不明显。结果说明，QAC 的添加降低了 PVDF 膜的抗有机污染能力。

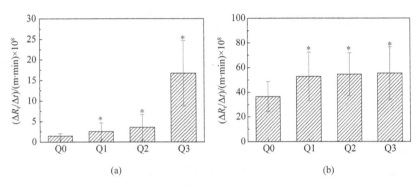

图 4.56　空白膜与 QAC 改性膜的污染速率（$n=3$）

（a）污染物为 BSA［通量为 120 L/（m²·h）］；（b）污染物为 SA［通量为 60 L/（m²·h）］

　　表 4.39 和表 4.40 显示了三种探针液体测定的接触角数值、表面张力参数以及膜表面自由能。

表 4.39　膜和污染物的基本参数（$n=3$）

膜编号	Zeta 电位/mV	接触角/（°）		
		水	甲酰胺	二碘甲烷
Q0	−14.5±0.8	69.4±1.1	48.4±2.1	48.4±1.3
Q1	−6.3±1.2	72.4±3.2	45.7±0.7	50.3±1.4
Q2	−5.1±3.2	76.1±2.8	49.9±1.3	50.9±1.4
Q3	−3.0±1.4	81.3±4.3	54.6±3.0	47.4±1.2

表 4.40　QAC 含量对膜的表面张力参数及表面自由能的影响（$n=3$）（单位：mJ/m²）

	膜编号	Q0	Q1	Q2	Q3
膜表面张力参数	γ^{LW}	35.15±0.72	34.13±0.78	33.76±0.80	34.50±2.33
	γ^{+}	1.07±0.17	2.29±0.30	1.84±0.19	1.07±0.20
	γ^{-}	9.78±0.48	4.68±1.55	3.38±1.75	1.74±0.78
	γ^{AB}	6.44±0.45	6.44±0.62	4.80±1.20	2.70±0.80
	γ^{TOT}	41.59±1.08	40.56±1.30	38.57±1.91	37.19±2.84
膜表面自由能	ΔG^{LW}	−3.18±0.30	−2.76±0.31	−2.61±0.32	−3.41±0.29
	ΔG^{AB}	−43.80±1.21	−53.90±2.63	−56.74±2.83	−65.71±3.97
	ΔG^{TOT}	−46.97±1.51	−56.66±2.41	−59.35±2.54	−69.13±3.69
膜与 BSA 之间的表面自由能	ΔG^{LW}	−4.76±0.23	−4.35±0.25	−4.23±0.25	−4.46±0.74
	ΔG^{AB}	−26.25±0.60	−33.99±2.92	−37.54±4.53	−42.68±2.81
	ΔG^{TOT}	−30.92±0.79	−38.34±2.73	−41.78±4.31	−47.41±2.66
膜与 SA 之间的表面自由能	ΔG^{LW}	−3.29±0.16	−3.06±0.17	−2.98±0.18	−3.14±0.52
	ΔG^{AB}	−40.54±0.55	−45.42±2.20	−49.25±3.77	−55.21±2.74
	ΔG^{TOT}	−43.82±0.60	−48.48±2.08	−52.23±3.62	−58.34±2.55

表 4.39 显示，PVDF 膜的纯水接触角随 QAC 投加量的增加而变大，甲酰胺接触角略有增大，而二碘甲烷接触角的变化没有明显规律。其中膜 Q3 纯水接触角最大、二碘甲烷的接触角最小，说明膜 Q3 的疏水性最强。所有膜的 Zeta 电位都是负值，但是随着 QAC 投加量的增加 Zeta 电位的绝对值降低，说明 QAC 的添加会使得膜面电位向正向迁移。

表 4.40 显示，所有膜都表现出低的电子受体（γ^+）和相对较高的电子供体（γ^-），主要是由于高分子膜的电子供体性质强于电子受体性质。当 QAC 在膜体内的含量增加时，γ^- 值、γ^{AB} 均降低，这说明 PVDF 膜表面亲水性在降低，这与 QAC 的疏水链段在膜面的富集有关。膜面的自由能 ΔG^{TOT}［表 4.40（b）］表示膜在液相中（本章中指水溶液）的内聚能，为膜表面 LW 及 AB 组分表面自由能之和。ΔG^{TOT} 值能够定量的表示表面亲疏水性程度。正值代表亲水性表面，负值表示疏水性表面，且绝对值越小表表明相应亲疏水性程度越低。从表 4.40 中可以看出，随着 QAC 投加量的增加，PVDF 膜的 ΔG^{TOT} 值绝对正越来越大，说明 QAC 的添加会使得膜面的疏水性增强。表 4.40 中所示的膜表面和污染物间的黏附自由能表现出相似规律。ΔG^{TOT} 的绝对值随着 QAC 添加量的增加而增加，即膜在水中的热稳定性下降，说明膜对污染物的吸附性能按膜 Q0～膜 Q3 的顺序逐渐增加，表示膜对污染物的吸附能力逐渐升高，抗污染性能逐渐减弱。其中 Q3 膜对于 BSA 和 SA 的吸附自由能 ΔG^{TOT} 及其 LW、AB 分量都是最高的。

根据 XDLVO 理论与膜污染速率实验，不难发现 QAC/PVDF 复合膜随着 QAC 含量的增加，抵抗 BSA 及 SA 污染的能力下降，污染物与膜面的相互作用主要受膜面亲水性及表面电位大小决定，同时证明 XDLVO 理论可以有效地预测膜污染趋势。

5. MBR 运行及抗污染性能分析

根据以上章节可知，QAC/PVDF 改性膜在一定 QAC 含量下通过 QAC 与微生物之间的"接触灭杀"和"非直接接触灭杀"机制，使改性膜具有显著的抗菌性能；同时，由于 QAC 的疏水链段以及显正电性的季铵基团，使得膜面的亲水性降低、膜面电位向正向偏移，复合膜对蛋白质、多糖类模型污染物的抵抗能力降低，通过 XDLVO 理论预测与实验验证，随着 QAC 含量的增加，QAC/PVDF 复合膜对于 BSA、SA 的吸附能力增强，膜污染速率上升。

当膜在 MBR 中运行时，活性污泥混合液中的微生物及其产生的 EPS、SMP 等有机产物以及水中的其他污染物都会造成膜孔堵塞、产生膜污染。根据以上章节的结论，QAC/PVDF 膜具有显著的抵抗模型细菌污染，同时易于受到模型有机污染物的污染，且随着 QAC 含量的增加，这种趋势愈加严重。因此非常有必要将 QAC/PVDF 置于 MBR 中长期运行，探究复合膜在真实运行环境中的抗污染表现，同时验证抗菌机理，提出全面的 QAC/PVDF 复合膜抗污染机制。

本节采用以膜 Q2 为代表的 QAC/PVDF 复合膜，与膜 Q0 置于同一反应器中运行 110 d 进行对比实验，其中膜 Q2 在运行前浸泡于去离子水中 4 h 以清除膜孔内残余的 QAC。反应器 MBR 接种污泥为城市生活污水处理厂好氧区污泥，水温保持在（25±1）℃，膜通量设定为 20 L/（m²·h），进水为人工配水，水力停留时间（HRT）为 3.9 h，通过每天排泥保持 SRT 为 30 天，膜区单位投影面积的曝气量为 1.0 m³/（m²·min），好氧区 DO 控制在 3～6 mg/L，污泥浓度维持在（5.92±1.36）g/L。当 TMP 达到 25 kPa 时使用 0.5%（体积分数）NaClO 溶液化学清洗 2 h。膜运行至终点时（TMP=25 kPa）采用 5‰次氯酸钠溶液进行化学清洗 2 h。

1）TMP 变化

图 4.57（a）显示了 MBR 运行中 TMP 的变化情况。膜 Q2 的 TMP 上升速率明显低于膜 Q2。膜 Q2 在 106 天的运行时间内化学清洗次数为 2 次，平均清洗周期为 51 天；而 Q0 膜化学清洗次数为 4 次，平均清洗周期约为 25 天，说明膜 Q2 较膜 Q0 相比抗污染能力明显增强。值得注意的是，当生物膜厚度小于 45 μm 时（Xu et al.，2015），膜 Q2 的膜污染速率明显小于膜 Q0，证明在即使膜面有污染物覆盖时，复合膜仍旧保持抗污染能力。此外，当膜 Q2 经历化学清洗进入第二个运行周期时，膜污染速率和第一周期相差不大，分别为 52 天和 50 天，说明化学清洗对 QAC/PVDF 膜性能没有造成影响，复合膜能够保证长期抗污染的效果。

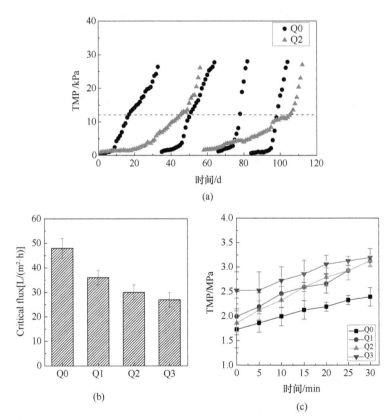

图 4.57　MBR 运行情况和膜抗污染性能分析

（a）膜 Q0 与膜 Q2 的 TMP 变化；（b）所有膜（膜 Q0～膜 Q3）临界通量的变化（*n*=3）；

（c）60 L/（m²·h）通量下所有膜 TMP 变化（*n*=3）

虚线代表生物膜厚度为 45 μm（Xu et al.，2015），圆圈为膜清洗时间点

将所有膜置于相同的污泥混合液中，进行临界通量及高通量污染批次测试（60 L/m²·h）。

可以发现，随着 QAC 含量的增加，PVDF 膜的临界通量降低 [图 4.57（b）]；在高通量条件下，QAC/PVDF 膜的污染速率随着 QAC 含量的增加而增加，且初始通量均比空白膜 Q0 高 [图 4.57（c）]。

通过对比图 4.57（a）和（c），发现膜 Q2 在低于临界通量长期运行时，表现为优异的抗污染性能，但是当在高于临界通量短期运行时，抗污染效果不如膜 Q0。在 MBR 运行中，膜 Q0 与膜 Q2 的污染速率分别为 1.0 kPa/d 和 0.5 kPa/d；而在短期高通量运行条件下，膜 Q0 与膜 Q2 的污染速率分别为 31.9 kPa/d 和 60.6 kPa/d。这可能是由于在高通量条件下，膜 Q2 与污染物之间首先发生强烈的吸附作用。由于膜污染的第一阶段污染主要是膜面物质与混合液中的 EPS 之间相互作用引起的，属于胶体与有机体的被动吸附，这种吸附与膜的表面性质有密切关系。通过第 4 小节已得出结论，QAC 的添加会加大膜表面与有机污染物之间的作用力，因此在短期高通量的条件下（高于临界通量），膜面首先吸附了大量如腐殖质、聚糖脂等大分子物质有机污染物，导致初始通量即低于空白膜；根据对 QAC 复合膜抗菌机理的推测，这部分有机污染物阻碍了膜面对细菌的接触灭杀作用，并影响了微生物之间信号的传递，导致膜污染加重。当膜 Q2 在临界通量以下运行时（MBR 中的运行通量为 20 L/（m²·h）），膜面的接触灭杀和因此引发的非接触灭杀机制均能发挥作用，因此呈现出优异的长期抗污染性能。

2）膜污染物分析

表 4.41 显示了膜面污染物固体有机物和固体无机物污染物的质量及占比。可以发现膜 Q2 面的固体物质远低于膜 Q0，有机固体的主要成分主要为微生物絮体、EPS 等物质，是凝胶层的主要成分。膜 Q2 面固体含量降低说明膜面对微生物的吸附和生长代谢产生了抑制，这与推测的抗菌结果及机理一致。值得注意的是，即使污泥混合液中存在大量的有机污染，膜面最终吸附的有机物量却大大降低，与 XLDVO 理论拟合的结果并不相符。

表 4.41　膜 Q0 和膜 Q2 面生物质成分（每个运行终点取样）

膜编号	取样时间/d	膜面固体物质		
		SS/（g/m²）	VSS/（g/m²）	VSS/SS
Q0	33	10.00	9.05	0.90
	64	19.03	15.67	0.82
	82	12.31	11.03	0.90
	104	10.82	7.30	0.84
Q2	56	3.47	1.95	0.56
	112	3.39	1.69	0.50

通过荧光定量 PCR 法确定膜 Q0 和膜 Q2 面 16S 基因的绝对含量，认为 DNA 扩增后的丰度与膜面细胞量呈正相关，通过图 4.58 可以看出膜 Q2 面生物量约为膜 Q0 的一半，说明 QAC 的改性使得膜面微生物污染物的数量下降，起到了抑制膜污染的作用。

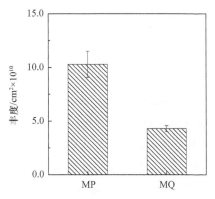

图 4.58　膜 Q0 和 Q2 膜面污染物 16S rRNA 片段丰度分析

图 4.59（a）显示了膜面污染物溶解性有机物（又分为多糖、腐殖酸、蛋白质）在膜面的质量及组成。Q2 膜面的三种溶解性有机物浓度较膜 Q0 显著降低；污染物分布方面，由于膜 Q2 腐殖酸和多糖浓度的下降幅度较大，导致膜 Q2 面蛋白质占比增加，多糖的比例下降。 图 4.59（b）对污染层的物理特性进行了分析。膜面阻力（R_c）是两种膜最主要的膜阻力来源，这也说明膜外部污染层的形成仍然是导致膜阻力上升的主要原因；膜 Q2 的 R_c 值略有下降，导致 R_c 所占比例也随之下降；较小的膜面阻力使得膜 Q2 的膜孔阻力（R_p）所占比例有所上升。

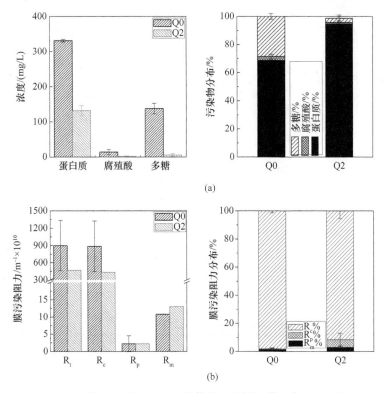

图 4.59　膜 Q0 与膜 Q2 面污染物成分分析和膜污染阻力分布
（a）膜面污染物成分分析；（b）膜污染阻力分布
皆为运行终点取样

　　为了直观地反映膜面的污染情况，本节中将运行至最后一个终点（膜 Q0 为 104 天，膜 Q2 为 112 天）时，将膜取出进行原位的 CLSM 染色观察。从图 4.60（a）中可以看出，膜 Q0 面含有大量的活细胞，而膜 Q2 面几乎看不到活细胞，大部分为死细胞，这与 QAC 膜抗菌测试的结果相一致，证明 QAC 的投加能使 PVDF 膜在 MBR 长期运行的过程中，通过接触杀菌的机理灭杀膜面的微生物。与此同时，图 4.61（b）显示了膜面有机物的含量及污染物层的厚度，可以发现 Q2 膜面有机污染物层的厚度明显小于膜 Q0。有趣的是，通过 4.5 节中对模型蛋白质、多糖污染物的污染速率进行测试，并通过 XDLVO 理论拟合解释该现象，认为改性膜物化性质的改变倾向于更容易黏附有机污染物。但是本节的研究与此处 CLSM 的结果与此结论相悖，改性膜膜面不仅生物量明显减少，且有机污染物的含量也大幅度降低，这说明 XDLVO 理论不能合理的解释 QAC/PVDF 膜在真实的 MBR 运行环境中的抗有机污染行为。

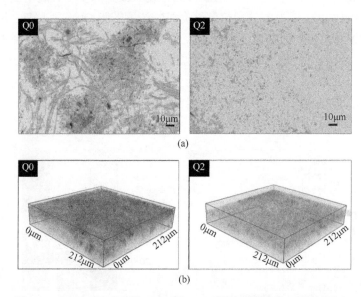

图 4.60　运行至终点时膜 Q0 和膜 Q2（彩图扫描封底二维码获取）

（a）膜面微生物 CLSM 照片（绿色为活/死细胞，红色为死细胞）；（b）膜面有机成分 CLSM 照片
（蓝色为 α-多糖，黄色为蛋白质）

　　此外，将改性膜与 *E. coli* 细菌进行 XLDVO 理论计算，结果见表 4.42。可以发现，ΔG^{TOT} 随着 QAC 添加量的增加值由正变负，说明膜对细菌的吸附性能按膜 Q0～膜 Q3 的顺序逐渐增加，抵抗细菌污染性能逐渐减弱。这与章节 3.3 中膜 Q2、膜 Q3 的抗菌行为不相符，可以看出，XDLVO 理论同样不能解释改性膜抵抗细菌黏附的行为。

表 4.42　QAC 改性膜与细菌之间表面作用能参数（$n=3$）　　　　（单位：mJ/m²）

膜编号	Q0	Q1	Q2	Q3
ΔG^{LW}	−2.21±0.21	−2.00±0.20	−2.03±0.22	−2.32±0.32
ΔG^{AB}	11.64±0.45	4.03±0.56	1.92±0.17	−2.50±0.19
ΔG^{TOT}	9.43±0.55	2.03±0.67	−0.11±0.02	−4.82±0.38

QAC/PVDF 改性膜的抗污染机制如图 4.61 所示。对于模型有机污染物，空白膜和改性膜的污染行为皆可用 XDLVO 理论进行解释，且在 4.4 节中已通过实验证实。然而当模型污染物为细菌时，XDLVO 理论不能解释改性膜表面细菌黏附量较少、抗菌性能优异的实验结果。根据 XDLVO 理论推测，由于改性膜的物化性能更易于黏附细菌，之后黏附的细菌通过与膜面的 QAC 接触造成失活，且通过非接触灭杀机制，使膜面免遭更多的细菌攻击，膜面黏附的细菌反而变少，因此与 XDLVO 理论拟合的结论相悖。

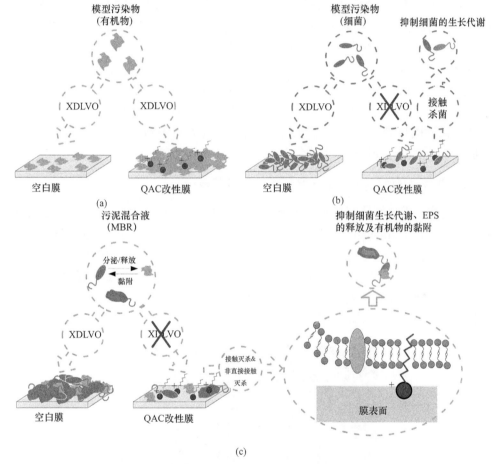

图 4.61　改性膜抗污染机制图
（a）模型有机污染物；（b）模型细菌污染物；（c）污泥混合液

当置于 MBR 中运行时，QAC/PVDF 膜处于细菌与有机物混合液的环境中，由于接触杀菌膜面黏附的细菌量减少，并由此引发非接触灭杀机制，导致细菌在膜面的繁殖、由细菌自身分泌和代谢产生的 EPS 减少，膜污染速率降低，抗污染性能提升。

4.5.2　季铵盐功能化碳材料改性 PVDF 膜的制备及性能研究

原位改性法（共混）被广泛应用于聚合物膜的制备与改性，如将抗菌剂（Kavitha et al., 2009）、纳米材料（Wang et al., 2012）、亲水改性剂（Courtens et al., 2015）与聚合物基体进行共混制备复合膜。此方式能够保证膜基体的结构稳定性，且不会对膜孔造成堵塞，有利于复合膜长期稳定运行。原位改性法制备的复合膜基体内改性剂分布均匀，因此与表面接枝/涂覆等方法相比，膜表面改性剂浓度不足。目前，利用组分间性质差异、通过相转化过程中组分的重新分布，以改善表面性质的表面偏析方法，已经有一些研究和报道。这些研究表明，将表面偏析用于表面改性具有如下优点：①表面偏析是在相转化过程中发生的，属于原位表面改性方法，简化了改性过程；②表面偏析是一个热力学过程，通过改变热力学参数，可以对改性效果进行灵活调控；③表面偏析发生在界面的任意位置，且对膜基体的影响较小；④通过表面偏析得到的改性表面是一个自修复表面，即如果表面改性分子流失，紧邻表面的改性分子会自动迁移到表面，使改性效果得以维持。

　　本节基于 QAC 与负载材料之间界面作用能评价，建立无定形碳等亲水材料等与 QAC 复合提升 QAC 在膜表面的偏析方法，提升了功能性 QAC 抗生物污染效率，并通过亲水材料锚固作用避免了使用过程中 QAC 的释放。在此基础上，探究 QAC 功能化载体/PVDF 微滤膜与 QAC/PVDF 微滤膜抗污染机理是否有不同，即功能化载体对复合膜抗有机污染、生物污染机理的影响。

1. 碳载体及 QAC@Carbon 复合体的制备与表征

　　利用超声喷雾热解法制备多孔碳球（Skarabalak and Suslick，2006），并通过 Hummers 法（Hummers and Offeman，1958）将以上制备的多孔碳球进行亲水改性。图 4.62（a）和（b）为通过超声喷雾热解法制备的多孔碳球形貌图。可以看出，碳球呈现大孔形貌，尺寸在 1μm 左右。图 4.62（c）和（d）为经过 Hummers 法氧化后多孔碳球的形貌。可以看出多孔碳球在经历强氧化处理后，球体结构崩塌形成不规则微米级碎片，依然保持较大的比表面积。

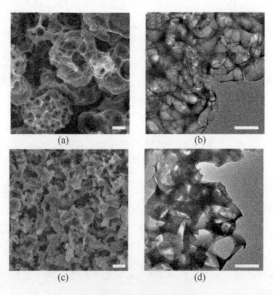

图 4.62　多孔碳球形貌

（a）SEM 照片；（b）TEM 照片；（c）多孔碳球经 Hummers 氧化法后的 SEM 照片；（d）TEM 照片
白色标尺为 0.4 μm

　　通过静电吸附、亲水相互作用制备 QAC@Carbon 复合体。图 4.63 显示了复合体的形貌，与图 4.62 对比发现碳载体在 QAC 负载前后的形貌没有明显区别，均为微米尺度的不规则碎片结构，说明 QAC 的负载对碳载体的形貌没有影响。

(a)   (b)

图 4.63　QAC@Carbon 复合体
（a）SEM 照片；（b）TEM 照片
白色标尺为 0.5 μm

　　图 4.64 显示了碳载体在 QAC 负载前后物化性质的变化情况。图 4.64（a）显示了 QAC 负载前后碳载体表面 Zeta 电位的变化。由于 QAC 含有正电荷的季铵基团，QAC 分子的在中性条件下 Zeta 电位约为（39.0±4.8）mV；碳载体由于含有较多的含氧官能

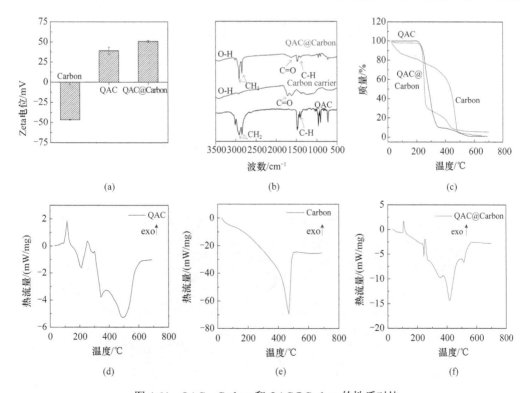

图 4.64　QAC、Carbon 和 QAC@Carbon 的性质对比
（a）Zeta 电位（n=3，pH=7.0）；（b）FTIR 谱图；（c）TG 曲线；（d）～（f）各自的 DSC 曲线

团，Zeta 电位为负值（−46.6±0.5）mV；当 QAC 负载于碳载体表面时，Zeta 电位由负值变为正值（50.8±1.2）mV 说明碳载体表面被 QAC 覆盖，证明 QAC 与碳载体的成功复合。图 4.64（b）显示了碳材料负载前后表面官能团的变化。其中强氧化作用使碳载体表面带有明显的羟基振动吸收峰（3400 cm^{-1}）、C=O 的伸缩振动峰（1720 cm^{-1}）；QAC 的长烷基链还有 CH$_2$ 的对称、非对称伸缩振动峰（2925 cm^{-1} 和 2850 cm^{-1}），1420 cm^{-1} 处 C—H 的非对称剪切振动峰来自于 QAC 的 CH$_3^+$-N 基团；QAC@Carbon 复合体则包含以上两种物质的特征官能团，证明了 QAC 与碳载体的成功复合。

在此基础上，对 QAC@Carbon 中 QAC 与碳载体的质量比进行定量分析。DSC-TGA 是指在程序控制温度下测量待测样品的质量与温度变化关系的一种热分析技术，用来研究材料的热稳定性和组份。图 4.64（c）～（f）显示了 QAC 负载前后的热解过程。由 TGA 图像可以看出，QAC@Carbon 有两个失重阶段，根据 QAC 和 Carbon 的 DSC 曲线判断，其中 400℃到 470℃的第二个失重阶段造成约 11%的质量损失来自于碳载体，低于 400℃约 82%的质量损失来自于 QAC。因此，QAC 与碳载体的实际质量比约为 7.5，基本符合初始理论值（理论值为 8.0）。

2. 膜基本性能表征

采用共混法制膜，表 4.43 为膜配方及编号。其中 MCQ 实际含有的 QAC 和 Carbon 为 QAC@Carbon 复合体。

表 4.43　QAC/PVDF 复合膜配方　　　　　　　（单位：wt.%）

膜编号	PVDF	溶剂（DMSO）	PEG	QAC（CTAB）	Carbon
M0	8.0	84.0	8.0	0.0	0.0
MC	8.0	84.0	8.0	0.0	0.05
MQ	8.0	83.6	8.0	0.4	0.0
MCQ	8.0	83.6	8.0	0.4	0.05

所有膜的表面、断面形貌如图 4.65 所示。从断面的 SEM 照片中可以看出，所有的 PVDF 膜均呈现出典型的非对称膜结构，说明在较少的剂量条件下，QAC/Carbon/QAC@Carbon 三种添加剂没有对膜的结构造成影响。

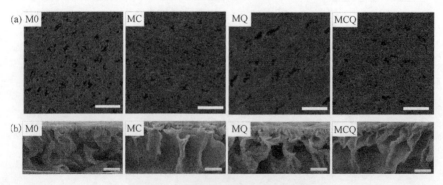

图 4.65　膜的表面和断面 SEM 图像

（a）表面；（b）断面

表面标尺为 1 μm，断面标尺为 50 μm

所有膜的接触角、表面粗糙度、孔隙率、透水性能、孔径和截留率等基本性能如图 4.66 所示。膜 M0、膜 MC、膜 MQ 和膜 MCQ 的接触角分别为（80.4±0.6）°、（73.1±2.0）°、（83.2±0.9）°和（76.9±1.1）°［图 4.66（a）］，可以看出亲水碳的添加增加了膜面的亲水性，导致 MC 膜的亲水性提高；而由于 QAC 长疏水碳链在膜面的聚集，导致膜 MQ 的亲水性能下降；当膜添加 QAC@Carbon 复合体后，膜面接触角位于膜 MC 和膜 MQ 之间，说明亲水碳载体抵消了一部分 QAC 对膜亲水性带来的不利影响。根据 AFM 粗糙度的分析［图 4.66（b）］，接触角的变化与膜面粗糙度无关，所有膜的 R_a 在 30 nm 左右，R_a、R_q、R_{max} 对于四种膜均不呈现显著性差异。

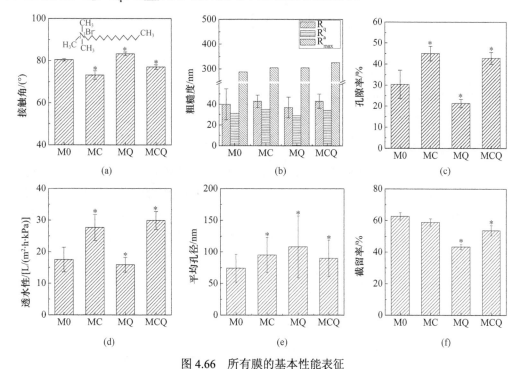

图 4.66 所有膜的基本性能表征
（a）接触角（$n=7$）；（b）粗糙度（$n=3$）；（c）孔隙率（$n=4$）；（d）透水性（$n=3$，30kPa）；
（e）平均孔径（$n=20$）；（f）截留率（SA，$n=3$）
*有显著性差异，$p<0.05$

图 4.66（c）显示，膜 MQ 的孔隙率与空白膜相比显著降低，与 QAC 降低预蒸发、相转化过程中的溶剂蒸发速率、相转化速率有关，在 4.5.1 节中也对此进行了讨论。与此相反的是，膜 MC、膜 MCQ 的孔隙率均比膜 M0 高，说明亲水载体能够提高膜体的孔隙率，这与亲水性物质能够增加相转化中溶剂与非溶剂的交换速率有关，交换速率越快，膜形成的孔道越大，孔隙率越高。透水性能的测试结果与接触角、孔隙率相似［图 4.66（D）］，膜 MC、膜 MCQ 与膜 M0、膜 MQ 相比，显示出较高的水通量。图 4.10（E）和（F）显示，膜 MQ 的孔径较大，导致截留率较低；膜 MCQ 孔径较小，截留率较高。

根据对膜基本性能的分析，可以发现碳载体的投加有效避免了由 QAC 带来的对膜性能的负面影响，主要归因于碳载体的亲水性质，导致 QAC@Carbon 改性膜与单独投加 QAC 的改性膜相比，有更低的接触角、更高的孔隙率、水通量等优异性能。

3. QAC 在膜面的偏析行为

表 4.44 显示了所有膜膜面的元素组成。F 元素为 PVDF 的特征元素（膜配方中的其他物质均不含有 F 元素），根据 F 元素的质量分数以及 PVDF 的分子量，可以计算出膜 MQ、膜 MCQ 膜面 PVDF 的质量分数分别为 88.82%和 61.03%；N 元素为 QAC 的特征元素（膜配方中的其他物质均不含有 N 元素），因此可以计算出膜 MQ、膜 MCQ 膜面的 QAC 含量分别为 6.06%和 9.19%。QAC/PVDF 的理论值可以通过膜配方中 QAC 与 PVDF 的投加量比值获得，经计算值为 5%。

表 4.44　膜面元素组成　　　　　　　　　（单位：wt.%）

膜编号	表面元素组成			
	F 1s	O 1s	N 1s	C 1s
M0	59.25	1.43	0.14	39.19
MC	45.90	8.59	0.11	45.4
MQ	54.44	3.28	0.35	41.93
MCQ	37.40	13.13	0.53	48.94

表 4.45 显示了根据 XPS 结果计算所得的膜面 QAC/PVDF 比值。其中，膜 MQ 为 6.8%，约为理论值的 1.4 倍；膜 MCQ 为 15.1%，约为理论值的 3 倍；MCQ 膜面 QAC 的偏析程度约为膜 MQ 的 2.5 倍，证明碳载体负载 QAC 后增强了 QAC 在膜面的偏析行为。Zeta 电位进一步验证了 QAC 在 MCQ 膜面更强烈的偏析行为，中性条件下，MCQ 膜面的 Zeta 电位约为（-11.6 ± 2.6）mV，明显低于膜 MQ 的电位值 [（-26.9 ± 0.7）mV]，这主要归因于更多含有正电季铵基团的 QAC 覆盖于膜面所致。

表 4.45　膜面 QAC/PVDF 比值及 Zeta 电位　　　　　　（pH=7）

膜编号	XPS 结果			Zeta 电位/mV
	QAC/wt.%	PVDF/wt.%	QAC/PVDF	
MQ	6.06	88.82	0.068	-26.9 ± 0.7
MCQ	9.19	61.03	0.151	-11.6 ± 2.6

图 4.67 为 QAC 负载亲水碳载体前后的偏析行为机理推测示意图。根据 XPS 等测试结果，推测机理如下：在膜制备预蒸发过程中，相对于铸膜液来说，空气相是疏水相，因此膜 MQ 中的自由分子 QAC 可以轻易的由疏水烷基链段迁移至两相界面，使界面聚集较多的 QAC（疏水链段朝向空气相），同时铸膜液面呈更强的疏水性，降低了溶剂的蒸发速率；而膜 MCQ 中，由于 QAC 与亲水载体复合后，QAC 的迁移行为受到限制，因此界面覆盖的 QAC 较少，对溶剂的蒸发速率影响较小。

预蒸发过程中的 QAC 在界面聚集程度不同对随后的相转化过程溶剂-非溶剂交换速率产生影响。在相转化过程中，MQ 铸膜液面的疏水性导致溶剂相与非溶剂相的交换速率降低，从而延缓了溶剂相中 QAC 向两相界面的迁移，造成最终 QAC 在膜面偏析程度较低；而对于膜 MCQ，由于预蒸发过程中铸膜液面的疏水性没有由于 QAC 的聚集而增加，因此对相转化过程中溶剂相与非溶剂相的交换速率影响较小，另外，亲水性碳载体的添加反而可能增加了溶剂相与非溶剂相的交换速率，导致更多的 QAC@Carbon 复合体向膜面迁移，最终使得膜面的 QAC 偏析程度增强。

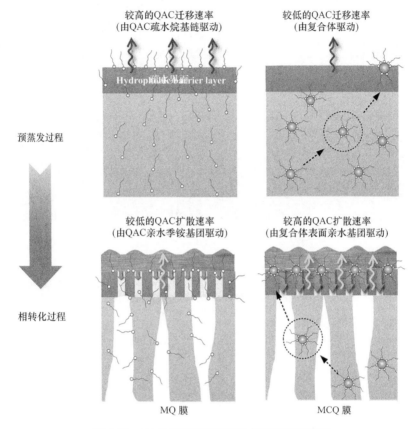

图 4.67　QAC 在膜面偏析行为机理推测示意图

4. 膜的抗菌性能

本小节中，选用 *E. coli* 和 *S. aureus* 代表革兰氏阴性菌、革兰氏阳性菌作为模型细菌。采用浊度法评估 PVDF 膜及 QAC、Carbon、QAC@Carbon 复合膜的抗菌性能。将与细菌接触一定时间后的膜样品置于 SEM 下观察，可以评估膜面抗细菌黏附的能力，膜面细菌量少说明不易吸附细菌。图 4.68（a）结果显示膜 MQ 和膜 MCQ 的生长系数 μ 大幅度降低，与此同时倍增时间分别是膜 M0 的约 73 倍及 613 倍，说明膜 Q2、膜 Q3 对于 *E. coli* 的生长具有明显的抑制作用，且膜 MCQ 比膜 MQ 的抑菌效果更明显，可能归因于 MCQ 膜面 QAC 的偏析程度大于膜 MQ。图 4.68（b）显示了将膜样品浸没于细菌培养基溶液中 24 h 后，膜面细菌黏附的情况。可以明显看出，膜 M0 和 MC 膜面均黏附有大量的细菌，而膜 MC 和 MCQ 膜面比较干净，基本没有细菌附着，这与浊度法的结果一致，证明 QAC 的添加对 *E. coli* 的生长有明显的抑制作用。

相同实验条件下，*S. aureus* 的实验结果与 *E. coli* 相似（图 4.69）。膜 MQ 和膜 MCQ 的增长系数显著降低，倍增时间分别较 M0 膜增加 117 倍和 803 倍［图 4.69（a）］；膜

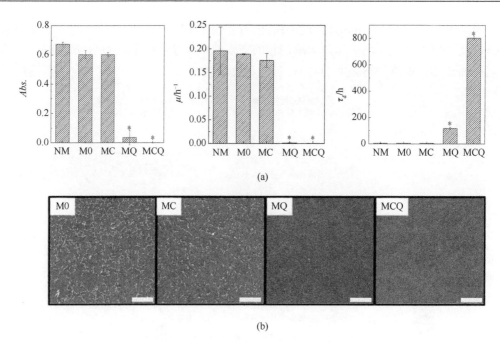

(a)

(b)

图 4.68　所有膜浸没于 *E. coli* 的培养基中

（a）培养 24 h 后的 OD$_{600}$ 值、对数生长期的生长系数及倍增时间（$n=12$）；（b）培养 24 h 后膜面的 SEM 照片

NM 是指实验对照组，即不含膜样品的细菌培养液

*有显著性差异，$p < 0.05$

白色标尺为 20 μm

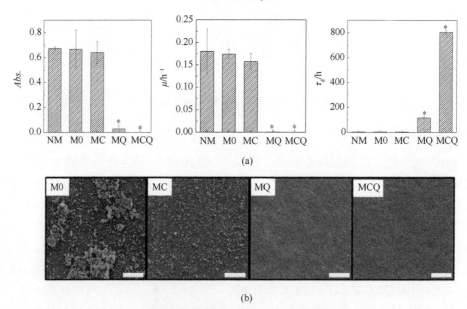

(a)

(b)

图 4.69　所有膜浸没于 *S. aureus* 的培养基中

（a）培养 24 h 后的 OD$_{600}$ 值、对数生长期的生长系数及倍增时间（$n=12$）；（b）培养 24 h 后膜面的 SEM 照片

NM 是指实验对照组，即不含膜样品的细菌培养液

*有显著性差异，$p < 0.05$

白色标尺为 20 μm

MQ、膜 MCQ 表面黏附的细菌较膜 Q0 有明显减少 [图 4.69（b）]，而膜 MC 与膜 M0 没有明显区别。膜 MCQ 相比于膜 MQ 更高的倍增时间同样与 QAC 在膜面的偏析程度有关。

抗菌实验的结果说明无论 QAC 的投加方式如何（单独共混或者通过碳载体固定后共混）均能够有效抑制膜面细菌的黏附、生长和繁殖，这与 4.5.1 节得出的结论一致，即 QAC 通过接触杀菌的方式影响复合膜的抗菌行为。

5. QAC 稳定性测试

为了验证碳载体能否通过锚定作用增强 QAC 在膜基体内的稳定性，使改性膜能够在长时间运行及化学清洗后依然保持高效的抗污染性能，本节中取膜 MQ 和膜 MCQ 分别浸泡于水和常用的化学清洗剂（NaClO 水溶液，0.5 vol%）中一定时间，测试 QAC 的释放质量。在此基础上，通过测试 QAC 释放后膜样品抗菌效率的变化，验证膜长时间运行的可能。测试 QAC 浓度采用由 Scott 建立的 Orange II 方法（Scott，1968），原理为金橙染料与 QAC 的耦合后被氯仿层萃取，通过检测金橙染料在可见光波长（485 nm）的吸光度确定 QAC 的质量。

图 4.70（a）显示了显示了膜基体内 QAC 在水中的释放速率和抑菌效率。可以看出，

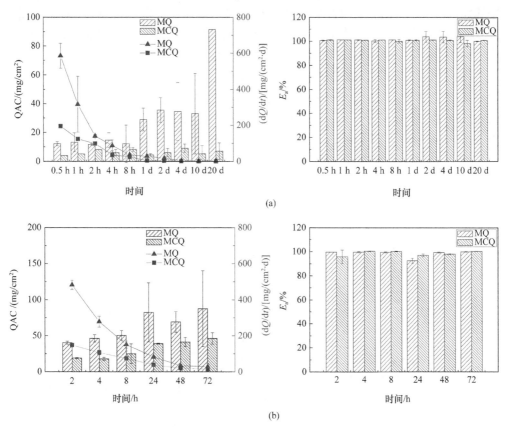

图 4.70　膜中 QAC 的稳定性测试

（a）膜体内 QAC 在水中的释放速率及释放后的抑菌效率；（b）膜体内 QAC 在 NaClO
水溶液（0.5 vol%）中的释放速率及释放后的抑菌效率

$n=3$

MQ 膜的初始 QAC 释放速率为（585±69）µg/（cm^2·d），20 d 内最终损失了约 30% 的 QAC（0.5 cm^2 QAC 总量约为 300 µg/cm^2）；而膜 MCQ 的初始 QAC 释放速率仅为膜 MQ 的 1/3，约为（195±5）µg/（cm^2·d），最终仅有 2% 的 QAC 释放至水中。两者皆呈现了较高的抑菌效率，并在 20 天的释放周期内没有显著变化，说明两者均可以长时间稳定抑菌。

图 4.70（b）显示了显示了膜基体内 QAC 在 NaClO 水溶液中的释放速率和抑菌效率。在本次实验中，以运行 1 个月、每次清洗时间 2 h 计，设定改性膜的运行寿命为 3 年、清洗 36 次，获得最长清洗时间为 72 h。可以看出，膜 MCQ 中 QAC 的释放速率和释放总量均小于膜 MQ，验证了碳载体对膜基体内 QAC 的锚定作用。与此同时，在释放的 72 h 周期内，两种 QAC 改性膜均保持稳定的抗菌效率。

通过对 QAC 释放行为的研究，可以发现碳载体对 QAC 锚定作用有效地降低了 QAC 向水环境的释放，不仅保证了改性膜长时间稳定运行，同时降低了由于 QAC 释放对水环境造成的不利影响。

6. 抗生物污染行为评价

为了验证膜 MCQ 的抗生物污染性能，本节将膜 MC、膜 MQ 和膜 MCQ 组件同时置于错流过滤装置中运行 24 h 以保证所有膜的运行条件一致，使用 *S. aureus* 菌悬液（10^7 cells/ml）为进水，水温维持在（25±1）℃，膜通量设定为 50 L/（m^2·h），HRT 为 2 h。通过 TMP 的变化及膜污染物分析表征膜的抗污染能力。

图 4.71（a）显示了反应器运行中 TMP 变化的情况。膜 MCQ 的 TMP 增长速率明显小于其他两种膜；膜 MQ 的污染速率最大，这说明虽然膜 MQ 有明显的抑菌性能，但由于膜基本性能（如亲水性、通量等）受损严重，导致抗污染效果不佳。运行至终点时，MQ 膜面污染物厚度约为 36 µm，明显高于其他两种膜，也说明膜基本性能的恶化削弱了 MQ 膜的抗污染能力；而对于膜 MCQ，QAC 的添加使得复合膜拥有优异的抗菌性能，

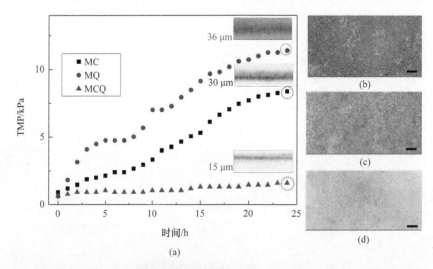

图 4.71　膜 MC、膜 MQ 和膜 MCQ 的抗污染行为评价（彩图扫描封底二维码获取）
（a）TMP 变化及运行终点时由 CLSM 显示的膜面污染物厚度；（b）、（c）、（d）膜面微生物的 CLSM 照片
绿色为活/死细胞，红色为死细胞，蓝色为 EPS；白色标尺为 20 µm；圆圈表示运行终点

与此同时亲水碳载体提升/中和了 QAC 带来的不利影响,在没有削弱膜基本性能的同时使膜 MCQ 有显著的抗生物污染性能。

为了进一步证实 QAC@Carbon 复合膜的抗生物污染性能,将运行结束后的膜污染物进行分析。图 4.71(b)显示了污染后膜面的 CLSM 照片,显示了 QAC 对膜面生物污染物活性的影响。可以看出,MC 膜面含有大量的活细胞,这与膜 MC 的抗菌结果一致;而膜 MQ 和 MCQ 膜面以死细胞为主,证明 QAC 的投加能使 PVDF 膜在错流过滤的过程中,能够通过"接触杀菌"及"非接触灭杀机制"灭杀膜面的微生物。

4.5.3　抗菌膜在污水中的应用

在本节中,QAC/PVDF 改性膜运用于处理市政污水的 MBR 中,系统地研究 QAC 改性抗菌膜的长期运行效果、抗污染机制、对污泥活性及微生物群落结构的影响。在 QAC/PVDF 改性膜运行过程中,长期监测跨膜压差(TMP)的变化、出水水质、微生物活性(以比耗氧速率(specific oxygen uptake rate,SOUR)和脱氢酶活性(dehydrogenase activity,DHA)来表征)。运用激光共聚焦扫描电镜(confocal laser scanning microscope,CLSM)和石英晶体微天平(quartz crystal microbalance with dissipation monitoring,QCM-D)对膜面污染物成分及性质表征,并推测抗污染机制。通过 Illumina Miseq 平台对微生物群落结构进行分析。

1. MBR 的设计和运行

本实验中,两组完全相同的好氧 MBR 平行运行。每套反应器的有效容积为 5.28 L。MBR1(记为 R1)和 MBR2(记为 R2)分别放置 3 片未改性的 PVDF 膜(记为 MP)和 QAC/PVDF 改性膜(记为 MQ)。在膜区下方安装穿孔曝气管,通过鼓风机提供微生物所需溶解氧并提供膜面气水冲刷降低膜污染。膜出水管连接蠕动泵和压力计,通过蠕动泵抽吸出水,利用压力计检测 TMP 变化。本实验的污泥接种于某长期稳定运行中试 MBR 反应器。

两个 MBR 反应器的膜通量设定为 21 L/(m²·h)。蠕动泵设置为抽吸 10 min、停歇 2 min。反应器的总水力停留时间(HRT)为 4.3 h,通过每天排泥维持污泥龄(SRT)为 30 天。单位膜面积的曝气通量为 1.5 m³/(m²·h)。当 TMP 达到 30 kPa 时使用 0.5%(体积分数)NaClO 溶液化学清洗 2 h。

在膜运行到污染终点时,将污染后的膜从 MBR 系统中取出,剪成小片,用染料 SYTO 9、碘化丙啶(propidium iodide,PI)、Con A(Concavalin A)和 SYPRO orange 分别对活/死细胞、α 多糖和蛋白质进行染色,并用 CLSM 进行观察。同时,刮下 60 cm² 膜表面的污染物,对膜污染物成分的进行定量分析,并用 QCM-D 对膜面污染物的黏附性和流动性进行分析。

2. MBR 的运行情况

为了测试 QAC 改性膜的长期抗生物污染性能,膜 MP 和膜 MQ 分别被放入两个完全相同的 MBR 中进行观测［分别记为 R1（MP）和 R2（MQ）］。在反应器运行过程中（98 天），R1（MP）和 R2（MQ）的平均污泥浓度（MLSS）分别维持在（10.6±1.7）g/L 和（11.1±1.6）g/L（$p > 0.05$）。膜 MP 和膜 MQ 的 TMP 上涨情况如图 4.72 所示。从图中可以看出，在长期运行过程中膜 MQ 的 TMP 上涨速率（0.29 kPa/d）远低于膜 MP 的［（0.91±0.19）kPa/d］。而且，两个 MBR 系统中的膜压力上涨情况都呈现为两个阶段（缓慢增长期和快速增长期）。尽管两种膜在快速增长期的 TMP 上涨速率几乎相同，但膜 MQ 却能显著的延长其运行过程中的缓慢增长期。这个结果表明 QAC 改性 PVDF 膜能有效地减少细菌在膜表面的接触和生长。

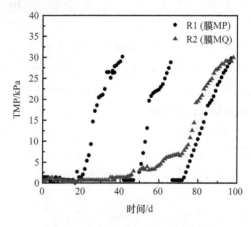

图 4.72 MBR 系统中 TMP 变化

为验证膜 MQ 的使用是否会影响 MBR 系统中的微生物代谢过程，本节通过测定两个反应器对污染物的去除效果来初步判断膜 MQ 的使用对污染物去除效果影响。COD 和 NH_3-N 的去除效果见图 4.73。可以明显地看出，在运行的 98 天中，两个反应器对污染物的去除效果无明显差别：COD 去除效率 >90.0%、NH_3-N 去除率 >95.9%。根据

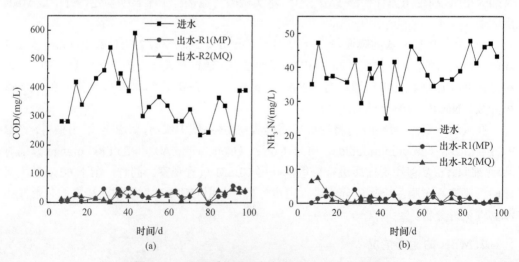

图 4.73 MBR 系统进出水中 COD 和 NH_3-N 浓度

（a）COD；（b）NH_3-N

Suetterlin 等（Suetterlin et al.，2008）的研究，在苯扎氯铵（BAC，QAC 的一种）浓度为 2 mg/L 时，硝化细菌活性受到严重抑制。而在我们的研究中，结合在 PVDF 膜表面的 QAC 并没有对有机物的去除及硝化过程产生不利的影响。

同时，定期测定活性污泥的 SOUR 和 DHA 来进一步检测膜 MQ 可能对污泥性能产生的影响（图 4.74）。可以看出，两个 MBR 系统中的 SOUR 均随着运行时间的延长而增长。然而，两者之间并没有显著差别，R1（MP）和 R2（MQ）的平均 SOUR 值分别为（14.6±4.25）mg DO/（g VSS·h）和（14.8±5.5）mg DO/（g VSS·h）（$p > 0.05$），而且，两个系统中的 DHA 也没有明显差别（$p > 0.05$）。这些结果都进一步证明 QAC 改性膜的使用不会对微生物活性产生副作用。

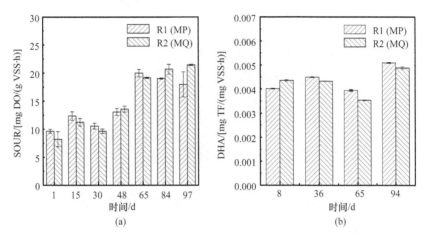

图 4.74　两个 MBR 系统中 SOUR 和 DHA 的对比
（a）SOUR；（b）DHA

3. 抗污染机制

为了更好地阐明 MQ 膜的抗生物污染机制，在膜运行到终点时，利用 CLSM 对膜面污染物进行观察。由图 4.75 可以看出，膜 MP 表面几乎完全被活细胞覆盖，只有少量死细胞。相反地，膜 MQ 表面的生物污染大大减少，且几乎都是死细胞，表明膜 MQ 能充分地抑制微生物黏附并且能杀死已经接触到膜表面的微生物。同时，与膜 MP 对比发现膜 MQ 表面的有机污染也减少。这些结果进一步证明通过将 QAC 共混在 PVDF 膜中可以通过接触杀菌来减缓细菌的沉积（Zhang et al.，2016），进而有效地降低由微生物释放的微生物产物引起的有机污染。

通过 XPS 检测在期运行过程中 QAC 的释放行为，膜表面元素成分结果如表 4.46 所示。元素分析结果显示膜 MQ 使用前后 N/F 的值基本没有变化，表明在这 98-d 的运行过程中，改性膜中的 QAC 没有明显的释放。

通过定量分析膜面污染物的组成来进一步阐述膜 MQ 的抗污染机理。膜 MQ 表面泥饼层中的 VSS 含量为（0.74±0.06）mg/cm²，远低于膜 MP 表面的（1.51±0.10）mg/cm²。两种膜表面的有机污染物组成结果如图 4.76（a）所示，可以明显看出膜 MQ 表面的蛋白质、腐殖酸和糖类含量均低于膜 MP。由于 QCM-D 可以精确地反映有机物在芯片表

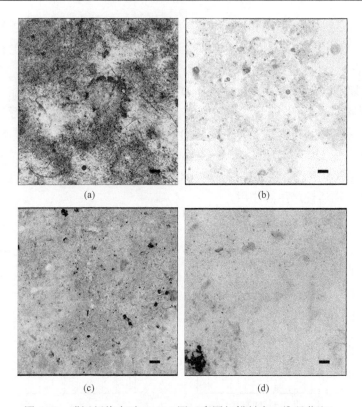

图 4.75　膜运行终点时 CLSM 图（彩图扫描封底二维码获取）

（a）膜 MP 表面活/死细胞；（b）膜 MQ 表面活/死细胞；（c）膜 MP 表面有机污染物；（d）膜 MQ 表面有机污染物
绿色为活细胞，红色为死细胞，蓝色为 α 多糖，黄色为蛋白质图中短线表示 10 μm

表 4.46　膜使用前后膜表面元素的分布

指标	表面元素组成					
	C 1s	F 1s	N 1s	O 1s	N/F	ΔN/F
MP_c	51.3±1.90	37.0±1.03	1.9±0.13	9.7±2.18	0.052±0.0022	6.0%
MP_u	47.5±1.12	34.7±0.68	1.7±0.06	16.0±0.51	0.049±0.0019	
MQ_c	50.5±0.70	36.3±1.56	2.6±0.09	10.7±2.16	0.071±0.0014	5.6%
MQ_u	51.0±0.71	32.6±1.48	2.2±0.07	14.8±0.95	0.0668±0.0025	

注：MP_c 和 MQ_c 分别表示原始（Clean）的 PVDF 膜和 QAC 改性 PVDF 膜；MP_u 和 MQ_u 表示使用后（Used）的 PVDF 膜和 QAC 改性 PVDF 膜（经 NaClO 化学清洗后）。

面的吸附行为，因此运用 QCM-D 来反映膜面污染物的黏附性。分析 QCM-D 结果发现，膜 MQ 表面污染物的频率变化量（Δf）大于膜 MP，表明膜 MQ 表面的污染物具有更强的黏附性能。这可能是因为经过 QAC 改性后，PVDF 膜的抗黏附性能增强，导致仅有黏附性极强的污染物才能吸附于膜表面。由于 QAC 能引起细胞膜破裂，胞内物质溢出，这些黏附性强的污染物也可能来自于细胞内释放出的胞内物质。除了频率变化量（Δf）外，耗散因子的变化（ΔD）也能反映吸附层的性能。在图 4.76（b）中，将各样品的对应的 ΔD 和 Δf 进行线性回归分析，使用斜率的绝对值来反映样品的吸附层弹性。根据 Contraras 等（Contreras et al.，2011）的研究，R1（MP）具有更大的斜率，表明 MP 表面的膜面污染物流动性更大，更易通过膜孔。

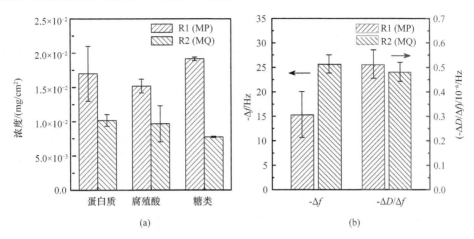

图 4.76　膜面污染物成分和频率变化量（Δf）和（$\Delta D/\Delta f$）

（a）膜面污染物成分；（b）频率变化量

在 MBR 系统中，由微生物分泌的微生物产物也会对膜表面的生物污染产生影响，且微生物产物的成分及浓度均会影响到膜污染过程。Jiang 等（2010）研究发现高浓度的微生物产物能加快膜污染，且比起蛋白质，多糖类物质更易引起膜污染。因此，定期对两个 MBR 系统中的 SMP 成分和 EPS 成分及浓度进行检测，结果如图 4.77 所示。从图中可以看出，不论是从浓度还是成分来看，两个 MBR 系统的 SMP 和 EPS 均没有显著差异（$p>0.05$）。这个结果可以消除 MBR 系统差异可能引起的对膜污染过程的影响。结合膜污染物的分析可以得出，在 R2 系统中运行的膜 MQ 膜污染速率低完全是由于在 PVDF 膜中加入 QAC 引起的。

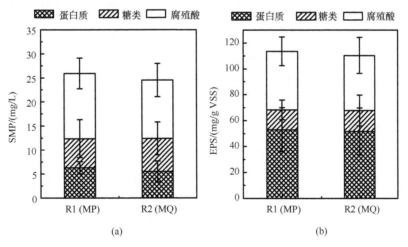

图 4.77　R_1（MP）和 R_2（MQ）中 SMP 和 EPS 的对比

（a）SMP；（b）EPS

综上所述，QAC 改性 PVDF 膜能够通过抑制/杀死接触到膜表面的细菌来减缓生物膜的形成，同时有效地降低有机污染，且经 QAC 改性后的 PVDF 膜只允许具有强黏附性的有机物在膜表面出现。

4. 细菌群落

膜 MQ 可能会影响到 MBR 系统中的微生物群落结构与群落组成，因此用 Illumina Miseq 平台来分析和确定两个 MBR 系统中的细菌群落差异性。分析结果显示，两个 MBR 系统中的细菌群落均随着运行时间的延长而发生变化。但是，二者的 α 多样性指数没有明显差别（表 4.47）。选取 80-d 的样品进行后续的分析，此时两个反应器已运行超过两个泥龄（SRT），可以认为反应器系统已经达到稳定阶段。对两个污泥样品（R_{1-80} 和 R_{2-80}）进行测序，分别读取到了 38，781 条和 35，421 条有效序列（平均长度为 439 bp）。而这两个样本文库的覆盖率均大于 0.99，表明 Illumina Miseq 测序能检测到本次研究中的大多数 OTUs。在置信区间为 97%（$\alpha=0.03$）的条件下将获得的序列聚类划分成不同的 OTUs，分别得到 1201 个（样品 R_{1-80}）和 1207 个（样品 R_{2-80}）个 OTUs。在置信区间为 97%（$\alpha=0.03$）的条件下用 Chao1 算法估计样品中所含 OTUs 的数量，得到 OUTs 数量分别为 1310（样品 R_{1-80}）和 1349（样品 R_{2-80}），表明 R_2（MQ）与 R1（MP）有相似的微生物丰富度。Shannon 指数也是反映菌群多样性的指标，样品 R_{1-80} 的 Shannon 指数（5.66）与样品 R_{2-80} 的（5.62）几乎相同，意味着 R1（MP）与 R2（MQ）的菌群无明显差异。

表 4.47　R_1 和 R_2 样品的微生物种群多样性指标

样品	OUTs	Chao1	Shannon	覆盖率
R_0	952	1 100	4.93	0.993 342
R_{1-36}	1 132	1 241	5.65	0.993 901
R_{2-36}	1 131	1 272	5.58	0.992 305
R_{1-80}	1 201	1 310	5.66	0.994 997
R_{2-80}	1 207	1 359	5.62	0.992 972

合适的测序深度对检测到群落中低丰富度的种群至关重要。因此，根据聚类结果生成两个样品在置信区间为 97%（$\alpha=0.03$）时的稀释性曲线。从图 4.78 中可以看出，随着

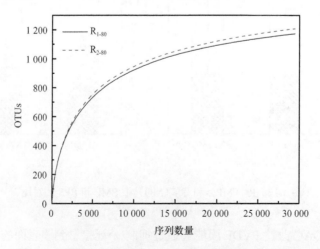

图 4.78　样品 R_{1-80} 和样品 R_{2-80} 的微生物种群稀释性曲线

读取序列数量的增加，OTUs 数量也在增加，且在读取序列数量超过 25 000 条以后依然有新的 OTUs 出现。这些结果表明，Illumina Mesiq 能够准确地反映 MBR 系统中的微生物群落多样性。对比两条稀释性曲线，我们可以观察到相比样品 R_{1-80}，样品 R_{2-80} 生成的 OTUs 数量甚至略高于样品 R_{1-80}，进一步证明膜 MQ 的使用不会降低微生物的丰富度和群落的多样性。

　　为了对比样品 R_{1-80} 和样品 R_{2-80} 的菌群相似性和差异性，在"门"水平上对两者的 OTUs 进行 Venn 分析（图 4.79）。在 97% 的置信区间条件下，样品 R_{1-80} 和样品 R_{2-80} 共计生成 1319 个 OTUs，且有 82.6% 的 OTUs（1090 个 OTUs）是二者共有的。在这部分共有的 OTU 中，36.1% 的 OTUs 属于变形菌门（*Proteobacteria*），13.7% 的 OTUs 属于拟杆菌门（*Bacteroidetes*），以上两种 OTUs 也占到了样品 R_{1-80} 和样品 R_{2-80} 菌群中的大多数。在全部 OTUs 中，仅出现在样品 R_{1-80} 中的 OTUs 有 111 个（8.4%），仅出现在样品 R_{2-80} 中的有 117 个（8.8%）。这说明除了少部分微生物外，两个 MBR 系统中的细菌群落具有同源性并且两个样品的菌群在"门"水平上几乎具有相同种类。因为两个 MBR 系统在相同的条件下运行且进水相同，表明膜 MQ 的使用不会对细菌群落产生显著影响。

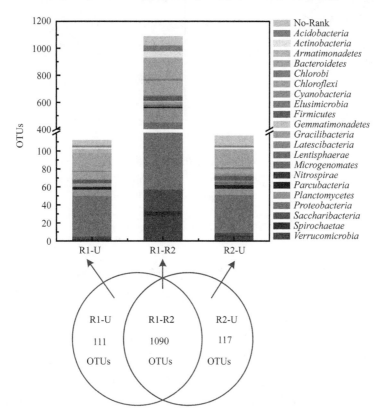

图 4.79　样品 R_{1-80} 和样品 R_{2-80} 的 OTUs 对比 Venn 图（彩图扫描封底二维码获取）

R1-U 表示仅有样品 R_{1-80} 具有的 OTUs，R2-U 表示仅样品 R_{2-80} 具有的 OTUs，R1-R2 表示样品 R_{1-80} 和样品 R_{2-80} 共同具有的 OTUs

　　由于变形菌门（*Proteobacteria*）和拟杆菌门（*Bacteroidetes*）是两个 MBR 系统中微生物的主要组成部分，因此将二者继续细分至纲水平以获得更多的 R_{1-80} 和 R_{2-80} 分类学信息（图 4.80）。从图 4.80 可以看出，在 R_{1-80} 和 R_{2-80} 微生物菌群中，变形菌门（*Proteobacteria*）和拟杆菌门（*Bacteroidetes*）的细分结构都极为相近（$p > 0.05$）。在变形菌门（*Proteobacteria*）中，大部分测序序列可归至 δ-变形菌纲（δ-*Proteobacteria*），α-变形菌纲（α-*Proteobacteria*），β-变形菌纲（β-*Proteobacteria*），γ-变形菌纲（γ-*Proteobacteria*）及 ε-变形菌纲（ε-*Proteobacteria*）。Tandukar 等（2013）的研究表明，长时间暴露溶解态的 QAC 中会降低微生物群落多样性并使抗 QAC 的微生物得到富集，这些微生物主要是假单胞杆菌（*Pseudomonas*），属于 γ-变形菌纲（γ-*Proteobacteria*）。然而，在本节研究中，微生物群落并没有观察到明显的变化，表明结合在膜表面的 QAC 不会对细菌群落结构产生显著影响。

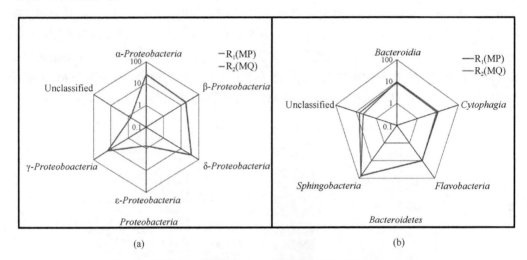

图 4.80　样品 R_{1-80} 和样品 R_{2-80} 在于变形菌门（*Proteobacteria*）
和拟杆菌门（*Bacteroidetes*）中主要细菌纲的相对丰度
（a）变形菌门；（b）拟杆菌门

4.6　膜表面聚合制备抗菌膜

QAC 与 PVDF 膜的复合能够有效抑制膜面细菌的生长繁殖，但过量的 QAC 可能会引起膜性能的恶化。本节针对 QAC 长烷基链对膜亲水性、通量等膜基本性能的不利影响，首先通过多巴胺在 PVDF 基膜上的自聚、复合形成聚多巴胺涂层，并添加聚乙烯亚胺（PEI）增强膜面正电性，成功改变了基膜的表面活性，得到了更具功能性的多巴胺/聚乙烯亚胺（PDA/PEI）复合膜；在此基础上，运用原位聚合法，将 SiO_2 的无机前驱体加入聚合物溶液中，原位形成无机 SiO_2 纳米粒子；最后，利用原位形成的纳米粒子表面有可反应的功能基团羟基引发 QAC 单体在其表面的聚合，通过硅氧基硅烷缩聚反应将 QAC 接枝于硅球表面，在膜面形成稳定高效的抗菌层，同时利用亲水纳米 SiO_2 抵消了季铵盐对膜性能的不利影响。对复合膜表面性能、分离性能、抗污染性能测试，将其与无抗菌层的贻贝仿生复合膜等进行对比，考察 QAC 复合膜是否具有亲水化、抗菌性等多功能改性，同时推测 QAC 复合膜的抗污染机制。

4.6.1　膜　制　备

膜基材为 PVDF 微滤膜（GVWP09050，pore size = 0.22 μm，Millipore，美国）。图 4.81 为膜制备过程示意图，机制简述如下：

（Ⅰ）在弱碱性条件下，多巴胺发生氧化聚合-交联反应，在 PVDF 空白膜（M0）表面形成富含邻苯二酚基团的复合层，邻苯二酚结构在碱性条件下易被氧化成醌式结构，从而与聚乙烯亚胺发生迈克尔加成反应和席夫碱反应，将大量带正电荷的胺基、亚胺基等功能性分子引入 PVDF 膜表面，PDA/PEI 改性膜命名为 MD 膜；

（Ⅱ）纳米 SiO_2 前驱体 TMOS 在酸性条件催化下进行水解、缩合反应，并通过静电吸附、氢键作用原位生长在膜面生长于膜面，原位形成的 SiO_2 粒子表面有可供继续反应的 Si—OH 功能基团，膜命名为 MD-Si。

（Ⅲ）选用 QAC 为二甲基十八烷基[3-（三甲氧基硅基）丙基]氯化铵，是一种硅烷偶联剂，通过硅氧基硅烷缩合反应、分子间缩合反应聚合于纳米 SiO_2 表面，命名为 MD-Si-D。

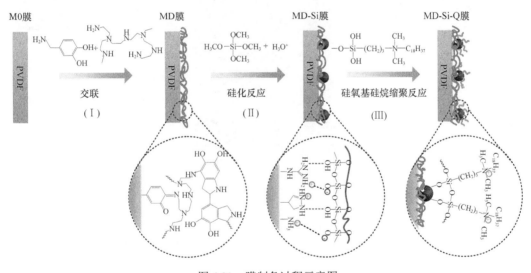

图 4.81　膜制备过程示意图

4.6.2　膜基本性能表征

图 4.82（a）显示了 PVDF 膜在不同功能层沉积后表面官能团的变化。膜 MD 表面 1666 cm^{-1} 和 1539 cm^{-1} 的吸收峰，来自于 PDA/PEI 功能层的 N—C—O 和 C—N—H 的伸缩振动；MD—Si—Q 表面含有的 1550 cm^{-1} 的吸收峰来自于季铵氮的伸缩振动，1150 cm^{-1} 来 Si—O—C 的剪切振动，证明 QAC 成功负载于膜面。图 4.82（b）显示了 XPS 测试的结果，每种膜样品取 3 个点进行扫描。其中 PVDF 特征元素 F 随着膜面覆盖的功能层的沉积而降低；QAC 接枝后 Si 元素再次降低，归因于 QAC 长烷基链在膜面的聚

集，覆盖了膜面的纳米 SiO$_2$ 颗粒。N 元素在膜面的含量经历了先上升后下降的过程，当 PVDF 膜被 PDA/PEI 改性后，N 元素含量上升（～6.8%）；当 QAC 接枝于 SiO$_2$ 后，N 元素增至约 4.0%，证实 QAC 成功接枝于膜面。

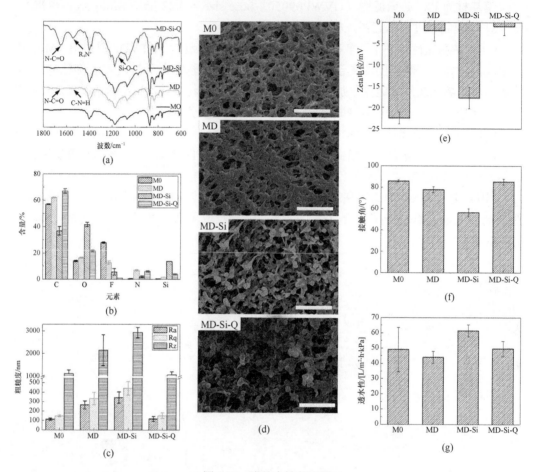

图 4.82　膜基本性能表征

（a）FTIR 谱图；（b）表面元素含量分布（n=3）；（c）粗糙度（n=3）；（d）膜面 SEM 照片；（e）Zeta 电位（pH=7，C_{KCl}=10 mM，n=3）；（f）接触角（n=7）；（g）透水性能（n=3，10kPa）

膜表面的形貌变化如图 4.82（c）和（d）所示，与空白膜相比，经过 PDA/PEI 沉积的 MD 膜面没有明显变化，但一些多巴胺的共价交联和物理键作用的在膜面聚集形成的薄膜形成的颗粒，提高了改性膜的粗糙度；MD-Si 膜表面有明显的纳米颗粒生成，且均匀分布在膜孔附近，说明 MD 膜面的 PDA/PEI 层较为均匀，能够使纳米颗粒均匀的分布在膜面，且纳米颗粒的粒径（小于 50 nm）不会造成膜孔的堵塞，同时提高了膜面的粗糙程度；QAC 接枝后的 MD-Si-Q 膜面依然可以明显看到纳米粒子，且颗粒表面较为平滑，QAC 的接枝降低了膜面的粗糙程度。

图 4.82（e）为膜在功能层累积的过程中膜面 Zeta 电位（pH=7）的变化，可以看出 PVDF 膜在累积功能层的过程过程中，Zeta 电位发生了显著的变化。经 PDA/PEI 覆盖后，膜 MD 的电位值正向偏移，而空白 M0 膜为（−22.5±1.4）mV，这有利于硅源（TMOS）

通过静电作用吸附于膜面并通过缩聚反应形成纳米 SiO_2 颗粒；MD-Si 表面的电位值变为负值，主要是由于硅球表面羟基等亲水基团呈负电性所致；MD-Si 经 QAC 接枝后，膜面电位再次回到 0 mV 附近，由于 QAC 的季铵基团呈正电性，导致膜面电位向正电偏移。图 4.82（f）显示了膜面亲水性能的变化，其中 MD-Si 的接触角最小，说明亲水纳米颗粒在膜面的生长有效地改善了膜面的亲水性能，经 QAC 接枝后，MD-Si-Q 膜与空白 M0 膜的接触角没有显著性差异，说明亲水 SiO_2 有效的缓解了 QAC 疏水长碳链对膜亲水性能的不利影响。同时，通过对膜透水性能的测试［图 4.82（g）］，发现 MD-Si 膜的通量最大，抵消了随后 QAC 功能层对膜透水性能的削弱，使得 MD-Si-Q 膜与空白 M0 膜的透水性能没有显著差异。

4.6.3　膜抗菌性能

本节利用平板计数法，将膜与菌液接触一定时间后，超声洗脱膜面黏附的细菌，经过一系的梯度稀释，培养后选取最适合的进行计数，通过长出的菌落数去推算菌悬浮液中的活菌数。理论上认为高度稀释时每个活的单细胞菌能繁殖成一个菌落。

图 4.83（a）是不同功能层覆盖后，膜表面黏附的 *E. coli* 和 *S. aureus* 经过稀释（×10^4）后，琼脂平板培养菌落个数。对于 *E. coli*，当表面接枝 QAC 后，平板菌落显著减少，经过统计约为空白膜 M0（对照组）菌落个数的 8%，使活菌数目下降了 2 个数量级，证实了 QAC 显著地杀菌效率；而没有 QAC 接枝的 MD 膜、MD-Si 膜表面的菌落数与膜 M0 没有明显区别，经过统计，两种膜与空白膜之间均没有显著性差异，说明 QAC 功能层是使复合膜拥有抗菌性能的关键。与 *E. coli* 的结果相似，MD-Si-Q 膜面黏附的 *S. aureus* 菌落在稀释 10^4 倍几乎肉眼不可见，经过统计，三个平行样本对 *S. aureus* 抑制率约为94%，显示了优异的抗菌性能；膜 MD、MD-Si 膜则与膜 M0 没有显著性差异。综上，QAC 的接枝对 *E. coli* 和 *S. aureus* 在膜面的黏附均有显著的抑制作用。

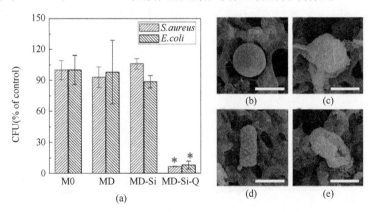

图 4.83　所有膜分别与 *E. coli* 和 *S. aureus* 接触 3 h

（a）膜面细菌稀释 10^4 后，膜 MD、膜 MD-Si 和 MD-Si-Q 膜面菌落数与空白膜 M0 之比的柱状图（*n*=3）；膜面细菌的 SEM 形貌图；（b）M0 膜面 *S. aureus* 菌；（c）MD-Si-Q 膜面 *S. aureus* 菌；（d）M0 膜面 *E. coli* 菌；（e）MD-Si-Q 膜面 *E. coli* 菌
*有显著性差异，$p < 0.05$；白色标尺为 1 μm

图 4.83（b）～（e）分别显示了两种膜面 *E. coli* 和 *S. aureus* 的形貌，可以明显看出，

MD-Si-Q 膜面的细菌细胞形貌遭到破坏，*E. coli* 的细胞膜破裂，*S. aureus* 的表面则出现褶皱。细菌细胞膜的类脂双电层结构是季铵盐分子在杀菌过程中的进攻目标，QAC 分子中疏水性的长烷基碳链刺穿细菌的细胞膜，引起细胞渗透压调节能力丧失和钾离子及质子的流失，导致细菌死亡。

4.6.4　抗生物污染行为评价

为了验证 MD-Si-Q 膜的抗生物污染性能，本节将膜 M0 和 MD-Si-Q 膜组件分别置于两个死端过滤装置中运行 24 h，两种膜同时运行，采用同一进水（*E.coli* 菌悬液，10^7cells/mL），通过通量的变化及膜污染物分析表征膜的抗污染能力。

图 4.84（a）显示了膜 M0 和 MD-Si-Q 两种膜归一化通量在累积通量 7 L 内的变化趋势。从图 4.84 中可以看出，过滤开始后，由于细菌的黏附和生物膜的生长，膜 M0 的通量一直呈下降趋势，最终 7 L 内的通量下降约 60%；相比之下，MD-Si-Q 膜的通量衰减速度缓慢，通量在 7 L 内只有约 20% 的损失。缓慢的衰减速率说明，QAC 改性复合膜的抗污染性能得到了提升。

为了进一步证实 MD-Si-Q 膜的抗生物污染性能，将运行结束后的膜污染物进行分析。图 4.84（b）和（c）显示了装置运行 24 h 后膜面的 CLSM 照片。可以看出，M0 膜面含有大量的活细胞，这与膜 M0 的抗菌结果一致；而 MD-Si-Q 膜面以死细胞为主。如前所述，QAC 改性抗菌膜的主要杀菌机理为接触杀菌机制和非接触接触灭杀机制。固定于膜面的季铵盐型抗菌剂，可以通过其暴露于材料表面的季铵基团与带负电荷的细菌发生静电作用，引起细菌表面电荷分布的紊乱、细菌胞膜表面平衡离子的丢失和细胞膜稳定性的破坏，从而影响细菌代谢和生长，导致如 DNA、蛋白等物质的泄漏及膜类结构的破坏，进而导致细胞周期的紊乱和凋亡及坏死的发生。同时，膜面遭受攻击的细菌利用群感效应促使体系内的细菌远离膜面，降低了膜污染发生的概率，抑制了由细菌在膜面的滋生而诱发的生物膜的形成和生长。本节实验中，MD-Si-Q 膜的抗污染效果证实了这一推论。

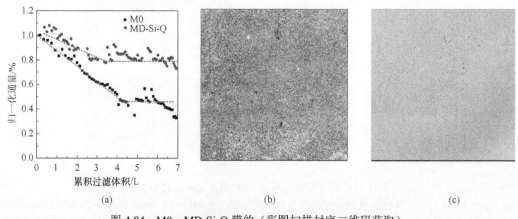

图 4.84　M0、MD-Si-Q 膜的（彩图扫描封底二维码获取）
（a）标准化水通量的变化；（b）24 h 后 M0 膜面；（c）膜面微生物的 CLSM 照片
绿色为活/死细胞，红色为死细胞，蓝色为 EPS；白色标尺为 10 μm

4.6.5 QAC 稳定性测试

通过以上的研究结果发现 MD-Si-Q 膜有高效的抗菌、抗污染性能，多次表面改性后 QAC 在膜面的稳定性则决定了改性膜能否长时间稳定运行。用于水处理的膜组件除了面对复杂的运行环境外，还需要经历周期性的化学清洗。本节中将 MD-Si-Q 膜经受反复的细菌黏附、化学清洗剂清洗后，再次进行平板计数法抑菌试验，讨论 MD-Si-Q 膜在经历反复污染、清洗后抗菌性能是否保持稳定，并利用 XPS 检测膜面元素的变化表征功能层在膜面的稳定性。

图 4.85（a）显示了 MD-Si-Q 膜在经历 1～3 个污染、清洗周期后的抗菌性能变化情况，其中的空白组为 M0 膜的平板计数法抗菌结果。可以看出，MD-Si-Q 膜在 3 个周期后依然保持稳定的抗菌效果，抑制了约 85%的 *E. coli* 或者 *S. aureus* 细菌在膜面黏附和生长，说明反复的污染和清洗没有对膜的抗菌性能产生影响。

图 4.85（b）显示了在 3 个污染（*E. coli* 或者 *S. aureus* 细菌）和清洗周期结束后，膜面元素的分布情况，可以发现，特征元素 F、N、Si 在经历前后均没有显著区别，说明改性层在膜面非常牢固，能够经受反复的污染和清洗行为。

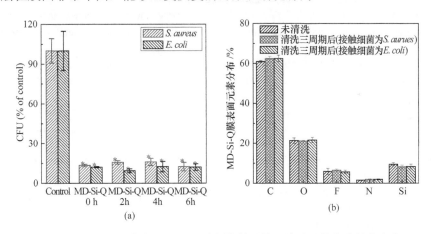

图 4.85 MD-Si-Q 膜在经历 1～3 个周期的污染、清洗后的抗菌性能变化
（$n=3$）和膜面元素分布的变化（$n=3$）
（a）抗菌性能变化；（b）膜面元素分布的变化

参 考 文 献

陈妹. 2018. MBR 中 QAC/PVDF 共混膜抗污染性能及 QAC 潜在生物影响研究. 上海: 同济大学硕士学位论文.

王盼. 2013. 平板微孔膜的制备应用及新型膜生物反应器的研究. 上海: 同济大学博士学位论文.

王巧英. 2013. 用于膜-生物反应器中微滤膜的制备及膜污染的研究. 上海: 同济大学博士学位论文.

张星冉. 2018. 基于季铵盐改性的高分子分离膜制备及抗污染性能研究. 上海: 同济大学博士学位论文.

Contreras A E, Steiner Z, Miao J, et al. 2011. Studying the role of common membrane surface functionalities on adsorption and cleaning of organic foulants using QCM-D. Environmental Science and Technology,

45(15): 6309-6315.

Courtens E N P, De Clippeleir H, Vlaeminck S E, et al. 2015. Nitric oxide preferentially inhibits nitrite oxidizing communities with high affinity for nitrite. Journal of Biotechnology, 193(2015): 120-122.

Dukan S, Belkin S, Touati D. 1999. Reactive oxygen species are partially involved in the bacteriocidal action of hypochlorous acid. Archives of Biochemistry and Biophysics, 367(2): 311-316.

Hummers W S, Offeman R E. 1958. Preparation of graphitic oxide. Journal of the American Chemical Society, 20(6): 1339.

Jiang T, Kennedy M D, De Schepper V, et al. 2010. Characterization of soluble microbial products and their fouling impacts in membrane bioreactors. Environmental Science and Technology, 44 (17): 6642-6648.

Kavitha S, Selvakumar R, Sathishkumar M, et al. 2009. Nitrate removal using Brevundimonas diminuta MTCC 8486 from ground water. Water Science & Technology, 60(2): 517-524.

Kolodkin-Gal I, Hazan R, Gaathon A, et al. 2007. A linear pentapeptide is a quorum-sensing factor required for mazEF-mediated cell death in Escherichia coli. Science, 318(5850): 652-655.

Kugler R, Bouloussa O, Rondelez F. 2005. Evidence of a charge-density threshold for optimum efficiency of biocidal cationic surfaces. Microbiol, 151(5): 1341-1348.

Kumar S, Engelberg-Kulka H. 2014. Quorum sensing peptides mediating interspecies bacterial cell death as a novel class of antimicrobial agents. Current Opinion in Microbiology, 21: 22-27.

Lee S, Elimelech M. 2006. Relating organic fouling of reverse osmosis membranes to interaiolecular adhesion forces. Environmental Science & Technology, 40(3): 980-987.

Liang S, Liu C. Song L. 2007. Soluble microbial products in membrane bioreactor operation: behaviors, characteristics, and fouling potential. Water Research, 41(1): 95-101.

Ng H Y, Tan T W. Ong S L. 2006. Membrane fouling of submerged membrane bioreactors: impact of mean cell residence time and the contributing factors. Environmental Science and Technology, 40(8): 2706-2713.

Park N, Kwon B, Kim I, et al. 2005. Biofouling potential of various NF membranes with respect to bacteria and their soluble microbial products (SMP): characterizations, flux decline, and transport parameters. Journal of Membrane Science, 258(1): 43-54.

Rawlinson L A B, Ryan S M, Mantovani G, et al. 2010. Antibacterial effects of poly(2-(dimethylamino ethyl)methacrylate) against selected gram-positive and gram-negative bacteria. Biomacromolecules, 11: 443-453.

Scott G V. 1968. Spectrophotometric determination of cationic surfactants with orange II. Analytical Chemistry, 40: 768-773.

Skarabalak S E, Suslick K S. 2006. Porous carbon powders prepared by ultrasonic spray pysolysis. Journal of the American Chemical Society, 128: 12642-12643.

Smolders C A, Reuvers A J, Boom R M. 1992. Microstructures in phaseinversion membranes. Part 1. Formation of macrovoids, Journal of Membrane Science, 73(2): 259–275.

Suetterlin H, Alexy R, Coker A, et al. 2008. Mixtures of quaternary ammonium compounds and anionic organic compounds in the aquatic environment: Elimination and biodegradability in the closed bottle test monitored by LC-MS/MS. Chemosphere, 72 (3), 479-484.

Tandukar M, Oh S, Tezel U, et al. 2013. Long-term exposure to benzalkonium chloride disinfectants results in change of microbial community structure and increased antimicrobial resistance. Environmental Science and Technology, 47 (17), 9730-9738.

Wang P, Wang Z W, Wu Z C, 2012a. Insights into the effect of preparation variables on morphology and performance of polyacrylonitrile membranes using Placket-Burman design experiments. Chemical Engineering Journal, 193-194: 50-58.

Wang Q Y, Wang Z W, Wu Z C, 2012b. Effects of solvent compositions on physicochemical properties and anti-fouling ability of PVDF microfiltration membranes for wastewater treatment. Desalination, 297(26): 79-86.

Xu Q, Ye Y, Chen V, et al. 2015. Evaluation of fouling formation and evolution on hollow fiber membrane: Effects of ageing and chemical exposure on biofoulant. Water Research, 68(65): 182-193.

Zhang J, Wang Z W, Wang Q Y, et al, 2017a. Comparison of antifouling behaviours of modified PVDF membranes by TiO₂ sols with different nanoparticle size: Implications of casting solution stability. Journal of Membrane Science, 525: 378-386.

Zhang J, Wang Z W, Liu M X, et al., 2017b. In-situ modification of PVDF membrane during phase-inversion process using carbon nanosphere sol as coagulation bath for enhancing anti-fouling ability. Journal of Membrane Science, 526: 272-280.

Zhang X, Ma J, Tang C Y, et al. 2016. Antibiofouling polyvinylidene fluoride membrane modified by quaternary ammonium compound: direct contact-killing versus induced indirect contact-killing. Environmental Science and Technology, 50 (10): 5086-5093.

第5章　MBR 处理市政污水理论与技术

膜生物反应器采用膜分离代替传统活性污泥法中的二次沉淀，具有占地面积小，出水水质好，污泥产量低等优点，在市政污水处理与再生利用方面具有广阔的应用前景。本章主要介绍 MBR 处理市政污水的运行特性，研究不同操作参数、不同曝气强度、不同进水 C/N 值、不同工艺组合等对运行效能的影响（唐书娟，2010；王巧英，2013；马金星，2015；黄菲，2015）。

5.1　不同操作模式对 MBR 运行性能影响

5.1.1　MBR 工艺系统及关键运行参数

MBR 工艺系统和 2.2.2 节中相同，装置见图 2.24。每套装置总容积为 58.6 L，包括厌氧段（8.0 L）、缺氧段（15.3 L）、可变段（7.3 L）及 MBR 段（28.0 L）。其中可变段设有搅拌器和曝气管，当开启搅拌、关闭曝气时，为搅拌模式，此时可变段为缺氧段；当开启曝气，关闭搅拌，为曝气模式，此时可变段为好氧段。MBR 段中放置两片聚偏氟乙烯平板膜，平均孔径为 0.2 μm，每片膜有效过滤面积为 0.172 m^2。装置进水来自该污水处理厂的沉砂池出水，为典型的生活污水。采用蠕动泵抽吸恒流出水，抽停比为 10 min：2 min，跨膜压差（TMP）通过压力计显示。当 TMP 达到 30 kPa 时，用 0.5% NaClO（V/W）溶液对膜进行化学清洗。试验过程中改变反应器的污泥停留时间（SRT）、回流 I、回流 II、可变段运行模式和膜通量几个因素，考察不同的参数组合条件下反应器的运行状况以及 EPS 与膜污染之间的关系。参考正交 L$_8$（4×2^4）（表 5.1）设置 8 个工况，各工况运行条件如表 5.2 所示。

表 5.1　L$_8$（4×2^4）正交表

工况号	列号 I				
	1	2	3	4	5
1	1	1	1	1	1
2	1	2	2	2	2
3	2	1	1	2	2
4	2	2	2	1	1
5	3	1	2	1	2
6	3	2	1	2	1
7	4	1	2	2	1
8	4	2	1	1	2

表 5.2　试验各工况运行条件

工况号	运行时间（年/月/日）	泥龄/d	回流 I	回流 II	可变段模式	通量/ [L/ (m²·h)]
1	2008/10/11～2009/1/14	60	3	1	搅拌	20
2	2009/2/21～2009/6/02	60	2	0.5	曝气	25
3	2009/6/02～2009/8/19	40	3	1	曝气	25
4	2009/2/21～2009/5/10	40	2	0.5	搅拌	20
5	2009/5/13～2009/6/24	20	3	0.5	搅拌	25
6	2009/6/24～2009/8/23	20	2	1	曝气	20
7	2009/9/10～2009/10/08	10	3	0.5	曝气	20
8	2009/8/19～2009/10/08	10	2	1	搅拌	25

此外，为了研究温度对 AAO 平板膜-生物反应器的影响，在冬季（2008 年 12 月 4 日至 2009 年 1 月 14 日）设置一个保温的工况，该工况的运行条件与工况 1 相同，但在 MBR 段增加两个加热棒，控制 MBR 段内混合液的温度在 20℃左右。该工况称为工况 1T。

5.1.2　AAO 平板膜 MBR 运行概况

本研究中共采用两套反应器。第一套反应器自 2008 年 10 月 19 日启动，运行工况 1 至 2009 年 1 月 14 日，之后反应器暂停运行，2 月 16 日开始重新启动，对污泥进行空曝，2 月 21 日开始正式运行工况 2，6 月 2 日开始改变条件，运行工况 3，至 8 月 19 日开始运行工况 8。第二套反应器在 2008 年 12 月 4 日开始启动，运行工况 1T 与工况 1 进行对比，2009 年 1 月 14 日至 2 月 16 日反应器暂停运行，之后重新启动，方法同第一套反应器。2009 年 2 月 21 日开始运行工况 4，5 月 13 日开始运行工况 5，6 月 24 日开始运行工况 6，8 月 4 日开始运行工况 7，运行一段时间后发现反应器中有大量水蚯蚓，导致污泥浓度急剧下降，出水水质恶化，膜污染加剧，因此，重新从曲阳水质净化厂曝气池接种污泥，重新启动工况 7，之后正常运行。各工况运行期间通过气体流量计，控制 MBR 段内溶解氧（DO）浓度为 0.5～1.0 mg/L，可变段为好氧段时，DO 浓度为 0.5～1.5 mg/L，缺氧段和厌氧段 DO 均在 0.2mg/L 以下，基本在 0.10～0.15 mg/L。

5.1.3　AAO 平板膜 MBR 污染速率

MBR 在运行过程中，膜污染会导致膜阻力的增加，在恒通量模式运行的情况下，膜阻力的增加会进一步导致跨膜压差（TMP）的增加。本研究通过每天监测 MBR 的 TMP 变化，对比不同的工况条件下膜污染的速率，分析不同的操作条件对膜污染速率的影响。图 5.1 给出了表 5.2 中 8 个工况下 TMP 随运行时间的变化情况，当 TMP 达到 30 kPa 左右时对膜进行化学清洗，图中每次 TMP 的陡降即是由于化学清洗的结果，两次化学清洗之间为一个清洗周期。

由于季节变化导致各工况的运行温度有较大的差异，图 5.1 也给出了每天监测的各工况 MBR 段内混合液的温度。很多文献报道温度是影响微生物活动的重要因素，同时

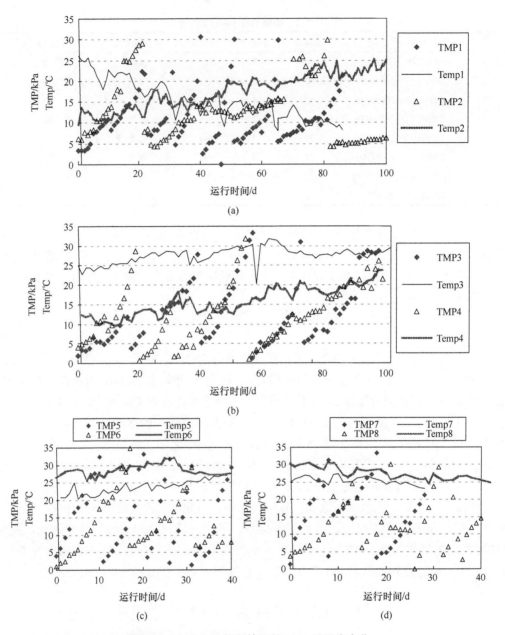

图 5.1　AAOMBR 运行情况的 TMP 及温度变化

(a) 工况 1 和工况 2；(b) 工况 3 和工况 4；(c) 工况 5 和工况 6；(d) 工况 7 和工况 8

(TMP 表示跨膜压差，kPa；Temp 表示 MBR 段内混合液温度，℃)

也对膜污染有重要的影响。一般认为低温条件下微生物活性降低，对污染物的去除效果会受抑制，尤其是总氮的去除，因为低温对硝化反应的抑制很明显。此外，低温会加剧膜污染，可能与温度剧变导致反应器中 EPS 和 SMP 的释放有关。为了进一步研究温度对 MBR 的影响，在冬季设置了一个与工况 1 运行参数相同的工况，但在该工况的 MBR 段设置两个加热棒，使混合液温度保持在（20±2）℃，称为工况 1T。将工况 1 冬季运行期间的温度及 TMP 变化情况与工况 1T 对比，见图 5.2。从图 5.2 可见，即使工况 1MBR

段混合液的温度较低，尤其是 65 天以后，温度基本在 10℃左右，但其污染速率并没有比工况 1T 高，这可以解释为工况 1 中水温从 25℃下降到 10℃的过程是缓慢的［图 5.1 (a)］，微生物能够很好地适应温度的缓慢变化，因此即使在低温下也能发挥很好的降解作用（5.1.4 节），同时并没有明显加剧膜污染。因此，在本研究所采用的温度范围内，温度并不是影响膜污染的重要因素，所以没有对其他工况进行温度控制。

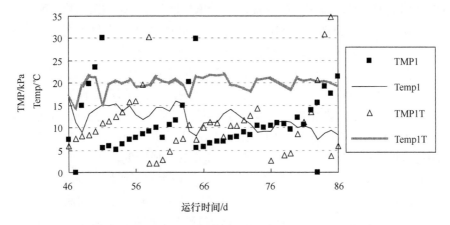

图 5.2　AAOMBR 在工况 1 和工况 1T 中 TMP 及温度变化情况

为了进一步比较膜污染的速率，本研究以每个清洗周期为单位，计算单位时间内 TMP 的增加量，以 kPa/d 表示，各工况的膜污染速率为该工况所有清洗周期膜污染速率的平均值。各工况的膜污染速率及其与运行条件的关系可用正交分析法进行比较，见表 5.3。各

表 5.3　运行条件对膜污染速率影响的正交分析结果

工况号	泥龄/天	回流 I	回流 II	可变段模式	通量/［L/（m²·h）］	膜污染速率/（kPa/d）
1	60	3	1	搅拌	20	2.2
2	60	2	0.5	曝气	25	0.54
3	40	3	1	曝气	25	1.6
4	40	2	0.5	搅拌	20	1.4
5	20	3	0.5	搅拌	25	4.1
6	20	2	1	曝气	20	1.7
7	10	3	0.5	曝气	20	2.5
8	10	2	1	搅拌	25	2.2
K1	2.74	10.40	7.70	9.90	7.80	
K2	3.00	5.84	8.54	6.34	8.44	
K3	5.80					
K4	4.70					
k1	1.37	2.60	1.93	2.48	1.95	
k2	1.50	1.46	2.14	1.59	2.11	
k3	2.90					
k4	2.35					
极差	1.53	1.14	0.21	0.89	0.16	
因素主→次			泥龄—回流 I—可变段模式—回流 II—通量			
最优方案	60	2	1	曝气	20	

工况的污染速率排序如下：工况 2＜工况 4＜工况 3＜工况 6＜工况 1＝工况 8＜工况 7＜工况 5。从正交分析结果可见，对膜污染速率影响最大的因素是泥龄，其次是回流 I，即从 MBR 段回流的到缺氧段的回流比，然后是可变段的运行模式，回流 II 和膜通量对膜污染速率的影响则很小。膜污染速率最小的操作条件应为 SRT 60 天，回流 I 200%，回流 II 100%，可变段模式为曝气，通量 20 L/（m²·h）。

SRT 是影响膜污染的最关键的因素之一，SRT 并不直接影响膜污染，而是通过混合液中与微生物特性相关的物质如 MLSS、EPS 和 SMP 的浓度变化改变其对膜污染的影响。Huang 等（2001）研究发现 SRT 的延长会使 EPS 浓度略有减少，污泥颗粒尺寸略有增加，也有报道指出 SRT 较低时会产生高浓度的 EPS 导致膜污染加剧（Nagaoka et al.，2000），Brookes 等（2003）则认为当 SRT＞30 天时，SRT 的增加不会再改变 EPS 的浓度。SRT 延长会增加 MLSS 浓度，高 MLSS 浓度会导致高的污泥黏度，从而加重膜污染（Yusuf and Murray，1993）。本研究中，SRT 从 60 天缩短到 20 天时，膜污染速率有明显增加的趋势，但继续缩短到 10 天时，膜污染速率又有所降低。

回流 I 的回流比从 300%降低到 200%，膜污染速率有了明显的降低。目前尚没有文献报道污泥混合液从 MBR 段回流到其他段对膜污染的影响。但是回流比的增加会导致微生物絮体的破坏，从而导致污泥活性的降低和污泥平均粒径的减小，同时可能会导致 EPS 和 SMP 的释放增加。本节研究中发现回流比大时膜污染速率较高，后文会对反应器中的 EPS 和 SMP 进行具体的分析。回流 II 是从可变段回流到厌氧段，因其回流比本身较小，因此对膜污染速率的影响也比较小。

可变段的运行模式对膜污染也有较大的影响，本节研究中可变段为曝气模式时，相当于在 MBR 段前增加了一个预曝气段，此段的停留时间只有 1 h，但还是能够有效降低 MBR 段的污染负荷，进一步降低 MBR 的膜污染速率。本节研究同时探索了在次临界通量情况下膜污染的机制，所采用的两个膜通量均在临界通量以下，膜通量的增加对膜污染的影响并不显著。在膜的过滤面积不变的情况下，膜通量从 20L/（m²·h）增加到 25 L/（m²·h），相应的总的水力停留时间从 10.2 h 降低到 8.2 h，同样，在一定的范围内，HRT 的降低也没有显著增加膜污染的速率。有关具体膜污染机制在第 2 章进行了论述。

5.1.4　AAO 平板膜 MBR 污染物去除效果

1. COD 去除效果

各工况对 COD 的去除效果如图 5.3 所示。从图上可见，各工况的进水 COD 有一定的差异，工况 1、工况 2 和工况 4 都是在冬季运行，进水 COD 浓度较高，工况 3、工况 5 和工况 6 在夏季运行，进水 COD 较低。工况 7、工况 8 的进水 COD 有较大的波动。各工况对 COD 的去除效果都很好，出水 COD 基本都维持在 30mg/L 左右。工况 4 和工况 7 都有几天出水 COD 偏高。其中工况 4 是由于当时不仅进水 COD 超过了 400mg/L，且反应器内温度只有 12℃左右；工况 7 是由于反应器启动初期，较高的进水 COD 冲击造成出水 COD 偏高。除此之外，其他工况即使在低温和进水 COD 偏高的情况下，也能达到比较稳定的 COD 去除效果。

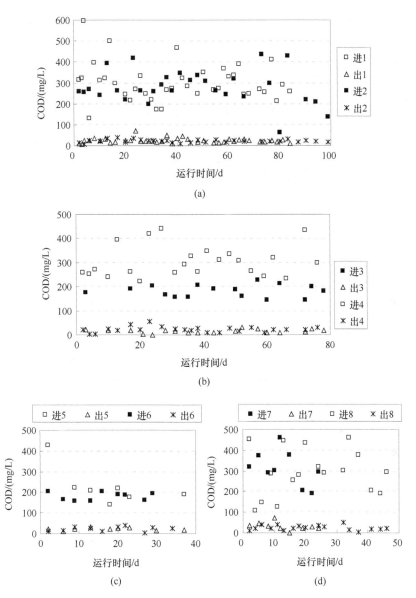

图 5.3　不同工况的 AAOMBR 对 COD 的去除效果

（a）工况 1 和工况 2；（b）工况 3 和工况 4；（c）工况 5 和工况 6；（d）工况 7 和工况 8

2. 氮去除效果

各工况对 TN 和 NH$_3$-N 的去除效果分别如图 5.4 和图 5.5 所示。从图 5.4 和图 5.5 可见，各工况进水的 TN 和 NH$_3$-N 浓度也有较大的差异。从图 5.4 可见，工况 1、工况 2 和工况 4 中即使进水 TN 浓度较高，出水 TN 浓度也基本能达到 15mg/L 以下，尤其是工况 4，启动 15 天以后，TN 的一级 A 达标率即可达到 100%。工况 5、工况 6 则由于其进水 TN 浓度本身较低，出水 TN 基本在 10mg/L 以下。从图 5.5 中可见，除了工况 7、工况 8 外，其他工况对 NH$_3$-N 的去除效果都很好，出水 NH$_3$-N 基本在 1mg/L 以下。工况 7、工况 8 由于 SRT 较短，硝化作用不稳定，出水 NH$_3$-N 浓度较高。由于各工况进水污染物浓度有较大的差异，单纯比较出水的水质不能很好地表征污染物去除的效果，因此下文会对去除率做进一步的比较。

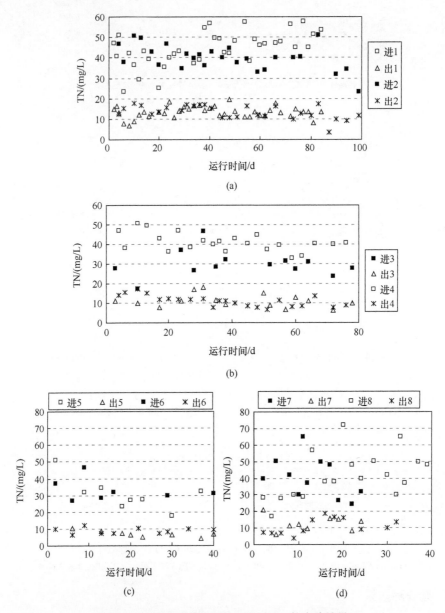

图 5.4　不同工况的 AAOMBR 对 TN 的去除效果
（a）工况 1 和工况 2；（b）工况 3 和工况 4；（c）工况 5 和工况 6；（d）工况 7 和工况 8

　　除了 TN 和 NH₃-N，本研究也监测了反应器在运行期间出水的 NO_3^--N 和 NO_2^--N 的变化，并对进出水中氮的组成进行了分析，研究发现工况 1 至工况 6 出水中各中形态的氮的组成比较相近，而工况 7、工况 8 出水中氮的组成则较为一致，因此选取工况 4 和工况 7 分别代表这两组，对其处理过程中各反应段和出水的氮组成进行比较，见图 5.6。对比（b）、（d）两图可见，工况 4 出水中大部分的氮以 NO_3^--N 的形式存在，NH₃-N 的

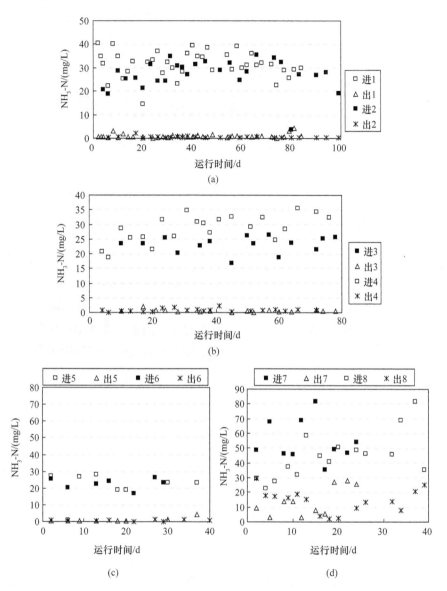

图 5.5　不同工况的 AAOMBR 对 NH₃-N 的去除效果

（a）工况 1 和工况 2；（b）工况 3 和工况 4；（c）工况 5 和工况 6；（d）工况 7 和工况 8

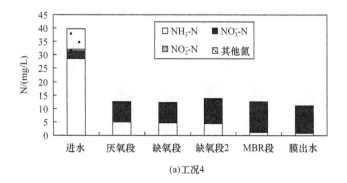

（a）工况 4

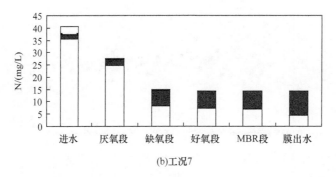

(b)工况7

图 5.6　AAO 平板膜-生物反应器在工况 4 和工况 7 下处理过程中氮的组成变化

浓度很低，说明 NH_3-N 在系统中几乎能够被完全硝化，TN 去除的限制步骤是反硝化作用。另外，工况 4 自厌氧段开始 TN 的浓度就与出水基本相同了，且缺氧段 2 中 NO_3^--N 的浓度也很高，回流 II 将混合液从缺氧段 2 回流到厌氧段的同时带入了大量的 NO_3^--N，使得厌氧段也有反硝化作用。工况 7 中出水中的 NO_3^--N 浓度也较高，但同时也有将近 5mg/L 的 NH_3-N，说明此时反硝化作用仍是 TN 去除的限制步骤，同时硝化作用也不完全。工况 7 厌氧段对 TN 的去除效果不如工况 4 明显，因为工况 7 中可变段是好氧段，该段的 NO_3^--N 不是很高，回流到厌氧段的 NO_3^--N 也相对较低，因而厌氧段的反硝化作用也不如工况 4 明显。

3. 总磷去除效果

各工况对 TP 的去除效果见图 5.7。可见，各工况对 TP 都有一定的去除作用，但是出水 TP 很难达到 0.5mg/L 的标准。一方面工况 1 至工况 6 的 SRT 都较长，不利于磷从系统中去除，另一方面从图 5.6 也可以看出，工况 4 中有大量的 NO_3^- 从可变段回流到厌氧段，使得厌氧段发生了显著的反硝化作用，同时消耗了进水中的碳源，使得厌氧段并没有发生释磷作用，影响了 TP 的去除。工况 7、工况 8 的厌氧段滤液 COD 值比其他工况高，在厌氧段有一定程度的释磷作用，出水 TP 浓度也较其他工况低。两种情况的对比见图 5.8。工况 8 在运行期间有一个时期厌氧段滤液中 TP 的浓度达到了 8mg/L 以上，超出进水 TP 浓度 60% 以上，出水 TP 也达到了 0.5mg/L 以下，但不久后厌氧释磷作用降低，出水 TP 又开始升高，整个运行期间出水 TP 平均浓度仍在 1mg/L 以上。从以上

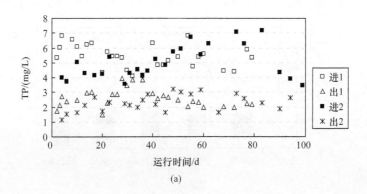

(a)

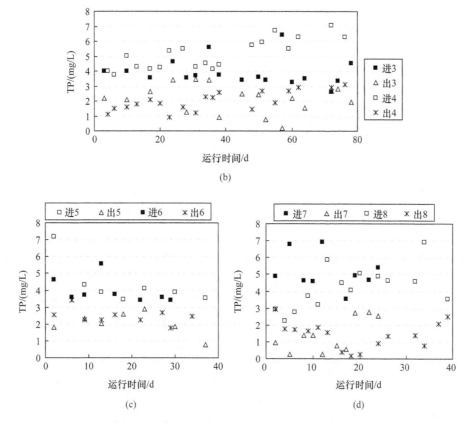

图 5.7　不同工况的 AAOMBR 对 TP 的去除效果

（a）工况 1 和工况 2；（b）工况 3 和工况 4；（c）工况 5 和工况 6；（d）工况 7 和工况 8

分析可见，仅靠生物除磷作用出水 TP 很难达到一级 A 标准，TP 的浓度成为出水达标的重要限制因素，需要增加化学除磷来保证出水达到一级 A 标准。

4. 温度对污染物去除效果的影响

为了研究温度对 MBR 污染物去除效果的影响，将工况 1 在冬季运行（第 47 天以后）的出水水质与工况 1T 进行比较，见表 5.4。可以看出，两个反应器对 COD、TN 和 NH₃-N 都有较好的去除效果。另外，比较两个工况 MBR 段滤液中污染物含量和出水水质，可

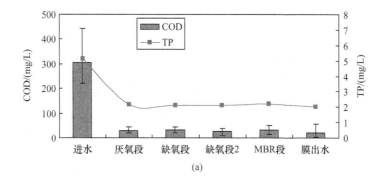

（a）

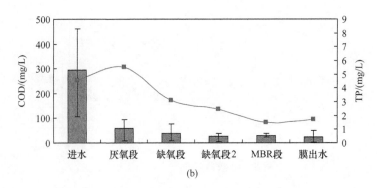

图 5.8　AAO 平板膜-生物反应器在工况 4 和工况 8 下处理过程中 COD 和 TP 的变化
(a) 工况 4；(b) 工况 8

以看出低温下出水水质仍然较好。虽然工况 1T 出水 TN 较工况 1 低，但两个装置出水的 NH$_3$-N 浓度却没有差别，而且平均值都在 1mg/L 以下，说明即使工况 1 中温度低于 10℃时，硝化反应仍然能够顺利进行。但工况 1 出水中 NO$_3^-$-N 浓度较工况 1T 高，导致出水 TN 较高，可见低温对反硝化作用的抑制比硝化作用更为明显。此外，低温下系统对 COD 和 TP 的去除效果甚至比常温下略高，可见 MBR 系统中的微生物能够很好地适应低温地环境。

表 5.4　工况 1 和工况 1T 出水水质比较（n=13）（单位：mg/L）

项目	COD	TN	NH$_3$-N	TP
进水	298±113	48.9±10.4	30.9±8.2	5.3±1.5
MBR 段 1	32.9±38.2	14.8±21.2	1.1±6.0	2.7±1.5
出水 1	21.5±9.0	13.3±5.0	0.9±2.3	2.2±0.3
MBR 段 1T	39.6±29.5	13.3±5.5	1.4±3.7	3.4±1.0
出水 1T	23.8±6.6	11.3±3.8	1.3±3.6	3.1±0.9

5. 污染物去除效果正交分析

为了进一步比较各工况对污染物的去除效果，研究不同的操作条件对污染物去除的影响，对出水水质和运行条件进行正交分析。各工况出水水质汇总在表 5.5。由于各工

表 5.5　各工况进出水水质　　　　　　　（单位：mg/L）

工况	COD		TN		NH$_3$-N		TP	
	进水	出水	进水	出水	进水	出水	进水	出水
1	299±297	24±48	48.9±25.6	13.3±6.6	31.7±17.1	1.3±3.3	5.4±1.7	2.6±1.4
2	277±241	22±16	39.5±16.1	13.3±9.9	26.7±23.1	0.5±1.8	3.9±2.5	2.3±1.1
3	182±45	15±17	29.8±16.7	11.1±7.2	23.1±6.4	0.5±1.5	5.0±1.5	2.1±2.0
4	304±137	22±34	41.2±9.7	11.1±6.4	28.7±9.8	0.8±1.6	5.1±2.0	2.0±1.1
5	226±202	21±11	30.8±20.3	6.4±4.7	21.0±20.0	1.0±3.4	4.4±2.8	2.1±1.3
6	184±30	22±19	33.1±13.4	8.8±3.1	23.9±0.3	0.8±0.8	3.9±1.7	2.4±1.0
7	314±147	31±40	32.1±18.3	12.6±8.6	32.8±16.3	4.5±17.3	5.5±2.7	1.4±1.2
8	293±185	24±27	33.9±38.2	11.2±7.5	31.8±17.3	5.5±13.8	4.6±3.6	1.7±1.8

况 TP 的浓度都不能达到一级 A 的标准，需要化学法进一步处理，正交分析时不再以 TP 的去除效果为目标；同时各工况出水 COD 浓度都较低，不会成为出水达标的限制指标，因此也不进行正交分析。另外，由于不同的工况进水水质有较大的差异，以出水污染物浓度为指标不能很好地衡量污染物的去除效果，因此采用 NH$_3$-N 和 TN 的去除率作为正交分析的指标，见表 5.6。

表 5.6　TN 和 NH$_3$-N 去除率的正交分析　　　　（单位：mg/L）

工况号	泥龄/天	回流 I	回流 II	可变段模式	通量/[L/(m²·h)]	去除率/%	
						NH$_3$-N	TN
1	60	3	1	搅拌	20	96.9	69.4
2	60	2	0.5	曝气	25	97.9	64.7
3	40	3	1	曝气	25	97.8	61.9
4	40	2	0.5	搅拌	20	97.3	73.0
5	20	3	0.5	搅拌	25	90.9	75.2
6	20	2	1	曝气	20	97.4	74.0
7	10	3	0.5	曝气	20	82.4	63.8
8	10	2	1	搅拌	25	80.6	71.3
K1	194.8	368.0	372.7	365.7	374.0		
K2	195.1	373.2	368.5	375.5	367.2		
K3	188.3						
K4	163.0					NH$_3$-N 去除率	
k1	97.4	92.0	93.2	91.4	93.5		
k2	97.6	93.3	92.1	93.9	91.8		
k3	94.2						
k4	81.5						
极差	16.05	1.30	1.05	2.45	1.70		
因素主→次	泥龄—运行模式—通量—回流 I—回流 II						
最优方案	20	2	1	曝气	20		
K1	134.1	270.3	276.6	288.9	280.2		
K2	134.9	283.0	276.7	264.4	273.1		
K3	149.2						
K4	135.1					TN 去除率	
k1	67.1	67.6	69.2	72.2	70.1		
k2	67.5	70.8	69.2	66.1	68.3		
k3	74.6						
k4	67.6						
极差	7.55	3.18	0.02	6.13	1.77		
因素主→次	泥龄—运行模式—回流 I—通量—回流 II						
最优方案	20	2	1	搅拌	20		

从表 5.6 可见，影响 NH$_3$-N 和 TN 去除率的最关键的因素仍然是泥龄，当 SRT 从 60 天缩短到 40 天时，NH$_3$-N 的去除率变化不明显，当 SRT 降低到 20 天时，NH$_3$-N 的

去除率则从 97.6%降低到了 94.2%，SRT 继续降低到 10 天时，NH$_3$-N 的去除率则大幅度下降到了 81.5%，此时出水 NH$_3$-N 已不能保证完全达标。低 SRT 可能造成了硝化细菌从系统中流失，因此降低了 NH$_3$-N 的去除率。SRT≥20 天时，TN 的去除率则随着 SRT 的降低有了明显的增加，SRT 缩短到 10 天时，TN 去除率又有下降。另外一个对两者去除率都有显著影响的是可变段的运行模式，当可变段为曝气段时，增加了系统中硝化作用的强度，因而 NH$_3$-N 的去除率较高；当可变段切换到搅拌模式，变为缺氧段 2 时，能够很好地促进反硝化作用，根据上文分析（图 5.8）可知反硝化是限制 TN 去除的关键步骤，因此搅拌模式下 TN 的去除率较高。综上分析，只要 SRT>10 天时，由于 NH$_3$-N 通常不会超标，因此以 TN 的去除率为正交分析的指标，最佳的运行条件应为 SRT 20天，回流 I 200%，回流 II 100%，可变段为搅拌模式，通量 20 L /（m^2·h）。

5.2　不同 C/N 值污水对 MBR 运行性能影响

5.2.1　MBR 系统及关键参数

本研究设置两套完全相同的 A/O MBR 进行研究，反应器基本构型以及主要操作运行参数见本书第 2 章（2.3.2 节）。1 号 MBR（M$_1$）进水为经过微网过滤的上海曲阳污水处理厂的生活污水，并添加了经过预处理的污泥发酵液，C/N 值为 9.9 g COD/g N；2 号 MBR（M$_2$）进水仅为经过微网过滤的上海曲阳污水处理厂的生活污水，C/N 值为 5.5 g COD/g N。具体水质指标见本书第 2 章表 2.24。

5.2.2　MBR 运行情况对比

在冬季两个月的运行过程中，M$_1$ 的 MLSS 和 MLVSS 浓度分别为（9.6±0.5）g/L 和（6.9±0.6）g/L，M$_2$ 的 MLSS 和 MLVSS 浓度分别为（6.4±0.5）g/L 和（4.9±0.6）g/L。表 5.7 给出了这两套反应器的出水水质和相应的污染物去除率。可以看出，M$_1$ 和 M$_2$ 的出水 COD 平均浓度均低于 10 mg/L，去除率在 95%以上。这说明进水中添加碳源、提高 C/N 值对于 COD 的去除没有影响。同样的，M$_1$ 和 M$_2$ 的出水 NH$_3$-N 平均浓度均低于 0.5 mg/L，去除率在 95%以上，说明 MBR 对 NH$_3$-N 也有很好的去除效果。而 M$_1$

表 5.7　M$_1$ 和 M$_2$ 出水水质和污染物去除率（n=15）

污染物	出水浓度/（mg/L）		去除率/%	
	M$_1$	M$_2$	M$_1$	M$_2$
COD	8.0±6.0	7.0±2.0	97±3	96±1
TN	12.7±5.1	20.3±4.9	59±16	33±16
NH$_3$-N	0.5±0.4	0.4±0.2	98±1	98±0.7
NO$_3^-$-N	8.0±4.0	17.6±4.2	—	—
NO$_2^-$-N	2.3±2.2	0.1±0.1	—	—

和 M_2 对于 TN 的去除有较大差异，前者出水 TN 浓度为 12.7 mg/L、达到一级 A 排放标准，去除率 59%；后者出水 TN 浓度为 20.3 mg/L，去除率仅为 33%。相应的，M_1 出水 NO_3^--N 浓度也低于 M_2。这证明了提高进水 C/N 值可以提升污泥反硝化效果、增加脱氮效率。

与传统活性污泥法不同的是，MBR 运行过程中存在膜污染问题，因此除了污染物去除率之外 TMP 的变化也是需要重点关注的指标。进水 C/N 值较高的 M_1 的 TMP 增加速率较快，在 65 天运行过程中化学清洗次数达到了 10 次，平均清洗周期仅为 6.5 天（参见本书第 2 章图 2.70）。而进水 C/N 值较低的 M_2 的 TMP 增加速率较慢，化学清洗次数为 4 次，平均清洗周期 16.2 天。M_1 的化学清洗周期明显比 M_2 的短，说明提高进水 C/N 值虽然能够提升脱氮效果，但是会引起更为严重的膜污染问题、缩短化学清洗周期，在实际应用中应引起足够重视，并采取相应膜污染控制措施。其污染机制与系统内微生物产物等具有密切关系，具体膜污染机制参见第 2 章（2.3.2 节）。

5.2.3　微生物菌群分析

1. 微生物多样性分析

对 M_1 和 M_2 的好氧区活性污泥样品进行测序，分别读取到了 6940 条和 6867 条有效序列，并且使用 MOTHUR 方法、分别在置信区间为 97%（$\alpha=0.03$）和 95%（$\alpha=0.05$）条件下将获得的序列划分成不同的 OTU。如图 5.9 所示，在 $\alpha=0.03$ 条件下，随着读取序列数量的增加，OTU 数量也在增加，但是在相同序列数量时，M_1 污泥样品生成的 OTUs 数量低于 M_2 污泥样品，在 $\alpha=0.05$ 条件下也有同样的趋势。这说明在相同序列数量的情况下前者细菌种群数量低于后者，即前者的菌群多样性低于后者。

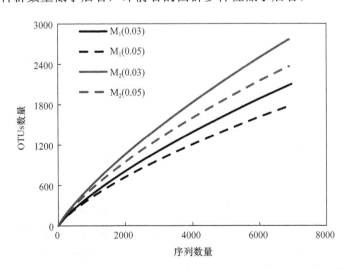

图 5.9　M_1 和 M_2 样品的微生物种群稀释性曲线（彩图扫描封底二维码获取）

表 5.8 显示，在 $\alpha=0.03$ 条件下，M_1 污泥样品生成了 2107 个 OTUs，低于 M_2 污泥样品生成的 2772 个 OTUs。Chao1 指数为读取的序列数量趋向于无穷大时可能生成的

OTU 数量，M_1 污泥样品的 Chao1 指数小于 M_2 污泥样品，反映了前者菌群丰富程度低于后者。Shannon 指数也是反映菌群多样性的指标，M_1 污泥样品的 Shannon 指数小于 M_2 污泥样品同样说明了前者的菌群多样性低于后者。在 α=0.05 条件下也有相同规律。由此进一步证明了 M_1 污泥样品的菌群多样性低于 M_2 污泥样品。这可能是由于 M_1 进水 C/N 值较高，自养菌不易生存、异养菌大量生长导致其菌群多样性较低。

表5.8　M_1 和 M_2 样品的微生物种群多样性指标

样品	α=0.03			α=0.05		
	OTU 数量	Chao1 指数	Shannon 指数	OTU 数量	Chao1 指数	Shannon 指数
M_1	2107	6460	5.45	1796	4891	5.19
M_2	2772	8908	6.82	2371	6594	6.56

2. Venn 图分析

为了对比 M_1 和 M_2 样品的菌群相似性和差异性，在"门"水平上对两者的 OTU 进行了分析。Venn 图显示了两者菌群之间的关系，如图 5.10 所示。在 97% 的置信区间条件下，M_1 和 M_2 样品共计生成了 4353 个 OTUs，但是仅有 12.1%、即 526 个 OTUs 是两者共有的。在这部分共有的 OTUs 中，52.5% 的 OTUs 属于变形菌门（Proteobacteria），35.4% 的 OTUs 属于拟杆菌门（Bacteroidetes）。以上两种 OTUs 也占到了 M_1 和 M_2 样品菌群中的大多数，M_1 样品中变形菌门为 55.2%、拟杆菌门为 29.2%，M_2 样品中变形菌门为 56.9%、拟杆菌门为 26.0%。在全部 OTUs 中，仅出现在 M_1 样品中的 OTUs 有 1581 个，仅出现在 M_2 样品中的 OTUs 有 2246 个。这说明 M_1 和 M_2 样品的菌群在"门"水平上几乎具有相同种类，但是在"纲""目""科"水平上两者菌群存在较大差异，因此下文将对此进行深入分析。

3. 不同生物学分类水平上的对比分析

本节以序列为基础，首先在"门"水平上对比了 M_1 和 M_2 样品的菌群的相对丰度，并且使用了 STAMP 软件进行了统计学分析，结果如图 5.11 所示。相对丰度是指该菌群序列数量在总序列数量中所占比例，No_Rank 指与数据库中已有序列比对吻合、但是没有明确的生物学分类的序列，others 为相对丰度低于 0.5% 的菌群的序列数量在总序列数量中所占比例。包括 others 在内，总计有 28 个门的菌群被检测出来。其中，变形菌门和拟杆菌门占据绝对优势。但是变形菌门和拟杆菌门的相对丰度在 M_1 和 M_2 样品中却存在明显差异（p 值小于 0.05）。在 M_1 样品中的拟杆菌门相对丰度为 53.8%，高于变形菌门相对丰度；而变形菌门在 M_2 样品中的相对丰度为 51.3%，高于拟杆菌门相对丰度。此外，硝化螺旋菌门（Nitrospirae）是一类参与硝化过程、能够将亚硝酸盐氧化成硝酸盐的自养菌。其在 M_1 和 M_2 样品中的相对丰度分别为 0.7% 和 1.5%，这可能是由于 M_1 进水 C/N 值较高，较高的有机物浓度不利于自养菌生长。而硝化螺旋菌门在 M_1 样品中较低的相对丰度可能又导致了亚硝酸盐氧化过程不完全、出水 NO_2^--N 浓度比 M_2 高（表 5.7）。

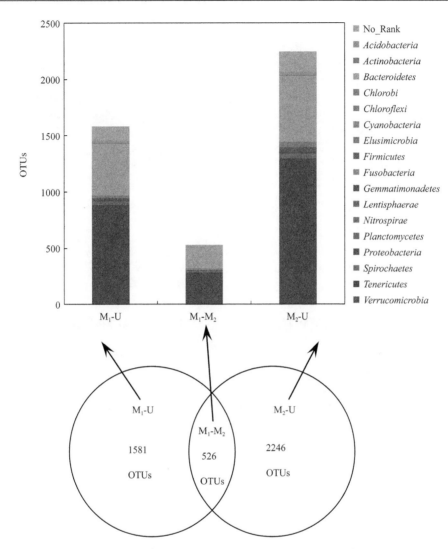

图 5.10　M_1 和 M_2 样品的 OTUs 对比 Venn 图（彩图扫描封底二维码获取）

M_1-U 表示仅有 M_1 样品具有的 OTUs；M_2-U 表示仅有 M_2 样品具有的 OTUs；M_1-M_2 表示 M_1 和 M_2 共同具有的 OUTs

在"门"水平上对比了 M_1 和 M_2 样品的菌群的相对丰度后，为了详细了解两者的菌群差异，进一步在"属"水平上对两者菌群进行分析。图 5.12 显示，在 M_1 样品中 *Ferruginibacter* 菌属的相对丰度最高，达到了 32.7%，明显高于在 M_2 样品中的相对丰度 4.3%（p 值小于 0.05）。*Ferruginibacter* 菌属是污水处理厂活性污泥中常见的能够降解有机物的菌属。因此，推测 M_1 较高的进水 COD 浓度可能导致了 *Ferruginibacter* 菌属相对丰度增加。在 M_1 样品中，*Azospira*、*Thauera*、*Zoogloea*、*Dechloromonas*、*Thermomonas* 和 *Brevundimonas* 菌属的相对丰度分别为 2.7%、1.4%、1.1% 和 1.0%，以上菌属在 M_2 样品中的相对丰度分别 1.0%、0.5%、0.6%、0.5% 和 0.2%。由于以上菌属的 p 值小于 0.05，因此可以认为其在 M_1 样品中的相对丰度明显高于 M_2 样品。有文献指出（Thomsen et al.，2007），以上菌属能够利用有机物作为电子受体，将亚硝酸盐或者硝酸盐还原为氮气。因此，其在 M_1 样品中的较高的相对丰度可能是 M_1 脱氮效果较好的原因之一。而

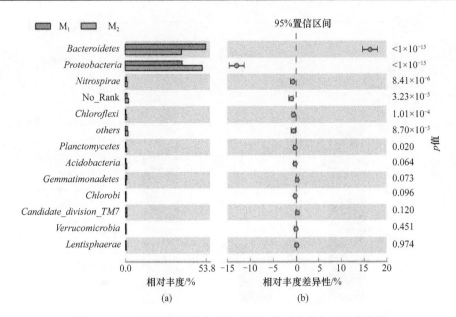

图 5.11　M_1 和 M_2 样品的序列在"门"水平上的相对丰度比较

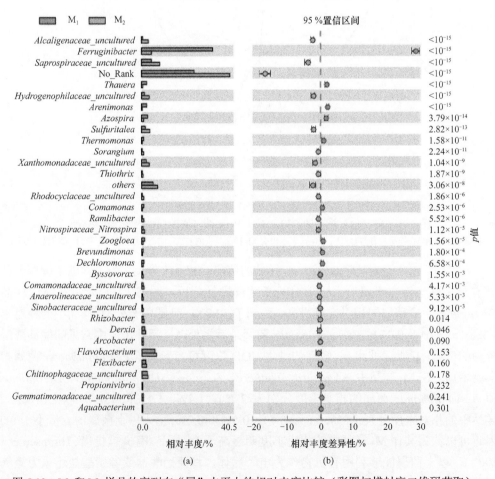

图 5.12　M_1 和 M_2 样品的序列在"属"水平上的相对丰度比较（彩图扫描封底二维码获取）

Alcaligenaceae_uncultured 和 *Ramlibacter* 菌属在 M_2 样品中的相对丰度高于 M_1 样品，文献报道这两科的细菌中某些菌株具有反硝化能力，但是某些菌株不具有反硝化能力（Heulin et al.，2003；Wang et al.，2012；Velusamy and Krishnani，2013），因此这两科的细菌与 MBR 脱氮效果的关系仍有待进一步研究。*Nitrospiraceae_Nitrospira* 是一类能够将亚硝酸盐氧化为硝酸盐的细菌（Park et al.，2015），它在 M_1 样品中的相对丰度低于 M_2 样品，因此可能造成了 M_1 出水亚硝酸盐浓度较高。

此外，*Saprospiracea_uncultured*、*Hydrogenophilaceae_uncultured* 和 *Sulfuritalea* 等菌属的相对丰度在 M_1 和 M_2 样品中也存在明显差异，下面对此进行说明。*Saprospiracea* 科的部分菌株能够水解蛋白质、利用氨基酸作为碳源，不能够进行反硝化作用（Xia et al.，2008）。*Hydrogenophilaceae*、*Sulfuritalea* 和 *Thiothrix* 是与硫氧化有关的细菌（Kojima et al.，2014）。*Sorangium* 的次级代谢产物是重要的医药和工业产品（Müller and Gerth，2006），因此常被用来培养生产如埃博霉素和聚酮化合物等次级代谢产物。*Xanthomonadaceae* 科的许多菌属都是植物致病菌（Pieretti et al.，2009）。*Rhodocyclaceae* 科的部分菌属能够降解芳香族化合物或者参与除磷（Tancsics et al.，2013）。*Byssovorax* 能够降解木质纤维素（Zainudin et al.，2013），*Derxia* 参与固氮作用（Xie and Yokota，2004）。因此以上菌属与反硝化作用无关，虽然在 M_1 和 M_2 样品中的相对丰度有所不同，但是对 M_1 和 M_2 的脱氮效果没有明显影响。

5.3　不同曝气强度对 MBR 运行性能影响

5.3.1　MBR 系统及关键参数

实验采用两套结构相同的 A/O-MBR，在实验开始前，系统经过 60 天的驯化培养。A/O-MBR 以 20 L/$(m^2 \cdot h)$恒通量运行。缺氧段及好氧段水力停留时间分别为 3.0 h 和 5.1 h，内回流比为 1.7，污泥龄为 30 天。反应器进水水质为：COD（258.2±29.7）mg/L，TN（41.1±12.0）mg/L，NH_3-N（29.9±3.5）mg/L，TP（9.5±5.2）mg/L。反应器 COD 负荷为 0.032 mg COD/（mg MLSS·d）。为得到不同曝气强度对 MBR 运行性能及污染特性的影响，两套 A/O-MBR 曝气强度分别控制为 420 L/h（MBR-L）及 630 L/h（MBR-H），其他运行参数相同。

5.3.2　污染物去除效果及膜运行情况

试验期间进水及两套装置膜出水的 COD、TN、NH_3-N、NO_3^--N 及 NO_2^--N 平均值如表 5.9 所示。运行期间，两套反应器对 COD 的去除率都达到 90%，且出水 NH_3-N 值稳定，去除率高。MBR-L 及 MBR-H 的出水 NO_3^--N 值分别为 8.4 mg/L 和 11.5 mg/L，且 NO_2^--N 浓度低，表明氨态氮经过硝化作用转化为硝态氮，并未发生亚硝氮的累积。分析结果说明，不同的曝气强度对两套反应器污染物去除效果影响不大。

表 5.9　污染物去除效果（$n = 10$）

污染物	进水浓度/（mg/L）	膜出水/（mg/L）		去除率/%	
		MBR-L	MBR-H	MBR-L	MBR-H
COD	298.0±54.4	28.4±9.1	28.5±10.2	90.5±2.4	90.4±1.9
TN	41.4±13.1	10.0±3.3	11.7±4.1	75.9±9.8	71.7±12.3
NH_3-N	33.8±9.7	1.1±0.9	0.3±0.1	96.7±2.7	99.1±0.5
NO_3^--N	2.3±1.5	8.4±1.0	11.5±0.8	—	—
NO_2^--N	0.40±0.36	0.09±0.02	0.15±0.12	—	—

过滤初期两套反应器中膜污染速率相当。120 h 后，MBR-L（低曝气强度）中膜污染阻力上升速率逐渐高于 MBR-H（高曝气强度），且由于膜面污染物的快速累积。有关压力变化以及膜污染机制参见本书第 2 章（2.2.4 节）。

5.3.3　蠕虫生长对膜-生物反应器运行效果的影响

不同曝气强度的试验运行后期进入夏季，水温开始升高到 23～27℃，平均温度达到（25±1）℃，在高曝气强度反应器中出现自发生长的蠕虫。本节针对在高曝气强度的运行条件下，蠕虫生长对 MBR 运行效果、膜污染特性、污泥特性及污泥减量的效果进行了系统的分析，以期为生物法污泥减量技术的推广和应用提供理论基础。

1. 微生物相显微镜图像

反应器运行 20 天后，在高曝气强度的 MBR 中发现自发生长的蠕虫。微生物相形态如图 5.13 所示。通过其橙红色的皮腺与红色包裹体可以鉴定这些蠕虫为红斑瓢体虫。由图 5.13（b）可以看出，反应器内蠕虫长度为 500～1500 μm，宽度为 50～200 μm。有蠕虫生长的反应器标记为 worms-MBR。图 5.13（c）是由普通相机拍摄的 worms-MBR 中活性污泥图像，可以看到污泥中有颤蚓蚓存在。在低曝气强度下运行的 MBR 中，并未发现后生动物，该反应器标记为 control-MBR。试验期间对水质的监测结果表明，此时

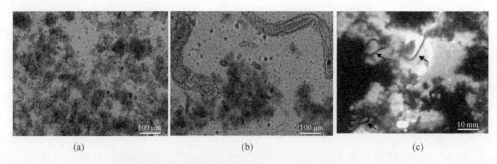

(a)　　　　　　　　　　　(b)　　　　　　　　　　　(c)

图 5.13　反应器内微生物显微图像和照片（彩图扫描封底二维码获取）
（a）control-MBR 中污泥混合液显微镜图像；（b）worms-MBR 中混合液显微镜图像；
（c）worms-MBR 中活性污泥图像

低曝气强度 MBR 中溶解氧（DO）低于 1 mg/L，而高曝气强度 MBR 中 DO 浓度达到 2～4 mg/L。适宜的温度及充足的 DO 值为高曝气强度 MBR 中蠕虫的生长提供了有利的生存环境。

2. 反应器污染物去除效果

表 5.10 列出了两套反应器对 COD、TN、NH_3-N、NO_2^--N、NO_3^--N 及 TP 的去除效果。两套反应器中 COD 的去除率都达到 90%，表明蠕虫的生长对 COD 的去除并没有产生影响，且两套反应器出水 NH_3-N 值稳定在 1.0 mg/L 以下，并未受到蠕虫生长的影响。两套反应器对 TP 均有一定的去除效果，推测反应器内发生了同步硝化去磷作用。有文献研究表明，在有硝酸盐存在的情况下，缺氧状态下部分聚磷菌（PAOs）以硝酸盐取代氧作为电子受体氧化 PHB，也就是所谓的反硝化聚磷菌（DNPAOs）作用。但是 worms-MBR 对磷的去除率低于 control-MBR。分析其原因如下：①蠕虫捕食了含磷污泥后将不吸收的溶解性磷重新释放到混合液中；②反应器每天按体积排泥，而 worms-MBR 中污泥浓度较低（图 5.14），故每天排出体系的含磷污泥量少，因此混合液中磷累积量大；③worms-MBR 中高 DO 浓度污泥回流到缺氧段，抑制了释磷过程，从而导致好氧段吸磷作用不完全。

表 5.10　反应器污染物去除效果

污染物	进水浓度/（mg/L）	出水浓度/（mg/L）		去除率/%	
		Control-MBR	Worms-MBR	Control-MBR	Worms-MBR
COD	277.81±47.30	28.35±9.10	28.52±10.20	89.79±2.40	89.74±1.87
TN	39.79±11.80	10.59±3.10	12.30±3.70	73.39±9.74	69.09±12.21
NH_3-N	32.54±8.17	0.93±0.82	0.33±0.13	97.14±2.65	98.97±0.48
NO_2^--N	0.55±0.52	0.07±0.04	0.11±0.14	87.08±1.74	80.52±0.96
NO_3^--N	2.33±1.37	9.21±1.68	11.91±1.07	—	—
TP	9.40±4.76	3.17±1.16	3.97±1.37	66.23±14.88	57.76±18.77

3. 污泥减量效果分析

图 5.14（a）给出了两套反应器 MLSS 及 MLVSS/MLSS 随运行时间的变化曲线。运行前 21 天，两套反应器中 MLSS 变化没有明显的差异。但随着蠕虫的出现，worms-MBR 中 MLSS 停止增长，甚至在运行最后 15 天里 MLSS 开始下降。而 control-MBR 中 MLSS 在试验期间由 3.8g/L 持续增长到 10.5g/L。由此可知，worms-MBR 蠕虫的捕食作用实现了很好的污泥减量效果。由图 5.14（a）还可以看出，试验后期 worms-MBR 中 MLVSS/MLSS 值逐渐低于 control-MBR。分析原因为蠕虫主要以混合液是有机物质为食，而其排泄物中有机成分含量较低所导致。

图 5.14（b）显示在蠕虫生长之前，control-MBR 与 worms-MBR 中平均污泥产率系数分别为 0.35 kg MLSS/kg $COD_{removed}$ 和 0.41 kg MLSS/kg $COD_{removed}$。蠕虫生长后，worms-MBR 中 Y 值由 0.37 kg MLSS/kg $COD_{removed}$ 降至–0.07 kg MLSS/kg $COD_{removed}$，而 control-MBR 中 Y 值维持在 0.35～0.60 kg MLSS/kg $COD_{removed}$ 范围内。由此可知，蠕

虫的捕食作用能够有效降低污泥产率。

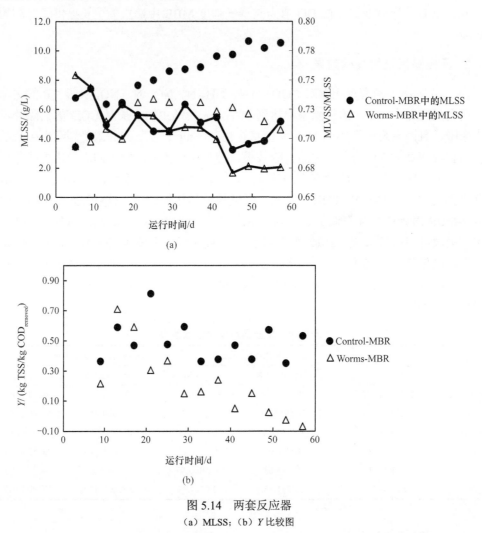

(a)

(b)

图 5.14　两套反应器

（a）MLSS；（b）Y 比较图

4. 蠕虫生长对膜污染速率的影响

反应器运行期间每天记录膜通量及跨膜压力数据，膜阻力随着时间变化如图 5.15 所示。可以看出，运行初期两反应器中膜污染阻力上升速率并没有差异，而随着蠕虫的生长，worms-MBR 中膜污染阻力开始急剧上升，后期膜运行周期仅有 7 天，worms-MBR 中膜污染阻力上升速率达到 3.96×10^{12}（m·d）$^{-1}$，几乎为 control-MBR 中的 3 倍。这一结果表明，蠕虫的生长能够直接或间接的加快膜污染速率。

根据 Wu 和 Huang（2009）的研究，当反应器中 MLSS＞10mg/L 时，污泥浓度的增加就会导致膜污染的加快。但当反应器中 MLSS＜10mg/L 时，污泥浓度的变化则对膜污染速率没有影响。在本研究中 worms-MBR 中和 control-MBR 中平均 MLSS 值分别为 6.00 g/L 和 9.26 g/L，均低于 10 g/L。所以分析本研究中蠕虫的生长导致的膜污染速率变化并不是由污泥减量引起的，推测是由于混合液性质的改变而导致膜污染的加快。下面章节将讨论蠕虫生长对混合液性质产生的影响。

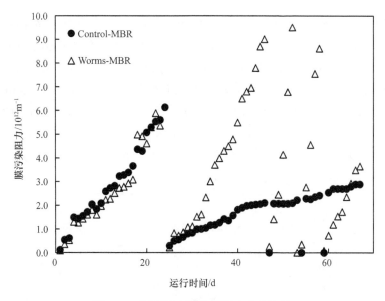

图 5.15　两套反应器的膜阻力上升比较

5. 蠕虫生长对颗粒粒径分布的影响

表 5.11 列出了运行 15 天和 55 天时 worms-MBR 中和 control-MBR 中混合液颗粒粒径分布数据（基于数量百分比）。大部分颗粒粒径小于 50 μm，worms-MBR 中主要分布在 1～10μm，而 control-MBR 中 10～50 μm 所占比例大。可知，worms-MBR 中污泥粒径小于 control-MBR。在 worms-MBR 中游离细菌（即粒径＜1μm）在运行第 15 天和第 55 天时所占比例分别为 14.51% 和 9.07%，而在 control-MBR 中两次测得比例分别为 5.26% 和 5.15%。这一结果表明，由于曝气强度的增加使 worms-MBR 中小颗粒物质数量大于 control-MBR，也为蠕虫的生长提供了更多的食物。两次测定 Control-MBR 中游离细菌的比例并没有明显的不同，但是 worms-MBR 中第 55 天时的游离细菌所占比例明显低于第 15 天时。这一结论可以理解为本研究中蠕虫主要以粒径小于 1 μm 的游离细菌为食。混合液污泥粒径已经被证明是影响膜污染的主要因素之一。小颗粒、胶体以及 SMP 中大分子溶解性物质容易受到抽吸力的作用而吸附到膜表面及孔内，形成膜污染。本研究中，worms-MBR 中大量小粒径物质的存在是导致快速膜污染的主要原因。

表 5.11　反应器中混合液粒径分布数据

运行时间/d	MBRs	平均粒径/μm	百分比/%			
			0～1 μm	1～10 μm	10～50 μm	50～300 μm
15	Control-MBR	21.17	5.26	34.24	50.06	10.44
	Worms-MBR	9.82	14.51	55.96	27.29	2.24
55	Control-MBR	21.97	5.15	32.38	52.36	10.11
	Worms-MBR	11.43	9.07	58.68	28.70	3.55

6. 蠕虫生长对 SMP 及 EPS 含量的影响

两套反应器中 SMP 及 EPS 含量的变化如图 5.16 所示。由图 5.16（a）可以看出，在运行的第 20 天左右，两套反应器中 SMP 含量开始发生变化，worms-MBR 中 SMP 含量逐渐高于 control-MBR，也就是说蠕虫的生长导致反应器中 SMP 含量的累积。而两反应器中 EPS 的变化趋势基本相一致，运行初期 EPS 含量较稳定，在后面 36 天左右里开始下降，并在运行终点时两反应器内 EPS 含量相同。这些结果表明，由于蠕虫的捕食会导致反应器中 SMP 含量的增加，但对 EPS 含量没有大的影响。由此可知，worms-MBR 中高 SMP 含量也是导致其污染速率高于 control-MBR 的原因之一。

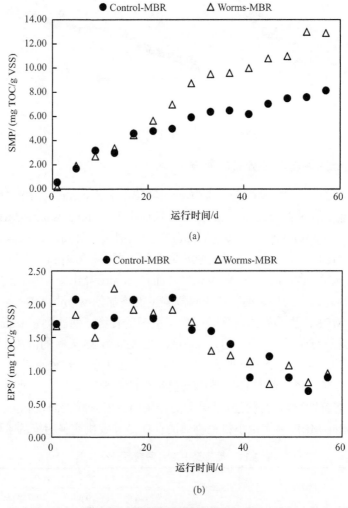

图 5.16 两套反应器微生物产物对比
（a）SMP；（b）EPS 含量变化

7. 蠕虫生长对沉降性能及污泥脱水性能的影响

为研究蠕虫生长对污泥沉降性能及脱水性能的影响，试验监测两套反应器中污泥

SVI 及 CST 指标随着运行时间的变化。其测定结果列于图 5.17。由图 5.17（a）可以看出，蠕虫的生长明显降低了混合液 SVI 值，提高了污泥沉降性能。运行第 20 天以后，control-MBR 及 worms-MBR 中平均 SVI 值分别为（90.3±2.7）ml/g 和（61.9±3.9）ml/g。分析蠕虫的生长提高污泥沉降性能的原理可能有以下几个方面：首先，蠕虫主要摄取混合液中有机物质，并通过合成代谢将其转化为自身组织，从而使混合液中无机组分所占比例相应提高。此外，蠕虫代谢产生的排泄物中无机组分含量也高于活性污泥。因此 worms-MBR 中 MLVSS/MLSS 低于 control-MBR。其次，蠕虫的排泄物具有较致密的结构，其沉降性能比活性污泥好。

图 5.17（b）比较了两套反应器中比 CST 值（CST/MLSS）随运行时间的变化。可以看出，蠕虫出现后，worms-MBR 中 CST/MLSS 值由最初的 1.9(s·L)/g 直线上升到 5.4 (s·L)/g，而在 control-MBR 中该指标基本稳定在 1.8 (s·L)/g。近年来，CST 逐渐被应用于评价 MBR 中污泥脱水性能的主要指标。CST 值越高，表明污泥的脱水性能及过滤性能越差，越易形成膜污染。污泥的颗粒粒径分布以及化学组成都会对 CST 值大小产生影响。本研究中，worms-MBR 中污泥 CST 值的上升主要是由于反应器内小颗粒物质及 SMP 含量高。

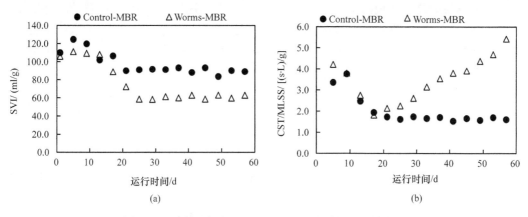

图 5.17　两套反应器 SVI 和 CST/MLSS 随运行时间变化
（a）SVI；（b）CST/MLSS

8. 统计分析

本节主要就蠕虫生长对 MBR 污泥物理化学特性包括颗粒粒径分布、SMP、EPS 含量、SVI 以及 CST/MLSS 等指标的影响进行分析。表 5.12 列出了利用 SPSS 软件分析得到的各指标之间 Pearson 相关系数。由此可知，污泥沉降性指标 SVI 与污泥颗粒粒径显著正相关，而与 SMP 含量呈显著负相关。而污泥脱水性能指标 CST/MLSS 则与混合液中 SMP 含量呈显著正相关，与颗粒粒径呈显著负相关。这些结果主要是由于蠕虫的捕食与排泄活动所导致。由表 5.12 还可以看出，反应器中 EPS 含量变化对污泥沉降及脱水性能影响不大。

表 5.12　统计分析结果*

	单位	平均粒径	SMP	EPS	SVI	CST/MLSS
平均粒径	μm	1	−0.763**	0.159	0.953**	−0.859**
SMP	mg TOC/g VSS	−0.763**	1	−0.611**	−0.736**	0.927**
EPS	mg TOC/g VSS	0.159	−0.611**	1	0.11	−0.371
SVI	ml/g	0.953**	−0.736**	0.11	1	−0.800**
CST/MLSS	s/（g/L）	−0.859**	0.927**	−0.371	−0.800**	1

* $N=20$

** 在 0.01 水平（双侧）上显著相关。

5.4　低碳源污水 MBR 处理性能研究

本节的主要内容来源于中法合作的课题研究成果，主要研发以资源化与能源化为目标导向的污水处理技术。城市生活污水首先进行碳源回收（后续厌氧产能），低浓度污水经 MBR 处理后进行中水回用。因此本节研究采用 MBR 技术对动态膜分离（DMS）出水进行深度处理，实现污水中有机氮与 $NH_3\text{-}N$ 的高速硝化以及残留溶解性有机质的进一步去除。本节主要介绍：①低负荷膜-生物反应器（MBR）对低 C/N 污水处理效果；②低有机负荷条件下微生物污泥增殖规律；③低负荷 MBR 膜污染机制；④低负荷 MBR 硝化强化机制与微生物学原理；⑤主要操作条件（曝气强度）对低负荷 MBR 性能影响机制。

5.4.1　MBR 系统及主要参数

本试验在动态膜分离反应器（DMS）后构建了 4 套同样型号的平板式膜-生物反应器（MBR），有效容积均为 26 L，MBRs 结构如图 5.18 所示。

低负荷 MBRs 以好氧模式运行，采用穿孔管进行曝气，曝气管敷设在膜支架下方 5 cm 处。穿孔管曝气不仅可以提供微生物生长所需溶解氧，同时还可以在膜表面形成一定错流速率控制膜污染。反应器内放置两片尺寸为 40 cm×30 cm 的平板式膜组件，膜平均孔径 0.2 μm，膜组件垂直放置在 MBRs 中。

本研究通过改变膜组件运行通量调整反应器水力停留时间（HRT），并设定不同的污泥停留时间（SRT），从而考察反应器膜污染情况，并对污泥增殖动力学主要参数进行求解。该 MBR 运行主要分为 3 个阶段：第 I 阶段膜通量设为 18 L/（m²·h）。在第 I 阶段前 40 天中，MBR 污泥浓度发生波动，膜污染较为严重，这一阶段为低负荷 MBR 启动阶段。第 II 阶段与第 III 阶段膜通量为 24 L/（m²·h），其他运行参数见表 5.13。同时，为进一步研究主要操作条件（曝气强度）对低负荷 MBR（R_0）运行的影响，我们在第 I 阶段增设了一套对比的、高曝气强度的 MBR（R_H）。这套 MBR（R_H）其他运行参数与 R_0 一致，但采用了较高的曝气强度，膜区单位投影面积上的曝气量（specific aeration demand，SAD）为 28.0 m³/（m²·h）。第 I 阶段，R_0 生化反应区内溶解氧浓度 DO 为 1～

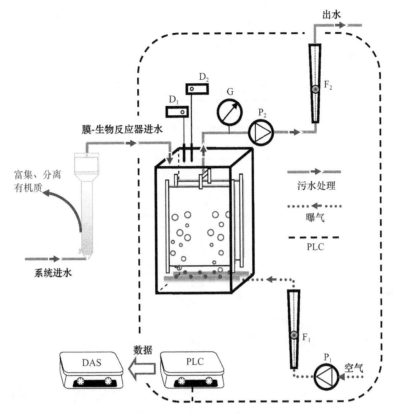

图 5.18 低负荷 MBRs 污水处理流程示意图

D₁. 液位检测器（电磁阀）；D₂. 温度检测器；F₁. 气体流量计；F₂. 液体流量计；G. 压力计；P₁. 气泵；P₂. 蠕动泵；
DAS. 数据采集系统；PLC. 自控系统

2 mg/L，R_H 生化反应区内溶解氧浓度 DO 为 3～5 mg/L。此外，由于在第 II、III 阶段，R_0 生化反应区内污泥浓度较高，SAD 略微提升至 14.3 m³/（m²·h）。

表 5.13 低负荷 MBR（R_0）与高曝气强度 R_H 在 3 个运行阶段内的主要操作参数

阶段	膜通量/ [L/（m²·h）]	HRT/h	SRT/d	SAD/[m³/（m²·h）]	COD/N 值	
					DMS 反应器进水	低负荷 MBR 进水
I（R_0）	18	4.6	45	10.5	10.8±4.3	3.3±1.0
I（R_H）	18	4.6	45	28.0	10.8±4.3	3.3±1.0
II（R_0）	24	3.4	91	14.3	11.3±5.3	3.1±1.0
III（R_0）	24	3.4	182	14.3	7.8±1.8	3.0±0.6

注：HRT 代表水力停留时间；SRT 代表污泥龄；SAD 代表膜区单位投影面积上的曝气量

由图 5.18 可知，低负荷 MBRs 进水为 DMS 反应器出水，经 DMS 处理后污水的 COD/N 值从～10 降低至～3。不同运行阶段中 DMS 反应器进水、低负荷 MBRs（R_0 与 R_H）进-出水主要污染物浓度如表 5.14 所示。本研究中，MBRs 进水系统配置电磁阀，从而保证反应器内液位恒定。膜组件的出水管与蠕动泵（BT600，保定兰格，中国）相连，通过蠕动泵的抽吸出水。蠕动泵的抽停比为 10 min：2 min。膜出水流量由出水流量计记录，并通过改变蠕动泵的转速调整出水流量，而跨膜压差（TMP）由压力表记录。MBRs 开关启闭及水泵运转均由计时继电器控制，相关数据由计算机记录。反应器在室外环境运行，水温波动范围为 5.0～31.0 ℃。

表 5.14　DMS 反应器进水、低负荷 MBRs（R_0 与 R_H）进水及出水中主要污染物浓度 [a]（单位：mg/L）

污染物		阶段 I	阶段 II	阶段 III
DMS 反应器进水	COD	475.5±175.4	452.0±201.0	337.5±103.5
	TN	44.7±10.5	41.5±11.3	43.5±7.3
低负荷 MBRs 进水 [b]	COD	66.5±23.8	57.3±18.8	75.2±27.8
	TN	20.3±3.2	18.9±2.3	26.7±4.4
	NH_3-N	17.4±5.2	16.2±3.2	24.5±4.9
低负荷 MBR（R_0）出水	COD	14.3±14.9	8.8±5.6	17.0±10.0
	TN	19.8±3.5	17.2±5.0	23.6±2.8
	NH_3-N	n.d.[c]	n.d.	n.d.
高曝气 MBR（R_H）出水	COD	12.1±11.5		
	TN	20.1±3.3		
	NH_3-N	n.d.		

a 水质指标给出形式为平均值±标准偏差（$n = 18$，11 与 13）；b 低负荷 MBRs 进水即为 DMS 反应器出水；c n.d.代表该浓度低于检测限

　　低负荷 MBRs 污泥接种于 1 套长期运行的中试 MBR，接种污泥浓度为 5～6 g MLSS/L。启动初期（阶段 I 初期），R_0 反应器内生物质出现短暂驯化阶段，出水水质波动，膜污染速率较快。稳定后出水水质逐渐稳定，膜污染速率逐渐降低。在近 350 天运行过程中，当膜组件 TMP＞30.0 kPa 时，需对膜组件进行清洗。本研究 3 个运行阶段中 HRT 分别为 4.6 h、3.4 h 及 3.4 h，SRT 分别为 45 天、91 天及 182 天。通过监测 MLSS 等参数，可根据式（2.1）与式（2.2）计算微生物代谢增殖的动力学参数。

　　由于污水处理过程中硝化是一个两步自养过程：首先氨氧化细菌（AOB）可以将 NH_3-N 氧化为亚硝酸盐（NO_2^--N），然后亚硝酸氧化细菌（NOB）将亚硝酸盐（NO_2^--N）进一步氧化为硝酸盐（NO_3^--N）。在传统 MBRs 中，硝化过程往往伴随着有机质氧化的异养过程。由于与自养硝化细菌存在竞争关系，异养微生物在好氧条件下代谢过程不仅消耗了大量进水有机质、生成难以处理处置的剩余污泥，也消耗了大量氧气，显著增加了污水处理的运行费用。本研究中，DMS 反应器有效地将污水中有机质进行分离，使得进入氮回收与水回用单元的污水呈现低 C/N 特点（表 5.13 与表 5.14）。对此，为了进一步研究降低进水 C/N 值后，微生物群落结构的变化趋势及其对污水处理过程产生的影响，本试验还同时监测了 5 套长期运行的 MBRs 内微生物群落结构。这 5 套反应器运行参数如图 5.19 所示。其中，R_1 与 R_2 是两套与低曝气强度、低负荷 MBR（R_0）平行运行的 MBRs，进水为上海曲阳水质净化厂沉砂池出水（即 DMS 反应器进水，如表 5.14 所示）。R_3 为上海某污水处理厂主体反应器，该污水处理系统采用传统厌氧/缺氧/好氧（A/A/O）活性污泥法。R_4 为坐落在上海某大型超市、用于处理餐饮废水的 MBR（31.3 ºN，121.4 ºE），该 MBR（R_4）的进水包括食品加工污水、餐饮污水、冲厕废水与办公区盥

洗废水、洗车废水等。R_5 为处理垃圾渗滤液的 MBR。

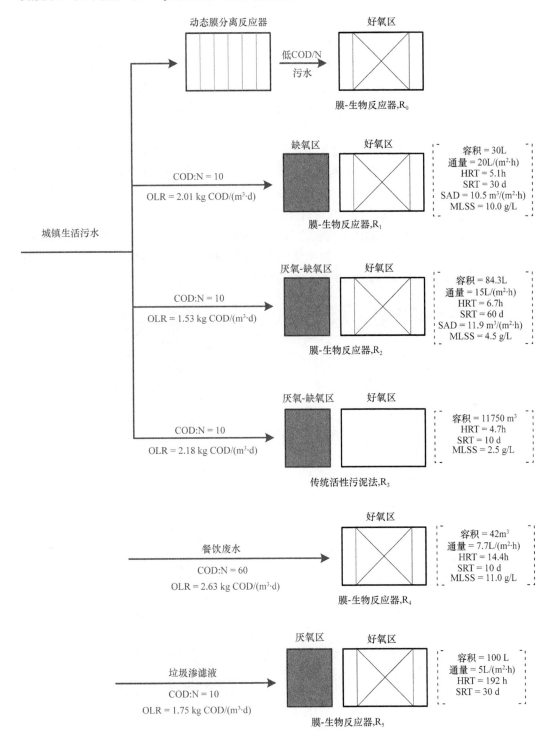

图 5.19　多套生物反应器的流程示意及运行参数

其中，OLR、HRT、SRT 及 SAD 分别代表有机容积负荷、水力停留时间、污泥龄及比曝气强度

5.4.2 低负荷 MBR 污染物去除效能

低负荷 MBR（R_0）启动后，由于污泥浓度与有机负荷不匹配，污泥浓度出现下降，膜污染速率较快（图 5.20）。经过 40～50 天驯化培养后，生物质浓度在第 I 阶段逐渐稳定在（4.66±0.48）g MLSS/L。第 II 阶段，延长 MBR 污泥龄（即从 45 天提升至 91 天），并将膜运行通量从 18 L/（$m^2 \cdot h$）提升着 24 L/（$m^2 \cdot h$），水力停留时间从 4.6 h 降至 3.4 h，污泥浓度逐渐提升至（7.09±0.67）g MLSS/L。值得注意的是，在第 II 阶段末段，由于反应器内后生动物（水蚯蚓）大量增殖，导致污泥浓度出现一定降低，课题组之前的研究也表明当水温升高后，活性污泥体系中容易出现后生动物增殖的情况。第 III 阶段，污泥龄进一步延长，从 91 天升至 182 天，最终反应器污泥浓度达到（14.60±0.59）g MLSS/L（图 5.20）。从表 5.14 可以看出，低负荷 MBR 对污水中 COD 及 NH_3-N 均有良好的去除效果，3 个运行阶段出水 COD 平均值均低于 20 mg/L，NH_3-N 浓度低于检测限。此外，低负荷 MBR 进、出水 TN 接近，说明氮回收与水再生单元在对污水中残留有机物进行深度处理的过程中没有造成污水中氮元素的流失。

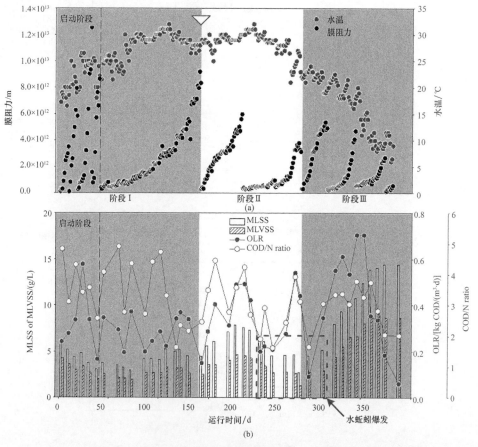

图 5.20 反应器运行过程中膜压力和污泥浓度的变化（彩图扫描封底二维码获取）
（a）膜压力；（b）污泥浓度
其中，图中三角符号表示污泥混合液及膜面污染物收集并用于微生物分析的时间点

5.4.3　低负荷 MBR 污泥增殖动力学

由于城镇生活污水中约 80%的有机质被 DMS 反应器富集、分离，污水中有机质浓度显著降低，导致该套 MBR 处理每吨污水产生的剩余污泥量也削减了约 80%。此外，由于进水 COD/N 值降低，有利于自养硝化细菌生长，也可能降低污泥产率。图 5.21 给出了低负荷 MBR（R_0）与传统 MBR（R_2）污泥絮体的光学显微镜图片。通过粒径分析仪分析结果显示，R_0 污泥絮体颗粒粒径平均值为 10.20 μm（以数量计），R_2 污泥絮体颗粒粒径平均值为 15.82 μm（以数量计）。随着 COD/N 降低，活性污泥絮体颗粒尺寸也降低，但污泥絮体颗粒（菌胶团）之间存在着大量的丝状菌与附着型纤毛虫，使细小的污泥絮体颗粒有机地结合到了一起。根据生化反应动力学原理，小粒径的污泥絮体颗粒可以为微生物附着于代谢传质提供更高的比表面积，提高污染物代谢降解速率。

图 5.21　低负荷 MBR 与传统 MBR 污泥絮体形态对比
(a) 低负荷 MBR；(b) 传统 MBR

基于此，本研究进一步对低负荷 MBR（R_0）内污泥增殖动力学进行了研究。根据不同阶段操作条件（HRT、SRT）与污泥浓度之间的关系，建立如图 5.22 的 N_{rs}、1/SRT、温度（℃）之间的三维关系，并利用 OriginPro 8（OriginLab 公司，美国）对式（2.1）与式（2.2）的 Arrhenius 形式进行拟合，方差分析如表 5.15 所示（$p < 0.01$）。由拟合结果得动力学参数，低负荷 MBR（R_0）污泥净产率系数为 $Y = 0.362e^{0.001T}$ mg VSS/mg COD，内源代谢参数 $K_d = 0.023e^{0.006T}$ d^{-1}。20℃时这两个参数均低于传统膜-生物反应相关参数（0.56～0.40 mg VSS/mg COD 及 0.08～0.07 d^{-1}）。这表明在低有机负荷条件下，微生物的生长及内源呼吸代谢均减弱。可以设想在贫营养的状态下，微生物更倾向于利用污水中的有机质产生能量而不是进行生物增殖，同时本研究中 K_d 较低可能还与采用的曝气强度较低有关。由此可以推测，低负荷 MBR 污泥产量低不仅因为进水中大部分有机质被动态膜分离反应器去除的"源减量"有关，同时也与代谢模式改变的"过程减量"有关。

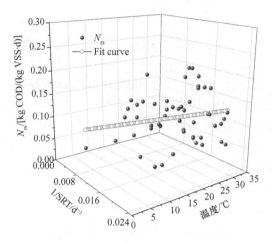

图 5.22　Y 与 K_d 的非线性拟合

表 5.15　Y 与 K_d 非线性拟合的方差分析（ANOVA）

项目	自由度	方差和	均方	F	p
方程回归项	4	0.6860	0.1715	71.9	0
残差项	48	0.1145	0.0024		
总和（非更正）	52	0.8006			
总和（更正）	51	0.1328			

5.4.4　低负荷 MBR 膜污染机制分析

1. 膜阻力增长与溶解性有机质关系分析

低负荷 MBR 运行过程中膜过滤阻力变化如图 5.20 所示。经过反应器启动阶段污泥驯化后，R_0 膜污染速率下降，膜阻力增长趋势减缓。在第 I 阶段与第 II 阶段反应器的膜清洗周期可以分别达到 100 天与 60 天，久于同期运行的 R_1 与 R_2。即使在第 III 阶段，水温已经降低至 5～15℃，反应器膜组件的清洗周期也可维持在 30 天左右。为了探究贫营养条件下膜污染减轻的原因，本试验测定了反应器内污泥混合液上清液中溶解性有机质的浓度，包括 TOC、溶解性蛋白质、溶解性多糖、UV_{254} 等指标。7 次重复测定结果显示，TOC 平均浓度（9.40±2.91）mg/L，溶解性蛋白质平均浓度（11.49±1.11）mg/L，溶解性多糖平均浓度（10.11±3.09）mg/L，UV_{254} 平均值 0.090±0.003。这些用于表征污泥混合液中溶解性有机质含量的指标值均低于同步运行的其余两套反应器（R_1 及 R_2）。由于溶解性有机质与膜面凝胶层形成及膜孔堵塞有密切关联，因此可以推测低负荷 MBR 内较低的溶解性有机质有助于减缓膜面凝胶层形成及膜孔堵塞。为了解释试验结果，我们假设在这套 MBR 内存在一种复合的代谢模式：在低 C/N 环境中，异养微生物活性减弱，微生物菌群的溶解性微生物产物量减少。同时，由于碳源受限，生成的这部分胞外有机质很有可能又被微生物重复利用，从而避免了这些容易诱发膜污染的生物大分子在反应器内的累积。未来的研究需进一步考虑自养微生物胞外聚合物合成及分泌的机制，以及其中溶解性组分对膜污染产生的贡献。

除了微生物分泌的有机质，微生物本身也是引起膜污染的重要环境因子。因此本节还采用高通量测序方法对比研究了低负荷 MBR 内污泥混合液（S_1）及膜污染物（S_2）中微生物组成及群落结构。样品采集时间如图 5.20 所示，扩增区域为 16S rRNA V1～V3 基因片段。

2. 诱发膜污染的优势菌种鉴定

两组样品进行系统发育学比较时，首先将优化序列截取前 400 bp 的序列，再根据 SILVA106 库中的参考序列对 OTU 进行分类学鉴定，可信度阈值设定为 80%。在细菌门水平上，如图 5.23 所示，S_1 样品中 OTUs 聚类后主要包含酸杆菌门（*Acidobacteria*）、放线菌门（*Actinobacteria*）、拟杆菌门（*Bacteroidetes*）、绿菌门（*Chlorobi*）、绿弯菌门（*Chloroflexi*）、蓝藻菌门（*Cyanobacteria*）、异常球菌-栖热菌门（*Deinococcus-Thermus*）、厚壁菌门（*Firmicutes*）、芽单胞菌门（*Gemmatimonadetes*）、硝化螺旋菌门（*Nitrospirae*）、浮霉菌门（*Planctomycetes*）、变形菌门（*Proteobacteria*）、螺旋体门（*Spirochaetes*）及疣微菌门（*Verrucomicrobia*），此外 S_1 中还有 609 条测序序列不能分入已知细菌门，说明这些细菌可能是未知种类。S_2 样品中未发现异常球菌-栖热菌门（*Deinococcus-Thermus*），但 S_2 样品中有 4088 条测序序列不能分入已知细菌门，说明 S_2 样品中微生物种群的未知性更高。从图 5.23 中可以看出，两组样品 OTUs 分布区间与各 OTUs 相对丰度也有显著差异。通过 Venn 分析可知，按 97%相似性归类，两组样品 OTUs 总和为 1840，共享 OTUs 为 302，OTUs 共享率为 16.4%。由于膜面定殖的微生物主要来源于 MBR 污泥混合液中，两组样品具有相似性。然而微生物在膜表面生长选择性不同，两组样品微生物种群结构又具有差异性，即 OTUs 共享性偏低。此外，在主要细菌门中，S_1 与 S_2 在拟杆菌 OTUs 共享率为 17.0%，变形菌门 OTUs 共享率为 21.9%，未入门细菌 OTUs 共享率为 4.8%，这种现象说明，当对两组样品微生物种群结构进行系统发育细化分析时，差异性会变得愈发明显。因此下文将深入分析 S_1 与 S_2 样品中微生物种属的差异性，从而揭示低负荷 MBR 膜面定殖生长的优势菌种。

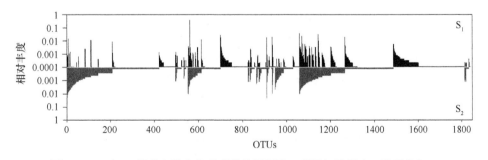

图 5.23　S_1 与 S_2 样品中微生物种群的基因频谱（彩图扫描封底二维码获取）

在两组样品中共测得 51 个细菌纲，其中主要细菌纲为 14 个（相对丰度大于 0.5%）（图 5.24）。尽管如此，S_1 与 S_2 仍有 48.5%与 59.7%的序列无法归入已知细菌纲。在 S_1 样品中，主要细菌纲为 β-变形菌纲（β-*Proteobacteria*，20.8%）、鞘脂杆菌纲

（*Sphingobacteria*，6.6%）、α-变形菌纲（α-*Proteobacteria*，5.7%）、黄杆菌纲（*Flavobacteria*，4.1%）、δ-变形菌纲（δ-*Proteobacteria*，3.4%）、硝化螺菌纲（*Nitrospira*，2.5%）、芽孢菌纲（*Gemmatimonadetes*，2.3%）、γ-变形菌纲（γ-*Proteobacteria*，2.0%）、噬纤维菌纲（*Cytophagia*，0.8%）、酸杆菌纲（*Acidobacteria*，0.7%）及浮霉菌纲（*Planctomycetacia*，0.6%）。在 S_2 样品中，β-变形菌纲丰度显著降低（6.1%），而 α-变形菌纲（7.5%）、γ-变形菌纲（5.5%）与 *Phycisphaerae*（2.6%）在微生物种群结构中比重增加。Lim 等（2012）研究结果显示膜污染物的微生物种群中 γ-变形菌纲丰度高于污泥混合液中，表明 γ-变形菌纲是一类与 MBR 膜污染密切相关的微生物。Jinhua 等（2006）的研究亦获得了相似的结论，即这种表面疏水性较高的细菌更容易附着到膜表面。

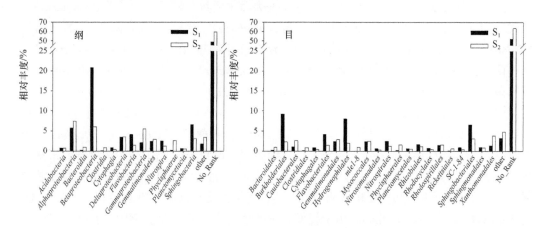

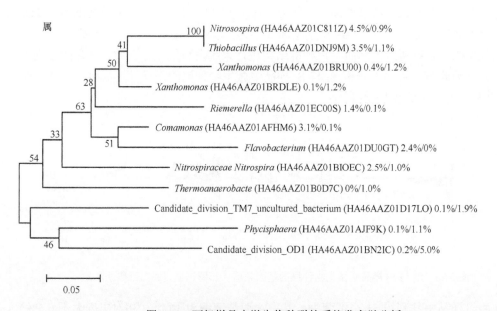

图 5.24　两组样品中微生物种群的系统发育学分析

本图采用近邻结合法对丰度大于 1%的 OTUs 构建系统发育树。分支点上的数字为分支的自展支持率（bootstrap value），表示分支的可信度；分支长度表示相似度；树枝末端信息包括分类的属、种，序列号以及该菌种在 S_1、S_2 中的相对丰度

将两个样品中的微生物继续细分至细菌目可以让我们更好地了解微生物在低负荷MBR 中的功能。S₁ 与 S₂ 中共鉴定出 78 个细菌目，其中主要细菌目为 22 个（相对丰度大于 0.5%）。与 MBR 污泥混合液中微生物种群相比，膜污染物中微生物在黄色单胞菌目（*Xanthomonadales*，3.8%）、芽单胞菌目（*Gemmatimonadales*，2.8%）、柄杆菌目（*Caulobacterales*，2.6%）、*Phycisphaerales*（1.5%）、mle1-8（0.9%）、拟杆菌目（*Bacteroidales*，0.9%）、梭菌目（*Clostridiales*，0.8%）及立克次氏体目（*Rickettsiales*，0.6%）上有更高的丰度。尽管反应器进水水质不同，运行模式存在差异，但不同 MBR 膜面污染物中的优势菌种存在一定共性。当发生严重膜污染时，在膜污染物中可以检测出隶属于拟杆菌门与厚壁菌门的拟杆菌目与梭菌目（Lim et al.，2012）。而黄色单胞菌目也是膜污染物中 γ-变形菌纲主要组成部分（Lim et al.，2012）。尽管如此，S₂ 样品中仍有 63.6%的微生物物种在目的分类上未知，Gao 等（2011）借助 16S rDNA 指纹图谱技术对不同溶解氧下 MBR 膜污染物中微生物种群进行鉴定，同样发现约 50%的物种为未知物种。这种现象说明目前还是十分缺乏对诱发膜污染的优势菌种进行全面系统的研究，未来的研究需借助细菌培养技术、宏基因组与宏蛋白组技术更好表征这些微生物的环境功能，从而获取更有效的 MBR 膜污染控制策略。

通过与 SILVA106 数据库进行比对，共鉴定出 183 个已知微生物属种与 MBR 膜污染过程密切相关，这部分已知微生物占 S₂ 总测序序列量的 40.3%。与之前研究相比（10~30 种微生物）（Jinhua et al.，2006；Gao et al.，2011），利用高通量测序可以更全面地了解膜污染物中微生物组成，更好地了解与膜污染有关的生物过程信息。本节研究在两个样品中共发现 12 种优势菌种（图 5.24），其中 MBR 污泥中硝化菌丰度较高（氨氧化细菌 *Nitrosospira* 4.5%及亚硝酸盐氧化细菌 *Nitrospiraceae_Nitrospira* 2.5%），这主要归因于膜拦截作用减缓了长世代周期的硝化细菌在反应器内的流失。与纲、目系统发育学分析一致，在 MBR 膜面污染物中富集的菌种包括 2 株黄色单胞菌 *Xanthomonadaceae*（1.2%与 1.2%），1 株嗜热厌氧杆菌 *Thermoanaerobacter*（1.0%），1 株 *Phycisphaera*（1.1%）以及 2 株尚未培养出的细菌（*Candidate_division_TM7* 1.9%及 *Candidate_division_OD1* 5.0%）。本研究中，大部分膜面定殖优势菌种与厌氧代谢过程有关。生物丰度最高的 *Candidate_division_OD1* 已在多种沉积物中检出。尽管目前对 *Candidate_division_OD1* 的代谢途径了解甚少，但已有研究结果表明 OD1 主要在厌氧、缺氧环境中被发现，而它的基因结构与产甲烷古菌类似（Peura et al.，2012）。而这种嗜氢菌可以有效利用产酸菌的代谢产物，这种生物协同作用可以保证生物膜中微生物的高效的物质代谢与能量代谢。因此，本研究利用 454 高通量焦磷酸测序方法表明诱发低负荷 MBR 膜污染的细菌既包括了黏性高、表面疏水的种类从而引起细菌在膜表面的定殖，也包括了代谢能力强、可以确保种间递氢顺畅的物种。

5.4.5　低负荷 MBR 硝化强化机制

1. 低负荷 MBR 硝化动力学

表 5.14 总结了低负荷 MBR 进水与出水中主要污染物浓度的变化。可以看出在整个

试验阶段，NH_3-N 主要被氧化为 NO_3^--N（99.8%±0.1%，$n = 42$），只有很少的一部分转化为 NO_2^--N（0.2%±0.1%，$n = 42$）。硝化过程中，NO_2^--N 累积率非常低（小于 0.04 mg NO_2^--N/（gVSS·h））。全程硝化过程降低了 NO_2^--N 还原与化学分解的可能性，因为 NO_2^--N 还原与化学分解可能会造成 N_2O 及 NO 的释放。本研究测定了低负荷 MBR 在 19.8 ℃ 与 23.7 ℃ 条件下 $SOUR_H$、$SOUR_A$ 及 $SOUR_N$。在 19.8 ℃ 下，$SOUR_H = 3.91$ mg O_2/（g VSS·h），$SOUR_A = 1.71$ mg O_2/（g VSS·h），$SOUR_N = 4.64$ mg O_2/（g VSS·h）（拟合相关性系数分别为 $R^2=0.9985$，$R^2=0.9994$ 及 $R^2=0.9963$）；在 23.7 ℃ 下，$SOUR_H = 8.47$ mg O_2/（g VSS·h），$SOUR_A = 2.96$ mg O_2/（g VSS·h），$SOUR_N = 8.89$ mg O_2/（g VSS·h）（拟合相关性系数分别为 $R^2=0.9922$，$R^2=0.9960$ 及 $R^2=0.9896$）。从测试所得结果可以看出，由亚硝酸盐氧化为硝酸盐的呼吸速率显著高于由氨氮氧化为亚硝酸盐的呼吸速率（$p<0.05$），说明氨氮氧化为整个硝化过程的限速步骤。因此将氨氧化速率定义为硝化速率。本试验测定该套低负荷 MBR 的硝化速率为 $18.9e^{0.059T}$ mg N/（g VSS·d）（$R^2=0.8370$），该硝化速率高于很多 MBRs 的硝化速率（Han et al.，2005；Huang et al.，2010）。据此可以推断，当降低进水 C/N 后，抑制了异养菌代谢活性（$SOUR_A + SOUR_N > SOUR_H$），有助于提升自养硝化菌的种间竞争力（如对底物与溶解氧的竞争），从而提升活性污泥的硝化潜力。

2. 硝化强化的微生物学原理

为了从分子生物学角度进一步说明低负荷 MBR 硝化强化的微生物学原理，本节研究测定了处理不同有机质浓度污（废）水的 $R_0 \sim R_5$ 生物反应器内微生物菌群组成及结构特性。通过利用 454 焦磷酸测序法，本研究获得了 7818（R_0）、6629（R_1）、7429（R_2）、8265（R_3）、9854（R_4）及 7944（R_5）条 16S rRNA V1～V3 区域优质序列。利用 MOTHUR 处理软件，在相似性 97% 的聚类条件下，6 个样品获得 1230（R_0）、1335（R_1）、1668（R_2）、1534（R_3）、1173（R_4）及 781（R_5）OTUs。$R_0 \sim R_5$ 样品在序列相似性 97%（$\alpha = 0.03$）、95%（$\alpha = 0.05$）及 90%（$\alpha = 0.10$）条件下的稀释性曲线如图 5.25 所示。

通过对比稀释性曲线的斜率我们可以发现，当污水的 COD/N 从 3.0 升至 10.0（R_0 *vs* R_1、R_2 及 R_3），微生物菌群的多样性提升，造成这种现象的主要原因可能归结于异养微生物的增殖。尽管 R_0 的微生物多样性低于 R_1、R_2 及 R_3，但这并没有影响到 R_0 对 COD、NH_3-N 等污染物去除的效果。这可能主要归结于生物反应器内微生物结构均具有一定功能冗余，即当周围生存环境发生变化，微生物菌群发生变化，但微生物菌群功能很少受影响。当污水的 COD/N 从 10.0 进一步增加至 60.5 后（R_4 *vs.* R_1、R_2 及 R_3），整体细菌的多样性又呈现出下降的趋势。在富营养状态下，自养菌可能被异养菌竞争淘汰。由于垃圾渗滤液成分复杂，很多组分可能具有生物毒性，因此其生物质的多样性在所有样品中最低。

为了进一步分析随着进水 COD/N 负荷变化，异养菌、氨氧化细菌（AOB）及亚硝酸盐氧化细菌（NOB）种群的变化趋势，本研究利用层析聚类分析法比较 6 个 DNA 样本之间的差异性。如图 5.26 所示，按照不同的相似性，丰度最高的 174 个 OTU 根据发育学关系可以粗略分为 Zone 1～Zone 7（简称为 $Z_1 \sim Z_7$）7 个区域。同时，6 个样本根据聚类距离的远近，可以大致被归为 3 个簇：簇 I 包含 R_0、R_1、R_2 和 R_3，这 4 个样本

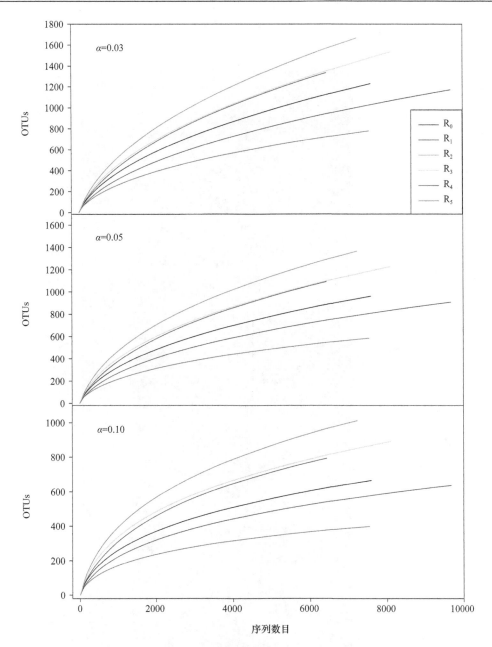

图 5.25　R_0～R_5 样品在序列相似性 97%（$\alpha = 0.03$）、95%（$\alpha = 0.05$）
及 90%（$\alpha = 0.10$）条件下的稀释性曲线（彩图扫描封底二维码获取）

有很高的同源性；簇 II 为 R_4 样本；簇 III 为 R_5 样本。其中，在 Z_1～Z_7 七个微生物发育学分区中，簇 I 均展现出很高的一致性，尤其是在 Z_2～Z_4 区域。相比之下，簇 III（R_5 样本）与簇 I 和簇 II（R_4 样本）聚类距离较远，且仅有 0.04% 的相似性。例如，样品 R_0～R_4 中的微生物在 Z_2 区域均有很高的丰度，但 R_5 在 Z_2 区域中有明显的生物空白区，说明这些微生物可能在垃圾渗滤液处理过程中被淘汰；而 R_0～R_4 中的微生物普遍在 Z_4 区域丰度很低，但 R_5 中部分微生物在 Z_4 区域富集，暗示这部分微生物可能与难降解有机

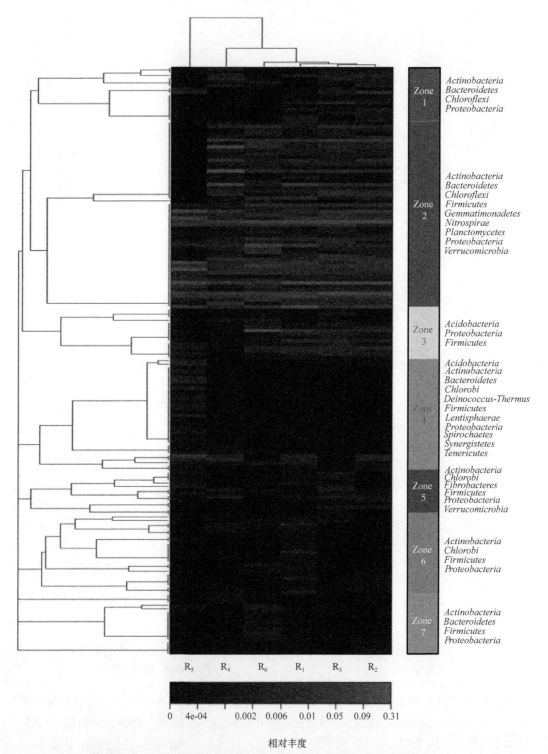

图 5.26 R₀~R₅ 样品的层析聚类分析（彩图扫描封底二维码获取）

其中 y 轴是对 174 个丰度最高的 OTU（聚类相似性 97%）聚类分析的结果，根据聚类距离的远近 OTUs 被分为了 7 个区域（即 Zone 1~Zone 7，Z_1~Z_7）。聚类采用了完全关联法（complete linkage method），颜色的强度代表了每个 OTUs 的相对丰度。相对丰度的计算方法为用属于该 OTUs 的序列数量除以总序列数量

物代谢过程有关。层析聚类的结果表明，微生物菌群结构主要受进水水质影响（例如进水 COD/N、有机质含量及浓度等），在不同的水质条件下可能会相应培养出特定的微生物。相比于进水水质对微生物结构产生的影响，操作条件对微生物结构影响较小。如图 5.19 所示，R_0、R_1、R_2 和 R_3 四套反应器的操作参数相差较大 [HRT = 4.6～6.7 h，SRT = 10～60 d，MLSS = 2.5～10 g/L，有机负荷 0.4～2.18 kg COD/($m^3 \cdot d$) 等]，但微生物菌群结构分析表明（图 5.26），它们的微生物结构却具有较高的相似性。

本研究发现当 MBR 由较高有机负荷（R_1）转为低有机负荷（R_0）时，尽管硝化效果得到了提升，但反应器内微生物群落的生物多样性没有上升。在这一过程中，微生物群落的结构会发生调整，更倾向于通过自养代谢途径获得能量从而抵抗环境选择压力。如图 5.27 所示，通过焦磷酸测序，在 R_0 与 R_1 样品中共获得 2256 个 OTUs，其中 309 个 OTUs 为两个样品共有，占总体 OTUs 数量的 13.7%。在 R_0 与 R_1 样品中共鉴定出 18 个已知的细菌门，其中隶属于 *Proteobacteria*、*Bacteroidetes* 及 No_Rank 的细菌是 R_0 与 R_1 各自独有 OTUs 中主要的微生物，分别占到 R_0 细菌总数的 55.0%、15.2% 及 11.7%，以及 R_1 细菌总数的 50.4%、14.9% 及 12.6%。值得注意的是，尽管 R_0 中有机负荷很低，且 $SOUR_A + SOUR_N > SOUR_H$，但微生物群落中异养菌总数仍远超自养菌总数。虽然从整体结构上看，R_0 独有的 OTUs、R_1 独有的 OTUs 及 R_0 与 R_1 共有的 OTUs 在门水平上的分类学差异并不显著（$p = 0.99985$），但仍可以看出，相比于 R_1 样品，R_0 样品中光合细菌丰度有明显降低（图 5.27）。相比之下，R_0 与 R_4 共有 OTUs 的数量又有一个明显的降低，OTU 共享率降低了约 27%。例如，R_0 与 R_4 独有 OTUs 的发育学结构在 *Proteobacteria*、*Chlorobi*、*Chloroflexi* 及 *Nitrospirae* 门上都有差别，而这些门大多分布于图 5.26

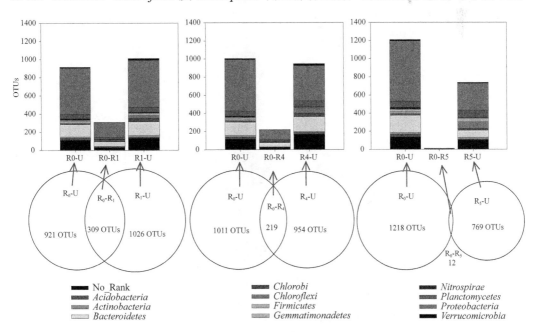

图 5.27　基于 OTUs 的 R_0、R_1、R_4 及 R_5 种群相似性分析（彩图扫描封底二维码获取）

其中，OTUs 的聚类相似性为 97%，相对丰度低于 1.0% 的门没有给出。R_0-U、R_1-U、R_4-U 及 R_5-U 表征 R_0、R_1、R_4 及 R_5 独有的 OTUs；R_0-R_1、R_0-R_4 及 R_0-R_5 表征 R_0 与 R_1、R_0 与 R_4 及 R_0 与 R_5 共有的 OTUs

的 Z_2、Z_3 及 Z_5 区域。隶属于 *Proteobacteria* 门及 *Nitrospirae* 门的很多自养菌都在 R_4 反应器的超营养环境中被淘汰。此外，尽管 R_5 反应器的进水 COD/N 也为 10.0，但其微生物群落与其他生物反应器显著不同（图 5.26）。表明进水中有机质的含量及种类均对异养菌群落及氨氧化细菌群落结构有影响。R_5 中与多糖代谢、厌氧发酵及硫化聚合物碳化有关的 *Chloroflexi*、*Firmicutes* 及 *Planctomycetes* 等细菌的相对丰度得到了提高，属于这三个门的细菌的相对丰度分别为 9.5%、4.4% 及 10.5%。推测这种现象可能与垃圾渗滤液本身的性质有关——R_5 反应器需要可以代谢慢速生物降解有机质的微生物种群。

利用 MEGAN 4.0 软件，本节研究对 6 个样本中的硝化细菌群落进行了细致对比，如图 5.28 所示。每个饼图中光谱色的比例表征了分类学分到这个科、属、种的序列的相对丰度。MEGAN 进化树每个节点处给出的序列表征该序列不能继续向下分。在自养菌群落中，主要的氨氧化细菌为亚硝化单胞菌（*Nitrosomonas*），而主要的亚硝酸盐氧化细菌为硝化螺旋菌（*Nitrospira*），这两种细菌分别属于亚硝化单胞菌目（*Nitrosomonadales*）及硝化螺旋菌目（*Nitrospirales*）。从生态生理学的角度而言，氨氮半饱和常数更低的氨氧化细菌更容易生长在这种低负荷 MBR 内，而本实验没有检测到硝化杆菌（*Nitrobacter* spp.）相关亚硝酸盐氧化细菌，主要是因为硝化螺菌（*Nitrospira* spp.）在亚硝酸盐浓度低的环境中更容易富集生长。

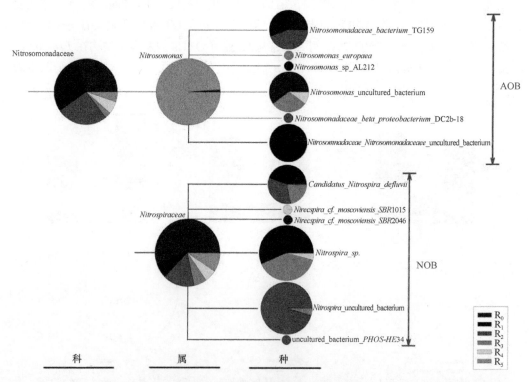

图 5.28　利用 BLAST 比对结果构建的 AOB 与 NOB 的 MEGAN 发育树（彩图扫描封底二维码获取）

总体而言，MBR 系统内的硝化细菌丰度要显著高于传统活性污泥法系统中硝化细菌的丰度（$p < 0.01$），表明膜截留避免了低生长速率的硝化细菌的流失，从而提升了系

统的硝化效果。随着进水 COD/N 从 10.0（R1 与 R2 反应器）降低至 3.0（R0 反应器），氨氧化细菌与亚硝酸盐氧化细菌相对丰度分别提升了 4.7% 与 189.3%。这说明在低 COD/N 条件下亚硝酸盐氧化过程被显著强化。根据图 5.28 显示，R0 反应器内自养菌结构更容易发生全程硝化，且氨氧化为硝化过程的限速步骤。细菌群落中氨氧化细菌有 155 个 OTUs，亚硝酸氧化细菌有 353 个 OTUs。而在有机质浓度高的 R4 反应器内，硝化细菌被异养菌显著抑制，在 97% 的聚类相似度下仅有 31 个 OTUs 属于氨氧化细菌，41 个 OTUs 属于亚硝酸盐氧化细菌。在处理垃圾渗滤液的 R5 反应器内，进水中含有大量蛋白质等复杂有机质，*Nitrosomonas* 高度富集，而 *Nitrospira* 丰度降低。

5.4.6　曝气强度对低负荷 MBR 作用机制

曝气是 MBR 中最常用的供氧与膜污染控制手段。当曝气强度适合时，由曝气引起的剪切力可以清洗膜表面，控制滤饼层形成、减缓膜孔堵塞。然而当曝气强度过高时，水力剪切力会缩小污泥絮体颗粒的尺寸，刺激菌胶团分散生长，并通过剥离附着性胞外聚合物而释放出溶解性有机质（dissolved organic matter，DOM），这些负面效应会最终导致膜过滤性能恶化。此外，曝气设备也是污水处理系统中重要的耗能单元，一般可达 MBR 系统能耗的 50%。因此，理解曝气强度对低负荷 MBR 的作用机制，有助于以此控制膜污染、提升 MBRs 运行性能、降低污水处理能耗。目前，关于曝气对 MBR 作用机制研究主要集中于研究其对流体性质与传质的影响、对膜过滤性能及活性污泥絮体性质的影响（如絮体粒径、DOM 产生量）等方面。曝气强度变化会引起 MBR 内剪切力与溶解氧（DO）浓度的变化，进而可能对活性污泥中微生物多样性与群落结构产生影响，最终影响 MBRs 效能。因此，本节将对曝气强度对低负荷 MBR 作用机制展开深入讨论。

1. 曝气强度对 MBR 运行效果影响分析

试验所用的两套 MBR 为低曝气强度的 R0 与高曝气强度的 RH，运行操作参数如表 5.13 所示。在 220 天运行过程中，两套反应器都实现了对低 C/N 污水中 COD 与 NH3-N 的高效去除（表 5.14）。此外，两套反应器对进水总磷（TP）去除率也达 40%，这可能归功于微生物同化作用及膜对颗粒性磷的拦截。数学统计分析显示 R0 与 RH 对污染物去除效果并没有显著差异（$p > 0.1$）。但是，曝气强度对膜过滤阻力变化却有显著影响。尽管 R0 的膜组件清洗周期已经长于同期运行的、处理常规城镇生活污水的 MBRs，RH 的清洗周期可进一步延长至 120 天（近 4 个月），这主要是因增加曝气强度引起膜面剪切力增大，降低了颗粒在膜表面沉积的概率。此外，将曝气强度由 10.5 $m^3/(m^2 \cdot h)$ 提升至 28.0 $m^3/(m^2 \cdot h)$ 后，生化反应区内 DO 浓度也从 1～2 mg/L 提升至 3～5 mg/L。DO 浓度的高低也影响了活性污泥的产率，如 20 ℃时，RH 反应器的 Y_{obs} 比 R0 反应器的 Y_{obs} 低 10.2%。

2. 曝气强度对微生物多样性影响分析

当两套低负荷 MBRs 运行稳定后，我们对其微生物种群结构进行分析（通过宏基因组分析，城镇生活污水处理过程中主要的微生物为细菌，因此本节研究并未对古菌与真核微生物进行分析）。借助高通量 454 焦磷酸测序手段对 R_0 与 R_H 中微生物 16S rRNA V1～V3 区域扩增文库进行测序，我们从两个环境样本中各获得了 7818 条与 9353 条高质量序列（平均长度为 419 bp），α 多样性指数如表 5.16 所示。

表 5.16　R_0 与 R_H 中细菌群落丰度与多样性指数

样品	$\alpha = 0.03$				$\alpha = 0.05$			
	OTUs	Chao1	Shannon	覆盖率	OTUs	Chao1	Shannon	覆盖率
R_0	1230	2388	5.40	0.91	962	1736	5.12	0.94
R_H	924	1895	3.92	0.95	723	1318	3.66	0.96

　　通过 Chao1 丰度指数可以估算，当测序深度无穷时，R_0 与 R_H 中总 OTUs 可达 2388 与 1895（$\alpha = 0.03$）。这一结果表明低曝气量的 MBR 中微生物的丰度要高于高曝气量 MBR 中微生物的丰度。Shannon 多样性指数可以进一步用来描述微生物群落的多样性。由于 R_0 的 Shannon 指数（5.40/5.12）均远高于 R_H 的 Shannon 指数（3.92/3.66），可以推测低曝气量 R_0 中微生物分布更均匀，多样性更高。

　　本研究中，测序深度到 8000～10000 条序列，可以有效获得两个样本大部分的微生物信息（表 5.4，$p < 0.1$）。与大多数的活性污泥污水处理系统相比，低负荷 MBR 中微生物样品的 Chao1 丰度指数与 Shannon 多样性指数均较低。这种现象可能主要归因于这两套 MBRs 的污泥龄 SRT 较长（45 天），而且食料微生物比（food-to-microorganismratio，F/M）较低。这两个因素均会诱发系统的环境选择压力，进而影响微生物种群结构与组成。因此，我们还计算了 R_0 与 R_H 的功能组织参数（F_o），用以评估在不同曝气强度条件下微生物群体中高丰度微生物与低丰度微生物的组织形式。如图 5.29 所示，可能由于进水有机质浓度较低，两个样品中微生物群落组织结构致密（$F_o > 80\%$）。由于高 DO 引起额外环境选择压力，R_H 的 F_o 接近 90%。这种微生物结构非常专一化（主要物种丰度非常高，而其他物种丰度非常低），对外界扰动非常敏感。一旦菌群结构遭到破坏，恢复的时间会非常久。

　　为研究两个样品微生物分类学差异，我们首先利用系统发育学频谱对 R_0 与 R_H 在门水平上组成差异进行分析。由图 5.30 可以看出，在细菌门水平上，总共发现了 17 个已知的细菌门。其中变形菌门（*Proteobacteria*）与拟杆菌门（*Bacteroidetes*）丰度最高，且发现了低丰度的异常球菌-栖热菌（*Deinococcus-Thermus*）、*Elusimicrobia*、梭菌（*Fusobacteria*）、螺旋体（*Spirochaetes*）及无壁菌（*Tenericutes*）。此外，R_0 与 R_H 微生物群体中还有 11.0% 与 11.6% 的 OTUs 即使在门水平上也没有得到明确的分类学注释，说明这些细菌可能是新的物种。虽然一些低丰度的细菌门 *Elusimicrobia*、*Fusobacteria* 及 *Tenericutes* 仅在 R_0 样品中发现（总相对丰度低于 0.1%），两个低负荷 MBRs 中主要细菌门基本一致。然而，由于曝气强度不同，主要细菌门的相对丰度还是有差异的。例如，在高曝气强度的条件下 *Bacteroidetes* 丰度得到显著提升，在 R_H 微生物群体中占到 51.6%，而在 R_0 中最主要的细菌门为 *Proteobacteria*（图 5.30）。此外，我们对 R_0 与 R_H 中属于 *Proteobacteria* 与 *Bacteroidetes* 的 OTUs 相对丰度的相对标准偏差（relative standard

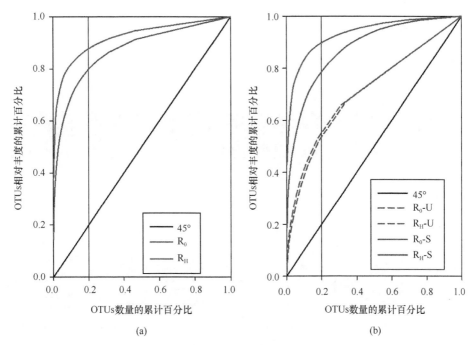

(a)　　　　　　　　　　　　　　　　　(b)

图 5.29　R_0 与 R_H 样品中整体微生物、独享物种与共享物种的 Pareto-Lorenz 曲线
（彩图扫描封底二维码获取）

（a）整体微生物；（b）独享物种

其中 45°斜线表示物种均匀分布，各样品 Pareto-Lorenz 曲线与 $x=0.2$ 交点的纵坐标为 F_0，R_0-U 与 R_H-U 表示 R_0 与 R_H 的独享 OTUs，R_0-S 与 R_H-S 表示 R_0 与 R_H 的共享 OTUs

deviations，RSD）进行计算。R_0 为 0.020 与 0.028，而 R_H 为 0.014 与 0.096，说明在低曝气强度 MBR 中微生物种群结构更均匀（同 α 多样性指数分析结果一致）。由于两个反应器接种于同一 MBR，而且之后的操作运行条件基本一致，因此可以推测曝气强度不同是导致这两套 MBRs 微生物菌群结构差异的最主要原因。

　　为进一步对比两个样品主要细菌的差异，我们使用 Venn 分析来比较 R_0 与 R_H 物种多样性与丰度的相似性与差异性。如图 5.31（a）所示，经聚类两个样本的总 OTUs 为 1775，其中 379 个 OTUs 为共享 OTUs，占到总 OTUs 的 21.3%。在细菌门水平上，主要的共享 OTUs（75.5%）属于 *Proteobacteria* 与 *Bacteroidetes*。若以 OTUs 数量计，除了后壁菌（*Firmicutes*）在低溶解氧的 R_0 中富集以外，R_0 独享 OTUs（即 R_0-U）、R_0 与 R_H 共享 OTUs（即 R_L-R_H）及 R_H 独享 OTUs（即 R_H-U）的物种分布形式基本一致（$p = 0.832$）。细菌门水平的 Venn 分析表明，R_0 与 R_H 中微生物具有较高的同源性，这可能是由于这两套反应器接种于同一反应器、处理的污水相同、操作运行条件基本一致。

　　R_0 独享 OTUs 为 851 个，R_H 独享 OTUs 为 545 个，数量占到总 OTUs 的 78.7%，但 R_0-U 与 R_H-U 仅包含 R_0 与 R_H 样本中 22.6% 与 11.9% 的优质序列。这一现象说明共享 OTUs（即 R_L-R_H）数量较少，却包含了两个样本大部分的测序信息。值得注意的是，R_0 与 R_H 独享 OTUs 的组织结构并不致密 [F_0 为中等值，图 5.29（b）]，这与 R_0 和 R_H 整体微生物的功能组织并不一致，说明独享 OTUs 并不能有效表征两个样品微生物结构的差异。相比之下，两个样品共享 OTUs 功能组织结构高度致密，且 R_0-S 与 R_H-S 的 Pareto-Lorenz

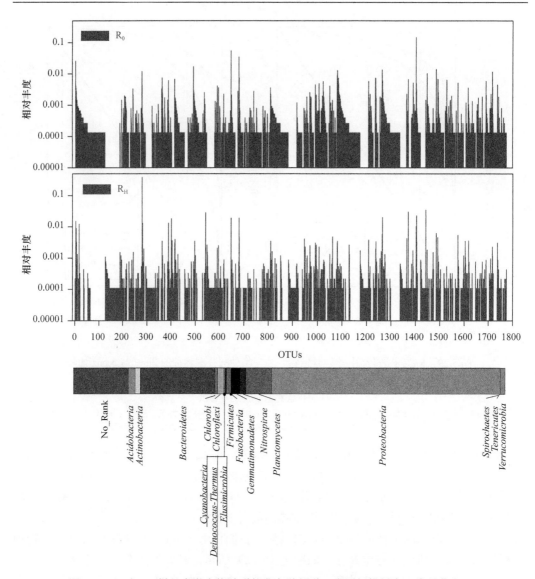

图 5.30　R_0 与 R_H 样品中微生物种群的发育学频谱（彩图扫描封底二维码获取）

曲线与 R_0 与 R_H 的 Pareto-Lorenz 曲线形式基本一致（图 5.29）。此外，两个样品在共享 OTUs 中的不同物种丰度存在明显差异 [图 5.31（b）]。其中 R_0 的变形菌门（*Proteobacteria*）、拟杆菌门（*Bacteroidetes*）、芽单胞菌门（*Gemmatimonadetes*）及硝化螺旋菌门（*Nitrospirae*）的相对丰度为 62.9%、12.8%、7.9% 及 5.7%，而 R_H 的 *Proteobacteria*、*Bacteroidetes*、*Gemmatimonadetes* 及 *Nitrospirae* 的相对丰度为 31.5%、55.6%、2.5% 及 2.8%。以上结果表明，随着曝气强度的变化，低负荷 MBR 中微生物群体的变化主要体现在共享 OTUs 中，而非样品独享 OTUs。

　　将变形菌门（*Proteobacteria*）、拟杆菌门（*Bacteroidetes*）及硝化细菌继续细分至纲、属水平可以获得 R_0 与 R_H 更多的分类学信息。如图 5.32 所示，尽管 R_0 与 R_H 样品中 *Proteobacteria* 的相对丰度不同（图 5.30），但在纲水平上，R_0 与 R_H 微生物菌群中

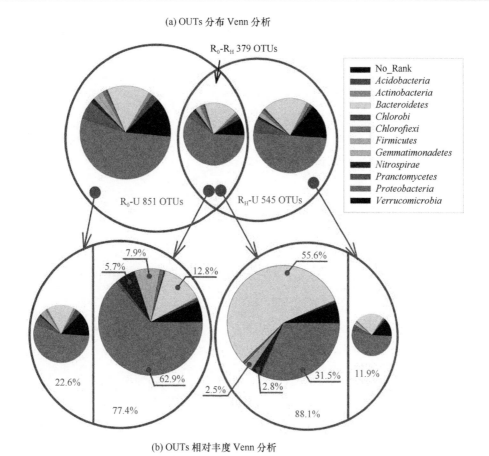

(a) OUTs 分布 Venn 分析

R_0-R_H 379 OTUs

No_Rank
Acidobacteria
Actinobacteria
Bacteroidetes
Chlorobi
Chlorofiexi
Firmicutes
Gemmatimonadetes
Nitrospirae
Pranctomycetes
Proteobacteria
Verrucomicrobia

R_0-U 851 OTUs　　　R_H-U 545 OTUs

(b) OUTs 相对丰度 Venn 分析

图 5.31　R_0 与 R_H 相似性 Venn 分析（彩图扫描封底二维码获取）

（a）基于 $\alpha = 0.03$ 聚类 OTUs 的 Venn 分析；（b）基于测序序列的 OTUs 分析（考虑 OTUs 相对丰度）。分类学至细菌门水平，相对丰度小于 1.0% 不做考虑。R_0-U、R_H-U 与 R_0-R_H 表示 R_0 独享的 OTUs、R_H 独享的 OTUs 及两个样品共享的 OTUs

Proteobacteria 的细分结构极为相近。在变形菌门（*Proteobacteria*）中，大部分测序序列可归至 β-变形菌纲（β-*Proteobacteria*）、α-变形菌纲（α-*Proteobacteria*）、δ-变形菌纲（δ-*Proteobacteria*）、γ-变形菌纲（γ-*Proteobacteria*）及 ε-变形菌纲（ε-*Proteobacteria*）。相比于 R_0 样品，R_H 样品中 β-*Proteobacteria* 与 γ-*Proteobacteria* 的相对丰度降低了 41.5% 与 66.6%。诸多研究结果表明这两个细菌纲中特定的菌种擅长在 MBRs 膜表面定殖，并最终引起严重的、不可逆的生物性膜污染（Lim et al.，2012；Jinhua et al.，2006）。据此可以推断，在高曝气强度条件下，β-*Proteobacteria* 与 γ-*Proteobacteria* 细菌纲中相关微生物丰度的降低有利于膜污染控制，这可能是引起 R_H 运行周期延长的重要因素之一。

　　在 Bacteroidetes 门中，主要的细菌纲为鞘脂杆菌纲（*Sphingobacteria*），占到了 R_0 与 R_H 样品中细菌总体的 7.3% 与 6.6%。纤维黏网菌（*Cytophagia*）是 R_L Bacteroidetes 门中相对丰度第二高的细菌纲，而在高曝气条件下，黄杆菌纲（*Flavobacteria*）的相对丰度更高（图 5.32）。其中隶属于 Bacteriodetes 的高丰度的噬细胞菌-黄杆菌（*Cytophaga-Flavobacteria*）可利用蛋白质、*N*-乙酰氨基葡糖、几丁质等有机质，并擅长于降解溶解性有机质中的高分子量物质（Cottrell and kirchman，2000）。我们可以推测此类细菌可降

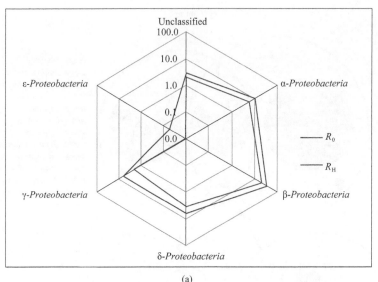

(a)

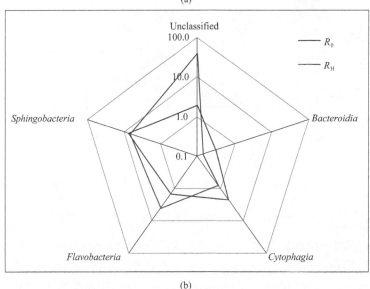

(b)

图 5.32　R_0 与 R_H 在变形菌门（Proteobacteria）与拟杆菌门（Bacteroidetes）中主要细菌纲的相对丰度
（a）变形菌门；（b）拟杆菌门

解活性污泥中部分难降解生物质，而 R_H 污泥产率低也许与这种细菌富集有关。

　　在细菌属水平上分析，我们可以获得 R_0 与 R_H 中微生物菌群更明确的分类学注释信息。如图 5.33 所示，在属水平上，属于 NOB 的硝化螺菌属（*Nitrospira*）与属于 β-Proteobacteria 的 AOB，亚硝化单胞菌（*Nitrosomonas*），均是丰度高的物种，这种微生物群落结构特征与两套 MBR 优良的氨氮去除效果一致（表 5.16）。在 R_0 与 R_H 中，我们发现 NOB 数量多于 AOB（R_0 中 NOB/AOB 为 2.4，R_H 中 NOB/AOB 为 5.0），这一现象恰好解释了两套 MBRs 可以把 NH_3-N 全部氧化为硝酸盐而不出现亚硝酸盐累积的情况。随着曝气强度的增加，反应器内硝化细菌数量反而下降。尽管如此，两套反应器的硝化效率基本一致，在 220 天运行过程中 R_H 并未出现硝化效果变差的情况。我们因此进一步分析了 AOB 与 NOB 的内部结构特点，发现 R_0 的 AOB 与 NOB 的 F_0 为 0.72 与 0.93，R_H 的 AOB 与 NOB 的 F_0 为 0.66 与 0.95，说明 AOB 与 NOB 组成为几种高丰度的物种和多种低丰度的物种，而几种高丰度硝化细菌起到统治作用，并具有一定生物冗余度。提升曝气强度，低负荷 MBR 硝化细菌的这种种间结构并没有发生变化。也许部分冗余微生物在这一过程中被淘汰，但起到统治作用的硝化细菌却可以存活下来。由于这两套 MBRs 进水中 $NH_3\text{-}N$ 浓度较低，在 R_H 中存活的 AOB 与 NOB 足以将其彻底硝化，从而保证处理系统的功能稳定性。

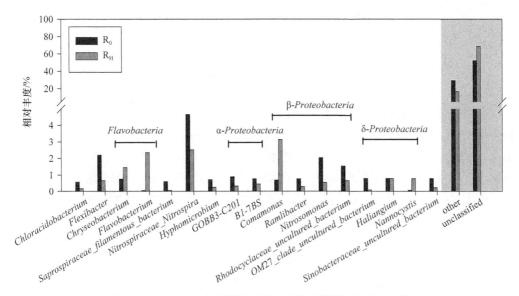

图 5.33　R_0 与 R_H 在细菌属水平上主要分类单元的相对丰度

相对丰度低于 0.5% 被归为 "others"（其他）

在 R_0 与 R_H 中其他高丰度物种包括多种异养菌，例如，屈挠杆菌属（*Flexibacter*，R_0 中相对丰度为 2.2%，R_H 中相对丰度为 0.6%），金黄杆菌属（*Chryseobacterium*，R_0 中相对丰度为 0.7%，R_H 中相对丰度为 1.4%），黄杆菌属（*Flavobacterium*，R_0 中相对丰度为 0.04%，R_H 中相对丰度为 2.4%），丛毛单胞属（*Comamonas*，R_0 中相对丰度为 0.7%，R_H 中相对丰度为 3.1%），未培养出的红环菌属（*Rhodocyclaceae*_uncultured_bacterium，R_0 中相对丰度为 1.5%，R_H 中相对丰度为 0.7%）。从生物学角度而言，这些细菌都可以降解大分子与外源性有机质。两套低负荷 MBR 中主要微生物种类接近，但丰度有显著差异。例如，由于曝气强度的变化，R_0 与 R_H 中隶属于 *Proteobacteria* 的微生物尽管在细菌纲水平上结构形式接近（图 5.32），这些微生物在细菌属上组成差异非常明显（图 5.33）。隶属于 *Comamonas* 的异养菌在高曝气强度的 R_H 中富集，而隶属于 *Nitrosomonas* 的自养菌在低曝气强度的反应器中富集。

本节研究利用 454 高通量焦磷酸测序有效解释了不同曝气强度对低负荷 MBR 微生物群落产生的影响，以及 MBR 效能改变的微生物学机制。尽管如之前的研究表明，传统分子生物学手段（例如 PCR-DGGE）可以甄别生物处理过程中的高丰度物种，但本研究结果表明高丰度物种可能只有样品中所有物种的 20%。因此，传统分子生物学手段不能全面揭示曝气强度对低负荷 MBR 微生物群落产生的影响。

5.5　不同 MBR 工艺组合运行对比

本节主要对比不同 MBR 工艺组合处理城市生活污水的性能，考察了长期运行中不同组合工艺的运行情况和出水水质，通过设置序批式运行和连续流运行模式，考察了运行方式对 MBR 脱氮性能的影响，以期确定最优的工艺组合及其运行条件，强化膜生物反应器脱氮效果。考察了 MBR 在冬季低温时工艺运行和污染物去除特性，借助微生物学分析手段对 MBR 微生物群落结构进行了解析。

5.5.1　MBR 工艺系统及参数

在上海市曲阳水质净化厂建立了四套平板膜生物反应器小试装置，其中 1#为厌氧产酸强化 A'AO-MBR 小试装置，如图 5.34（a）所示，在其厌氧段设计了较长的 HRT 和池深，利用其底部形成厌氧环境将水中溶解态/颗粒态的有机物分解为易降解的小分子有机物，以期为后续反硝化反应提供优质碳源。在该工艺中，回流 Ⅱ 的作用是将部分剩余污泥排至厌氧段，进行污泥消化，回流剩余污泥体积为 5%好氧段体积。2#、3#均为 AO-MBR 工艺，分别如图 5.34（b）、（c）所示，区别在于 3#缺氧段较长，总 HRT 与 1#维持一致。4#为 A^2/O-MBR 工艺，见图 5.34（d），四套小试的工艺参数见表 5.17。在好氧段放置 4 片聚偏氟乙烯平板膜，平均孔径 0.2 μm，每片膜有效膜面积为 0.125 m^2。膜下安装曝气管，空气经曝气管向好氧段供氧，为微生物降解污染物提供氧气，同时在膜表面形成错流，控制膜面泥饼层的形成。曝气量用气体流量计控制，曝气强度为 1 m^3/（m^2·min）。装置进水来自曲阳水质净化厂沉砂池出水，为典型的生活污水。采用蠕动泵抽吸恒流出水，抽停比为 10 min∶2 min，跨膜压差（TMP）通过压力计显示。当 TMP 达到 30 kPa 时，用 0.5% NaClO（体积分数）溶液对膜进行化学清洗。

5.5.2　膜生物反应器运行情况及污染速率

膜生物反应器在运行过程中，膜污染会导致膜阻力的增加，在恒通量模式运行的情况下，膜阻力的增加体现在跨膜压差（TMP）的增加。本研究通过每天监测平板膜-生物反应器 TMP 的变化，给出了四套小试 MBR 的 TMP 随运行时间的变化情况，见图 5.35。当 TMP 达到 30 kPa 左右时对膜进行化学清洗，图中每次 TMP 的陡降即是由于化学清洗的结果，两次化学清洗之间为一个清洗周期。

温度是影响微生物活动的重要因素，同时温度对膜污染有重要的影响，图 5.35 同时给出了每天监测的各工艺好氧段内混合液的温度。在 1#装置运行调试初期，发生过反应器进水故障、电磁阀和搅拌机失灵等故障，因而在 1#装置运行初期洗换膜较为频繁，跨膜压力变动比较大，自第 40 天运行较稳定。从图中可以看出，四套装置中跨膜压差变化规律较为一致，在启动期压力增长较快，随着运行时间增加，运行稳定后 TMP 随运

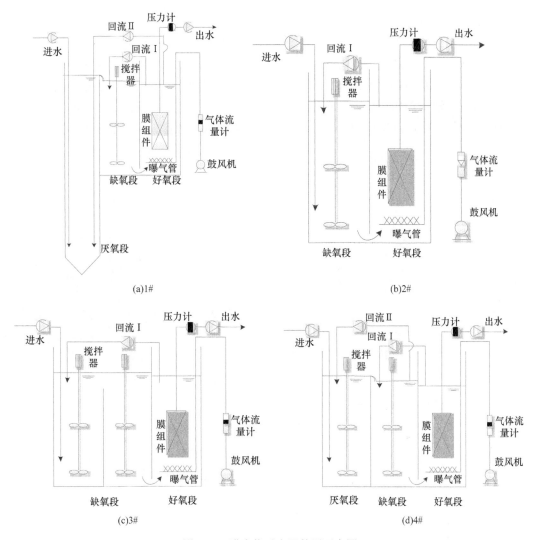

图 5.34　膜生物反应器装置示意图

表 5.17　各 MBR 小试工艺参数

编号	工艺	容积/L			HRT	SRT/d	回流比
		厌氧段	缺氧段	好氧段			
1#	A'AO-MBR	16.67	16.38	25.65	厌氧发酵 2 h，缺氧 2 h，好氧 3 h	100	回流 I：200%
2#	AO-MBR	—	16.24	25.65	缺氧 2 h，好氧 3 h	100	回流 I：200%
3#	AO-MBR	—	34.02	25.65	缺氧 4 h，好氧 3 h	100	回流 I：200%
4#	A²/O-MBR	17.39	16.38	25.65	厌氧 2 h，缺氧 2 h，好氧 3 h	100	回流 I：200% 回流 II：100%

行时间呈缓慢上升趋势，膜组件能很好地适应污泥混合液体系。当装置运行出现故障时，如曝气管堵塞、进水电磁阀出故障导致反应器水位严重下降，膜的运行周期会缩短，清洗频率相对加大，如 2（15～21 天），3（19～22 天，111～115 天），4（23～26 天）等。当运行后期水温逐渐升高时，两次膜清洗间隔的时间随之延长。可以看到此时 TMP 的

上升分为两个阶段：第一阶段压力缓慢上升，是一个清洗周期的主导部分，此阶段膜面污染以凝胶层污染为主；第二阶段压力迅速上升，TMP 很快达到运行终点。表 5.18 列出了运行期间四套小试的清洗周期、膜污染速率及污泥浓度。1#至 3#装置污染速率大致相近，4#装置 A²/O-MBR 工艺在运行初期，由于曝气机故障、曝气管堵塞等原因造成膜污染严重，清洗周期较频繁，故污染速率相对较大，在后期 4#装置运行稳定后，TMP 呈现缓慢增长。在运行过程中，四套装置的污泥浓度相差不大，且浓度保持较稳定。

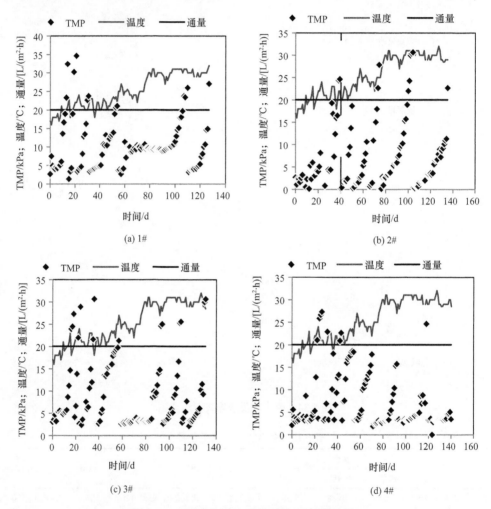

(a) 1#　　　　　　　　　　　　　　　　(b) 2#

(c) 3#　　　　　　　　　　　　　　　　(d) 4#

图 5.35　四套 MBR 小试的 TMP 及温度变化

表 5.18　工艺运行膜污染速率和污泥浓度

装置	清洗周期/个	平均污染速率/(kPa/d)	MLSS/（g/L）	MLVSS/（g/L）
1#	5（40 天以后）	1.504±0.949	14.1±3.6	9.5±2.2
2#	6	1.458±0.837	12.7±4.5	8.8±2.7
3#	7	1.518±0.711	14.6±3.9	9.9±2.0
4#	8	2.021±1.564	14.7±2.9	9.8±1.5

5.5.3　膜生物反应器对污染物的去除效果

1. 对 COD 的去除效果

图 5.36 是运行期间各反应器出水 COD 浓度变化,可以看出在运行期间,当进水 COD 浓度在 169~720 mg/L 波动时,四套 MBR 小试的出水 COD 始终维持在较低的浓度水平,均小于 50 mg/L,满足一级 A 标准,可见 MBR 工艺具有良好的有机物降解能力和抵抗进水负荷冲击的能力,从而保证出水水质。此外,由于膜组件的高效截留作用,颗粒物、胶体物质和部分大分子溶解性有机物可被截留在反应器内,也从一定程度上降低了出水 COD 浓度。

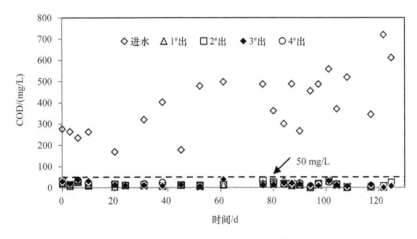

图 5.36　各工艺出水 COD 变化情况

此外,研究还分析了工艺中各反应段对 COD 的去除情况,见图 5.37。从图中可以发现,在设置了厌氧段的 1#、4#工艺中,厌氧段的滤液 COD 浓度均低于进水滤液 COD 浓度,其中 1#滤液 COD 浓度略高于 4#,在 1#中设置的强化水解产酸段在一定程度上有利于颗粒态物质的水解,释放溶解性有机物。污水在水解酸化反应段的停留时间过长或过短都不利于污水可生化性的提高,停留时间过短难降解有机物未能充分被兼性菌或异养菌代谢降解就从反应段中排出,出水可生化性不能得到明显改善。尽管剩余污泥可以自行水解酸化,但在常温下剩余污泥的水解酸化十分缓慢。因此,在 1#中厌氧段水解酸化的效率有限,可能的原因是由于在厌氧 HRT 较短,同时采用常温运行,进水中的颗粒物和投加的剩余污泥水解程度低。

2. 对氮的去除效果

运行期间各工艺对 TN 和 NH_3-N 的去除效果分别如图 5.38 和图 5.39 所示。从图 3.38 中可以看出,在工艺 1#中,运行初期由于控制进水的电磁阀故障导致跑泥现象发生,使得污泥浓度有所下降,反应器在这一阶段运行相对不稳定,故出水 TN 浓度较高。当 40 天后反应器运行相对稳定,可以看出无论进水 TN 如何波动,出水 TN 浓度均能保持低

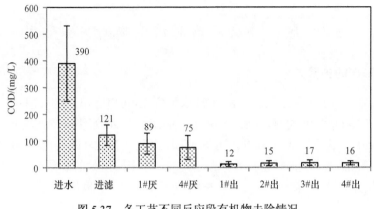

图 5.37 各工艺不同反应段有机物去除情况

于 15 mg/L，出水 TN 达标率可达到 100%。相比于 1#，采用传统工艺的 2#、3#、4#装置自运行起就表现出较好的稳定性，2#除在第 20 天（15.23 mg/L）、38 天（15.07 mg/L）TN 浓度略高于 15 mg/L 外，在运行过程中基本能保持出水达标（一级 A）。3#和 4#反应器出水 TN 浓度始终保持在 10 mg/L 以下，对污水中的 TN 具有良好的去除效果。可见以上 MBR 工艺均对 TN 具有良好的去除能力，2#装置在缺氧段的 HRT 为 2 h，只有其他三套装置的 50%，但可以保证出水水质基本达标，而 3#由于缺氧段时间的延长可进行更充分的反硝化作用，4#作为典型的 A^2/O-MBR 工艺，在厌氧和缺氧段的 HRT 共 4 h，亦可保证较充足的反硝化脱氮，因而 3#、4#工艺出水 TN 浓度明显低于 2#工艺。各工艺对 NH_3-N 的去除没有明显差异，稳定运行时出水 NH_3-N 浓度均能满足一级 A 标准，MBR 具有较强的 NH_3-N 去除能力。

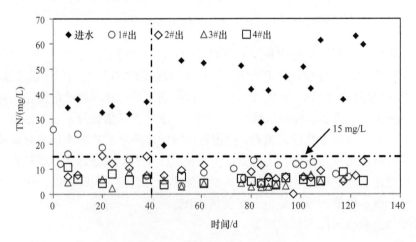

图 5.38 各工艺对 TN 去除情况

除了 TN 和 NH_3-N，本研究也监测了反应器出水的 NO_3^--N、NO_2^--N 的变化，对出水中的氮的组成进行了分析，如图 5.40 所示。从图中可以看出，在四套装置的出水中，N 的组成大致相近：出水中的 N 主要以 NO_3^--N 形式存在，NH_3-N 浓度很低，进水中的 NH_3-N 基本被去除，此外还有少量存在的 NO_2^--N 和有机氮（ON）。系统中的 NH_3-N 几

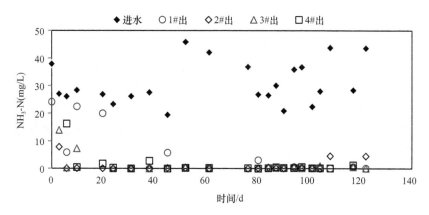

图 5.39　各工艺对 NH₃-N 去除情况

乎能够被完全硝化，反硝化是系统 TN 的去除的限制因素。1#反应器出水中的 ON 相较于其他三套装置要高，可能的原因是在 1#反应器中的厌氧段发生了污泥水解作用，进水颗粒物或者微生物体内的有机氮释放所致。在 3#装置中由于缺氧段 HRT 延长，TN 去除效果较好；4#装置中由于回流 II 将混合液从缺氧段回流到厌氧段的同时带入了大量 NO_3^--N，使得厌氧段也发生了反硝化作用，从而可发生反硝化作用的反应段停留时间增加，提高 TN 去除效果。比较 2#、3#装置的出水 N 组成可以发现，NH₃-N 浓度基本没有差别，而 2#出水中的 NO_3^--N 浓度接近 3#的 2 倍，3#出水 TN 浓度相比 2#降低了 37.2%，说明 HRT 的延长有利于系统进行充分的反硝化作用，从而降低出水 TN 的浓度。当以出水 TN 为控制目标时，采用 AO-MBR 工艺可实现较好的 TN 去除效果。

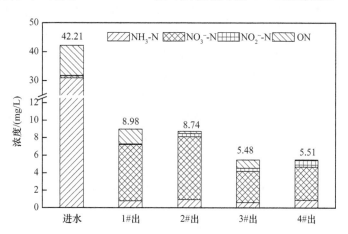

图 5.40　各工艺处理过程中 N 的组成变化

3. 对 TP 的去除效果

各装置对 TP 的去除效果如图 5.41 所示。可见各工艺对 TP 都有一定的去除，但是出水很难达到 0.5 mg/L 的一级 A 标准。1#至 4#装置对 TP 的去除率分别为 49.5%、57.9%、65.2%、75.7%。4#由于设置了厌氧段，释磷较为充分，有利于好氧段吸磷，因此对磷的去除效果优于其他三套。1#中厌氧段的设置是为了在其底部形成厌氧环境，将水中溶解态/颗粒态的有机物分解为易降解的小分子有机物，以期为后续反硝化反应提供优质碳源。但从实际运行情况来看，水解作用并不明显，可提供给后续反应的优质碳源非常有限，因而强化脱氮除磷并未能很好的实现。一方面四套装置采用的较长的泥龄（100 天），不利于磷从系统中去除，另一方面在各装置好氧段至缺氧段、缺氧段至厌氧段的回流污泥中含有大量的 NO_3^--N，反硝化作用会消耗进水中的碳源，对厌氧释磷产生不利影响，从而影响 TP 的去除。综上所述，在 MBR 中仅依靠生物除磷作用出水 TP 很难达到一级 A 标准，需要增加化学除磷或其他后续处理手段来保证出水水质达到一级 A 标准。

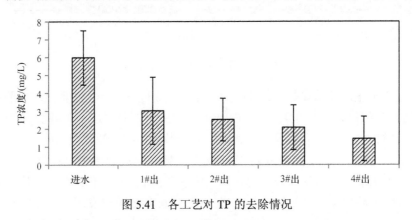

图 5.41　各工艺对 TP 的去除情况

5.5.4　运行模式对膜生物反应器工艺运行的影响

在研究过程中发现，好氧污泥在静置的过程中伴随着好氧段微生物反硝化作用的进行。以 3#为例，当静置时间从 0 min 分别增加到 60 min、120 min 时，污泥滤液的 TN 浓度从 6.37 mg/L 降至 2.72 mg/L、2.51 mg/L，TN 浓度可去除一半以上。因此，将 3#改为间歇曝气/静置的运行模式，即 3#以 SBR 模式（记为 5#）运行，好氧段曝气 1 h、静置 1 h 交替运行，反应器进水和出水均在曝气阶段进行，以期验证在该运行模式下是否有利于提高系统的脱氮能力。同时增设一套相同的连续流 AO-MBR（6#）作为对比，为了使两套装置具有相同的水力停留时间，6#的膜通量设置为 5#的 1/2。两套装置的工艺参数见表 5.19。

表 5.19　不同运行模式下各 MBR 工艺参数

工艺运行参数	5#	6#
运行模式	SBR 运行	连续流运行
膜通量/[L/（m²·h）]	20	10
回流比/%	200%	200%
HRT	A 段：O 段 =8h：6h	
SRT	100 天	100 天

1. 不同运行模式下的膜污染速率

两种运行模式下 TMP 随时间变化及膜污染情况分别见图 5.42 和表 5.20。在为期

192 天的运行周期中，5#共经历了 9 个清洗周期，跨膜压力随运行时间缓慢增长。6#由于通量只有 5#的一半，因而膜污染速率较慢，在 184 天的运行周期中只进行了 4 个清洗周期，在运行后期低温时仍保持缓慢的 TMP 增长速率。

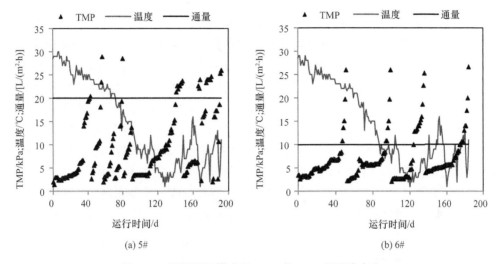

图 5.42　不同运行模式下 MBR 的 TMP 及温度变化

表 5.20　不同运行模式下 MBR 膜污染速率

运行信息	5#	6#
运行时间/d	192	184
清洗周期/个	9	4
污染速率/（kPa/d）	1.331±0.857	0.518±0.088

2. 不同运行模式对 COD 去除的影响

图 5.43 是试验期间两种运行模式下 MBR 对有机物的去除情况。可以看出，无论是采用序批式还是连续流式运行模式，进水 COD 浓度在 213～818 mg/L 范围内波动时，

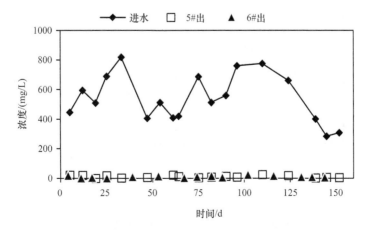

图 5.43　不同运行模式下 MBR 对 COD 的去除情况

MBR 对进水中的有机物均有良好的去除效果，出水 COD 水质达标率达 100%。可见，MBR 工艺本身具有很高的有机物降解速率，运行模式对 COD 去除的影响不大。

3. 不同运行模式对氮去除的影响

图 5.44 是在不同运行模式下两套 MBR 小试对 N 的去除情况，由于温度是影响微生物活动的重要因素，因此温度随时间变化情况也在图 5.44 中给出。从图中可以看出，在 5#装置中，当水温较高时（前 90 天）系统对 NH₃-N 具有良好的去除效果，出水 NH₃-N 基本小于 1 mg/L（除第 75 天外）。当进水 TN 在 33.9～45.9 mg/L 波动时，出水 TN 浓度基本保持在 10 mg/L 以下，两套反应器均对 TN 有较高的去除率。在进入冬季后水温降低（小于 12 ℃），SBR-MBR 对 N 的去除效果发生了变化。可以看到从第 90 天开始，出水中 NH₃-N、TN 浓度开始升高，出水水质不能满足一级 A 标准。出水中 NH₃-N 浓度和 TN 浓度比较接近，可知在这一阶段出水中的 N 是以 NH₃-N 形式累积，TN 去除的限制步骤是硝化作用。在 SBR-MBR 运行模式中，静置阶段可使体系内 DO 浓度很快降低下来，有利于反硝化脱氮。在低温下微生物活性降低，对污染物尤其是 TN 的去除

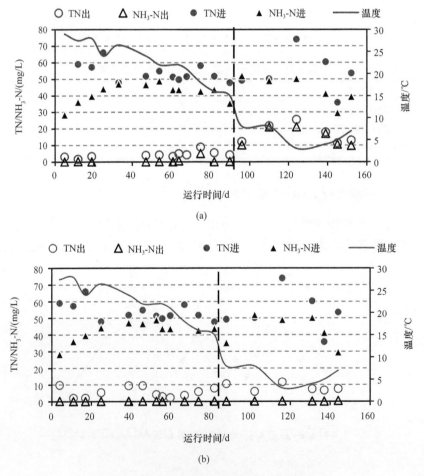

(a)

(b)

图 5.44 不同运行模式下 MBR 对 N 的去除情况
（a）5# SBR-MBR；（b）6# 连续流 MBR

效果会受到抑制，因为低温对硝化反应的抑制很明显，5#装置对 NH₃-N 和 TN 的去除情况也证实了这一点。温度较高时（前 82 天）6#装置和 5#装置对 N 的去除效果比较相近，对 NH₃-N 和 TN 均具有良好的去除效果，出水 NH₃-N 和 TN 的达标率可达 100%。两种运行模式的差异在于当温度下降时，6#装置仍能保持较高的 TN 去除率，在第 82 天以后水温降至 12 ℃以下时，出水 TN＜15 mg/L、NH₃-N＜1 mg/L。6#出水中 TN 主要以 NO₃⁻-N 形式累积，反硝化反应是提高 TN 去除效果的限制步骤。连续流 AO-MBR 具有较强的抗低温冲击能力，在温度较低时可保证出水水质。因此在温度较高时可采用 SBR-MBR 运行模式，一方面可满足出水水质要求，另一方面可以减少曝气需求、节约能耗；在冬季低温时则可采用连续流 MBR 运行模式，以保证出水水质达标。

4. 不同运行模式对 TP 去除的影响

图 5.45 是两种运行模式下 MBR 对 TP 的去除情况，可以看到两套 MBR 均对 TP 有一定的去除，平均去除率分别为 74.6%、74.1%，出水水质在一定范围内波动，很难稳定达到 0.5 mg/L 一级 A 标准。由于两套装置采用较长的 SRT，不利于 TP 的去除，在 MBR 中仍需要增加化学除磷或其他后续处理手段来保证出水水质达到一级 A 标准。

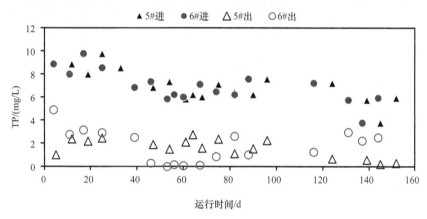

图 5.45 不同运行模式下 MBR 对 TP 的去除情况

图 5.46 汇总了试验过程中两种运行模式的 MBR 对主要污染物的去除情况，采用 SBR-MBR 运行模式（5#）和连续流 MBR 运行模式（6#）均对有机物和 TP 的去除效果影响不大，两种运行模式下均可对有机物高效去除，出水 COD 浓度远低于一级 A 标准。采用连续流 AO-MBR 可使出水 NH₃-N＜1 mg/L，TN＜10 mg/L，出水水质不受冬季低温影响；采用 SBR-MBR 运行模式对 N 的去除效果则波动较大，在温度较高时对 N 的去除效果与连续流 MBR 没有明显差异，但是该运行模式抗低温冲击能力较差，冬季低温时不能实现有效的 NH₃-N 去除。

5.5.5 冬季低温下 MBR 工艺与传统活性污泥法脱氮性能对比

1. 工艺参数及运行基本情况

本试验对比了冬季低温下（平均水温：5.9 ℃±2.7 ℃）三套污水处理工艺（R₁、R₂、

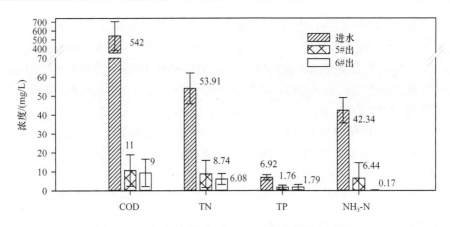

图 5.46 不同运行模式下 MBR 对污染物的去除情况

R_3），其中 R_1 是前文所述的 6#装置；R_2 为小试规模的 AO-MBR 工艺，好氧段放置聚偏氟乙烯平板膜，平均孔径为 0.2 μm，设置 R_2 的主要目的是探究相同工艺在不同的工况条件下，工艺运行和微生物群落结构是否具有一定的共性和差异性；R_3 为上海市某水质净化厂推流式 A^2/O 工艺。运行期间平均进水水质：COD（463±167）mg/L，TN（47.05±11.62）mg/L，NH_3-N（35.95±9.21）mg/L。三套工艺的主要运行参数见表 5.21。

表 5.21 主要运行参数表

工艺参数	R_1	R_2	R_3
工艺构型	AO-MBR	AO-MBR	A^2/O
HRT/h	14	21	12～13
SRT/d	100	30	8～10
MLSS/（g/L）	14.89±0.64	7.18±0.30	3.08±1.51
MLVSS/（g/L）	10.97±0.47	5.45±0.27	2.34±1.16
污泥氮负荷（TN/VSS）/［kg/（kg·d）］	0.009±0.002	0.012±0.002	0.041±0.014

注：MLSS 和 MLVSS 测定次数 n=10。

工艺 R_1、R_2 和 R_3 在冬季低温条件下对氮（TN、NH_3-N、NO_2^--N、NO_3^--N）的去除效果如图 5.47 所示。从中可知，R_1、R_2、R_3 工艺系统出水 TN 的平均去除率分别为85.2%、56.1%、58.8%，NH_3-N 的平均去除率分别为 99.7%、99.7%、59.7%。对比 MBR工艺（R_1、R_2）和传统工艺（R_3）可知，传统活性污泥法的硝化效果较差，出水 TN 主要以 NH_3-N 的形式累积，说明冬季低温运行时该工艺系统内的硝化菌对温度较为敏感。在 MBR 系统中，对比 R_1 和 R_2，NH_3-N 均有很好的去除，出水 NH_3-N 均小于 0.2 mg/L，可见 MBR 工艺在冬季低温下仍能保持较好的硝化效果，而 R_1 和 R_2 的出水 TN 却有显著的差异，主要体现在 NO_3^--N 上，工艺 R_1 的污泥龄较长，有利于反硝化菌的世代生长，此外，工艺 R_1 的污泥浓度较高，使得 TN 的污泥负荷降低，由于微生物群聚效应，出水TN 有较好的去除。将三套工艺进行整体对比，只有工艺 R_1 能稳定达到一级 A 排放标准，由此可见，在冬季低温条件下，生物脱氮受温度、污泥龄、污泥负荷的共同影响，而高浓度的 MBR 污泥有较好的耐寒特性和污染物去除效果。以下结合微生物活性（包括

SAUR 和 SNUR）作进一步分析。

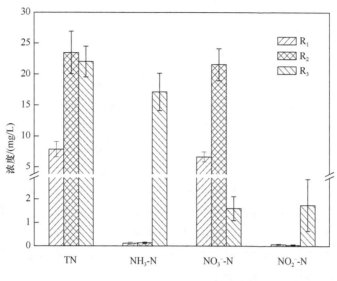

图 5.47　工艺 R_1、R_2、R_3 出水水质对比

2. 微生物活性分析

由表 5.22 可知，三套工艺低温条件下的 SAUR 为：$R_2 > R_1 > R_3$，这与工艺出水水质的结果是相吻合的，即 MBR 工艺的硝化效果优于传统活性污泥法。MBR 工艺在冬季和夏季时微生物的比硝化速率相差不大，MBR 污泥硝化菌活性受温度影响较小，在低温条件下仍能保持较高的比硝化速率。在冬季低温时传统活性污泥的比硝化速率[0.0347 kg/（kg·d）]却远远低于夏季的比硝化速率[0.1110 kg/（kg·d）]，由此可知传统活性污泥法的硝化菌活性受温度的影响较大。此外，从比反硝化速率来看：$R_3 > R_1 > R_2$，这与工艺出水水质并不相符，主要是由于三套工艺的污泥龄和污泥负荷不同所致，比反硝化速率与污泥浓度之积即是反硝化速率，通过计算得到 R_1、R_2、R_3 的反硝化速率分别为：0.7800 kg/d、0.2825 kg/d、0.2742 kg/d，这一结果与工艺出水水质是相吻合的。可见，MBR 的长泥龄、高污泥浓度，以及微生物的群聚效应能有效提升生物脱氮效果。此外夏季运行时三套工艺的 SNUR 分别为：0.0625 kg/（kg·d）、0.0588 kg/（kg·d）、0.1225 kg/（kg·d），与冬季低温相比，反硝化速率并没有明显的差异，可见，比反硝化速率受温度和季节的影响较小，而延长污泥龄、降低污泥负荷是提升生物反硝化效果的关键。

表 5.22　工艺 R_1、R_2、R_3 系统中微生物活性分析　　　[单位：kg/（kg·d）]

季节	项目	R_1	R_2	R_3
冬季	SAUR（NH_3-N/VSS）	0.0592	0.0673	0.0347
	SNUR（NO_3^--N/VSS）	0.0711	0.0518	0.1172
夏季	SAUR（NH_3-N/VSS）	0.0737	0.0715	0.1110
	SNUR（NO_3^--N/VSS）	0.0625	0.0588	0.1225

综合系统出水水质和微生物活性分析可以得出，冬季低温运行状况下，MBR 具有

优于传统活性污泥法的硝化速率，且 MBR 具有泥龄长、污泥浓度高、抗冲击能力强的特点，因此更能适应低温环境，此外 MBR 较高的污泥浓度补偿了低温条件下污泥活性的下降，从而保证了出水水质的相对稳定。

3. 微生物多样性和分类学分析

通过对三组样品 16SrRNA 基因文库进行焦磷酸测序，经修剪去杂后，R_1、R_2 以及 R_3 共分别获得 9334、8687、9505 条优化序列，序列平均长度 473 bp。将优化序列截齐后与 SILVA106 库比对后进行聚类，在 97%的相似性下分别获得了 2610 个、2595 个、2281 个 OTUs，R_1、R_2、R_3 的稀释性曲线如图 5.48 所示；R_1、R_2、R_3 的稀释曲线均随测序序列增加趋向平坦，说明本研究中 R_1、R_2、R_3 样本取样量合理。表 5.23 列出了 Alpha-diversity 分析中各样品的多样性指数。Chao 指数是估计群落中含 OTUs 数目的指数，用于计算菌群的丰度，可表明当测序序列趋向无穷时获得的 OTUs 数量，可见在相似性为 97%时，有 Chao 指数：$R_2 > R_3 > R_1$，Chao 指数的大小与实际获得的 OTUs 数目并不完全对应，可能的原因是样品间测序深度的差异。Shannon 多样性指数常用来表征微生物群落的物种多样性，微生物多样性由大到小依次是：R_2、R_1、R_3。

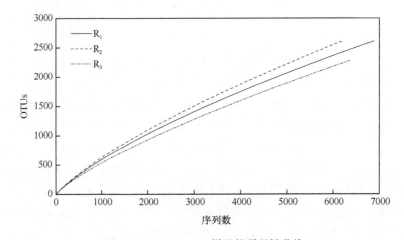

图 5.48 R_1、R_2、R_3 样品的稀释性曲线

表 5.23 R_1、R_2、R_3 的物种丰富度和多样性评价

样品	OTUs	Chao	Shannon	Coverage
R_1	2610	7437	6.68	0.73
R_2	2595	8959	6.84	0.69
R_3	2281	7873	6.42	0.73

相似性为 97%时样品 OUTs 分类学结果如图 5.49 所示，R_1、R_2、R_3 聚类后分别包含 19 个、17 个、18 个已知菌门，在三组样品中，*Proteobacteria* 菌门均是最主要的菌门，*Bacteroidetes* 菌门次之。此外 R_1、R_2、R_3 中分别有 266 条、253 条、140 条序列不能被分入已知菌门，说明这些细菌可能是未知菌种，相比传统活性污泥法，MBR 样品中微生物种群的未知性更高。在当前分类水平下，两组 MBR 污泥样品（R_1、R_2）在生物群

落的结构和丰度上具有比较明显的相似性，而传统的 A²/O 污泥样品（R₃）与它们有较大的差异，如在 R₁、R₂ 中，*Acidobacteria* 菌门、*Chloroflexi* 菌门、*Nitrospirae* 菌门、*Planctomycetes* 菌门等均是比较主要的菌门，但在 R₃ 中上述细菌的相对丰度很低（小于 1%）。*Nitrospirae* 菌门被认为与活性污泥硝化作用密切相关，*Proteobacteria* 菌门、*Firmicute*s 菌门可能与污泥反硝化作用有关。为了得到更详细的微生物群落组成并获得样品中对生物脱氮起作用的细菌种类，下文将对微生物进行更深入的细分。

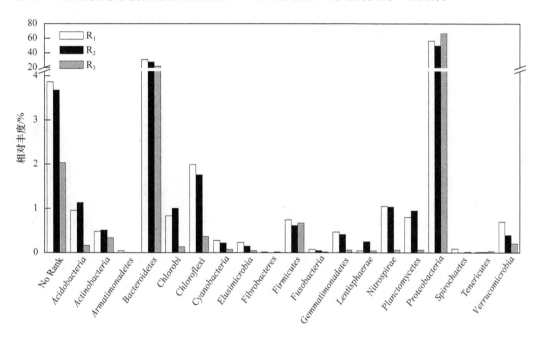

图 5.49　R₁、R₂、R₃ 群落结构分析图（分类到门）

4. 主要硝化菌、反硝化菌解析

根据 SILVA106 库中的参考序列对进行菌属鉴定，对比可信度阈值设定为 80%，将相对丰度小于 1% 的菌属合并到其他，分析结果如图 5.50（a）所示。通过比对共鉴定出 434 个已知微生物菌属，其中主要菌属共 24 个。从图 5.50（a）可以看出，R₁、R₂ 菌群的多样性和未知性均高于 R₃。对比 R₁、R₂ 可以发现采用同一工艺的污水处理装置中微生物群落组成具有一定的共性，但由于污泥负荷、泥龄等条件的不同，R₁、R₂ 菌群的微生物种类及分布仍存在差异。硝化过程是由氨氧化细菌（AOB）将氨氮转化为亚硝酸盐氮，再由亚硝酸盐氧化细菌（NOB）将亚硝酸盐氮氧化为硝酸盐氮实现的。AOB 主要包括 *Nitrosomonas* 和 *Nitrosopira*，NOB 主要包括 *Nitrobacter* 和 *Nitrospira*[118]。本研究中主要的硝化细菌为 *Nitrospira* 菌属，在 R₁、R₂、R₃ 中的相对丰度依次为：1.05%、1.15%、0.06%。相对 NOB，AOB 的丰度非常低，*Nitrosococcus*（0.01%、0%、0%），*Nitrosomonadaceae uncultured*（0.16%，0.46%，0.09%），*Nitrosomonas*（0%、0.03%、0%）。Ye 等（2011）在研究硝化反应器和污水处理厂的微生物群落时也出现了这一现象，他们发现采用 RDP 算法进行分类学分析时约有 15% 的 *Nitrosomonadales* 被错分到与之序列

非常接近的 *Burholderiales* 中，在本研究中造成 AOB 低丰度的原因尚不明确。有研究表明，活性污泥中与反硝化作用有关的主要菌属包括：*Azoarcus* 菌属、*Thauera* 菌属、*Zoogloea* 菌属、*Rhodocyclus* 菌属、*Dechloromonas* 菌属、*Rhodobacter* 菌属、*Comamonas* 菌属等（Thomsen et al.，2007；Osaka et al.，2006）。在本研究中，也发现了 *Zoogloea*（2.16%、1.93%、7.91%），*Thauera*（1.6%、0.96%、2.7%），*Comamonadaceae uncultured*（1.26%、0.99%、2.32%），以及 *Comamonas*（0.23%、0.2%、0.29%）等可能参与反硝化作用的细菌类群。此外，R_1、R_2 和 R_3 中还包括丰度较低的 *Rhodobacter*（0.04%、0.05%、0.05%）和 *Dechloromonas*（0.51%、0.39%、0.94%）。

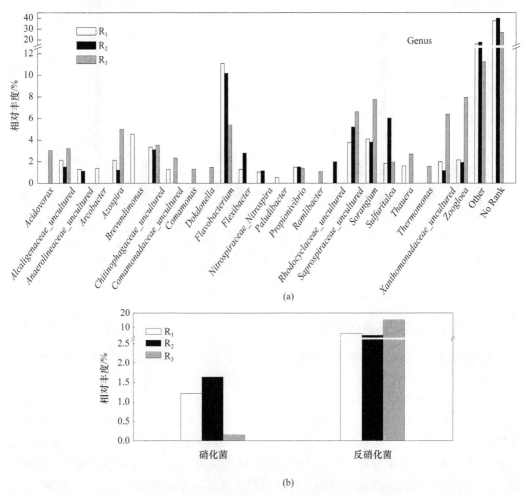

图 5.50　R_1、R_2、R_3 的系统发育分析及硝化菌、反硝化菌丰度

（a）R_1、R_2、R_3 的系统发育分析；（b）硝化菌、反硝化菌丰度

图 5.50（b）是本研究中获得的硝化细菌和反硝化细菌的丰度图，除了丰度较大的硝化菌（*Nitrospira*）和反硝化菌（如 *Zoogloea*、*Thauera* 等），丰度较小的 AOB（如 *Nitrosococcus*、*Nitrosomonadaceae uncultured*）和反硝化菌 *Rhodobacter*，*Dechloromonas* 也各自合并到硝化细菌和反硝化细菌中。硝化菌总丰度依次为 1.22%、1.64%、0.15%。

硝化细菌的生长受到温度、pH 值、溶解氧等环境因素的限制，由于 MBR 污泥具有泥龄长、生物群落结构变化快等特点，这使其生物群落具有更好的适应环境因素变化的能力，从而有可能为生长周期长、对环境敏感的硝化细菌存活生长提供有力的保证。MBR 中较高的污泥浓度和硝化菌丰度确保体系中较高的硝化菌数量，从而使 MBR 在低温环境硝化菌活性下降时仍具有较好的硝化效果。反硝化菌总丰度依次为 5.8%、4.52%、15.21%，这与 R_1、R_2、R_3 的 SNUR 大小相吻合。反硝化过程受碳源、硝酸盐浓度、温度、溶解氧等因素共同影响，R_3 反硝化菌总丰度远大于 R_1、R_2，但由于 R_3 污泥浓度低、氮负荷高，且 R_3 硝化效果较差使得体系中缺少足够的 NO_3^--N 为反硝化提供电子受体，从而限制了反硝化过程，因此 R_3 的 TN 去除效果较差。相反由于 R_1 泥龄长，较高的污泥浓度补偿了反硝化菌丰度的不足，保证了出水水质良好。

参 考 文 献

韩小蒙, 2016. 膜-生物反应器中微生物产物的产生、特性及作用研究. 上海: 同济大学博士学位论文.

黄菲. 2015. 膜生物反应器强化脱氮及氮磷回收工艺初探. 上海: 同济大学硕士学位论文.

马金星. 2015. 基于有机质回收与转化的新型污水处理工艺应用基础研究. 上海: 同济大学博士学位论文.

唐书娟, 2010. 平板膜生物反应器处理生活污水运行特性及膜污染机理研究. 上海: 同济大学硕士学位论文.

王巧英. 2013. 用于膜-生物反应器中微滤膜的制备及膜污染的研究. 上海: 同济大学博士学位论文.

Brookes A, Judd S, Reid E, et al. 2003. Biomass characterisation in membrane bioreactors. Proceedings of the IMSTEC, Sydney, Australia.

Cottrell M T, Kirchman D L. 2000. Natural assemblages of marine proteobacteria and members of the Cytophaga-Flavobacter cluster consuming low-and high-molecular-weight dissolved organic matter. Applied and Environmental Microbiology, 66 (4): 1692-1697.

Gao D w, Fu Y, Tao Y, et al. 2011. Linking microbial community structure to membrane biofouling associated with varying dissolved oxygen concentrations. Bioresource Technology, 102 (10): 5626-5633.

Han S S, Bae T H, Jang G G, et al. 2005. Influence of sludge retention time on membrane fouling and bioactivities in membrane bioreactor system. Process Biochemistry, 40 (7): 2393-2400.

Heulin T, Barakat M, Christen R, et al. 2003. Ramlibacter tataouinensis gen. nov., sp nov., and Ramlibacter henchirensis sp nov., cyst-producing bacteria isolated from subdesert soil in Tunisia. International Journal of Systematic and Evolutionary Microbiology, 53 (2): 589-594.

Huang X, Liu R, Qian Y. 2001. Behaviour of soluble microbial products in a membrane bioreactor. Process Biochem, 36(5): 401-406

Huang Z, Gedalanga P B, Asvapathanagul P, et al. 2010. Influence of physicochemical and operational parameters on Nitrobacter and Nitrospira communities in an aerobic activated sludge bioreactor. Water Research, 44 (15): 4351-4358.

Jinhua P, Fukushi K, Yamamoto K. 2006. Bacterial community structure on membrane surface and characteristics of strains isolated from membrane surface in submerged membrane bioreactor. Separation Science and Technology, 41 (7): 1527-1549.

Kojima H, Watanabe T, Iwata T, et al. 2014. Identification of major planktonic sulfur oxidizers in stratified freshwater lake. Plos One, 9 (4): e93877.

Lim S, Kim S, Yeon K M, et al. 2012. Correlation between microbial community structure and biofouling in a laboratory scale membrane bioreactor with synthetic wastewater. Desalination, 287 (3): 209-215.

Müller R, Gerth K. 2006. Development of simple media which allow investigations into the global regulation of chivosazol biosynthesis with Sorangium cellulosum So ce56. Journal of Biotechnology, 121 (2): 192-200.

Nagaoka H, Kono S, Yamanishi S, et al. 2000. Influence of organic loading onmembrane fouling inmembrane separation activated sludge process. Water Science & Technology, 41(10-11): 355-362.

Osaka T, Yoshie S, Tsuneda S, et al. 2006. Identification of acetate- or methanol-assimilating bacteria under nitrate-reducing conditions by stable-isotope probing. Microbial Ecology, 52(2): 253-266.

Park H, Sundar S, Ma Y W, et al. 2015. Differentiation in the microbial ecology and activity of suspended and attached bacteria in a nitritation-anammox process. Biotechnology and Bioengineering, 112 (2): 272-279.

Peura S, Eiler A, Bertilsson S, et al. 2012. Distinct and diverse anaerobic bacterial communities in boreal lakes dominated by candidate division OD1. The ISME journal, 6 (9): 1640-1652.

Pieretti I, Royer M, Barbe V, et al. 2009. The complete genome sequence of Xanthomonas albilineans provides new insights into the reductive genome evolution of the xylem-limited Xanthomonadaceae. BMC Genomics, 10 (1): 616.

Tancsics A, Farkas M, Szoboszlay S, et al. 2013. One-year monitoring of meta-cleavage dioxygenase gene expression and microbial community dynamics reveals the relevance of subfamily I.2.C extradiol dioxygenases in hypoxic, BTEX-contaminated groundwater. Systematic and Applied Microbiology, 36 (5): 339-350.

Thomsen T R, Kong Y, Nielsen P H. 2007. Ecophysiology of abundant denitrifying bacteria in activated sludge. FEMS Microbiology Ecology, 60 (3): 370-382.

Velusamy K, Krishnani K K, et al. 2013. Heterotrophic nitrifying and oxygen tolerant denitrifying bacteria from greenwater system of coastal aquaculture. Applied Biochemistry and Biotechnology, 169 (6): 1978-1992.

Wang L, An D S, Kim S G, et al. 2012. Ramlibacter ginsenosidimutans sp nov., with ginsenoside-converting activity. Journal of Microbiology Biotechnology, 22 (7): 311-315.

Wu J L, Huang X. 2009. Effect of mixed liquor properties on fouling propensity in membrane bioreactors, Journal of Membrane Science, 342 (1-2): 88-96

Xia Y, Kong Y H, Thomsen T R, et al. 2008. Identification and ecophysiological characterization of epiphytic protein-hydrolyzing Saprospiraceae ("Candidatus Epiflobacter" spp.) in activated sludge. Applied and Environmental Microbiology, 74 (7): 2229-2238.

Xie C H, Yokota A. 2004. Phylogenetic analyses of the nitrogen-fixing genus Derxia. Journal of General and Applied Microbiology, 50 (3): 129-135.

Ye L, Shao M F, Zhang T, et al. 2011. Analysis of the bacterial community in a laboratory-scale nitrification reactor and a wastewater treatment plant by 454-pyrosequencing. Water Research, 45(15): 4390-4398.

Yusuf C, Murray M Y. 1993. Improve the performance of airlift reactor. Chemical Engineering Progress, 89(6): 38-45.

Zainudin M H M, Hassan M A, Tokura M, et al. 2013. Indigenous cellulolytic and hemicellulolytic bacteria enhanced rapid co-composting of lignocellulose oil palm empty fruit bunch with palm oil mill effluent anaerobic sludge. Bioresource Technology, 147 (8): 632-635.

第6章 厌氧膜生物反应器污水处理理论与技术

厌氧 MBR（AnMBR）是有效结合膜分离技术和厌氧生物处理单元的新型高效的废水处理技术，AnMBR 在保留厌氧生物处理技术能耗低、回收生物气等诸多优点的基础上，由于引入膜组件，还带来了一系列优点。膜的过滤作用能够将微生物截留在生物反应器中，实现水力停留时间与污泥龄的彻底分离，使反应器内有充足的厌氧微生物，可以强化难降解有机物的去除，提升处理效果的稳定性。本章结合我们的研究工作，主要介绍 AnMBR 处理垃圾渗滤液、生活污水等内容，膜的形式包括有机微滤膜、动态膜及陶瓷膜等（谢震方，2014；梅晓洁，2016；张新颖，2011；Mei et al.，2017；Xie et al.，2014；Zhang et al.，2010，2011）。

6.1 厌氧动态膜 MBR 处理垃圾渗滤液

6.1.1 厌氧动态膜 MBR 工艺系统及参数

本实验选择升流式厌氧动态膜生物反应器（AnDMBR）的构型，如图 6.1 所示。在沉淀区用平板动态膜组件取代了传统的三相分离器。AnDMBR 有效容积为 48 L，其中反应区体积为 32 L。垃圾渗滤液从底部进入反应器，AnDMBR 底部设有布水器，以保证布水均匀，液位通过液位控制器控制。采用蠕动泵抽吸恒流出水，运行模式采用抽 10 min 停 2 min（由继电器控制）。AnDMBR 反应器膜区内放置 2 片动态膜组件，膜组件外形尺寸 25 cm×20 cm，有效尺寸 21 cm×16 cm，设计膜通量为 6 L/（m²·h），跨膜压差通过水银压力计记录。反应器所产生的气体体积由湿式气体流量计记录。反应器温度保持在中温 [（37±1）℃]。设计 HRT 和 SRT 分别为 2.5 天和 125 天，通过改变进水中渗滤液的比例来提高反应器的有机负荷。反应器上升流速为 6 m/d，用回流泵将膜区混合液回流到反应器的底部，一方面可以减少进水大分子有机物和污泥在膜区的积累，降低动态膜的污染；另一方面还可以提高上升流速，增加反应器的混合效果。微网材质选用 380 目涤纶网（孔径约 40 μm），与 PVC 板框和支撑导流网黏合、制成平板式动态膜组件。

AnDMBR 反应器的接种污泥取自上海老港垃圾填埋场的好氧管式膜-生物反应器。接种污泥基本参数为：V=30 L、MLSS=27.6 g/L、MLVSS=16.9 g/L、MLVSS/MLSS=0.61。实验用的垃圾渗滤液取自上海老港垃圾填埋场，其水质特点如表 6.1 所示。

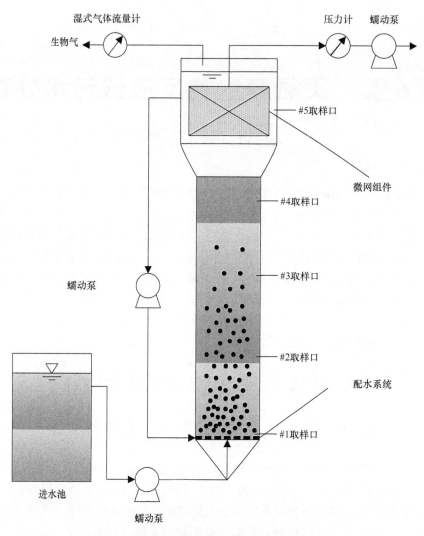

图 6.1 厌氧微网-膜生物反应器（AnDMBR）示意图

表 6.1 垃圾渗滤液主要水质特点

项目	单位	数值
COD	mg/L	13000±750
VFA	mg/L	7133.0±1027.8
pH 值	—	7.6±0.2
NH$_3$-N	mg/L	3199.4±136.6
Ca	mg/L	104.44±89.52
Mg	mg/L	175.54±61.07
Fe	mg/L	20.72±14.01
Al	mg/L	1.52±1.30
Cr	mg/L	0.50±0.24
B	mg/L	7.60±0.86

注：除了 pH 值，其他单位均为 mg/L；表中数值均是以平均值±标准偏差的形式给出，其中 COD、VFA、pH 值和 NH$_3$-N 的测量次数为 $n=26$，重金属（Ca、Mg、Fe、Cr 和 B）的测量次数为 $n=3$。

从表 6.1 中可以看出，该渗滤液是由不同时期的渗滤液混合而成，即一方面它具有新鲜渗滤液（填埋时间小于 5 年）高浓度 COD 和 VFA 的特点，另一方面它还具有老龄渗滤液（填埋时间大于 10 年）高氨氮和 pH 值的特点。为了使微生物适应高有机负荷条件下的厌氧环境，本实验在启动阶段采用不同比例的垃圾渗滤液和模拟废水的混合废水作为实验进水，从 0%～100% 逐步提高进水中渗滤液含量。不同阶段的进水水质如表 6.2 所示。当出水 COD 在 3 倍 HRT 内变化不超过 ±5% 时，认为反应器达到稳定阶段，然后再提高进水中渗滤液含量，依次循环直至进水渗滤液含量达到 100%。

表 6.2　不同阶段 AnDMBR 运行工况

运行时间/d	阶段	渗滤液含量/%	COD/（mg/L）	NH₃-N/（mg/L）
0～7	1	0	1970±110	21.2±2.6
8～19	2	20	3910±180	673.5±24.2
20～30	3	40	5670±540	1275.0±63.7
31～47	4	60	7810±380	1920.0±147.8
48～89	5	80	9180±620	2653.1±126.3
90～142	6	100	13000±750	3199.4±136.6

注：COD 和 NH_3-N 单位均为 mg/L；表中数值是以平均值±标准偏差的形式给出，其中第 0～7 天的测量次数为 $n=7$，第 8～19 天和第 20～30 天的测量次数均为 $n=10$，第 31～47 天的测量次数为 $n=9$，第 48～89 天的测量次数为 $n=12$，第 90～142 天的测量次数为 $n=27$。

6.1.2　AnDMBR 长期运行特性研究

1. 污染物去除效果

1）COD 与 VFA

在 142 天的试验期间，AnDMBR 装置对 COD 和 VFA 的去除效果和 pH 值的变化情况如图 6.2～图 6.7 所示。当进水中渗滤液的比例从 0% 提高到 100% 时，容积负荷（OLR）逐渐从 0.75 kgCOD/（m³·d）提高到 4.87 kgCOD/（m³·d）（图 6.4）。从图中可以看出，在第一阶段（0～7 d），即进水为模拟废水，进水 COD 浓度为 2000 mg/L 时，COD 去除率偏低 [（39.6±3.2）%]，出水 COD 平均浓度超过 1200 mg/L。同时出水中的 VFA 浓度也从 0 提高到 669.8 mg/L（图 6.6），导致出水 pH 值从 7.6 下降到 6.8（图 6.7）。当进水中渗滤液的比例提高到 20%，容积负荷为 1.5 kgCOD/（m³·d）时，从图 6.4 和图 6.6 中可以看到，在此阶段的运行初期处理效果发生明显下降，即 COD 去除效果急剧下降，VFA 累积现象明显。第 12 天时，COD 去除率达到最低值（22.4%），出水中 VFA 浓度达到 2263.6 mg/L，高于进水中的 VFA 浓度，这可能是由于垃圾渗滤液的加入，导致微生物活性受到影响，从而发生了严重的酸化现象。但是由于进水中渗滤液比例的提高所带来的更高的碱度，出水中 pH 值并未降低，反而提高到 7.3 附近。这一现象说明在垃圾渗滤液厌氧处理中 VFA 浓度比 pH 值更能准确地反映反应器中的酸化现象。第 12 天之后，反应器的 COD 去除率逐渐提高，同时出水中 VFA 浓度明显下降，表明微生物已经开始适应垃圾渗滤液的水质特点。

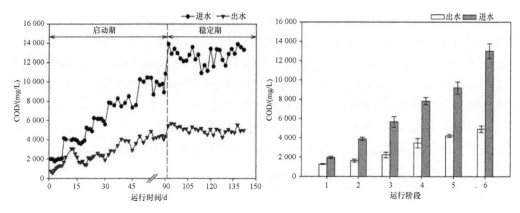

图 6.2　COD 随运行时间的变化情况　　　　图 6.3　不同阶段进出水 COD 浓度对比

当进水中渗滤液的比例从 40%提高到 100%，反应器的容积负荷从 2.18 kgCOD/（m³·d）提高到 4.87 kgCOD/（m³·d）时，可以看到 COD 去除率并未发生明显变化（图 6.5），表明容积负荷对 COD 去除没有明显的影响。但是出水中 COD 浓度随着进水中渗滤液比例的提高而提高（图 6.3），可能是由于较低 COD/TN 值的垃圾渗滤液中含有较多的难降解有机物，当容积负荷提高时，进水中难生物降解物质也会随之提高（其主要成分是腐殖酸和富里酸类物质），从而导致出水 COD 浓度的提高。

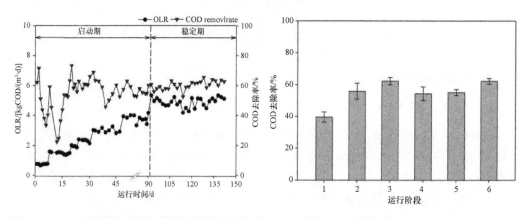

图 6.4　COD 去除率和容积负荷随时间的变化情况　　　图 6.5　不同阶段 COD 去除率对比

从图 6.3 和图 6.5 可知，当进水完全为垃圾渗滤液时，进水 COD 浓度为（13000±750）mg/L，AnDMBR 的去除率达到（62.2±1.8）%，出水 COD 浓度为（4910±330）mg/L。通过比较图 6.2 和图 6.6 还可以发现，虽然垃圾渗滤液中 VFA/COD 的平均值为 0.55 左右，但在稳定处理阶段去除的 COD 值总是高于去除的 VFA 值，说明本实验中反应器中的微生物不仅能降解 VFA 这类的低分子量的物质，而且也能通过共代谢等途径去除其他有机物质（如芳香族化合物和腐殖酸物质等）。

2）NH₃-N

试验期间进出水 NH_3-N 和游离氨（free ammonium nitrogen，FAN）的变化情况如图 6.8 所示。由图可见，AnDMBR 反应器出水 NH_3-N 与进水相差不大，出水中的 NH_3-N

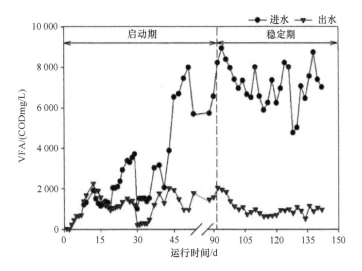

图 6.6　VFA 随运行时间变化情况

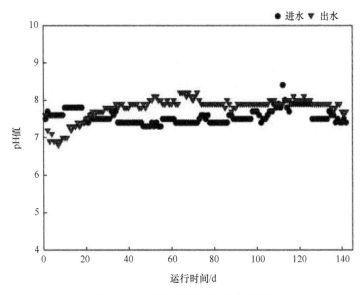

图 6.7　pH 值随运行时间的变化情况

基本随着进水 NH$_3$-N 的变化而变化。表明 AnDMBR 反应器对与氨氮去除效果不大。由于动态膜对溶解性的 NH$_3$-N 截留效果弱，厌氧环境下 NH$_3$-N 去除一般是通过微生物的同化利用，同时厌氧反应器往往还存在氨化作用，所以出水中 NH$_3$-N 包括进水 NH$_3$-N 为被微生物利用的部分和进水中有机氮转化部分。本实验中进水 NH$_3$-N 随着渗滤液比例的提高而提高，从（21.2±2.6）mg/L 提高到（3199.4±136.6）mg/L。当进水为完全渗滤液时，出水 NH$_3$-N 为（3228.3±133.1）mg/L。这一结果表明本实验中氨氮的变化主要是由微生物的氨化作用造成的。此外，由于渗滤液中的高碱度，反应器中 pH 值一直维持在 7.7~8.0 的范围内（图 6.7），这就保证了反应器中厌氧微生物始终处于其最合适的 pH 值范围，保证了系统的稳定运行。

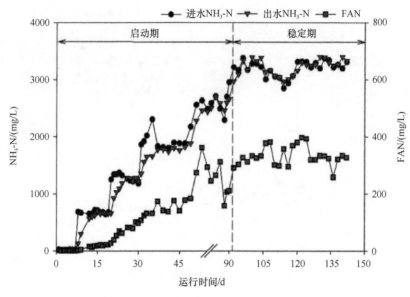

图 6.8　NH₃-N 和 FAN 随运行时间的变化

游离氨浓度的计算采用以下公式：

$$FAN = \frac{TAN}{1 + 10^{(pK_a - pH)}} \tag{6.1}$$

$$pK_a = 0.09018 + \frac{2729.92}{T + 273.15} \tag{6.2}$$

式中，TAN 为出水中氨氮浓度，mg/L；pK_a 为铵离子的解离常数；T 为反应器温度，℃。在稳定的 pH 值和固定的温度条件下，出水中的氨氮浓度就是反应器中游离氨的唯一影响因素。当进水为完全渗滤液时，反应器中的游离氨为（333.8±33.8）mg/L。本实验中并没有观察到游离氨浓度的升高会对反应器运行存在明显的影响，表明厌氧微生物是可以通过逐渐提高浓度的方法来适应高浓度游离氨的环境。

2. 产沼情况

在 142 天的运行期间，沼气和甲烷的产气量均随进水渗滤液比例的提高而提高（图 6.9）。这可能是负荷提高带来的进水中产气的底物浓度提高所引起的。本实验中沼气中甲烷浓度为 70%～90%（图 6.9）。第 90 天后，当进水全部为渗滤液时，反应器的平均容积负荷达到 4.87 kgCOD/（m³·d），沼气和甲烷的平均产气量逐渐提高并稳定，分别达到 64.7 L/d 和 54.4 L/d。此阶段的甲烷平均产气率为 0.34 L/gCOD_removed（图 6.10）。一般来说，1 g 甲烷等同于 4g COD，1 g 甲烷标准状态下的体积为 1.4L，即理论甲烷产气率为 0.35 L/g COD_removed。通过换算可知，本实验中去除的 COD 中大约有 97.1%被转化成甲烷，剩下的 2.9%可能是用于合成生物质或者动态膜截留。此外，从图 6.6 中可以看出，当进水为 100%渗滤液时，出水 VFA 浓度保持在一个相对较低的水平，平均 VFA 浓度为 887.8 mg/L，这就表明在本实验中，高负荷和高氨氮浓度对产甲烷过程并没有明显影响。这也进一步征明了逐步提高进水浓度的方法可有效降低渗滤液对微生物的毒害作用，从而提高反应器处理效果。

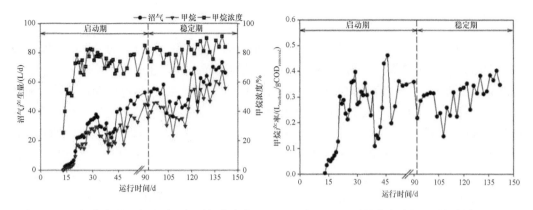

图 6.9　沼气产生量及组成随运行时间的变化　　　　图 6.10　甲烷产率随运行时间的变化

3. 跨膜压差变化

图 6.11 是厌氧动态膜-生物反应器在启动期和稳定期的 TMP 变化趋势图。从图中可以看出，AnDMBR 中动态膜的 TMP 变化趋势表现为明显的两阶段特征，即 TMP 在低水平下持续一段时间后突然出现快速升高现象。当 TMP 达到大约 40 kPa 时，出水通量出现明显衰减，将动态膜从沉淀区取出，通过擦洗和自来水冲洗等物理清洗方式将动态膜表面的泥饼层去除。由图 6.11 可见，物理清洗对动态膜过滤性能的恢复效果比较理想。这主要是由于涤纶网材质所具有的孔径大（40μm）、表面光滑等特点，其对溶解性和胶体物质截留作用有限，而且由于膜区紊动较小，导致污泥颗粒是构成动态膜的主要成分。此外还发现在启动阶段由于进水水质和产气量的不断变化，导致清洗周期较短（小于 10 天），而在稳定阶段清洗周期提高到 25 天以上。

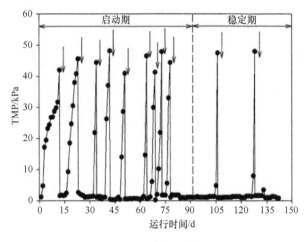

图 6.11　TMP 随运行时间的变化

4. 污泥特性变化

1）污泥浓度的变化

图 6.12 给出了运行期间反应器底部污泥的 SS、VSS 和 VSS/SS 的变化。从图 6.12 可以看出，在运行初期，SS 和 VSS 呈现出明显的下降趋势，分别从接种时 27.6 g/L 和 16.9 g/L 逐渐下降到第 50 天时 9.5 g/L 和 5.1g/L。原因可能是在运行初期，接种污泥中好氧微生物由于对厌氧环境无法适应而大量死亡，同时渗滤液中高浓度有机化合物、氨氮和重金属对微生物有毒性作用，导致 SS 和 VSS 的不断下降。随着运行时间的延长，反应器中的微生物逐渐适应厌氧环境和渗滤液水质，体现在 SS 和 VSS 不断上升。在运行后期，由于污泥的增长速率与衰减速率达到了平衡，反应器中的污泥浓度基本上趋于稳定，反应器底部 SS 和 VSS 分别为（55.1±1.6）g/L 和（19.0±0.4）g/L。

在实验运行期间，反应器底部污泥的 VSS/SS 值发生了明显的下降（图 6.12）。148 天时底部污泥的 VSS/SS 仅为 0.33，远低于启动的接种污泥（0.61）。从图 6.13 可见，当进水完全为渗滤液后，底部污泥中重金属含量（包括钙、镁和铁）随着运行时间不断增长，其中钙含量高达 10 g/L。厌氧微生物在降解有机物过程中形成的二氧化碳可被用于形成钙离子沉淀物。在本实验中，由于渗滤液中含有较高的碱度，而且反应器中 pH 值偏弱碱性（7.7~8.0），这就使得反应器底部区域容易形成碳酸钙等沉淀，无机物在反应器中不断累积，导致 VSS/SS 逐渐下降。

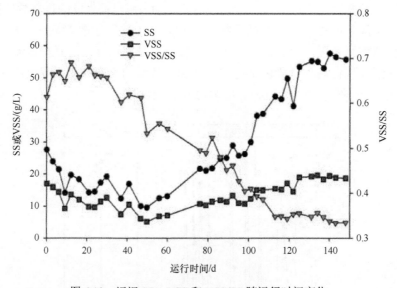

图 6.12　污泥 SS、VSS 和 VSS/SS 随运行时间变化

2）污泥粒径分布特性的变化

在反应器稳定运行阶段，分别在 110 天、130 天和 150 天取反应器底部污泥测量其粒径分布，统计结果见图 6.14 和表 6.3。平均粒径描述颗粒群的粗细程度。从图 6.14 和表 6.3 可见，污泥粒径随着运行时间不断增大，其中表面积平均粒径（D[3, 2]）从 21.3 μm（110 天）提高到 25.4 μm（150 天），体积平均粒径（D[4, 3]）从 64.3 μm（110 天）

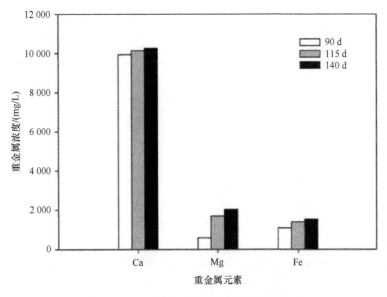

图 6.13　反应器底部污泥中重金属含量变化

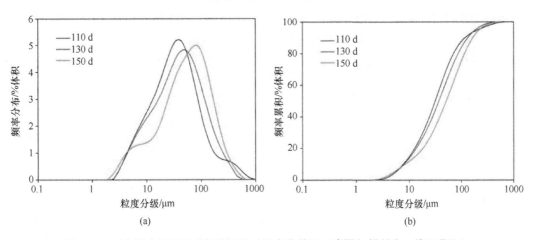

(a)　　　　　　　　　　　　　　　　　(b)

图 6.14　反应器底部污泥粒径随运行时间变化情况（彩图扫描封底二维码获取）
（a）频率分布图；（b）累积分布图

提高到 84.0 μm（150 天），D_V 90 从 134.0 μm（110 天）提高到了 187.0 μm（150 天）。说明在运行过程中，AnDMBR 中污泥粒径存在增大的现象。可能原因为由于垃圾渗滤液中重金属含量偏高，反应器中容易累积重金属沉淀物，并且发生黏结现象，导致反应器中的污泥颗粒粒径不断增大。

　　粒度分布宽度也是颗粒群粒度分布特性中的一个重要参数，粒度分布宽度描述了颗粒群的集中和均匀特性。常用分布跨度 S_{span}=（D_V90−D_V10）/D_V50 来表征样品粒径的分布宽度，由表 6.3 可知，污泥的 S_{span} 值随着运行时间逐渐减少，即在运行过程中反应器底泥的粒径分布范围逐渐集中。这可能是因为在运行过程中底泥受到液体和气体先上的淘洗作用，其中细小的污泥颗粒被冲走，造成了底泥粒径分布范围趋于集中。

表 6.3　AnDMBR 粒径分布统计

运行时间/d	D [3, 2]/μm	D [4, 3] /μm	D_v 10/μm	D_v 50/μm	D_v 90/μm	S_{span}
110	21.3	64.3	8.74	36.1	134.0	3.47
130	22.9	65.5	9.01	42.5	151.0	3.34
150	25.4	84.0	9.5	59.0	187.0	3.00

5. 微生物群落变化

1）种群多样性分析

本实验分别选择 91 天、106 天和 141 天代表稳定运行阶段的前期、中期和后期，以取自 AnDMBR 反应器的中下部同一位置（即图 6.1 中#2 取样口）的污泥作为研究对象，利用 454 高通量测序方法分析各个样品中细菌群落和古菌群落的种群结构，研究长时间运行对微生物群落的影响。3 个样品的有效序列进行去杂优化处理后，在细菌域和古菌域得到的优化序列数目分别为 18359 和 16035（91 天）、11948 和 10809（106 天）、10624 和 11533（141 天）。为了方便接下来不同样品之间群落结构的比较，需要先对 3 个样品进行统一化处理，即每个样品处于同一测序深度，均统一为 3 个样品中最低序列数，即细菌为 10624，古菌为 10809。从表 6.4 可见，在 97% 的相似性下细菌域和古菌域获得的 OTUs 数目均随着运行时间的延长而增大，其中细菌从 91 天的 2191 提高到 141 天的 2584，古菌从 91 天的 591 提高到 141 天的 855。从 3 个样品的稀释曲线图（图 6.15）可知，当测序数量大于 10000 时，在 3 个样品的细菌域和古菌域中仍有新的 OTUs 出现，表明进一步的测序可能会导致更多的 OTUs 出现，检测出样品中更多的微生物物种。不过，从表 6.4 可知，本实验中 3 个样品的古菌基因库的 Good's coverage 值（样品文库的覆盖率）均超过 96%，细菌基因库的 Good's coverage 值也在 0.83～0.94 的范围内，说明 AnDMBR 中大部分微生物已被检测出来，测序结果可以表征样品中的真实情况。

表 6.4　细菌群落和古菌群落的多样性指数随运行时间的变化

种群	样品/d	$\alpha=0.03$				$\alpha=0.05$			
		OTUs	Chao1	Good's coverage	Shannon	OTUs	Chao1	Good's coverage	Shannon
细菌	91	2191	4128	0.94	5.73	1571	2612	0.96	5.42
	106	2319	5489	0.88	5.31	1859	4398	0.9	4.92
	141	2584	6777	0.83	5.48	2072	4738	0.88	5.07
古菌	91	591	941	0.98	3.13	306	452	0.99	2.74
	106	808	1519	0.96	3.96	466	742	0.98	3.09
	141	855	1485	0.96	3.78	494	819	0.98	2.85

Chao1 算法常被用来估算当测序序列趋向无穷时可获得的 OTUs 数量，Chao1 数值越大表明样品中所含的物种数量越多，样品的丰富度也越高。从表 6.4 可知，在细菌群落中，通过 Chao1 估计的 OTUs 总数在 97% 相似性水平下分别为 4128（91 天）、5489（106 天）和 6777（141 天）。可见，运行时间越长，AnDMBR 反应器中细菌群落的丰富度也越高。Shannon 指数常用来估算样品中微生物多样性指数，Shannon 指数越大，说明群落多样性越高。本实验中古菌群落的 Shannon 指数均明显低于细菌群落的 Shannon 指数（表 6.4）。由于产甲烷古菌繁殖速率远低于细菌，而且在厌氧处理系统的营养体系

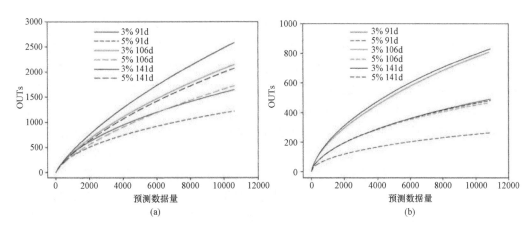

图 6.15　91 天、106 天和 141 天污泥样品的细菌和古菌在 95%和 97%相似水平下的稀释性曲线
（彩图扫描封底二维码获取）

（a）细菌；（b）古菌

中主要的功能菌是以细菌为主，所以古菌群落的多样性和丰富性都低于细菌群落。此外在表 6.4 中还可以看出，在稳定运行的初期（91～106 天）古菌群落的多样性发生了明显的提高，而细菌群落的多样性却发生了轻微的下降。表明与古菌相比，细菌抗冲击能力较差，更容易受到外界环境变化带来的影响。

2）细菌分类学分析

为了表征运行期间微生物群落结构的变化，细菌的优质序列按照门、纲和属三个分类学水平进行划分和提取信息，统计各样品在不同分类学水平上的菌群组成及相对丰度（图 6.16～图 6.18）。

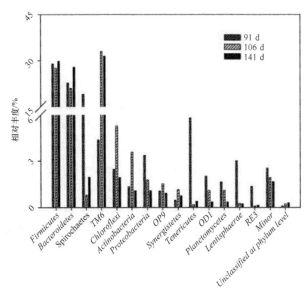

图 6.16　门水平上细菌群落组成随运行时间的变化

相对丰度分别为相应种群序列数与各样品总序列数的比值，在每个样品中群落组成均小于总序列数 1%
的种群被划分为 Minor，下同

从图 6.16 可知，三个样品的细菌群落均有非常高的生物多样性，总共检测出 33 个菌门，其中第 91 天有 31 个，第 106 天有 26 个，第 141 天有 25 个。细菌中大部分的序列可以分为 6 个菌门：厚壁菌门（Firmicutes）、拟杆菌门（Bacteroidetes）、TM6 菌门、绿弯菌门（Chloroflexi）、放线菌门（Actinobacteria）和变形菌门（Proteobacteria），其总和在每个样品中分别占所有序列的 63.1%（91 天）、91.8%（106 天）和 93.0%（141 天）。AnDMBR 中检测到 TM6 菌门含有较高的相对丰度，但之前并未见文献报道，表明 TM6 菌门可能是垃圾渗滤液处理所特有的一个的菌门。推测本实验中发现的 TM6 菌门可能来源于医疗废弃物中常有的寄生虫人类病原菌。其他的群落，包括螺旋体菌门（Spirochaetes）、OP9 菌门、Synergistetes 菌门、软壁菌门（Tenericutes）、OD1 菌门、浮霉菌门（Planctomycetes）、黏胶球形菌门（Lentisphaerae）和 RF3 菌门，虽然第 91 天时占有很大比例（达到 34.3%），但是在其他两个样品中却不是主要的细菌（106 天为 6.15%，141 天为 5.04%）。这表明由于细菌对渗滤液存在不同的适应能力，导致细菌群落结构会随着运行时间不断发生变化。

从图 6.16 还可以看出，在 3 个样品中厚壁菌门和拟杆菌门的相对丰度波动较小，在 91 天、106 天和 141 天的相对丰度之和分别为 51.5%、48.3% 和 57.6%。厚壁菌门在不同运行时间表现出稳定的相对丰度，分别为 28.9%（91 天）、27.5%（106 天）和 29.7%（141 天）。厚壁菌门中很多细菌为梭菌（Clostridium sp.），而且梭菌普遍具有能产生芽孢的生物特性，以抵御恶劣的生存环境。此外，3 个样品中最显著的区别是 TM6 菌门、螺旋体菌门、软壁菌门和黏胶球形菌门的分布（图 6.16）。TM6 菌门在 106 天和 141 天均为最占优势的细菌群落，然而在 91 天的相对丰度只有 4.38%。相比之下，螺旋体菌门、软壁菌门和黏胶球形菌门表现出相反的变化规律。这三个菌种在 91 天的相对丰度之和高达 27.8%，尤其是螺旋体菌门（19.0%），但在 106 天和 141 天却分布只有 1.23% 和 2.56%。还有些细菌在 106 天的相对丰度达到最高值，而在 91 天和 141 天的相对丰度却几乎完全相同，包括绿弯菌门、放线菌门、Synergistetes 菌门和 OP9 菌门（图 6.16）。

在进水全部为渗滤液后，尽管细菌主要群落的组成随着运行时间发生了明显的变化，但是反应器仍然可以维持稳定的运行状态。表明在运行过程中可能存在小部分的微生物在渗滤液处理中发挥了主要的作用。因此为了确定垃圾渗滤液处理过程中优势细菌，还需要进一步在纲和属的水平上对不同样品进行分类比较。

纲水平上的细菌群落组成如图 6.17 所示。3 个样品中一共检测出 53 个细菌菌纲，其中 17 个菌纲包括了大部分的序列，相对丰度之和分别为 85.8%（91 天），60.2%（106 天）和 64.2%（141 天）。厚壁菌门的梭菌纲（Clostridia）在每个样品中均有最高的相对分度，从 22.5% 波动到 27.9%。细菌群落在纲水平上第二高的组成是杆菌门的拟杆菌纲（Bacteroidia），其相对丰度从 91 天的 12.1% 提高到 141 天的 20.2%。这些分类结果表明有机物发酵和水解型的梭菌纲和拟杆菌纲可能在垃圾渗滤液的发酵过程中发挥主要作用。

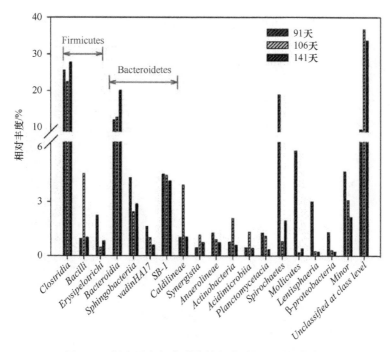

图 6.17　纲水平上细菌群落的组成随运行时间的变化

在图 6.17 中还看出，螺旋体菌纲（*Spirochaetes*）、软壁菌纲（*Mollicutes*）、黏胶球形菌纲（*Lentisphaeria*）和 β-变形菌纲（β-*proteobacteria*）的比例存在明显的下降趋势。此外，比较图 6.16 和图 6.17 可以发现，在纲水平上未分类的序列远远高于在门水平上未分类的序列，原因是目前人们对 *TM6* 菌门的认识仅仅停留在已知的 16S rRNA 序列信息而没有其他更多的基因信息，导致 *TM6* 菌门的分类学信息也只停留在门水平上，而本实验中 *TM6* 菌门在门水平上拥有很高的相对丰度，所以在门水平以下分类结果中 *TM6* 菌门都被划分为未分类的序列，从而导致未分类细菌明显增大。由此可见，*TM6* 菌门在垃圾渗滤液处理中的生物作用尚有待进一步研究。

为了更进一步分析细菌群落在垃圾渗滤液厌氧处理中的生物作用，接下来从属水平上分析细菌群落的组成，结果如图 6.18 所示。从图中可知，*vadinBC27* 菌属、*Alkaliphilus* 菌属和 *Petrimonas* 菌属的变化与运行时间呈现明显的正相关性，分别表现为从 6.3%增长到 16.5%，从 0.12%增长到 2.94%和从 0.32%增长到 1.31%。*vadinBC27* 菌属可能在难降解有机物和重金属的降解和化学物质的迁移中发挥关键的作用，而 *Alkaliphilus* 菌属和 *Petrimonas* 菌属可能是最主要的发酵产酸菌，并且可能与蛋白质的降解有关。此外，梭菌纲的 *Fastidiosipila* 菌属在每个样品中均占有最高的相对丰度，其中 91 天为 9.25%，106 天为 12.1%，141 天为 12.2%。该菌属中大部分细菌都是有机营养型，利用碳水化合物或者蛋白质类的物质作为它们的能量来源。

从图 6.18 还可知，其他发酵产酸菌的变化与运行时间呈现负相关性，如无胆甾原体属（*Acholeplasma*）、螺旋体属（*Spirochaeta*）和 *Proteinphilum*。而肠球菌属（*Enterococcus*），一种医院内感染的重要病原菌，在 106 天的相对丰度达到了最高值（3.53%），而在 91 天和 141 天却只占了 0.15%和 0.62%。表明反应器中病原菌在稳定运行初期会大量繁殖，随后在长时间的运行中逐渐衰退。这同时也从另一方面说明了垃圾渗滤液直接排放对环境和人类的潜在危害，以及垃圾渗滤液处理的必要性。

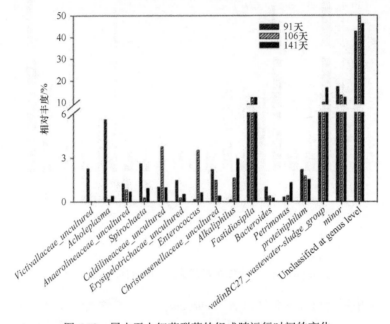

图 6.18　属水平上细菌群落的组成随运行时间的变化

3）古菌分类学分析

门水平上的古菌分类学结果如图 6.19 所示。比较图 6.19 和图 6.16 可知，古菌群落的种群多样性远远低于细菌群落。本实验中古菌域微生物全部为广古菌门，在纲水平上

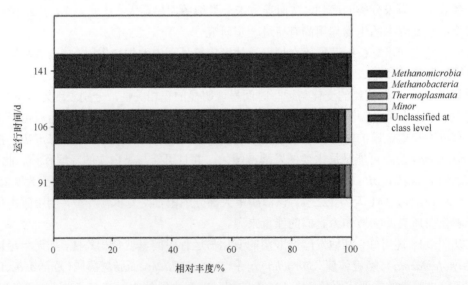

图 6.19　门水平上古菌群落组成随运行时间的变化（彩图扫描封底二维码获取）

大部分的序列被分为 3 组：产甲烷微菌纲（*Methanomicrobia*），产甲烷杆菌纲（*Methanobacteria*）和热原体纲（*Thermoplasmata*），这 3 组相对丰度之和分别为 99.55%（91 天）、97.95%（106 天）和 99.99%（141 天）。其中产甲烷微菌杆所占比例随着运行时间的推移从 91 天的 95.8% 提高到 141 天的 98.6%。由于在纲水平上，不同运行时间的古菌群落结构几乎一样，因此接下来我们在更深的分类水平上来分析古菌群落的变化。

图 6.20 为不同运行时间的古菌群落在属水平上的分类学结果。从图 6.20 可知，大部分的优化序列可以被划分为 6 组：产甲烷八叠球菌属（*Methanosarcina*）、产甲烷囊菌属（*Methanoculleus*）、产甲烷鬃毛菌属（*Methanosaeta*）、产甲烷泡菌属（*Methanofollis*）、产甲烷杆菌属（*Methanobacterium*）和产甲烷短杆菌属（*Methanobrevibactor*），这 6 组菌属分别占 94%（91 天）、93%（106 天）和 94.1%（141 天）。说明在运行时间的不同阶段古菌的主要群落组成上表现出较高的相似性。但是，古菌群落的组成还是发生了一定的变化（图 6.20）。乙酸营养型产甲烷菌（包括产甲烷八叠球菌属和产甲烷鬃毛菌属）所占比例随着运行时间的增长而增长（从 52.3% 到 81.6%），而氢营养型产甲烷菌（包括产甲烷囊菌属、产甲烷泡菌属、产甲烷杆菌属和产甲烷短杆菌属）所占比例却随着运行时间的增长而减少（从 45.3% 到 17.6%）。产甲烷八叠球菌属在不同运行阶段均为最主要的菌群，而且其所占比例一直持续增长，分别为 49.2%（91 天）、72.4%（106 天）和 78.4%（141 天）。与之相反，属于严格氢营养型产甲烷菌的甲烷囊菌属所占比例从 91 天的 36.5% 下降到了 106 天的 6.5% 和 141 天的 8.4%。本实验在中温高氨氮条件下（氨氮浓度超过 3 g/L）乙酸营养型产甲烷菌比氢营养型产甲烷菌更具有优势。这可能是由于垃圾渗滤液的有毒物质导致异养型的乙酸氧化细菌受到抑制，从而无法提供充足底物给氢营养型产甲烷菌，导致氢营养型产甲烷菌由于底物（氢气）的缺乏逐渐被淘汰，同时乙酸营养型产甲烷菌由于失去了来自乙酸氧化菌对乙酸的争夺而快速增长。

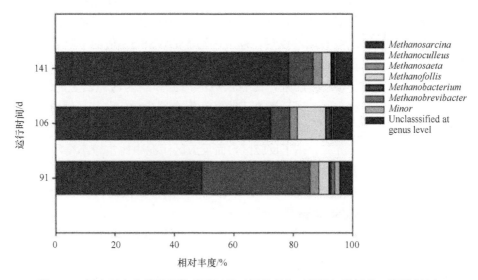

图 6.20　属水平上古菌群落组成随运行时间的变化（彩图扫描封底二维码获取）

　　一般认为乙酸降解途径由两种方式组成，即高乙酸浓度时以产甲烷八叠球菌（*Methanosarcinacea*）为优势菌，低乙酸浓度时以产甲烷鬃毛菌（*Methanosaetaceae*）为优势菌。这可以归因于产甲烷鬃毛菌的最低乙酸浓度远低于产甲烷八叠球菌。在本试验中，由垃圾渗滤液所带来的高浓度有机物（图 6.2）导致发酵过程非常活跃，从而在反应器中生成和累积大量乙酸和氢气。因此推测在高乙酸高氨氮的环境下系统中的乙酸很可能是被产甲烷八叠球菌去除的而不是低生长速率的产甲烷鬃毛菌。从图 6.20 可知，产甲烷八叠球菌和产甲烷鬃毛菌在运行过程中存在不同变化，即产甲烷八叠球菌一直是古菌群落的优势菌，而产甲烷鬃毛菌的比例一直保持在 2.6%～3.0%的范围内，这一结果也进一步支持了以上的推论。综上所述，产甲烷八叠球菌在垃圾渗滤液厌氧处理中起主要作用，但由于产甲烷八叠球菌是混合营养型产甲烷菌，它可以利用各种底物进行甲烷化过程，如乙酸、氢气、二氧化碳、甲醇或甲胺等。还需要开展进一步的试验来研究产甲烷八叠球菌在运行过程中产甲烷途径的变化。

6.1.3　AnDMBR 反应区和膜区污泥特性的比较

　　AnDMBR 是由一个反应区和膜区所组成的，膜区污泥主要是由反应区内污泥经过水流和气流冲洗后产生的细小污泥组成的，此外由于污染物浓度的不同，导致膜区污泥和反应区污泥存在不同的污泥特性，尤其是反应区下部和膜区污泥，本节接下来比较反应区底部污泥和膜区污泥的性质（取样位置分别为图 6.1 中的#1 取样口和#5 取样口），以期对污染物降解机理有进一步深入的认识。

1. 污泥性质分析

　　图 6.21 为运行期间反应区底部污泥和膜区污泥 VSS/SS 值的变化情况。从图中可知，启动阶段膜区和反应区污泥的 VSS/SS 值差异性较小，当反应器进入稳定运行阶段（90 天以后），即进水为 100%垃圾渗滤液以后，反应区污泥的 VSS/SS 值的下降幅度明显大于膜区污泥的下降幅度。在运行后期，膜区污泥的 VSS/SS 值为 0.46～0.50，而反应区污泥的 VSS/SS 值为 0.33～0.35。此外，比较反应区污泥和膜区污泥的金属含量还发现（图 6.22），反应区污泥的金属含量远远高于膜区污泥金属含量，尤其是钙含量，即反应区污泥中钙含量高达 10 g/L，而膜区污泥中钙含量不到 1.9 g/L。推测本实验中大部分的金属都被厌氧污泥吸附（沉淀）在了反应区，而反应区污泥中比重较小得污泥碎片会随着水流和气流的作用向上运动并累积在膜区，这些污泥由于缺少相应的凝聚活性而不断从反应区污泥中淘汰出来，导致膜区中主要是一些金属含量低而有机成分含量高的污泥，所以膜区污泥的 VSS/SS 值偏高。

　　110 天反应区和膜区的污泥粒径分布统计如图 6.23 和表 6.5 所示。从反应区污泥冲洗出来的细小颗粒污泥会在膜区逐渐积累，膜区污泥的表面积平均粒径（D [3，2]）和体积平均粒径（D [4，3]）分别为 16.3 μm 和 29.4 μm，均低于反应区的污泥相应粒径（21.3 μm 和 64.3 μm），而且膜区污泥分布比反应区更为集中，分布在 3.12～144 μm 的范围内。膜区内细小污泥颗粒累积可能是导致膜通量衰减的主要原因之一。

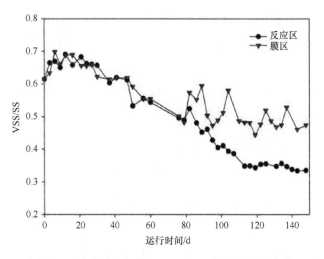

图 6.21　反应区和膜区污泥 VSS/SS 随运行时间变化

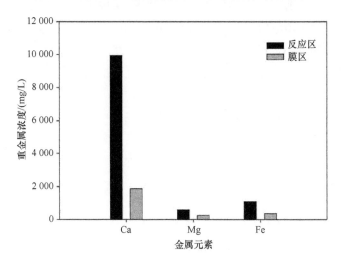

图 6.22　膜区和反应区金属含量比较

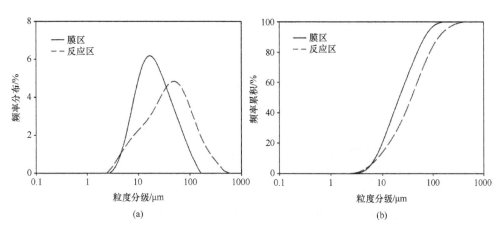

图 6.23　膜区和反应区污泥粒径随运行时间变化

（a）频率分布图；（b）累积分布图

表 6.5　110 天反应区和膜区污泥粒径分布统计

位置	D[3, 2]/μm	D[4, 3]/μm	D_v10/μm	D_v50/μm	D_v90/μm	S_{pan}
反应区	21.3	64.3	8.74	36.1	134.0	3.47
膜区	16.3	29.4	7.99	20.7	63.8	2.70

2. 有机物分子量分析

150 天时 AnDMBR 反应区底部、膜区和出水滤液的 GFC 图谱如图 6.24 所示。由图可见，反应区和膜区滤液有明显的差异性，相对于反应区滤液，膜区滤液在大分子区域的峰值出现明显的右移，而且小分子区域的峰值响应值下降明显。说明随着反应器高度的提高垃圾渗滤液中的大分子物质会逐渐被氧化分解成小分子物质，并且小分子物质还会进一步被氧化生成二氧化碳和甲烷。从图中还可以看出，出水和膜区滤液的分子量分布非常接近，相比于膜区滤液，出水峰值只在大分子区域出现略微右移，而在小分子区域的峰值完全重叠，说明大分子物质所占比例减少，动态膜对大分子溶解性物质有一定截留作用，而对小分子溶解性物质几乎没有截留作用。动态膜对大分子溶解性物质的截留作用可归结于泥饼层的分离作用。

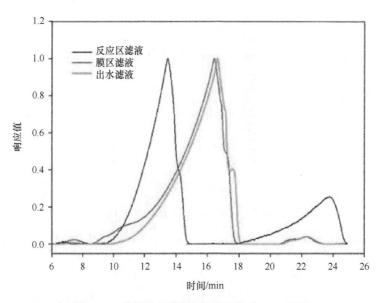

图 6.24　反应区、膜区和出水滤液的 GFC 图谱

3. 傅里叶变换红外光谱分析

图 6.25 是膜区和反应区底部污泥中化合物的 FTIR 谱图。从图中可知，膜区污泥和反应区污泥在主要的有机物组成上表现出了相似的光谱特性。主要表现特征如下：在 3600～3000 cm^{-1} 和 1000～1200 cm^{-1} 光谱范围内分别存在一个宽峰，其中前者主要是由 OH（羟基或氢键）和 NH（亚胺基或胺基）的伸缩振动，后者主要由多糖类物质中 C=O 对称和不对称伸缩振动所引起的；在 2925 cm^{-1} 存在一个相对强度较小的特征峰，主要与亚甲基（δ-CH$_2$）有关；在 1800～1500 cm^{-1} 光谱范围内连续出现特征峰，主要与苯环

上的 C═C 双键的伸缩振动和羧酸盐（—COO—）的 C═O 双键的伸缩振动有关；在 1400 cm^{-1} 附近存在一个强度很强的特征峰，这很可能是由羧酸盐（例如氨基酸）的 C═O 对称伸缩振动所引起的。此外，膜区和污泥区污泥还在指纹区（1330～400 cm^{-1}）的 870 cm^{-1} 附近均存在一个比较尖锐的特征峰，可能是由苯环上的取代基所引起的。

通过进一步比较发现膜区和反应区污泥中化合物存在一定的区别。与反应区相比，膜区中 1520 cm^{-1} 处的特征峰更加明显，这可能是由于反应区中大部分有机氮被氧化为氨氮，导致膜区污泥中蛋白质含量降低引起 1400 cm^{-1} 特征峰强度减弱所导致的。通过比较膜区和反应区污泥在 2925 cm^{-1} 处特征峰强度与 3300～3500 cm^{-1} 范围内特征峰强度的比值（R），发现膜区污泥的比值（R=1.20）高于反应区污泥（R=1.11）。说明膜区污泥比反应区污泥含有更多由亚甲基构成的长碳链有机物，同时也表明动态膜可能对长碳链有机物有一定的拦截作用，导致其在膜区中累积。

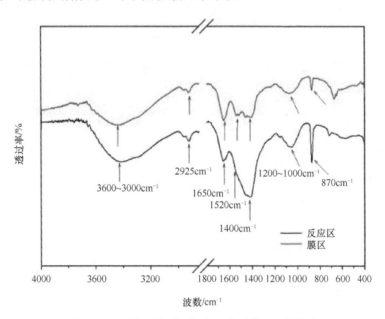

图 6.25　反应区和膜区污泥混合液的 FTIR 图谱

4. 微生物菌群分析

1）群落多样性分析

本小节以 141 天时取自反应区底部和膜区中部的污泥作为研究对象，利用 454 高通量测序方法分析其中细菌和古菌的种群结构，比较反应区和膜区微生物群落结构。两个样品的有效序列进行去杂优化处理后，在细菌域和古菌域得到的优化序列数目分别为 9930 和 12 221（反应区）、11 127 和 10 955（膜区）。从表 6.6 可知，在 97%和 95%相似性下，反应区污泥在细菌域中获得 OTUs 数目均大于膜区污泥，而反应区污泥在古菌域中获得 OTUs 数目均小于膜区污泥。从图 6.26 的稀释性曲线图发现，当测序深度超过 10000 条序列时细菌域和古菌域仍有新的微生物物种出现。此外，在细菌群落中，反应区和膜区污泥样品通过 Chao1 算法估计的在 97%相似性水平下 OTUs 总数分别为 7990

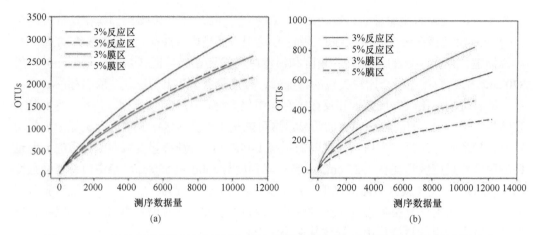

图 6.26 141 天反应区和膜区污泥样品细菌和古菌在 95% 和 97% 相似水平下的稀释性曲线
（彩图扫描封底二维码获取）
（a）细菌；（b）古菌

表 6.6 反应区和膜区的细菌群落和古菌群落的多样性指数随运行时间的变化

种群	Sample	α=0.03				α=0.05			
		OTUs	Chao1	Good's coverage	Shannon	OTUs	Chao1	Good's coverage	Shannon
细菌	反应区	3050	7990	079	6.46	2482	5753	0.84	6.10
	膜区	2629	6841	0.84	5.53	2150	5126	0.87	5.15
古菌	反应区	658	1153	0.97	2.67	343	622	0.99	1.77
	膜区	824	1515	0.96	3.57	466	730	0.98	2.65

和 6841，而在古菌群落中，两个样品的 OTUs 数目分别 1153 和 1515。群落多样性比较中也发现了类似的结果，即反应区污泥中细菌群落的 Shannon 指数（6.46/6.10）大于膜区污泥中的细菌群落（5.53/5.15），而反应区中古菌群落的 Shannon 指数（2.67/1.77）小于膜区污泥中的古菌群落（3.57/2.65）。说明反应区污泥比膜区污泥表现出更高的细菌群落丰富度和多样性，但其古菌群落的丰富度和多样性却低于膜区污泥。这可能是由于底物浓度的不同导致反应区和膜区具有不同的微生物群落结构。

2）细菌群落分析

本研究采用 Venn 图分析反应区污泥和膜区污泥细菌群落中种群的多样性和分布特征（图 6.27）。从图中可以看出，两个样品得到的 OTUs 总数为 5005，其中有 674 个为共有 OTUs，占了全部 OTUs 的 13.5%。共有的 OTUs 中大部分（77.9%）属于厚壁菌门（*Firmicutes*）和拟杆菌门（*Bacteroidetes*）。此外，从反应区独有 OTUs，反应区和膜区共有的 OTUs 以及膜区独有的 OTUs 的组成的方差分析结果（p=0.785）可知，三者在群落结构上具有比较明显的相似性。这说明膜区和反应区细菌群落具有一定的同源性，因为膜区污泥主要由来自反应区污泥中的小颗粒污泥组成。

从图 6.27（B）中可知，虽然反应区和膜区独有的 OTUs 数目分别为 2376 和 1955，占了全部 OTUs 的 86.5%，但是它们所拥有的序列数却分别只有 34.7% 和 26.1%，说明膜区和反应区共有的 OTUs 包含了大部分的序列，即膜区污泥和反应区污泥中细菌群落的结构和组成是由两者共有的 OTUs 所主导的。不过通过比较发现，膜区和反应区污泥所共有 OTUs 的细菌群落在门分类水平的群落组成上还是存在一定不同，其中差异最大的是厚壁菌门、TM6 菌门、浮霉菌门（Planctomycetes），反应区和膜区分别为 44.2%、6.5%、5.8% 和 25.0%、34.9%、0.3%。此外，两者中拟杆菌门和绿弯菌门的分布几乎一样，分别为 31.8%、2.7% 和 31.6%、2.0%。这些结果说明，AnDMBR 不同区域细菌群落的演化主要发生在共有的 OTUs 中而不是独有的 OTUs 中。这可能是因为膜区污泥主要是由反应区内污泥经过水流和气流冲洗后产生的细小污泥组成的，所以两种污泥存在一定的同源性。

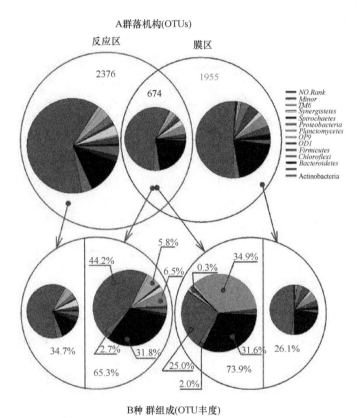

图 6.27　细菌群落（A）97%相似水平下和（B）优化序列的 Venn 图（彩图扫描封底二维码获取）

分类学水平均为门水平，Minor 是指在两个样品中相对丰度均小于 1% 的组分

从纲分类水平上对膜区和反应区中主要的厚壁菌门和拟杆菌门的群落组成进行进一步比较分析（图 6.28）。从图 6.28（a）可知，在纲水平上，膜区和反应区污泥中厚壁菌门的群落结构具有明显的相似性，主要由芽孢杆菌纲（Bacilli）、梭菌纲（Clostridia）和产芽孢菌纲（Erysipelotrichi）组成。其中梭菌纲所占比例最大，反应区和膜区分别为 97.0% 和 93.4%。从图 6.28（b）可知，在拟杆菌门中，最主要的菌纲是拟杆菌纲（Bacteroidia），并且其在膜区中的比例（77.3%）高于反应区（50.2%），而在 SB-1 菌纲、Sphingobacteriia 菌纲和 VadinHA17 菌纲的分布上均是膜区低于反应区。在之前长时间运

行试验结果中已经发现梭菌纲和拟杆菌纲可能是垃圾渗滤液处理发酵产酸过程中的主要菌种，因此推测 AnDMBR 处理垃圾渗滤液时其发酵产酸过程可能不仅发生在反应区而且还发生在膜区，而且不同位置是由不同产酸菌所主导的。

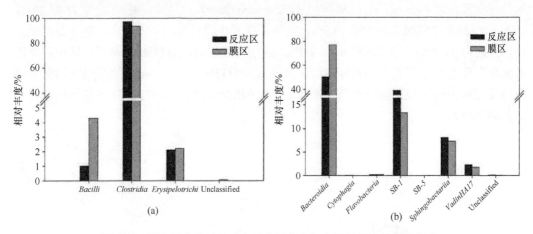

(a)

(b)

图 6.28 纲水平上膜区和反应区中厚壁菌门和拟杆菌门的群落组成
（a）厚壁菌门；（b）拟杆菌门

在属的水平上，可以对反应区和膜区污泥细菌群落结构有更进一步的认识（图 6.29）。在属分类学水平上，一共测出 231 个已知细菌菌属，其中主要菌属有 15 个，而且随着分类学水平的深入，样品间种群结构差异性越来越明显。

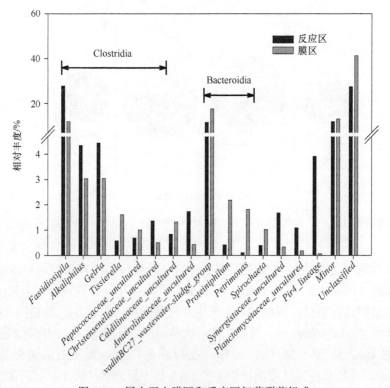

图 6.29 属水平上膜区和反应区细菌群落组成

从图 6.29 中可知，梭菌纲主要由 *Fastidiosipila* 菌属、*Alkaliphilus* 菌属、*Gelria* 菌属、*Tissierella* 菌属、*Peptococcaceae_uncultured* 菌属和 *Christensenellaceae_uncultures* 菌属组成，拟杆菌纲主要由 *vadinBC27* 菌属、*Proteiniphilum* 菌属和 *Petrimonas* 菌属组成，其中梭菌纲的 *Fastidiosipila* 菌属和拟杆菌纲的 *vadinBC27* 菌属是污泥中最主要的两类菌属，而且两者在膜区和反应区细菌群落中呈现出截然相反的分布特点。*Fastidiosipila* 菌属在反应区中比例（27.7%）高于膜区（11.9%），而 *vadinBC27* 菌属在膜区中比例（17.6%）却高于反应区（11.8%）。*Fastidiosipila* 菌属中大部分细菌都是有机营养型，利用碳水化合物或者蛋白质类的物质作为它们的能量来源。此外，在长时间运行试验中已发现 *vadinBC27* 菌属可能在难降解有机物和重金属物质的降解以及化学物质的迁移过程中发挥关键的作用。因此，推测由于反应区和膜区存在不同浓度的难生物降解有机物与易生物降解有机物，导致反应区主要以降解易生物降解有机物的 *Fastidiosipila* 菌属为主，而膜区是以降解难生物降解有机物的 *vadinBC27* 菌属为主。此外，膜区中未知细菌种群所占比例（41.2%）明显高于反应区（27.4%），说明动态膜的截留作用和反应器高度的改变可能会导致更多未知细菌种群的出现。

3）古菌群落分析

图 6.30 和图 6.31 分别为在属的水平上，膜区和反应区的古菌群落 OTUs 组成和相对丰度的比较。古菌群落的大部分 OTUs 被划分为了 6 组菌属，分别是产甲烷八叠球菌属（*Methanosarcina*）、产甲烷囊菌属（*Methanoculleus*）、产甲烷鬃毛菌属（*Methanosaeta*）、产甲烷泡菌属（*Methanofollis*）、产甲烷杆菌属（*Methanobacterium*）和产甲烷短杆菌属（*Methanobrevibactor*），这六组菌属分别占了全部基因信息的 95.3%（反应区）和 94.1%（膜区）。而且膜区污泥和反应区污泥中主要古菌群落还表现出了较高的同源性。Venn 图分析结果显示，产甲烷八叠球菌属和产甲烷鬃毛菌属中分别有 39.0% 和 35.5% 的 OTUs 是反应区和膜区所共有的（图 6.30）。

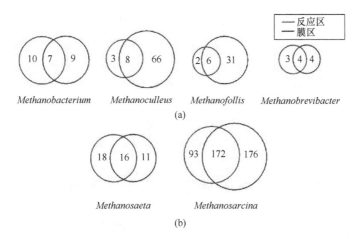

图 6.30　属水平上膜区和反应区主要古菌群落结构（OTU）Venn 图

（a）氢营养型产甲烷菌；（b）乙酸营养型产甲烷菌

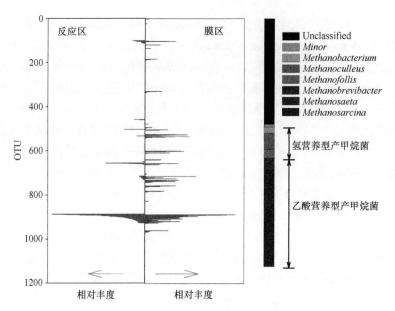

图 6.31　属水平上膜区和反应区古菌群落结构谱图（彩图扫描封底二维码获取）

从图 6.31 中可知，膜区和反应区古菌群落在种群分布上存在一定的不同。虽然产甲烷八叠球菌属在膜区和反应区均是最主要的古菌菌属，但膜区中产甲烷八叠球菌所占比例（83.2%）低于反应区（92.2%）。此外，膜区中产甲烷八叠球菌属的多样性也明显高于反应区。推测随着高度的上升，由于乙酸浓度下降，反应器中产甲烷八叠球菌属比例也会逐渐下降，并发生不同程度进化。结合图 6.30 和图 6.31 还可知，无论是 OTU 数量和相对丰度上，膜区中氢营养型产甲烷菌均大于反应区，而且膜区中独有的 OTU 所占比例（81.5%）远低于反应区（41.9%）。说明随着高度的上升，由于乙酸浓度下降，反应器中产甲烷途径可能存在从以乙酸产甲烷途径转向以氢产甲烷途径为主的趋势。

6.2　厌氧 MBR 处理城市生活污水

随着资源能源的日益短缺，污废水资源化、能源化逐渐成为现有污水处理厂升级改造和新建污水处理厂设计的目标之一。厌氧生物技术以其负荷高、污泥产率低、耐冲击负荷、运行费用低、可回收利用沼气能源等优点，受到水环境领域的广泛关注。本节结合我们近期研究成果介绍采用厌氧 MBR（AnMBR）处理低浓度生活污水的特性，重点介绍 AnMBR 系统核心参数优化、中试 AnMBR 长期运行性能等。

6.2.1　AnMBR 系统运行关键参数分析

能量的消耗与产出是评价 AnMBR 经济性的重要指标之一。在 AnMBR 中，能量的输入端有进出水泵、搅拌机、隔膜真空泵、加热装置以及自控设备。此外，厌氧产甲烷是 AnMBR 的优势之一，通过沼气发电回收能量可以抵偿 AnMBR 运行的能量输入，从而降低工艺的吨水能耗。因此，本章节拟建立一套 AnMBR 能耗模型（图 6.32），将工艺运行参数与能量的输入、输出相关联，以能量平衡为目的，通过调控工艺参数，实现 AnMBR 的最优化运行。

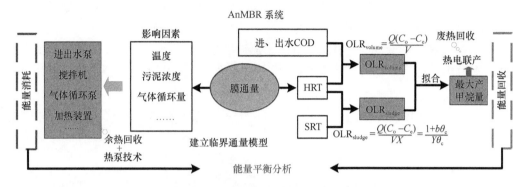

图 6.32 AnMBR 中的能量平衡分析

在 AnMBR 的工艺运行参数中，膜通量是重要的设计参数，它不仅受运行温度、污泥浓度、生物气循环强度的影响，同时也影响工艺的产水量和产沼气量。例如，当膜通量升高时，可能需要增加生物气循环强度和升温来维持一定的清洗周期，而增加生物气循环量和升温均需要能量的额外输入；另外，膜通量升高，可以增加产水量、提高有机负荷，从而沼气产量增加，会有更多的能量被回用，可用于抵偿提高膜通量的能量输入。因此，本节以膜通量为模型的核心，分别计算 AnMBR 的能量输入和输出值，以期为 AnMBR 优化运行提供借鉴。

1. 临界通量测定参数及优化方案

临界通量（critical flux）是 MBR 稳定运行及污染控制中的一个重要概念，最早由 Field 等（1995），将运行通量低于临界通量的操作称为次临界通量操作。临界通量的大小与诸多因素有关：①膜材料，不同膜材料之间临界通量可能不同；②膜材料的物化性质，即使同种膜材料由于表面物化性质的不同临界通量可能也不同；③膜的历史，新膜和旧膜之间可能存在较大差异；④混合液性质，不同混合液性质导致同种膜的临界通量可能不同，混合液性质又与进水水质、负荷、操作条件、环境条件等密切相关；⑤水动力学条件，不同水力学条件也可导致同种膜的临界通量不同；⑥临界通量测定中选用的起始通量、时间跨度、阶梯增加的通量值也会对临界通量产生影响。基于此，本研究将在 AnMBR 中，研究临界通量与膜材料、操作条件、环境条件等因素的相互关系，并通过相关模型，分析厌氧条件下影响膜渗透性能的敏感因子，获得 AnMBR 稳定运行的次临界通量，为 AnMBR 的设计提供理论依据。实验内容包括以下几个方面：

（1）操作条件对临界通量的影响。接种稳定运行的厌氧污泥，配成不同污泥浓度的混合液，并设定不同的生物气循环强度，做正交实验分析，用数学统计方法，分析厌氧条件下膜临界通量对生物气循环强度、污泥浓度的敏感程度。

（2）环境条件对临界通量的影响。温度是影响膜渗透性能的重要因素之一。而 AnMBR 对温度的变化更为敏感，在本研究中，用水浴控温，分别设定低温（15℃）、常温（25℃）和中温（35℃）的操作条件，测定不同温度下临界通量的变化规律。

（3）膜材料、膜孔径对临界通量的影响。基于上述的正交试验，甄选不同膜材质、膜孔径的微滤/超滤膜，设定一个稳定的操作条件、环境条件，测定厌氧膜生物反应器中临界通量的变化规律，考察膜材质、膜孔径对临界通量的影响。

在实验室搭建两套规格一样的临界通量测试装置，如图 6.33 所示。测试装置仅设置膜区（不考虑生物反应），有效容积 5 L，其中放置两片平板膜，膜尺寸为 25 cm×25 cm。

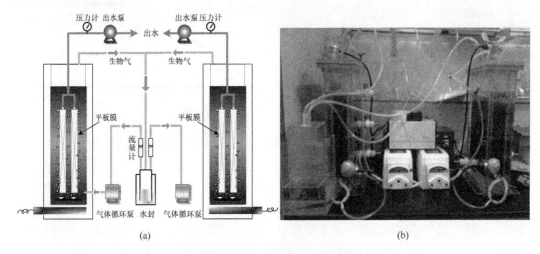

图 6.33　临界通量测定装置示意图和实物图
（a）测定装置示意图；（b）实物图

2. 临界通量测定结果

1）不同操作条件下的临界通量

以膜孔径 0.2 μm 的聚偏氟乙烯（PVDF）微滤膜为实验材料，选取温度、污泥浓度和生物气循环强度（按膜投影面积计）为主要影响因素，温度和污泥浓度各选取 3 个水平，生物气循环强度选取 6 个水平，具体参数见表 6.7。为确保实验的准确性，研究采用多因素不同水平的全面实验，共计 54 组实验。

表 6.7　正交实验各因素及水平

因素	水平数	参数
温度/℃	3	15、25、35
污泥浓度/（g/L）	3	3.6、7.8、12.0
生物气循环强度/ [m³/（m²·min）]	6	0.13、0.33、0.53、0.73、0.93、1.13

临界通量的正交实验结果如图 6.34 所示。在选定的参数范围内，平板膜在厌氧污泥中的临界通量为 7～25 L/（m²·h）。临界通量与温度和生物气循环强度呈正相关，与污泥浓度呈负相关；当温度为 35℃（中温）、生物气循环强度最大 [1.13 m³/（m²·min）]、污泥浓度最低（3.6 g/L）时，临界通量最高（第 42 组），为 25 L/（m²·h）；而当温度为 15℃、生物气循环强度偏低 [0.13～0.33 m³/（m²·min）]、污泥浓度偏高（7.8～12.0 g/L）

时，临界通量最低（第 7、8、13、14 组），为 7 L/（m²·h）。为确定临界通量对这三因素的敏感程度，对实验结果进行极差分析（表 6.8），使用 L_8（$4^1 \times 2^4$）正交表，其中空列为分析多因素之间的交互作用。

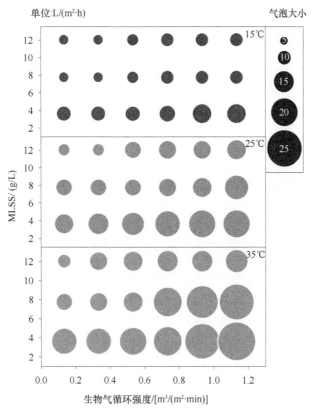

图 6.34　各因素水平下的临界通量（图中按温度分区，每个区域的 MLSS 和生物气循环强度是两个独立的因素，气泡大小代表临界通量的值）

由表 6.8 可知，在厌氧污泥中，临界通量的影响因素按敏感度排序为：温度＞生物气循环强度＞污泥浓度。其中温度的影响尤为明显，是工艺设计主要考虑的参数，而生物气循环强度与污泥浓度对临界通量的影响依次减弱。同时空列的极差 $R = 1.83$ 远远小于其他项的 R 值，可见各因素之间没有明显的交互作用。

表 6.8　正交实验极差分析

试验号	温度	空列	污泥浓度	生物气循环强度	临界通量
1	1	1	1	1	10
2	1	2	1	2	10
3	1	3	1	3	10
4	1	1	1	4	11
5	1	2	1	5	13
6	1	3	1	6	13
7	1	1	2	1	7

续表

试验号	温度	空列	污泥浓度	生物气循环强度	临界通量
8	1	2	2	2	7
9	1	3	2	3	8
10	1	1	2	4	9
11	1	2	2	5	9
12	1	3	2	6	9
13	1	1	3	1	7
14	1	2	3	2	7
15	1	3	3	3	8
16	1	1	3	4	9
17	1	2	3	5	9
18	1	3	3	6	9
19	2	1	1	1	13
20	2	2	1	2	14
21	2	3	1	3	15
22	2	1	1	4	17
23	2	2	1	5	18
24	2	3	1	6	18
25	2	1	2	1	11
26	2	2	2	2	11
27	2	3	2	3	11
28	2	1	2	4	12
29	2	2	2	5	13
30	2	3	2	6	16
31	2	1	3	1	8
32	2	2	3	2	8
33	2	3	3	3	11
34	2	1	3	4	12
35	2	2	3	5	12
36	2	3	3	6	13
37	3	1	1	1	17
38	3	2	1	2	17
39	3	3	1	3	18
40	3	1	1	4	19
41	3	2	1	5	23
42	3	3	1	6	25
43	3	1	2	1	11
44	3	2	2	2	12
45	3	3	2	3	13
46	3	1	2	4	19
47	3	2	2	5	21

续表

试验号	温度	空列	污泥浓度	生物气循环强度	临界通量
48	3	3	2	6	23
49	3	1	3	1	9
50	3	2	3	2	12
51	3	3	3	3	13
52	3	1	3	4	14
53	3	2	3	5	14
54	3	3	3	6	15
k_1	9.17	11.94	15.61	10.33	
k_2	12.94	12.78	12.33	10.89	
k_3	16.39	13.78	10.56	11.89	
k_4				13.56	
k_5				14.67	
k_6				15.67	
极差（$k_{max}-k_{min}$）	7.22	1.83	5.06	5.33	
因素 主→次			温度＞生物气循环强度＞污泥浓度		

2）不同孔径膜的临界通量

膜孔径和膜材质也是影响临界通量的重要因素之一。本研究选取聚偏氟乙烯（PVDF）和聚四氟乙烯（PTFE）两种膜材质、六种膜孔径（0.03～1.0 μm）进行实验。临界通量在适中的污泥浓度（7.8 g/L）、适中的生物气循环强度（5.5 L/min）以及两种温度（25℃、35℃）下测定。实验共计 12 组，结果整理如表 6.9 和图 6.35 所示。

表 6.9　不同膜孔径和膜材质下的临界通量

试验号	标识	膜材质	膜孔径 /μm	温度 /℃	污泥浓度 /（g/L）	生物气循环强度 /（L/min）	临界通量 / [L/（m²·h）]
1	FF 4030	PTFE	0.03	25	7.8	5.5	8
2	FF 4050	PTFE	0.05	25	7.8	5.5	7
3	ZF 4110	PTFE-VDF	0.10	25	7.8	5.5	15
4	ZF 4120	PTFE-VDF	0.22	25	7.8	5.5	15
5	ZF 4140	PTFE-VDF	0.45	25	7.8	5.5	15
6	ZF 4100	PTFE-VDF	1.0	25	7.8	5.5	15
7	FF 4030	PTFE	0.03	35	7.8	5.5	11
8	FF 4050	PTFE	0.05	35	7.8	5.5	9
9	ZF 4110	PTFE-VDF	0.10	35	7.8	5.5	20
10	ZF 4120	PTFE-VDF	0.22	35	7.8	5.5	20
11	ZF 4140	PTFE-VDF	0.45	35	7.8	5.5	21
12	ZF 4100	PTFE-VDF	1.0	35	7.8	5.5	20

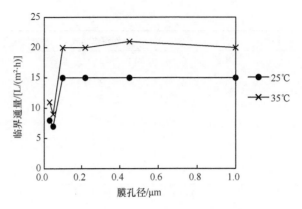

图 6.35　不同温度、不同膜孔径的临界通量

由图 6.34 和表 6.8 可知，当膜孔径较小（0.03 μm 和 0.05 μm）时，临界通量均很低（7～11 L/（m²·h）），此时临界通量受温度的影响较小，受膜孔径的影响较大。当膜孔径较大（0.1～1.0 μm）时，临界通量受温度的影响较大，受膜孔径的影响较小（25℃下膜孔径 0.1～1.0 μm 的临界通量均为 15 L/（m²·h），35℃下膜孔径 0.1～1.0 μm 的临界通量为 20～21 L/（m²·h））。研究说明对于一定的过滤介质，存在一个最佳孔径范围。小于最佳孔径范围时，膜通量受膜固有阻力的限制；大于最佳孔径范围时，膜通量受膜污染的限制，主要是膜孔堵塞的限制。可见，在节研究中，滤膜孔径小于 0.1 μm 时，临界通量受滤膜固有阻力的限制而得不到很大提高。

3）临界通量预测模型

将上述的实验结果用 Matlab 软件拟合，设定边界条件为：温度 15～35℃，生物气循环强度 0.08～1.5 m³/（m²·min），污泥浓度 1.5～12.0 g/L。拟合经验公式如下：

$$J_c = \frac{26.5}{1 + 10^{0.58(0.39-SGD)}} \times 1.025^{(T-15)} \exp^{-0.0424(MLSS-3.62)} - 1.8 \tag{6.3}$$

式中，J_c 为临界通量；SGD 为生物气循环强度；T 为温度；MLSS 为污泥浓度。

6.2.2　AnMBR 工艺参数优化

AnMBR 的关键设计参数有膜通量、HRT、SRT、有机负荷、温度等，这些参数相互关联、共同影响 AnMBR 工艺的能量输入与输出（图 6.32）。本节研究以临界通量模型为研究基础，拟建立各参数之间的相互关系，并给出工艺设计参考值。有机负荷的高低直接影响产甲烷量，而在工艺构型和处理水质给定的情况下，膜通量直接决定工艺的有机负荷。因此，以有机负荷为切入点，探究不同有机负荷下的产甲烷活性及潜能，开展了产甲烷批次实验。

1. SMA 批次实验

实验考察不同负荷下（0.20～1.30 kg COD/（kgVSS·d））的产甲烷活性（SMA）和潜能（BMP），批次实验共 14 组，每组设置三个平行，结果如图 6.36 所示。由图 6.36

（a）可知，当 OLR 在一定范围（0.2～0.4 kg COD/（kgVSS·d））时，产甲烷活性 SMA
随着 OLR 的增加而骤降，当 OLR 高于 0.4 kg COD/(kgVSS·d)时，SMA 趋稳于（42.2±7.6）
ml CH₄/（g VSS·d）。有机负荷对产甲烷活性的不利影响可能来自背景溶液的高浓度乙
酸。此外，图 6.36（b）呈现了不同有机负荷下的产甲烷潜能（由实验得到的甲烷生成
曲线用 Gomertz 三因素模型拟合得到），由图可知，产甲烷潜能 BMP 随着有机负荷的增
加［0.2～0.9 kg COD/（kg VSS·d）］而增加，这主要是由底物（乙酸钠）的投加量增加
所致；而当 OLR 高于 0.9 kg COD/（kg VSS·d）时，产甲烷潜能 BMP 则趋稳于（276±13）
ml/gVSS，由此可以推断，高有机负荷［OLR>0.9 kg COD/（kg VSS·d）］对厌氧产甲烷
可能产生了毒性致死作用。由图 6.36（b）还可知，不同有机负荷下的最大产二氧化碳
量处于较低的水平，且并未随着负荷的增加而累积。

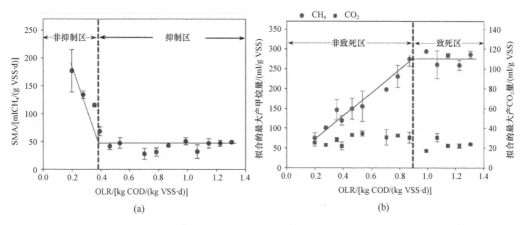

图 6.36　不同有机负荷下的产甲烷活性和产甲烷潜能
（a）产甲烷活性；（b）产甲烷潜能

　　在厌氧生物处理系统中，有机物被转化为甲烷、二氧化碳和其他代谢产物（如水、
氨、硫化物等），并用于合成生物质。根据图 6.36（b）的最终合成产物累积量，可计算
出碳源（乙酸钠）的转化率，结果如图 6.37 和表 6.10 所示。根据产甲烷活性及潜能的
结果将有机负荷划为三个区间：I，SMA 非抑制区［OLR<0.4 kg COD/（kg VSS·d）］；
II，SMA 抑制非活性致死区［0.4 kg COD/（kg VSS·d）<OLR<0.9 kg COD/（kg VSS·d）］；
III，SMA 活性致死区［OLR>0.9 kg COD/（kg VSS·d）］。在 SMA 非抑制区，有约 60%
的碳源被转化为甲烷和二氧化碳，在 SMA 抑制非活性致死区，有近 50%的碳源转化为
甲烷和二氧化碳，而在 SMA 活性致死区，仅有 30%～40%的有机物被用来合成生物沼
气，其余大部分碳源未被利用或被转化为其他代谢产物。此外，这三个区域的平均甲烷
转化率分别为 0.366 L CH₄/g COD、0.302 L CH₄/g COD 和 0.244 L CH₄/g COD，而在 35℃
下，理论的甲烷转化率（1 g 有机物全部转化为甲烷的量）为 0.4 L CH₄/g COD，结合本
节研究结果，建议有机负荷设计值应控制在 0.9 kg COD/（kg VSS·d）以内，在此范围内，
产甲烷菌可能被抑制但仍具有活性，且产甲烷潜能不受影响。

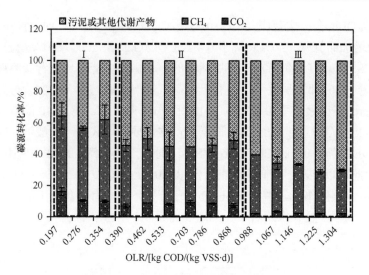

图 6.37 不同负荷下的碳源转化率

表 6.10 不同负荷下的碳源转化率

编号	OLR/ (kg COD/kg VSS)	生物气累积产量		碳源转化率		
		CH₄/（ml/g VSS）	CO₂/（ml/g VSS）	CH₄/%	CO₂/%	生物质/%
1	0.20	75.1±13.0	25.4±3.8	48.2±8.3	16.3±2.4	35.4
2	0.28	100.8±2.8	23.0±1.3	46.2±1.3	10.6±0.6	43.2
3	0.35	146.3±25.8	28.4±2.2	52.2±9.2	10.1±0.8	37.7
4	0.39	119.2±11.6	22.0 ±4.0	38.6±3.8	7.1±1.3	54.3
5	0.46	149.3±26.3	33.2	40.9±7.2	9.1	50.0
6	0.53	155.6±38.9	34.7±2.8	36.9±9.2	8.2±0.7	54.8
7	0.70	198.0	30.8±7.9	35.6	9.2±1.4	55.1
8	0.79	231.1±27.8	32.7±1.2	37.2±4.5	8.8±0.3	54.0
9	0.87	275.0±18.5	30.5±5.4	41.6±5.3	7.4±1.3	51.0
10	0.99	293.8	17.2±0.9	37.6	2.2±0.2	60.2
11	1.07	260.6±34.9	30.6±4.1	30.9±4.1	3.6±0.5	65.5
12	1.15	284.1±5.4	22.5±1.5	31.4±0.6	2.5±0.2	66.2
13	1.22	259.2±12.7	22.2±2.2	26.8±1.3	2.3±0.2	70.9
14	1.30	286.2±8.4	24.0±0.5	27.8±0.8	2.3±0.0	69.9

2. 工艺参数设计与优化

1）工艺参数设计公式

AnMBR 中的关键设计参数如膜通量、SRT、HRT、有机负荷等，其之间的相互关系及计算公式如式（6.4）~式（6.7）所示。

$$X = \frac{\theta_c Y Q (C_0 - C_e)}{V(1 + b\theta_c)} = \frac{OLR_{volume}}{OLR_{sludge}} \tag{6.4}$$

$$HRT = \frac{V}{Q} = \frac{V}{JA_m} = \frac{2V}{J_c A_m} \tag{6.5}$$

$$\mathrm{OLR_{volume}} = \frac{Q(C_0 - C_e)}{V} \tag{6.6}$$

$$\mathrm{OLR_{sludge}} = \frac{Q(C_0 - C_e)}{VX} = \frac{1 + b\theta_c}{Y\theta_c} \tag{6.7}$$

式中，X 为污泥浓度，g/L；θ_c 为污泥龄，d；$\mathrm{OLR_{volume}}$ 为容积负荷，kg COD/（$\mathrm{m^3 \cdot d}$）；$\mathrm{OLR_{sludge}}$ 为污泥负荷，kg COD/（$\mathrm{m^3 \cdot d}$）；HRT 为水力停留时间，h；Q 为日处理量，$\mathrm{m^3/d}$；V 为反应器有效容积，$\mathrm{m^3}$；A_m 为总膜面积，$\mathrm{m^2}$；C_0 为进水 COD，mg/L；C_e 为出水 COD，mg/L；J 为运行膜通量，L/（$\mathrm{m^2 \cdot h}$），假定为临界通量的 50%；Y 为净生物增长量，kg VSS/kg COD；b 为衰减率，$\mathrm{d^{-1}}$。在参数计算时，假设 C_0 为 400 mg/L（参考南方城市污水处理厂进水年平均值），COD 去除率为 90%（参考此前 AnMBR 小试的运行情况），反应器规格参数以 AnMBR 小试为例（V 为 31 L，A_m 为 0.735 $\mathrm{m^2}$），MLVSS/MLSS 假设为 0.55，Y 取 0.044 kgVSS/kgCOD，b 取 0.019 $\mathrm{d^{-1}}$。

2）工艺参数拟合与优化

膜通量是 AnMBR 工艺的重要设计参数，根据式（6.3）建立的临界通量经验公式，结合工艺参数计算式（6.4）～式（6.7），将式（6.3）推导、演绎，得出经验式（6.8）～式（6.10），其中，式（6.8）为膜通量与污泥龄之间的函数关系式，式（6.9）为污泥浓度与污泥龄之间的函数关系式，式（6.10）为膜通量与水力停留时间之间的函数关系式。根据推导的经验公式，模拟各参数之间的相互关系，绘于图 6.38（a）～（c）。由图 6.38（a）可知，有机污泥负荷 $\mathrm{OLR_{sludge}}$ 随着污泥龄的缩短而增加，负荷的提高有利于厌氧产沼。由前述实验结果可知，$\mathrm{OLR_{sludge}}$ 宜控制在 0.9 kgCOD/（kgVSS·d）以内，从而保证产甲烷菌的有效活性。根据图 6.38（a）的函数关系，设计污泥龄应在 50 d 以上。此外，当污泥龄无穷大（不排泥）时，有机负荷为 0.43 kgCOD/（kgVSS·d），因此，建议 AnMBR 的有机污泥负荷设计在 0.43～0.90 kg COD/（kg VSS·d）范围内，即图上的灰色区域。由图 6.38（a）还可知，膜通量随着污泥龄的增加而降低，这主要是由高泥龄下的高污泥浓度造成的。此外可观察到，中温（35℃）下的膜通量普遍高于常温（25℃）和低温（15℃）下膜通量，可见，温度对膜通量的影响较大，这与临界通量正交实验的极差分析结果一致。

$$J = \left[\ln\left(\frac{26.5}{(1 + 10^{0.58(0.39 - \mathrm{SGD})})(1.8 + J_c)} \right) + 0.0247(T - 15) + 0.1535 \right] \frac{1.35V(1 + b\theta_c)}{0.0424 A_m(C_0 - C_e)Y\theta_c} \tag{6.8}$$

$$\mathrm{MLSS} = \frac{2A_m Y\theta_c(C_0 - C_e)}{1.35V(1 + b\theta_c)} \left(\frac{26.5}{1 + 10^{0.58(0.39 - \mathrm{SGD})}} \cdot 1.025^{(T - 15)} \exp^{-0.0424(\mathrm{MLSS} - 3.62)} - 1.8 \right) \tag{6.9}$$

$$J = \frac{1}{2} \exp\left[\ln\left(\frac{26.5}{1 + 10^{0.58(0.39 - \mathrm{SGD})}} \right) + 0.0247(T - 15) - 0.0424\left(\frac{Y\theta_c(C_0 - C_e)}{\mathrm{HRT}(1 + \theta_c)} - 3.62 \right) \right] - 0.9 \tag{6.10}$$

图 6.38（b）描绘了不同温度下污泥浓度与污泥龄的相互关系。由图可知，污泥浓度随着泥龄的增加而增加，而污泥浓度与膜通量呈正相关，那么要维持一个稳定的膜通量，则需增加生物气循环强度，这就需要额外的能量输入。因此，较低的污泥龄，更有利于维持较高的膜通量，从而减少能量的输入；同时，低污泥龄有助于形成高有机负荷，

有利于厌氧产气。

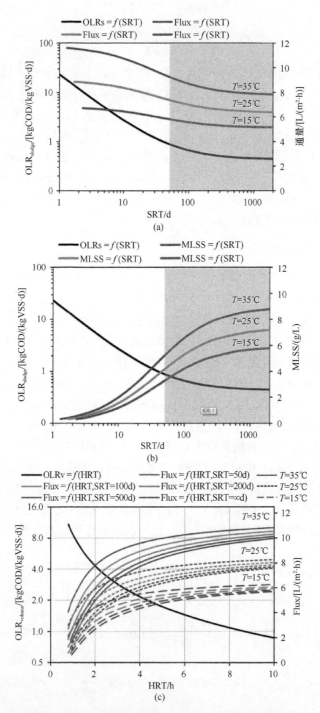

图 6.38　膜通量、SRT、HRT、有机负荷等参数之间相互关系（彩图扫描封底二维码获取）
（a）OLR$_{sludge}$ 和膜通量与 SRT 的函数关系；（b）OLR$_{sludge}$ 和 MLSS 与 SRT 的函数关系；（c）OLR$_{volume}$ 和膜通量与 HRT 的函数关系

以上函数关系均在假定 SGD = 0.39 m^3/（m^2·min）的基础上拟合得到

图 6.38（c）描绘了不同温度下膜通量、有机容积负荷与水力停留时间的相互关系。由图可知，有机容积负荷随着水力停留时间的延长而降低，对厌氧产沼不利。但是，一个较长的水力停留时间和一个较短的污泥龄能使污泥浓度大大降低，使膜通量得到提升。在 AnMBR 系统中，SRT 与 HRT 的解偶联可实现高有机负荷运行（短 HRT，长 SRT），从而提高产气量。但长泥龄和短水力停留时间将引起高污泥浓度，对膜的运行不利。考虑到长 HRT 会使工艺占地面积增加，长 SRT 会导致污泥浓度增加，从而对膜通量带来不利，因此在 AnMBR 设计运行时，建议考虑较短的 HRT（占地面积小）和较短的 SRT（接近 50 天）。

6.2.3　能量平衡分析

1）能量计算公式

AnMBR 整个工艺的能量衡算从两方面来计算：能量输入和能量输出。能量输出主要来自于产生的沼气，假设甲烷的能量转化率按照 11 kWh/（m³ CH₄）计算。甲烷产率依运行温度的不同而不同，据相关文献报道（Hu and Stuckey，2006；Huang et al.，2011；Gimenez et al.，2011；Smith et al.，2013；Martinez-Sosa et al.，2011），在中温（33～35℃）条件下，AnMBR 处理实际污水或合成废水时的甲烷产率为 0.27～0.33 L CH₄/g COD，在常温（20～25℃）条件下，AnMBR 的甲烷产率为 0.24 L CH₄/g COD，在低温（15℃）条件下，AnMBR 的甲烷产率为 0.12 L CH₄/gCOD。在本节研究中，能量的输出根据相应的甲烷产率和甲烷能量转化率计算得到。

AnMBR 中的能量输入主要包括：①用于沼气循环冲刷膜面的能耗，E_G［式（6.11）］（Martin et al.，2011；Verrecht et al.，2008）；②泵的能耗，E_p，如进水泵、出水泵和污泥循环泵，此类泵的能耗计算公式见式（6.12）（Kim et al.，2011；Wang et al.，2013）；③厌氧保温所需的加热能耗，E_H［式（6.13）］；④搅拌机能耗，E_B［式（6.14）］。以上能量的单位均为 kW·h/m³ 污水。

$$E_G = \frac{pT\lambda}{2.73 \times 10^5 \xi(\lambda-1)} \left(\frac{Q_A}{Q_P}\right) \left[\left(\frac{10^4 y + p}{p}\right)^{\left(1 - \frac{1}{\lambda}\right)} - 1\right] \tag{6.11}$$

式中，p 为沼气循环泵的进口真空度，Pa；由泵的特性曲线而定（以 AnMBR 小试为模型计算蓝本，所选泵型为 N810 FT.18，进口真空度为 100 mBar（bar 为压强单位，1 bar=0.1 MPa））；T 为气体的温度；ξ 为气泵的效率（假设为 60%）；λ 为气体的热容比（沼气取 1.3）；y 为膜池的有效深度（在 AnMBR 小试中为 0.5 m）；Q_A 为沼气循环量，m³/h；Q_P 为膜出水流量，m³/h。

$$E_p = \frac{Q\gamma h}{1000q\eta} = \frac{P_c}{q} \tag{6.12}$$

式中，P_c 为泵的功率，kW；Q 为泵的流量，m³/s；γ 为 9800 N/m³；h 为水力水头（包括吸上扬程和水头损失，m；q 为处理水量，m³/h；η 为泵的效率（假设为 60%）。

$$E_H = C_p m \Delta t \tag{6.13}$$

式中，C_p 为水的比热容（标准大气压下为 4.2 kJ/（kg·K））；m 为水的质量，kg；Δt 为设定温度与环境温度的差，K，单位水的加热能耗为 1.16 kW·h/（m³·℃）。

$$E_B = \frac{N_p \rho}{1000q} \left(\frac{n}{60} \right)^3 \left(\frac{D}{1000} \right)^5 \tag{6.14}$$

式中，N_p 为功率指数（与雷诺数和反应器尺寸有关）；ρ 为污泥混合液密度（1000kg/m³）；q 为处理水量，m³/h；n 为搅拌速度，r/min；D 为搅拌机直径，mm。

2）能量平衡分析

根据上述的能量计算公式，分别计算不同操作温度和工艺运行参数下 AnMBR 系统的能量输入和能量输出。

首先，计算能量的输出。参照实验得到及文献报道的甲烷产率，35℃取 0.30 $LCH_4/gCOD_{removed}$，25℃取 0.24 $LCH_4/gCOD_{removed}$，15℃取 0.12 $LCH_4/gCOD_{removed}$，计算相应操作温度下的能量输出值：35℃时沼气产能为 0.42 kW·h/m³，25℃时沼气产能为 0.34 kW·h/m³，15℃时沼气产能为 0.17 kW·h/m³。

其次，计算能量的输入。AnMBR 系统中耗能的有：进水泵、出水泵、污泥循环泵、沼气循环泵（隔膜真空泵）、水浴加热和机械搅拌设备。具体计算实例如下：

假设当 SRT 为 200 天，运行温度为 35℃，膜运行通量为 9 L/（m²·h）时，根据式（6.4）可计算得 MLVSS 为 2.82 g/L，则相应的 MLSS 为 5.12 g/L（MLVSS/MLSS = 0.55）；假设运行通量为临界通量的 50%，则膜的临界通量为 18 L/（m²·h），根据式（6.3），通过 Matlab 程序迭代法计算出生物气循环强度为 0.34 m³/（m²·h）；再由运行通量和膜面积可知日处理量 132.3 L/d，由生物气循环强度和膜投影面积可知沼气循环量为 0.25 m³/h。查隔膜真空泵的特性曲线知，进口真空度为 100 mbar，则根据式（6.11）计算得，用于沼气循环冲刷膜面的能耗 E_G 为 0.35 kW·h/m³。

在相同的假设条件下计算泵的能耗，以进水泵为例，根据式（6.12），系统水力水头损失估计为 0.05 m，泵的扬程为 0.5 m，泵的效率按 60%计，则一台进水泵的能耗 E_P 为 0.0025 kW·h/m³。

加热能耗用式（6.13）来计算。在亚热带地区，年平均气温为 20℃，加热到中温（35℃）所需能耗为 17.4 kW·h/m³，加热到常温（25℃）所需能耗为 5.8 kW·h/m³。由于加热能耗较高，拟采用热回收来补给这部分能耗。

搅拌机能耗用式（6.14）来计算。当膜运行通量为 9 L/（m²·h）时，按膜面积 0.735 m² 计算，AnMBR 日处理污水 132.3 L/d；搅拌机直径 150 mm（依反应器尺寸设计），搅拌机转速设置为 24 r/min，根据液体性质和反应器几何尺寸计算得泵的功率指数为 7.74，则搅拌机的能耗为 0.007 kW·h/m³。

分别模拟不同的运行参数（污泥龄、温度、膜通量），根据式（6.3）～式（6.7）拟合其他相关参数，并根据式（6.11）～式（6.14）计算各部分能量输入值，计算结果总结如图 6.39 所示。由图 6.39 可知，在 35℃时，AnMBR 系统能量需求范围为 −0.31～

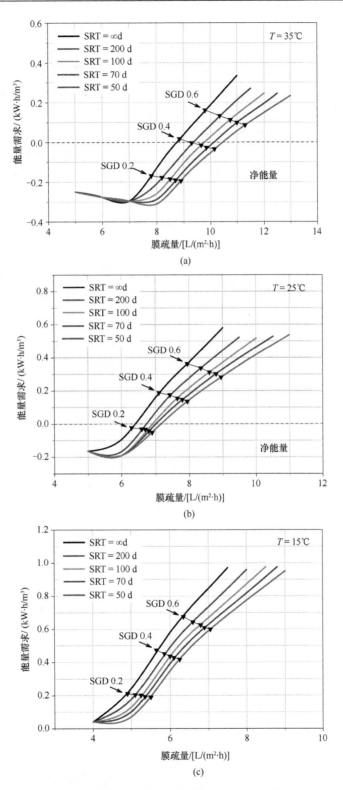

图 6.39 能量平衡分析（彩图扫描封底二维码获取）
（a）T=35℃；（b）T=25℃；（c）T=15℃

0.33 kW·h/m³，25℃时 AnMBR 系统能量需求范围为-0.19～0.58 kW·h/m³，15℃时，AnMBR 系统能量需求范围为 0.04～0.97 kW·h/m³。当膜通量一定时，中温 AnMBR 和常温 AnMBR 可实现能量收支平衡，且在一定范围内能实现净能量的产出（图上虚线以下区域，称为能量收益区）。能量收支平衡时的各工艺参数设计参考值总结如表 6.11 所示。由表可知，35℃时，膜通量最佳设计范围为 8.8～10.5 L/（m²·h），此时的有机容积负荷 OLR_{volume} 为 1.49～1.78 kgCOD/（m³·d）。但 AnMBR 在 25℃运行时，膜通量的最佳范围缩小到 6.3～7.2 L/（m²·h），此时的有机容积负荷为 1.08～1.22 kgCOD/（m³·d）。从能量平衡的角度来看，中温 AnMBR 的能量效益更高，因此，在 AnMBR 设计时应适当考虑中温或常温控制。

表 6.11　能量收支平衡时工艺参数设计参考值

SRT/d	35℃				25℃			
	膜通量/[L/（m²·h）]	HRT/h	OLR_{volume}/[kg COD/（m³·d）]	SGD/[m³/（m²·h）]	膜通量/[L/（m²·h）]	HRT/h	OLR_{volume}/[kg COD/（m³·d）]	SGD/[m³/（m²·h）]
50	10.5	4.8	1.78	0.46	7.2	7.1	1.22	0.25
70	10.1	5.0	1.72	0.44	7.0	7.2	1.19	0.24
100	9.8	5.2	1.66	0.42	6.9	7.4	1.17	0.24
200	9.4	5.4	1.60	0.41	6.7	7.6	1.14	0.23
∞	8.8	5.8	1.49	0.38	6.3	8.0	1.08	0.22

此外，值得注意的是反应器的加热能耗，由于水的比热容较高 [4.2 kJ/（kg·K）]，导致单位水的加热能耗较高 [1.16 kW·h/（m³·℃）]。在亚热带地区，年平均气温在 20 ℃左右，那么加热到 35℃ 需耗能 17.4 kW·h/m³，加热到 25℃ 需耗能 5.8 kW·h/m³。如果 AnMBR 在亚热带或寒带运行，则需提供相应的热补给措施来抵偿加热所需的能耗。热泵是一种有效的热回收设备，它可以从 AnMBR 出水中获取低位热能，经过电能做功，转化为高位热能，用于水浴保温。此外，甲烷热电联产过程的余热也可被回收利用。在热电联产过程中，仅有 35%的甲烷燃烧后转化为电能，其余 65%均转化为热能，这部分余热如被回收，将获得 0.79 kW·h/m³ 的电能。结合上述的分析，AnMBR 工艺若在温带或亚热带地区运行，当辅以配套的热回收设备，可实现低能耗运行。

从图 6.39(a)～(c)还可知，能耗需量在高通量区呈现激增的趋势，这主要是由于维持高通量运行需增加生物气循环强度，而气泵的能耗又占能量总输入的 90%以上。为明确生物气循环强度对 AnMBR 系统能耗的影响，输入三个 SGD 值为例（0.2 m³/（m²·h）），0.4 m³/（m²·h），0.6 m³/（m²·h），则相应的膜通量及所需能耗在图 6.39 中标出（如黑色倒三角所示），可以得知，SGD 值越高，能耗需求越大。如果生物气循环的能耗能够降低（如通过降低生物气循环强度或循环频率等手段），那么 AnMBR 的能耗效益将大大提升；或者，沼气循环量保持不变，增加膜的填充密度（减少平板膜间距或采用中空纤维膜），也可以降低 SGD 值，从而提高能量利用率。除上述方法外，还有以下两种方法可提高 AnMBR 的能耗效益：一是提高污水的有机负荷，增加沼气产量，提高能量输出值，如采用适当技术进行浓缩污水。二是回收溶解性甲烷，这部分生物能如随出水流走，不仅是能源的损失，溢出后更会产生温室效应（CH_4 的温室效应是 CO_2 的 25 倍）。

6.2.4　AnMBR 中试系统处理生活污水性能研究

基于 AnMBR 关键参数研究，本小节拟建立一套中试规模 AnMBR。在长期的运行过程中，考察 AnMBR 处理市政污水的运行性能，研究其在中温条件下的膜运行特性、污染物去除效果、产气产能效益、膜污染机制以及厌氧微生物代谢途径等，进一步优化 AnMBR 工艺的关键操作运行参数，并验证膜分离系统、沼气循环利用系统、反应器压力稳定系统、在线清洗系统放大后的适用性，最终得出一系列技术经济可行的工艺运行参数和工艺操作指南，以期为今后的工程化应用提供设计参数和运行策略。

1. AnMBR 中试系统及参数

中试规模的 AnMBR 实物图、工艺流程图如图 6.40 所示。试验进水为上海市曲阳污水处理厂的沉砂池出水，经潜水离心泵提升后进入杂质分离器，内设 80 目的微网（孔径 0.18 mm）和自动清洗装置，预处理可筛除沙砾、浮渣、纤维状杂质等，微网出水通过重力流入 AnMBR 配水槽。

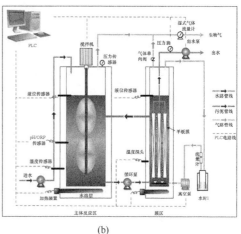

(a)　　　　　　　　　　　　　　　　(b)

图 6.40　中试规模的厌氧膜生物反应器
（a）实物图；（b）工艺流程图

AnMBR 中试系统由配水槽、主体反应区、膜区、水封、出水槽、PLC 系统以及连接管线组成。进水泵将去杂质污水泵入主体反应区，采用智能单光柱测控仪控制并监测整个系统的液位，PLC 系统实时在线显示反应器内的液位，并通过反馈调节控制进出水泵的启停。膜出水采用抽 5 min、停 30 s、反冲洗 30 s 的模式运行。主体区与膜区通过循环泵和溢流管连接，膜区放置一片帘式中空纤维膜，外部设有隔膜真空泵（N840 FT.18，KNF，德国）抽取膜区顶部的生物气，通过穿孔气管对膜面进行冲刷，由气体流量计计量生物气循环量，气路上设置水封做压力平衡装置。出水槽兼作反冲洗水槽，每个抽停周期用膜出水反冲 30 s，冲洗水量通过流量计计量。整个系统采用水浴控温（35

℃），并实时监测水浴、物料层的温度。反应器顶端均安装压力传感器，PLC 系统实时显示罐体内的压力值。

　　主体反应区有效尺寸 Φ200 mm×1100 mm，有效体积 25 L，膜区有效尺寸 1600mm×550mm×50mm，有效体积 35 L，聚偏氟乙烯中空纤维膜总膜面积 5.4 m^2，采用恒通量运行模式，启动膜通量 8 L/（m^2·h），水力停留时间（HRT）1.69 h，污泥龄（SRT）100 天，运行 173 天时，由于有机负荷过高污泥浓度增长过快，导致膜污染速率加快，因而将膜通量下调至 6 L/（m^2·h），相应的 HRT 为 2.22 h，同时 SRT 调整为 60 天。污泥循环比为 200%，生物气循环强度为 28 L/min。详细工况参数及操作条件见表 6.12。

表 6.12　工艺设计参数

设计参数	单位	Min			Max
设计进水 COD	mg/L	250			300
膜面积	m^2		5.4		
膜组件尺寸	mm×mm×mm		1125×480×25		
膜通量	L/（m^2·h）	6			8
抽：停：反冲洗	min：min：min		5：0.5：0.5		
处理规模	L/d	648			864
主体区尺寸	（直径）m×（高）m		0.2×1.1		
主体区有效液位	m		0.8		
主体区超高	m		0.3		
主体区有效体积	L		25.12		
膜区尺寸	m×m×m		1.6×0.55×0.05		
膜区有效液位	m		1.3		
膜区超高	m		0.3		
膜区有效体积	L		35.75		
主体区：膜区	V：V		≈2：3		
HRT	h	2.22			1.69
设计有机容积负荷	kgCOD/（m^3·d）	2.7	3.2	3.6	4.3

2. AnMBR 运行通量及 TMP 变化

　　表 6.13 及图 6.41 给出了中试规模 AnMBR 稳定运行过程中的工况参数及 TMP 随时间变化的情况。中温 AnMBR 在运行的 520 天内，共经历了四个清洗周期（Ⅰ，Ⅱ，Ⅲ，Ⅳ），历时从 2014 年 9 月至 2016 年 3 月，前三个清洗周期膜通量基本稳定在 8 L/（m^2·h），由于长时间的高有机负荷和较长的污泥龄（100 天）导致污泥浓度持续升高，清洗周期变短，因此在第四个清洗周期开始（173 天）时，膜通量调整为 6 L/（m^2·h），污泥龄降至 60 天，污染速率得到减缓。此外，第Ⅱ和第Ⅲ清洗周期较短的原因还在于此阶段位于冬季，环境温度变化较大（如图 6.41 所示，2014 年 9 月至翌年 4 月，主体区温度略低于膜区是由于冬季进水温度偏低，与主体区污泥混合后致使传热滞后；2015 年 12 月至翌年 2 月，遭遇极寒天气，主体区温度略高于膜区），且由于冬季外界温度低，水浴层散热快，很难控制在 35℃（平均温度约 30℃），低温进水混入主体区后，微生物为适应环境而释放更多的溶解性微生物产物，从而导致冬季及初春时节膜污染物率加快，因此，建议中温 AnMBR 在冬季及初春时按照低通量 [6 L/（m^2·h）]、短泥龄（60 天）的

模式来运行。AnMBR 进入第Ⅳ个清洗周期后，稳定运行了 350 天，下文将着重在此清洗周期内分析溶解性有机物的迁移转化规律及膜污染机制。

表 6.13　中试 AnMBR 的运行周期及工况参数

运行周期	运行时间	运行天数 /d	运行通量 / [L/ (m²·h)]	HRT /h	SRT /d	运行模式 抽：停：反冲/min	有机负荷 / [kg COD/(m³·d)]
1	2014 年至翌年 1 月	120	8	1.7	100	5：0.5：0.5	3.2±0.9
2	2015 年 2 月	34	8	1.7	100	5：0.5：0.5	3.2±0.2
3	2015 年 3 月	16	8	1.7	100	5：0.5：0.5	3.1±1.0
4	2015 年至翌年 3 月	350	6	2.2	60	5：0.5：0.5	3.0±0.9

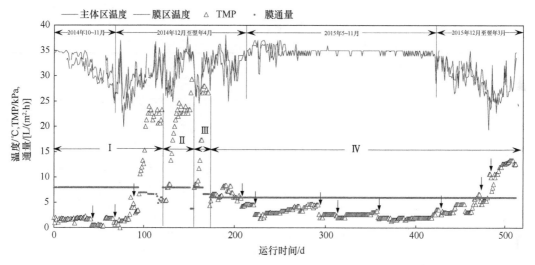

图 6.41　中试 AnMBR 运行通量及 TMP 图（彩图扫描封底二维码获取）
下降的黑色箭头为短暂停水使得膜污染得到缓解，重新启动后 TMP 略有降低

3. AnMBR 污染物去除情况

1）有机物去除

AnMBR 的进、出水 COD、TN、TP、污泥混合液中的溶解性 COD（即滤液 COD）以及 COD 去除率整理如表 6.14 和图 6.42 所示。在整个运行过程中，无论进水 COD 或是污泥滤液 COD 如何波动，出水 COD 几乎均在 100 mg/L 以下，COD 平均去除率为 84%，可见 AnMBR 具有较强的抗冲击负荷的能力。

表 6.14　AnMBR 进出水污染物去除情况

运行周期	指标	进水 / (mg/L)	进水滤液 / (mg/L)	污泥滤液 / (mg/L)	出水 / (mg/L)	去除率 /%
1^m	COD	350±83	152±30	242±70	57±23	83±7
	TN	44.6±8.4	37.8±7.0		28.2±6.5	37±7
	TP	6.1±1.2	4.3±0.8		4.3±0.9	28±12
	NH₃-N	38.5±7.1			36.0±5.3	

运行周期	指标	进水 /（mg/L）	进水滤液 /（mg/L）	污泥滤液 /（mg/L）	出水 /（mg/L）	去除率 /%
2	COD	342	135	113	44	86
	TN	38.2	34.3		22.4	41
	TP	5.9	4.3		5.4	8
	NH_3-N	30.4			34.6	
3^n	COD	329±111	117±34	510±54	50±23	84±7
	TN	37.8±1.3	32.3±1.5		23.1±3.3	39±7
	TP	5.1±0.9	3.8±0.6		3.9±0.3	23±7
	NH_3-N	32.1±6.2			31.5±2.4	
4^q	COD	424±128	150±39	228±111	50±22	86±7
	TN	50.2±10.3	39.8±8.1		34.5±7.1	31±12
	TP	10.4±5.0	7.0±3.1		6.5±2.5	34±14
	NH_3-N	36.7±6.4			34.2±6.0	

注：$m=30$，$n=5$，$q=70$。

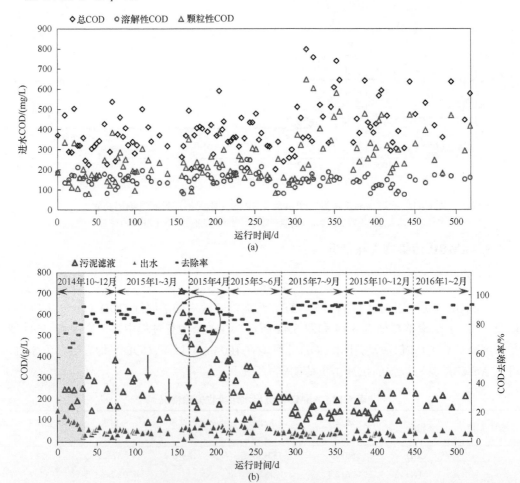

图 6.42　中试 AnMBR 运行过程中的进水 COD、出水 COD 及 COD 去除情况（彩图扫描封底二维码获取）
(a) 进水 COD；(b) 出水 COD 及 COD 去除情况
箭头为膜清洗节点，灰色区域为启动阶段，线圈标出为污泥滤液异常值

　　值得注意的是，污泥滤液 COD（0.45 μm 滤纸过滤）浓度较高，且波动较大，为 150～200 天（第Ⅲ个清洗周期及第Ⅳ个清洗周期初期，图 6.42 中圆圈标出）出现峰值，也是导致第Ⅲ清洗周期迅速结束的原因之一。同时发现，相对应的出水 COD 浓度却不高。为分析该原因，测定了污泥滤液及出水的 VFA［图 6.43（a），85～517 天］，并对膜区污泥进行离心过滤，划分为胶体、0.2～0.45 μm 及＜0.2 μm 的有机物［图 6.43（b），199～247 天］，结果发现，进水、污泥滤液和出水中的 VFA（COD 当量）分别在 40.71 mg/L、11.40 mg/L 和 3.42 mg/L 的水平，污泥组分中胶体物质占 19%，0.2～0.45 μm 的有机物占 78%，小于 0.2 μm 的有机物占 3%，而试验用的中空纤维膜孔径为 0.2 μm，因此，大于 0.2 μm 的有机物（约 97%）被膜拦截，致使出水 COD 处于较低的水平（50±22 mg/L）；而污泥经 0.45 μm 滤纸过滤仅拦截 19% 的胶体物质，从而使得污泥滤液 COD 较膜出水高，被膜拦截的 0.2～0.45 μm 这部分有机物也是造成膜污染的主要原因。此外，如表 6.14 所示，在中试 AnMBR 运行的四个周期，氮磷营养元素均有部分去除，一方面是膜的拦截作用对进水中颗粒态氮磷的去除，另一方面是溶解态氮磷用于生物质的合成。

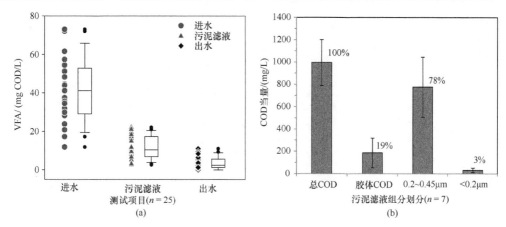

图 6.43　AnMBR 运行过程中 VFA 的去除情况和污泥滤液组分划分

（a）VFA 的去除情况；（b）污泥滤液组分划分

箱形图说明：箱中的横线从上到下依次为最大值、上四分位数、中位数、下四分位数、最小值，箱体上下的散点为异常值

2）无机元素的变化情况

　　表 6.15 列出了中试 AnMBR 长期运行过程中进出水及污泥滤液 ICP 的情况。从表中可以发现，元素 Ca、Na、K、Mg、P 和 Fe 是进出水中主要的无机元素。市政污水经 AnMBR 处理后，元素 Ca、Mg、Fe 和 Al 均有一定的减少，而污泥滤液中的这几种元素均高于出水，可见反应器内的这几种元素有累积且膜对其有拦截作用，因此，Ca、Mg、Fe 和 Al 也是引起微滤膜无机污染的主要元素。此外，其他重金属元素如 Zn 和 Pb 经 AnMBR 处理后均有去除，其中膜的拦截起到了关键作用。

表 6.15　AnMBR 运行过程中进出水 ICP 的情况（n=8）　　　（单位：mg/L）

元素	Ca	Na	K	Mg	Fe	B	Al	Zn
进水	44.42±4.06	35.11±2.09	10.45±1.30	9.95±0.49	0.93±0.24	0.64±0.90	0.39±0.19	0.25±0.05
滤液	44.07±6.65	32.89±5.88	11.25±1.66	9.92±1.76	1.13±0.60	0.31±0.48	0.49±0.23	0.21±0.06
出水	40.33±2.36	31.15±2.26	9.51±0.80	9.15±0.51	0.50±0.11	0.33±0.42	0.22±0.09	0.11±0.02

4. AnMBR 产沼性能分析

1）甲烷产率

中试 AnMBR 在四个清洗周期内的产气量及甲烷产率总结如图 6.44 和表 6.16 所示。由图可见，生物气日产量波动较大，可能与有机负荷波动较大相关；AnMBR 进入第Ⅳ清洗周期后，工艺运行逐渐趋于稳定而产气量波动减小。在该清洗周期内，平均有机负荷为（3.0±0.9）kgCOD/（m³·d），平均产气量为（22.1±6.7）L/d，经测定得到生物气中甲烷体积分数约 61%，即得到甲烷的平均日产量为 13.5 L/d。结合表 6.14 中 COD 的平均去除率可计算得，该工况下甲烷的转化率为 0.075 LCH₄/gCOD$_{removed}$。该中温 AnMBR 的甲烷转化率偏低，分析其原因，可能有以下几个方面：①甲烷溶解在出水中流失；②进水中的碳源被硫酸盐还原菌消耗，进水中的硫酸根还原为硫化氢气体或硫氢根；③进水中的 COD 转化为生物量。为阐释该问题，后续进行 COD 的核算。

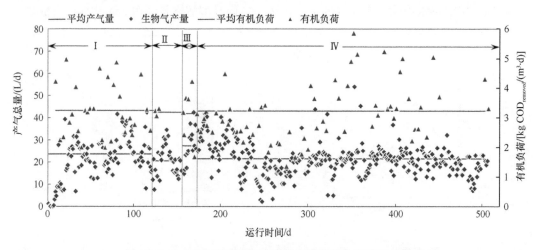

图 6.44　AnMBR 运行过程中有机负荷及生物气产量分析

表 6.16　中试 AnMBR 生物气产量分析

运行周期	运行通量 /[L/（m²·h）]	处理规模 /（L/d）	有机负荷 /[kg COD/（m³·d）]	产气总量 /（L/d）	平均气体组分 CH₄/（%）	平均气体组分 CO₂/（%）	产 CH₄ 率 /（L CH₄/g COD）
1	8	864.4	3.2±0.9	23.5±9.8	39.7±8.4	1.8±0.3	0.049
2	8	864.4	3.2±0.2	20.5±6.7	49.0	1.7	0.052
3	8	864.4	3.1±1.0	27.4±8.0	65.6±10.6	1.6±0.1	0.097
4	6	648.4	3.0±0.9	22.1±6.7	61.2±7.0	2.8±0.9	0.075

2）溶解性甲烷

采用顶空法测定溶解性甲烷：取 50 ml AnMBR 出水，注射到 125 ml 密闭小瓶中，小瓶中预先装好 100% 的氩气，然后加入 1 ml 20mM 的 HgCl₂ 抑制生物反应。将小瓶剧烈震荡 10 min 使溶解性气体充分扩散到顶空，然后将小瓶在室温下放置 30 min 达到气液平衡，取顶空气体测定甲烷的体积分数。利用亨利定律计算溶解性甲烷的浓度，计算公式如下：

$$[CH_4]_{dis} = \frac{\left([\%CH_4]_{gas}/100\right) \times \left[d \times V_{gas} + (P_T - P_V) \times K_H \times V_L\right]}{V_L} \qquad (6.15)$$

式中，$[CH_4]_{dis}$ 为溶解性甲烷的浓度，mg/L；d 为甲烷的密度，25℃，1atm 下，甲烷密度为 655.5 mg/L；V_{gas} 为小瓶顶空体积，ml；P_T 为当地大气压，1atm；P_V 为水的饱和蒸气压，0.032atm；K_H 为甲烷的亨利系数，25℃下为 22.4 mg/（L·atm）；V_L 为小瓶内液体体积，ml。

由图 6.45 可知，AnMBR 污泥中的溶解性甲烷平均含量为 12.01 mg/L，出水中溶解性甲烷平均浓度为 8.40 mg/L，可见，微滤膜对溶解性甲烷有一定的分离效果。

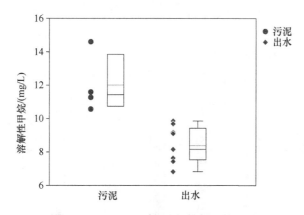

图 6.45　AnMBR 系统溶解性甲烷的含量

箱形图说明：箱中横线从上到下依次为最大值、上四分位数、中位数、下四分位数、最小值，红线为平均值

3）硫化物及硫酸盐的测定

分别取进水、出水及膜区污泥测定其中的硫化物、硫酸盐浓度，硫化物采用国标法（亚甲基蓝分光光度法）测定，硫酸盐采用离子色谱测定，测定结果如图 6.46 所示。进水硫化物、硫酸盐平均浓度分别为 1.6 mg/L、79.6 mg/L，出水硫化物、硫酸盐平均浓度分别为 13.5 mg/L、4.0 mg/L，可见，进水中的硫酸盐 95% 被还原，其中：

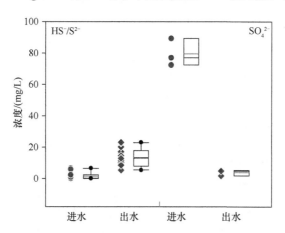

图 6.46　AnMBR 系统硫化物及硫酸盐的测定

（1）被还原为硫化物溶解在出水中的硫占硫酸盐去除的 47.3%[SO_4^{2-}–$S_{removal}$ = （79.57 – 4.01）/96×32 = 25.19 mg S/L，（13.49–1.57）/25.19 = 47.3%]；

（2）被还原为硫化氢气体存在于生物气中的硫占硫酸盐去除的 11.1%（经硫化氢检测仪测定，H_2S 在生物气中的含量为 71.81 mg/L，30℃下，气体摩尔体积按 24.9 L/mol 计，则气相中 H_2S 的体积分数为 71.81/34×24.9×10^{-3}×100 = 5.26%，平均每日硫化氢产量为 21.5 L×5.26% = 1.13 L，H_2S–$S_{generate}$ = 71.81/34×32×21.5 = 1453 mg S/d，1453/（25.19×518）= 11.1%）

5. AnMBR 系统 COD 物料恒算

在 AnMBR 体系内，进水中 COD 的去向为：被甲烷菌利用转化为生物气（气相及液相中的 CH_4 和 CO_2），不能被微生物降解残余在出水中，被硫酸盐还原菌利用转化为还原态的硫（硫单质，溶解性硫化氢，气态硫化氢）以及用于生物量的合成，以下在第 IV 清洗周期内，对 COD 的去向进行核算，结果汇总于图 6.47 和表 6.17。

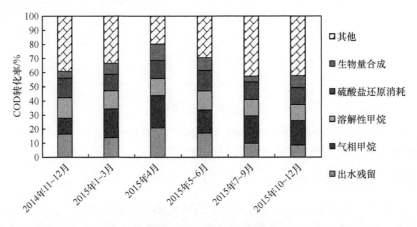

图 6.47　不同运行阶段的 COD 核算（彩图扫描封底二维码获取）

表 6.17　系统 COD 核算表

参数	2014 年 11～12 月	2015 年 1～3 月	2015 年 4 月	2015 年 5～6 月	2015 年 7～9 月	2015 年 10～12 月
MLVSS/（g/L）	12.3	20.6	17.0	11.9	6.2	13.0
进水 COD/（mg/L）	301	350	396	353	411	423
出水 COD_{eff}/（mg/L）	49	48	82	60	40	36
生物气产量/L	22.3	24.6	29.2	17.8	22.2	21.5
CH_4 含量/%	39.7	65.6	55.1	57.2	64.0	61.0
CO_2 含量/%	1.8	1.6	2.5	4.0	3.0	2.1
总 COD 量/（g/d）	221.1	227.3	205.1	182.9	212.9	219.1
出水残留/（g/d）	36.0	31.2	42.5	31.1	20.7	18.6
气相 CH_4/（g/d）	25.3	51.7	56.4	39.3	50.1	43.9
液相 CH_4/（g/d）	31.9	29.1	24.7	24.7	24.7	24.7
硫酸盐还原消耗/（g/d）	30.6	26.3	26.2	26.2	26.2	26.2
生物量合成/（g/d）	10.5	17.6	24.1	16.9	8.9	18.5
其他/（g/d）	86.8	76.5	40.7	53.8	90.9	92.9

计算过程如下（以 2015 年 10～12 月为例）：

（1）总 COD 量。平均进水 COD 423 mg/L，实际日处理量 518 L（已考虑膜清洗水），则总 COD 量为　423×518/1000 = 219.1 g/d。

（2）转化为生物气。CH_4 和 CO_2 的 COD 当量分别为 0.35 L CH_4/gCOD 和 0.7 L CO_2/gCOD，监测到的生物气日平均产量为 21.5 L/d，其中甲烷体积分数为 61%，二氧化碳体积分数为 2.1%，则甲烷日产量 13.1 L/d，二氧化碳日产量 0.45 L/d，则每日转化为气相 CH_4 及 CO_2 的 COD 为　13.1/0.35 + 0.45/0.7 =38.1 g/d。

（3）溶解性甲烷的流失。经测定，出水中溶解性甲烷为 8.4 mg/L，甲烷的 COD 当量为 4 gCOD/gCH_4，则每日转化为溶解性甲烷的 COD 为（8.4×4×648＋12.0×4×60）/1000 = 24.7 g/d。

（4）被硫酸盐还原菌利用。经测定，进出水硫酸根离子浓度分别为（79.6±8.8）mg/L 和（4.0±2.0）mg/L，假定硫酸根全部还原为硫化氢或硫氢根，而还原 1 g SO_4^{2-} 需要 0.67 gCOD（$3SO_4^{2-} + 4CH_3OH \longrightarrow 3S^{2-} + 4CO_2 + 8H_2O$，还原 1 g SO_4^{2-} 需要 0.44 g CH_3OH；$2CH_3OH + 3O_2 \longrightarrow 2CO_2 + 4H_2O$，1g CH_3OH 相当于 1.5 gCOD），那么体系中硫酸根的还原共消耗（79.6–4.0）×0.67×（648–130）= 26.2 gCOD/d。

（5）用于生物量的合成。此阶段体系内平均 MLVSS 为 13.0 g/L，每天排泥 1 L（SRT 60 天），维持体系内稳定的 SS 需每日消耗 13.0×1×1.42 = 18.5 gCOD/d。

（6）出水 COD 残余。该阶段出水 COD 为 36 mg/L，则每日去除的 COD 总量为 36×518/1000 = 18.6 g/d。

合计：1）38.3 + 2）21.8 + 3）25.9 + 4）15.4 = 101.4 g/d

（7）其他。扣除已知去向的 COD，未知去向的 COD 仍有 92.9 g/d；一方面，由于 HRT 较短（2.2 h），进水中的颗粒 COD 可能并未完全水解，或吸附在污泥上被去除；结合后续的污泥浓度分析可知，系统内的污泥浓度受进水 SS 的影响较大，进水中的颗粒有机物并未充分水解而是随系统排泥带走；另一方面，由于膜的拦截作用，部分有机物可能以膜污染物的形式富集在膜表面。

6. AnMBR 污泥性质分析

1）污泥浓度

在中试规模的 AnMBR 系统中，膜区的 MLSS、MLVSS 以及 MLVSS/MLSS 的变化如图 6.48 所示。AnMBR 启动时的接种污泥为上海市白龙港污水净化厂厌氧消化污泥，原泥经稀释过筛处理；AnMBR 系统启动后，污泥浓度开始上升，在开始运行的阶段里，SRT 控制为 100 天，膜通量控制为 8 L/(m^2·h)，运行至 56 天时系统故障（图 6.48 中箭头所示），检修后污泥浓度下降，之后运行的一段时间（57～172 天），污泥浓度迅速增长并稳定在 28 g/L 左右；由于污泥浓度较高，膜运行通量也较高，致使膜污染速率加快，在此期间，膜组件共进行了三次维护性清洗（2015 年 1～3 月）；且第Ⅲ清洗周期仅运行了 18 天（如图 6.44 所示），考虑到 AnMBR 系统长期运行的稳定性，从 173 天起，膜通量下调至 6 L/(m^2·h)，同时 SRT 调整为 60 天，此后运行的第Ⅳ个清洗周期，污泥浓度逐渐下降并趋于稳定。纵观整个运行周期，AnMBR 运行至冬季及初春时节时，系统内的污泥浓度较高，而运行至夏季时，污泥浓度较低，这可能与南方市政污水的特性相关，冬令时节用水量减少雨水量也较少，城市排水中污染物浓度较高；而夏令时用水量增加雨量也增加，致使排水中污染物浓度较低；可见，AnMBR 系统的污泥浓度受季节的影响较大，而污泥浓度又是影响膜通量的主要因素之一（仅次于温度），因此，建议 AnMBR 的 SRT 依污泥浓度调节，MLSS 宜控制在 10~20 g/L，膜通量按 8 L/（m²·h）运行。此外，监测了第 IV 个清洗周期 AnMBR 系统内的 pH 值及 ORP 情况，如图 6.49 所示，可见，污泥混合液的 pH 值和 ORP 均处于稳定状态，pH 均值为 7.10±0.22，ORP 均值为 −（301.4±26.2）mV。

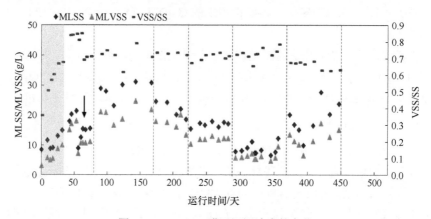

图 6.48　AnMBR 膜区污泥浓度的变化

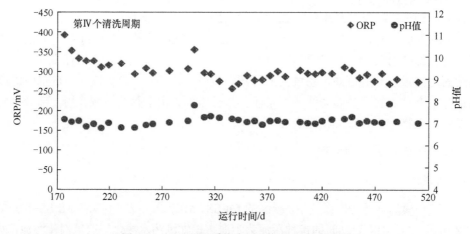

图 6.49　AnMBR 系统内 pH 值及 ORP 的变化

2）产甲烷性能

为考察 AnMBR 系统污泥的产甲烷活性（SMA）和产甲烷潜能（BMP），分别在运行的 184 天和 358 天取样，对厌氧污泥进行了 SMA 测定。结果显示，运行至 184 天时，厌氧污泥的 SMA 为（50.1±6.9）ml CH₄/（gVSS·d），运行至 358 天时，厌氧污泥的 SMA 为（56.9±0.6）ml CH₄/（gVSS·d）；采用修正的 Gompertz 三因素模型拟合，运行至 184 天时 BMP 为 226.6 ml CH₄/gVSS，运行至 358 天时 BMP 为 213.4 ml CH₄/gVSS。可见，

AnMBR 在运行过程中，污泥产甲烷活性及产甲烷潜能相对稳定。

3）污泥粒径

为进一步了解 AnMBR 系统中厌氧污泥随运行周期的延长污泥粒径的变化，分别在不同的时间点取膜区污泥，用马尔文激光粒度仪进行污泥粒径分析。结果如图 6.50 所示。由图 6.50（a）可知，在第Ⅳ清洗周期运行内，污泥平均粒径逐渐变小并于 300 天后趋于稳定（D_v（50）26 μm 左右）。图 6.50（b）描述了 321 天时膜区及主体区污泥粒径分布情况，可见，膜区和主体区的污泥粒径分布没有显著差异，说明污泥在整个 AnMBR 系统中分布比较均匀。

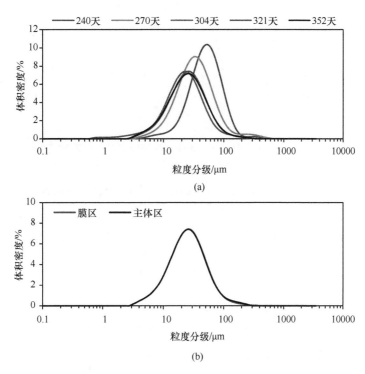

(a)

(b)

图 6.50　AnMBR 污泥粒径分布图（彩图扫描封底二维码获取）
（a）不同运行时间的污泥粒径；（b）膜区和主体区粒径对比

4）微生物群落结构

a. 微生物多样性分析

为研究中试 AnMBR 系统内的微生物菌落结构，分别在第 IV 清洗周期运行的第 182 天（2015 年 3 月，初春）、295 天（2015 年 7 月，夏季）及 478 天（2016 年 1 月，冬季），取主体区和膜区的污泥（标记为 ZTQ 和 MQ），采用高通量 MiSeq 测序法对细菌和古菌进行了多样性测试，经修剪去杂后，优化后有效序列数为 37844～42710 条（细菌），30742～41468 条（古菌）；经统计计算，序列平均长度为 437～440 bp（细菌），262～448 bp（古菌）。将优化序列截齐后与 Silva 数据库对比进行细菌和古菌聚类，在 97%的相似性下获得 OTU 代表序列，不同采样时间样品的 OTU 数目总结如表 6.18 所示，并绘制主体区和膜区微生物的稀释性曲线如图 6.51 所示，可见当测序序列数量大于 5000 时仍有新的 OTU 被检出，也说明 MiSeq 测序平台可以获得丰富的生物信息；ZTQ 和 MQ 的稀释曲线均随测序序列的增加趋于平坦，说明本次测定样本取样量合理。表 6.18 也列出了 Alpha-diversity 分析中各样品细菌和古菌群落的丰度与多样性指数。由表中信息可知，AnMBR 主体区生物多样性与膜区的多样性相当，但细菌的多样性远高于古菌。此外，覆盖率指数几乎接近 1，可见该样本序列的细菌和古菌几乎全部被检测出。

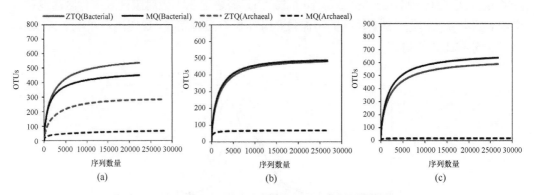

图 6.51　AnMBR 主体区和膜区微生物样品的稀释性曲线
（a）2015 年 3 月；（b）2015 年 7 月；（c）2016 年 1 月

表 6.18　AnMBR 主体区和膜区的物种丰富度和多样性评价

样品名	细菌*					古菌*				
	Reads	OTUs	Chao	Shannon	覆盖率	Reads	OTUs	chao	shannon	覆盖率
主体区（第9天）	22313	538	567	4.85	0.9979	28202	284	284	3.34	0.9998
膜区（第9天）	22313	451	477	4.74	0.9985	28202	69	78	2.31	0.9996
主体区（第122天）	26725	481	491	4.30	0.9992	34895	68	68	2.88	1.0000
膜区（第122天）	26725	488	491	4.58	0.9996	26398	68	68	2.94	1.0000
主体区（第305天）	26721	590	611	4.83	0.9985	31596	19	19	1.76	1.0000
膜区（第305天）	26721	639	655	5.17	0.9986	31596	18	18	1.58	1.0000

*表示相似水平为 0.97。

b. 细菌群落结构分析

为得到细菌 OTUs 对应的物种分类信息，采用了 RDP classifier 贝叶斯算法对 97% 相似水平的 OTUs 代表序列进行了分类学分析，结果如图 6.52 所示。分析初春时节（2015 年 3 月）的微生物群落结构 [图 6.52 （a）]，主体反应区和膜区的微生物优势菌种存在差异，由 Venn 图显示 [图 6.52 （a）中的红绿线圈，红色代表主体区，绿色代表膜区]，主体区和膜区分别有 142 条和 55 条独有 OTUs；在主体反应区，优势菌分别属于绿弯菌门（Chloroflexi，28.7%）和变形菌门（Proteobacteria，26.2%），而在膜区，拟杆菌门（Bacteroidetes，23.31%）和变形菌门（Proteobacteria，22.1%）是最主要的菌门，其次是绿弯菌门（Chloroflexi，18.02%）；这三种菌门是厌氧生物处理系统普遍存在的细菌门类。其中，绿弯菌门下的菌种与 SMP 的降解有关，可以减轻膜污染；变形菌可以降解较广泛的高分子有机物；而拟杆菌，多为蛋白质水解细菌，参与蛋白质的水解和氨基酸的酸化过程，这三个菌门占细菌总数的 51%～63%，成为 AnMBR 系统参与有机物降解的主要菌门。

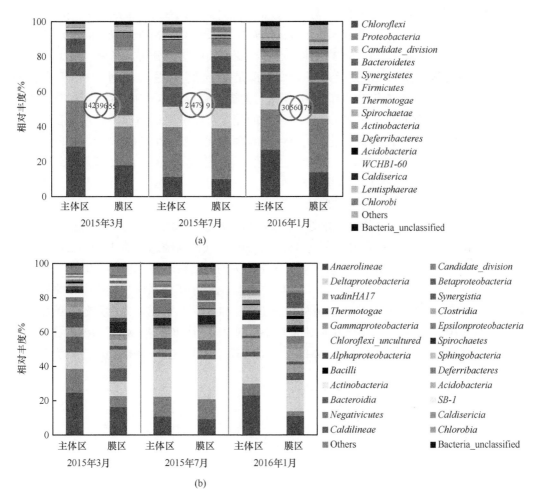

图 6.52　AnMBR 不同区域微生物群落结构分析图（彩图扫描封底二维码获取）
（a）分类到门；（b）分类到纲

当 AnMBR 运行至夏季（2015 年 7 月）时，主体反应区和膜区的微生物群落结构分布相似，由 Venn 图显示，主体区和膜区分别仅有 2 条和 9 条独有 OTUs，优势菌门依次是变形菌门（28.4%～29.1%）、拟杆菌门（11.4%～13.9%）和绿弯菌门（11.3%～10.0%）。

当 AnMBR 运行至 2015 年冬季时，主体区与膜区的微生物菌落结构与初春时节类似，主体区和膜区分别有 30 条和 79 条独有 OTUs，主体区优势菌门依次为绿弯菌门（26.9%）、变形菌门（22.8%）和拟杆菌门（13.1%），膜区优势菌们依次为变形菌门（30.6%）、拟杆菌门（18.0%）和绿弯菌门（13.9%）。由上分析可知，AnMBR 虽然有温控系统，但其微生物菌落结构仍会随着季节的变化而变化，一方面是由于不同季节进水中微生物的差异，另一方面是因为冬季和初春时节环境温度较低，低温进水混入主体区后造成局部温差，从而使菌群结构产生差异。

　　为获得更多的生物信息，将细菌菌落继续细分，从纲的分类上来看［图 6.52（b）］，变形菌门又可细分为五个纲，分别为 α-变形菌（α-*Proteobacteria*）、β-变形菌（β-*Proteobacteria*）、γ-变形菌（γ-*Proteobacteria*）、δ-变形菌（δ-*Proteobacteria*）和 ε-变形菌（ε-*Proteobacteria*），图 6.53 描述了这五种变形菌的比例分布。可见，在 2015 年 3 月的微生物群落结构中，β-变形菌和 δ-变形菌是变形菌门下主要的纲（占变形菌门的 71%～74%），而在 2015 年 7 月和 2016 年 1 月的微生物群落结构中，δ-变形菌是最主要的纲（占变形菌门的 82%～84%），三次采样的差异可能是由于 AnMBR 系统在第 IV 清洗周期前工况不稳定所致。此外，δ-变形菌包含酸氧互营菌（互营杆菌目，*Syntrophobacterales*）以及硫代谢相关细菌，如硫酸盐还原菌（脱硫弧菌目，*Desulfovibrionales*）、脱硫杆菌（脱硫杆菌目，*Desulfobacterales*）、硫还原菌（如除硫单胞菌目，*Desulfuromonadales*）和脱硫盒菌（脱硫盒菌目，*Desulfarculales*）。图 6.54 总结了 δ-变形菌纲下相关菌目的细分图，由图可知，运行至 2015 年 3 月时，AnMBR 体系内与硫代谢相关的细菌占 δ-变形菌的 18.9%～20.7%（占细菌总量的 1.6%～2.0%）；运行至 2015 年 7 月时，AnMBR 体系内与硫代谢相关的细菌占 δ-变形菌的 5.0%～5.8%（占细菌总量的 1.2%～1.4%）；运行至 2016 年 1 月时，AnMBR 体系内与硫代谢相关的细菌占 δ-变形菌的 4.1%～5.6%（占细菌总量的 0.7%～1.0%），可见，无论是冬令还是夏令时节，AnMBR 系统内硫代谢细菌的比例均不超过 2%，且随着 AnMBR 系统的稳定，这一比例趋稳，说明在中试 AnMBR 系统中，硫酸盐还原菌不是产甲烷菌的主要竞争者。

——AnBR ——MT

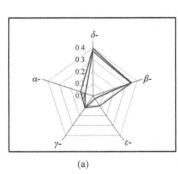 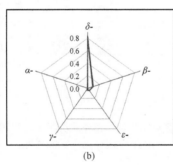 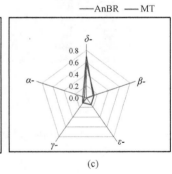

（a）　　　　　　　　　　　　（b）　　　　　　　　　　　　（c）

图 6.53　AnMBR 主体区与膜区变形菌门细分图

（a）2015.03；（b）2015.07；（c）2016.01

　　在拟杆菌门下，除了鞘脂杆菌纲（*Sphingobacteria*）和拟杆菌纲（*Bacteroidia*）是主要的细菌菌落，还发现 *VadinHA17* 有较高的相对丰度（2015 年 3 月为 5.3%～10.8%，2015 年 7 月为 2.0%～2.5%，2016 年 1 月为 5.0%～7.9%），这类细菌可能与难降解有机物的代谢有关；因此，在 AnMBR 系统里 *VadinHA17* 的存在有利于污染物的去除。此外，厚壁菌门（*Firmicutes*）下的梭状芽胞杆菌（*Clostridia*）相对丰度也较高（2015 年 3 月为 3.2%～3.5%，2015 年 7 月为 5.1%～6.8%，2016 年 1 月为 3.8%～7.5%），这类细菌可能参与生物产氢的过程。在 AnMBR 系统中，这类细菌的存在有利于厌氧产氢。

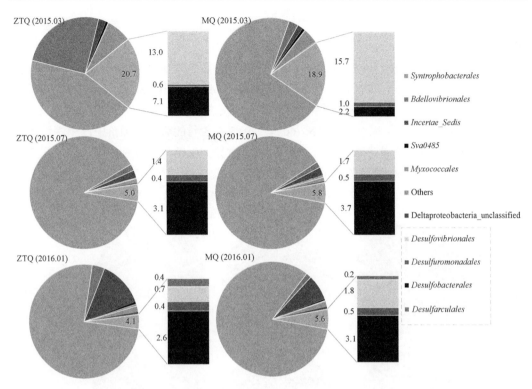

图 6.54　AnMBR 主体区与膜区 δ-变形菌纲细分图（彩图扫描封底二维码获取）

c. 古菌群落结构分析

采用 RDP classifier 贝叶斯算法对 97%相似水平的 OTUs 代表序列进行了分类学分析，结果如图 6.55 所示。由图 6.55（a）可知，2015 年 3 月和 2015 年 7 月的样品在门的水平上，93%～99%的古菌均属于广古菌门（*Euryarchaeota*），而其他菌门，如奇古菌门（*Thaumarchaeota*）、泉古菌门（*Crenarchaeota*，包括很多超嗜热生物）的相对丰度仅有 0.1%～1.3%；此外，由 Venn 图可知［图 6.55（b）中的红绿线圈］，2015 年 3 月的主体区和膜区古菌菌落差异较大，主体区尚有 5.5%的古菌不能纳入已知菌门；而 2015 年 7 月的样品在主体区和膜区的古菌菌落结构几乎没有差异；当 AnMBR 运行至 2016 年 1 月时，主体区和膜区的古菌菌落结果差异仍非常小［图 6.55（b）中的红绿线圈］，可见，当 AnMBR 在第 IV 清洗周期运行稳定后，AnMBR 系统主体区和膜区的微生物菌落结构趋于相似；此外，可发现 2016 年 1 月的样品中虽然优势菌群依然是广古菌门，但泉古菌门的相对丰度有所增加（主体区 21.4%，膜区 15.5%）。

为获得更多的生物信息，将古菌菌落细分，从目的分类上来看［图 6.55（c）］，2015 年 3 月的主体区主要是甲烷八叠球菌目（*Methanosarcinales*，34.3%）和甲烷微菌目（*Methanomicrobiales*，32.3%），膜区主要是甲烷八叠球菌目（74.7%）；2015 年 7 月的主体区和膜区均以甲烷八叠球菌目占主导（87.5%～89%），甲烷微菌目仅占很少的比例（2.9%～3.3%）；而 2016 年 1 月的主体区的优势菌群是 *WCHA1-57*（46.8%）和甲烷杆菌目（*Methanobacteriales*，22.1%），膜区的优势菌群是 *WCHA1-57*（49.2%）和热原体目（*Thermoplasmatales*，15.9%），甲烷八叠球菌目和甲烷微菌目均占很少比例，可见 AnMBR

随着运行周期的延长，产甲烷菌落结构发生了变化。甲烷八叠球菌主要是一些乙酸营养型产甲烷菌（*acetoclastic methanogens*），而甲烷微菌目、甲烷杆菌目主要是一些氢营养型产甲烷菌（*hydrogenotrophic methanogens*）；另外有研究指出（Chouari et al.，2005），*WCHA1-57* 这类未培育的古菌也具有产甲烷的功能，能利用甲酸和 H_2/CO_2。可见，随着季节的变化，AnMBR 系统内产甲烷的代谢途径也发生了变化。

此外，从属的分类上来看 [图 6.55（d）]，2015 年 3 月的微生物菌落中以甲烷鬃菌属（*Methanosaeta*）和甲烷绳菌属（*Methanolinea*）占主导，这两种菌分别隶属于甲烷八叠球菌目和甲烷微菌目，分别是乙酸型产甲烷菌和氢营养型产甲烷菌；2015 年 7 月的微生物菌落主要以甲烷鬃菌属为优势菌群，一般认为当甲烷鬃菌属相对丰度较高时，厌氧系统内

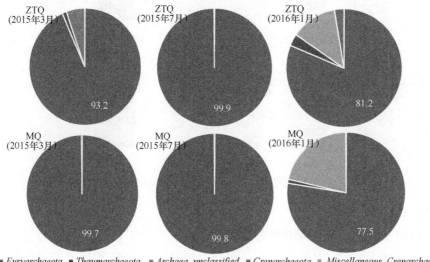

(a)

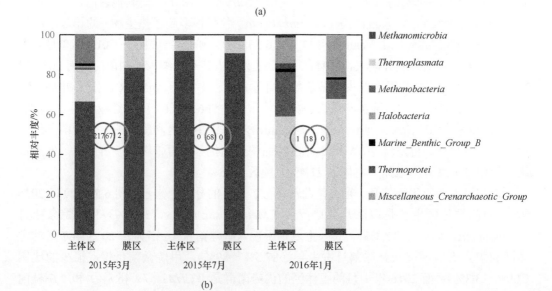

(b)

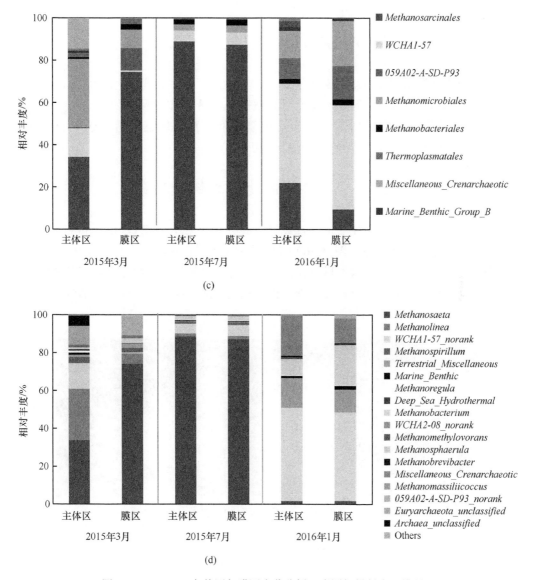

图 6.55　AnMBR 主体区与膜区古菌分析（彩图扫描封底二维码）
（a）按门分类；（b）按纲分类；（c）按目分类；（d）按属分类

乙酸含量会很低，这与前述的 VFA 分析结果相一致；而 2016 年 1 月的微生物菌落主要以
WCHA1-57_norank 和甲烷杆菌属为优势菌群，这两种菌均为氢营养型产甲烷菌；可见，
在 2015 年 3 月的 AnMBR 体系内，微生物以混合型产甲烷代谢过程为主导（乙酸型和氢
营养型共同存在）；在 2015 年 7 月的 AnMBR 体系内，微生物以乙酸型产甲烷代谢过程为
主导，而在 2016 年 1 月的 AnMBR 体系内，微生物以氢营养型产甲烷代谢过程为主导。
甲烷代谢途径的变化可能由短 HRT 导致，Braga 等研究指出（Braga et al.，2016），2 h 的
HRT 有利于生物产氢，底物的增加使得氢营养型产甲烷代谢过程占主导。

6.3 AnDMBR 处理生活污水研究

本小节主要探索 AnDMBR 处理生活污水的性能，将对处理生活污水的 AnDMBR 构型、反应器设计及运行参数进行运行优化研究，考察 HRT、污泥形态、温度、搅拌、初始污泥接种量、反应器构型等因素对厌氧微网分离反应器运行的影响。同时对 AnDMBR 处理生活污水的膜污染机制进行分析。

6.3.1 AnDMBR 处理系统及参数

动态膜（微网）材质选用 250 目涤纶网（孔径 61 μm），与 PVC 板框和支撑导流网黏合、制成平板式微网组件（图 6.56）。涤纶网的主要特点是抗皱保形性能好、表面光滑、强度高、弹性好。由于这类材料孔径较大，污水中部分溶解性污染物和胶体可以透过。此外，涤纶网表面光滑且材质柔软，稍有扰动，部分滤饼层即脱落，形成一个微网过滤性能自动恢复的过程。

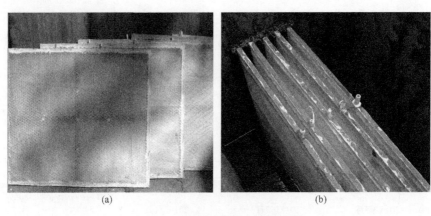

图 6.56　平板式涤纶网微网组件
(a) 涤纶网；(b) PVC 板框

试验接种污泥共有颗粒污泥和絮体污泥两种。其中，颗粒污泥取自于上海市某造纸厂废水处理站 IC 反应器，颗粒呈黑色，粒径约 1.5～3 mm；絮体污泥取自课题组前期研究使用的厌氧微网分离反应器，絮体呈黑褐色，粒径为（121.3±10.9）μm。

在厌氧微网分离反应器构建中，除了微网材质、孔径、组件型式外，厌氧反应器构型的选择也非常重要，反应器的构型、水力条件直接影响厌氧处理的效果。在充分借鉴现有几种比较流行的厌氧反应器构型基础上，研制了三种厌氧微网分离反应器构型，分别为底部接触式、升流式、折流板式 AnMBR（反应器构型如图 6.57～图 6.59 所示）。本章将采用这三种反应器构型，结合影响因素分析进行同步对比研究。

根据以上三种反应器构型，设计 11 套反应器（A～K）进行同步对比试验，考察 HRT、污泥形态、温度、搅拌、初始污泥接种量及反应器构型对污染物去除效果和微网膜污染速率的影响。各装置运行参数见表 6.19。

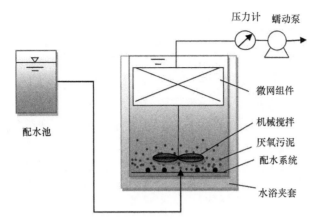

图 6.57 底部接触式 AnMBR

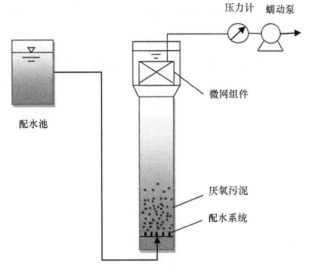

图 6.58 升流式 AnMBR

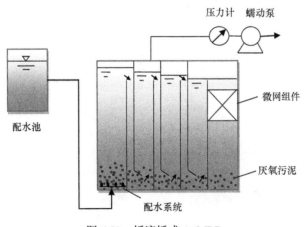

图 6.59 折流板式 AnMBR

表 6.19 各装置运行参数

反应器构型	编号	HRT	流量 Q / (L/h)	通量 J / [L/ (m²·h)]	膜片数目	MLVSS/(g/L)	污泥负荷	水浴	搅拌	污泥形态
底部接触式	A	2	3	72	2	3.5	0.26	—	—	絮状
	B	4	1.5	72	1	3.5	0.26	—	—	絮状
	C	8	3	36	1	3.5	0.26	—	—	絮状
	D	4	1.5	72	1	3.5	0.26	—	—	颗粒
	E	4	1.5	72	1	3.5	0.26	有	—	絮状
	F	4	1.5	72	1	3.5	0.26	—	有	絮状
升流式	G	4	10.5	65	4	3.5	0.26	—	—	絮状
	H	8	5.25	65	2	3.5	0.26	—	—	絮状
	I	4	10.5	65	4	7	0.13	—	—	絮状
折流板式	J	4	1.25	65	2	3.5	0.26	—	—	絮状
	K	8	0.625	65	1	3.5	0.26	—	—	絮状

注：污泥负荷单位为 kg COD/ (kg MLVSS·d)。

6.3.2 不同 AnDMBR 处理系统对比研究

1) HRT 的影响

HRT 对出水 COD 的影响见图 6.60 和图 6.61。整体来看，3 个反应器出水 COD 都和进水滤液近似，说明 AnDMBR 对污染物的去除主要是依靠微网对颗粒性污染物的截留实现的，而对溶解性污染物去除并不理想。在整个运行过程中，对于反应器 A（HRT=2 h），初期出水水质较差，这是由于停留时间过短、厌氧微生物与进水接触不充分，导致处理效果不佳；对于反应器 B（HRT=4 h）和反应器 C（HRT=8 h），AnDMBR 出水比较稳定，即使进水有较大的波动，出水 COD 浓度波动较小，且 COD 去除率随着运行时间延长略有升高。

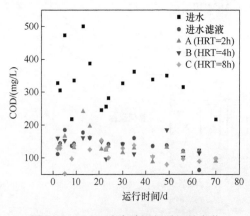

图 6.60 COD 浓度随运行时间的变化

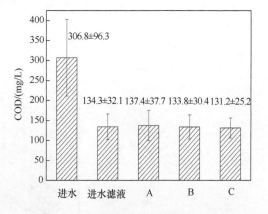

图 6.61 不同反应器出水 COD 浓度对比

试验期间，AnDMBR 出水 SS＜15 mg/L（$n=10$），微网对颗粒污染物表现出良好的截留效果。随着 HRT 的延长，出水 COD 浓度略有下降，说明 AnDMBR 对 COD 的去除除了依靠动态膜的截留，还有厌氧微生物和污泥区接触沉淀的共同作用，较长的停留时间有利于污水与厌氧微生物之间的传质，也使得进水中的悬浮物在反应器能够更好地接触沉淀。

不同 HRT 条件下，TMP 的变化情况如图 6.62 所示。

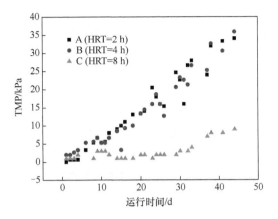

图 6.62　TMP 随运行时间的变化

由图 6.62 可见，对于反应器 A（HRT=2 h）和反应器 B（HRT=4 h），微网的膜污染速率相近，这与微网采用的通量相同（J=72 L/m^2·h）有关；而对于反应器 C（HRT=8 h），由于采用微网通量为 36 L/m^2·h，微网的膜污染速率明显降低，说明微网膜污染速率与其运行通量紧密相关，而与反应器 HRT 关系不明显。对于升流式和折流板式厌氧微网分离反应器，HRT 的影响与底部接触式类似，不再赘述。

2）污泥形态的影响

污泥形态对污染物去除的影响见图 6.63 和图 6.64。由图可见，反应器 D（颗粒污泥）对 COD 的去除效果比反应器 B（絮体污泥）略有改善。

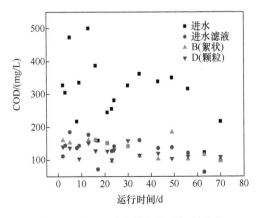

图 6.63　COD 浓度随运行时间的变化

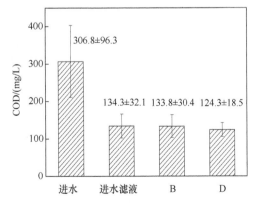

图 6.64　不同反应器出水 COD 浓度对比

由图 6.65 可见，污泥颗粒化对微网膜污染的改善较为明显，在经过 47 天的运行后，接种絮体污泥的反应器 B 压力已达到了 35 kPa，并且膜通量不可逆衰减，而反应器 D

压力仅在 20 kPa 左右。原因为颗粒污泥较絮体污泥有更好的沉淀性能，反应器下部的污泥不容易上浮至膜区而造成泥饼层污染，从而减缓了膜污染速率。

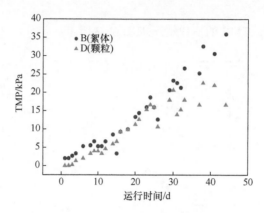

图 6.65　TMP 随运行时间的变化

3）温度的影响

温度对污染物去除的影响见图 6.66 和图 6.67。由图可见，水浴加热（反应器 E）对 COD 去除的改进不是非常明显，去除率只有略微上升，但是 TMP 增长速率（图 6.68）却明显高于常温组（反应器 B）。对于生活污水来说，由于污染物浓度较低，反应器有机负荷低导致厌氧污泥微生物活性并不高，加温并没有带来预期的效果，对膜污染也无改善作用。

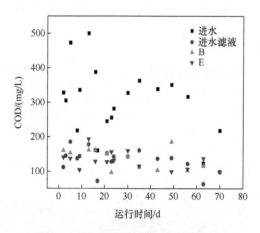

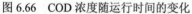

图 6.66　COD 浓度随运行时间的变化

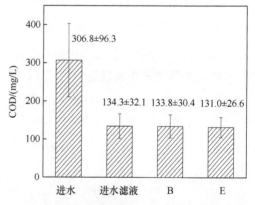

图 6.67　不同反应器出水 COD 浓度对比

4）搅拌的影响

在厌氧微网分离反应器内设置底部搅拌装置（反应器 F），为方便与其他反应器对比，初始采用微网目数为 250 目。运行发现，由于搅拌会将污泥絮体带至上部的微网分离区，250 目并不能拦截所有的污泥絮体，出水浑浊。并且，由于污泥浓度的增大，如果继续维持高通量（72 L/m²·h）运行，TMP 在 24 h 之内即超过 30 kPa，工程实践上不可行。因此将反应器 F 中微网组件换为 380 目，相应通量也降至 40 L/m²·h，COD 去除情况见图 6.69 和图 6.70，TMP 变化见图 6.71。

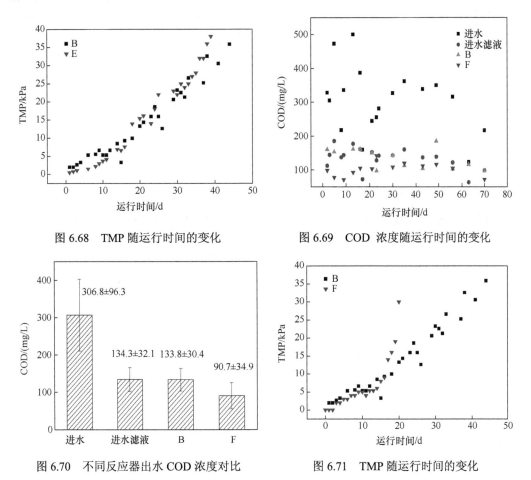

图 6.68　TMP 随运行时间的变化　　　　图 6.69　COD 浓度随运行时间的变化

图 6.70　不同反应器出水 COD 浓度对比　　　图 6.71　TMP 随运行时间的变化

　　由图 6.70 可见，搅拌作用明显有利于 COD 去除，COD 去除率由（55.2±17.2）%提升至（75.4±15.9）%。这一方面是由于搅拌增强了 AnMBR 内部的传质作用，另一方面是由于微网孔径的减小使得部分胶体或溶解性有机污染物被截留。在污染物去除率得到提升的同时，微网的膜污染速率显著加快，尤其是在运行后期，存在快速的增长过程，当到达运行终点，将微网组件取出时发现，微网表面泥饼层相对于其他工况更为密实，这与溶解性有机污染物在泥饼层中累积，增加了泥饼层颗粒间的黏聚力有关。

　　5）初始污泥接种量的影响

　　不同初始污泥接种量条件下，厌氧微网分离反应器对污染物去除效果见图 6.72 和图 6.73。由图可见，接种污泥量的增加有助于 COD 的去除，出水 COD 由（126.6±47.9）mg/L（反应器 G）下降至（120.0±41.2）mg/L（反应器 I）。但同时反应器内污泥浓度的增长也会导致 TMP 增长变快，膜污染速率增加（图 6.74）。因此，在厌氧微网分离反应器启动初期，接种污泥量并不是越大越好，应在出水水质和膜污染控制间寻找平衡点，才能使其更加经济有效。

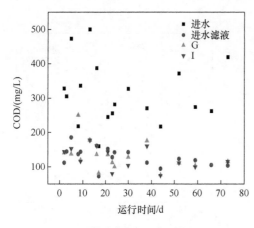

图 6.72　COD 浓度随运行时间的变化

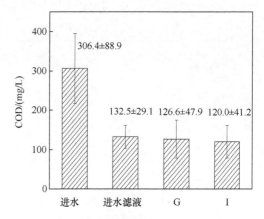

图 6.73　不同反应器出水 COD 浓度对比

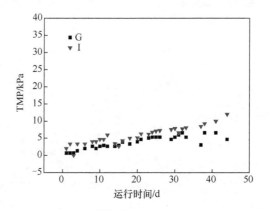

图 6.74　TMP 随运行时间的变化

6）反应器构型的影响

反应器构型对 COD 去除的影响见图 6.75 和图 6.76。由图可见，与底部接触式反应器（反应器 B）相比，升流式（反应器 G）和折流板式（反应器 J）AnMBR 表现出更好的 COD 去除效果。对于这三种构型反应器而言，在接种污泥性质、接种污泥量、HRT、温度、有机负荷、微网通量都一致的条件下，折流板式 AnMBR 表现最佳、升流式次之、底部接触式效果较差。究其原因，这与微生物与污染物在三种反应器内部的传质条件有关。对于折流板式，上下多次折流，有良好的水力条件，混合效果良好，反应器死区小，使得废水中有机物与厌氧生物充分接触，有利于有机物的分解，反应器中的污泥也由于折板而不容易流至设在末端的膜分离区。对于升流式反应器，由于上升流速较高（0.6 m/h），微生物和污染物也有较充分的接触。而对于底部接触式，虽然结构简单、运行维护简便，如不设置搅拌设施，会存在传质效果不佳的问题。

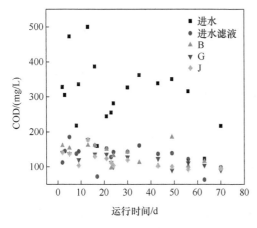

图 6.75　COD 浓度随运行时间的变化

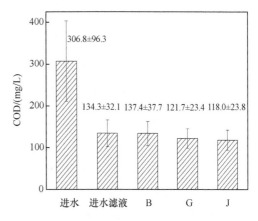

图 6.76　不同反应器出水 COD 浓度对比

TMP 的变化情况见图 6.77。与底部接触式不同，升流式和折流板式都表现出较佳的抗污染性能。微网膜污染速率分别为 $1.58 \times 10^9 \text{ m}^{-1}/\text{h}$，$0.33 \times 10^9 \text{ m}^{-1}/\text{h}$ 和 $0.20 \times 10^9 \text{ m}^{-1}/\text{h}$。这说明厌氧微网分离反应器设计要考虑的一个重要因素就是膜区的污泥浓度。与好氧 MBR 不同，厌氧微网分离反应器内，由于不存在曝气所形成的错流速度，进水有机物浓度低导致的产气量小也不足以对膜面造成冲刷，微网膜面紊流情况要远远低于好氧 MBR，因此污泥颗粒容易黏附且不易脱附，将污泥区与微网膜区相分离是保证微网膜污染控制的有效手段。

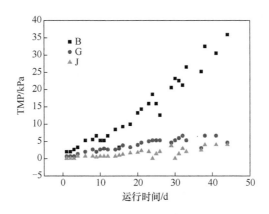

图 6.77　TMP 随运行时间的变化

虽然折流板式厌氧微网分离反应器表现出良好的污染物去除和抗污染性能，但在试验过程中发现，由于折流板式反应器分格多，结构比较复杂，污泥累积较易引起堵塞问题，导致微网分离区会出现抽干的现象，这将给其工程实践应用增加了建造成本和运行维护成本。综合污染物去除、微网抗污染能力和运行维护等几个方面，最终选择升流式厌氧微网分离反应器作为推荐的厌氧微网分离反应器构型。

6.3.3　升流式 AnDMBR 处理性能及污染机制

采用升流式 AnDMBR，试验装置共设 3 套，其中 1 号（HRT=4 h），2 号（HRT=8 h），3 号（HRT=16 h），进一步研究升流式 AnDMBR 处理性能及污染机制。

1）污染物去除效果

长期运行试验共进行 330 天，从 2009 年 11 月 30 日开始，到 2010 年 10 月 25 日结束。微网装置对 COD、TN、NH_3-N 的去除效果见图 6.78 和图 6.79。在整个运行期间，AnDMBR 均表现出良好的污染物去除性能。且随着 HRT 延长，出水水质有所改善。

AnDMBR 对 TN 也有一定的去除（图 6.80 和图 6.81），但是由于 AnDMBR 的局限性，对 TN 的去除效率并不高，不同的停留时间对 TN 的去除影响不大，这是由于厌氧微网分离反应器对 TN 的去除机制与对 COD 的去除机制有所不同，其对 TN 的去除主要是依靠微网动态膜对颗粒性氮源较好的截留性能，此外还有颗粒性污染物在污泥区中接触沉淀的去除作用。

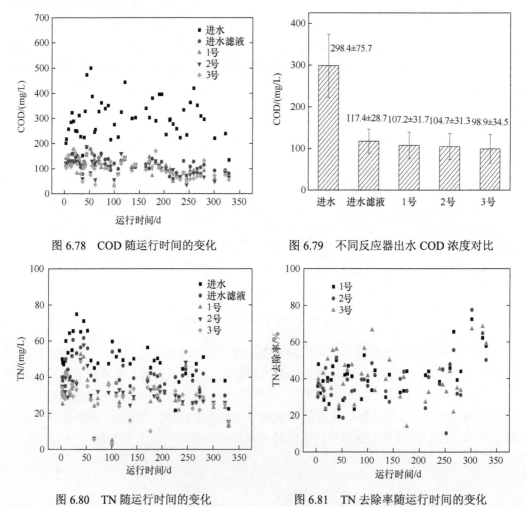

图 6.78　COD 随运行时间的变化　　　　图 6.79　不同反应器出水 COD 浓度对比

图 6.80　TN 随运行时间的变化　　　　图 6.81　TN 去除率随运行时间的变化

反应器运行期间,各反应器进出水的 NH$_3$-N 变化见图 6.82。由图可见,厌氧微网分离反应器出水 NH$_3$-N 略有下降,但与进水相差不大。表明厌氧微网分离反应器对于 NH$_3$-N 去除效果不大。而且厌氧反应器中还存在氨化作用,所以出水的 NH$_3$-N 包括未被微生物利用的部分和进水中有机氮转化部分。

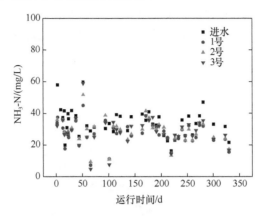

图 6.82　NH$_3$-N 随运行时间的变化

2）跨膜压差变化

试验期间厌氧微网分离反应器 TMP 的变化见图 6.83。

由图可见,在保持高通量运行条件下(J= 65 L/(m^2·h)),在长达 330 天的连续运行过程中,厌氧微网分离反应器仅经历了四个清洗周期。微网表现出较低的膜污染速率(v=0.6×10^9 m^{-1}/h)。一方面是由于涤纶网材质所具有的孔径大(61 μm)、表面光滑等特点,另一方面也是由于本厌氧微网分离反应器的微网组件放置在反应器的澄清区,试验期间,悬浮物浓度较低(SS=0~250 mg/L)。当 TMP 到达约 25~30kPa 时,出水通量出现衰减,将微网组件从澄清区取出,采用物理擦洗的方式去除微网表面泥饼层。

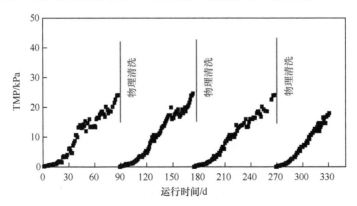

图 6.83　TMP 随运行时间的变化

3）膜污染机制

本小节选取一套 AnDMBR 作为研究微网膜污染机制的试验装置,装置设计及运行参数为:V=45 L,HRT=8 h,J=65 L/(m^2·h)。选取 1 个完整的微网运行周期,对其微网表面膜污染物进行连续跟踪监测，以期对动态膜形成过程、形成机制有更深入的认识。

　　a. 微网膜阻力分布研究

　　在此运行周期内，微网膜 TMP 随运行时间的变化见图 6.84，此运行周期共经历 88 天。对微网膜阻力进行计算，微网固有膜阻力 $R_m =3.8\times10^7\,m^{-1}$，微网膜孔阻力 $R_p =1.3\times10^7\,m^{-1}$，泥饼层阻力（$R_c$）随运行时间的变化见表 6.20。可见，与泥饼层阻力相比，微网固有阻力和膜孔阻力基本可忽略，微网膜阻力主要是由泥饼层阻力构成。

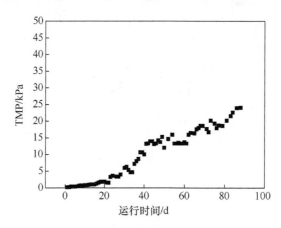

图 6.84　TMP 随运行时间的变化

表 6.20　微网泥饼层阻力随运行时间的变化

指标	2 天	5 天	7 天	20 天	48 天	88 天
R_c（$\times10^{10}\,m^{-1}$）	1.1	1.8	3.1	9.4	69.0	121.2

　　b. 膜表面污染物观测

　　将不同污染时间的微网取出，进行 SEM 观测见图 6.85。

　　由图可见，清洁微网表面十分光洁平整，孔径分布比较均匀，网格呈现单层结构。随着过滤过程的进行，首先有部分小颗粒物质在微网纤维处黏附［图 6.85（b）］；直至 7 天左右，微网表面才形成了完整的次生动态膜［图 6.85（c）］，此时表面存在多孔和不均匀的现象；之后，随着污染物的进一步累积，泥饼层逐渐增厚且被压实［图 6.85（d）～（f）］。据文献报道，动态膜阻力的增长主要由两个原因引起：污染物累积导致泥饼层的不断增厚和抽吸压力上升导致的泥饼层压实变密。

　　微网表面的次生动态膜主要是由沉积在其表面的颗粒物（SS）构成。单位微网面积上颗粒物质量随运行时间的变化见图 6.86（a）。由于微网放置区域错流速度较小，膜面紊动较小，因此 SS 随着运行时间呈持续增长态势，是引起过滤阻力不断增长的主要原因。此外，泥饼层的不断压密也是另一个主要因素。SS/Cake volume（颗粒物质量/泥饼层体积）指标可以反映泥饼的压密程度。该指标的变化情况如图 6.86（b）所示。

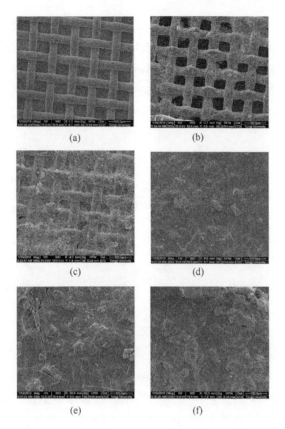

图 6.85　SEM 照片

（a）清洁微网膜表面；（b）污染后微网膜表面（2 天）；（c）污染后微网膜表面（7 天）；（d）污染后微网膜表面（20 天）；
（e）污染后微网膜表面（48 天）；（f）污染后微网膜表面（88 天）

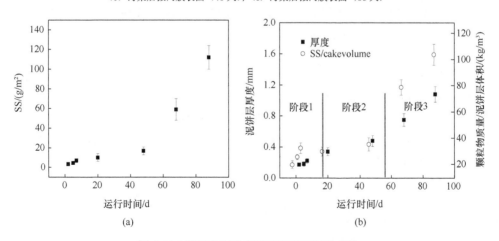

图 6.86　微网表面动态膜随运行时间的变化

（a）单位微网面积上 SS 量；（b）泥饼层厚度和颗粒物质量/泥饼层体积（$n = 5$）

由图 6.85 和图 6.86 可见，微网表面动态膜（泥饼层）的形成可以大致分为 3 个阶段：①分离层形成阶段：小颗粒物质黏附在微网纤维上，与微网孔径相近的颗粒被截留，微网孔道堵塞，SS 的快速累积形成初期的分离层；②稳定增长阶段：泥饼的重量和泥饼层厚度同步增长，泥饼层压密程度 SS/Cake volume 变化不明显；③污染阶段：SS 质量增长速率超过了厚度增长速率，泥饼层逐渐压密变实，微网阻力上升速率快。微网表面动态膜不仅仅由颗粒物构成，还可能包括一些溶解性和胶体类物质，如 SMP 和 EPS 类大分子物质，其含量变化如图 6.87 所示。

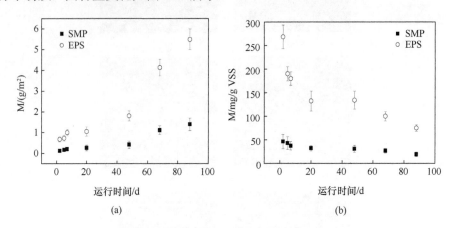

图 6.87　微网表面动态膜随运行时间的变化

(a) 单位微网面积上 SMP 和 EPS 含量；(b) 单位 VSS 的 SMP 和 EPS 含量（$n=5$）

由图 6.87 可见，微网膜表面的 SMP 和 EPS 类物质也随运行时间持续增长，变化规律与 SS 类似。SMP 和 EPS 在膜表面的累积会显著影响到泥饼层的性质，增强了污泥颗粒间的黏附力。单位质量 VSS 中 SMP 和 EPS 的含量如图 6.87（b）所示。研究发现，初期的膜污染物中 SMP 和 EPS 的含量明显高于后期，这可能是由于与大粒径的颗粒相比，SMP 和 EPS 这类大分子物质在微网表面更容易黏附。之后其余颗粒在抽吸力作用下被膜截留，SMP 和 EPS 含量有所下降。在 AnDMBR 中，由于膜区紊动较小，且大孔径微网对溶解性和胶体性物质截留作用有限，因此颗粒物是构成动态膜的主要成分。

c. 粒径分析

运行期间，进水、出水和膜区混合液的粒径见表 6.21。由表可见，在过滤初期，出水颗粒物粒径有（77.8±9.6）μm，之后有个明显的减小的过程，到第 7 天和第 20 天，出水平均粒径仅为（11.3±5.3）μm 和（9.8±3.6）μm。随着过滤过程进行，泥饼层逐渐变得密实，由于涤纶网的单层结构，在抽吸力作用下，部分污泥颗粒可能透过微网，因此，在 48 天时，出水平均粒径达到（18.9±7.3）μm，在过滤终点 88 天时甚至达到（22.9±8.1）μm。

表 6.21　进出水粒径随运行时间的变化 [a]

样品	进水	澄清区 [b]	出水					
			2 天	5 天	7 天	20 天	48 天	88 天
平均粒径/μm	115.6±17.3	96.8±10.9	77.8±9.6	43.7±12.6	11.3±5.3	9.8±3.6	18.9±7.3	22.9±8.1

a 表中数值均以平均值±标准偏差来表示；测试次数 $n=5$。

b 微网膜组件放置在澄清区。

6.4　AnMBR 膜清洗研究

6.4.1　不同药剂对微生物活性影响

NaOH 和 NaClO 作为有效的化学清洗药剂，被广泛应用于 MBR 的在线清洗和离线清洗中，但是在在线清洗中药剂的扩散会影响微生物活性。本节探究厌氧污泥在 NaOH 和 NaClO 的短期暴露下的生物应激反应，研究在不同浓度梯度的 NaOH 和 NaClO 下厌氧微生物的活性，测定了包括产甲烷活性（specific methanogenic activity，SMA）、比产甲烷潜能（biochemical methane potential，BMP）及厌氧生物过程的关键酶活性即 DHA（dehydrogenase）和辅酶 F420 在内的系列指标，研究微生物活性与清洗药剂的关系，为选用 AnMBR 膜清洗的清洗药剂种类及其浓度提供科学参考。

1. NaOH 清洗对微生物产甲烷的影响

不同浓度 NaOH 对厌氧微生物产甲烷性能影响如图 6.88 所示（污泥浓度为 7.6 g/L）。由图 6.88（a）可知，污泥与不同浓度 NaOH 接触后 SMA 与 NaOH 浓度呈线性负相关。空白组的厌氧微生物产甲烷活性最大 [34.0 ml CH_4/(g VSS·d)]，当 NaOH 上升到 400 mg/L 时，SMA 几乎降至 0。由图 6.88（b）知，当 NaOH 浓度低于 200 mg/L 时，污泥产甲烷潜能在 79～106 ml CH_4/(g VSS·d) 范围内波动，当 NaOH 浓度在 200 mg/L 以上时，产甲烷潜能开始下降，在 NaOH 浓度为 400 mg/L 时，BMP 降至最低 [17.6 ml CH_4/(g VSS·d)]。在 NaOH 由 0 上升至 200 mg/L 期间，虽然产甲烷体积下降，但产甲烷的潜能并未下降，这反映在此期间产甲烷微生物的产甲烷活动受到抑制，但 NaOH 并未达到致死浓度；当 NaOH 大于 200 mg/L 时，NaOH 对微生物开始发挥致死作用，产气潜能大大下降；在 NaOH 为 400 mg/L 时，几乎丧失产气能力，产甲烷潜能约为空白组的 20%，可以认为产甲烷微生物在该浓度下已丧失活性。当 NaOH 浓度由 10 mg/L 上升至 400 mg/L 时，pH 值由 7.39 上升至 10.10。pH 值会影响细胞内电解质的平衡，直接影响微生物的活性甚至灭活，此外，pH 值还会影响溶液中基质或抑制物浓度，而间接影响微生物活性。

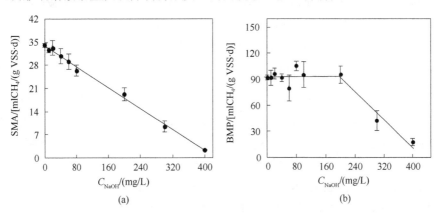

图 6.88　不同 NaOH 浓度下的 SMA 和 BMP

（a）SMA；（b）BMP

　　图 6.89（a）表明，当 NaOH 浓度小于 100 mg/L 时，DHA 活性在一定范围内（98%～148%）上下波动，且活性基本都大于 100%，表明小于 100 mg/L 浓度的 NaOH 对 DHA 活性具有促进作用。DHA 变化与 SMA 的趋势不一致，这是因为 DHA 参与的是乙酸生成反应，与甲烷生成相相比，酸生成相的最佳 pH 有相对更大的范围。当 NaOH 浓度大于 100 mg/L 时，DHA 活性呈现下降趋势；当 NaOH 浓度为 400 mg/L，DHA 活性为 98%。说明 NaOH 在 100～400 mg/L 范围内波动时，并不会对 DHA 造成明显不利影响。

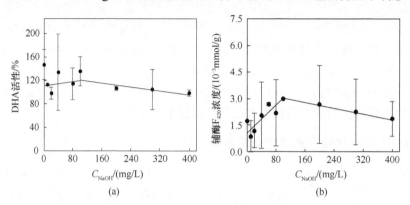

图 6.89　不同 NaOH 浓度下的 DHA 和辅酶 F_{420}
（a）DHA；（b）辅酶 F_{420}

　　图 6.89（b）反映了单位污泥 F_{420} 浓度随 NaOH 浓度的变化，随着 NaOH 浓度上升，F_{420} 浓度先上升后下降。空白组的 F_{420} 浓度为 1.75×10^{-3} mmol/g，在 NaOH 为 100 mg/L 时，F_{420} 浓度达到峰值，为 2.68×10^{-3} mmol/g；当 NaOH 浓度在 100～400 mg/L 时，F_{420} 浓度逐渐下降。F_{420} 浓度变化趋势与 SMA 和 BMP 不一致，因为虽然辅酶 F_{420} 是产甲烷菌特有的辅酶，F_{420} 在所有的产甲烷细菌中都被检测到，但由于 F_{420} 在乙酸型产甲烷菌含量远远低于氢营养型产甲烷菌，因此 F_{420} 仅为研究氢营养型产甲烷菌的典型指标，但不能指示所有的产甲烷活动。当 NaOH 浓度在 0～100 mg/L 时，F_{420} 浓度上升，说明低浓度的 NaOH 对其具有促进作用；当 NaOH 浓度高于 100 mg/L 时，F_{420} 浓度下降；最后随着 NaOH 浓度升高，F_{420} 接近于初始浓度，反映了浓度高于 100 mg/L 的 NaOH 对氢营养型产甲烷菌促进作用减弱，在浓度为 400 mg/L 时，NaOH 最终失去对氢营养型产甲烷菌的促进作用而导致 F_{420} 浓度接近空白组水平。

2. NaClO 清洗对微生物产甲烷的影响

　　图 6.90（a）表明污泥与不同浓度的 NaClO 接触后 SMA 的变化，其变化趋势与不同浓度 NaOH 下的 SMA 变化相似。SMA 与 NaClO 浓度呈线性负相关，空白组的 SMA 最大[47.147 ml CH_4/（g VSS·d）]，当 NaClO 浓度为 40 mg/L 时，SMA 下降到最低[14.726 ml CH_4/（g VSS·d）]，约为空白的 30%。而随着 NaClO 浓度升高，BMP 仅在 140～231 ml CH_4/（g VSS·d）范围内波动而未有明显下降 [图 6.90（b）]。可见，NaClO 的浓度由 0 上升至 40 mg/L 时，虽然产甲烷微生物的产甲烷活性受到抑制，但微生物仍具较高的产甲烷潜能，表明 0～40 mg/L 浓度范围内的 NaClO 对产甲烷微生物具有抑制作用而不具

致死作用。

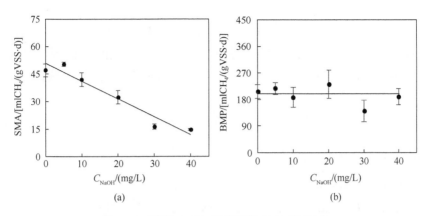

图 6.90 不同 NaClO 浓度下的 SMA 和 BMP
（a）SMA；（b）BMP

图 6.91（a）反映了厌氧污泥与不同浓度 NaClO 接触后 DHA 活性的变化，两者呈线性负相关。随着 NaClO 浓度由 0 上升至 40 mg/L，DHA 活性由 100%下降至 70%。本实验结果表明在 MBR 的化学清洗过程中厌氧污泥的 DHA 活性也会受 NaClO 的抑制。NaClO 对 DHA 活性的抑制作用可能是由于 NaClO 在短时间内就可破坏细胞膜，因此 NaClO 大量流入细胞内部，其氧化性对 DHA 的蛋白质结构或者基团造成了破坏，因此 DHA 活性下降。

图 6.91（b）为不同浓度 NaClO 下的辅酶 F_{420} 浓度，两者的关系与图 6.91（a）相似，但是 F_{420} 的变化比 DHA 剧烈。空白组的 F_{420} 浓度约为 3×10^{-3} mmol/g，随着清洗药剂浓度上升，F_{420} 浓度下降，在 40 mg/L 的 NaClO 刺激下，F_{420} 浓度最低，仅为空白的不到 30%。主要原因可能是 NaClO 可渗入细胞壁进入细胞内部，与细胞内蛋白质接触，辅酶 F_{420} 结构中含有还原性较强的基团如羟基、羧基等，易被次氯酸根氧化从而失去其原有结构，相比于 DHA，辅酶 F_{420} 则更易受到影响。

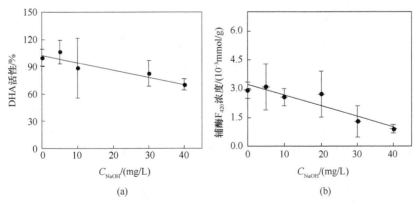

图 6.91 不同 NaClO 浓度下的 DHA 和辅酶 F_{420}
（a）DHA；（b）辅酶 F_{420}

对比 NaOH 和 NaClO 的浓度与对应 SMA 关系,斜率分别为–0.08 和–0.97,即 NaClO 单位浓度变化较 NaOH 引起 SMA 的变化更大,因此可认为 NaClO 的浓度变化对微生物产甲烷活性的影响更剧烈。对比 NaOH 和 NaClO 与对应的 DHA 则发现,当 NaOH 由空白增大至 400 mg/L 时,DHA 活性减小了约 50%,而当 NaClO 由空白增到至 40 mg/L 时,DHA 活性减小了 30%,即增大单位浓度的清洗药剂,NaClO 引起 DHA 活性的变化更大。

6.4.2　NaOH 清洗研究

1. AnMBR 系统及关键参数

本实验采用两套小试规模的浸没式厌氧膜生物反应器,有效容积为 3.6 L。反应器内放置一片膜孔径为 80 nm 的平板陶瓷膜(ItN,德国),膜有效面积为 0.08 m^2。AnMBR 的进水、出水、反冲洗由三台蠕动泵(BT-100,兰格,中国)控制,膜通量设置为 8 L/(m^2·h),反洗通量设置为 20 L/(m^2·h),运行模式为抽 10 min、反洗 1 min。反应器内的液位恒定由液位感应器控制进水泵实现。隔膜真空泵(N022 STE,KNF,德国)将生物气从反应器顶部抽出,经过气体收集装置,再通过气管打入反应器,实现完全混合并控制膜污染。出水泵的入口处安装压力检测器,实时记录 TMP 的变化,当 TMP 增加到 40 kPa 时,将膜组件取出,采用化学药剂(NaOH + HCl)离线清洗。两套反应器均在室温下(25～30℃)运行,HRT 为 5.8 h,SRT 为 60 天,进水总 COD 为(417±61)mg/L,溶解性 COD 为(92±28)mg/L,总悬浮颗粒物 SS 为(239±61)mg/L。两套反应器在本试验开始前均稳定运行一个月以上。

1)离线清洗实验

为探讨 NaOH 化学清洗效果和污染物去除机制,污染的膜组件(TMP≥40 kPa)取出后用海绵拭去泥饼层,浸没在膜清洗池中,辅以蠕动泵(BT 100,兰格,中国)使清洗液形成内循环。为获得膜孔内的污染物总量,依次用 10 mmol/L 的 NaOH(pH 值为 12)和 10 mmol/L(pH 值为 2)的化学清洗液浸泡 1 天,并用 0.5%v/w 的 NaClO(pH 值为 10.2)进行后处理,检测是否有污染物残留。经每步化学清洗液处理后,测定膜污染阻力,根据达西定律(Darcy's law)计算各清洗液去除的膜孔阻力,分别记为总阻力(R_t)、碱去除(R_{NaOH})、酸去除(R_{HCl})、氧化去除(R_{NaClO})以及自身阻力(R_m)。同时,取样测定各清洗液洗出的总有机碳(TOC)、蛋白质(protein,PRO)、多糖(polysaccharide,PS)、腐殖酸(humic acids,HA)以及无机污染物(Ca、Mg),并用液相色谱-有机碳联用检测仪(LC-OCD)分析溶解性有机物(DOMs)的组分。所有样品测定前,均将 pH 值调节至中性(pH 值为 7)。此外,为评价 NaOH 对厌氧污泥的生物作用,展开了不同 NaOH 浓度下(0.001～10 mmol/L)的批次实验。分别对产甲烷活性(SMA)、产甲烷潜能(BMP)以及与产酸产甲烷相关的关键酶(脱氢酶、辅酶 F_{420})进行测试。

2)在线清洗实验

两套 AnMBR 共设置六个工况,分别以不同浓度 NaOH 溶液作为反洗液(1 mmol/L,

5 mmol/L，10 mmol/L，20 mmol/L，50 mmol/L），并设置空白组，其中，工况 DI，1 mmol/L，5 mmol/L 和工况 10 mmol/L，20 mmol/L，50 mmol/L 分别在两个反应器（R1，R2）中进行，六个工况的操作参数列于表 6.22。

表 6.22　AnCMBR 六个工况的操作运行参数

| 工况 | HRT /h | SRT /d | MLSS / (g/L) | 膜通量 | | 反洗液 | 操作模式 | |
				出水 / [L/ (m²·h)]	反洗 / [L/ (m²·h)]		出水 /min	反洗 /min
工况 1（R1）*	5.8	60	8.9±0.6	8	20	DI water	10.0	1.0
工况 2（R1）	5.8	60	12.1±0.9	8	20	1mmol/L NaOH	10.0	1.0
工况 3（R1）	5.8	60	13.4±0.5	8	20	5mmol/L NaOH	10.0	1.0
工况 4（R2）	5.8	60	9.0±1.1	8	20	10mmol/L NaOH	10.0	1.0
工况 5（R2）	5.8	60	11.6±0.6	8	20	20mmol/L NaOH	10.0	1.0
工况 6（R2）	5.8	60	13.5±1.4	8	20	50mmol/L NaOH	10.0	1.0

*表示空白组。

2. 离线清洗效果与机制

离线清洗实验中，各清洗液去除的污染阻力分布如表 6.23 所示。由表可知，NaOH+HCl 的清洗效果较佳，几乎未残留不可去除污染物（$R_{NaClO} < 1\%$）。表 6.24 列出了清洗液中的污染物分布。由表 6.24 可知，NaOH 主要去除类蛋白和腐殖酸类物质，膜孔内 92% 以上的类蛋白和几乎全部的腐殖酸类物质均被 NaOH 洗出；而 HCl 主要去除金属沉淀物，有 85% 的 Ca 和 95% 的 Mg 通过 HCl 洗液被洗出。此外，值得注意的是，酸洗对有机污染物仍有进一步地去除（如 TOC）。

表 6.23　膜污染阻力分布　　　（单位：m^{-1}）

测试	R_t	R_{NaOH}	R_{HCl}	R_{NaClO}	R_m
测试 1	2.8×10^{12} （100%）	7.0×10^{11} （25%）	4.9×10^{11} （17%）	3.1×10^{10} （1%）	1.6×10^{12} （57%）
测试 2	2.5×10^{12} （100%）	2.5×10^{11} （10%）	5.1×10^{11} （21%）	—	1.7×10^{12} （69%）
测试 3	3.4×10^{12} （100%）	1.1×10^{12} （32%）	5.7×10^{11} （17%）	—	1.7×10^{12} （51%）
测试 4	3.1×10^{12} （100%）	9.6×10^{11} （31%）	5.9×10^{11} （19%）	—	1.6×10^{12} （50%）

注：括号内数字为各阻力占总膜阻力的比值。

表 6.24　清洗液中的污染物分布　　　（单位：mg/m^2）

测试	清洗液	PRO	HA	PS	TOC	TN	Mg	Ca
测试 1	NaOH_removed	109.6	348.3	79.6	203.9	23.5	1.2	19.2
	HCl_removed	8.0	—	9.9	18.0	5.6	52.3	118.6
测试 2	NaOH_removed	116.8	108.6	47.2	215.1	20.8	0.8	17.0
	HCl_removed	10.2	—	7.4	13.1	7.0	25.7	92.1
测试 3	NaOH_removed	182.5	293.6	68.3	281.4	31.3	1.4	14.9
	HCl_removed	5.1	—	12.4	12.7	3.3	22.1	113.0

为明晰碱洗的清洗机制，用 LC-OCD 色谱仪分析清洗液中 DOM 的组分（分子量分布），结果如表 6.25 所示。由分析结果知，大部分溶解性有机碳（dissoloved organic carbon，DOC）被 NaOH 去除，再次证实了碱洗对有机污染物的去除有效。DOC 可进一步细分为疏水性（hydrophobic，HPO）有机碳和亲水性（hydrophilic，HPI）有机碳。进一步细分 HPI，又包括高分子聚合物（biopolymers，MW>2 kDa，多为糖、蛋白质及氨基酸等物质）、腐殖质（humic substance，HS，MW≈1 kDa）、腐殖质分解产物（building blocks，MW=350-500 Da）以及小分子中性物质（low molecular weight neutrals，LMW-N，MW<350 Da）。在 NaOH 清洗液中，有 83.4%的 DOC 为小分子有机物（MW<1 kDa），其余为 HPO（9.0%）和 biopolymers（7.6%），可见，NaOH 可将颗粒/大分子有机物（如胶体物质）分解为溶解性有机物或小分子物质，继而从膜孔中剥离，达到膜清洗的效果。

表 6.25　清洗液中 DOMs 组分的一次分析　　　　　（单位：mg/L）

指标	DOC	HPO	HPI	biopolymers	HS	building blocks	LMW-N
NaOH	7.58 (100%)	0.68 (9.0%)	6.90 (91.0%)	0.57 (7.6%)	4.35 (57.4%)	1.24 (16.3%)	0.73 (9.7%)
HCl	0.70 (100%)	0.15 (21.5%)	0.55 (78.5%)	0.04 (5.0%)	0.07 (9.5%)	0.10 (14.5%)	0.34 (49.5%)

注：括号内数字为清洗液中 DOM 的组分占比。

3. 在线清洗效果与机制

1）不同工况下的膜过滤性能

在线清洗实验在两套 AnMBR 中同时进行，设置了空白组在内的六种反洗溶液，NaOH 的浓度梯度为 1 mmol/L，5 mmol/L，10 mmol/L，20 mmol/L 和 50 mmol/L。其中 DI，1 mmol/L 和 5 mmol/L（工况 1～3）在 R1 中依次进行，10 mmol/L，20 mmol/L 和 50 mmol/L（工况 4～6）在 R2 中依次进行。两套 AnMBR 共运行了 170 天（含启动阶段 30 天），不同工况下的 TMP 随运行时间的变化情况如图 6.92 所示。由图可知，空白组（工况 1）的污染速率较实验组（工况 2～6）的明显高，平均清洗周期为 11 天，平均污染速率为（3.28±0.65）kPa/d，可见，以 NaOH 为在线反洗液能明显改善膜过滤性能、延长膜清洗周期。此外，随着反洗液中 NaOH 浓度的增加，膜污染趋势逐渐缓和，并在 20 mmol-NaOH/L 时污染速率达到最低（0.59 kPa/d），此时的膜清洗周期是空白组的 5.5 倍。当继续增加反洗液中 NaOH 的浓度至 50 mmol/L 时，污染速率有所加快（1.03 kPa/d），这可能是由于高浓度碱液通过膜孔渗入污泥混合液，继而破坏厌氧微生物的细胞结构，导致胞内聚合物的释放，表现为膜污染情况加剧。

2）污染物去除情况

在整个运行过程中，两套反应器六个工况的污染物去除情况总结如表 6.26 和图 6.93。由图 6.93（a）可知，六个工况的 COD 去除率均达 87%以上，且随着反洗液中 NaOH 浓度的增加而略有提高（工况 2～5），说明少量的 NaOH 反洗液通过膜孔渗入混合液，对有机物的生物降解起到了促进作用。但是，当反洗液浓度达到 50 mmol-NaOH/L 时（工况 6），COD 去除情况开始恶化。

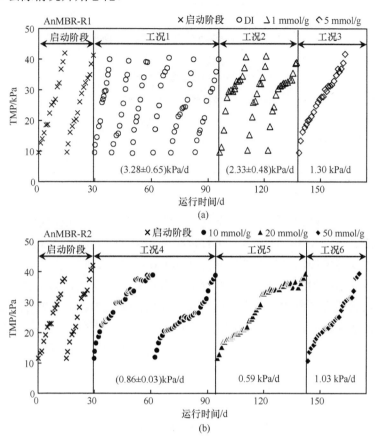

图 6.92　AnMBR 不同工况下的 TMP 图

（a）工况 1～3；（b）工况 4～6

表 6.26　有机与无机污染物去除情况　　　　　　（单位：mg/L）

项目	COD	TOC	TN	PRO	PS	Ca	Mg
工况 1 和工况 4^m：R1-DI，R2-10 mmol/L NaOH							
进水	430±75			111.1±1.6	41.1±10.8		
进水滤液	95±36	25.7±5.6	58.3±4.8	19.5±2.1	6.1±0.5	28.3±2.4	6.5±0.7
R1 混合液 DOM	102±36	26.6±5.0	68.5±3.9	21.0±5.9	7.5±1.8	29.5±2.9	6.3±0.4
R2 混合液 DOM	87±14	27.1±6.7	67.2±3.7	21.5±7.0	7.7±2.3	29.6±5.4	6.4±0.4
R1 出水	50±8	15.6±2.1	55.7±4.1	17.7±2.9	4.0±1.2	28.5±3.2	6.2±0.7
R2 出水	42±6	14.3±2.0	54.2±6.0	14.0±3.6	3.4±0.7	27.9±3.0	6.1±0.7
工况 2 和工况 5^n：R1-1 mM NaOH，R2-20 mmol/L NaOH							
进水	388±69			118.7±13.8	49.4±10.7		
进水滤液	78±14	22.9±2.4	54.5±7.3	27.3±8.0	6.6±0.7	29.3±1.3	6.7±1.5
R1 混合液 DOM	77±12	26.4±5.0	67.1±8.1	23.3±6.0	7.9±2.6	31.1±1.9	6.7±1.7
R2 混合液 DOM	70±8	25.2±3.6	65.1±8.4	23.2±6.6	7.7±2.3	30.2±2.2	6.9±1.4
R1 出水	44±6	13.7±2.4	53.9±5.8	15.3±0.9	3.5±0.9	28.8±1.6	6.4±1.3
R2 出水	39±3	14.8±2.5	51.1±5.5	16.8±2.7	3.3±1.0	28.2±1.9	6.5±1.3

续表

项目	COD	TOC	TN	PRO	PS	Ca	Mg
工况 3 和工况 6^q：R1-5 mmol/L NaOH，R2-50 mmol/L NaOH							
进水	434±46			120.9±13.8	59.9±7.4		
进水滤液	104±27	29.2±1.5	56.3±4.6	25.4±3.9	7.6±0.6	30.6±1.5	8.5±0.7
R1 混合液 DOM	80±6	25.2±2.5	67.1±5.9	28.3±6.5	9.2±1.3	32.6±1.4	9.0±0.8
R2 混合液 DOM	76±9	22.4±1.9	62.0±4.5	23.9±7.2	8.1±1.1	32.5±1.6	8.0±1.1
R1 出水	54±12	14.4±0.4	58.6±4.9	15.6±4.2	3.8±0.5	30.5±0.5	7.9±1.2
R2 出水	56±13	15.0±0.2	51.6±2.8	21.4±6.0	3.6±0.2	30.2±0.9	7.9±1.1

注：$m=9$，$n=7$，$q=5$。

进一步分析出水可知［图 6.91（b）］，膜出水中类蛋白物质的含量随着反洗液碱度的增加呈下降趋势，并在 10 mmol-NaOH/L 时达到最低，此后，增加反洗液浓度，出水中类蛋白含量反而增加，当反洗液浓度为 20 mmol-NaOH/L 时，厌氧污泥的产甲烷活性增强，生命活动增强的厌氧微生物可能释放更多的胞外聚合物，如 SMP 和 EPS，使得出水中类蛋白物质含量增加，但高浓度的反洗液仍能抵抗 DOM 带来的潜在膜污染，表观污染速率依然很低（图 6.93）。此外，出水中多糖类含量较低（3～4 mg/L），且在六个工况中无明显区别；无机污染物，如 Ca、Mg 等，也均无明显变化，可见，NaOH 对无机污染物的去除有限。

3）出水 DOM 成分分析

为进一步阐明 NaOH 清洗机制，用 LC-OCD 分析了出水中 DOM 的组成，结果如图 6.94 所示。在可识别的峰中，高分子有机物（biopolymers）在 28 min 出现一个很小的峰，这主要是由于高分子有机物大部分可被膜拦截；腐殖酸类物质（humics）及其分解产物（building blocks）是膜出水 DOM 的主要组成成分，当反洗液浓度低于 10 mmol-NaOH/L 时，其含量（与积分面积成正比）随着 NaOH 浓度的增加而降低；而当反洗液浓度高于 10 mmol-NaOH/L 时，更多的腐殖质及其分解产物将释放到出水中，当反洗液浓度高达 50 mmol-NaOH/L 时，中性小分子物质（LMW-N）的含量将显著增加。可见，使用适宜浓度的 NaOH（1～10 mmol/L）反洗可减少出水中腐殖质及其分解产物的含量，而较高的反洗液浓度（＞10 mmol/L）将会增加这一组分的含量。

4）污泥混合液性质分析

a. 污泥浓度及 pH 值

两套 AnMBR 的污泥浓度随运行时间的变化如图 6.95 所示。由图可知，两套 AnMBR 的污泥浓度始终保持一致，且随着运行时间的延长呈现渐长的趋势，这可能与进水中 SS 的变化以及有机负荷的波动相关。

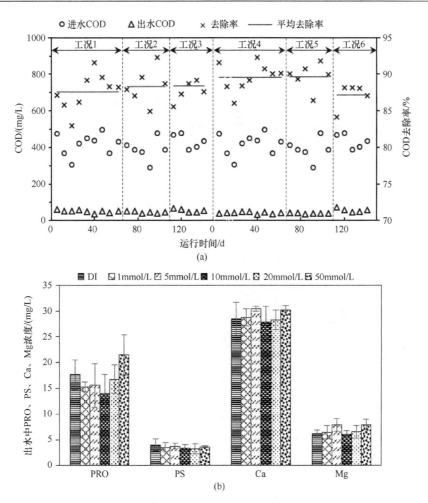

图 6.93　不同工况下 COD 去除情况及出水中有机物、无机物组成

（a）COD 去除情况；（b）出水中有机物无机物组成

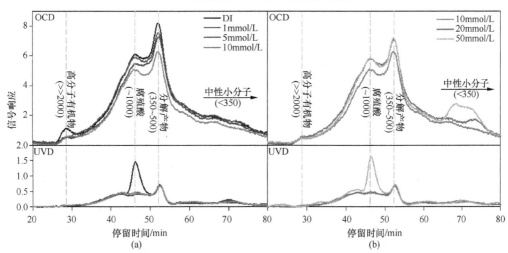

图 6.94　不同工况下出水中 DOM 的成分分析（彩图扫描封底二维码获取）

（a）NaOH 浓度（1～10mmol/L）；（b）NaOH 浓度（＞10mmol/L）

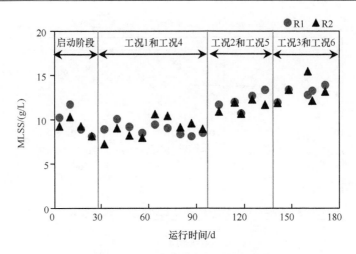

图 6.95　污泥浓度随运行时间的变化

　　图 6.96 为两套 AnMBR 在六个工况运行时，污泥混合液的 pH 随运行时间的变化。由图可知，无论反洗液浓度多高，污泥混合液的 pH 值均在较适宜的范围（6.6～7.4）波动，可见，NaOH 反洗液并未引起反应器内 pH 值的显著变化，一方面，这是由于污泥混合液自身具有酸碱缓冲作用，另一方面，可能有少量的 NaOH 溶液渗入污泥混合液内，但及时被稀释或被厌氧生物降解过程所消耗，致使混合液 pH 值处于较稳定。

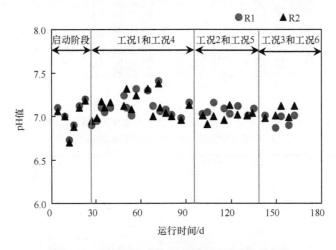

图 6.96　污泥混合液的 pH 值随运行时间的变化

b. 产甲烷活性及关键酶活分析

　　在 AnMBR 运行的六个工况下，微生物活性（产甲烷活性、关键酶活性）测试结果如图 6.97。由图 6.97（a）所示，在 NaOH 反洗液浓度低于 20 mmol/L 时，参与厌氧产酸的脱氢酶和产甲烷的辅酶 F_{420} 均保持在活性范围，而超过 20 mmol-NaOH/L 时，DHA 略微降低，辅酶 F_{420} 活性急剧下降，可见，在高碱度条件下，辅酶 F_{420} 对 NaOH 的适应力更弱。厌氧污泥可承受较大范围的 NaOH 浓度（1～20 mmol/L），说明污泥混合液具有一定的缓冲作用。

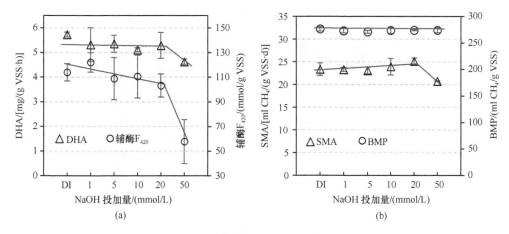

图 6.97　不同工况下关键酶活性及污泥产甲烷活性的分析
（a）关键酶活性；（b）污泥产甲烷活性

图 6.97（b）描述了不同 NaOH 反洗液浓度下产甲烷活性及潜能的变化。由图可知，当 NaOH 反洗液浓度低于 10 mmol/L 时，SMA 稳定在 23.3 ml CH$_4$/（g VSS·d），继续增加反洗液浓度到 20 mmol/L 时，SMA 有略微地提高（25.1 ml CH$_4$/（g VSS·d）），而当反洗液浓度加到 50 mmol/L 时，SMA 呈现下降趋势（20.8 ml CH$_4$/（g VSS·d）），但仍具有活性，这与辅酶 F$_{420}$ 的结果有所出入。在厌氧微生物系统，产甲烷菌又分为乙酸型产甲烷菌（acetotrophic methanogenesis）和产氢型产甲烷菌（hydrogentrophic methanogenesis），其中乙酸型产甲烷菌占主导。SMA 用于评价乙酸型产甲烷菌和产氢型产甲烷菌的综合活性，而辅酶 F$_{420}$ 主要反映产氢型产甲烷菌的活性。在本节研究中，辅酶 F$_{420}$ 更易受高浓度 NaOH 反洗液的影响。此外，不同工况下的产甲烷潜能（BMP）差别不大，可见，高浓度 NaOH 反洗液（50 mmol/L）使得少量产甲烷菌死亡，仍有部分微生物具有产甲烷活性。

c. 膜污染物分析

在工况运行至终点时（TMP＞40 kPa），分别对六个工况的泥饼层污染物分布进行了测定，结果如图 6.98 和表 6.27 所示。由图可知，随着反洗液 NaOH 浓度的增加（＜20 mmol/L），泥饼层中无机污染物（NVSS）增加，胶体物质减少，当 NaOH 投加量为 10 mmol/L 时，胶体物质的百分比含量仅为 11.4%，可见在一定 pH 条件下，胶体结构被打散成溶解性物质或小分子，从而达到膜污染速率减缓的效果；但随着反洗液浓度的进一步增加，NaOH 对厌氧微生物呈现出抑制作用，微生物为适应高碱度环境，释放出一些胞内物质及腐殖质，致使胶体百分含量增加（约 27.6%）。此外，泥饼层中的溶解性有机物含量非常低（＜5%），且随着反洗液浓度的增加呈现下降趋势，当 NaOH 投加量为 50 mmol/L 时，泥饼层中溶解性有机物的百分含量几乎为零，可见，NaOH 反洗液渗透到膜表面时，通过分解溶解性和胶体的高分子有机物为小分子物质，从而达到膜清洗的效果。

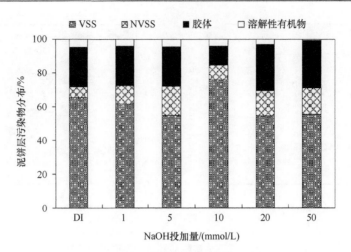

图 6.98　泥饼层污染物分布

表 6.27　泥饼层污染物分布　　　　　　　　　　　（单位：g/m²）

反洗液	总固体	VSS	NVSS	胶体	溶解性有机物
DI	1.27	0.83	0.08	0.30	0.06
	（100.0%）	（65.4%）	（6.3%）	（23.6%）	（4.7%）
1 mmol/L	3.74	2.30	0.40	0.88	0.16
	（100.0%）	（61.5%）	（10.7%）	（23.5%）	（4.3%）
5 mmol/L	13.29	7.30	2.30	3.11	0.58
	（100.0%）	（54.9%）	（17.3%）	（23.4%）	（4.4%）
10 mmol/L	2.29	1.73	0.20	0.26	0.09
	（100.0%）	（75.8%）	（8.7%）	（11.4%）	（4.0%）
20 mmol/L	5.61	3.05	0.85	1.54	0.17
	（100.0%）	（54.3%）	（15.1%）	（27.4%）	（3.1%）
50 mmol/L	10.59	5.90	1.65	2.95	0.10
	（100.0%）	（55.7%）	（15.6%）	（27.8%）	（0.9%）

注：括号内数字为泥饼层各类污染物的百分比含量。

参 考 文 献

梅晓洁, 2016. 厌氧膜生物反应器处理市政污水的运行特性及产能研究. 上海: 同济大学博士学位论文.

谢震方, 2014. MBR-芬顿氧化深度处理垃圾渗滤液工艺研究. 上海: 同济大学硕士学位论文.

张新颖, 2011. 村镇污水处理新技术——厌氧微网分离-自然通风生物滴滤床组合工艺. 上海: 同济大学博士学位论文.

Braga A F M, Ferraz A D N, Zaiat M. 2016. Thermophilic biohydrogen production using a UASB reactor: performance during long-term operation. Journal of Chemical Technology and Biotechnology, 91 (4): 967-976.

Chouari R, Le Paslier D, Daegelen P, et al. 2005. Novel predominant archaeal and bacterial groups revealed by molecular analysis of an anaerobic sludge digester. Environmental Microbiology, 7 (8): 1104-1115.

Field R W, Wu D, Howell J A, et al. 1995. Critical flux concept for microfiltration fouling. Journal of Membrane Science, 100 (3): 259-272.

Gimenez J B, Robles A, Carretero L, et al. 2011. Experimental study of the anaerobic urban wastewater treatment in a submerged hollow-fibre membrane bioreactor at pilot scale. Bioresource Technology, 102 (19): 8799-8806.

Hu A Y, Stuckey D C. 2006. Treatment of dilute wastewaters using a novel submerged anaerobic membrane bioreactor. Journal of Environmental Engineering-ASCE, 132 (2): 190-198.

Huang Z, Ong S L, Ng H Y. 2011. Submerged anaerobic membrane bioreactor for low-strength wastewater treatment: Effect of HRT and SRT on treatment performance and membrane fouling. Water Research, 45 (2): 705-713.

Kim J, Kim K, Ye H, et al. 2011. Anaerobic fluidized bed membrane bioreactor for wastewater treatment. Environmental Science and Technology, 45 (2): 576-581.

Martin I, Pidou M, Soares A, et al. 2011. Modelling the energy demands of aerobic and anaerobic membrane bioreactors for wastewater treatment. Environmental Technology, 32 (9): 921-932.

Martinez-Sosa D, Helmreich B, Netter T, et al. 2011. Anaerobic submerged membrane bioreactor (AnSMBR) for municipal wastewater treatment under mesophilic and psychrophilic temperature conditions. Bioresource Technology, 102 (22): 10377-10385.

Mei X J, Quek P J, Wang Z W, et al. 2017. Alkali-assisted membrane cleaning for fouling control of anaerobic ceramic membrane reactor. Bioresource Technology, 240: 25-32.

Smith A L, Skerlos S J, Raskin L. 2013. Psychrophilic anaerobic membrane bioreactor treatment of domestic wastewater. Water Research, 47 (4): 1655-1665.

Verrecht B, Judd S, Guglielmi G, et al. 2008. An aeration energy model for an immersed membrane bioreactor. Water Research, 42 (19): 4761-4770.

Wang Y K, Sheng G P, Shi B J, et al. 2013. A novel electrochemical membrane bioreactor as a potential net energy producer for sustainable wastewater treatment. Scientific Reports, 3 (5): 1864.

Xie Z F, Wang Z W, Wang Q Y, et al. 2014. An anaerobic dynamic membrane bioreactor (AnDMBR) for landfill leachate treatment: Performance and microbial community identification. Bioresource Technology, 161 (3): 29-39.

Zhang X Y, Wang Z W, Wu Z C, et al. 2010. Formation of dynamic membrane in an anaerobic membrane bioreactor for municipal wastewater treatment. Chemical Engineering Journal, 165(1): 175-183.

Zhang X Y, Wang Z W, Wu Z C, et al. 2011. Membrane fouling in an anaerobic dynamic membrane bioreactor (AnDMBR) for municipal wastewater treatment: characteristics of membrane foulants and bulk sludge. Process Biochemistry, 46 (8): 1538-1544.

第 7 章　新型电化学膜生物反应器原理与技术

电化学或者生物电化学与膜生物反应器结合构成电化学膜生物反应器（electrochemical MBR，EMBR），可以充分利用电化学技术的优势，提升 MBR 系统的运行效能，如提高系统抗污染能力、强化目标污染物的去除效果等。由于 EMBR 具有上述优势，成为 MBR 领域近 5 年来的研究热点和前沿。

本章结合我们的研究成果，简述 EMBR 的基本原理、构型等，重点介绍两种典型的电化学膜生物反应器，即外加电源型 EMBR（采用导电微滤膜）和生物电化学辅助的 EMBR（过滤生物阴极和独立阴极），并评价 EMBR 处理城市污水的基本性能（Huang et al.，2014，2015；Ma et al.，2015；Wang Z W et al.，2013；Wang J et al.，2013；Wang Y K，2013；马金星，2015；黄健，2015）。

7.1　EMBR 的基本原理与构型

7.1.1　EMBR 基本构成及原理

目前，大部分 EMBR 基本构型如图 7.1 所示，包含一个阳极室与一个阴极室。在阳极室内，厌氧-胞外产电微生物从生活污水的有机质中获得电子，并最终传递到阳极表面。EMBR 的阳极室可按照 MFC 中阳极室构建方法构建，也可以通过向 MBR 中已建的单元（例如，厌氧池）中布设导电材料构建（Ma et al.，2015；马金星，2015）。在阴极室内，可用的最终电子受体包括氧气（空气中氧气与溶解氧）、硝酸盐/亚硝酸盐等。如图 7.1 所示，为使阳极产生的 H^+ 顺利到达阴极室，同时防止电子受体向阳极室内扩散导致系统能量效率降低，需在阳极、阴极之间增设分隔物（H^+ 交换通道），常用的分隔物包括质子交换膜、无纺布、穿孔有机玻璃板、挡板等。在 EMBR 中，膜组件既可以独立设置，也可以与阴极合建，发挥过滤和生物阴极双重功能。

7.1.2　过滤生物阴极 EMBR

一般而言，过滤生物阴极具有两种功能：催化最终电子受体还原以及过滤污水。不锈钢丝网是这类 EMBR 常用的阴极材料，在阴极表面形成的生物膜（即动态膜），既可以作为生物催化剂也是一种优良的过滤介质。图 7.2 展示了几种常见的过滤生物阴极 EMBR（Malaeb et al.，2013；Song et al.，2013；Wang et al.，2011，Wang J et al.，2013；Wang Y K，2013）。图 7.2（a）EMBR 的阳极室置于一个管式有机玻璃筒内，阴极室在

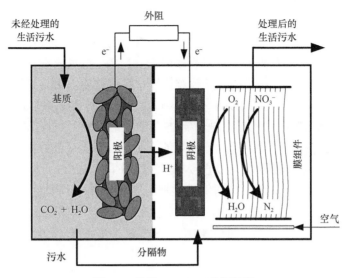

图 7.1　典型 EMBR 工艺流程图

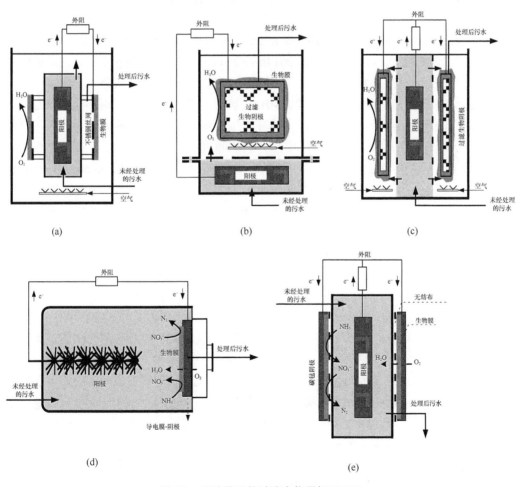

图 7.2　几种常见的过滤生物阴极 EMBR

（a）双室型；（b）升流式；（c）三室型；（d）单室型、利用导电超滤膜作为生物阴极；（e）单室型、利用碳毡作为生物阴极

阳极室外侧，两极室采用涂有聚四氟乙烯（PTFE）的无纺布分隔。国内外研究者还针对过滤生物阴极 EMBR 的结构优化［图 7.2（b）和（c）］及阴极材料选择开展诸多研究，利用廉价、大孔过滤介质及生物膜可以有效降低 EMBR 投资成本、促进系统的实际应用。然而，这种阴极表面生物膜的生长较难控制：过滤初期，生物膜稀薄时，不能达到良好的固-液分离效果；但过滤后期，生物膜过度生长会导致膜组件过滤性能恶化。因此，目前已在 EMBR 中利用导电微滤/超滤膜的报道，膜材质包括吡咯改性聚酯、负载多壁碳纳米管的无纺布、涂有聚偏氟乙烯的不锈钢丝网、多孔镍中空纤维膜等。

过滤生物阴极 EMBR 的阴极可以直接与空气接触［图 7.2（d）和（e）］，结构类似于单室型微生物燃料电池（MFC），在过滤的过程中氧气可以同步传输到阴极表面，完成阴极还原反应。在这种单室型 EMBR 中，导电膜［图 7.2（d）］与多孔过滤介质［图 7.2（e）］均可用做生物阴极，这种紧凑形式的 EMBR 有更高的功率密度（6.8～7.6 W/m^3），并可以节省曝气能耗。

7.1.3　独立阴极 EMBR

独立阴极 EMBR 的一种构建方法是在 MFC 中增加膜过滤单元以实现有效的固-液分离，如图 7.3 所示（Li et al.，2014a，2014b；Ren et al.，2014；Wang Z W et al.，2013）。图 7.3（a）是一套包含生物阴极 MFC 与管式膜组件的 EMBR。虽然增加管式膜过滤单元提升了 MFC 的处理效果，但是这套 EMBR 膜组件为外置式。由于循环泵能耗过高，EMBR 提高的产能实际上是无法抵偿泵循环产生能耗增加的。为解决这一问题，一种有效的方法是将膜组件安装于阴极室中，并利用曝气在供氧的同时缓解膜组件污染。图 7.3（b）是膜组件置于阴极区的独立阴极 EMBR，阳离子交换膜（cation exchange membrane，CEM）用以分隔阴、阳极室。此外，也有将膜过滤单元安装在单室型、空气阴极 EMBR 的阳极室内，可以直接提升阳极液的处理效率。在阳极室内可采用颗粒活性炭流化床技术冲刷膜组件、控制污染。例如，采用两阶段厌氧流化床 MBR 处理 MFC 阳极出水［图 7.3（c）］以及膜组件安装在阳极室内的构型［图 7.3（d）］。

另外一种构建独立阴极 EMBR 的方法是在 MBR 中融合生物产电过程以实现污水中能源回收，此方法适用于对已建成污水处理设施进行升级改造，其构型如图 7.4 所示（Tian et al.，2015；Wang et al.，2012）。图 7.4（a）的构型是将 MBR 的好氧池直接作为 MFC 的阴极室，利用一块 0.6 cm 厚的碳毡包裹在分隔物（无纺布）外侧，用作阴极。运行过程中在阴极表面生长的生物膜可进一步催化氧还原反应。在独立阴极 EMBR 中，除了氧气之外，还可以采用其他氧化态的电子受体，在产能的同时提升 EMBR 的污水处理效果。例如，图 7.4（b）展示了一套将中空纤维 MBR 与 MFC 合并而成的 EMBR，阴极为碳刷。由于在阴极表面生长的生物膜会使碳刷表面出现氧气浓度梯度，可能会导致部分电化学活性细菌利用硝酸盐/亚硝酸盐作为电子受体，实现反硝化脱氮。此外，与传统 MBR 相比，EMBR 还具有膜污染轻的优势，这主要归因于：①阴极表面静电力减缓了污水中带负电的溶解性有机质向膜表面迁移的趋势；②O$_2$ 的非完全还原产生的氧化剂（例如，H$_2$O$_2$、O$_2^{\cdot-}$、OH$^\cdot$等）；③对污泥混合液性能的改变等。

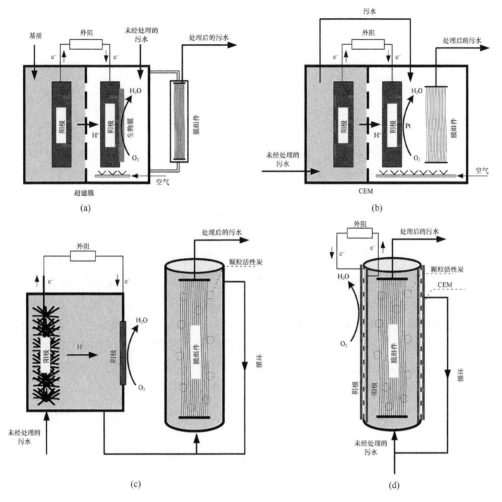

图 7.3　在 MFCs 中增设膜过滤单元而成的 EMBR

（a）双室型、膜组件外置式；（b）双室型、膜组件浸没式；（c）流化床 MBR 处理空气阴极 MFCs 出水；（d）流化床式

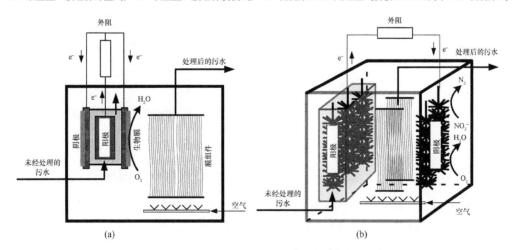

图 7.4　将生物产电过程融入 MBRs 用以产能

（a）带有内置 MFC 单元的好氧 MBR；（b）由中空纤维 MBR 与 MFC 组成的 EMBR

7.2　外加电源型 EMBR 处理生活污水性能

7.2.1　导电膜的制备及基本性能表征

1. 表面形貌与机械性能

在外加电源型 EMBR 中，导电微滤膜直接作为过滤阴极可以很好地提升其抗污染能力，提升系统的运行效能。然而，经济实用的导电微滤膜制备是该技术应用的关键。我们提出了采用不锈钢丝网制备导电微滤膜的思路（Huang et al.，2015；黄健，2015）。不锈钢丝网（孔径 96 μm，厚度 43 μm）平铺在无纺布上，然后把均一的铸膜液（本节研究采用的是 PVDF 材料）均匀刮涂在钢丝网上部，铸膜液透过钢丝网后与无纺布支撑层紧密黏合，而不锈钢丝网就浸没于铸膜液中，利用铸膜液本身的黏合力即可以防止不锈钢丝网剥落。不锈钢丝网、无纺布和 PVDF 活性层三层示意关系见图 7.5。由于不锈钢丝网是内嵌于 PVDF 活性分离层内，因此，不锈钢丝网的加入并没有改变膜表面的基本物理化学性能，图 7.5（b）的扫描电镜（SEM）图像与 PVDF 原始膜（空白对照膜，简称对照膜）并无明显差异（对照膜 SEM 图像略去）。采用原子力显微镜（AFM）对导电膜和对照膜的表面形貌进行了分析，结果表明导电膜膜面平均粗糙度为（49.4±5.1）nm，而对照膜表面平均粗糙度为（43.9±6.2）nm，并无显著差异。

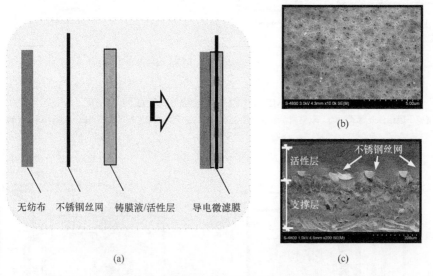

图 7.5　导电微滤膜的制备及基本性能表征
（a）导电膜制备示意；（b）导电膜表面 SEM 图；（c）导电膜断面 SEM 图

对导电膜和对照膜进行机械强度测试，考察不锈钢丝网的嵌入对膜机械性能的影响，结果如表 7.1 所示。由表 7.1 可以看出，嵌入钢丝网后，膜拉伸最大承受力由 334.2 N 增至 385.8 N，拉伸强度由 33.4 MPa 增至 38.6 MPa，拉伸断裂应力由 32.9 MPa 增至 36.3 MPa。这说明不锈钢丝网的加入，使得膜机械强度增强，刚度增加。而对照膜的断裂伸长率 30.7%远大于导电膜 11.1%，这表明，导电膜拉伸直至断裂时，伸长位移值较小，相比于对照膜韧性较差。这是由于不锈钢丝网材质本身比无纺布等有机材质刚性较强，嵌入膜活性层后使得整个膜刚性增加。

表 7.1　导电膜和对照膜机械性能对比一览表（$n = 5$）

膜样品	弹性模量/MPa	断裂伸长率/%	拉伸断裂应力/MPa	拉伸强度/MPa	最大力/N
导电膜	2931.7±245.8	11.1±0.4	36.3±1.5	38.6±1.5	385.8±15.0
对照膜	742.6±38.8	30.7±0.5	32.9±1.2	33.4±0.9	334.2±8.9

2. 导电膜电化学性能

利用电化学工作站测定导电膜膜组件抽吸［通量为 25 L/（m^2·h）］和不抽吸［通量为 0 L/（m^2·h）］时两种状态下的极化曲线，并计算出功率密度曲线，结果如图 7.6 所示。膜组件膜有效面积为 4 cm×8 cm。

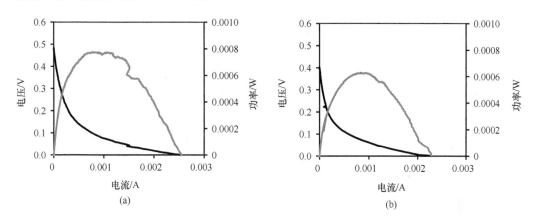

图 7.6　极化曲线
（a）有通量；（b）无通量

由图 7.6 中功率密度曲线可以求得导电膜在有通量条件下表观内阻为 78.5 Ω，而没有通量的情况下内阻为 94.3 Ω。这说明当膜在运行过程中时能一定程度上降低导电膜内阻，这可能是由于导电膜中起导电作用的是不锈钢丝网，而不锈钢丝网是完全嵌入活性层内部，通过活性层透过的电解液与电路接触才能发挥导电作用。在有通量存在的条件下，膜自身存在跨膜驱动力使得电解液不断透过膜进入膜腔，电解液透过膜的过程中则加速了其与钢丝网的接触和电子传递过程；而无通量的条件下，电解液与钢丝网接触为静态接触，电解液中离子迁移仅靠扩散作用和电场作用作为驱动力，此时钢丝网附近电子传递和离子迁移速率较慢。因此，当有通量存在条件下导电膜组件内阻略有降低。无论有无通量条件下，导电膜组件内阻均较小（小于 100 Ω），这也说明了本研究制备的导电膜虽然不锈钢丝网嵌入活性层内，但导电膜仍具有较高的导电性能。且本测试中导电膜尺寸仅为 4 cm×8 cm，若在实际工程应用中，导电膜面积大大增加，可以使导电膜电阻进一步降低。良好的导电性能也使得本导电微滤膜具有较高的实用性能。

由于导电膜制备过程中，不锈钢丝网是完全嵌入活性层内。因此为了研究不锈钢丝网嵌入活性层内与直接裸露于溶液中的电化学响应，利用电化学工作站测定导电微滤膜及全新的不锈钢丝网的线性伏安扫描，结果如图 7.7（a）所示。

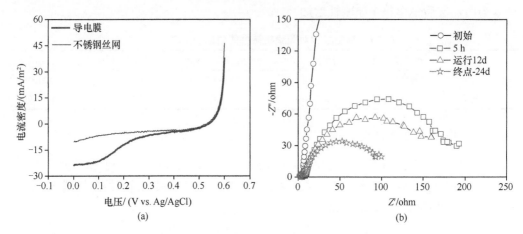

图 7.7　导电膜与不锈钢丝网的电化学性能
（a）导电膜与不锈钢丝网 LSV 曲线；（b）导电膜不同运行时间内电化学阻抗谱

由图 7.7（a）可以看出在高电位区域内（＞0.4 V），导电膜与不锈钢丝网具有相近的电流响应值，但在低电位条件下（＜0.4 V），导电膜比不锈钢丝网表现出较高的电流响应值。导电膜在低电位下表现出较高的电流响应这可能是由于活性层具有较高的亲水性。进一步测试材料的接触角表明，不锈钢丝网表现出较强的疏水性，清水接触角为（103.2±1.34）°，而导电膜表面所覆盖的活性层表现出亲水性，清水接触角为（69.9±3.2）°。在电解液与电极接触表面，较差的电解液与电极亲密性会导致在两相接触表面存在较低的电子传递效率，即存在电子传递内阻。而较高的亲水性使得电解液与电极表面表现出较好的可接触性（能更好地浸润电极），同时亲水性能使得电解液于两相界面处能更好的停留，使得电子在两相界面处传递效率增加，即降低电子传递电阻。因此，导电膜较裸露的不锈钢丝网在低电位条件下表现出较高的电流响应。线性伏安扫描同样也证明不锈钢丝网上涂覆有活性层薄层，并不影响其导电性能，反而在一定程度上有利于增强其导电性。

为了更进一步评估导电膜在实际运行中的电化学性能，利用电化学工作站在实验室小试 MBR 中运行的导电膜膜组件在不同运行时间内进行电化学阻抗谱测试，结果见图 7.7（b）。膜组件膜有效尺寸为 4 cm×6 cm。对于电化学阻抗图谱中，高频区域内的阻抗即是样品的欧姆内阻（R_s）；半圆直径为样品的极化内阻（R_p）。且 R_p 的出现可能是由于离子在电极和电解液两相界面迁移造成的。

由图 7.7（b）可以看出，新膜的欧姆内阻 R_s 仅为 2.6 Ω，随着运行时间的增加导电膜欧姆内阻并未发生较大变化。较低的欧姆内阻一定程度上也反应出导电膜较高的导电性。对于新膜的奈奎斯特图仅表现为一条直线，这说明，对于新膜而言，极化内阻是其内阻的主要组成部分。但是，在 5 h 的运行时间后，导电膜极化内阻就降至约为 200 Ω，且随着运行时间的延长，极化内阻持续降低，最终降至约 105 Ω。极化内阻随运行时间的延长而降低，这是由于当膜于实际污泥混合液中运行时，膜与混合液接触会引起微生物于膜面聚集，膜表面微生物能有效起到催化剂的作用，降低了电子传递阻力。

7.2.2　导电膜模型污染物的过滤行为

1. 模型污染物特性及实验装置

利用牛血清蛋白、海藻酸钠、腐殖酸以及二氧化硅颗粒作为典型蛋白质、多糖、腐殖酸以及悬浮颗粒的模型污染物，考察导电微滤膜在外加电压条件下，采用恒定压力过滤模式的通量变化情况，验证导电微滤膜在外加电压下的抗污染性能。利用 1 mol/L NaOH 对其进行 pH 值调节，各种模型污染物实验中所用浓度和性质见表 7.2。

表 7.2　模型污染物性质一览表（$n=9$）

模型污染物	浓度/（mg/L）	pH 值	Zeta 电位/mV	粒径/nm
牛血清蛋白	50	9.0	−43.3±2.3	547.5±63.2
海藻酸钠	50	9.0	−38.1±1.8	242.3±42.3
腐殖酸	50	9.0	−40.9±3.8	314.7±21.5
二氧化硅颗粒	1000	9.0	−47.8±2.4	2000.0

研究所采用的实验装置如图 7.8 所示。实验中采用直流电源对系统进行外加电压，电压强度为 2 V/cm（根据前期研究确定）。采用石墨布作为阳极，石墨布贴于跟膜组件尺寸大小相同的有机玻璃板上，放置于膜组件两侧，且与膜面距离为 1.0 cm。电源接入中，导电膜接电源负极，石墨布接电源正极，以保证导电膜带有负电荷。采取恒压实验，虹吸自流出水，通过控制出水口与反应器内液面液位差来控制跨膜压力约为 3.0 kPa。每种模型污染物测试均测试三个周期，且每个周期测试时间为 3.0 h。每次测试均采用全新的膜组件，膜组件不重复使用以防止清洗不完全对结果造成影响。出水通量核算为比通量 J/J_0，其中 J 为出水通量，J_0 为膜初始通量。

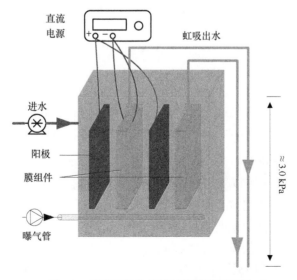

图 7.8　模型污染物短期过滤装置示意图

2. 过滤行为

在外加电压强度为 2 V/cm 下，导电膜对不同模型污染物过滤实验中，相对通量（J/J_0）随时间变化如图 7.9 所示。从图 7.9 中可以看出，对所有模型污染物而言，在有电压和无电压条件下，比通量 J/J_0 值在过滤初期急速下降，这是因为，即使是少量的污染物吸附于膜面均能造成膜孔的堵塞而使膜通量大幅降低。此外，对所有模型污染物导电膜在外加电压强度为 2 V/cm 下比无电压条件下比通量（J/J_0）衰减幅度较低，说明外加电压使得导电膜具有较好的抗污染性能。

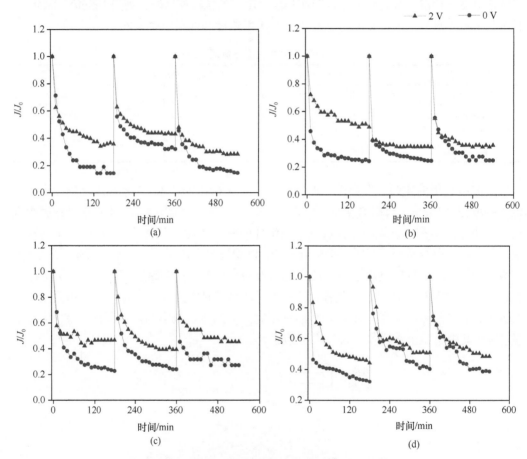

图 7.9　在有电压及无电压条件下相对通量变化图
（a）牛血清蛋白；（b）海藻酸钠；（c）腐殖酸；（d）二氧化硅颗粒

在外加电压下，导电膜抗污染性能提升的一个可能原因是污染物与膜之间的电排斥作用增强。由表 7.2 中可以看出，4 种模型污染物的 Zeta 电位均是负值，通过加在膜上面的外加电压可以使膜带有负电荷，提升了与带有同种电荷的污染物之间存在电场排斥力，阻碍了污染物于膜面的沉积，有效降低膜污染速率，因此比通量衰减幅度较低。另一种可能的原因是，由于外加电压条件下使得膜表面及附近产生氧化性极强的 H_2O_2（或者其他氧化性物质），H_2O_2 可以作为膜清洗药剂使用，能氧化分解沉积到膜表面的污染物,故能有效降低膜污染速率。因此,加电条件下导电膜附近产生的 H_2O_2 能在线原位对膜进行清洗而降低膜污染。相关机制在连续流 MBR 实验研究中将进一步进行讨论分析。

7.2.3　外加电压膜生物反应器处理生活污水性能

1. 两套平行反应器运行性能

1）实验系统及主要工艺参数

为了评估导电微滤膜于外加电压条件下在 MBR 实际运行中的抗污染性能,构建两套相同的 MBR 反应器,其中一套加电压 2 V/cm 为实验组,一套不加电压为空白组。反应器示意图如图 7.10 所示。每一个反应器有效容积 630 ml,且放置 1 片导电微滤膜组件,同样两片阳极片放置于膜组件两侧 1.0 cm 处。膜组件下方设置有有机玻璃管曝气管向反应器充氧。

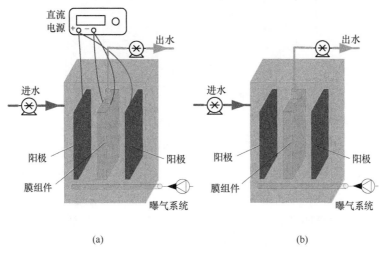

图 7.10　反应器装置示意图
（a）加电压；（b）无电压

每套反应器中接种 630 ml 处理生活污水 A^2/O-MBR 好氧区污泥,接种污泥 MLSS 为 6.0 g/L,MLVSS 为 3.8 g/L。接种完成后,人工模拟生活污水通过蠕动泵抽至进水槽,继而通过单向阀进入反应器。模拟生活污水组成为：$CH_3COONa·3H_2O$ 640 mg/L、NH_4Cl 77 mg/L、Na_2HPO_4 27 mg/L、$CaCl_2$ 11.5 mg/L、$MgSO_4$ 12 mg/L 和营养盐类 10 ml。污水通过反应器处理后,最终通过膜抽吸出水。

实验设置两个工况,且两个工况进水水质相同,均在 25 L/（m^2·h）通量下运行,SRT 均为 30 天。工况 1 内曝气强度为 100 m^3/（m^2·h）,工况 2 内曝气强度为 150 m^3/（m^2·h）。跨膜压力通过"U"形水银压力计监测。在恒流过滤中,跨膜压力的大小可以用来表征膜污染的程度。当跨膜压力达到 30 kPa 时,视为运行终点,此时用新的膜组件进行更换,以防止膜清洗不完全对结果造成影响。整个实验运行期间内,温度维持在（25±1）℃。

2）微生物活性及污染物去除效率

对于电化学辅助 MBR 系统，首要关注的问题是外加电压会不会对微生物造成不利影响。本节研究采用微生物的耗氧呼吸速率表征微生物活性，通过在反应器运行的不同阶段进行取样分析，对比实验组 MBR 和空白组 MBR 两套系统中在不同运行时间下污泥的好氧呼吸速率，考察外加电压强度为 2 V/cm 是否会对微生物造成不利影响。两套 MBR 系统在不同运行时间时活性污泥比耗氧速率（SOUR）如图 7.11 所示。

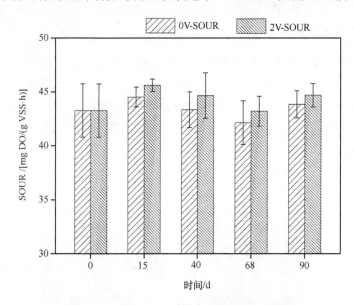

图 7.11　两套 MBR 系统中污泥 SOUR 对比

如图 7.11 所示，实验组 MBR 污泥的 SOUR 比空白组 MBR 略高，这表明在外加电压强度为 2 V/cm 条件下并未对微生物造成不利的影响，一定程度上反而有利于提高微生物活性，也进一步说明 2 V/cm 电压强度对于 MBR 的运行是适宜的。

同时监测了两套 MBR 系统在长期运行过程中对污染物的去除情况，如图 7.12 所示。在 96 天的运行时间中，空白组 MBR 的平均出水 COD 浓度和去除率分别为（14.7±9.3）mg/L 和（96.1±2.5）%，而实验组 MBR 的平均出水 COD 浓度和去除率分别为（11.8±7.8）mg/L 和（96.9±2.1）%。而两套 MBR 系统对于 NH_3-N 的去除率较为相似，均大于 99.3%。从污染物的去除效率而言，外加电压对 MBR 的污染物去除效能并未造成不利影响，与 SOUR 的分析结果相一致。

3）抗污染性能对比

由模型污染物短期过滤实验可以看出（图 7.9），该导电膜在外加电压下对模型污染物表现出较好的抗污染性能。然而，在实际 MBR 系统中，膜过滤对象一般为污泥混合液，而污泥混合液是一个组成成分非常复杂的体系，其中包括无机颗粒物、有机大分子物质、胶体粒子、微生物絮体以及微生物产物（SMP 和 EPS 等）。为了进一步验证和研究导电膜在外加电压下的抗污性能，监测了两套平行运行（即空白组 MBR 和实验组

MBR）的 MBR 系统的过滤行为。

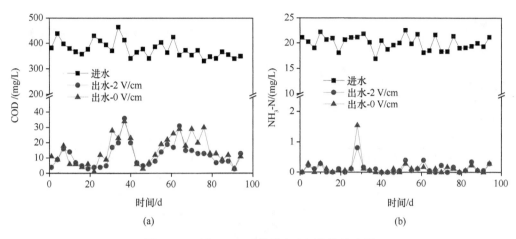

图 7.12　两套 MBR 系统进水出污染物浓度图
(a) COD；(b) NH$_3$-N

混合液胶体、SMP 和 EPS 被认为是引起膜污染的主要因素。因此，首先考察污泥混合液上清液、SMP 和 EPS 的电负性质。两套 MBR 系统中上述三种液体的 Zeta 电位如图 7.13 所示。由图 7.13 可以看出，两套 MBR 系统中的 SMP、EPS 和混合液上清液的 Zeta 电位均是负值，外加电场可对这些物质产生作用，即可通过使膜表面带有负电荷来对上述膜污染物产生静电排斥，以避免其在膜面沉积，从而控制膜污染。

图 7.14 是空白组 MBR、实验组 MBR 运行过程中的 TMP 变化情况。从图 7.14 中可以看出，对比空白组 MBR，实验组 MBR 中由于外加电压的影响，其膜污染速率明显降低，膜运行周期延长。在工况 1 中，空白组 MBR 中 MLSS 平均浓度为 6.4 g/L，而实验组 MBR 中为 6.7 g/L。在此工况下，在 45 天的运行时间内，实验组 MBR 中导电膜运行了 2 个周期，而空白组 MBR 中平均周期长度仅为 13 天。工况 2 中，空白组和实验组 MBR 中 MLSS 平均浓度分别为 6.7 g/L 和 7.3 g/L。从图 5.8 中可以看出，在工况 2 中两套 MBR 系统运行周期均比工况 1 中运行周期长。这是由于相比于工况 1，工况 2 中曝气强度由 100 m^3/（m^2·h）增加至 150 m^3/（m^2·h）。MBR 中的曝气能在膜面产生错流速率，并且膜面流体错流能产生水力学剪切力，强化了膜污染控制效果。因此，工况 2 中两个 MBR 系统运行周期均高于工况 1 中。

在图 7.14 中的工况 2，相比于空白 MBR，外加电压后，导电膜运行周期时间跨度延长至 46 天，而空白组的清洗周期仅为 25 天。这说明，导电膜与污染物之间的电化学排斥力以及由曝气引起的水力学剪切力能协同作用降低膜污染速率。虽然在跨膜驱动力的条件下，污染物向膜面迁移并于膜面沉积吸附，而在电场排斥力的作用下一方面阻碍部分污染物于膜面沉积吸附，另一方面静电排斥力降低了膜污染物于膜面的吸附力，从而更有利于通过水力学剪切力去除。此 MBR 长期运行实验进一步表明，导电微滤膜在外加电压条件下具有很好的抗污染性能。

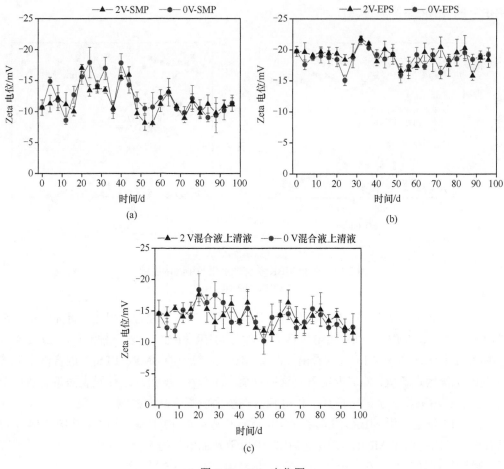

图 7.13　Zeta 电位图

（a）SMP；（b）EPS；（c）混合液上清液

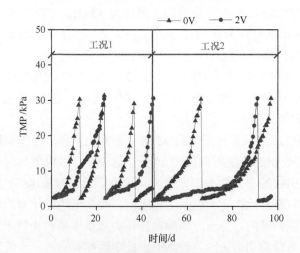

图 7.14　MBR 系统跨膜压力变化情况

工况 1 为低曝气强度；工况 2 为高曝气强度

4）抗污染机理探讨

由模型污染物短期过滤实验可知，外加电压后膜面与污染物之间产生的静电斥力是降低膜污染的一个重要因素，且由图 7.13 可知，混合液上清液、SMP 和 EPS 均带有负电荷，这使得外加电场产生的静电斥力同样能对这些主要的膜污染物产生作用。

同时，外加电场下在膜附近产生的强氧化性物质 H_2O_2 同样能对膜进行在线原位清洗，进而降低膜污染。在实验组 MBR 系统中导电膜附近检测到有（0.95±0.21）mg/L 的 H_2O_2，而在空白组 MBR 中基本检测不到 H_2O_2 的生成。

此外，对比两套系统 SMP 和 EPS 中糖类、蛋白质和腐殖酸含量，结果如图 7.15 所示。由图 7.15 可以看出，无论 SMP 和 EPS 中，在系统运行 30 天后有电压条件下糖类、蛋白质和腐殖酸含量均略低于无电压条件。SMP 中，空白组糖类、蛋白质和腐殖酸平均

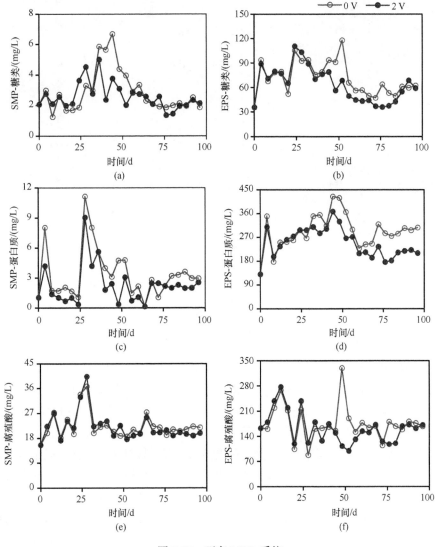

图 7.15　两套 MBR 系统

（a）SMP 中多糖；（b）EPS 中多糖类；（c）SMP 中蛋白质；（d）EPS 中蛋白质；（e）SMP 中腐殖酸；（f）EPS 中腐殖酸含量

浓度分别为（2.89±1.42）mg/L、（3.40±2.56）mg/L 和（22.31±4.12）mg/L，而实验组中其平均含量分别为（2.60±0.87）mg/L、（2.25±1.93）mg/L 和（22.12±5.21）mg/L；EPS 中，空白组糖类、蛋白质和腐殖酸平均浓度分别为（71.28±20.60）mg/L、（292.56±66.07）mg/L 和（176.32±48.36）mg/L，而实验组中其平均含量分别为（63.48±21.36）mg/L、（248.38±56.25）mg/L 和（161.96±44.05）mg/L。而 SMP 和 EPS 被认为是导致膜污染的重要物质，较高的糖类、蛋白质和腐殖酸浓度可能导致较高的膜污染速率。

为了进一步阐明导电膜的抗污染机理，对运行终点的污染膜进行共聚焦激光显微镜（CLSM）观测，结果如图 7.16 所示。

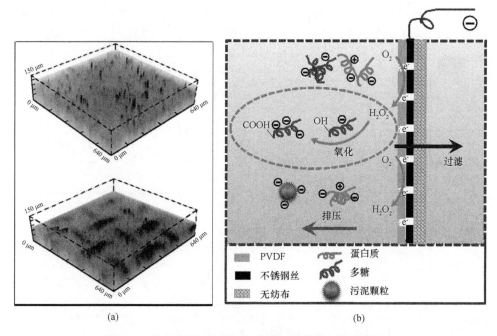

(a)　　　　　　　　　　　　　　　　　　(b)

图 7.16　导电膜抗污染机制（彩图扫描封底二维码获取）

（a）膜运行终点时 CLSM 图（上部为膜空白组，下部为实验组），图片中红色代表 α 多糖、蓝色代表 β 多糖和绿色代表蛋白质；（b）抗污染机制示意图

从图 7.16 中可以看出，相比于空白组，有电压下的实验组 MBR 中，膜面污染层较薄。这说明在电场力的排斥下，污染物于导电膜上沉积吸附较少。同时从图中可以看出，污染层上的污染物也存在差异。在空白组 MBR 中，膜面污染物以糖类为主（包括 α 多糖和 β 多糖），而实验组 MBR 中膜污染物以蛋白质为主。这说明电化学辅助下 MBR 对降低糖类污染表现出更好的效果。因此，在本节研究中，加电压下对糖类物质的排斥，有效提高了导电膜的抗污染性。一个可能的原因是，糖类物质一般为极性分子，且一般带有大量的羟基，其导致糖类物质水溶液一般带有呈负电性。此外，带有较多羟基基团的极性分子在碱性条件下，其 Zeta 电位为负值。而本节实验中，MBR 混合液 pH 值为 8.0～8.5。因此，带负电荷的膜面与糖类物质之间的静电排斥力有效阻碍糖类吸附于膜面。而电场力对蛋白质的作用强弱，与蛋白质所带电性有关，由于蛋白质一般既有带有负电性的羧基也带有正电性的氨基，这可能影响蛋白质整体的排斥作用。另一个重要的原因可能是由于所生成的

H_2O_2 与污染物之间的反应。上述内容已经提到，在实验组 MBR 中 H_2O_2 的浓度为 (0.95 ± 0.21) mg/L，糖类物质所带的羟基官能团能被 H_2O_2 氧化呈电负性更强的羧基，从而增加了糖类物质的电负性，增大膜面与糖类物质之间的静电排斥力。

综上所述，在两套平行 MBR 运行实验中，导电膜在外加电压条件下表现出的抗污染性能主要是因为外加电压：①增加了膜面与污染物之间的静电排斥力；②使得膜面附近产生强氧化物质 H_2O_2，其并对膜面进行原位清洗；③对混合液性质的改变（较低的 SMP 和 EPS）等三个因素。

5）外加电压耗能计算

由以上研究结果可知，本节研究中导电微滤膜在外加电压条件下表现出较好的抗污染性能。但由于 MBR 自身能耗较高，外加电压同样产生能量消耗，为了回应此问题，将对本研究中外加电压所产生的能耗进行计算。本研究中，外加电压强度为 2 V/cm，且所产生的电流约为 2.0 mA。外加电压所产生能耗为 (4.0×10^{-6}) kW·h。实验过程中，膜运行通量为 25 L/（m^2·h），且膜有效过滤面积为 4.2×10^{-3} m^2。当 MBR 运行 1 h，所处理的水量为 1.05×10^{-4} m^3，因此单位处理水量的能耗为 0.038 kW·h/m^3。

但是，在实际工程运行过程中，所使用的膜组件膜面积将大幅增加，这使得处理水量相应增加，但膜电阻将降低，导致在同样的电压下电流升高。为了计算实际运行中外加电压产生的能耗，利用膜面积为 1 m^2 的膜在实际污泥混合液中运行，当外加电压为 2 V/cm 时，所产生的电流约为 180 mA，此时以 25 L/（m^2·h）通量下运行 1 h 所处理的水量为 2.5×10^{-2} m^3，能耗为 0.014 kW·h/m^3。相比于常规 MBR 运行能耗 0.6 kW·h/m^3 要小得多。因此，利用本导电膜进行膜污染控制具有可行性。

2. 有/无电压条件下导电膜在同一反应器运行性能

1）实验系统及运行工况

在前一部分实验中，实验导电膜（加电压）和空白导电膜（不加电压）分别放入两个反应器内，如此随着运行时间的推移，在外加电压下，混合液性质受到影响，致使两个反应器内混合液性质不同，这样将对膜污染情况造成影响。为了更进一步验证导电膜在外加电压下的抗污染性能，将实验导电膜和空白导电膜放置于同一反应器内运行，以排除混合液性质不同对膜污染造成的影响。所采用实验装置如图 7.8 所示。不同的是，本次实验采用蠕动泵抽吸出水，为恒流条件下运行。反应器接种污泥和进水水质均与前一部分研究相同。实验共设 4 个工况，各工况参数如表 7.3 所示。

表 7.3　各工况参数一览表

工况	曝气强度/ [m^3/ （m^2·h）]	运行通量/ [L/ （m^2·h）]	SRT/d	HRT/h
1	83.3	20	45	6.0
2	83.3	25	45	4.8
3	150.0	25	45	4.8
4	150.0	20	45	6.0

2）污染物去除效率

实验膜和空白膜出水 COD 和 NH₃-N 浓度如图 7.17 所示。在进水 COD 浓度为（395.1±25.5）mg/L 时，空白膜和实验膜膜出水 COD 浓度均低于 40 mg/L，达到污水排放一级 A 标准。且实验膜出水 COD 平均浓度为（16.2±6.7）mg/L，空白膜膜出水 COD 平均浓度为（16.3±7.4）mg/L。当进水 NH₃-N 浓度为（20.8±1.6）mg/L 时，空白膜膜出水 NH₃-N 平均浓度为（0.13±0.16）mg/L，实验膜为（0.12±0.15）mg/L。可以看出，实验膜和空白膜出水水质并无明显差异，均表现出较好的运行性能。

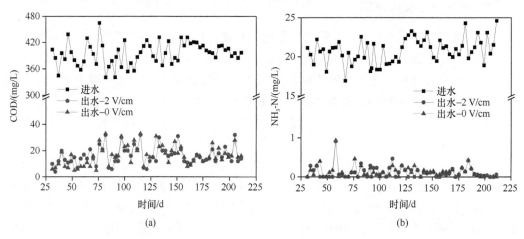

图 7.17 导电膜和空白膜实验系统进出水 COD 和 NH₃-N 浓度

（a）COD；（b）NH₃-N

3）抗污染性能对比

对实验膜和空白膜的跨膜压力分别进行监测，结果如图 7.18 所示。由图 7.18 可以看出，相比于无外加电压条件下的空白膜，外加电压条件下的实验膜在 4 个工况内运行周期均要长得多。这说明，实验膜抗污染性能较空白膜好。工况 1 中，空白膜平均运行

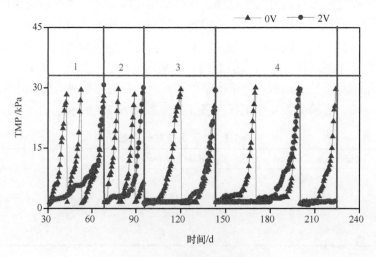

图 7.18 跨膜压力变化图

周期为 12.5 天，而实验膜则为 37 天。当运行通量由 20 L/（m²·h）增加至 25 L/（m²·h）时，空白膜运行周期为 11.5 天，而实验膜则降为 27 天（工况 2）。对比工况 2，工况 3 中曝气强度由 83.3 m³/（m²·h）增加至 150.0 m³/（m²·h），在相同运行通量的条件下，空白膜平均运行周期为 24 天，而实验膜运行周期为 48 天，均比工况 2 中运行周期长。这是因为，增大曝气强度能有效增加膜面流体剪切力，加强其对膜面的冲刷作用，对膜面造成清洗，降低膜污染速率。在此基础上，膜运行通量由 25 L/（m²·h）降至 20 L/（m²·h）时（工况 4），空白膜运行周期增至 27 天，实验膜运行周期可达 71 天，实验膜运行周期增长幅度远大于空白膜。

4）抗污染机制分析

从两个反应器中导电膜抗污染机制分析可知，外加电压条件下，在导电膜附近所产生的强氧化性物质 H_2O_2 能氧化膜面污染物，对膜进行在线清洗而降低膜污染。在本部分研究中，同样对实验膜和空白膜附近 H_2O_2 含量进行检测，结果如图 7.19 所示。

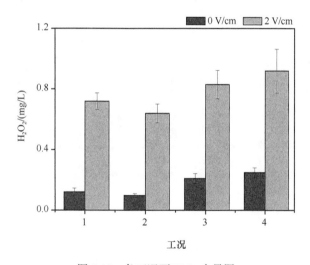

图 7.19　各工况下 H_2O_2 含量图

从图 7.19 可以看出，四个工况下，实验膜附近 H_2O_2 含量均远高于空白膜附近，进一步验证了外加电压直接加于导电膜上，能在导电膜附近产生强氧化性物质 H_2O_2。再一次说明导电膜上产生的强氧化性物质 H_2O_2 能氧化膜面污染物质，有助于提高导电膜的抗污染性能。

为了从微观角度考察外加电压提高导电膜抗污染性能的机制，对运行终点时有无电压条件下的导电膜膜面微生物种群进行分析，考察外加电压对膜面微生物种群结构的影响，从而分析其对膜污染情况的影响。利用 Mesiq 微生物分析技术，对运行终点时（第 200 天）空白膜和实验膜膜面微生物种群结构进行分析。

在"门"层面上，微生物种群结构及其相对丰度如图 7.20 所示，其中在空白膜和实验膜中相对丰度均小于 0.1%的种群归为"Others"。实验膜和空白膜表面微生物主要有 17 个菌门。虽然两个样品中丰度最高的菌门是 *Bacteroidetes* 和 *Proteobacteria*，然而两个样品的微生物菌群存在较大差异。在实验膜表面 *Proteobacteria* 的相对丰度为 48.46%（空白膜面为 22.34%），为丰度最高的菌门；而在空白膜表面 *Bacteroidetes* 为丰度最高菌门，其相对丰度为 43.43%（实验膜面为 35.98%）。而空白膜膜污染速率远大于实验膜，且 *Bacteroidetes* 菌门在实验膜上富集程度也相对较高，这说明 *Bacteroidetes* 菌门与膜污染之间可能存在一定的联系。*Proteobacteria* 菌门中含有 *Alphaproteobacteria*、*Betaproteobacteria*、*Deltaproteobacteria* 和 *Gammaproteobacteria* 菌纲，其在实验膜和空白膜表面相对丰度分别为 13.93%、22.42%、7.18% 和 3.81%，8.10%、4.51%、6.59% 和 5.22%。可以看出 *Betaproteobacteria* 菌纲在有电压条件下富集度较高，说明该微生物种群能较易适应有电压条件。此外，*Chlamydiae* 菌门在空白膜面丰度（7.86%）远高于实验膜面（1.29%）。虽然未发现任何关于 *Chlamydiae* 菌门和膜污染之间关系的相关文献报道，但本研究中 *Chlamydiae* 菌门富集于污染速率较快的膜面，说明膜污染与 *Chlamydiae* 菌门之间可能存在某种联系。

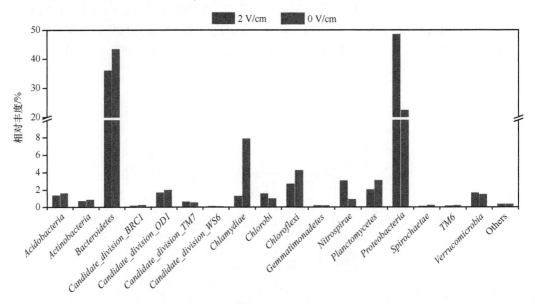

图 7.20　菌门层面微生物种群结构及其相对丰度

在实验和空白膜中相对丰度均小于 0.1% 的微生物菌门归为"Others"

为了进一步研究空白膜与实验膜膜面微生物菌群的差异，对"菌属"层面上实验膜和空白膜膜面微生物菌群结构及其相对丰度进行分析，结果如图 7.21 所示。其中在两个样品中相对丰度均小于 1.0% 的菌属归为"Others"。从图 7.21 中可以看出，实验膜和空白膜面微生物菌群在"菌属"层面上表现出较大的差异性。*Chitinophagaceae_uncultured* 菌属在两个样品中均为优势菌属，其在实验膜面相对丰度为 24.40%，而在空白膜面相对丰度却为 31.8%。实验膜上第二优势菌属为 *Methyloversatilis*，其相对丰度为 18.62%，而在空白膜上相对丰度仅为 0.06%，可以看出 *Methyloversatilis* 菌属仅在有电压情况下的实验膜上富集。说明 *Methyloversatilis* 菌属在外加电压条件下反而生长较好。已知 *Methyloversatilis* 菌属利用甲醛、甲醇以及甲酸盐等含甲基类有机物作为电子供体，利用硝酸盐等作为电子受体进行反硝化作用，其仅富集于实验膜面，可能原因是 *Methyloversatilis* 菌属能直接利用膜面富集的电子作为电子供体，利用其余氧化性物质作为电子受体进行电子传递。*Neochlamydia* 在空白膜面相对丰度为 7.68%，为第二优势菌属，而其在实验膜上相对丰度仅为 1.26%。虽然没有关于 *Neochlamydia* 菌属与膜污染关系的相关文献报道，但 *Neochlamydia* 菌属在膜污染较严重的空白膜表面富集，推测其可能与膜污染之间存在一定关系。*Nannocystis* 菌属在实验膜表面相对丰度（3.39%）较空白膜（2.41%）高，且其能产生胞外酶水解大分子物质，如蛋白质、核酸、脂肪酸脂以及包括纤维素在内的多种碳水化合物，可以降解已死的或活的细菌、真菌或其他可溶性生物大分子，该菌属在实验膜上富集，其可分解膜上大分子有机物质，可能有利于降低膜污染。*Nitrospira* 菌属为典型的亚硝酸盐氧化菌属，其在实验膜面相对丰度（2.98%）高于空白膜面（0.88%）。可能的原因是，*Nitrospira* 菌属较易生长于溶解氧充足、利于亚硝酸盐氧化的环境。如图 7.16（a）中显示，有电压条件下，膜面生物膜较薄。较厚的生物膜会降低溶解氧传递速率，使膜生物膜内溶解氧浓度降低。因此外加电压下实验膜面 *Nitrospira* 菌属相对丰度略高。这也说明，外加电压下 *Nitrospira* 菌属较易富集，有利于亚硝酸盐氧化。

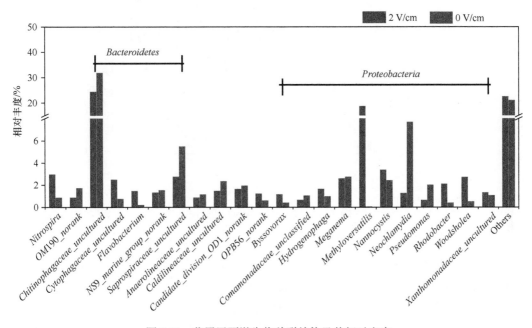

图 7.21　菌属层面微生物种群结构及其相对丰度

在实验和空白膜中相对丰度均小于 1.0% 的微生物菌属归为 "Others"

　　由以上分析可知，实验膜和空白膜膜面微生物种群结构存在较大差异。而两片膜均放于同一反应器内，混合液性质相同，运行条件相同，因此可得出在外加电压条件下，使得实验膜和导电膜膜面微生物种群结构发生变化，在一定程度上对两片膜膜污染速率造成影响。因此，导电微滤膜直接作为阴极，外加电压直接加在导电膜上，膜抗污染性提高，其原因除了膜面与污染物颗粒间静电斥力的物理作用外；还存在强氧化性物质 H_2O_2 对膜面一定程度在线清洗的化学作用；此外，外加电压还引起膜面微生物种群结构发生变化，即存在对膜污染速率造成影响的生物作用。

3. 导电膜于实际污水处理中的抗污染性能

　　由上述研究结果表明，该导电微滤膜在外加电压强度为 2 V/cm 的条件下，于人工模拟污水 MBR 运行表现出较好的抗污染性能。然而实际生活污水组分和性质均比人工配水复杂得多，且在实际生活污水条件下，污泥混合液性质也较为复杂。因此，为考察该导电膜在外加电压下于实际生活污水 MBR 中的抗污染性能，把导电微滤膜置于处理生活污水 MBR 中运行。MBR 进水为上海曲阳污水处理厂沉砂池出水，膜组件有效尺寸为 42 cm×42 cm。同样于同一反应器内放置两片导电膜膜组件，一片外加电压 2 V/cm 为实验膜，一片不加电压为空白膜。且第一工况下运行中平均室温约为 28℃，而第二工况下平均室温约为 12℃。两片膜运行跨膜压力如图 7.22 所示。

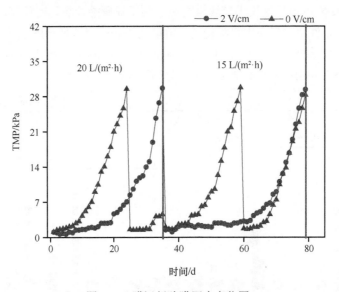

图 7.22　膜运行跨膜压力变化图

由图 7.22 可知，在两个工况下，外加电压下的实验膜运行周期均比空白膜长，说明实验膜表现出较好的抗污染性能。当膜在室温为 28℃条件下以 20 L/（m²·h）运行时，实验膜运行周期为 35 天，而空白膜为 24 天。当室温降至 12℃，运行通量降至 15 L/（m²·h）时，实验膜运行周期延长至 43 天，而空白膜平均运行周期为 22 天。可以看出，一方面空白膜中，虽然工况 2 中运行通量降低，但膜运行周期变化不大，这是因为工况 2 运行室温仅为 12℃，低温可引起膜污染趋势增加。实验膜与空白膜在工况 1 和工况 2 跨膜压力变化对比表明，在实际生活污水处理中，导电膜在外加电压条件下仍表现出较好的抗污染性能。

7.3　生物电化学型 EMBR 处理生活污水特性

7.3.1　不锈钢丝网作为阴极的 EMBR 处理模拟生活污水

1. EMBR 工艺系统及参数

本节采用上流式反应器建立了一个新型的 MFC-MBR 耦合系统，阳极室在下，阴极室在上,中间通过廉价易得的无纺布作为分隔。利用不锈钢丝网作为传统平板膜组件形式并作为 MFC 阴极(Wang Z W et al.,2013;黄健,2015)。装置的流程示意图及实物图如图 7.23 所示。该装置由进水槽、进水管、出水管、阳极室、阴极室、连通管、外电路和分隔膜组成。阳极室内填有导电碳毡(1 cm 厚),并埋有一根直径为 6 mm 的碳棒,作为阳极与外电路连接的设置。分隔膜是廉价易得的无纺布,该分隔膜的作用是有效分隔阴阳极室,防止阴极室溶液对阳极室严格厌氧环境造成影响,同时保证阳极室产生质子能顺利通过并到达阴极室。分隔膜靠近反应器器壁的地方设置一个内径约为 0.8 cm 的有机玻璃管作为连通阴阳极室之用。阴极室放有不锈钢丝网所制成的平板膜组件,膜组件上系有两个 6 mm 的碳棒作为阴极与外电路相连的设施。膜组件下方设置曝气管,曝气形式为穿孔曝气,曝气管提供空气满足 MBR 生化需求及膜冲刷需求,同时满足 MFC 阴极电子受体需求。

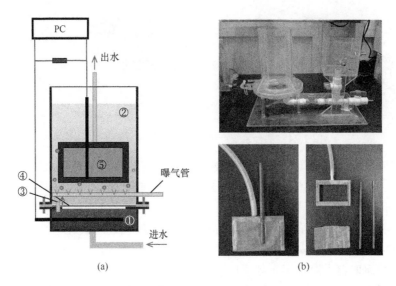

图 7.23　装置的流程示意图及实物
(a)试验流程示意图;(b)试验装置实物图
①阳极室;②阴极室;③连通管;④分隔膜;⑤膜分离组件/阴极

　　污水通过进水槽,经过单向阀进入阳极室,在阳极室内厌氧处理,部分有机物被产电微生物利用产生电子和质子,电子通过微生物传递到碳毡,碳毡经过埋有的碳棒传递到外电路,同时质子在扩散作用及料液驱动力和电场力作用下经过分隔膜进入阴极室。料液经过阳极室后通过连通管进入阴极室。在阴极室内,由外电路传递而来的电子以及内电路作用而来的质子在微生物作用下,于阴极表面利用氧气作为最终电子受体,反应生成水,完成回路。料液在阴极室内经过微生物降解,由膜分离装置抽吸出水。同时,随着膜的物理抽吸作用,被截留的颗粒和滋生的生物膜在膜表面形成动态膜,动态膜能有效截留污染物提高出水水质。其机制如图 7.24 所示。

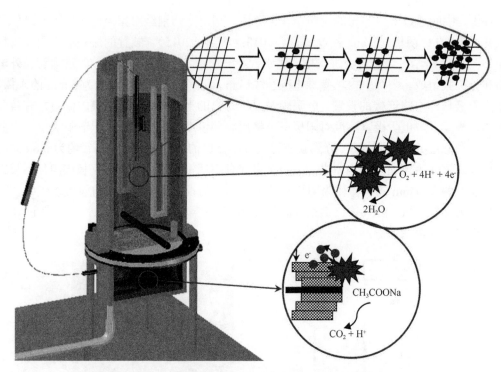

图 7.24　耦合系统产电及动态膜形成过程示意图

　　阴阳极室内均为内径 10 cm 的有机玻璃圆桶，阳极室总体积为 140 ml，填满碳毡后有效体积为 37 ml；阴极室有效体积为 1.25 L，其中放置的不锈钢丝网平板膜组件有效尺寸为 4 cm×8 cm，钢丝网孔径为 48 μm。膜组件下方设有两根有机玻璃曝气管，曝气强度为 0.67 L/min。利用导线连接外电阻与阴阳极碳棒相连组成外电路。取处理实际生活污水 A²/O-MBR 工艺厌氧区 10 ml 污泥作为阳极初始接种污泥，污泥浓度为 16.2 g/L。阴极室接种污泥取自上海某污水处理厂活性污泥，污泥浓度为 3.9 g/L。

　　实验采用人工配水作为处理污水，配水中加入物质为：$CH_3COONa·3H_2O$ 640 mg/L，NH_4Cl 57 mg/L，$K_2HPO_4·3H_2O$ 22 mg/L，$CaCl_2$ 11.5 mg/L，$MgSO_4$ 12 mg/L 和营养盐类 10 ml。其中，$CH_3COONa·3H_2O$ 浓度根据各设计工况进行调整。每次配水后，用氮气曝气 10 min 后再通过蠕动泵进入阳极，防止进水中溶解氧对阳极造成不利影响。膜出水采用蠕动泵抽吸出水，跨膜压力通过"U"形压力计监测。在本实验之前，系统外电路连接 1000 Ω 电阻以第一工况条件运行 30 天，已达到微生物驯化目的。系统整个运行期间无污泥排出，且运行室温保持恒温 25℃条件。系统运行各工况参数如表 7.4 所示。

表 7.4　系统运行工况一览表（$n=5$）

工况	运行时间/d	HRT_A/min	HRT_C/h	外电阻/Ω	进水 COD /（mg/L）	VLR_A /[kgCOD/（m³·d）]	膜通量 /[L/（m²·h）]
1	31～41	17	6.1	470	307.6±15.7	24.2	20
2	42～51	35	12.3	470	644.2±21.5	25.4	10
3	52～65	35	12.3	470	225.3±18.4	8.9	10
4	66～75	35	12.3	100	205.0±30.8	8.1	10

注：HRT_A 为阳极水力停留时间；HRT_C 为阴极水力停留时间；VLR_A 为阳极有机负荷，其以阳极净容积计算。

2. EMBR 系统膜分离性能

通过测量出水浊度来反映膜分离性能和动态膜的形成过程，出水浊度随时间变化如图 7.25 所示。

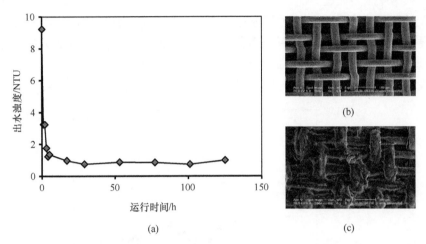

图 7.25　EMBR 系统分离性能

（a）出水浊度随时间变化；（b）清洁膜 SEM 图像；（c）污染后 SEM 图像

由图 7.25（a）中可以看出，膜出水浊度在 3 h 内就快速降到了 2.0 NTU，并且在 24 h 内进一步稳定达到 0.8 NTU。这意味着不锈钢丝网上形成了动态膜，在 24 h 内就能表现出很好的对颗粒拦截作用。利用扫描电镜 SEM 对清洁膜和使用后的膜进行观察，结果如图 7.25（b）和图 7.25（c）所示。对比清洁膜，使用后的膜面明显覆盖有一层动态膜，同时生物膜不仅生长在不锈钢丝网表面，还生长于不锈钢丝网孔内部。该层动态膜对于提高出水水质起到关键的作用。此外，为了进一步验证动态膜对污泥絮体的拦截作用，对阴极区混合液以及出水进行粒径分布测试，结果如图 7.26 所示。

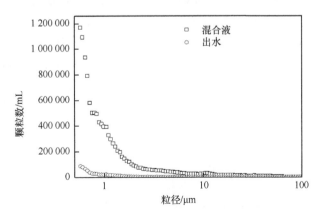

图 7.26　出水粒径分布图

如图 7.26 所示，出水粒径分布明显比混合液粒径分布要小得多。每毫升混合液中颗粒数约为 1.2×10^7，而每毫升出水中颗粒数为 6.4×10^5。出水中数量平均粒径约为 1.14 μm，远小于混合液中数量平均粒径 2.18 μm，这说明大粒径颗粒被动态膜截留。因此，动态膜的截留不仅降低了出水浊度，同时粒径分布分析表示，由于动态膜的形成，使得不锈钢丝网孔径由 48 μm 降至 1.14 μm。

　　动态膜跨膜压力通过"U"形压力计监测，如图 7.27 所示。从图 7.27 中可以看出，耦合系统跨膜压力在整个运行时间内均保持在较低水平，且系统运行期间内未有膜清洗。工况 1 内（31～41 天），跨膜压力主要为 0.5～0.65 kPa。从第 42 天开始，运行通量由 20 L/（m²·h）降至 10 L/（m²·h）（表 7.4），跨膜压力也随之降低至 0.25 kPa，这表明，动态膜在耦合系统中表现出较好的运行性能，污染速率较低。

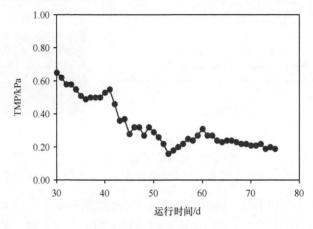

图 7.27　TMP 随时间变化图

3. 污染物去除性能

　　EMBR 进出水 COD 和 NH₃-N 浓度如图 7.28 所示。由图可以看出，MFC-MBR 耦合系统对 COD 和 NH₃-N 均有较高的去除率。同时 HRT 和 VLR 的改变并没有对污染物去除效率造成明显影响，表明该 EMBR 耦合系统具有较强的抗冲击负荷的能力。COD 和 NH₃-N 的平均去除率分别为 84.9% 和 97.6%，此处理效率与一些常规微滤、超滤 MBR 相当。在此耦合系统中，约 13.9%～27.7% 的 COD 是被阳极去除的，大部

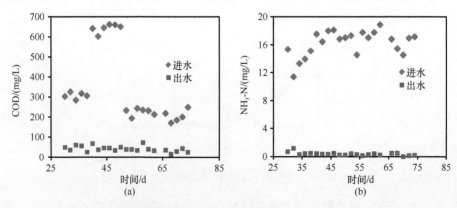

图 7.28　耦合系统 COD 和 NH₃-N 进出水浓度
(a) COD；(b) NH₃-N

分的有机物则是在阴极区得到去除的，因此这也证明了 MFC 系统单独作用时对有机物的去除效率较低。利用 MFC 与 MBR 耦合可以极大提高了有机物的去除率。

此外，值得注意的是，仅有 1.9%～12.3%的电子从污染物氧化传递至碳毡电极进而传递至外电路（表 7.5）。说明该耦合系统的库伦效率还有待进一步提高，系统产电性能还有待进一步优化。同时，从表 7.5 中可以看出，系统 TN 去除率为 13.4%～44.9%，而系统仅有好氧区，无缺氧区反硝化作用，同时系统无污泥排出，表明反硝化作用可能发生在阴极室。因此，在 MFC 辅助下，反硝化作用可能在 MBR 好氧区内进行。

表 7.5　耦合系统运行性能一览表（$n=5$）

工况	库伦效率/%	阳极 COD 去除率/%	系统 COD 去除率/%	NH₃-N 去除率/%	TN 去除率/%
1	1.9	13.9	85.2±5.1	95.3±3.3	18.3±9.4
2	3.2	19.3	92.8±1.8	98.0±0.5	40.9±8.9
3	4.5	27.7	81.0±5.9	98.3±0.7	24.7±11.8
4	12.3	21.0	85.5±5.0	98.5±1.3	44.9±6.2

4. EMBR 电化学性能

EMBR 在不同 HRT 和不同外阻条件下的输出电压如图 7.29 所示。为了使产电微生物驯化富集，在四个工况运行之前，系统在外阻为 1000 Ω，以工况 1 的运行条件运行了 30 天。对比工况 1 和工况 2，系统在相同的 VLR 和外电阻值，不同的水力停留时间下运行（表 7.4），从图 7.29 中可以看出，由于工况 2 中 HRT 延长至 35 min 使得输出电压 236.4 mV 比工况 1 中 223.4 mV 要高。对比工况 2 和工况 3，有机负荷 VLR 从 25.4 kgCOD/（m³·d）降至 8.9 kgCOD/（m³·d），输出电压进一步提高至 256.7 mV。工况 4 中，由于外接电阻由 470 Ω 降至 100 Ω，输出电压随之降至 142.6 mV。

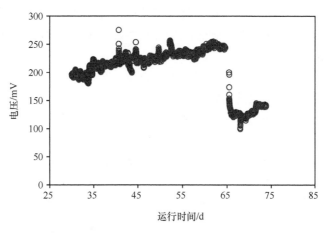

图 7.29　EMBR 系统输出电压图

为进一步考察耦合系统的电化学性能，利用电化学工作站测量了各工况下系统功率密度曲线，结果如图 7.30 所示。

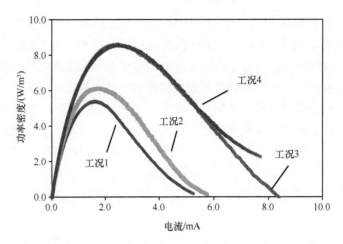

图 7.30　系统各工况下功率密度曲线（彩图扫描封底二维码获取）

由功率密度曲线图 7.30 可知，工况 1～工况 4 最大功率密度依次为 5.40 W/m³、6.12 W/m³、8.62 W/m³ 和 8.56 W/m³。所有功率密度均核算至阳极净体积功率密度。系统最大功率密度为 8.62 W/m³，并在工况 3 条件下获得。

HRT 和 VLR 和外电阻是影响耦合系统电化学性能的重要因素，由工况 1 至工况 2，HRT 的增加可促进电能产生，相应的功率密度由 5.40 W/m³ 提高至 6.12 W/m³，且库伦效率由 1.9%升至 3.2%（表 7.5）。可能的原因是，HRT 的延长有利于产电微生物代谢活动，更有利于其利用有机物转移电子，导致功率密度和库伦效率的提高。

降低 VLR 同样有利于提高系统性能。从工况 2 至工况 3，随着 VLR 由 25.4 kg COD/（m³·d）降至 8.9 kg COD/（m³·d），最大功率密度由 6.12 W/m³ 升至 8.62 W/m³。相比于工况 2，工况 3 中的库伦效率同样得以提高，分析原因可能由于较高的有机负荷会抑制产电微生物的产电能力导致功率密度降低，同时较高的 VLR 降低了有机物的利用效率，导致库伦效率的降低。结果表明，在耦合系统中需要采取一个合适的 VLR，以维持系统较高的电化学性能。

由欧姆定律可知，外阻大小影响电池输出电压。在本实验中，外阻对输出电压和库伦效率具有较明显的影响。当外电阻由工况 3 中 470 Ω 降至工况 4 中 100 Ω 时，输出电压明显降低。对比工况 3 和工况 4 功率密度，发现随着外阻的降低系统最大功率密度并没发生明显变化，说明虽然改变外阻能影响输出电压，但对系统产电性能影响不大。但是工况 4 的库伦效率是工况 3 的 3 倍。一方面，从物理学角度看，外阻的降低，则自然允许更多的电子通过外电路，若在消耗同样有机物的情况下，通过电子增多则必然导致库伦效率增加；另一方面，从微生物学角度，产电微生物在较高的电流密度条件下更容易聚集。

本实验中动态膜扮演着膜分离单元同时作为阴极电极的双重作用。为了监测动态膜作为生物阴极的电化学活性，利用电化学工作站对运行终点的不锈钢丝网进行循环伏安测试，结果如图 7.31 所示。

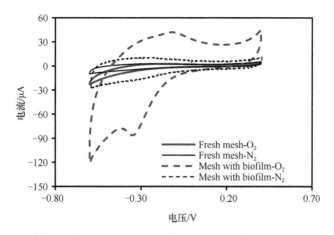

图 7.31　阴极循环伏安图（彩图扫描封底二维码获取）

Fresh mesh 为新的不锈钢丝网膜；Mesh with biofilm 为有生物膜的不锈钢丝膜；O_2/N_2 为氧气或氮气条件下

如图 7.31 所示，新的不锈钢丝网膜无论在氧气条件下或但其条件下均不存在电化学活性。然而，具有生物或的不锈钢丝膜在氧气条件下于–0.33 V 处存在明显还原峰，且该峰在氮气环境中并没有显现。说明，生物膜明显增强了不锈钢丝网的电化学活性，生物膜有效催化氧气于膜面得电子。虽然较厚的生物膜会阻碍氧气的传递，从而会降低电极电化学活性。然而在本研究中，由跨膜压力的情况可知，生物膜生长相对较为稳定。因此，本研究并没有发现由于生物膜过度生长对系统产电性能造成的不良影响。

5. 微生物种群分析

在该 EMBR 系统中，微生物种群起到至关重要的作用，阳极微生物能利用有机物产生电子并经过外电路传递至阴极，在阴极微生物的催化作用下，利用氧气作为电子受体接受电子，完成回路。为了研究耦合系统中微生物种群特征，构造两套同样的反应器，在同样的接种污泥、同样进水水质，同样的运行条件下，一套外电路闭合为耦合系统，一套外电路断开为空白对照组。利用 454 焦磷酸测序手段，对两套反应器中阳极和阴极生物膜进行微生物种群分析（Huang et al.，2014；黄健，2015）。

1）微生物丰富性和多样性

本实验中，通过 454 焦磷酸测序构建了 4 个样品 A_O（开路系统阳极生物膜），A_C（闭路系统阳极生物膜），C_O（开路系统阴极生物膜）和 C_C（闭路系统阴极生物膜）的 16S rDNA 基因库。如表 7.6 中所示，经过剪接、分拣和质量控制后，6381（A_O）、 6854（A_C）、 12243（C_O）和 7097（C_C）条高质量序列（平均长度为 390 bp）在 3%距离阈值下聚类为 1859（A_O）、1488（A_C）、1997（C_O）和 1856（C_C）OTUs，在 5%距离阈值下聚类为 1602（A_O）、1211（A_C）、1583（C_O）和 1493（C_C）OTUs。样品 ACE、Chao1、Shannon 和 Good 覆盖率指数如表 7.6 所示。

表 7.6　四个样品 OTUs 相似性及物种丰富度一览表

样品	$\alpha=0.03$					$\alpha=0.05$				
	OTUs	ACE	Chao1	Shannon	覆盖率	OTUs	ACE	Chao1	Shannon	覆盖率
A_O	1895	7816	4719	6.34	0.81	1602	5950	3780	6.07	0.85
A_C	1488	5712	3424	5.73	0.87	1211	3846	2510	5.41	0.90
C_O	1997	7981	4597	4.98	0.90	1583	4964	3143	4.64	0.93
C_C	1856	8993	5204	5.63	0.82	1493	5443	3450	5.32	0.87

注：物种丰富度是通过 MOTHUR 软件计算；α 为置信区间。

由表 7.6 可知，在 3%距离阈值内，A_O 样品通过 Chao 1 和 ACE 指数聚类情况 OTUs 数分别为 4719 和 7816，而 A_C 中 OTUs 数为 3424 和 5712，可以看出在此情况下，A_O 样品 OTUs 数明显多于 A_C 样品，这说明耦合系统在开路条件下比闭路条件下阳极微生物种群丰富。但是，对阴极样品而言，C_C 比 C_O 样品较为丰富。然而，对比在 0.03 和 0.05 距离阈值下 Shannon 指数可发现，A_O 和 C_C 样品 Shannon 值分别明显高于 A_C 和 C_O 样品。这说明，A_O 样品中微生物种群多样性明显高于 A_C 样品，同时 C_C 样品多样性高于 C_O 样品。由于两套反应器阴极和阳极均接种同样的接种污泥，处理同样的进水，在同样的操作条件下运行，唯一不同的是一套处于开路条件，一套处于闭路条件。因此，样品中微生物种群丰富度和多样性的差异，是由于产生电能引起的。

四个样品在 3%和 5%距离阈值条件下的稀释性曲线如图 7.32 所示。

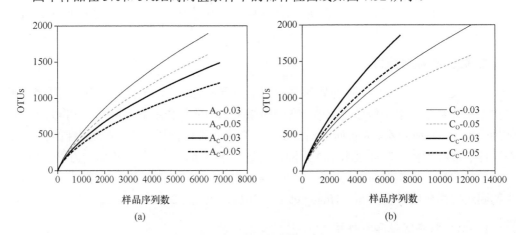

图 7.32　样品稀释性曲线图
（a）阳极样品；（b）阴极样品

由图 7.32 可以看出，本实验中 4 个样品的稀释性曲线均未到达平稳区，甚至当序列数增加至 12000 条时，OTU 数仍然不断增加。这说明，454 焦磷酸测序相比于其他微生物测试方法（例如 DGGE 等）更能有效反映出微生物种群的多样性。稀释性曲线中不同的斜率代表了样品的多样性，斜率较高则样品表现出较高的多样性。因此，从稀释性曲线中同样可以看到 A_O 样品中微生物种群多样性明显高于 A_C 样品，同时 C_C 样品多样性高于 C_O 样品。

2）微生物种群分类学分析

利用系统进化分析对 4 个样品中微生物种群结构和组成进行分析。在"门"层面下两套反应器阳极和阴极样品的微生物种群相对丰度对比见图 7.33 所示。除了 A$_O$ 样品中的 Deferribacteres 和 Gemmatimonadetes 门外（其相对丰度只占总量的 0.1%），A$_O$ 样品其余微生物与 A$_C$ 样品微生物"门"类别相同。

对于阳极样品而言，总共检测出 22 个微生物菌门。Deferribacteres 和 Gemmatimonadetes 只在 A$_O$ 样品中检测到而未在 A$_C$ 样品中检测到。在所有序列中，7.12% 的 A$_O$ 样品和 5.03%的 A$_C$ 样品在"菌门"层面并未被鉴定，这说明至少存在一些阳极微生物是未知的。从图 7.33（a）中可以看出，Proteobacteria 和 Bacteroidetes 在两个阳极样品中均是相对丰度最高的微生物。其在 A$_O$ 样品中相对丰度分别是 45.18%和 15.47%；在 A$_C$ 中相对丰度分别为 54.99%和 14.81%。同时发现 Proteobacteria 在 A$_O$ 中相对丰度比 A$_C$ 中低，这跟 Deltaproteobacteria 在 A$_O$ 中相对丰度比 A$_C$ 中低有关（A$_O$：25.12%，A$_C$：38.90%）。推测可能的原因是由于一些公认的产电微生物（如 Desulfuromonas）是属于 Deltaproteobacteria，因此导致 Deltaproteobacteria 在 A$_O$ 中相对丰度比 A$_C$ 中低。

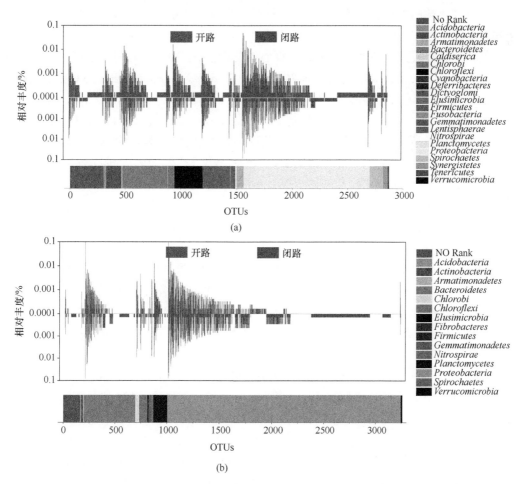

图 7.33　开路和闭路条件下微生物种群门层面相对丰度图（彩图扫描封底二维码获取）

(a) 阳极；(b) 阴极

从图 7.33（a）中还可以看出，*Chloroflexi* 相对丰度为 10.61%，是 A_O 样品中另一个主要的菌门，*Chloroflexi* 常见于厌氧消化污泥。对于闭路条件下阳极样品 A_C，除了 *Proteobacteria* 和 *Bacteroidetes* 外相对丰度第三高的菌门是 *Firmicutes*，其相对丰度为 8.14%。*Firmicutes* 在 A_C 中的相对丰度高于 A_O 中，这可能与 *Firmicutes* 具有胞外传递电子的能力有关，此外，*Firmicutes* 能利用某些微生物的代谢产物进行胞外电子传递。例如，*Firmicutes* 能利用 *Pseudomonas* 菌门所产生的代谢产物进行胞外电子传递（Badireddy，et al.，2010），而 *Pseudomonas* 同样在 A_C 中的相对丰度高于 A_O 中。因此，*Firmicutes* 在有电的条件下更容易聚集。

从图 7.33（b）中可以看到，对于阴极样品，仅有 15 个微生物菌门被检测到，相比于阳极样品的 22 个微生物菌门而言较少，这说明厌氧条件下微生物菌群种类更为丰富。*Fibrobacteres* 在 C_O 样品中并未检测到，而在 C_C 样品中却出现。而 *Armatimonadetes* 和 *Spirochaetes* 两个菌门只在 C_C 样品中被检测出。C_O 样品中仅有序列数占总数 1.08% 的微生物没有在"菌门"层面被鉴定，且 C_C 样品中也只有 1.06% 的样品没被鉴定。相对于阳极样品，阴极在"菌门"层面没被鉴定的微生物也要少得多，这也说明厌氧条件下微生物结构和种类较好氧条件下复杂。在两个阴极样品中，微生物相对丰度第一、第二的两个菌门均是 *Proteobacteria*（C_O: 64.85%，C_C: 71.61%）和 *Bacteroidetes*（C_O: 25.20%，C_C: 19.23%）。而在 C_O 样品中相对丰度排行第三、第四的是 *Planctomycetes*（4.75%）和 *Chloroflexi*（1.45%），C_C 样品中则是 *Planctomycetes*（2.92%）和 *Chlorobi*（1.70%）。尽管两个阴极样品中主要的微生物菌门是相同的，但是在 C_O 样品中 *Bacteroidetes* 相对丰度较高，而 C_C 样品中 *Proteobacteria* 相对丰度较高。*Proteobacteria* 菌门包括 α-*Proteobacteria*（C_O: 5.73%，C_C: 15.26%），β-*Proteobacteria*（C_O: 49.20%，C_c: 45.29%），δ-*Proteobacteria*（C_O: 3.1%，C_c: 3.13%），γ-*Proteobacteria*（C_O: 6.13%，C_c: 6.35%）和 ε-*Proteobacteria*（C_O: 0.1%，C_c: 0.01%）菌纲。β-*Proteobacteria* 菌纲是公认的氨氧化细菌纲，β-*Proteobacteria* 菌纲在开路和闭路条件下阴极丰度均较高，这也从微生物学角度验证了耦合系统较高的氨氮去除效率（开路条件下：96.37%，闭路条件下：97.50%）。此外，α-*Proteobacteria* 菌纲在闭路条件下丰度比开路条件下高得多，这说明，α-*Proteobacteria* 菌纲在闭路条件下更容易生长。

利用 Venn 图来进行样品 OTUs 多样性分析。阳极样品 Venn 图以及基于 Venn 图不同部分内 OTUs 里微生物种群相对丰度如图 7.34 所示。

由图 7.34（a）可知，在两个阳极样品中共检测到 2874 个 OTU，其中 1386 个 OTU 是开路条件下阳极独有的（A_O-unique，简写为 A_O-U），979 个 OTU 数是闭路条件下阳极独有（A_C-unique，简写为 A_C-U），509 个 OTU 是开路闭路共有（A_O- A_C-Share，简写为 A_O-A_C-S）。

仅少部分微生物菌门 *Cyanobacteria*、*Elusimicrobia*、*Gemmatimonadetes*、*Verrucomicrobia* 和 *Deferribacteres* 共计 0.71% 在 A_O-U 检测到而未在 A_O- A_C-S 中检测到。基于 OTU 聚类，主要的微生物菌门在 A_O-U、A_C-U 和 A_O-A_C-S 中是相似的。A_O-A_C-S 中的 OTU 数为 509，在这些 OTU 中，A_O 样品中 66.2% 序列数和 A_C 样品中 76.2% 序列数被检测。这就是说，两个样品共享的 OTU 覆盖了主要的序列数。在 A_O-A_C-S 中，A_C 样品优势菌门 *Proteobacteria*

的相对丰度高于 A$_O$ 样品，且 *Chloroglexi* 更易富集于 A$_O$［图 7.34（b）］。

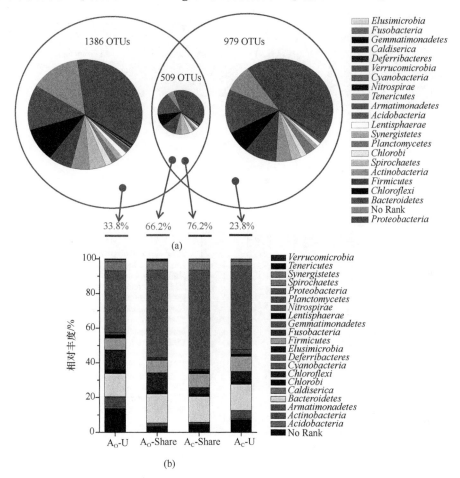

图 7.34　阳极样品在门层面 Venn 图和相对丰度（彩图扫描封底二维码获取）

（a）Venn；（b）相对丰度

左边圈代表开路条件，右边圈代表闭路条件

阴极样品 Venn 图以及基于 Venn 图不同部分内 OTU 里微生物种群相对丰度如图 7.35
所示。

从图 7.35（a）中可以看出，对于阴极样品而言，在两个阴极样品中共检测到 3261
个 OTU，比阳极样品中 OTU 数多。其中 1405 个 OTU 是开路条件下阴极独有的
（C$_O$-unique，C$_O$-U），1264 个 OTU 数是闭路条件下阳极独有（C$_C$-unique，C$_C$-U），592
个 OTU 是开路闭路共有（C$_O$- C$_C$-Share，简写为 C$_O$- C$_C$-S）。同样，基于 OTU 聚类，主
要的微生物菌门在 C$_O$-U、C$_C$-U 和 C$_O$- C$_C$-S 中是相似的。*Proteobacteria* 菌门在三部分
OTU 均大于 50%，其次是 Bacteroidetes。尽管 C$_O$-U 中 OTUs 数为 1405，C$_C$-U 中 OTUs
数为 1264，远多于共有 OTUs，但 C$_O$-U 的 OTUs 中微生物序列只占 17.7%，C$_C$-U 的
OTUs 中微生物序列占 23.7%，这说明虽然共有 OTUs 数较少，但其中微生物序列数所
占比例较大。由图 7.35（b）中可知，C$_O$-U OTUs 中 *Proteobacteria* 相对丰度要比 C$_C$-U
低，而 *Nitrospirae* 相对丰度却较高。

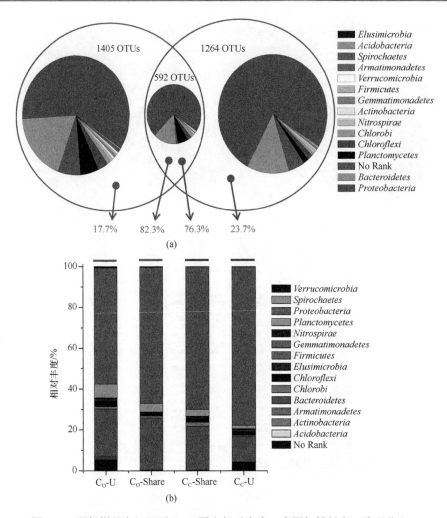

图 7.35　阴极样品在门层面 Venn 图和相对丰度（彩图扫描封底二维码获取）

（a）Venn；（b）相对丰度

左边圈代表开路条件，右边圈代表闭路条件

由以上分析可知，无论阳极还是阴极，基于 OTU 聚类，在开路和闭路条件下主要的微生物菌门相似，这主要是由于两套反应器具有相同的接种污泥、相同的运行条件和相同的进水。为了能进一步分析耦合系统和对照系统微生物种群结构的差异性，下一节中将从"属"层面进行分析。

3）开路闭路条件下系统微生物种群的改变

为了进一步分析开路条件下和闭路条件下系统微生物种群结构的差异，下面对比 4 个样品在"属"层面上的微生物种群结构。在 A_O 和 A_C 样品中相对丰度均大于 0.5% 的微生物菌属列于图 7.36（a）中。此处相对丰度定义为属于某一特定分类单元下的序列数占每个样品总的序列数的百分比。

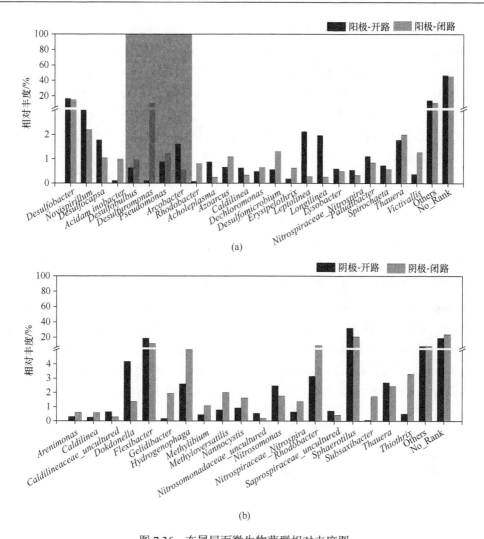

图 7.36 在属层面微生物菌群相对丰度图

(a) 阳极；(b) 阴极，相对丰度少于 0.5% 的菌属被归为 "others"，图中阴影部分微生物为公认产电微生物

从图 7.36（a）中可以看出，有趣的是，在本次研究中阳极相对丰度最高的是 *Desulfobacter* 菌属（A_O：16.55%，A_C：14.95%），就目前所知该菌属还未在任何有关电化学系统的文献中被报道，即其还未在任何电化学系统中被检测到。这可能是由于，两套反应器阳极的接种污泥是来自一套水力停留时间为 60 天的 A^2/O-MBR 反应器的厌氧区，而我们在此 MBR 系统中确实检测到 *Desulfobacter* 菌属。尽管两套反应器具有相同的最优势菌属—*Desulfobacter*，但是，两套反应器微生物种群在"菌属"层面区别较大。作为公认的产电微生物菌属之一的 *Desulfuromonas* 菌属，在 A_C 中的相对丰度（10.20%）要比在 A_O 中的相对丰度（0.11%）高。这就说明，闭路条件下由于电能的产生更能有效富集产电微生物。公认电活性微生物包括 *Desulfobulbus*、*Desulfuromonas*、*Pseudomonas* 和 *Arcobacter* 相对丰度分别为 A_O：0.64%，0.11%，0.89% 和 1.61%；A_C：0.96%，10.24%，1.23%，0.55%。

在本节研究中，所采取的有机底物为乙酸钠，而 *Desulfuromonas*、*Desulfobulbus* 和 *Pseudomonas* 均能利用乙酸钠作为电子供体而向电极传递电子进而产电。但是，对于同样能利用乙酸钠作为电子供体而产电的 *Arcobacter* 菌属，其在 A_O 中相对丰度较 A_C 中高。这可能是由于，A_C 中丰度较高的产电菌属 *Desulfuromonas* 与 *Arcobacter* 之间存在对底物乙酸钠的竞争关系。此外，A_C 样品中还含有一些像 *Clostridium*、*Comamonas* 和 *Geobacter*，其相对丰度较低（<1%），但是其为公认的产电微生物菌属。虽然阳极样品中，绝大多数菌属并非产电微生物菌属，然而，这些微生物的新陈代谢或许是 MFC 中产电的关键。*Leptolinea* 和 *Longilinea* 菌属在 A_O（2.13%和1.97%）中相对丰度高于 A_C（0.28%和 0.26%），说明这两个菌门并不能很好的适应闭路条件。这可能的原因是，*Leptolinea* 和 *Longilinea* 菌属均属于严格厌氧的丝状菌，其主要发酵碳水化合物，一般可在中温或高温发酵污泥中发现。值得注意的是，*Rhodobacter* 作为一种典型的喜光发酵细菌能利用许多中有机物进行产氢，其在 A_C 较易富集，可能为另一类产电菌。

C_O 和 C_C 阴极样品中微生物种群结构如图 7.36（b）所示。从图 7.36（b）中可以看出，C_O 和 C_C 样品中微生物种群相对丰度有较大的差别。*Sphaerotilus* 菌属是 C_O 和 C_C 两个样品中最优势的菌属，相对丰度分别为 32.23%和 20.78%。C_O 中较优势菌属为 *Flexibacter*（18.88%）和 *Dokdonella*（4.17%），而 C_C 中较优势菌属为 *Flexibacter*（11.71%）和 *Rhodobacter*（9.29%）。*Sphaerotilus* 和 *Flexibacter* 在开路和闭路中均是优势菌群，并且经常作为典型的好氧丝状细菌，然而，它们的相对丰度在 C_C 中比 C_O 中低，说明闭路条件下一定程度上有利于抑制好氧区的污泥膨胀。*Rhodobacter* 是一种产氢菌属，而 *Hydrogenophaga* 是一种氢氧化自养菌属，这两种菌属在 C_C 样品中丰度为 9.29%-*Rhodobacter* 和 5.0%-*Hydrogenophaga*，而在 C_O 中的相对丰度为 3.15%-*Rhodobacter* 和 2.60%-*Hydrogenophaga*。因此，*Rhodobacter* 和 *Hydrogenophaga* 可以被推测为它们能从阴极电极表面接受电子，并把电子传递给最终电子受体。

7.3.2　A/A/O 型 EMBR 处理实际生活污水

1. A/A/O 型 EMBR 工艺系统及参数

EMBR 的构造如图 7.37 所示（马金星，2015；Ma et al.，2015），包括一个阳极室（也称作厌氧区，有效容积 3 L），两个阴极室（也称作缺氧区，总有效容积 22 L），以及一个好氧区（有效容积 30 L）。在阳极室底部设有一块穿孔板（尺寸 10 cm×15 cm，孔径 4 mm，开孔面积 12.6%）用以分隔阳极室与阴极室。阳极室内填满了碳毡块（尺寸 1 cm×1 cm×4 cm，不防水，电导率 0.18~0.22 Ω·cm，四川骏瑞碳纤维材料有限公司，中国），在阴极室内悬挂 4 个由碳纤维制成的碳刷（碳纤维直径 0.2 mm，四川骏瑞碳纤维材料有限公司，中国；碳刷直径 6 cm，长度 35 cm）用作阴极，阴阳极的外电路连接至一个外电组（R_{ex}）。所有碳毡材料在使用之前，均经 1 mol/L HCl 与 1 mol/L NaOH 溶液处理 48 h，然后用去离子水去除可能含有的金属与生物质污染。

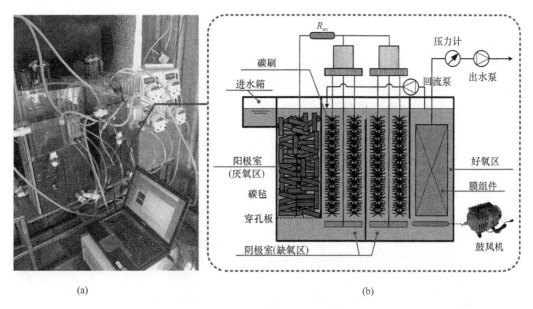

图 7.37　EMBR 实物图与工艺流程图

（a）实物；（b）工艺流程

　　该 EMBR 反应器位于上海某污水处理厂，在室外条件下运行（2～37℃）。在试验过程中，污水处理厂的沉砂池出水用作这套 EMBR 的进水，进水泵通过液位控制器控制以保持水位恒定。好氧区内放置 4 片平板式膜组件（平均孔径 0.1 μm；尺寸 30 cm× 40 cm；型号 TP7；上海子征环境咨询有限公司，中国），通过使用蠕动泵（型号 BT600，保定兰格，中国）抽吸获得出水。膜组件采用恒通量模式运行，蠕动泵的抽停比为 10 min∶2 min。膜出水流量由出水流量计记录，并通过改变蠕动泵的转速调整出水流量，而跨膜压差（TMP）由压力表记录。反应器的总水力停留时间 HRT 为 15.3 h。当膜组件 TMP＞30.0 kPa时，需对膜组件进行清洗。清洗方法为：首先将膜组件取出，利用柔软海绵擦除膜表面污染物，然后放回膜组件，向膜腔内注入浓度为 0.5%（v/w）的 NaClO 溶液，浸泡 2 h后，排空膜腔内 NaClO 溶液并开启下一个运行周期。

　　这套 EMBR 阴极室及好氧池接种于一套中试规模的 MBR 活性污泥［接种污泥浓度（4.8±0.4）g MLSS/L］，而阳极室接种该污水处理厂浓缩池污泥（接种量 500 ml）。试验过程中，好氧池的污泥以进水流量 3 倍回流至阴极室，而剩余污泥定期从好氧池排出，以保证系统污泥龄 SRT 为 220 d。好氧池曝气通过鼓风机提供，曝气强度控制为 15 m³/（m²·h），保证阴极室内溶解氧 DO 浓度为 0.1～0.2 mg/L，好氧池内溶解氧 DO 浓度为 1～2 mg/L。为研究生物产电过程对系统性能的影响，我们同期运行了一套对照 MBR（称作 CMBR）。CMBR 参数与 EMBR 一致，但外电路处于开路（阴极与阳极不相连）。

2. 温度对 EMBR 效能影响分析

　　本研究将 EMBR 与 CMBR 在室外条件下（2～37℃）长期运行，以考察温度变化对EMBR 效能产生的实际影响，为该技术实际应用、推广提供重要数据参考。EMBR 与CMBR 启动于 2012 年 10 月，结束于 2013 年 8 月，运行时间近 270 天。在启动初期（15

天），EMBR 外阻设定为 1000 Ω，让具有产电活性细菌在阴、阳极表面富集。待生物电流稳定后，测定系统极化曲线。结果显示系统的内阻为 306.3 Ω（图 7.38）。之后，为了提高系统的电流密度、促进污染物降解，将外阻 R_{ex} 调整至 100 Ω。由于本实验启动时间接近晚秋，运行不久之后水温便降低至 5～10℃。然而，如图 7.38（a）所示，EMBR 的产能并没有立即下降；电流密度（I_d）逐渐由 568.4～547.4 mA/m² 降低至 84.2～205.3 mA/m²，只有当水温一度接近 0℃时，EMBR 的输出电流才有一个明显陡降。本研究结果进一步证实，温度对产电过程的影响有可能具有延时性；厌氧-产电微生物对生存环境恶化（如温度降低）具有一定抗性，不会随环境恶化而立即失活。然而，这种抗性有一定限度，当微生物长期处于这种恶劣环境后，活性会逐渐降低，最终 EMBR 产能受到严重影响[图 7.38（a）]。

在水温回升、生物产电效能恢复的过程中，也有这种延迟效应。如图 7.38（a）所示，从 140 天开始，水温超过 10℃，但 EMBR 的输出电流依旧很低。直到水温回升 80 天之后，系统的电流密度才逐渐恢复到之前（水温降低之前）的水平。极化曲线的测试结果进一步证实了这种延迟效应[图 7.38（b）]。在 52 天、水温为 4℃的条件下，通过极化曲线测得 EMBR 最大功率密度为 55.0 mW/m²，而 83 天、水温为 11℃的条件下，EMBR 的最大功率密度却仅为 11.0 mW/m²。此外，在试验末期，我们发现 EMBR 的内阻比运行初期减少了 14%[图 7.38（b）]。这种现象可能归因于在电极表面生长的生物膜，促进了电子传递、降低了系统的极化内阻。相应地，在 250 天时，EMBR 的最大功率密度达到了 98.4 mW/m²。

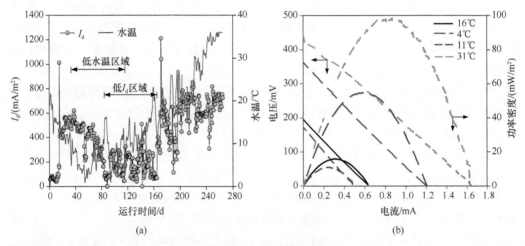

图 7.38　EMBR 效能影响分析
（a）运行过程中 I_d 与水温变化；（b）系统极化曲线随水温的变化
电流密度（I_d）与功率密度均归一化到阴、阳极分隔物（穿孔板）的有效孔道面积

3. EMBR 污泥增值与膜污染规律

图 7.39（a）展示了 CMBR 与 EMBR 好氧池内污泥随时间的变化情况。

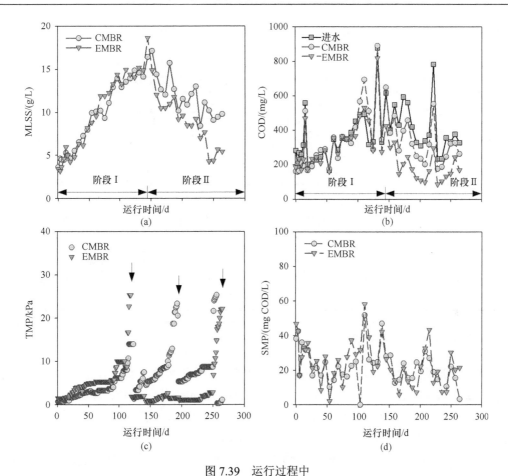

图 7.39　运行过程中
（a）MLSS；（b）两套反应器厌氧区进水、出水 COD；（c）两套反应器跨膜压差（TMP）；（d）好氧池内 SMP 的变化
（c）中箭头表示膜清洗时间

在试验开始阶段（阶段 I，水温较低），两套反应器内生物质浓度均呈现增长趋势，这与进水 COD 波动趋势一致（$p = 0.003$）。值得注意的是，在这一阶段，两套反应器的 MLSS 并没有差异 [$p = 0.860$，图 7.39（a）]。为了进一步研究 CMBR 与 EMBR 污泥增值规律，我们根据推导得出的式（7.1）与式（7.2）进行污泥增殖动力学系数进行计算：

$$\frac{1}{\mathrm{SRT}} = Y_{\mathrm{overall}} \frac{S_{\mathrm{iw}}}{\mathrm{HRT} \times \mathrm{MLSS}} \tag{7.1}$$

$$\frac{1}{\mathrm{SRT}} = Y'_{\mathrm{obs}} \frac{\left(S_{\mathrm{anaerobic}} - S_{\mathrm{tw}}\right)}{\mathrm{HRT} \times \mathrm{MLSS}} \tag{7.2}$$

式中，S_{iw}、$S_{\mathrm{anaerobic}}$ 及 S_{tw} 分别为系统进水、厌氧区出水及系统处理后污水的 COD 浓度；Y_{overall} 为系统处理污水的总污泥产率；Y'_{obs} 为衡量系统将污水中有机质转化为生物质的比率。在阶段 I，我们计算出 CMBR 中 Y_{overall} 与 Y'_{obs} 为（0.166±0.066）mg TSS/mg COD 及（0.182±0.073）mg TSS/mg COD，在 EMBR 中 Y_{overall} 与 Y'_{obs} 为（0.164±0.064）mg TSS/mg COD 及（0.187±0.073）mg TSS/mg COD。可以看出在低温条件下，EMBR 污泥产率、有机质转化为生物质的比率与 CMBR 无异，EMBR 并没有实现污泥减量。我们对两套反应器

各段进、出水 COD 进行核算（表 7.7，表 7.8），发现在低温条件下，产电过程基本对 COD 去除没有贡献。

表 7.7　两套反应器厌氧区进、出水，好氧池上清液及系统出水中 COD 浓度　（单位：mg/L）

	S_{iw}，进水	$S_{anaerobic}$，厌氧池出水		S_{oxic}，好氧池上清液 [a]		S_{tw}，系统出水	
		CMBR	EMBR	CMBR	EMBR	CMBR	EMBR
阶段 I （$n=25$）	353.5±159.4	350.6±191.6	325.2±148.8	25.6±11.7	28.3±12.5	12.2±8.8	12.3±11.0
阶段 II （$n=17$）	408.7±141.0	318.2±108.0	180.8±76.4	18.6±7.3	18.2±10.3	11.9±7.8	13.0±9.0

a　上清液按方法 2.4.1 制取

表 7.8　各段及膜截留对 COD 去除贡献　（单位：%）

	厌氧池 cr		缺氧池与好氧区 cr		膜截留 cr	
	CMBR	EMBR	CMBR	EMBR	CMBR	EMBR
阶段 I （$n=25$）	2.8±23.8	7.2±18.0	92.7±26.0	87.3±17.9	4.4±6.6	5.5±5.2
阶段 II （$n=17$）	22.4±10.8	57.7±12.9	76.1±10.8	40.5±13.0	1.5±2.8	1.8±3.8

注：cr 代表贡献率，其中厌氧池 cr = $(S_{iw}-S_{anaerobic})/(S_{iw}-S_{tw})\times100\%$；缺氧池与好氧区 cr = $(S_{anaerobic}-S_{oxic})/(S_{iw}-S_{tw})\times100\%$；膜截留 cr = $(S_{oxic}-S_{tw})/(S_{iw}-S_{tw})\times100\%$。

等到水温升高之后，EMBR 产电性能逐渐恢复，在阳极室具有了强化污染物降解的能力。如图 7.39（b）与表 7.7 所示，在阶段 II 中，EMBR 与 CMBR 对 COD 去除率的贡献上升至（57.7±12.9）% 与（22.4±10.8）%，而且 EMBR 厌氧池出水的 COD 浓度更低（$p<0.001$），EMBR 内 MLSS 浓度降低至 CMBR 的 60%～70%。在污水处理系统中，污泥减量的途径主要包括源减量、生物维持型代谢模式以及溶解-隐性生长等。本节研究中，水温高于 15℃后两套反应器平均 Y'_{obs} 为 CMBR（0.247±0.081）mg TSS/mg COD 及 EMBR（0.251±0.089）mg TSS/mg COD，说明生物产电过程并没有刺激系统缺氧区与好氧区出现生物维持型代谢（有机质转化为生物质的比率不变）。因此，可以推测 EMBR 中污泥减量主要归因于有机质在厌氧池的源减量；由于进水中一部分有机质在 EMBR 阳极室内转化为生物电流（库伦效率 0.24%），后续异养菌的增殖受到了底物浓度的限制。尽管随着水温升高，有机质转化为生物的比率增高（即更高的 Y'_{obs} 值），生物产电过程使 EMBR 的总污泥产率下降。在阶段 II 中（水温 15～36℃），EMBR 的 $Y_{overall}$ = （0.130±0.044）mg TSS/mg COD，比 CMBR 低 27.3%。

EMBR 内污泥减量也影响了膜污染速率。从图 7.39（c）可以看出，当水温较低的时候，两套反应器 TMP 增长速率非常接近。然而，随着 EMBR 产电性能恢复、污泥浓度下降，EMBR 膜污染速率显著低于平行运行的 CMBR，阶段 II 的膜清洗周期达 150 天。MBR 膜污染速率与污泥混合液性质密切相关，如污泥浓度、SMP 含量等。在我们的研究中［图 7.39（d）］，两套系统 SMP 产量并无明显差别（$p = 0.606$）。因此，可以推测高温条件下（15～36℃）污泥减量是这套 EMBR 膜污染减轻的主要原因。

4. EMBR 脱氮效能及阴极生物膜性质分析

与传统 MBR 一样，EMBR 依靠膜拦截作用，也可以保证生长速率低、世代周期长的硝化细菌（AOB 与 NOB）免于流失，从而保证系统的硝化效率。图 7.40（a）显示两套反应器即使在低温条件下对 NH$_3$-N 均有良好的去除效果。整个运行过程中，NH$_3$-N 主要被氧化为硝态氮（99.8±0.1%，$n = 40$），硝酸盐是出水中总氮的主要组成部分（＞95%）。在启动初期的 80 天内，可能由于水温较低、微生物适应-驯化过程，两套反应器的反硝化效率并不令人满意；CMBR 出水的硝酸盐浓度为（23.2±6.2）mg/L，EMBR 出水的硝酸盐浓度为（19.4±5.5）mg/L。之后，随着水温恢复，硝酸盐与总氮的去除效率逐渐升高［图 7.40（b）和图 7.40（c）］。可以看出，在阶段Ⅱ，EMBR 出水总氮平均值为（11.7±2.5）mg/L，这一水平满足国家综合污水排放标准一级 A 对总氮的要求（TN＜15 mg/L）。CMBR 与 EMBR 的总氮去除率分别为（74.6±9.0）%与（78.2±5.3）%，EMBR 表现出比 CMBR 略高的总氮去除能力。

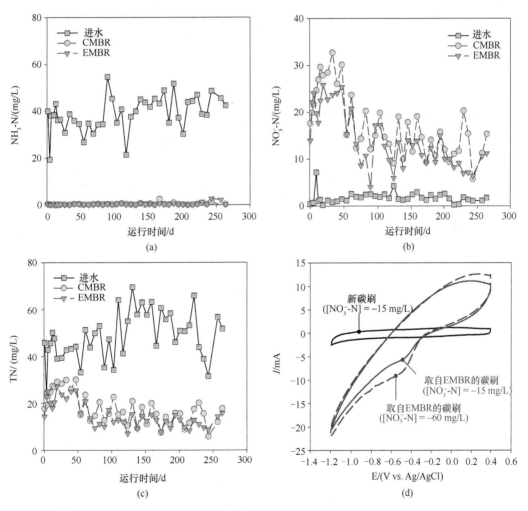

图 7.40　CMBR 与 EMBR 进水及出水中 NH$_3$-N、NO$_3^-$-N 和 TN 的浓度，以及碳刷 50 mV/s 速率下的循环伏安扫描曲线

（a）NH$_3$-N；（b）NO$_3^-$-N；（c）TN；（d）碳刷

在阶段 II 中，由于 EMBR 厌氧池（阳极室）内产电微生物消耗进水中的 COD（表7.7），并转化为电子，这会引起硝酸盐/亚硝酸盐在阴极表面通过自养反硝化途径去除。利用无机碳源和电子进行反硝化的代谢模式避免了内源呼吸及反应器内循环过程造成 COD 的损耗。如图 7.40（d）所示，长期运行后的碳刷在–400～–600 mV（vs. Ag/AgCl）（相比于 Ag/AgCl 参比电极）处有一个明显的还原峰，而新碳刷在这个位置却没有观察到这个峰。随着硝酸盐浓度增加，这个峰强度也增加了。考虑到本研究所采用的溶解氧 DO 浓度较低 [缺氧池内（0.10±0.05 mg/L）]，DO 的冲击不会对反硝化过程产生明显的抑制，因为阴极表面生物膜对氨氧化产物的透过性和亲和性更高。据此可以推测，在 EMBR 阴极表面出现的氧化还原反应应该与自养反硝化过程相关。因此即使在阶段 II，EMBR 缺氧区的有机负荷更低（进入 EMBR 缺氧区的污水 COD/N = 3.3±1.0，而进入 CMBR 缺氧区的污水 COD/N = 6.0±1.5），但 EMBR 的脱氮效率却更高。

阴极贡献率通过式（7.3）计算：

$$\varepsilon = \frac{\eta I_d A}{nqF\Delta C_{NO_x}} \times 100 \qquad (7.3)$$

式中，n 为 1 mol 氮氧化物（硝酸盐/亚硝酸盐）还原所需的电子摩尔数，其中硝酸盐为 5，亚硝酸盐为 3；η 为用于反硝化的电流比率；q 为流量，L/s；ΔC_{NO_x} 为硝酸盐（亚硝酸盐）去除浓度提升量，mg/L；F 为法拉弟常数（96485 c/mol）；A 为电极面积；I 为电流密度。当 $\eta = 1$ 时，假定阴极表面氧化还原反应忽略不计，此时 ε 为阴极最大贡献率。

尽管如此，EMBR 生物产电过程对反硝化效率提升的最大贡献率（8.13%）却难以充分解释 EMBR 反硝化效果提升的机制。反硝化效果提升可能与微生物菌群具有关联关系，产电过程可能导致阴极表面微生物群落结构的变化，进而影响生物阴极表面的反硝化过程。为确认 EMBR 的产电过程是否使得阴极与缺氧区内反硝化细菌的丰度增加，下面的章节还采用焦磷酸测序方法对 EMBR 内微生物菌群结构及细菌之间的相互作用关系进行详细研究。

5. 菌群结构及反硝化细菌多样性分析

在试验进行到 83 天（水温 11℃）与 250 天（水温 34℃）时，我们取了 EMBR 活性污泥（AS-E$_{83}$ 与 AS-E$_{250}$）、EMBR 碳刷上的生物膜（Bio-E$_{83}$ 与 Bio-E$_{250}$）、CMBR 活性污泥（AS-C$_{83}$ 与 AS-C$_{250}$）、CMBR 碳刷上的生物膜（Bio-C$_{83}$ 与 Bio-C$_{250}$）8 种样品，对样品微生物多样性进行测定。测序的原始结果上传至 NCBI 短序列档案数据库（Short reads archive database，SRA），数据编号为 SRP050509。

根据 α-多样性指数分析结果（表 7.9），可以推测温度对微生物多样性有显著影响。在低温条件下，Bio-E$_{83}$、AS-E$_{83}$、Bio-C$_{83}$ 及 AS-C$_{83}$ 的 Chao、Shannon 指数差别不大。由于微生物的多样性可能会影响生物污水处理系统的效能，两个系统相似的微生物多样性可以部分地解释其相似的运行效果。随着水温提升，EMBR 内生物产电过程效率提高

[图 7.38（a）]。此时，两个系统内微生物丰度均有提升，而 EMBR 内微生物的多样性更高（表 7.9）。例如，在测序深度为 9269 时，可以从 Bio-E$_{250}$ 样本中得到 1305 个 OTUs，然而从 Bio-E$_{83}$ 与 Bio-C$_{250}$ 样本中仅能得到 754 个与 1161 个 OTUs。EMBR 阴极生物膜中微生物极为多样，而其中就可能包含利用外部电子进行自养反硝化的微生物，这便导致了 EMBR 在高温条件下脱氮效果改善。

表 7.9　焦磷酸测序结果统计与微生物多样性分析

样本名称 [a]	原始序列数	优质序列数	抽平后序列数 [b]	OTUs	Chao	Shannon
Bio-E$_{83}$	12 233	9 269	9 269	754	985	5.48
AS-E$_{83}$	14 083	10 429	9 269	729	1 017	5.24
Bio-C$_{83}$	12 407	9 281	9 269	817	1 116	5.63
AS-C$_{83}$	13 158	9 866	9 269	740	1 021	5.32
Bio-E$_{250}$	20 231	15 409	9 269	1 305	1 620	6.10
AS-E$_{250}$	4 875	4 031	4 031	739	1 155	5.69
Bio-C$_{250}$	11 544	9 453	9 269	1 161	1 520	5.84
AS-C$_{250}$	15 103	11 023	9 269	976	1 315	5.49

a Bio-E$_i$，AS-E$_i$，Bio-C$_i$ 及 AS-C$_i$ 代表 EMBR 与 CMBR 的生物膜或活性污泥样本，i 代表取样时间（83 天或 250 天）；b 除了 AS-E$_{250}$ 仅包含 4031 条优质序列，其余样品文库的序列均抽平至 9269。

为进一步研究温度对种群结构产生的影响，我们采用线性判别分析效应量法（linear discriminant analysis effect size，LEfSe）对 8 个样品进行聚类分析。样本按采集温度不同，被归为低温组（Group Ⅰ，Bio-E$_{83}$、AS-E$_{83}$、Bio-C$_{83}$ 及 AS-C$_{83}$）与高温组（Group Ⅱ，Bio-E$_{250}$、AS-E$_{250}$、Bio-C$_{250}$ 及 AS-C$_{250}$）。

从图 7.41 可以看出，在线性判别分析（LDA）阈值 2.27 的条件下，有 12 个微生物分化枝在统计学与生物关联性上有显著差异。特别地，Group Ⅰ 中 *Bacteroidetes* 得到了富集。系统发育学分析显示，Group Ⅰ 中很多微生物与可以降解复杂胞内有机质（几丁质与多糖）的细菌具有很高的同源性。例如，Group Ⅰ 中丰度很高的分类单元 OTU74 与 OTU2492 与某些高效的降解细菌，如屈挠杆菌（*Flexibacteraceae*）与多囊黏菌（*Polyangiaceae*）发育关系很近（图 7.42），相似性＞95%。此类捕食细菌在微生物群落中富集，可以促进溶解-隐性生长，从而导致在低温条件下有机质转化为生物质的比率较低（低 Y'_{obs}）。相反，在高温组（Group Ⅱ）中，属于 *Chloroflexi* 及 *Planctomycetes* 门的微生物丰度升高；属于 *Chloroflexi* 及 *Planctomycetes* 门的微生物占到 Group Ⅱ 总微生物量的 19.5%，但在 Group Ⅰ 中这个比率仅为 2.7%。LEfSe 分析显示这些微生物可能更喜欢生活在温暖的环境中。

为了可以更准确估计化学异养与电化学自养反硝化细菌的微生物多样性，我们对 8 个样品的分子生物学信息进行了属特异性与种特异性比对，并整理了潜在的反硝化细菌 16S rRNA 序列（表 7.10），并将本研究中 OTUs 的代表序列与之融合，采用核苷酸序列的 BLAST 算法进行比对、计算系统发育学相似度（http://blast.ncbi.nlm.nih.gov/Blast.cgi），结果如图 7.43 与图 7.44 所示。

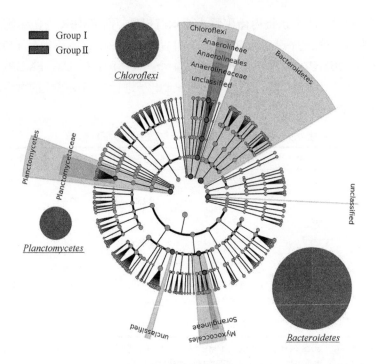

图 7.41　低温组（Group Ⅰ）与高温组（Group Ⅱ）中有统计学与生物关联性显著差异的分类单元
（彩图扫描封底二维码获取）

Group Ⅰ丰度高着以红色，Group Ⅱ丰度高着以绿色，每个节点的原面积与其所表征物种的相对丰度成比例
三个饼图表示了两个样本组在拟杆菌门（*Bacteroidetes*）、绿弯菌门（*Chloroflexi*）及浮霉菌门（*Planctomycetes*）中的相对
丰度对比。饼图面积及分割比率代表了两个样本组中 OTUs 在对应细菌门中的相对丰度

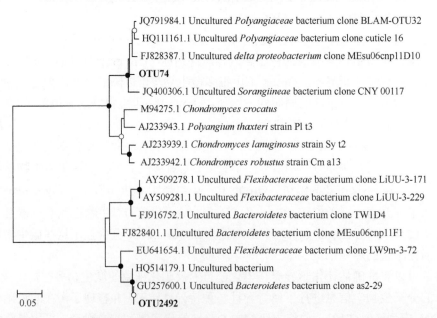

图 7.42　采用近邻结合法构建的 OTU74 与 OTU2492 16S rRNA 序列系统发育树

采用 1000 次重复计算自展值（Bootstrap values），自展值＞70%标记为空心原点，自展值＞90%标记为实心原点
发育树末端给出了参比序列的 GenBank 序列号与分类学信息

表 7.10　与反硝化过程相关的物种分类学信息

细菌门	细菌纲	细菌目	细菌科	细菌属	细菌种	序列登记号
Proteobacteria	Alphaproteobacteria	Rhizobiales	Brucellaceae	Ochrobactrum	Ochrobactrum sp. R-26465	AM231060
Proteobacteria	Alphaproteobacteria	Rhizobiales	Rhizobiaceae	Rhizobium	Rhizobium sp. R-26467	AM231056
Proteobacteria	Alphaproteobacteria	Rhodobacterales	Rhodobacteraceae	Paracoccus	Strain PD1222	NR074152
Proteobacteria	Alphaproteobacteria	Rhodobacterales	Rhodobacteraceae	Paracoccus	Paracoccus sp. KL1	U58017
Proteobacteria	Alphaproteobacteria	Rhodobacterales	Rhodobacteraceae	Roseobacter	Roseobacter denitrificans OCh 114	M59063
Proteobacteria	Betaproteobacteria	Burkholderiales	Alcaligenaceae	Achromobacter	A.xylosoxidans denitrificans strain ATCC 15173	M22509
Proteobacteria	Betaproteobacteria	Burkholderiales	Comamonadaceae	Acidovorax	Acidovorax sp. R-24336	AM231043
Proteobacteria	Betaproteobacteria	Burkholderiales	Comamonadaceae	Alicycliphilus	Alicycliphilus denitrificans BC	NR074585
Proteobacteria	Betaproteobacteria	Burkholderiales	Comamonadaceae	Comamonas	Comamonas sp. R-24447	AM231046
Proteobacteria	Betaproteobacteria	Burkholderiales	Comamonadaceae	Ottowia	O. thiooxydans	NR029001
Proteobacteria	Betaproteobacteria	Hydrogenophilales	Hydrogenophilaceae	Thiobacillus	Thiobacillus denitrificans ATCC 25259	NR074417
Proteobacteria	Betaproteobacteria	Neisseriales	Neisseriaceae	Kingella	Kingella denitrificans ATCC 33394	M22516
Proteobacteria	Betaproteobacteria	Neisseriales	Neisseriaceae	Bergeriella	Bergeriella denitrificans	L06173
Proteobacteria	Betaproteobacteria	Rhodocyclales	Rhodocyclaceae	Azoarcus	A. tolulyticus strain Td-1	L33687
Proteobacteria	Betaproteobacteria	Rhodocyclales	Rhodocyclaceae	Denitratisoma	D. oestradiolicum	AY879297
Proteobacteria	Betaproteobacteria	Rhodocyclales	Rhodocyclaceae	Sulfuritalea	Sulfuritalea hydrogenivorans strain sk43H	NR113147
Proteobacteria	Betaproteobacteria	Rhodocyclales	Rhodocyclaceae	Thauera	Thauera sp. R-24450	AM231040
Proteobacteria	Betaproteobacteria	Sulfuricellales	Sulfuricellaceae	Sulfuricella	Sulfuricella denitrificans skB26	NR121695
Proteobacteria	Gammaproteobacteria	Pseudomonadales	Pseudomonadaceae	Pseudomonas	Pseudomonas sp. R-24261	AM231055
Proteobacteria	Gammaproteobacteria	Pseudomonadales	Pseudomonadaceae	Pseudomonas	Pseudomonas denitrificans ATCC 13867	NR102805
Proteobacteria	Gammaproteobacteria	Xanthomonadales	Xanthomonadaceae	Pseudoxanthomonas	Pseudoxanthomonas sp. R-24339	AM231052
Proteobacteria	Epsilonproteobacteria	Campylobacterales	Helicobacteraceae	Sulfurimonas	Thiomicrospira	L40808

对于低温组的样品而言（采集于 83 天，水温 11℃），两个反应器内潜在的反硝化细菌多样性基本一致（图 7.43），而 4 个样品中这些微生物的平均相对丰度如图 7.44 所示。可以看出，假单胞菌（Pseudomonas）、索氏菌（Thauera）、Sulfuritalea、食酸菌（Acidovorax）及假黄色单胞菌（Pseudoxanthomonas）可能是低温条件下主要的反硝化细菌。其中，属于 γ-变形菌（Gammaproteobacteria）的 Pseudomonas 和 Pseudoxanthomonas 在 Group I 中丰度很高，而且属于 Pseudomonas 细菌属的 99% 的基因序列与已知的反硝化细菌（P. denitrificans ATCC 13867，NR102805 及 Pseudomonas sp. R-24261，AM231055）有 97%～99% 的高相似性。在 Bio-E$_{83}$、AS-E$_{83}$、Bio-C$_{83}$ 及 AS-C$_{83}$ 样品中，另一种丰度高

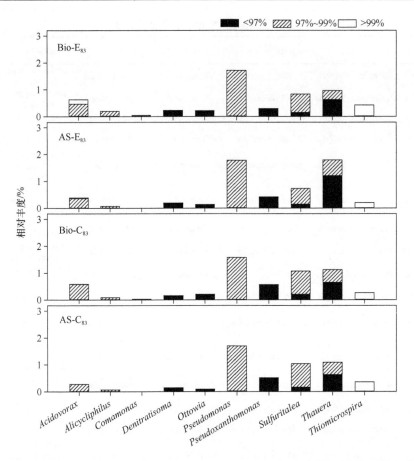

图 7.43 低温组（Group I，Bio-E$_{83}$、AS-E$_{83}$、Bio-C$_{83}$ 及 AS-C$_{83}$）中与反硝化过程相关的细菌属的相对
丰度以及这些微生物与已知的反硝化细菌 16S rRNA 相似度

　　的反硝化细菌属为 *Thauera*，这种细菌占总体细菌总数的 0.96%～1.79%。但这个细菌属
中仅有一小部分细菌（32.5%～42.3%）与已知的反硝化细菌（AM231040）相似。本节
研究中，*Sulfuritalea* 属中大部分（＞80%）的微生物与反硝化细菌探针 Sulf842/ Sulf431
（如 *S. hydrogenivorans*）有 97%～99%的高相似性。总体而言，在低温条件下运行（水
温＜10～15℃），耦合 MFC 产电技术并没有明显提升 MBR 性能，这可能与两者（CMBR
与 EMBR）相似的微生物群落结构有关（图 7.43）。

　　当水温升至 15～20℃之后，CMBR 与 EMBR 中反硝化细菌的结构发生了显著变化。
其中，高温组（Group II，Bio-E$_{250}$、AS-E$_{250}$、Bio-C$_{250}$ 及 AS-C$_{250}$）中 *Denitratisoma* 与
Ottowia 细菌属的相对丰度显著增加（图 7.44）。相反，属于 *Pseudomonas*，*Acidovorax*
及 *Pseudoxanthomonas* 细菌属的微生物的相对丰度降低。*Denitratisoma* 与 *Ottowia* 是两
种新近发现的反硝化细菌属，它们占到 Bio-E$_{250}$、AS-E$_{250}$、Bio-C$_{250}$ 及 AS-C$_{250}$ 样品中微
生物总数的 5.97%、3.27%、3.92%及 2.20%。*Ottowia* 被认为是一种可以在厌氧条件下产
N$_2$O 的微生物，对阴极生物膜的反硝化过程可能起到关键作用。以上分析结果均显示，
从微生物学角度而言，EMBR 在高温条件下比 CMBR 具有更高的反硝化潜力。

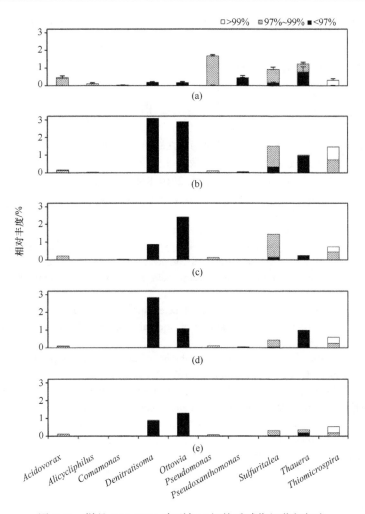

图 7.44　样品 16S rRNA 序列与已知的反硝化细菌相似度

（a）低温组（Group I，Bio-E$_{83}$、AS-E$_{83}$、Bio-C$_{83}$ 及 AS-C$_{83}$）的平均相对丰度；（b）Bio-E$_{250}$；（c）AS-E$_{250}$；
（d）Bio-C$_{250}$；（e）AS-C$_{250}$ 的相对丰度

　　除了与 Ottowia 有关的微生物，高温条件下 Sulfuritalea 细菌属也选择性地在 EMBR 中富集。Sulfuritalea 在 Bio-E$_{250}$ 与 AS-E$_{250}$ 中的相对丰度为 1.50% 及 1.44%，而在 Bio-C$_{250}$ 与 AS-C$_{250}$ 中的相对丰度仅为 0.44% 与 0.31%。Sulfuritalea hydrogenivorans 是一种化能自养微生物，可以以氢为单一能源物质进行自养生长，并利用硝酸盐为最终电子受体。由于使用无机电子供体可以在低有机负荷的条件下强化反硝化效果，据此可以推测，本节研究中发现的此类反硝化细菌（S. hydrogenivoran）可能在 EMBR 的脱氮过程中起到了关键作用。本节研究还发现 Thiobacillus 在 Bio-E$_{250}$ 样品中丰度更高（图 7.44），而且所有序列均与已知的反硝化细菌 T. denitrificans（NR074417）有大于 97% 的相似性。总体而言，Bio-E$_{250}$、AS-E$_{250}$、Bio-C$_{250}$ 及 AS-C$_{250}$ 中 10.30%、6.05%、6.23% 及 3.67% 的序列可以细分至与反硝化过程相关的细菌属。这暗示在耦合生物产电过程之后，高温条件下 EMBR 阴极表面生物膜中反硝化细菌得到富集，这使得在非均相阴极表面可以进行生物电化学硝酸盐还原。与 CMBR 相比，活性污泥中反硝化细菌的相对丰度也提升了

65%，这可能是由于阴极表面脱落生物膜所致。尽管在阶段 II，进入到 EMBR 缺氧区（阴极室）的污水的 COD/N 降低，但活性污泥中丰富的异养反硝化细菌可以提升有机质的利用效率，进而保证了 EMBR 的脱氮效率。

参 考 文 献

黄健. 2015. 电化学辅助膜生物反应器处理生活污水性能研究. 上海: 同济大学硕士学位论文.

马金星. 2015. 基于有机质回收与转化的新型污水处理工艺应用基础研究. 上海: 同济大学博士学位论文.

Badireddy A R, Chellam S, Gassman P I, et al. 2010 Role of extracellular polymeric substances in bioflocoulation of activated sludge microorganisms under glucose-controlled conditions. Water research, 44(15): 4505-4516.

Huang J, Wang Z W, Zhu C W, et al. 2014. Identification of microbial communities in open and closed circuit bioelectrochemical MBRs by high-throughput 454 pyrosequencing. PLOS One, 9(4): e93842.

Huang J, Wang Z W, Zhang J, et al. 2015. A novel composite conductive microfiltration membrane and its anti-fouling performance with an external electric field in membrane bioreactors. Scientific Reports, 5: 9268.

Li J, Ge Z, He Z. 2014a. Advancing membrane bioelectrochemical reactor (MBER) with hollow-fiber membranes installed in the cathode compartment. Journal of Chemical Technology and Biotechnology, 89 (9): 1330-1336.

Li J, Ge Z, He Z. 2014b. A fluidized bed membrane bioelectrochemical reactor for energy-efficient wastewater treatment. Bioresource Technology, 167 (3): 310-315.

Ma J X, Wang Z W, Mao B, et al. 2015. Electrochemical membrane bioreactors for sustainable wastewater treatment: principles and challenges. Current Environmental Engineering, 2(1): 38-49.

Malaeb L, Katuri K P, Logan B E, et al. 2013. A hybrid microbial fuel cell membrane bioreactor with a conductive ultrafiltration membrane biocathode for wastewater treatment. Environmental Science & Technology, 47 (20): 11821-11828.

Ren L, Ahn Y, Logan B E. 2014. A two-stage microbial fuel cell and anaerobic fluidized bed membrane bioreactor (MFC-AFMBR) system for effective domestic wastewater treatment. Environmental Science & Technology, 48(7): 4199-4206.

Song J, Liu L, Yang F, et al. 2013. Enhanced electricity generation by triclosan and iron anodes in the three-chambered membrane bio-chemical reactor (TC-MBCR). Bioresource Technology, 147 (9): 409-415.

Tian Y, Li H, Li L P, et al. 2015. In-situ integration of microbial fuel cell with hollow-fiber membrane bioreactor for wastewater treatment and membrane fouling mitigation. Biosensors & Bioelectronics, 64 (4): 189-195.

Wang J, Zheng Y, Jia H, et al. 2013. In situ investigation of processing property in combination with integration of microbial fuel cell and tubular membrane bioreactor. Bioresource Technology, 149 (4): 163-168.

Wang P, Wang Z W, Wu Z C. 2012. Insights into the effect of preparation variables on morphology and performance of polyacrylonitrile membranes using Placket-Burman design experiments. Chemical Engineering Journal, 193-194: 50-58.

Wang Y K, Sheng G P, Li W W, et al. 2011. Development of a novel bioelectrochemical membrane reactor for wastewater treatment. Environmental Science & Technology, 45 (21): 9256-9261.

Wang Y K, Sheng G P, Shi B J, et al. 2013. A novel electrochemical membrane bioreactor as a potential net energy producer for sustainable wastewater treatment. Scientific Reports, 3 (5): e1864.

Wang Z W, Huang J, Zhu C W, et al. 2013. A bioelectrochemically-assisted membrane bioreactor for simultaneous wastewater treatment and energy production. Chemical Engineering & Technology, 36 (12): 2044-2050.

第8章 正渗透膜分离技术污水处理性能

正渗透（forward osmosis，FO）是一种浓度驱动的膜技术，其原理是膜一侧为溶液化学势较高的待分离溶液（渗透压低）和另一侧为化学势较低的提取液（渗透压高），水分子可以自发地从化学势高的一侧扩散到化学势低的一侧。膜两侧不同溶液的浓度差（渗透压差）即为过膜驱动力。正渗透与传统高压膜过滤系统相比，其在低压或者无外加压力下实现过滤，具有膜污染速率低、能耗低等优势，因而正渗透技术被应用于工业废水处理、垃圾渗滤液处理、海水淡化、高品质再生水处理、市政污水处理、绿色能源、航空航天水处理等方面，据估计，全球正渗透商业化规模已达到 50 000 m³/d。

正渗透膜分离技术在污水处理与资源化领域具有一定的市场前景，在污水处理领域的研究日趋增多。本章结合我们的研究工作，重点介绍正渗透膜基本过滤行为、处理市政污水（实验室小试、中试）、垃圾渗滤液基本特性及正渗透膜的清洗方案等（Dong et al.，2014；Wang et al.，2015；唐霁旭，2015）。

8.1 正渗透膜基本过滤行为

8.1.1 正渗透膜基本物化性能表征

本章研究采用了两种材质的正渗透膜，即三醋酸纤维素膜（cellulose triacetate，CTA 膜）和聚酰胺复合膜（polyamide thin-film composite，TFC 膜），均为美国 HTI 公司生产。

从图 8.1 中可以发现，CTA 膜呈现白色半透明状，而聚酰胺复合 TFC 膜为黄色不透明状正渗透膜，因此对 CTA 膜进行光学显微镜观察，如图 8.1（c）所示，可以发现经纬交错的聚酯筛网，图中的透明似球状物为支撑层孔道阴影叠加效果。

进一步采用 SEM 对正渗透膜的基本物化性能进行表征。干燥的正渗透膜样品在 10 mA 的电流下喷金 60 s 后，进行膜表面和膜断面形貌分析。结果如图 8.2（a）和 8.2（b）所示，三醋酸纤维素膜表面光滑，且隐约出现聚酯筛网的轮廓。TFC 膜表面具有明显的聚酰胺谷峰结构，大小各异但分布均匀致密。CTA 膜和 TFC 膜断面放大倍数均为 500 倍。CTA 膜的活性层厚度为（6.1±2.0）μm，TFC 膜的活性层厚度为（4.9±1.1）μm，TFC 膜具有更加超薄、致密的活性层。TFC 膜总厚度略小于 CTA 膜厚度，二者均在 50 μm 左右。两种正渗透膜均具有非对称膜结构，包括致密活性层和多孔支撑层构成，聚酯筛网嵌入在多孔支撑层中。如图 8.2 所示，支撑层孔结构整体呈现指状，且在指状孔结构上还具有密实的海绵状孔结构。

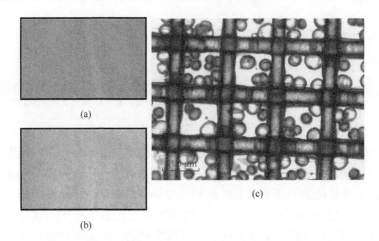

图 8.1　CTA 膜和 TFC 膜的照片及 CTA 膜光学显微镜照片
（a）CTA 膜；（b）TFC 膜；（c）CTA 膜光学显微镜照片

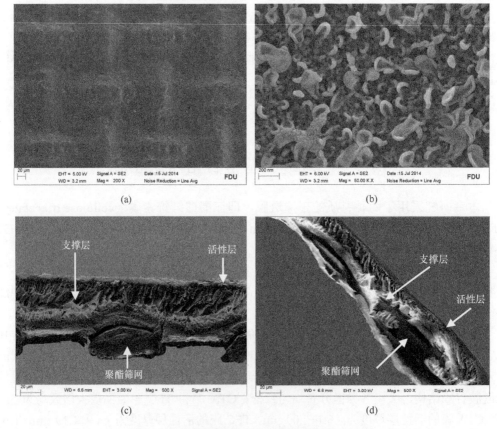

图 8.2　正渗透膜表面形态及膜断面结构 SEM 图
（a）CTA 膜表面形态；（b）TFC 膜表面形态；（c）CTA 膜断面结构；（d）TFC 膜断面结构

　　使用 PBS 缓冲溶液洗涤正渗透膜样品，去除膜表面残留物。加入配置的异硫氰酸荧光素（fluorescein isothiocyanate，FITC）染料，室温下染色 30 min。再用 PBS 缓冲液洗涤残留的染色剂。采用激光共聚焦显微镜（CLSM）对膜的形貌和结构进行观察分析。

图 8.3（a）中左、右图分别为 CTA 膜活性层表面和支撑层表面；图 8.3（b）为 TFC 膜的活性层和支撑层表面。如图所示，CTA 膜活性层表面荧光强度均匀致密，TFC 膜活性层表面荧光图粗糙呈现颗粒状。主要由于激光显微镜聚焦在活性层表面，TFC 膜的聚酰胺谷峰结构凹凸不平，与聚焦平面具有不同的间距，进而产生不同的荧光强度。在 CTA 膜和 TFC 膜支撑层表面可以清晰地看见支撑层内部的聚酯筛网和孔道。

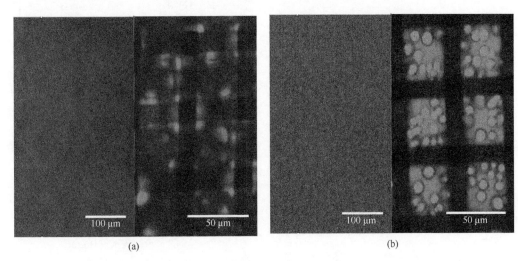

图 8.3　正渗透膜的激光共聚焦显微镜扫描图像（彩图扫描封底二维码获取）
（a）CAT 膜；（b）TFC 膜

　　将清洁正渗透膜冷冻干燥处理后进行傅里叶红外分析，结果如图 8.4 所示。在 CTA 膜的红外谱图中［图 8.4（a）］，甲基和亚甲基的 C—H 键对称伸缩重叠在 2960.2 cm^{-1}，2858.0 cm^{-1} 处为甲基和亚甲基中 C—H 的不对称伸缩振动的重叠波数；在 1369.2 cm^{-1} 出现甲基的弯曲振动，也说明 CTA 膜材质中有甲基的存在。在 1745.3 cm^{-1} 处有较强的峰为脂羧基的伸缩振动。1230.4 cm^{-1} 和 1043.3 cm^{-1} 处的强峰为 C—O—C 的伸缩振动吸收带；902.5 cm^{-1} 和 835.0 cm^{-1} 处出现特征吸收峰，说明 C—O—C 为环氧化合物。在 1646.9 cm^{-1} 处出现孤立 C=C 的伸缩振动，由于强度较弱，可能为四元取代烯。

　　TFC 膜的红外谱图如图 8.4（b）所示，2931.3cm^{-1} 和 2856.1 cm^{-1} 分别为 C—H 的反对称和对称伸缩振动，为亚甲基的 C—H 键。1716.4 cm^{-1} 处为 C=O 键的伸缩振动，1585.2 cm^{-1} 处为 N—H 的弯曲振动，1407.8 cm^{-1} 为 C—N 的吸收带，在 C=O 吸收区较低一些的地方出现，强度相当于 ν（C=O）峰的 1/3 至 1/2，可确定为伯酰胺。1488.8 cm^{-1} 附近的双峰（1506.1 cm^{-1} 处比 1488.8 cm^{-1} 弱）为芳环的骨架伸缩振动，725.1 cm^{-1} 处为芳环 C—H 的面外弯曲振动。1243.9 cm^{-1} 的强峰和 1018.2 cm^{-1} 的峰为芳香醚 C—O 键的伸缩振动吸收区。在 1338.4 cm^{-1}、1321.0 cm^{-1} 处出现的峰，以及 1151.3 cm^{-1} 处分别为砜的—SO$_2$—基的不对称伸缩振动和对称伸缩振动吸收带。

　　正渗透膜的基本参数列于表 8.1 中。

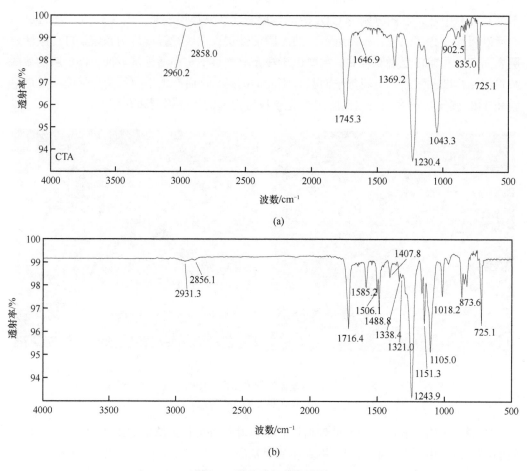

图 8.4 傅里叶红外光谱图

(a) CAT 膜；(b) TFC 膜

表 8.1 正渗透膜基本参数

参数	CTA	TFC	测量次数
活性层厚度/μm	6.1±2.0	4.9±1.1	20
支撑层厚度/μm	51.4±6.7	47.8±2.5	20
支撑层平均孔径/μm	5.3±1.0	3.9±2.0	40
支撑层孔隙率/%	21.7±3.3	34.8±3.4	40
活性层接触角/(°)	86.0±4.5	79.2±6.3	8
支撑层接触角/(°)	72.8±1.9	73.8±6.0	8
水渗透系数（A）/ [L/ (m²·h·bar)]	0.70±0.07	1.24±0.04	3
盐渗透系数（B）/ [L/ (m²·h)]	0.53±0.03	0.37±0.08	3
盐截留率/%	94.7±0.1	97.7±0.5	3

水渗透系数以及盐渗透系数采用以下方法测试：将清洁的正渗透膜置于反渗透系统中，以 0.1 mol/L 的 NaCl 溶液为进水，在 1.0 MPa 压力下测定膜的水通量以及盐截留率，计算公式分别为

$$A = \frac{J_W}{(P - \Delta \varPi)} \tag{8.1}$$

式中，A 为水渗透系数，L/（m²·h·bar）；P 为操作压力，bar；J_W 为正渗透膜在操作压力下的水通量，L/（m²·h）；$\Delta \varPi$ 为进水的渗透压绝对值，bar。

$$B = \frac{A(1 - R)(P - \Delta \varPi)}{R} = \frac{(1 - R)J_W}{R} \tag{8.2}$$

式中，B 为盐渗透系数，L/（m²·h）；A 为水渗透系数，L/（m²·h·bar）；R 为截留率，L；P 为操作压力，bar；J_W 为正渗透膜在操作压力下的水通量，L/（m²·h）；$\Delta \varPi$ 为进水的渗透压绝对值，bar。

8.1.2　正渗透膜过滤性能

1. 基本测试指标及测试系统

正渗透膜性能主要指正渗透膜透过水的能力和截留盐的能力。分别用正渗透膜的水通量、溶质反向扩散通量（因本章研究中用到的汲取液为氯化钠盐溶液，在后文中简称盐通量）和截留率表征。水通量、盐通量以及盐截留率计算公式如下：

水通量，即单位时间内透过单位面积的膜的水体积，可以通过式（8.3）计算：

$$J_W = \frac{\Delta m_W}{A \Delta t} \tag{8.3}$$

式中，J_W 为正渗透膜的水通量，L/（m²·h）；Δm_W 为原料液侧渗透至汲取液侧的水的体积，L；A 为 FO 膜的有效面积，m²；Δt 为测试时间，h。

通过天平测得原料液侧水的质量变化，在室温为 25℃时水的密度取 1.0×10^3 kg/m³，从而计算得到正渗透膜的水通量。

正渗透过程中，汲取液溶质逆水流方向扩散至原料液中，引起原料液渗透势的下降（即渗透压的上升）并引发交叉污染。盐通量可用于表示正渗透膜对汲取液溶质的拦截作用。即，在单位时间内，单位膜面积上，汲取液溶质反向扩散至原料液中的质量。计算公式为

$$J_S = \frac{\Delta m_S}{A \Delta t} \tag{8.4}$$

式中，J_S 为盐通量，g/（m²·h）；Δm_S 为汲取液侧的溶质扩散至原料液中的量，g；A 为 FO 膜的有效面积，m²；Δt 为测试时间，h。

溶质扩散总量 Δm_S 采用 TDS 仪测定原料液侧电导率的变化，并根据换算关系得到浓度变化情况，从而计算溶质扩散质量。汲取液溶质的扩散系数是影响正渗透过程内浓差极化现象的重要因素之一，氯化钠作为一种较为广泛使用的汲取液其溶液电导率与浓度可以进行测量换算（具体结果略）。

水分子从原料液侧渗透至汲取液侧的同时，也有部分的原料液溶质随水流扩散至汲取液侧，这种现象成为集流。截留率和溶质集流通量是衡量正渗透膜拦截原料液溶质的

能力的不同指标。截留率可以通过式（8.5）计算

$$R_c = (1 - \frac{C_{原过液}}{C_{原料液}}) \times 100\% \qquad (8.5)$$

式中，$C_{透过液} = \frac{\Delta m'_S}{\Delta m_W}$；$\Delta m_s'$ 为原料液侧的溶质扩散至汲取液中的量，g；Δm_W 为原料液侧渗透至汲取液侧的纯水的量，L；$C_{原料液}$ 为原料液中溶质浓度，g/L。

　　溶质集流通量可以表示为单位时间内，单位膜面积上，原料液中的溶质随水流正向扩散至汲取液中的量。

$$J'_S = \frac{\Delta m'_S}{A\Delta t} \qquad (8.6)$$

式中，J_s' 为溶质集流通量，g/（m²·h）；$\Delta m_s'$ 为原料液侧的溶质扩散至汲取液中的量，g；A 为 FO 膜的有效面积，m²；Δt 为测试时间，h。

　　正渗透膜性能测试装置（自制），如图 8.5 所示。原料液和汲取液在泵的作用下完成溶液的循环并在正渗透膜表面形成错流。通过调节泵的电压来控制循环泵的流量从而调节正渗透膜面流速。电子天平安置于原料液一侧，用于测量一定时间内原料液质量减少量，从而计算正渗透膜的水通量。利用电导率仪测量原料液的电导率变化，计算正渗透过程的盐通量。

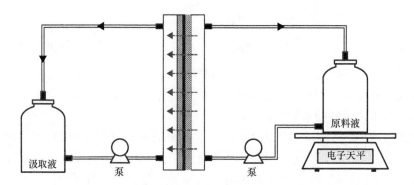

图 8.5　正渗透膜性能测试装置

　　在本章中，膜基本性能测试实验的原料液为去离子水，汲取液为不同浓度的 NaCl 溶液。由于原料液为去离子水，溶质集流通量及截留率不能计算，因此仅测定正渗透过程的水通量及盐通量用以表征膜的基本性能。

　　本节主要研究膜朝向、膜面错流速率、汲取液浓度及正渗透膜结构对正渗透过程的影响规律。膜朝向、膜面错流速率和汲取液浓度设置如下：①正渗透膜结构的不对称性导致其在膜评价系统中存在两种放置方式。一是活性层（active layer，AL）面向原料液（FS），支撑层（support layer，SL）面向汲取液（DS）简称 AL-FS。二是活性层面向汲取液，支撑层面向原料液，简称 AL-DS。②4 个膜面错流速率，从小到大依次为 2.0 cm/s、10.0 cm/s、20.0 cm/s 和 30.0 cm/s。③汲取液浓度梯度为 0.5 mol/L、1.0 mol/L、2.0 mol/L、3.0 mol/L 和 4.0 mol/L。

正渗透评价装置每次测试完毕后进行清洗，在原料液池及汲取液池中装入去离子水，运行装置进行清洗管道系统和膜表面，定期更换去离子水，至电导率 $\sigma<2.0$ μS/cm 后，放空管路，完成清洗。所有正渗透膜在使用之前进行活化，具体步骤为：①将未使用过的正渗透膜在去离子水中浸泡 1 天后，装入膜性能评价系统，用去离子水清洗至循环液电导率 $\sigma<2.0$ μS/cm 后，放空管路；②以去离子水为原料液，1.0 mol/L 的氯化钠溶液为汲取液，按 AL-FS 的膜朝向连接系统，调节膜面流速为 20 cm/s，运行 3 h 后，放空管路；③去离子水清洗至溶液电导率 $\sigma<2.0$ μS/cm 后，放空管路；④以去离子水为原料液，1.0 mol/L 的氯化钠溶液为汲取液，更换正渗透膜朝向为 AL-DS，继续活化 3 h，放空管路；⑤去离子水清洗至溶液电导率 $\sigma<2.0$ μS/cm 后，放空管路；⑥重复步骤②～步骤⑤4 次，使活化时间满 24 h。为保证膜性能评价实验条件的一致性，正渗透膜性能评价实验始终在 25℃室温下进行，以去离子水作为原料液，汲取液为去离子水配置的氯化钠溶液，体积各为 1.0 L。实验进行中，天平始终安置于原料液侧，通过测定原料液质量的减少来计算正渗透膜纯水通量。电导率仪安置于原料液池中实时监控原料液电导率变化，用于计算盐通量。

为保证通量测试具有代表性，需要测定通量在一定时间的变化，以确定每次通量测试所需要的时间。将活化好的 CTA 正渗透膜装入正渗透评价系统中，操作条件为：膜朝向为 AL-FS，膜面流速为 20.0 cm/s，汲取液浓度 0.5 mol/L。原料液质量及正渗透过程水通量变化情况如图 8.6 所示。由于系统运行初始，两侧溶液及正渗透过程需要一定时间平衡，前 2 min 质量波动较大，无任何规律，从第 2 min 开始，原料液质量呈现线性递减，约 3 min 后，水通量基本维持在（7.3±0.4）L/（m²·h），且在 11 h 内保持稳定。水通量稳定后，测得前 20 min 内的平均水通量为 7.2 L/（m²·h），经异常值（测定值超过平均值的偏差 2 倍标准差）检验，该数值为水通量的非特异值，可用于表征在该操作条件下的平均水通量。因此，在后续膜性能测定实验中，仅测定前 25 min（去掉前 5 min 的质量波动数据，保留后 20 min 的数据）的质量变化数据。

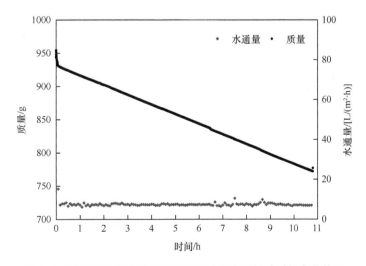

图 8.6 原料液侧溶质质量及正渗透过程水通量随时间变化情况

2. 膜过滤性能

1）汲取液浓度对正渗透过程的影响

固定膜面液体流速为 20.0 cm/s，将 CTA 膜和 TFC 膜分别按照 AL-FS 朝向和 AL-DS 朝向放置于正渗透膜评价系统中，测试其各自的水通量和盐通量，得到结果如图 8.7 所示。

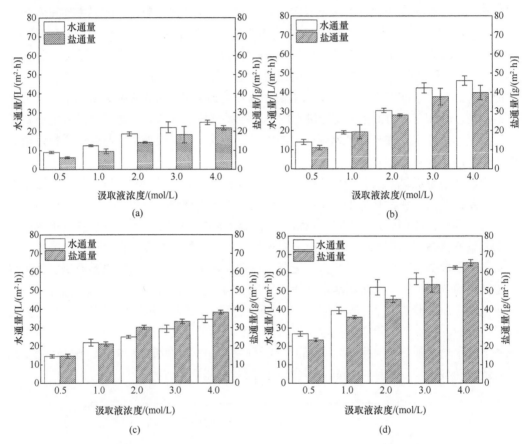

图 8.7　膜面流速为 20.0 cm/s 时 CTA 膜和 TFC 膜的正渗透过程
（a）CTA 膜 AL-FS 朝向；（b）CTA 膜 AL-DS 朝向；（c）TFC 膜 AL-FS 朝向；（d）TFC 膜 AL-DS 朝向

如图 8.7（a）所示，当 CTA 膜朝向为 AL-FS 时，随着汲取液浓度的增加，正渗透过程的水通量逐渐增大，从 0.5 mol/L 时水通量（9.0±0.6）L/（m²·h）增加为 4.0 mol/L 时的（24.8±1.2）L/（m²·h），但增加的趋势逐渐减小。汲取液浓度分别为 0.5 mol/L、1.0 mol/L、2.0 mol/L、3.0 mol/L 和 4.0 mol/L 时，摩尔水通量（汲取液单位摩尔浓度提供的水通量）依次为（18.0±1.1）L/（m²·h·mol）、（12.4±0.5）L/（m²·h·mol）、（9.3±0.5）L/（m²·h·mol）、（7.4±1.0）L/（m²·h·mol）和（6.2±0.3）L/（m²·h·mol）。CTA 膜的盐通量随着浓度的增加而增加，但增加趋势逐渐变缓，且汲取液浓度越高，摩尔盐通量（汲取液单位摩尔浓度导致的盐通量）越低，与水通量规律相同。

CTA 膜 AL-DS 朝向放置时正渗透过程随汲取液浓度变化规律依然相同，如图 8.7（b）

所示。随着汲取液浓度从 0.5 mol/L 增加至 4.0 mol/L，正渗透过程水通量从（14.0±1.3）L/（m²·h）增至（46.1±2.5）L/（m²·h），盐通量从（11.1±1.2）g/（m²·h）增加至（39.9±3.8）g/（m²·h），但增加速率随汲取液浓度增加逐渐减小。一方面，高浓度的汲取液，具有较大的渗透势差，在正渗透过程中提供较高的渗透压驱动力，从而使 CTA 膜获得较大的水通量。所以随着汲取液浓度的增加，水渗透的驱动力加大，导致正渗透过程水通量的增加。另一方面，随着汲取液浓度的增加，溶液的黏度增大，造成更为严重的内浓差极化现象，导致最终水通量没有随着汲取液浓度的增大而大幅度提升，仅出现缓慢地增加。汲取液溶质的反向扩散与汲取液浓度大小呈正相关，即随着汲取液浓度的增加，盐通量逐渐增加。

　　由于 TFC 膜同样具有活性层和多孔支撑层结构的不对称结构，TFC 膜的正渗透过程随汲取液浓度变化规律与 CTA 膜相似，如图 8.7（c）和图 8.7（d）所示。AL-FS 朝向时，正渗透水通量随着浓度的增加而增加，摩尔水通量随浓度的增加而减小，汲取液浓度从 0.5 mol/L 增加至 4.0 mol/L 时摩尔水通量分别为（28.9±1.7）L/（m²·h·mol）、（21.8±1.9）L/（m²·h·mol）、（12.5±0.4）L/（m²·h·mol）、（9.8±0.7）L/（m²·h·mol）和（8.6±0.5）L/（m²·h·mol）。TFC 膜 AL-DS 朝向放置时［图 8.7（d）］，正渗透过程水通量和盐通量随着汲取液浓度的增加呈现增幅逐渐减小的增加。

　　2）膜面流速对正渗透过程的影响

　　在正渗透过程中，水分子从原料液侧渗透至汲取液侧，原料液溶质被截留，靠近正渗透膜附近的溶质浓度高于原料液主体平均浓度，且汲取液侧膜表面由于渗透水的不及时扩散，致使膜面附近部分溶液浓度低于汲取液主体平均浓度，从而降低了膜面两侧实际渗透压差，产生外浓差极化现象，致使正渗透过程水通量低于理论值。

　　为保证正渗透过程水通量的正常测定，选定膜面液体最小流速为 2.0 cm/s。膜面流速最大为 30.0 cm/s，超过此流速，根据前期研究表明容易造成正渗透膜的破坏。因此实验中最小和最大流速分为别为 2.0 cm/s 和 30 cm/s。通过控制循环泵电压的大小来调节循环泵流量，从而调节正渗透膜面液体流速。流速的设置及调节如表 8.2 所示。

表 8.2　正渗透膜评价系统流速及电压调节

参数	流速及相应电压			
膜面流速/（cm/s）	2.0	10.0	20.0	30.0
原料液循环泵电压/V	1.4	4.5	7.3	11.6
汲取液侧循环泵电压/V	1.5	4.7	7.7	12.7

　　CTA 膜按照 AL-FS 朝向放置于膜评价系统中，改变正渗透过程的膜面液体流速和汲取液浓度，得到正渗透过程与流速及汲取液浓度的关系如图 8.8 所示。

　　在图 8.8（a）中，同一流速下，水通量总是随着汲取液浓度的增加而增加。汲取液浓度相同时，水通量随着流速的增加缓慢增加，主要原因在于增大正渗透膜两侧液体流速，可增加膜面液体紊乱度，加快溶液的混合，从而在一定程度上减小外浓差极化现象对膜通量的影响。但由于不同汲取液浓度的正渗透过程发生的外浓差极化现象严重程度

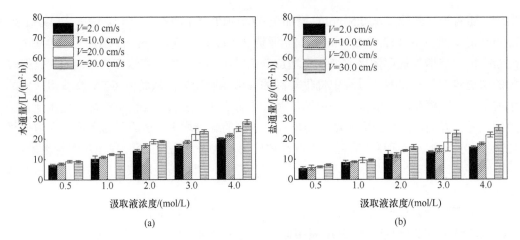

图 8.8　CTA 膜 AL-FS 朝向正渗透过程
（a）水通量变化规律；（b）盐通量变化规律

不一，致使单一地改变膜面错流速率大小对不同汲取液浓度的正渗透过程影响不同。汲取液浓度为 0.5 mol/L 时，从图 8.8（a）中可以发现，流速从 2.0 cm/s 增加至 10.0 cm/s时，水通量从 7.1 L/（m²·h）增长至 7.8 L/（m²·h），增加 9.1%；增大速度至 20.0 cm/s，水通量变为 9.0 L/（m²·h），增加了 15.4%，再继续提高膜面错流速率至 30.0 cm/s，水通量仅增加 4%。对于低浓度的汲取液，20.0 cm/s 的膜面错流速率已经可以较好地抑制外浓差极化现象，再增大速度对水通量影响不大。当汲取液浓度为 4.0 mol/L 时，增大流速至 10.0 cm/s，水通量比 2.0 cm/s 时的水通量增加约 8%，增量为 1.7 L/（m²·h）；再次提高液体流速至 20.0 cm/s，水通量增加 3.0 L/（m²·h），增幅约为 14%；提高流速至30.0 cm/s，比流速为 20.0 cm/s 时水通量增加 3.6 L/（m²·h）。对于高浓度汲取液，因其黏度远大于低浓度溶液，外浓差极化现象更为严重，增大膜面液体错流速率对提高水通量具有较好的效果。

从图 8.8（b）可以发现，增大液体错流速率虽然有助于提高水正渗透过程的水通量，但是也引起盐通量的增加。对于低浓度的汲取液，增大流速对其盐通量的影响不大，但对于高浓度汲取液，提升流速对其盐通量的提高产生一定影响。

CTA 膜 AL-DS 朝向放置时，流速对其水通量和盐通量的影响如图 8.9 所示。随着膜面流速增大，正渗透膜水通量和盐通量都逐渐增加。对于低浓度汲取液，流速为 2.0 cm/s、10.0 cm/s 和 20.0 cm/s 时，水通量随着流速的增加呈现缓慢增长。再继续增大流速至30.0 cm/s，水通量基本维持不变。而汲取液浓度为 3.0 mol/L 和 4.0 mol/L 时，水通量随着流速的增加持续增加，且增长明显。

提高流速主要通过减轻正渗透过程外浓差极化现象而间接提高正渗透膜性能。对比图 8.8 和图 8.9 可以发现，流速对正渗透过程的影响与膜面朝向无关。低浓度汲取液时，20.0 cm/s 均为最佳流速；高浓度汲取液时，流速为 30.0 cm/s 可获得更大的水通量。

TFC 膜的正渗透过程如图 8.10 和图 8.11 所示，分别表示两种不同膜朝向放置时的正渗透水通量和盐通量情况。其变化规律与 CTA 膜的正渗透过程相似：水通量和盐通量随着汲取液浓度的增加、膜面流速的增大而增加。

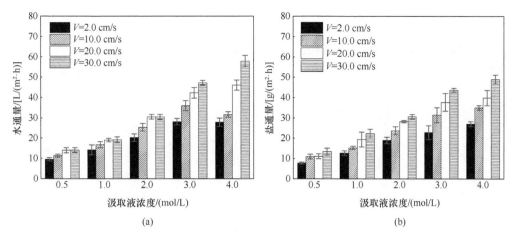

图 8.9　CTA 膜 AL-DS 朝向正渗透过程
（a）水通量变化规律；（b）盐通量变化规律

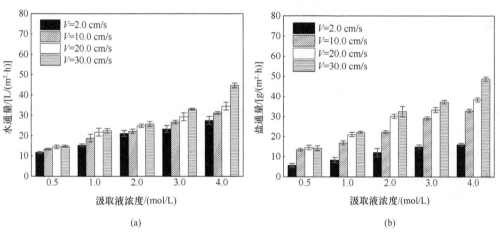

图 8.10　TFC 膜 AL-FS 朝向正渗透过程
（a）水通量变化规律；（b）盐通量变化规律

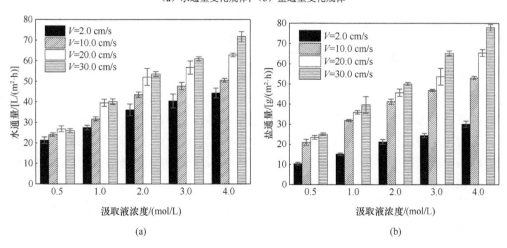

图 8.11　TFC 膜 AL-DS 朝向正渗透过程
（a）水通量变化规律；（b）盐通量变化规律

3）膜朝向对正渗透过程的影响

固定膜面错流速率为 30.0 cm/s，汲取液浓度为 0.5 mol/L 时，CTA 膜和 TFC 膜不同膜朝向的正渗透情况如图 8.12 所示。

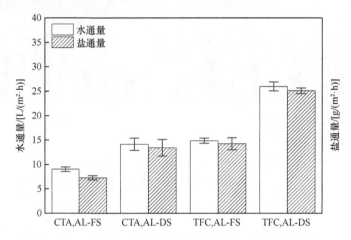

图 8.12　CTA 膜及 TFC 膜在不同膜朝向的正渗透过程对比

CTA 膜按照 AL-FS 朝向放置时水通量为（9.0±0.5）L/（m²·h），AL-DS 朝向时的水通量为（14.1±1.3）L/（m²·h）。在可信度为 95%时对两组数据进行显著检验发现，AL-FS 朝向时水通量显著低于 AL-DS 朝向时水通量；TFC 膜 AL-FS、AL-DS 朝向的水通量分别为（14.8±0.5）L/（m²·h）和（26.0±1.0）L/（m²·h），AL-FS 水通量显著低于 AL-DS 朝向时的水通量。此外，CTA 膜朝向为 AL-FS 时盐通量为（7.3±0.4）g/（m²·h）显著低于 AL-DS 时的盐通量（13.4±1.7）g/（m²·h）。可见，在相同的操作条件（流速和汲取液浓度）下，正渗透过程 AL-FS 膜朝向的水通量和盐通量总是低于 AL-DS 朝向的水通量和盐通量。主要由于正渗透膜结构的特殊性。CTA 膜为非对称膜，TFC 为复合膜，这两种膜结构均具有不对称性。不同的膜朝向出现了不同的程度不同类型的内浓差极化现象。AL-FS 时发生的稀释型内浓差极化现象较 AL-DS 发生的浓缩型内浓差极化现象更为严重。内浓差极化现象是影响正渗透过程水通量最主要的因素，较弱的内浓差极化过程通常有较大的水通量，因此，AL-FS 朝向时水通量低于 AL-DS 时的水通量。

在相同操作条件下，AL-DS 朝向时的水通量虽大于 AL-FS 时的水通量，但 AL-DS 朝向时的正渗透过程不稳定，水通量下降较快，正渗透过程难以控制。在短期的正渗透膜性能评价实验中，AL-DS 朝向的平均水通量始终高于 AL-FS 朝向时的水通量。因此进一步延长正渗透过程测定时间，比较两种不同膜朝向对水通量的影响。在流速为 30.0 cm/s、汲取液浓度为 0.5 mol/L 的条件下，CTA 膜和 TFC 膜连续运行 24 h，其水通量变化情况如图 8.13 所示。为充分保证膜两侧渗透势差，当原料液电导率 $\sigma>1.0$ mS/cm 时，更换原料液为去离子水；汲取液电导率 $\sigma<40.0$ mS/cm 时加入饱和氯化钠溶液调至电导率为 43.0 mS/cm。

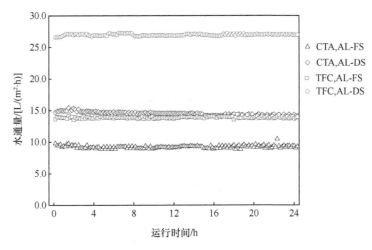

图 8.13 不同膜朝向长期运行水通量变化

CTA 膜 AL-FS 放置时正渗透过程平均水通量为（9.2±0.2）L/（m²·h），低于 AL-DS 朝向时的平均水通量（14.5±0.3）L/（m²·h）。TFC 膜 AL-FS 朝向和 AL-DS 朝向时平均水通量分别为（13.8±0.7）L/（m²·h）和（27.0±0.3）L/（m²·h）。且如图 8.13 所示，CTA 膜和 TFC 膜朝不同膜朝向放置时，水通量基本保持不变。AL-DS 朝向的水通量始终高于 AL-FS 时的水通量，没有出现通量的急剧下降的现象。

4）膜材质和结构对水通量的影响

如表 8.1 中所示，TFC 膜的水渗透系数为（1.24±0.04）L/（m²·h·bar）大于 CTA 膜的水渗透系数为（0.70±0.07）L/（m²·h·bar），即在相同的驱动力作用下，TFC 的水通量高于 CTA 膜水通量。从图 8.7 和图 8.12 发现，在相同操作条件下，TFC 膜的正渗透过程水通量总是高于 CTA 膜的水通量。正渗透过程的驱动力相同时，CTA 膜和 TFC 膜过水性能的差异主要受内浓差极化现象的影响。

内浓差极化现象与溶质的扩散阻力密切相关，因此可以用 K 表示溶质在正渗透膜多孔支撑层中的扩散阻力，进而表征内浓差极化现象的轻重，计算公式为

$$K = \frac{t\tau}{\varepsilon D_S} \tag{8.7}$$

式中，t、ε、τ、D_S 分别为多孔支撑层的厚度、孔隙率、孔的曲折度及溶质的扩散系数。

如式（8.7）所示，溶质扩散阻力分别与支撑层厚度、孔的曲折度成正比，与孔隙率成反比。溶质扩散阻力系数 K 越大，内浓差极化现象越严重，水通量越低。即支撑层厚度和孔曲折度越小，孔隙率越大，在相同操作条件下，正渗透膜的水通量越大。如表 8.1 所示，TFC 膜的支撑层厚度仅为（47.8±2.5）μm，小于 CTA 膜的支撑层厚度（51.4±6.7）μm；且 TFC 膜支撑层孔隙率远大于 CTA 膜的孔隙率。因此，汲取液溶质在 TFC 膜多孔支撑层内的扩散阻力小，内浓差极化现象轻。同时，TFC 膜和 CTA 膜活性层接触角分别为（79.2±6.3）°、（86.0±4.5）°（表 8.1），TFC 膜的亲水性好于 CTA 膜，更有助于水分子附着在活性层表面。以上几个原因，致使 TFC 的正渗透过程水通量在相同条件

下高于 CTA 的水通量。由于 TFC 膜附近盐浓度受内浓差极化现象影响较轻,溶质浓度高,扩散动力大。因此,虽然 TFC 膜虽然具有比 CTA 膜更加致密的活性层,但在相同条件下,TFC 膜的盐通量更大。

8.2　正渗透膜处理城市污水性能

由于生活污水成分复杂,与去离子水的正渗透过程有较大的差别。去离子水的正渗透过程难以用于生活污水浓缩工艺的设计,且生活污水作为原料液时可能存在膜污染问题。因此,在了解正渗透膜基本渗透性能的基础上,本节主要利用三醋酸纤维素膜和聚酰胺复合膜,以生活污水以及 3 倍生活污水浓缩液为原料液,研究操作条件对正渗透过程的影响,为正渗透浓缩工艺的设计提供参考;同时对正渗透膜污染的清洗方式进行探索。

8.2.1　不同浓度生活污水的正渗透过程

试验用生活污水为上海市某污水处理厂沉砂池出水经 1000 目微网过滤后的滤液;生活污水 3 倍浓缩液通过用 RO 膜技术浓缩上述生活污水滤液获得,水质情况如表 8.3 所示。

表 8.3　试验用生活污水水质

测试指标	生活污水	生活污水 3 倍浓缩液
COD/（mg/L）	185±38	594±70
TN/（mg/L）	43.9±9.6	134.2±13.1
TP/（mg/L）	5.7±2.5	9.2±0.6
NH_3-N/（mg/L）	40.6±9.5	110.3±19.3
渗透压/（mOsm/kg）	17.0±3.5	45.5±6.7
TDS/（mg/L）	0.51±0.05	2.81±0.04

1. CTA 膜 AL-FS 朝向放置

图 8.14 为 CTA 膜 AL-FS 朝向放置时不同汲取液浓度和膜面错流速率对正渗透过程的影响规律。膜面流速为 2.0 cm/s 时,汲取液浓度从 0.5 mol/L 逐渐增加至 4.0 mol/L,CTA 膜正渗透水通量也随之从（6.2±0.3）L/（m²·h）增加至（19.0±0.2）L/（m²·h）。无论膜面流速为 2.0 cm/s、10.0 cm/s、20.0 cm/s 或是 30.0 cm/s,CTA 膜 AL-FS 朝向的水通量总是与汲取液浓度呈正相关,随着汲取液浓度的增加而增加,但汲取液摩尔水通量逐渐减小。如图 8.14（a）所示,当汲取液浓度为 0.5 mol/L 时,提高膜面流速,正渗透膜水通量增幅较小,仅增加了 0.7 L/（m²·h）;汲取液浓度为 4.0 mol/L 时,膜面流速从 2.0 cm/s 提高至 30.0 cm/s,膜水通量从（21.9±0.2）L/（m²·h）增加至（26.8±1.0）L/（m²·h）。对于高浓度汲取液的正渗透过程,提高膜面错流速率流速可以在一定程度上提高膜水通量,但对于低浓度汲取液,提高膜面流速对水通量的影响不大。

CTA 膜的盐通量如图 8.14（b）所示，汲取液浓度和膜面流速对盐通量的影响与水通量规律相似：增大汲取液浓度，盐通量也随之增加；增大膜面流速，盐通量也在一定范围内增长。

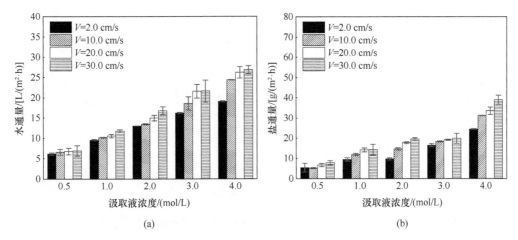

图 8.14　生活污水为原料液时 CTA 膜 AL-FS 朝向时正渗透情况
（a）水通量；（b）盐通量

　　生活污水 3 倍浓缩液为原料液，CTA 膜 AL-FS 朝向放置时的正渗透过程如图 8.15 所示，与生活污水正渗透过程相似，随着汲取液浓度的增加和膜面流速的增加，正渗透膜水通量逐渐增加。但对比图 8.14（a）和图 8.15（a）发现，在相同操作的条件下，生活污水 3 倍浓缩液为原料液时的水通量总是略低于生活污水为原料液时的水通量。主要原因在于三种原料液的渗透势的不同及对膜污染严重程度不同。去离子水的渗透压为 0 mOsm/kg，生活污水和生活污水 3 倍浓缩液的渗透势分别为（17.0±3.5）mOsm/kg、（45.5±6.7）mOsm/kg（表 8.3）。在相同操作条件下，汲取液侧渗透压相同，致使去离子水为原料液时膜两侧渗透压差最大，正渗透过程驱动能最大。生活污水为原料液时渗透压差次之，3 倍生活污水浓缩液的渗透压差最小。另外，3 倍生活污水浓缩液污染物含量高，对膜的污染能力较强，也是影响水通量的重要原因。

　　生活污水 3 倍浓缩液为原料液时，CTA 膜 AL-FS 朝向时盐通量随汲取液浓度和膜面流速的增加而增加。对比图 8.14（b）和图 8.15（b）发现，在相同的条件下，生活污水 3 倍浓缩液为原料液时的盐通量略小于生活污水为原料液时的盐通量。

2. TFC 膜 AL-FS 朝向放置

　　TFC 膜朝向为 AL-FS 时的正渗透过程与 CTA 膜 AL-FS 朝向时正渗透过程相似，如图 8.16 所示。膜面流速为 2.0 cm/s 时，汲取液浓度从 0.5 mol/L 增加至 4.0 mol/L 时，TFC 膜水通量从（10.5±0.4）L/（m²·h）增加至（23.1±0.5）L/（m²·h），盐通量也从（7.7±0.5）g/（m²·h）增加至（29.1±1.1）g/（m²·h）。汲取液浓度的增加对 TFC 膜水通量和盐通量都有较大的影响。在其他条件相同时，增大膜面液体流速，TFC 膜水通量和盐通量增加。

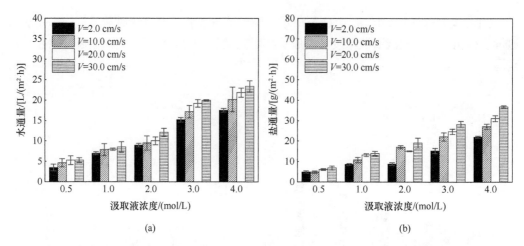

图 8.15 生活污水 3 倍浓缩液为原料液时 CTA 膜 AL-FS 朝向时正渗透情况
（a）水通量；（b）盐通量

汲取液浓度为 0.5 mol/L 时，膜面流速从 2.0 cm/s 提高至 30.0 cm/s，水通量增加 3.5 L/(m²·h)，约占原始水通量的 34%；汲取液浓度为 4.0 mol/L 时，膜面流速从 2.0 cm/s 增加至 30.0 cm/s，水通量增加约 14.5 L/ (m²·h)。盐通量也随着膜面流速的增大而增加，如图 8.16（b）所示。

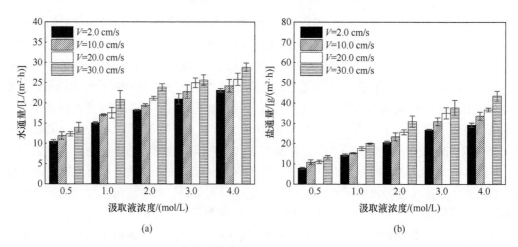

图 8.16 生活污水为原料液时 TFC 膜 AL-FS 朝向时正渗透情况
（a）水通量；（b）盐通量

　　3 倍生活污水浓缩液为原料液时，操作条件对正渗透过程的影响如图 8.17 所示。TFC 膜水通量和盐通量随着汲取液浓度的增加而增加。但汲取液浓度越高，内浓差极化现象越严重，再增大汲取液浓度，水通量和盐通量增幅均变小。另外，TFC 膜水通量随着膜面错流速率的提升而呈现小幅增加。

　　在膜朝向为 AL-FS 的条件下，对比 TFC 膜的正渗透过程与 CTA 膜的正渗透过程发现：无论原料液为生活污水或是生活污水 3 倍浓缩液，只要其他操作条件相同，TFC 膜水通量总是高于 CTA 膜水通量。主要原因在于 AL-FS 朝向时，活性层面向生活污水（或生活污水 3 倍浓缩液），膜污染发生在致密活性层一侧，内浓差极化现象发生在汲取液一侧，与污水性质无关。在膜朝向为 AL-FS 时，CTA 膜与 TFC 膜的活性层污染差别不大，内浓差极化现象仍然是影响水通量的主要因素，而 TFC 膜凭借较优的膜结构具有相对较轻的内浓差极化现象。因此，在相同的操作条件下，TFC 膜水通量高于 CTA 膜水通量。

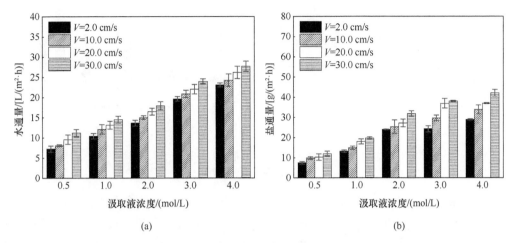

(a)　　　　　　　　　　　　　　　(b)

图 8.17　生活污水 3 倍浓缩液为原料液时 TFC 膜 AL-FS 朝向时正渗透情况
（a）水通量；（b）盐通量

3. CTA 膜 AL-DS 朝向放置

CTA 膜 AL-DS 放置于膜性能测试系统中，汲取液浓度和膜面错流速率对生活污水为原料液的正渗透过程的影响规律如图 8.18 所示。膜面流速为 2.0 cm/s 时，汲取液浓度分别为 0.5 mol/L、1.0 mol/L、2.0 mol/L、3.0 mol/L 和 4.0 mol/L 时，正渗透膜水通量依次为（7.5±1.3）L/（m²·h）、（11.4±0.3）L/（m²·h）、（14.2±1.7）L/（m²·h）、（12.8±0.1）L/（m²·h）和（11.0±0.3）L/（m²·h）。提高膜面流速为 10.0 cm/s，汲取液浓度从 0.5 mol/L 增大至 4.0 mol/L，正渗透过程水通量从（8.5±0.4）L/（m²·h）增加至（16.3±0.8）L/（m²·h）再降低至（13.9±1.3）L/（m²·h）。当膜面流速为 20.0 cm/s 或 30.0 cm/s 时，CTA 膜 AL-DS 朝向的水通量仍然随着汲取液浓度的增加，先增加后减少。与去离子水为原料液的正渗透过程不同。

原因在于 AL-DS 朝向时，多孔支撑层面向原料液，而此时原料液为生活污水。随着正渗透过程的进行，生活污水中的溶质被截留在多孔支撑层内部难以扩散，与原料液主体区域的溶液形成一个浓度梯度，发生严重的浓缩型内浓差极化现象。同时生活污水中的胶体、Ca^{2+}、Mg^{2+} 等溶质易对正渗透膜造成污染，阻塞膜孔。在浓缩型内浓差极化现象的促使下，膜污染更为严重。随着汲取液浓度的增加，正渗透膜两侧驱动能变大，水通量理论上应逐渐增加。但是，汲取液浓度越高，正渗透过程初始水通量越大，原料液溶质被截留的量越多，内浓差极化现象和膜污染现象越严重，致使膜水通量下降速度越快、幅度越大。相反，汲取液浓度越低，水通量越小，内浓差极化现象和膜污染较轻，水通量下降幅度越小。因此，在驱动力、内浓差极化现象和膜污染的三重作用下，水通量随着汲取液浓度的增加出现先增加后降低的现象。

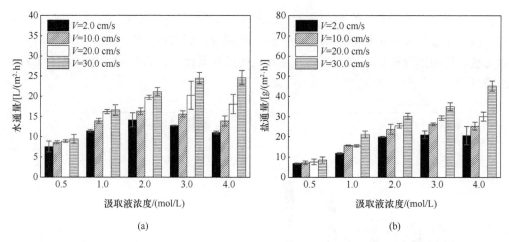

图 8.18　生活污水为原料液时 CTA 膜 AL-DS 朝向时正渗透情况

（a）水通量；（b）盐通量

　　增大膜面错流速率，CTA 膜水通量增加。虽然外浓差极化现象与内浓差极化现象相比较轻，但对于高浓度汲取液，溶液黏度较大，外浓差极化现象也较重，增大膜面液体错流速率可在较大程度上提高水正渗透过程的水通量。汲取液浓度为 4.0 mol/L 时，膜面液体流速从 2.0 cm/s 增加至 30.0 cm/s，水通量随之从（11.0±0.4）L/（m²·h）增加至（24.6±1.7）L/（m²·h）。

　　AL-DS 朝向时盐通量随着膜面错流速率的增大而增加，如图 8.18（b）所示。同时，盐通量随着浓度的增加而增加，虽然增加趋势逐渐变缓，但并未如水通量规律一样出现下降趋势。汲取液溶质的反向扩散主要受汲取液浓度和膜污染的共同影响。汲取液浓度的增加，不仅增大了溶质扩散动力，也加重了膜污染，反向扩散盐通量受以上两个因素共同决定。

　　汲取液浓度和膜面流速对生活污水 3 倍浓缩液为原料液（CTA 膜 AL-DS 朝向放置）时的正渗透过程影响规律与生活污水的正渗透过程规律相同，如图 8.19 所示。但对比图 8.18 和图 8.19 发现，在相同的汲取液浓度和膜面流速下，生活污水 3 倍浓缩液为原料液时的正渗透过程水通量明显低于生活污水为原料液时的正渗透过程水通量，减小幅度为 40%左右。生活污水 3 倍浓缩液的正渗透盐通量略低于与生活污水为原料液时的盐通量。主要原因在于与生活污水相比，生活污水 3 倍浓缩液的渗透压更高，污染物含量达，污染性更强，因而导致正渗透水通量和盐通量降低。

　　由以上研究可以发现不同膜朝向放置对 CTA 膜在处理实际生活污水正渗透过程的影响规律与去离子水为原料液时不同。AL-FS 朝向时的水通量整体上高于 AL-DS 朝向时的水通量，特别当汲取液浓度较高，膜面错流较小时，这一规律更为明显。汲取液浓度为 4.0 mol/L、膜面流速为 2.0 cm/s、原料液为生活污水时，AL-FS 朝向时的水通量为（19.0±0.2）L/（m²·h），AL-DS 时仅为（11.0±0.3）L/（m²·h）；在上述相同操作条件下，原料液为生活污水 3 倍浓缩液时，AL-FS 和 AL-DS 朝向时水通量分别为（17.5±0.5）L/（m²·h）和（7.8±0.8）L/（m²·h）。

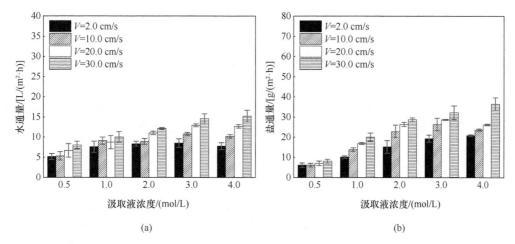

(a)　　　　　　　　　　　　　　　　　(b)

图 8.19　生活污水 3 倍浓缩液为原料液时 CTA 膜 AL-DS 朝向时正渗透情况
(a) 水通量；(b) 盐通量

　　为进一步对比 CTA 膜不同膜朝向对正渗透过程的影响，将 CTA 膜放置于膜评价系统中，测定 AL-FS 和 AL-DS 朝向时的瞬时水通量变化过程。操作条件为：0.5 mol/L 的 NaCl 溶液（汲取液），20.0 cm/s 的膜面错流速率。原料液为去离子水和生活污水 3 倍浓缩液，分别表征 CTA 膜在无膜污染现象和膜污染趋势严重时的正渗透过程。CTA 膜不同膜朝向的瞬时水通量变化情况如图 8.20 所示，分别测试了去离子水和生活污水 3 倍浓缩液作为原料液时 CTA 膜通量变化。在图 8.20（a）中，由于正渗透过程不同的膜朝向发生不同的内浓差极化现象，而稀释型内浓差极化现象（AL-FS 朝向时）较浓缩型内浓差极化现象（AL-DS 朝向时）更为严重，出现 AL-FS 朝向时的水通量低于 AL-DS 时的水通量的规律。当原料液为生活污水浓缩液时，如图 8.20（b）所示，AL-DS 膜朝向时正渗透水通量在第 1 min 内从 8.4 L/（m²·h）迅速降低至 4.4 L/（m²·h），并在接下来的 40 min 内持续下降至 2.0 L/（m²·h）。AL-FS 朝向时的水通量，下降趋势缓慢，从开始的

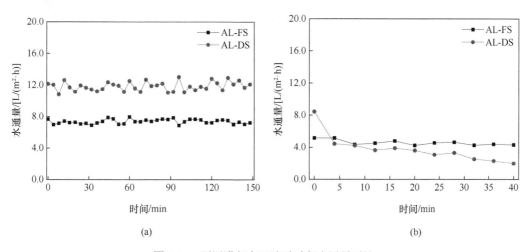

(a)　　　　　　　　　　　　　　　　　(b)

图 8.20　不同膜朝向正渗透过程水通量对比
(a) 去离子水为原料液；(b) 生活污水 3 倍浓缩液为原料液

5.1 L/（m²·h）降至 4.3 L/（m²·h）。主要原因在于 AL-DS 朝向时，多孔支撑层面向生活污水浓缩液，生活污水进入多孔支撑层孔道内，随着正渗透过程的发生，污水中的溶质包括膜污染物被截留在多孔支撑层内，溶质扩散困难，在膜内部形成一个浓度梯度和疏松的污染层，出现浓缩型内浓差极化现象和膜污染，导致膜水通量的迅速下降。

当原料液为污染性溶液时，AL-FS 朝向则具有更好的抗污染性能，正渗透水通量稳定。AL-DS 朝向时，膜污染在浓缩型内浓差极化的促使下更为严重，水通量出现急剧下降。

4. TFC 膜 AL-DS 膜朝向放置

图 8.21 和图 8.22 分别为原料液为生活污水和生活污水 3 倍浓缩液时的正渗透过程。TFC 膜 AL-DS 朝向时的正渗透过程水通量和盐通量随膜面流速的增加而增加，随汲取液浓度的增加出现先增加后降低的现象，与 CTA 膜规律相似，主要与驱动力、膜污染和浓差极化有关。与图 8.18 和图 8.19 相比，汲取液浓度为 0.5 mol/L 和 1.0 mol/L 时，TFC 膜 AL-DS 朝向放置的水通量均高于相同条件下的 CTA 膜水通量。原因在于此时正渗透过程初始瞬时通量较低，膜污染程度轻且过程较为缓慢，驱动能和内浓差极化现象是正渗透过程的主要影响因素。如前所述，TFC 膜结构优于 CTA 膜结构，TFC 膜发生的内浓差极化现象比 CTA 膜轻。因此汲取液浓度较低时，AL-DS 朝向的 TFC 膜水通量仍然高于 CTA 膜的水通量。当汲取液浓度较高，如为 3.0 mol/L 和 4.0 mol/L 时，TFC 膜 AL-DS 朝向初始瞬时通量高，膜污染较快，且浓差极化现象严重，相同操作条件下出现 TFC 膜水通量低于 CTA 膜水通量的现象。

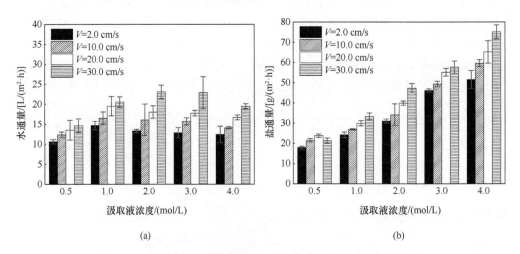

图 8.21　生活污水为原料液时 TFC 膜 AL-DS 朝向时正渗透情况
（a）水通量；（b）盐通量

对比图 8.21 和图 8.16、图 8.22 和图 8.17 发现，AL-DS 朝向时的水通量整体低于 AL-FS 朝向时的水通量。在图 8.21（a）和图 8.22（a）中，TFC 膜的水通量均较低。主要原因在于 AL-DS 朝向时，生活污水中的溶质包括污染物质进入多孔支撑层内，在指状孔结构内形成浓度梯度和污染层，出现浓缩型内浓差极化现象和膜污染，导致膜水通量的迅速下降。相同条件下，TFC 膜 AL-DS 朝向放置时的盐通量仍然高于 AL-FS 朝向放置时的盐通量。主要原因为：汲取液 NaCl 溶质在正渗透过程中反向扩散的动力为膜面两侧 NaCl 溶质的浓度差。当正渗透膜朝向为 AL-DS 时，汲取液侧发生外浓差极化现象，对膜附近 NaCl 溶质的浓度影响较小；AL-FS 朝向时，汲取液侧发生稀释型内浓差极化和外浓差极化现象，膜两侧实际 NaCl 浓度差较小，致使 AL-FS 朝向时 NaCl 溶质扩散动力小。

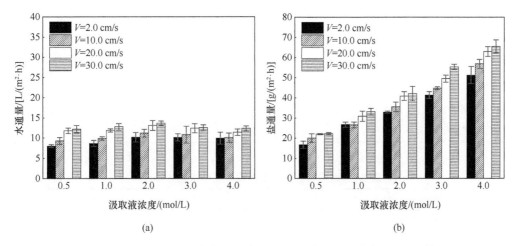

图 8.22　生活污水 3 倍浓缩液为原料液时 TFC 膜 AL-DS 朝向时正渗透情况
（a）水通量；（b）盐通量

　　汲取液浓度为 0.5 mol/L 时，正渗透过程的摩尔水通量最大，继续增大汲取液浓度，摩尔水通量逐渐减小。考虑正渗透技术的污染控制情况和经济性，后续试验选用 0.5 mol/L 的氯化钠溶液为汲取液。为减小正渗透过程的外浓差极化现象并减轻膜污染现象，膜面流速确定为 20.0 cm/s 时最为合适，再继续增大流速对正渗透过程意义不大。因此，生活污水浓缩试验操作条件确定为汲取液浓度为 0.5 mol/L，膜面液体流速为 20.0 cm/s，膜朝向为 AL-FS。

8.2.2　实验室正渗透系统处理污水长期运行性能

1. 正渗透系统及操作参数

　　正渗透实验装置如图 8.5 所示，在实验室长期运行试验中选择了 TFC 的正渗透膜，将 TFC 膜按照 AL-FS 朝向放置于正渗透评价系统中，系统具体设计参数和操作参数如表 8.4 所示。

　　在实验进行过程中，汲取液不断被渗透水稀释，需定时向汲取液中加入高浓度 NaCl 溶液，以保证汲取液浓度在较小范围内波动。当汲取液电导率小于 40.0 mS/cm 时加入适量饱和氯化钠溶液，使汲取液电导率为 46.0 mS/cm。原料液及汲取液水质如表 8.5 所示。正渗透膜两侧渗透势差为 903 mOsm/kg，约为 22.4 bar。原料液进水量为 648 ml 时，正渗透过程设计水通量为 9.0 L/m²·h，在设计的操作条件下连续运行 24 h

表 8.4　生活污水浓缩实验操作条件

设计参数	数值
温度	25℃
膜面液体流速	20 cm/s
有效膜面积	TFC，0.002 m^2
原料液	沉砂池出水经 1000 目微网过滤后的滤液，水质情况见表 8.3
汲取液	0.5 mol/L NaCl 溶液
膜朝向	AL-FS
设计水通量	9.0 L/（m^2·h）
日产水量	432 ml
原料液进水量	648 ml
设计浓缩倍数	3 倍
汲取液初始体积	2.0 L

表 8.5　试验用生活污水水质（测试次数 n=10）

指标	原料液	汲取液
COD/（mg/L）	121±33	未检出
TN/（mg/L）	36.5±5.6	0.19±0.01
TP/（mg/L）	3.4±0.2	未检出
NH$_3$-N/（mg/L）	29.1±5.0	未检出
渗透势/（mOsm/kg）	17.5±2.9	921±3
TDS/（g/L）	1.10±0.16	44.6±0.4

（一个运行周期），即可获得 3 倍生活污水浓缩液。一个运行周期结束后，对正渗透膜系统进行 20 min 水力清洗（清洗流速为 20.0 cm/s），洗去膜表面附着的污染物，并开始下一周期的运行。连续运行 10 个周期后，对正渗透膜进行水力清洗及化学清洗，化学清洗方式详见 8.4 节。

2. 长期运行性能

正渗透膜反应器长期浓缩生活污水的正渗透过程运行水通量变化如图 8.23 所示。如前所述，TFC 在该操作条件下的平均清水通量（去离子水为原料液）为（14.5±0.9）L/（m^2·h）；生活污水为原料液时，平均水通量为（12.3±0.6）L/（m^2·h）。第一个运行周期开始时，TFC 膜瞬时水通量为 12.5 L/（m^2·h），随着正渗透过程的进行，生活污水水通量逐渐下降，24 h 后，正渗透过程水通量为 8.6 L/（m^2·h），比初始瞬时通量降低约 31.2%。其余 9 个运行周期与第一周期相同，运行结束时瞬时水通量维持在（7.7±0.5）L/（m^2·h），降低率为（37.7±4.0）%。平均运行水通量为（9.3±0.3）L/（m^2·h），与设计水通量相近（表 8.4）。

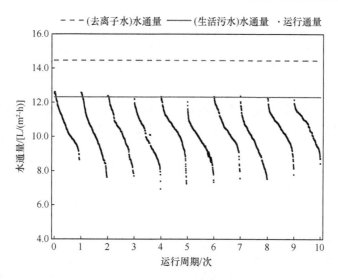

图 8.23　生活污水浓缩至 3 倍过程中水通量变化情况

引起正渗透过程水通量下降的原因可能为：①原料液侧污染物被截留在膜表面引起水通量的下降。运行周期结束时，发现生活污水的性质发生变化，有机质团聚成絮状结构，并在膜表面形成一层凝胶层，造成膜污染，致使水通量下降。每一个运行周期结束后，对正渗透膜系统进行 20 min 水力清洗，水通量可恢复至（12.3±0.2）L/（m²·h），说明正渗透膜污染现象并不严重，20 min 的水力清洗即可使水通量恢复。②随着正渗透过程的进行，原料液中的水分不断渗透至汲取液中，生活污水溶质浓缩致使原料液侧电导率的增加，渗透压相应增加。③汲取液侧氯化钠溶质反向渗透至原料液中，原料液电导率增加，导致原料液渗透压较大程度上升。图 8.24 为原料液浓缩和溶质反混现象引起每个运行周期原料液电导率增量的百分比。在第一个运行周期中，生活污水电导率为 1.5 mS/cm，24 h 后，原料液侧电导率为 9.9 mS/cm。即使正渗透膜对原料液侧溶质的截留率为 100%，

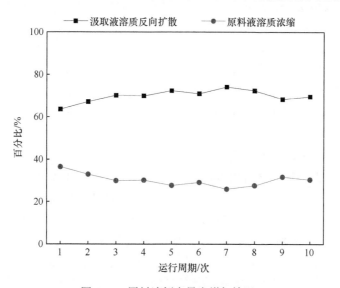

图 8.24　原料液侧电导率增加情况

由原料液溶质浓缩而引起原料液电导率的增加也仅占电导率增加总量的 36.4%。如图 8.24 所示，在 10 个运行周期中，其中（69.9±3.0）%是由汲取液溶质（氯化钠）的反向扩散引起的原料液电导率的增加，说明原料液侧电导率的增加主要受汲取液溶质反向渗透的影响。

在运行过程中，控制汲取液电导率为（44.2±0.8）mS/cm，如图 8.25 所示。每一周期测定平均盐通量为（11.7±0.9）L/（m²·h），盐通量与水通量之比 J_S/J_W 为（1.2±0.1）g/L。

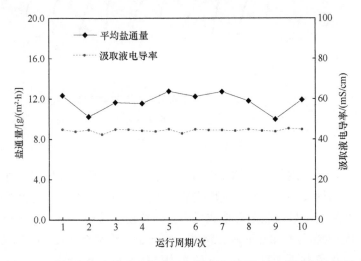

图 8.25　生活污水浓缩至 3 倍过程中盐通量及汲取液电导率变化情况

生活污水浓缩液以及汲取液水质情况如图 8.26 所示，浓缩液 COD 浓度为（304±82）mg/L，氨氮（NH₃-N）、总氮（TN）和总磷（TP）浓度分别为（21.8±5.7）mg/L、（51.3±14.8）mg/L 和（9.7±0.6）mg/L。汲取液中 COD 和 TP 未检出，NH_3-N 和 TN 浓度分别为（3.8±0.8）mg/L 和（4.3±1.1）mg/L。正渗透膜反应器（实验室小试）长期浓缩生活污水的正渗透过程产水量为（446.9±14.8）ml，与设计日产水量 432 ml 接近（表 8.4）。根据日产水量可计算得到理论原料液溶质浓缩倍数如图 8.27 所示，实验发现，COD 浓缩倍数为（2.5±0.1）；NH_3-N 和 TN 浓缩倍数分别仅为（0.8±0.2）和（1.4±0.3）；TP 浓缩倍数最高，为（2.8±0.1）。原料液溶质实际浓缩倍数均小于理论浓缩倍数（3.3±0.3）。

原料液溶质浓缩倍数低于理论值的主要原因在于：①原料液溶质随水渗透至汲取液侧，发生集流现象；②原料液溶质在微生物作用下被转化或降解或附着在原料液侧的管道壁以及正渗透膜上。

原料液溶质发生的集流现象可以通过正渗透膜对溶液的截留率表示，截留率越高，集流现象越弱。TFC 膜对原料液溶质的截留情况如图 8.28 所示。TFC 膜对 COD 和 TP 的截留率较高，分别为 100%和（99.5±0.5）%。从图 8.26 中也可以发现，汲取液侧 COD 和 TP 浓度非常低，基本未检出，即原料液侧 COD 和 TP 几乎完全被 TFC 膜截留，集流现象非常弱。如图 8.28 所示，TFC 膜对氨氮和 TN 的拦截作用较弱，截留率分别仅为（33.9±12.0）%和（44.5±10.8）%。此外，汲取液水质情况显示，汲取液中（90.2±5.2）%的 TN 以 NH₃-N 的形式存在，大于原料液中生活污水中的比值（NH₃-N 占 TN 的 79.5%）。说明更多的 NH₃-N

透过 TFC 膜扩散至汲取液，与 NH₃-N 截留率低于 TN 截留率这一现象相符。

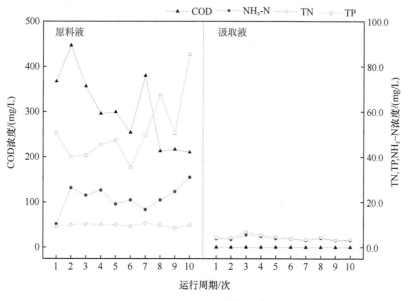

图 8.26　长期运行-原料液汲取液水质

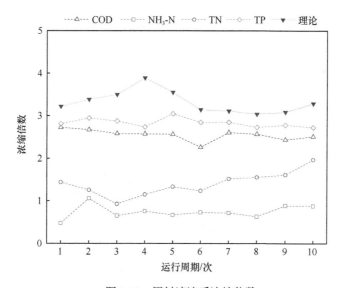

图 8.27　原料液溶质浓缩倍数

原料液侧溶质浓缩倍数低于理论值的另一原因为微生物降解以及附着作用。原料液侧溶质进行物料平衡计算结果如图 8.29 和表 8.6 所示。COD 每个运行周期平均减少（12.3 ±3.1）mg，减少总量为 130 mg，可能由于污水中有机质在微生物作用下被降解。NH₃-N、TN 每一运行周期平均减少量分别为（4.8 ±1.8）mg 和（2.2 ±0.6）mg，TN 减少量总是小于 NH₃-N 的减少量。可能的原因为：在循环泵的作用下，原料液从系统循环管路出水口回到料液池时形成跌水（液体膜面流速为 20.0 cm/s），完成原料液的充氧，形成一个好氧环境，氨氮被转化为 NO_3^--N 和 NO_2^--N，导致 NH_3-N 质量的减少。料液池中大部分区域及管路中为缺氧环境，部分 NO_3^- 和 NO_2^- 在料液池中实验彻底脱氮，出现 TN 少量的去除。微生物对 TP 的作用较小。与 COD、TN 不同的是，TP 的质量变化较小，每个运行周期平均减少量仅为（0.10±0.07）mg。

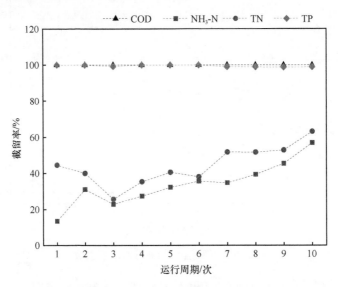

图 8.28　长期浓缩过程中 TFC 膜对原料液溶质的截留情况

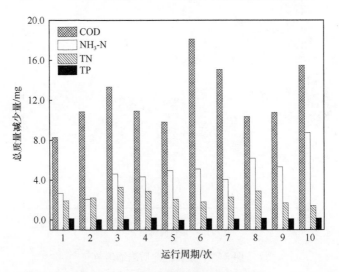

图 8.29　长期运行物料平衡计算结果

　　表 8.6 列示了生活污水中溶质的分布情况。由此表可见，COD 浓缩倍数低于理论值的主要原因在于有机物被微生物降解或附着在系统中。NH_3-N 和 TN 浓缩倍数低，主要的原因在于 TFC 膜对 NH_3-N、TN 的截留率低，同时也有小部分被微生物降解或吸附在正渗透膜系统中；集流现象导致的 TP 流失量仅占 TP 总质量的 0.9%，且 TP 因受微生物作用或附着在正渗透系统中而引起的质量减少量也较小，仅占总量的 4.5%，因此 TP

的浓缩倍数最高，与理论值最接近。

表 8.6　生活污水中溶质分布情况

水质指标	原料液/%	汲取液/%	微生物降解或吸附量/%
COD	83.5	0.0	16.5
NH$_3$-N	25.0	49.0	26.0
TN	46.8	43.8	11.1
TP	94.6	0.9	4.5

8.2.3　中试正渗透系统处理生活污水性能

1. 正渗透中试系统和基本参数

如图 8.30 所示，在正渗透膜系统前端设预分离池，具体参数如表 8.7 所示，其分离的有机颗粒物与生活污水浓缩液混合进行厌氧发酵，污水滤液进入正渗透反应器进行浓缩。料液槽中设置高低液位以及超低液位，高低液位用于控制进水泵的关闭和开启，超低液位用于控制循环泵的关闭。汲取液侧设在线电导率仪测试系统，实时监控汲取液的浓度变化，并将汲取液浓度信息反馈给加药泵，控制浓盐水的加入。通过继电器和电磁阀控制料液浓缩液定时定量排水，汲取液池在 20 L 容积处设溢流口，通过测定汲取液溢流体积即可计算平均通量。正渗透膜系统具体参数见表 8.7，膜组件具体情况见表 8.8。

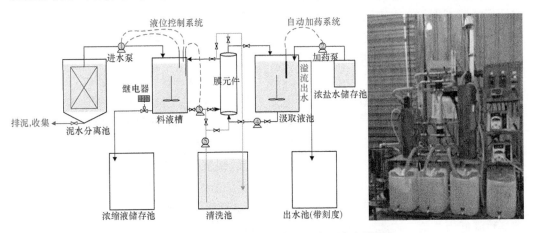

图 8.30　正渗透膜中试反应器示意图和实物图

表 8.7　反应器设计参数

序号	名称	详细信息
1	污水分离池	10L 锥底圆桶，泥水分离组件：1000 目微网
2	料液槽	10 L 圆桶
3	汲取液槽	20 L 圆桶
4	浓盐水储存池	25 L，饱和氯化钠溶液
5	浓缩液/出水池	50 L，带刻度，用于测量水通量

表 8.8　　正渗透膜组件基本参数

参数	数值
膜材质	三醋酸纤维素膜
膜组件形式	卷式正渗透膜
有效面积	0.3 m^2
料液 spacer 厚度	2.5 mm
汲取液 spacer 厚度	1.5 mm
换算清水通量	$9 \text{ L/} (\text{m}^2 \text{ h})$
标称盐截留率	99.0%
尺寸	$50.8 \text{ cm} \times \Phi 8.6 \text{ cm}$

2. 临界浓缩倍数的确定

随着正渗透过程的进行，原料液中的水不断渗透至汲取液使原料液浓度增加，另外，汲取液溶质反向渗透至原料液中，使得原料液侧溶质浓度大大增加。如果汲取液侧溶质浓度保持不变，则膜两侧渗透势差逐渐减小。当渗透势差为零时，正渗透过程达到平衡，生活污水此时的浓缩倍数为临界浓缩倍数。

将卷式 CTA 膜装入膜系统中经活化（具体步骤参照 8.1.2 节）后，测定其基本渗透性能。操作条件为：汲取液为 0.5 mol/L 氯化钠溶液，膜面流速为 20.0 cm/s，膜朝向为 AL-FS。

1）实验过程控制

本实验分为 4 个阶段，包括：清水的正渗透过程、生活污水连续浓缩过程、生活污水逐级稀释过程和清水的正渗透过程。

清水的正渗透过程（过程Ⅰ）：以自来水为原料液，连续运行时间 2 h，用于评估卷式 CTA 膜的基本正渗透性能。

生活污水连续浓缩过程（过程Ⅱ）：以生活污水为原料液，连续运行 426 h。此过程分为原料液倍数上升期及原料液倍数稳定期。整个过程中，当原料液浓缩倍数（按产水量计算）分别达到 1 倍、3 倍、5 倍和临界倍数时，间歇排放适量的原料液，以保证原料液性质基本不变，维持原料液浓缩倍数的稳定，称为倍数稳定期。此外，其他阶段称为原料液浓缩倍数上升期。为实现原料液倍数的较快上升，除水样测定时采集原料液水样外，原料液不排水。每 30 min 测定正渗透膜反应器的水通量及盐通量。

生活污水逐级稀释过程（过程Ⅲ）：排放适量原料液，使原料液浓缩倍数从临界浓缩倍数降低为 5 倍，连续运行 2 h，测试此时的正渗透过程；继续排出适量原料液，使原料液浓缩倍数降为 3 倍，测定此时正渗透过程（运行 2 h）；将原料液全部排出，替换为生活污水，连续运行 2 h，测定其正渗透过程。

清水的正渗透过程（过程Ⅳ）：以自来水为原料液，测定此时正渗透过程。

2）实验结果

测得卷式 CTA 膜在 4 个过程中的正渗透性能变化如图 8.31 和图 8.32 所示。CTA 膜的平均清水通量（图 8.31 中"①清水"）和盐通量（图 8.32 中"①清水"）分别为 $10.2 \text{ L/} (\text{m}^2 \cdot \text{h})$、$10.2 \text{ g/} (\text{m}^2 \cdot \text{h})$。在过程Ⅱ测得原料液的临界浓缩倍数为 8 倍，此时，

原料液 TDS 为（30.2±0.2）g/L，与汲取液浓相近。过程 II 的正渗透变化情况如图 8.31 中"②生活污水连续浓缩"和图 8.32"②生活污水连续浓缩"所示。原料液浓缩倍数分别为 1 倍、3 倍、5 倍和 8 倍时，正渗透水通量分别为（10.3±0.1）L/（m²·h）、（6.7±0.1）L/（m²·h）、（4.2±0.2）L/（m²·h）和（0.2±0.1）L/（m²·h），盐通量分别为（10.9±0.2）g/（m²·h）、（7.2±0.2）g/（m²·h）、（2.5±0.6）g/（m²·h）和（0.5±0.3）g/（m²·h）。随着正渗透过程的进行，原料液浓缩倍数增加，水通量和盐通量逐渐降低。主要原因为随着正渗透过程的进行，原料液中的溶质被浓缩以及汲取液溶质反向扩散至原料液中，使原料液侧电导率的增加以及原料液侧污染物被截留在膜表面引起通量的下降。

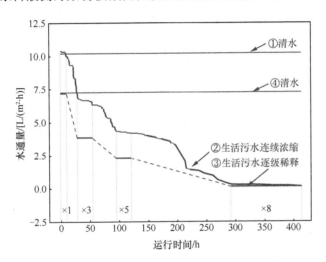

图 8.31　中试运行水通量与生活污水浓缩倍数之间的关系

×1、×3、×5 和×8 分别表示正渗透过程中原料液浓缩倍数为 1 倍、3 倍、5 倍和 8 倍，即 4 个倍数稳定期。
过程 I、过程 IV 的清水通量测试时间以及过程 III 的各浓缩倍数实际测试时间为 2 h，为更好地对比 4 个过程，延长了作图时间，实际通量变化与横坐标时间无对应关系

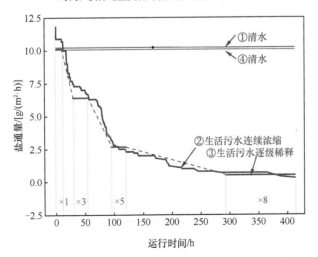

图 8.32　中试反向盐通量与生活污水浓缩倍数之间的关系（彩图扫描封底二维码获取）

×1、×3、×5 和×8 分别表示正渗透过程中原料液浓缩倍数为 1 倍、3 倍、5 倍和 8 倍，即 4 个倍数稳定期。
过程 I、过程 IV 的清水通量测试时间以及过程 III 的各浓缩倍数实际测试时间为 2 h，为更好地对比 4 个过程，延长了作图时间，实际通量变化与横坐标时间无对应关系

在过程Ⅲ中，原料液浓缩倍数为 5 倍时，水通量为 2.3 L/（m²·h），比过程Ⅱ中浓缩倍数为 5 倍时的水通量减少了 45%。继续稀释原料液至浓缩倍数 3 倍数，水通量为 3.9 L/（m²·h），比过程Ⅱ减少了 42%；原料液为生活污水时，水通量仅 7.2 L/（m²·h）。放空原料液侧的生活污水，以自来水为原料液，测得水通量为 8.2 L/（m²·h），比过程Ⅰ时的水通量低 20%。在相同条件下，过程Ⅲ总是比过程Ⅱ的水通量低，主要原因在于正渗透膜污染。过程Ⅲ的盐通量与过程Ⅱ相近，过程Ⅳ和过程Ⅰ的盐通量相差也较小，因此膜污染对盐通量影响不大。对污染的 CTA 膜进行水力清洗及化学清洗后，清水通量恢复至（10.1±0.1）L/（m²·h），盐通量恢复至（10.8±1.4）g/（m²·h）。

正渗透浓缩过程Ⅱ的水质变化如图 8.33 所示。随着正渗透过程的进行，原料液浓度整体呈增长的趋势。汲取液中 COD 和 TP 未检出或浓度非常低，但含有一定浓度的 NH_3-N 和 TN。卷式 CTA 膜对 COD 和 TP 的截留率较高，分别为（99.8±0.4）% 和（99.2±0.2）%。但对 NH_3-N 和 TN 的截留率较低，分别为（70.7±22.7）% 和（75.2±26.2）%，与实验室小试结果相似。

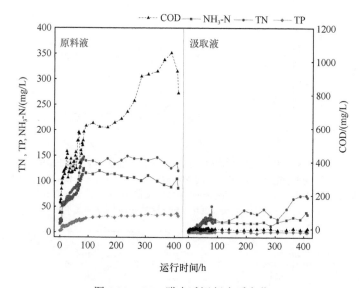

图 8.33　CTA 膜中试运行水质变化

过程Ⅱ中各浓缩倍数时原料液水质情况如表 8.9 所示。当原料液达到临界浓缩倍数 8 倍时，原料液中 COD、NH_3-N、TN 及 TP 浓度分别为（963±55）mg/L、（99.9±8.0）mg/L、（137.9±7.4）mg/L 和（34.5±1.6）mg/L。但 8 倍浓缩液水力停留时间长，且浓缩液中氯化钠浓度高达 30.2 g/L，直接用于微生物厌氧发酵十分困难。综合考虑水力停留时间以及浓缩效果，在当前操作条件下，5 倍浓缩液更为合适。

表 8.9　不同浓缩倍数原料液水质情况

浓缩倍数	指标				
	COD/（mg/L）	NH_3-N/（mg/L）	TN/（mg/L）	TP/（mg/L）	TDS/（g/L）
3 倍	340±21	54.3±1.8	56.4±2.8	10.9±0.6	6.2±0.7
5 倍	545±50	111.5±2.5	142.4±2.7	24.5±1.6	14.6±0.4
8 倍	963±55	99.9±8.0	137.9±7.4	34.5±1.6	30.2±0.2

3. 卷式正渗透膜长期稳定运行的渗透过程

根据之前所述，卷式 CTA 正渗透膜长期运行设计主要参数为：浓缩倍数为 5 倍，汲取液为 0.5 mol/L 的氯化钠溶液，膜朝向为 AL-FS，膜面流速为 20.0 cm/s。

1）长期运行正渗透膜水通量与盐通量的变化

正渗透膜反应器浓缩生活污水达到平衡时，膜反应器的正渗透性能如图 8.34 所示。通过间断排放原料液浓缩液，维持原料液侧溶质浓度和电导率的基本稳定。随着反应器的运行，日平均水通量逐渐降低，主要在于正渗透膜污染逐渐加重。水通量从第 1 天时的 7.2 L/（m²·h）逐渐降低至 5.56 L/（m²·h），随后迅速下降至 2.78 L/（m²·h）。水通量降低值大于 50%时，正渗透膜反应器停止运行，对污染膜进行化学清洗，清洗方式详见 4.4.4 节。清洗后正渗透膜水通量恢复至 7.9 L/（m²·h），连续运行两天后水通量降至 6.4 L/（m²·h），如图所示，此时水通量基本稳定。直至第 31 天，平均水通量迅速下降。至第 35 天，水通量已降低至 3.54 L/（m²·h）。此时对膜进行第二次化学清洗，正渗透膜日平均水通量随即恢复至 8.14 L/（m²·h）。随着正渗透过程的进行，水通量逐渐降低，至第 51 天，水通量降低为 3.34 L/（m²·h）。即正渗透膜总是在前期（12～15 天）较为稳定，水通量出现小范围波动或缓慢降低；而在随后的 2～4 天内，水通量迅速下降。

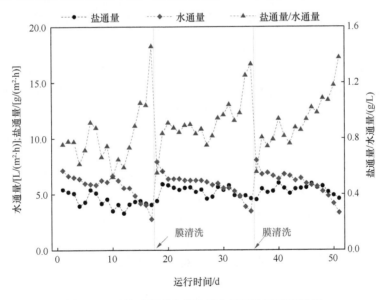

图 8.34　正渗透膜反应器浓缩生活污水正渗透性能

盐通量随着正渗透过程的进行呈现缓慢降低的趋势。膜污染对溶质反向扩散影响程度较小。盐通量在（5.0±0.7）g/（m²·h）的范围内波动。因此致使 J_S/J_W 的数值随着膜污染的加重而逐渐增加。如图 8.34 所示，膜污染前，J_S/J_W 为（0.8±0.1）g/L，污染后增加至（1.4±0.1）g/L。

2）生活污水浓缩液、汲取液水质

原料液及汲取液水质情况如图 8.35 所示。原料液中 COD、NH₃-N、TN 和 TP 呈现规律性变化：正渗透膜水通量稳定阶段，原料液中 COD、NH_3-N、TN 和 TP 浓度基本稳定，分别为（568±58）mg/L、（44.5±4.5）mg/L、（74.7±4.8）mg/L 和（18.3±1.4）mg/L；在水通量快速下降阶段，原料液溶质浓度也迅速降低。

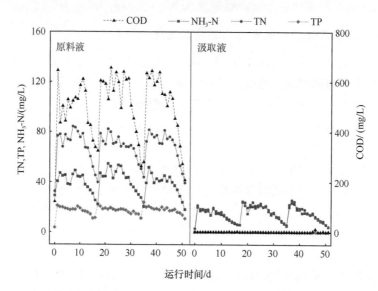

图 8.35　正渗透膜反应器浓缩生活污水长期运行水质情况（彩图扫描封底二维码获取）

在图 8.35 中，还可以发现 NH_3-N 和 TN 浓度随着原料液侧浓度变化而变化。当原料液侧溶质浓度稳定时，汲取液侧 NH_3-N 和 TN 浓度分别为（17.6±3.5）mg/L、（18.3±3.6）mg/L；当原料液侧溶质浓度因水通量下降而降低时，汲取液侧 NH_3-N 和 TN 浓度也随之下降。如图 8.35 所示，汲取液中 TN 主要以 NH_3-N 的形式存在。

卷式 CTA 膜对原料液溶质的截留情况如图 8.36 所示，卷式 CTA 膜对 COD 和 TP 的截留率非常高，分别为（99.8±0.6）% 和（99.7±0.5）%，即原料液中 COD 和 TP 近乎完全被膜截留，从图 8.35 中也可以发现，汲取液中 COD 和 TP 浓度非常低。而卷式 CTA 膜对 NH_3-N 和 TN 截留率较低，平均截留率分别为（48.1±10.5）% 和（67.8±7.3）%，且有 TN 的截留率总是高于 NH_3-N 的截留率。但随着反应器的运行，卷式 CTA 膜对 NH_3-N 和 TN 的截留率逐渐增加。正渗透膜进行两次化学清洗后，对 NH_3-N 和 TN 的截留率又再次降低。原因可能为，膜污染造成正渗透膜孔径的减小，提高了正渗透膜对 NH_3-N 和 TN 的截留率；化学清洗后，膜面污染物被去除，孔径恢复，致使截留率再次降低。

原料液溶质浓缩倍数如图 8.37 所示，其中水的浓缩倍数指按产水量计算得到的溶质理论浓缩倍数。如图 8.37 所示，原料液溶质实际浓缩倍数均小于理论浓缩倍数。造成这种现象的主要原因在于原料液溶质质量的减少。TP 的浓缩倍数与理论值最为接近，主要原因在于 96.8% 的 TP 被截留在原料液侧，仅 1.3% 的 TP 通过集流现象渗透至汲取液中，剩余 1.9% 主要附着在正渗透膜反应器内壁或被微生物利用，如图 8.38 所示。COD 实际浓缩倍数为（4.7±0.5），仅次于 TP 的浓缩倍数。主要原因在于 COD 虽然易被微生物降解，但正渗透膜对 COD 的截留率高，原料液中剩余 COD 质量占总 COD 质量的

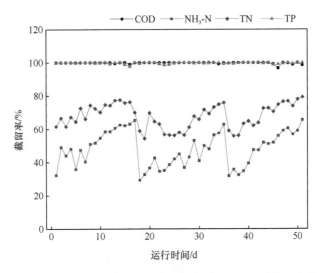

图 8.36　正渗透膜反应器浓缩生活污水长期运行过程截留率变化图

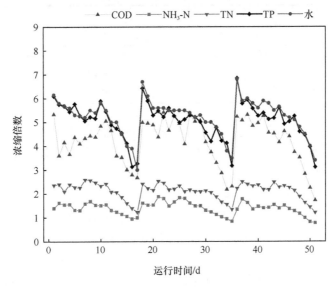

图 8.37　正渗透膜反应器原料液浓缩倍数

80.5%。NH_3-N 的实际浓缩倍数最低，主要原因如图 8.38 所示，63.3%的 NH_3-N 渗透至汲取液中，且 10.1%的 NH_3-N 被微生物转化或附着在反应器内部，原料液中仅剩 26.6%的 NH_3-N，因此的实际浓缩倍数最低。原料液中剩余 TN 的比例比剩余 NH_3-N 的比例高，因此 TN 浓缩倍数略高于 NH_3-N。

3）生活污水浓缩液中碳、氮、磷的回收

a. 生活污水浓缩液发酵产甲烷潜能分析

取 AnMBR 厌氧污泥离心洗去滤液中的有机物后，使其重新悬浮于生活污水（实验组 1#）或生活污水浓缩液（实验组 2#和实验组 3#）中（表 8.10），加入适量营养液和缓冲物质，分别用生活污水或生活污水浓缩液定容至 250 ml，使污泥 MLVSS 约为 2 g/L

左右。用 3 个 120 ml 玻璃瓶分别加入 25 ml 上述 3 组稀释后的厌氧污泥。然后用高纯氮气吹脱 5 min，迅速用橡胶塞密封，将消化瓶放入恒温水浴振荡仪中，保持反应温度为 35℃。培养 12 小时后，每隔 5～8 小时测定玻璃瓶顶空的气体组分，连续监测 6 天。

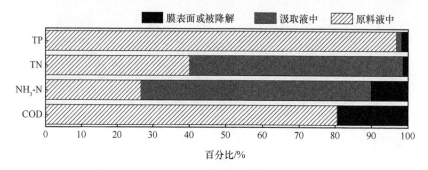

图 8.38　污水溶质在正渗透膜反应器中的分布情况

表 8.10　厌氧发酵污泥负荷

名称	实验组		
	1#	2#	3#
碳源	生活污水（沉砂池出水）	生活污水浓缩液	生活污水浓缩液及颗粒物
COD 浓度/（mg/L）	487±118	423±11	2335±146
有机负荷/（kg COD/kg VSS）	0.23	0.21	1.16

生活污水浓缩液及颗粒物混合液：向生活污水浓缩液中加入适量颗粒物（沉砂池出水离心分离得到颗粒物），加入量为从原料液原始体积中分离出来的颗粒物的 COD。如加入 25 ml 的 3 倍生活污水浓缩液，颗粒物的加入量为 75 ml 沉砂池出水中分离出的颗粒物；若为 25 ml 5 倍生活污水浓缩液，需加入颗粒物的量为从 125 ml 沉砂池出水中分离出的颗粒物。沉砂池出水 COD 浓度为（487±118）mg/L，其中颗粒物 COD 总量占（73.8±5.9）%。沉砂池出水滤液水质如表 8.5 所示，COD 浓度仅为（121±33）mg/L。生活污水浓缩液与预分离的颗粒物重新混合之后 COD 为（2335±146）mg/L，说明采用正渗透对生活污水进行处理与浓缩是可行的，与原始生活污水相比，经过该体系浓缩后其最终 COD 值可以大幅度上升。

不同碳源进行发酵的累积甲烷产量随时间变化如图 8.39 所示，三组消化瓶均有甲烷的生成，反应进行至 6 天，实验组 1#、2#、3#的甲烷累积体积分数基本稳定，分别为 3.7%、6.8%和 13.9%，最大甲烷产量分别为 3.7 ml、6.8 ml 和 13.9 ml。计算得到最大比产甲烷速率分别为 53.3 ml CH₄/（g VSS·d）、58.3 ml CH₄/（g VSS·d）和 92.9 ml CH₄/（g VSS·d），生活污水浓缩液进行厌氧发酵产甲烷基本可行。

b. 鸟粪石法回收厌氧出水中氮磷初探

有机碳源发酵产甲烷后，其残余上清液中含有氮、磷等物质，可以考虑氮、磷的资源回收。配置一定浓度的氮、磷混合溶液，模拟生活污水 5 倍浓缩液厌氧发酵后的出水。配水中的氨、氮和正磷酸盐浓度及反应条件如表 8.11 所示。

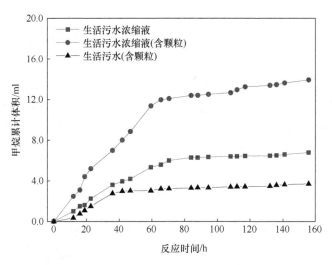

图 8.39　生活污水浓缩液产甲烷情况

表 8.11　各组反应条件

反应条件	1#	2#	3#	4#
NH_3-N 含量/（mg/L）	167.0	167.0	306.9	306.9
PO_4^{3-}-P 含量/（mg/L）	24.2	24.2	48.1	48.1
Mg∶P 摩尔比	1∶1	2∶1	1∶1	2∶1
pH	9.0	9.0	9.0	9.0

　　实验结果见表 8.12，当 NH_3-N、PO_4^{3-}-P 浓度分别为 167.0 mg/L 和 24.2 mg/L 时，调节 pH 值至 9.0，溶液中逐渐出现白色沉淀。当 Mg^{2+} 与 PO_4^{3-} 按照摩尔浓度 1∶1 加入时，NH_3-N、PO_4^{3-} 去除率分别为 19.5% 和 62.4%；当 Mg^{2+} 与 PO_4^{3-} 按照摩尔浓度 2∶1 加入时，NH_3-N、PO_4^{3-} 去除率分别为 17.4% 和 86.5%，虽然提高了 PO_4^{3-} 的去除率，但降低了 NH_3-N 去除率。当 NH_3-N、PO_4^{3-}-P 浓度分别为 306.9 mg/L 和 48.1 mg/L 时，Mg^{2+} 与 PO_4^{3-} 按照摩尔浓度 1∶1 加入，NH_3-N、TP 的去除率分别为 20.9% 和 84.3%，增加加入的 Mg^{2+} 浓度，TP 的去除率增加至 96.0%。增加溶液中 Mg^{2+} 浓度，可提高 PO_4^{3-} 的去除率。将四组实验生成的沉淀物溶解，测得其 NH_3-N、PO_4^{3-} 和 Mg^{2+} 的摩尔浓度比如表 8.12 所示，比例均接近 1∶1∶1，说明沉淀物中鸟粪石纯度较高。研究结果表明生活污水浓缩液经厌氧发酵处理后的厌氧出水中的氮、磷能够通过鸟粪石结晶的方法进行部分回收。

表 8.12　鸟粪石实验结果

指标	1#	2#	3#	4#
NH_3-N/（mg/L）	134.5	138.0	242.9	248.8
PO_4^{3-}-P/（mg/L）	9.1	3.3	7.5	1.9
NH_3-N 去除率/%	19.5	17.4	20.9	19.0
PO_4^{3-}-P 去除率/%	62.4	86.5	84.3	96.0
沉淀物 N∶P∶Mg（摩尔比）	1.0∶0.9∶0.7	1.0∶0.8∶1.1	1.0∶1.0∶1.0	1.0∶1.1∶0.9

8.3　正渗透膜处理垃圾渗滤液性能

城市垃圾卫生填埋等过程中会产生大量垃圾渗滤液，垃圾渗滤液往往含有很高的有机物浓度、氨氮、重金属、无机盐以及有毒有害物质，如果垃圾渗滤液处理不当，会造成严重的环境污染问题。本节研究主要采用了 MBR-FO 联合处理工艺处理垃圾渗滤液，本节重点介绍采用 FO 进行后处理 MBR 出水的特性。

8.3.1　正渗透实验系统及操作运行参数

实验采用的装置如图 8.5 所示。实验采用的膜元件为 HTI 公司生产的 CTA 膜，试验过程中的错流速率维持在 25 cm/s，温度在 25℃左右。在使用之前，CTA 膜同样进行清洗与活化。

批次过滤试验时，研究了 AL-FS 和 AL-DS 两种膜朝向的过滤性能，去离子水和 MBR 出水分别作为原料液，0.5 M～4 M NaCl 溶液作为汲取液，批次过滤历时 1 h。每次过滤结束后，原料液和汲取液都更换为去离子水，然后在错流速率 25 cm/s 的条件下清洗 30 min。处理垃圾渗滤液的 MBR 出水水质情况如表 8.13 所示。

表 8.13　MBR 出水水质情况（$n=3$）

指标	浓度（mg/L，渗透压除外）
COD	696±20
TOC	215±10
TDS	7100±47
TN	143±12
TP	0.3±0.0
Ca^{2+}	925±22
Mg^{2+}	324±14
Cl^-	3676±58
渗透压/（mOsm/kg）	785±4

在长期过滤过程中，由于垃圾渗滤液本身的渗透压较高，因此实验选取的汲取液浓度为 3.0 mol/L 以获得较高的渗透压差（比处理市政污水的汲取液浓度高）。原料液和过滤液每天更换一次以避免浓度的大幅度变化。在长期过滤实验中，为了防止膜通量的快速降低，仅使用了 AL-FS 的模式。当通量下降到初始过滤通量的 60%时进行膜清洗。将原料液和汲取液均换成去离子水，在错流速率为 25 cm/s 的条件下清洗 1 h。5 个实验循环结束后，膜元件从实验装置中取出，采用 1%的 Alconox 试剂进行清洗 1 h。之后更换为去离子水清洗 10 min，然后测定清洗之后的膜通量。为了研究膜污染的情况，平行运行两套 FO 系统，一套用于膜污染情况的分析（SEM、CLSM 等）。

8.3.2　正渗透过程的数学模拟

考虑内浓差极化现象，AL-FS 和 AL-DS 模式正渗透水通量可以分别用式（8.8）和式（8.9）表示（Dong et al.，2014；Loeb et al.，1997）：

$$J_v = K_m \ln\left(\frac{A\pi_{\text{draw}} + B}{A\pi_{\text{feed}} + J_v + B}\right) \tag{8.8}$$

$$J_v = K_m \ln\left(\frac{A\pi_{\text{draw}} - J_v + B}{A\pi_{\text{feed}} + B}\right) \tag{8.9}$$

式中，π_{draw} 和 π_{feed} 分别为汲取液和原料液的渗透压；A 和 B 为正渗透膜活性层的水和盐的渗透性能，可以通过 RO 过滤评价实验进行确定；K_m 为传质系数，主要与多孔支撑层的内浓差极化现象相关，可以通过溶质的扩散系数 D_{draw} 和膜结构参数 S_{me} 计算：

$$K_m = \frac{D_{\text{draw}}}{S_{\text{me}}} = \frac{D_{\text{draw}}\,\varepsilon_{\text{me}}}{t_{\text{me}}\,\tau_{\text{me}}} \tag{8.10}$$

式中，ε_{me}，t_{me} 和 τ_{me} 为膜多孔支撑层孔隙率、厚度和弯曲度。

式（8.8）和式（8.9）对于采用简单基质的原料液适用，但是并没有考虑实际操作过程中的膜污染问题。进一步考虑污染层引起的浓差极化现象，即 CECP，则 AL-FS 过滤模式下的正渗透水通量可以用式（8.11）表示（Dong et al.，2014；Lay et al.，2010）：

$$J_v = A\left[\left(\pi_{\text{draw}} + \frac{B}{A}\right)e^{-(J_v/K_m)} - \left(\pi_{\text{feed}} + \frac{B}{A}\right)e^{(J_v/k_{\text{CECP}})}\right] \tag{8.11}$$

式中，A 和 B 为总体的水和盐过滤性能，包括膜污染层（下标 la）和正渗透膜活性层（下标 me），其具体数值可以由式（8.12）和式（8.13）计算：

$$\frac{1}{A} = \frac{1}{A_{\text{me}}} + \frac{1}{A_{\text{la}}} \tag{8.12}$$

$$\frac{1}{B} = \frac{1}{B_{\text{me}}} + \frac{1}{B_{\text{la}}} \tag{8.13}$$

系数 k_{CECP} 可以通过式（8.14）计算，其主要与溶质在污染层中的扩散系数 D_{ml} 以及污染层的孔隙率（ε_{la}）、厚度（δ_{la}）和弯曲度（τ_{la}）有关。k_{CECP} 值越小，CECP 现象越严重；如果 $k_{\text{CECP}} = \infty$，则 CECP 现象可以忽略，则式（8.11）可以化简为式（8.8）。

$$k_{\text{CECP}} = \frac{D_{\text{ml}}\varepsilon_{\text{la}}}{\delta_{\text{la}}\tau_{\text{la}}} \tag{8.14}$$

对于 AL-DS 过滤模式，其水通量可以用式（8.15）表示。

$$J_v = A\left[\left(\pi_{\text{draw}} + \frac{B}{A}\right) - \left(\pi_{\text{feed}} + \frac{B}{A}\right)e^{(J_v/K_{\text{m+foul}})}\right] \tag{8.15}$$

式中，$K_{\text{m+foul}}$ 为总体传质系数，与内浓差极化（ICP）和污染有关。如果正渗透膜不存在污染，则 $K_{\text{m+foul}}$ 等于 K_m，式（8.15）可简化为式（8.9）。

在本节研究中，式（8.8）和式（8.9）用来模拟以去离子水为原料液的批次过滤行为，同时式（8.11）和式（8.15）也用来模拟垃圾渗滤液的批次过滤行为。在长期过滤过程中，主要用式（8.11）模拟通量的变化情况。

8.3.3　膜基本性能及短期过滤行为

本实验采用了 CLSM 的 layer-by-layer 扫描研究了膜的内部结构，其结果如图 8.40 所示。从图中可以看出多孔支撑层的内部孔道尺寸和孔隙率均比多孔支撑层表面的大（z=49 μm），增加了通过错流速率消除支撑层的内部浓差极化的困难程度。

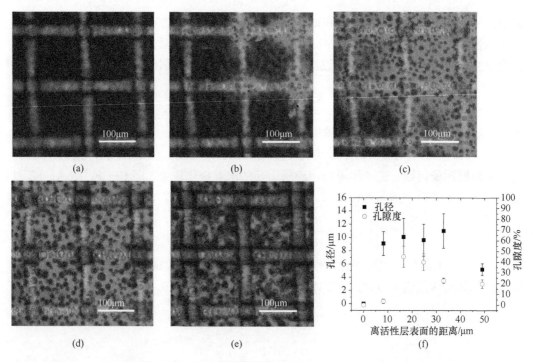

图 8.40　正渗透膜从活性层表面开始的 CLSM 层扫结果（彩图扫描封底二维码获取）

（a）z=0 μm；（b）z=8.25 μm；（c）z=16.5 μm；（d）z=24.75 μm；（e）z=33 μm；（f）不同 z 值的孔隙率和孔径变化 z 为离活性层表面的距离

表 8.14 是以去离子水为原料液，正渗透膜的水通量、传质系数和溶质扩散系数情况。从表 8.14 可以看出，随着盐浓度的提升，水通量随之升高；但是由于存在 ICP 现象，因此，通量并不是随着盐浓度的提升而线性增加。此外，膜的放置方式对于水通量有较大影响，这与前述章节的研究一致，即在去离子水为原料液的正渗透过程中，与 AL-FS 过滤模式相比，相同的汲取液浓度条件下，AL-DS 的过滤模式可以取得更高的通量。

为了进一步对比以去离子水和垃圾渗滤液为原料液所导致的水通量的差异，测定了以垃圾渗滤液为原料液的过滤行为，二者的对比结果如图 8.41 所示。从图中可以看出，水通量明显背离于通过经典溶解-扩散模型计算的通量（$J_v = A(\pi_{draw} - \pi_{feed})$），说明在使用去离子水作为原料液时的严重内浓差极化现象以及垃圾渗滤液为原料液污染问题会

表 8.14　以去离子水为原料液的正渗透膜水通量（J_v），传质系数（K_m）和溶质扩散系数（D）

盐浓度/ (mol/L)	渗透压/ (π_{draw}, bar)	AL-FS			AL-DS		
		J_v /[L/ (m²·h)]	K_m /[L/ (m²·h)]	D /[10^{-10} (m²/s)]	J_v /[L/ (m²·h)]	K_m /[L/ (m²·h)]	D /[10^{-10} (m²/s)]
0.5	25	9.8±0.2	8.71±0.32	9.51±0.34	14.2±0.2	5.37±0.10	5.87±0.10
1.0	50	13.7±0.1	9.13±0.11	9.97±0.12	26.0±0.3	7.74±0.11	8.45±0.12
1.5	75	19.5±0.1	12.38±0.12	13.52±0.13	30.2±0.2	7.77±0.06	8.49±0.06
2.0	100	21.9±0.2	12.51±0.13	13.66±0.14	39.2±0.2	9.38±0.04	10.24±0.04
2.5	125	24.4±0.1	13.05±0.08	14.25±0.09	44.4±0.2	10.01±0.05	10.93±0.05
3.0	150	26.9±0.2	13.74±0.12	15.00±0.13	48.4±0.3	10.41±0.07	11.36±0.08
4.0	200	28.0±0.2	12.69±0.13	13.86±0.14	51.8±0.3	10.37±0.06	11.32±0.07

注：J_v，K_m，D 的测试次数为 3；在计算 K_m 和 D 时，π_{feed}=0 bar，A=1.33 L/ (m²·h bar)，B=1.46 L/ (m²·h)，S=3.93×10^{-4} m。此外，由于本节研究所采用的 CTA 膜与前述章节所采用的膜在不同时间购买，膜本身性质有一定的差别，因此导致了 A、B 系数等与前述章节不同。

严重影响水通量的大小。同时可以看出，采用式（8.8）和式（8.9）可以很好地模拟以去离子水作为原料液的正渗透过程。其背离经典溶解-扩散理论计算值的原因在于，在 AL-FS 过滤模式下发生了稀释的内浓差极化现象，而在 AL-DS 模式下发生了浓缩的内浓差极化现象。对于垃圾渗滤液而言，AL-FS 模式下的水通量比 AL-DS 的水通量要高。进一步采用式（8.11）和式（8.15）对以垃圾渗滤液为原料液的 AL-FS 和 AL-DS 两种模式的水通量进行模拟。结果发现，在 AL-FS 模式下，通过设定 k_{CECP}=∞ 和 π_{feed}= 20.1 bar，可以很好地用式（8.11）进行模拟；k_{CECP}= ∞ 说明 CECP 的影响可以忽略。这说明在以垃圾渗滤液为原料液时，采用 AL-FS 模式的短时间过滤过程中 CECP 并没有明显形成。然而，模拟还发现，在 AL-DS 模式下，如果设定 K_{m+foul}= K_m 和 π_{feed}= 20.1 bar，实验通量值则远低于模拟通量值，这充分说明 K_{m+foul} 不能被简化为 K_m。K_{m+foul} 是一个与内浓差极化和污染过程关联的系数。以汲取液浓度为 3.0 M 为例，计算得出的 K_{m+foul} 为 5.33 L/ (m² h)，远小于以去离子水为原料液的 K_m [10.41 L/ (m² h)]。结果表明，在 AL-DS 模式下，即使在 1 h 短期过滤条件下，也可以形成较快的污染。因此，在实际污水处理中，AL-FS 模式是应采取的主要过滤模式。

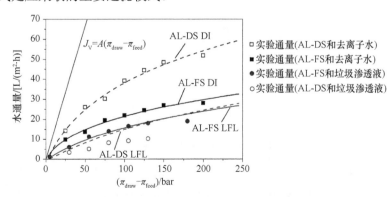

图 8.41　实验和模型模拟的水通量情况

在利用模型计算膜通量时，去离子水的 π_{feed}=0 bar，垃圾渗滤液的 π_{feed}=20.1，A=1.33 L/ (m² h bar)，B= 1.46 L/ (m² h)；K_m 通过拟合数据得到（AL-FS：K_m=2.513ln （$\Delta\pi$）+0.5475，R^2=0.8076；AL-DS：K_m=2.5516ln （$\Delta\pi$）-2.6481，R^2=0.9481）。

实线为根据经典过滤理论 J_v=A(π_{draw}-π_{feed})的模拟结果，其他线均为通过数学模型模拟通量值

8.3.4 膜长期过滤行为

图 8.42 为 AL-FS 过滤模式下水通量在 36 天过滤过程中的变化。初始通量为 18.0 L/(m²·h)，在每个运行周期下，水通量呈现较快的下降趋势，说明在处理垃圾渗滤液过程存在着严重的污染问题。在前 4 个运行周期中，采用了水力清洗的方式（图 8.42 中实线圈），在第 5 个运行周期结束的时候，采用化学清洗方法进行了清洗（图 8.42 中虚线圈）。从图中可以看出，不可逆污染逐渐形成（短划线表示了水力清洗后通量并未恢复至前一工况的初始通量值），因此，在长期过滤过程中需要采用化学清洗的方式进行定期清洗。

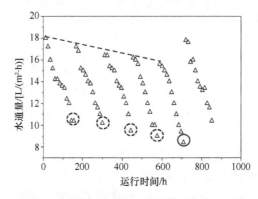

图 8.42   AL-FS 模式下正渗透膜处理垃圾渗滤液长期运行过程中的水通量变化

图 8.43 是污染物的平均截留效率。COD、TP、氨氮的平均截留率为 98.6%、96.6% 和 76.9%，同时 FO 对二价 Ca^{2+} 和 Mg^{2+} 的截留效率也很高。二价离子的截留可能会引起膜面的污染与结垢。

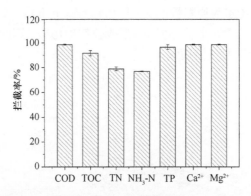

图 8.43   长期过滤过程中的污染物截留情况（$n=36$）

为了研究长期过滤过程中的膜污染行为，在第 5 个运行周期结束后，取出其中一套正渗透膜元件进行 SEM 和 CLSM 分析。图 8.44 为污染的正渗透膜的活性层和支撑层的 SEM 图像。从图中可以看出在活性层有污染物的累积，而在支撑层并无明显的污染现象。EDX 结果列于表 8.15 中，从表中可以看出，Ca、Na、Mg、K、Si、Fe 和 Al 是主要的无机污染离子，Ca^{2+} 的存在会通过架桥或者络合作用与有机物形成严重的污染。

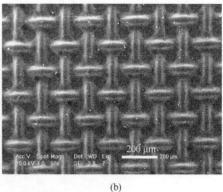

(a)　　　　　　　　　　　　　　　　　　(b)

图 8.44　污染膜的 SEM 图像

（a）活性层；（b）支撑层

表 8.15　污染膜的 EDX 能谱分析结果

污染	质量百分比/%										
	O	F	Na	Mg	Al	Si	P	Cl	K	Ca	Fe
活性层	53.21	4.59	6.84	3.59	0.21	2.01	0.09	8.08	2.16	18.83	0.39
支撑层	62.86	—	15.56	—	—	—	—	19.76	—	1.82	—

注：—表示未检测到。

活性层和污染层的污染物同时用 FTIR 进行分析，结果如图 8.45 所示。在 1045 cm^{-1}、1233 cm^{-1} 和 1742 cm^{-1} 处的峰代表了多糖或者多糖类的物质。1233 cm^{-1} 的峰与藻多糖和硫酸酯多糖相关，1742 cm^{-1} 与海藻酸的 C=O 双键相关。在 1515 cm^{-1} 处的峰与酰胺基团相关，说明可能出现了蛋白质的污染。FTIR 分析结果表明，多糖和蛋白质物质可能是主要的有机污染物。

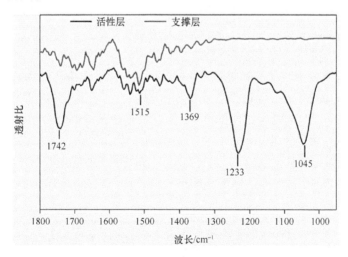

图 8.45　污染物的 FTIR 图谱

采用 CLSM 进一步分析了在活性层上污染层的性质，图 8.46（a）～（c）显示了 α-多糖（Con A）、β-多糖（Calcofluor white）和蛋白质（FITC）的分布情况。根据图 8.46 的荧光强度，可以发现膜污染物主要以蛋白质和多糖（尤其是 α-多糖）为主。CLSM 结果与 FTIR 的分析结果吻合，进一步说明，在活性层上既存在有机污染也存在无机污染，在正渗透膜长期运行过程中有机-无机之间的相互作用可能导致严重的污染问题。

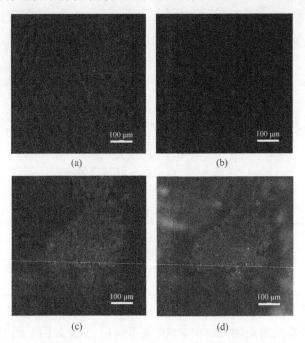

图 8.46　污染层 CLSM 图（彩图扫描封底二维码获取）

（a）α-多糖（Con A）；（b）β-多糖（Calcofluor white）；（c）蛋白质（FITC）；（d）上述三种物质的集合图

虽然正渗透膜与高压驱动膜相比具有污染趋势低的特点，并且部分研究认为正渗透膜仅用水力清洗手段就可以恢复膜的性能，但是这些研究多集中于实验室研究，且研究历时时间短。本节研究中，我们进一步考察了污染之后的正渗透膜的清洗情况。表 8.16 为污染膜和清洗之后的膜的过滤性能情况。从表中可以看出，与清洁膜相比，污染后的膜 A 和 B 值急剧下降，水力清洗只能膜 A 和 B 值较小幅度的回升，而化学清洗手段可以使膜 A 和 B 值恢复到和清洁膜类似的水平。同样，根据正渗透的数学模型，我们可以计算膜污染层 A_{la} 和 B_{la}，可见，正渗透膜 A 和 B 值的下降与 A_{la} 和 B_{la} 数值变化密切相关。初始过滤时为无穷大，而随着过滤的进行，A_{la} 和 B_{la} 数值均降低，导致了正渗透膜 A 和 B 值的降低。k_{CECP} 可以反映污染的程度，其值越小代表污染越严重。从表中可以看出，在长期过滤过程中 CECP 是污染的主要因子。从膜通量的恢复情况来看，水力清洗可以使通量恢复初始通量的 88.9%，而化学清洗可以使通量恢复到初始通量的 98.9%。

表 8.16　污染膜经水力清洗和化学清洗之后的膜过滤性能

膜样品	A /[L/(m²·h bar)]	B /[L/(m²·h)]	A_{la} /[L/(m²·h bar)]	B_{la} /[L/(m²·h)]	J_v /[L/(m²·h)]	k_{CECP} /[L/(m²·h)]	通量恢复/%
原始膜	1.33	1.46	∞	∞	18.0	∞	—
污染膜	0.72	0.85	1.57	2.03	8.2	6.75	—
水力清洗后 [a]	0.80	0.92	2.01	2.49	16.0	65.59	88.9
化学清洗后	1.25	1.37	20.78	22.22	17.8	72.73	98.9

a 在第 4 个运行周期结束后进行水力清洗；计算 k_{CECP} 的参数取值：π_{draw}=150 bar，π_{feed}=20.1 bar，K_m=13.74 L/(m²·h)。

8.4　正渗透的清洗方案研究

实际污水中的有机物、无机盐等在正渗透膜的拦截下，附着于膜表面，在长期过滤过程中会滋生微生物，造成正渗透膜污染，引起膜渗透性能的下降，仅采用水力清洗并不能实现过滤性能的有效恢复，需要进行化学清洗以恢复膜的过滤性能。然而，目前关于正渗透膜的具体清洗方案还知之甚少，多是套用一些高压分离膜的清洗方案。本节将系统研究正渗透膜的清洗，以提供高效的、适用的正渗透膜清洗方案。

8.4.1　污染膜的制备及水力清洗情况

将正渗透膜（CTA 膜和 TFC 膜）按照 AL-FS 的膜朝向放置于膜评价系统中，原料液为生活污水，汲取液为 2.0 mol/L 的氯化钠溶液，连续运行至水通量下将为原始通量的 1/2。

将污染膜的 CTA、TFC 膜分别置于膜评价系统中，在膜面液体流速为 20.0 cm/s 的条件下，采用去离子水循环清洗 20 min。污染膜水力清洗前后水通量如表 8.17 所示。

表 8.17　水力清洗效果

正渗透性能参数	CTA 膜	TFC 膜
膜清水通量/ [L/ (m²·h)]	18.6±1.0	31.2±3.3
污染水通量/ [L/ (m²·h)]	8.0±1.3	13.8±2.2
清洗后水通量/ [L/ (m²·h)]	16.8±0.8	21.4±4.7
通量恢复率/%	82±10	45±20

注：恢复率 = $\dfrac{恢复水通量}{可恢复水通量} \times 100\% = \dfrac{清洗后水通量 - 污染后水通量}{清洁膜水通量 - 污染后水通量} \times 100\%$。

CTA 膜和 TFC 膜的平均水通量恢复率分别为 82% 和 45%，因此还需要对水力清洗后的污染膜进行化学清洗。理想中的化学清洗剂应满足以下条件：①使污染物从膜面脱离或松动并将污染物溶解于溶液中而不附着在膜上；②避免产生或引入新的污染物质；③不对膜材料性能产生伤害。

8.4.2　"1%Alconox+0.8%EDTA 二钠盐"混合溶液

污染后的 CTA 膜和 TFC 膜采用"1%Alconox+0.8%EDTA 二钠盐"混合溶液清洗，效果如表 8.18 所示。混合清洗剂对 CTA 膜的清洗效果较好，水通量恢复率达 92.2%，且清洗后 CTA 膜的盐通量变化不大。清洗剂对 TFC 膜虽然具有较好的清洗效果，但 TFC 膜经清洗后，盐通量从（13.6±2.8）g/ (m²·h) 增长至（141.5±2.5）g/ (m²·h)，混合清洗剂对 TFC 膜造成了损害。

表 8.18　"1%Alconox+0.8%EDTA 二钠盐"的混合溶液清洗效果

指标	CTA 膜		TFC 膜	
	水通量/[L/(m²·h)]	盐通量/[g/(m²·h)]	水通量/[L/(m²·h)]	盐通量/[g/(m²·h)]
新膜	18.6±1.1	14.1±0.5	31.2±3.3	30.2±1.1
污染膜	9.8±0.5	12.0±0.5	13.8±1.9	13.6±2.8
清洗后	19.7±2.2	17.4±2.0	31.6±2.6	141.5±2.5
水通量恢复率	（92.2±14.4）%		（100±4）%	
盐通量变化率	（23.5±14.1）%		（368±8）%	

　　为进一步研究"1%Alconox+0.8%EDTA 二钠盐"混合溶液对 CTA 膜和 TFC 膜的正渗透性能的影响，将 CTA 膜和 TFC 膜浸泡于"1%Alconox+0.8%EDTA 二钠盐"混合溶液中不同时间，测定浸泡后膜正渗透性能的变化。正渗透膜性能测试以去离子水（电导率 $\sigma<2.0\ \mu S/cm$）为原料液，2.0 mol/L 氯化钠溶液为汲取液，膜面错流速率为 20.0 cm/s。

　　CTA 膜在"1%Alconox+0.8%EDTA 二钠盐"混合溶液中浸泡不同时间后的水通量和盐通量变化情况如图 8.47 所示。随着膜浸泡时间的延长，CTA 膜的水通量逐渐增加。浸泡前 AL-FS 和 AL-DS 膜朝向的水通量分别为（19.4±1.9）L/（m²·h）、（46.5±3.9）L/（m²·h），144 h 后水通量分别增加至（26.6±1.0）L/（m²·h）、（56.3±6.7）L/（m²·h）。CTA 膜的盐通量随着浸泡时间的延长，在一定范围内波动，但基本稳定。"1%Alconox+ 0.8%EDTA 二钠盐"的混合清洗液可在一定程度上提高 CTA 膜水通量，但能维持其盐通量基本不变。因此，采用该种混合液清洗 CTA 材质的正渗透膜基本可行；但若使用次数过多，仍会对膜产生一定影响，导致膜性能的变化。

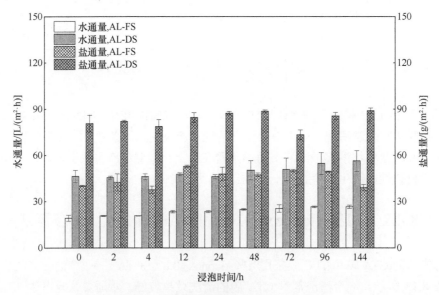

图 8.47　CTA 膜渗透性能随浸泡时间变化

　　图 8.48 为 TFC 膜渗透性能随浸泡时间的变化情况。从图 8.48 中可以发现，TFC 膜浸泡前 AL-FS 朝向的水通量和盐通量分别为（14.7±3.9）L/（m²·h）和（6.2±0.4）g/（m²·h），

浸泡 2 h 后，TFC 膜的水通量和盐通量变大，分别为（23.4±1.3）L/（m²·h）和（37.5±0.5）g/（m²·h），144 h 后水通量和盐通量分别增至（44.9±3.2）L/（m²·h）和（57.1±12.8）g/（m²·h）。浸泡前 AL-DS 朝向的水通量为（32.6±1.3）L/（m²·h），144 h 后水通量变为（93.4±3.2）L/（m²·h），盐通量也从（29.3±1.3）g/（m²·h）增至（130.1±14.6）g/（m²·h）。随着浸泡时间的延长，TFC 材质的膜水通量和盐通量呈现较大幅度的增长，且主要发生在前 12 h 内。"1%Alconox+0.8%EDTA 二钠盐"的混合清洗液对 TFC 膜的正渗透性能影响较大。

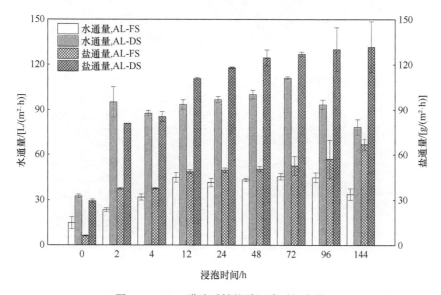

图 8.48　TFC 膜渗透性能随浸泡时间变化

为进一步研究"1%Alconox+0.8%EDTA 二钠盐"溶液对 CTA 膜和 TFC 膜的影响，采用激光共聚焦显微镜对"1%Alconox+0.8%EDTA 二钠盐"溶液中浸泡 144 h 后的 CTA 膜和 TFC 膜以及在清水中浸泡 144 h 后的 CTA 膜、TFC 膜进行对比分析，结果如图 8.49 所示。对比图 8.49（a）和图 8.49（b）发现，CTA 膜在"1%Alconox+0.8%EDTA 二钠盐"溶液中浸泡 144 h 后膜内部结构与在清水中浸泡的 CTA 膜内部结构基本无区别。在"1%Alconox+0.8%EDTA 二钠盐"混合清洗剂中浸泡后的 TFC 膜结构与在清水中浸泡后的 TFC 膜结构明显不同，如图 8.49（c）和图 8.49（d）所示。表明 Alconox 可能会对 TFC 膜内部的结构造成破坏，从而影响 TFC 膜的正渗透性能。因此，TFC 膜不能采用"1%Alconox+0.8%EDTA 二钠盐"的混合洗液进行污染物的清洗。

8.4.3　酸碱复合清洗 TFC 膜

聚酰胺复合反渗透膜常用化学清洗方式为酸碱配合清洗。常用酸洗剂为柠檬酸、盐酸，常用碱洗剂为氢氧化钠和十二烷基硫酸钠，其中十二烷基硫酸钠也是常用的表面活性剂。

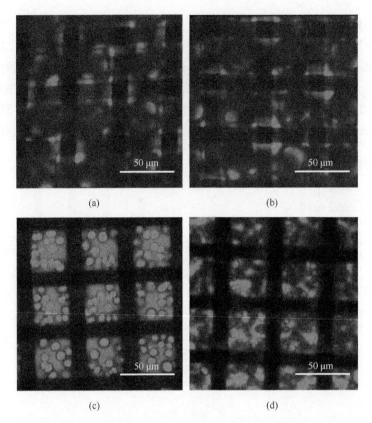

图 8.49 "1%Alconox+0.8%EDTA 二钠盐"溶液对 CTA 膜和 TFC 膜的影响（彩图扫描封底二维码获取）
（a）CTA 膜清水浸泡；（b）CTA 膜"1%Alconox+0.8%EDTA 二钠盐"浸泡；（c）TFC 膜清水浸泡；
（d）TFC 膜"1%Alconox+0.8%EDTA 二钠盐"浸泡

1. TFC 清洗方式

TFC 膜浓缩生活污水形成的膜面污染物主要以有机物为主，因此膜面清洗方式为先碱洗后酸洗。所采用的具体清洗步骤为：①污染膜经水力清洗 10 min 后，采用碱液浸泡 10 min，再进行水力清洗 10 min；②采用酸洗剂浸泡清洗 10 min，再水力清洗 10 min。六种清洗方式和清洗剂使用浓度如表 8.19 所示。

表 8.19　TFC 膜化学清洗方式及使用浓度

清洗方式	碱液	酸液
1	0.2%氢氧化钠	2%柠檬酸
2	0.2%氢氧化钠	0.5%盐酸
3	0.1%氢氧化钠+0.1%十二烷基硫酸钠	2%柠檬酸
4	0.1%氢氧化钠+0.1%十二烷基硫酸钠	0.5%盐酸
5	0.2%十二烷基硫酸钠	2%柠檬酸
6	0.2%十二烷基硫酸钠	0.5%盐酸

2. 清洗效果对比

清洗剂的清洗效果如表 8.20～表 8.25 所示，六种清洗方式对污染后的 TFC 膜均有较好的清洗效果。酸洗后，水通量恢复率均在 84%以上，且 TFC 膜盐通量清洗前后变化不大。

表 8.20　"0.2%氢氧化钠+2%柠檬酸"清洗效果

指标	污染膜	碱洗后	酸洗后
水通量/[L/ (m²·h)]	14.6±2.5	25.6±5.3	29.1±8.2
水通量恢复率/%	—	75.7	100.0
盐通量/ [g/ (m²·h)]	18.3±7.4	17.6±6.9	17.5±8.3

注："碱洗后"的水通量和盐通量实为"水力清洗+碱洗"后的水通量和盐通量；"酸洗后"的水通量和盐通量为"水力清洗+碱洗+酸洗"后的水通量和盐通量，表 8.21～表 8.26 中清洗后的水通量和盐通量与此类似。

表 8.21　"0.2%氢氧化钠+0.5%盐酸"清洗效果

指标	污染膜	碱洗后	酸洗后
水通量/[L/ (m²·h)]	19.5±1.0	28.5±3.0	31.7±0.3
水通量恢复率/%	—	78.3	87.7
盐通量/ [g/ (m²·h)]	20.3±6.9	24.5±5.0	24.3±6.2

表 8.22　"0.1%氢氧化钠+0.1%十二烷基硫酸钠+2%柠檬酸"清洗效果

指标	污染膜	碱洗后	酸洗后
水通量/[L/ (m²·h)]	13.7±3.3	30.5±0.4	32.5±1.4
水通量恢复率/%	—	81.4	99.9
盐通量/ [g/ (m²·h)]	21.3±2.0	22.9±5.7	24.2±5.0

表 8.23　"0.1%氢氧化钠+0.1%十二烷基硫酸钠+0.5%盐酸"清洗效果

指标	污染膜	碱洗后	酸洗后
水通量/[L/ (m²·h)]	15.8±0.1	29.4±2.3	31.1±3.7
水通量恢复率/%	—	85.8	100.0
盐通量/ [g/ (m²·h)]	22.7±0.6	23.9±3.3	22.9±3.2

表 8.24　"0.2%十二烷基硫酸钠+2%柠檬酸"清洗效果

指标	污染膜	碱洗后	酸洗后
水通量/[L/ (m²·h)]	17.6±5.7	28.3±4.0	30.5±1.7
水通量恢复率/%	—	80.2	84.7
盐通量/ [g/ (m²·h)]	21.2±3.7	23.2±2.5	22.8±3.2

表 8.25　"0.2%十二烷基硫酸钠+0.5%盐酸"清洗效果

指标	污染膜	碱洗后	酸洗后
水通量/[L/ (m²·h)]	16.4±0.8	25.7±3.4	30.7±0.9
水通量恢复率/%	—	67.3	86.9
盐通量/ [g/ (m²·h)]	21.7±10.0	25.1±13.9	24.8±14.4

图 8.50 为 6 种清洗方式的清洗通量恢复情况。从图中可以发现，在三种碱液中，"0.1%氢氧化钠+0.1%十二烷基硫酸钠"的混合碱液（清洗方式 3 和清洗方式 4）对有机物的清洗效果最好，碱洗后膜通量恢复率达 81%以上，优于 0.2%的氢氧化钠（清洗方

式 1 和清洗方式 2）和 0.2%十二烷基硫酸钠清洗溶液（清洗方式 5 和清洗方式 6）。2.0%
的柠檬酸的清洗效果好于 0.5%的盐酸，但由于正渗透膜污染时间较短，无机盐在膜表
面的结垢现象十分轻微，两种酸洗剂清洗效果区别不大。

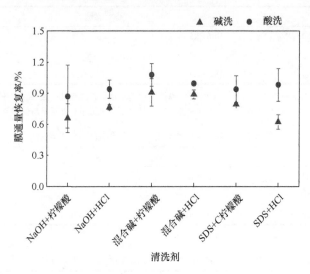

图 8.50　不同清洗方式下污染膜通量恢复率

3. 不同清洗剂对 TFC 膜的影响

清洗剂是否对正渗透膜造成损害是清洗剂选择的另一考察重点。将 TFC 膜长期浸
泡于 0.2%氢氧化钠、"0.1%氢氧化钠+0.1%十二烷基硫酸钠"、0.2%十二烷基硫酸钠、0.5%
盐酸、2%柠檬酸和 "1%Alconox+0.8%EDTA 二钠盐" 六种清洗剂中，144 h 后测定 TFC
膜的正渗透性能、膜面亲疏水性、红外谱图并在扫面电子显微镜下观察膜表面形貌。

如表 8.26 和图 8.51 所示，与去离子水活化后的正渗透膜水通量相比，在"0.1%NaOH+
0.1%十二烷基硫酸钠" 混合碱以及十二烷基硫酸钠溶液中浸泡后的 TFC 膜水通量和盐
通量呈现小幅增加，主要由于十二烷基硫酸钠作为一种表面活性剂在活性层表面发生吸
附，改变正渗透膜的亲水性，使膜渗透性能改变。"1%Alconox+0.8%EDTA 二钠盐" 混
合溶液浸泡后，TFC 膜水通量略微增加，但盐通量急剧增加至（131.5±10.0）g/（m²·h），
与前述章节的研究结论相符。0.2%的 NaOH 溶液对 TFC 膜的水通量和盐通量基本无影
响。经 HCl 和柠檬酸浸泡 144 h 后的 TFC 膜，水通量基本未发生变化，但盐通量出现较
大幅度的下降。

TFC 膜在 0.2%十二烷基硫酸钠、"0.1%NaOH+0.1%十二烷基硫酸钠" 以及
"1%Alconox+0.8%EDTA 二钠盐" 溶液浸泡 144 h 后，盐通量均出现了不同程度的增加。
经盐酸和柠檬酸浸泡后的 TFC 膜盐通量出现不同程度的下降。为进一步研究 TFC 膜正
渗透膜性能在酸液和碱液中的变化情况，将 TFC 膜分别在 "1.0%Alconox+0.8%EDTA
二钠盐" 溶液和 "0.1%氢氧化钠+0.1%十二烷基硫酸钠" 溶液中浸泡 48 h 后，再将 TFC
膜分别放入去离子水、柠檬酸和盐酸中浸泡 48 h，测定 TFC 膜正渗透性能变化情况。
具体实验浸泡步骤和药剂如表 8.27 所示。

表 8.26　不同清洗剂浸泡后 TFC 膜正渗透性能变化

通量	膜朝向	0.5%HCl	2%柠檬酸	1.0%Alconox+0.8%EDTA 二钠盐
水通量 /[L/(m²·h)]	AL-FS	32.4±0.8	32.2±0.6	36.0±3.7
	AL-DS	64.4±3.8	70.4±4.5	88.6±2.9
盐通量 /[g/(m²·h)]	AL-FS	10.1±0.4	13.0±5.1	63.5±5.1
	AL-DS	20.2±5.3	33.1±5.7	131.5±10.0
通量	膜朝向	去离子水	0.2%NaOH	0.1%NaOH+0.1%SDS	0.2%SDS
水通量 /[L/(m²·h)]	AL-FS	32.0±1.4	31.5±1.1	36.2±3.6	34.2±3.9
	AL-DS	71.4±2.3	80.3±2.0	83.9±3.5	84.2±7.6
盐通量 /[g/(m²·h)]	AL-FS	21.8±3.0	21.5±2.5	27.9±3.0	23.7±1.3
	AL-DS	57.5±2.4	45.9±5.7	78.7±9.7	75.0±2.4

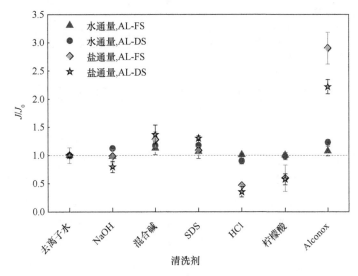

图 8.51　清洗剂对 TFC 膜渗透性能的影响

J/J_0 表示处理后的膜水通量（盐通量）与新膜的清水通量的比值（盐通量）

表 8.27　TFC 膜浸泡药剂及步骤

TFC 膜序号	第一步	第二步	第三步
1	去离子水	1.0%Alconox+0.8%EDTA 二钠盐	去离子水
2	去离子水	1.0%Alconox+0.8%EDTA 二钠盐	0.5%盐酸
3	去离子水	1.0%Alconox+0.8%EDTA 二钠盐	2%柠檬酸
4	去离子水	0.1%氢氧化钠+0.1SDS	去离子水
5	去离子水	0.1%氢氧化钠+0.1SDS	0.5%盐酸
6	去离子水	0.1%氢氧化钠+0.1SDS	2%柠檬酸

　　TFC 膜经去离子水活化后,AL-FS 朝向时水通量和盐通量分别为（32.0±1.4）L/(m²·h)和（21.8±3.0）g/(m²·h),AL-DS 朝向时水通量、盐通量分别为（71.4±2.3）L/(m²·h)、（57.5±2.4）g/(m²·h)。如图 8.52 所示,TFC 膜经"1.0%Alconox+0.8%EDTA 二钠盐"混合溶液浸泡后,膜水通量和盐通量大幅增加,AL-FS 朝向时水通量和盐通量分别为

（37.8±2.6）L/（m²·h）、（42.5±6.7）g/（m²·h），AL-DS 朝向时水通量、盐通量分别为（90.5±2.9）L/（m²·h）、（129.8±10.6）g/（m²·h），均高于相同条件下去离子水活化后的水通量和盐通量。再分别采用去离子水、盐酸和柠檬酸浸泡后，膜渗透性能均保持不变。虽然 0.5%HCl 和 2.0%的柠檬酸可以降低 TFC 膜的盐通量，但"1.0%Alconox+0.8%EDTA 二钠盐"混合溶液对 TFC 膜正渗透性能造成的损坏不能通过酸洗恢复。

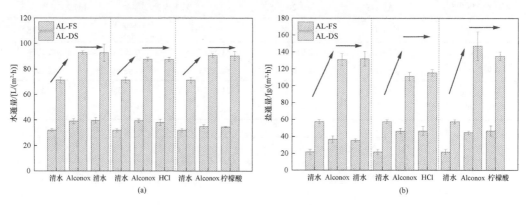

图 8.52   Alconox 洗液浸泡后 TFC 膜性能恢复情况
（a）水通量；（b）盐通量

TFC 膜经"0.1%氢氧化钠+0.1%十二烷基硫酸钠"混合碱液浸泡 48 h 后，AL-FS、AL-DS 两种朝向的水通量分别为（34.1±1.6）L/（m²·h）、（83.5±2.9）L/（m²·h），盐通量分别为（29.4±3.7）g/（m²·h）、（61.7±8.2）g/（m²·h），膜水通量和盐通量呈现小幅度增加，如图 8.53 所示。浸泡过混合碱的 TFC 膜在去离子水中浸泡 48 h，TFC 膜渗透性能不变。TFC 膜置于 0.5%HCl 和 2.0%柠檬酸溶液浸泡 48 h 后，水通量和盐通量均下降。存在上述现象的主要原因在于 TFC 膜活性层的质子与碱液发生反应，正渗透膜孔径变大，减小了水和溶质的透过阻力，促使膜渗透水通量和盐通量的增加。再采用酸液浸泡 48 h 后，活性层发生电中和，正渗透膜孔径减小，TFC 膜水通量和盐通量减小，渗透性能恢复。

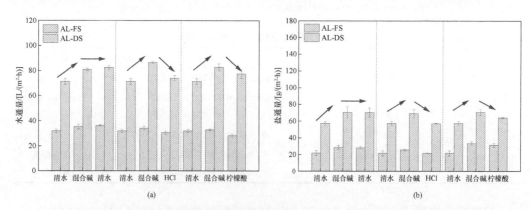

图 8.53   混合碱洗液浸泡后 TFC 膜性能恢复情况
（a）水通量；（b）盐通量

图 TFC 膜在不同清洗剂中浸泡后接触角如表 8.28 所示，盐酸及柠檬酸浸泡后 TFC

膜活性层更加亲水，十二烷基硫酸钠主要改变支撑层的亲水性。Alconox 浸泡后 TFC 膜活性层接触角有较小幅度的下降。

表 8.28　清洗剂浸泡后 TFC 膜接触角

浸泡溶液	接触角/（°）	
	AL	SL
TFC 清水	79.2±6.3	73.8±6.0
Alconox-TFC	71.3±2.3	77.4±2.4
0.2%十二烷基硫酸钠	80.7±3.2	66.0±5.1
0.2%NaOH	77.3±6.3	72.6±3.2
混合碱	85.0±5.8	79.8±4.2
柠檬酸	69.9±6.4	79.9±2.6
HCl	52.0±15.6	80.2±5.3

　　TFC 膜经不同清洗剂浸泡 144 h 后的扫面电镜照片如图 8.54 所示。TFC 活性层聚酰胺谷峰结构明显，且大小均匀，并未发现明显差异。TFC 膜的聚酰胺谷峰结构并未发现明显的破坏。

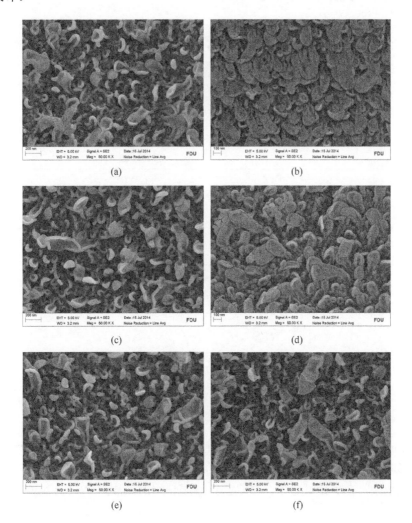

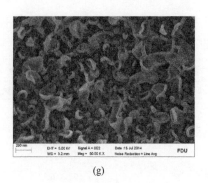

(g)

图 8.54　TFC 膜在不同清洗剂浸泡后的 SEM 图

（a）去离子水浸泡；（b）0.2% NaOH 浸泡；（c）混合碱浸泡；（d）0.2%十二烷基硫酸钠浸泡；（e）0.5%HCl 浸泡；
（f）2%柠檬酸浸泡；（g）1.0%Alconox+0.8%EDTA 二钠盐浸泡

　　不同清洗剂浸泡后 TFC 膜的红外谱图如图 8.55 所示。经六种清洗剂浸泡后的 TFC 膜红外谱图与去离子水活化后的 TFC 膜红外谱图相似，说明不同清洗剂对 TFC 膜活性层并未造成明显的官能团结构与组成的破坏。

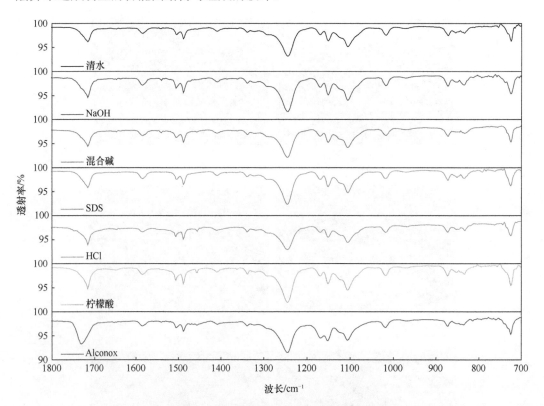

图 8.55　清洗剂浸泡后 TFC 膜红外光谱

　　除 Alconox 混合溶液对 TFC 膜的渗透性能有较大的影响外，其他 5 种清洗剂对 TFC 膜基本无影响，可以采用其他 5 种清洗剂溶液作为 TFC 的清洗剂。综合考虑这几种清洗剂的清洗效果，在后续试验中，TFC 正渗透膜使用的碱液为"0.1% NaOH+0.1%十二烷基硫酸钠"的混合碱；酸液为 2.0%的柠檬酸。清洗方式为"碱洗+酸洗"。按每天进行一次化学清洗，每次清洗 10 min 计算，144 h 等于 TFC 膜清洗 864 次，膜使用时间为 2.4 年，期间 TFC 膜基本不会受到化学洗液的破坏。

8.5　正渗透膜分离污水处理可能技术路线

正渗透膜分离污水处理技术未来的可能的应用场合包括高品质再生水（或饮用水）的生产以及污水资源化、能源化处理。目前，正渗透膜技术与生物处理工艺结合得到了研究者的关注（如好氧正渗透膜生物反应器、厌氧正渗透膜生物反应器等）。随着技术研究的不断深入，如果在高性能正渗透膜材料、提取液等方面实现进一步技术突破，则正渗透膜的应用前景将更为广阔。在市政污水处理中几种可能的工艺路线如图 8.56 所示。图 8.56（a）是以污水处理厂出水作为正渗透进水，通过正渗透和反渗透的联合处理实现高品质再生水或者饮用水的生产。图 8.56（b）是以生活污水作为工艺进水，经过适当预处理（如精细格栅、动态膜、微滤/超滤膜）进入正渗透工艺，该工艺结合反渗透不仅能够获得高品质再生水，同时预处理回收的生物质与正渗透浓缩液混合后可以用于发酵产甲烷以及氮、磷的资源回收，从而实现污水中水资源的再生、有机质的能源转化以及氮磷营养盐的回收。图 8.56（c）是在沿海地带建设的城市污水处理厂可以将海水作为正渗透提取液，稀释之后的海水直接排海，城市污水中的污染物进行资源与能源回收。

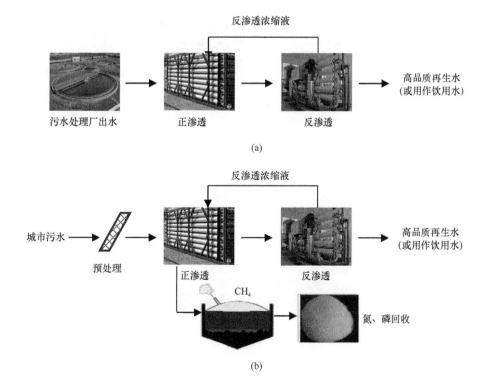

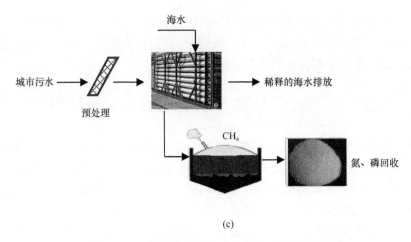

(c)

图 8.56 正渗透膜分离技术可能组合处理技术流线

（a）正渗透膜分离技术应用于污水处理实现再生水或饮用水生产；（b）正渗透膜分离技术应用于城市污水处理实现资源及能源回收；（c）正渗透膜分离技术应用于沿海城市污水处理实现资源及能源回收

图中正渗透膜组件为 Oasys 厂商公开图片

参 考 文 献

唐霁旭. 2015. 正渗透膜应用于生活污水浓缩及资源回收研究. 上海:同济大学硕士学位论文.

Dong Y, Wang Z W, Zhu C W, et al. 2014. A forward osmosis membrane system for the post-treatment of MBR-treated landfill leachate. Journal of Membrane Science, 471(6): 192-200.

Lay W C L, Chong T H, Tang C Y, et al. 2010. Fouling propensity of forward osmosis: investigation of the slower flux decline phenomenon. Water Science and Technology, 61(4): 927-936.

Loeb S, Titelman L, Korngold E et al. 1997. Effect of porous support fabric on osmosis through a Loeb-Sourirajan type asymmetric membrane. Journal of Membrane Science, 129(2): 243-249.

Wang Z W, Tang J X, Zhu C W, et al. 2015. Chemical cleaning protocols for thin film composite (TFC) polyamide forward osmosis membranes used for municipal wastewater treatment. Journal of Membrane Science, 475: 184-192.

第9章 膜分离技术应用于污泥浓缩消化

目前，城市污水处理厂污泥浓缩多采用重力浓缩工艺，污泥稳定化工艺是好氧消化和厌氧消化。重力浓缩主要缺点是占地面积大、浓缩效率低。厌氧消化由于不需要曝气，能耗更低，而且能够以沼气的形式回收能源，在大中型污水处理厂得到了大规模的应用，其在我国的应用远远大于好氧消化。然而，厌氧消化也存在着投资大、占地面积大、结构复杂、操作维护困难和上清液释磷严重等问题，对中小型污水处理厂的经济性大打折扣。此外，某些位于居民小区的污水处理厂不可能接受环境卫生不好且有安全隐患的厌氧消化。因此，采用结构更加紧凑、占地面积更小、运行更加简单的好氧消化可能更适合中小型污水处理厂。但传统好氧消化工艺的能耗较高，经济性较差，极大地制约了自身的应用。正是在此背景下，在传统好氧消化工艺的基础上引入膜分离技术开发了平板膜-污泥同步浓缩消化（MSTD）工艺。MSTD 工艺由于引入了膜分离技术，使水力停留时间（HRT）和污泥停留时间（SRT）分离，大大降低了占地面积。通过平板膜的截留，使污泥在反应器内可以实现同步浓缩消化，使装置更加紧凑，更加便于自动化控制。此外，由于采用的平板膜对大分子物质的截留，使出水水质大大提高，前期的出水甚至达到再生水回用标准，可以进行回用，大大提高了工艺的经济性。本章将介绍平板膜污泥浓缩工艺以及平板膜污泥同步浓缩消化工艺（王新华，2009；朱学峰，2012；Wang et al.，2008，2009）。同时，将动态膜技术与污泥厌氧消化相结合，研究了厌氧动态膜发酵反应器处理剩余污泥的特性（于鸿光，2016）。

9.1 平板膜应用于剩余污泥浓缩

与普通膜分离技术不同，在平板膜处理剩余活性污泥工艺中，污泥浓度是急剧变化的，即污泥性质变化较大。而污泥性质的不同势必影响膜间距、曝气量等参数的设计。同时，示范工程为了节省气量，采用多层膜支架。膜支架越高，所需气量越小，但膜污染不均匀性可能更为明显。本章针对以上问题，通过响应面实验研究不同因素对膜临界通量的影响，同时考察了不同影响因素对上下层膜污染的影响，并根据模型优化，确定了不同污泥浓度下适合的膜通量；在完成以上参数的确定后，对平板膜处理剩余污泥工艺中试运行效果进行研究。

9.1.1 平板膜污泥浓缩系统及关键参数

实验采用的装置如图 9.1 所示。采用连续进泥方式，实验进泥为剩余活性污泥，浓度在 10 g/L 左右。反应器距顶 30 cm 处设溢流口，保证液面稳定。膜组件为聚偏氟乙烯

（PVDF）平板膜，共 4 片，每片膜有效面积 0.432 m²，膜孔径 0.2 μm。装置底部采用穿孔曝气管进行曝气，用以提供微生物生长所需氧气并冲刷膜表面，曝气量由气体转子流量计进行调节。蠕动泵抽吸出水，跨膜压差（TMP）由水银压力计计量。

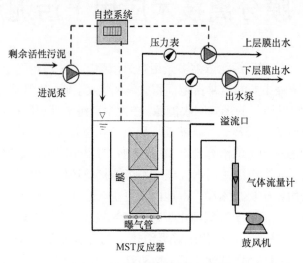

图 9.1　实验用污泥浓缩反应器

　　响应面法（RSM）是一种数学统计方法，通过对输入变量和响应值的数学处理，可考察各输入变量的交互作用，通过相对较少的实验组得到最优响应值。采用 Design Expert 7.5 软件设计 Box-Behnken Design（3 因素 3 水平）。参数设计如表 9.1 所示。

表 9.1　试验参数设计及结果

工况	膜间距/cm	曝气量/（m³/h）	污泥浓度/（g/L）	J_{c1} 上层支架 /［L/（m²·h）］	J_{c2} 下层支架 /［L/（m²·h）］	y（上下层 J_c 比值）
1	2	2.5	20	17	15	1.13
2	2	4	10	31	33	0.94
3	2	1	30	1	1	1
4	1	4	20	13	11	1.18
5	3	1	20	13	13	1
6	1	1	20	9	7	1.29
7	3	2.5	10	31	33	0.94
8	3	2.5	30	5	3	1.67
9	1	2.5	30	1	1	1
10	2	1	10	27	27	1
11	3	4	20	21	21	1
12	2	4	30	5	3	1.67
13	2	2.5	20	13	13	1
14	1	2.5	10	27	27	1
15	2	2.5	20	15	15	1
16	2	2.5	20	13	11	1.18
17	2	2.5	20	15	15	1

9.1.2　平板膜污泥浓缩临界通量分析

1. 方差分析

用 Design Expert 7.5 软件对数据进行分析处理，方差分析见表 9.2～表 9.4。

表 9.2　J_{c1} 上层支架临界通量响应面二次回归模型的变量分析

方差来源	平方和	自由度	平均平方 R^2	F 值	P 值
Model	1539.25	3	513.08	179.20	0
A-膜间距	36.125	1	36.13	12.62	0
B-曝气量	45.125	1	45.13	15.76	0
C-污泥浓度	1458	1	1458	509.23	0
残差	37.22	13	2.86		
失拟	26.02	9	2.89	1.03	0.53
纯误差	11.2	4	2.8		
总误差	1576.47	16			

注：R^2=0.98；Adj R^2=0.97。

表 9.3　J_{c2} 下层支架临界通量响应面二次回归模型的变量分析

方差来源	平方和	自由度	平均平方 R^2	F 值	P 值
Model	1602.75	3	534.25	103.09	0
A-膜间距	45.13	1	45.13	8.71	0.01
B-曝气量	45.13	1	45.13	8.71	0.01
C-污泥浓度	1512.5	1	1512.5	291.87	0
残差	67.37	13	5.18		
失拟	40.17	9	4.46	0.66	0.73
纯误差	27.2	4	6.8		
总误差	1670.12	16			

注：R^2=0.96；Adj R^2=0.95。

表 9.4　y 上下层膜临界通量比值响应面二次回归模型的变量分析

方差来源	平方和	自由度	平均平方 R^2	F 值	P 值
Model	200.57	6	109.09	21.6	0.03
A-膜间距	23.00	1	23.00	3.09	0.77
B-曝气量	24.03	1	24.03	3.20	0.3
C-污泥浓度	49.26	1	49.26	10.09	0.01
AB	0	1	0.00	0.10	0.75
AC	0.13	1	0.13	5.04	0.05
BC	0.13	1	0.13	5.0	0.05
残差	5.26	10	3.03		
失拟	3.23	6	2.04	4.98	0.07
纯误差	1.03	4	0.01		
总误差	160.82	16			

注：R^2=0.69；Adj R^2=0.55。

方差分析表中，P 值表示其对应项的显著性，当 P 值小于 0.05 表示显著。R^2 和 Adj R^2 表示拟合的可靠性。R^2 越接近 1，表示拟合的可靠性越好。并且 R^2 和 Adj R^2 相差越小越好。

表 9.2 和表 9.3 中 P 值均小于 0.05 说明上述两个模型具有显著性。表 9.2 中 R^2 和 Adj R^2 分别为 0.98，0.97，说明该模型拟合程度良好，且该模型是合适的。表 9.4 中 R^2 和 Adj R^2 分别为 0.96，0.95，也说明模型拟合程度良好，且该模型是合适的。同时上述 2 个模型中的 A-膜间距，B-曝气量和 C-污泥浓度对应的 P 值均小于 0.05，说明 3 个因素对临界通量都具有重要影响。

表 9.4 中，模型的 P 值均小于 0.05 说明该模型具有显著性。表 9.4 中 R^2 和 Adj R^2 分别为 0.69，0.55，说明该模型拟合程度良好，且该模型是合适的。C-污泥浓度小于 0.05，说明污泥浓度对上下层膜支架临界通量比值有重要影响。

2. 回归检验

图 9.2（a）、（b）、（c）分别是 J_{c1}、J_{c2}、y 的实际值和回归之后的预测值之间关系图。从图中可看出实际值与预测值具有较好的相关性。

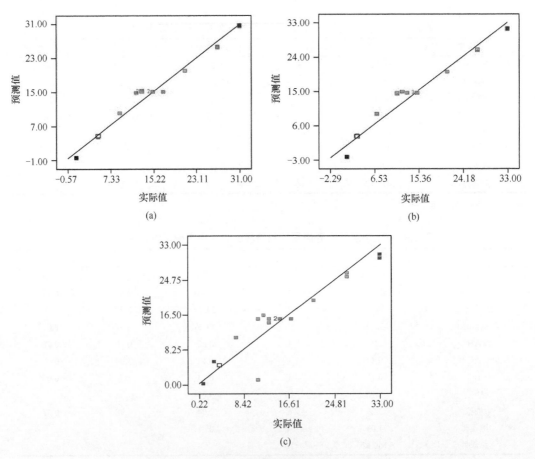

(a)　　　　　　　　　　　　　　　　(b)

(c)

图 9.2　J_{c1}，J_{c2} 和 y 的实际值和预测值之间关系

（a）J_{c1}；（b）J_{c2}；（c）y

图 9.3（a）、（b）、（c）分别是 J_{c1}、J_{c2}、y 预测值的残差图。

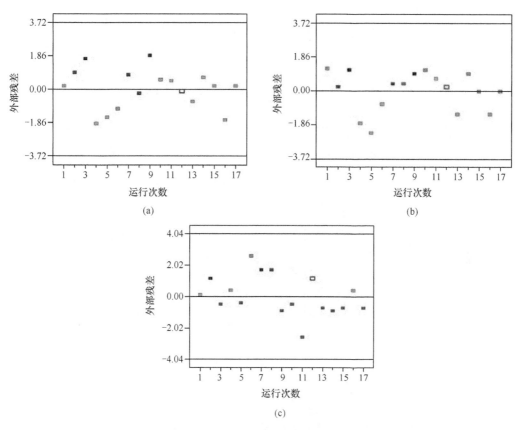

图 9.3　J_{c1}，J_{c2} 和 y 预测值的残差图
(a) J_{c1}；(b) J_{c2}；(c) y

由图 9.3 可知，不同的 J_{c1}、J_{c2} 和 y 的残差值均匀地分布在中心线上下，这就说明模型对 J_{c1}、J_{c2} 和 y 具有显著性。

由于上下层临界通量变化相似，所以在以下分析中只分析上层临界通量与各因素之间的关系。

从图 9.4（a）可知，临界通量是随着曝气量的增加而逐渐增大的，主要原因是曝气量增加更有利于膜表面的冲刷，使之不易产生膜污染。由图 9.4（b）可知，污泥浓度增加使临界通量大幅降低，主要原因是污泥浓度的增加不仅增加了污泥絮体同时也增加了污泥的黏度，胶体物质和一些溶解性有机物，这些物质增多加快了膜污染的发生。图 9.4（c）中发现，膜间距的增加有利于临界通量的提升，可能的原因是膜间距的加大优化了膜间两相流流速。

如图 9.5 所示，在上下层临界通量比值随污泥浓度的增加而增加，即在相对低的污泥浓度情况下，下层临界通量大于上层临界通量，而随着污泥浓度的逐渐增加，上层临界通量逐渐大于下层临界通量。产生此种情况的原因可能是污泥浓度的大幅提高改变了污泥的黏度，而黏度的增加又使得反应器内的流态性质发生了剧烈的变化。

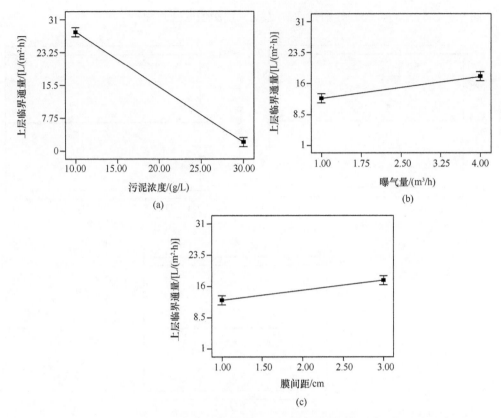

图 9.4 上层膜支架临界通量与各因素之间的关系

（a）在 20 g/L 和膜间距为 3.0 cm 条件下曝气量对临界通量的影响；（b）在曝气量为 2.5 m³/h 和膜间距为 3.0 cm 条件下污泥浓度对临界通量的影响；（c）在曝气量为 2.5 m³/h 和污泥浓度为 20 g/L 条件下膜间距对临界通量的影响

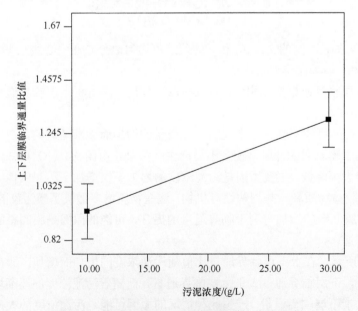

图 9.5 污泥浓度对上下层临界通量比值的影响

如图 9.6 所示，在膜间距较小（1 cm）时，污泥浓度的变化对上下层临界通量比值影响并不显著；而当膜间距较大（3 cm）时，污泥浓度的变化对上下层临界通量比值影响十分显著。在污泥浓度较小（10 g/L）时，随着膜间距增加上下层临界通量比值逐渐下降；当污泥浓度较大（30 g/L）时，随着膜间距增加上下层临界通量比值逐渐增大。发生这种现象的可能原因是污泥浓度和膜间距的改变使膜间两相流态发生了改变。

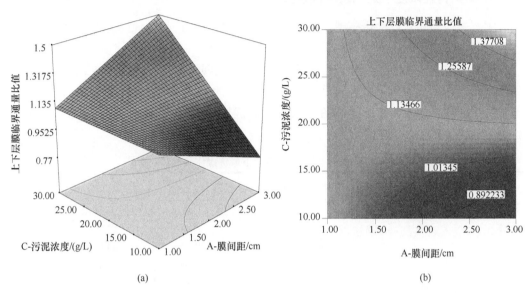

图 9.6　膜间距和污泥浓度对上下层临界通量比值的影响（彩图扫描封底二维码获取）

（a）膜间距和污泥浓度对 y 的响应面图；（b）膜间距和污泥浓度对 y 等高线图

如图 9.7 所示，在曝气量较小的情况下（1.0 m³/h），污泥浓度的增加对上下层临界通量比值影响并不显著；当在曝气量较大的情况下（4.0 m³/h），随着污泥浓度的增加，

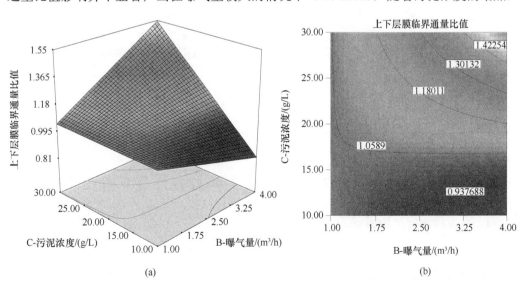

图 9.7　膜间距和污泥浓度对上下层临界通量比值的影响（彩图扫描封底二维码获取）

（a）曝气量和污泥浓度对 y 影响的响应面图；（b）曝气量和污泥浓度对 y 影响的等高线图

上下层临界通量比值急剧上升。在污泥浓度较小（10 g/L）时，随着曝气量的增加上下层临界通量比值逐渐下降，下降幅度很小；当污泥浓度较大（30 g/L）时，随着膜间距增加上下层临界通量比值逐渐增大，增加幅度很大。产生这种现象的原因可能是曝气量和污泥浓度的变化改变了流态性质，同时改变了膜面冲刷速度。

3. 不同污泥浓度下最优条件的选择

根据响应面建立最优化模型，确定不同污泥浓度下，选择最优的运行条件，即最大临界通量。

从表 9.5 可看出，在污泥浓度不变的情况下，膜间距和曝气量越大临界通量越大。但考虑到实际工程的应用，膜间距涉及整个反应器的占地面积。因此考虑在 10～20 g/L 的情况下，膜间距控制在 1 cm；在 30 g/L 时，膜间距控制在 2 cm。重新对最优操作条件进行计算。

表 9.5　不同污泥浓度下最优操作条件

序号	膜间距/cm	曝气量/（m³/h）	污泥浓度/（g/L）	上层临界通量 / [L/（m²·h）]	下层临界通量 / [L/（m²·h）]	期望
1	3	4	10	33.06	32.41	0.99
2	3	3.9	10	32.88	32.30	0.99
3	3	4	20	20.06	19.66	0.81
4	3	3.92	20	19.92	19.57	0.80
5	3	4	30	8.06	7.91	0.69
6	3	4	30	6.80	6.62	0.68

表 9.6 中，所列出最佳操作条件，此时上下层临界通量为最大。在实际运行时，需要减少运行通量。在 10 g/L 时，通量应小于 27 L/（m²·h）；在 20 g/L 时，通量应小于 14 L/（m²·h）；在 30 g/L 时，运行通量应小于 6 L/（m²·h）。

表 9.6　实际工程中最优操作条件

序号	膜间距/cm	曝气量/（m³/h）	污泥浓度/（g/L）	上层临界通量 / [L/（m²·h）]	下层临界通量 / [L/（m²·h）]	期望
1	1	4	10	28.31	27.16	0.86
2	1	4	20	15.31	14.41	0.75
3	2	4	30	7.68	6.29	0.58

9.1.3　四段式平板膜污泥浓缩工艺运行效果的研究

1. 平板膜污泥浓缩系统及参数

图 9.8 是四段式平板膜污泥浓缩工艺示意图和实物图，参数如表 9.7 所示。图 9.8 中进泥是指将剩余污泥或者剩余污泥和初沉污泥混合液引入储泥池，由进泥泵将剩余污泥打入 1#MST 反应器。经过 1#MST 反应器膜浓缩后的污泥，由液位差跌入 2#MST 反应器内，而膜出水则被用于回用；同样，2#浓缩后的更高浓度的污泥则跌入 3#MST 反

应器，经 3#MST 反应器浓缩后的污泥进入 4#MST 反应器内。由此可见，污泥浓度是逐渐提升，最后当 4#MST 反应器内的污泥浓度达到要求浓度后，溢流口阀门打开，污泥通过溢流排入污泥脱水机房。在整个连续流运行过程中，进入反应器内污泥的量和排出反应器内的量基本符合物料守恒。四段式平板膜污泥浓缩工艺的优点是提高了膜的利用效率，因为在不同污泥浓度下，临界通量是有所不同的，而随着污泥浓度提高，临界通量是下降的，因此在较低的浓度下，使用较高的通量，而在较高的污泥浓度下使用较小的通量，不仅可以控制膜污染，而且可以更合理利用膜。

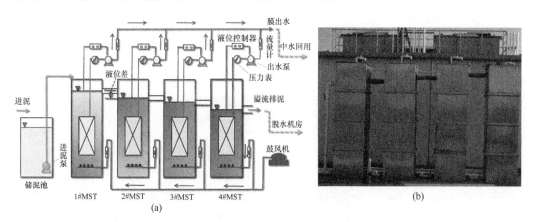

图 9.8　四段式平板膜污泥浓缩工艺示意图和实物图

（a）工艺示意；（b）实物

表 9.7　中试装置参数

反应器编号	有效体积/m³	膜面积/m²	运行通量/[L/(m²·h)]
1#	0.82	11.68	13～16
2#	0.79	10.22	7～9
3#	0.76	10.22	5～3.5
4#	0.73	10.22	2.5～1.7

2. 平板膜污泥浓缩效果

1）污泥浓度变化

从图 9.9 可知，4#反应器的出泥可以稳定的保持在 30 g/L 以上，平均值在 35 g/L 左右，3#反应器的平均污泥浓度在 27 g/L 左右，2#反应器的平均污泥浓度在 21 g/L 左右，1#反应器的平均污泥浓度在 10 g/L 左右，进泥浓度在 3 g/L 左右。由图可知，各反应器的污泥浓度随着进泥污泥浓度的变化有一定的起伏，说明进泥浓度的变化对出泥污泥浓度变化影响较大。而在第 12 天时，2#反应器、3#反应器、4#反应器内污泥有一个较大的下降，主要原因是进泥流量突然增加导致污泥浓度下降。如图 9.9（b）所示，数据的波动的大小由正态分布曲线的波峰的宽度来表示，正态分布曲线波峰越宽说明数据波动越大，因此，进泥的波动最小，1#反应器、2#反应器、3#反应器、4#反应器的数据波动逐渐增加，说明进泥的波动虽小但其对最终的出泥浓度的影响还是比较大的。

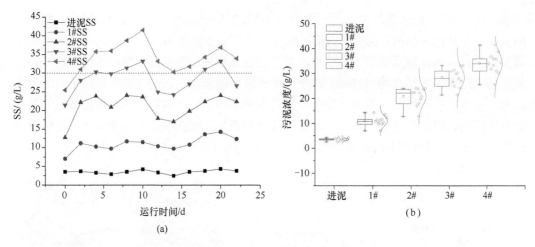

(a)

图 9.9　四段式中试污泥浓度随时间变化

（a）污泥浓度变化曲线；（b）污泥浓度数据数理统计图

2）膜压力变化

从图 9.10 可知，在整个运行的 25 天内，四段式各反应器的膜压力保持较好的压力，都没有超过 16 kPa，其中，3#反应器、4#反应器压力一直保持在 7 kPa 左右，而 1#反应器、2#反应器在 13 天后有一个上升的趋势。其主要原因是，1#反应器，2#反应器采用较高的通量所致。四段式具有较低的膜压力，主要是四段式在不同污泥浓度下采用不同的运行通量，且运行通量低于临界通量，使膜压力稳定，膜通量未发生通量衰减，从而达到工艺的稳定运行。

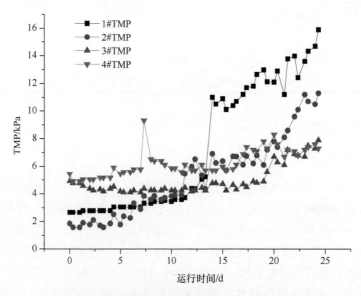

图 9.10　四段式中试膜压力随时间变化

3）出水水质变化

从图 9.11 可知，1#反应器出水 COD 维持在 35 mg/L 以下，而 2#反应器、3#反应器、4#反应器出水随时间增加而增加。其主要原因是在污泥浓缩工艺中，曝气强度较高，而曝气的冲刷使得污泥絮体破坏，释放更多的溶解性有机物质，其中一部分小分子溶解性物质透过平板膜进入出水，使得出水 COD 增加。从图上可看出，混合出水 COD 在第 21 天时超过 50 mg/L，而此时，2#反应器出水在第 21 天时也超过 50 mg/L，可看出 2#反应器出水是与总混合出水有相似的变化趋势。由于 2#反应器出水占总出水量的 26%，而在整个过程中，1#反应器出水（占总出水量的 60%）一直在 30 mg/L 左右，因此，2#反应器出水 COD 的变化对总出水 COD 的影响至关重要。通过分析 2#反应器出水 COD 和总混合出水 COD 的皮尔森相关性，发现两者皮尔森相关系数为 0.962，P 值为 0.002，说明两者为强相关。从以上分析可看出，四段式平板膜污泥浓缩工艺出水水质是随时间变化而变化，在水质恶化不达标之前，对系统进行调整和排泥。根据实验，确定了 20 天的运行周期。

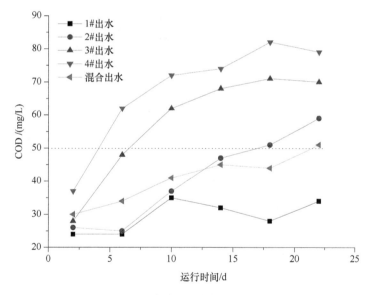

图 9.11　四段式中试出水水质随时间变化

4）污泥性质变化

从图 9.12 可知，1#反应器、2#反应器、3#反应器、4#反应器的粒径是逐渐减小的，原因是平板膜污泥浓缩工艺中较强的曝气使污泥大粒径的絮体解体。

从图 9.13 可知，1#反应器、2#反应器、3#反应器、4#反应器内污泥的黏度和 CST 是逐渐增加的，主要原因是 1#反应器、2#反应器、3#反应器、4#反应器内污泥浓度是逐渐增大的，而污泥浓度增加会引起污泥黏度和 CST 的增加。

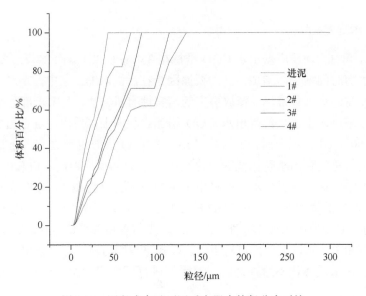

图 9.12　四段式中试不同反应器内粒径分布对比

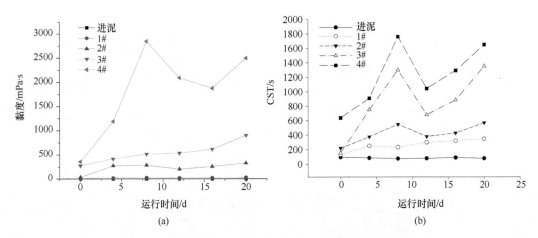

图 9.13　四段式不同反应器内污泥黏度及 CST 随时间变化
（a）各反应器污泥黏度随时间变化；（b）各反应器污泥 CST 随时间变化

9.1.4　平板膜污泥浓缩示范工程运行效果研究

在中试研究的基础上，在上海某污水处理厂建设了平板膜污泥浓缩示范工程，工程照片如图 9.14 所示，工程基本参数如表 9.8 所示。

1. 示范工程运行效果

1）污泥浓缩效果

从图 9.15 可知，在进泥浓度在（7～17g/L）波动的过程中，4#反应器出泥污泥浓度中 75%的数据值大于 45 g/L，且 50%的数据值大于 50 g/L。同时，3#反应器出泥 75%的数值大于 40 g/L，以上分析说明通过示范工程在进泥波动较大时，仍可保持出泥在 50 g/L

左右稳定运行。

图 9.14　平板膜-污泥浓缩工程现场照片

表 9.8　基本参数表

MST 池	体积/m³	膜面积/m²	膜通量/［L/（m²·h）］	膜出水流量/（m³/h）
1#	14.52	218.8	21	4.59
2#	15.48	218.8	10	2.19
3#	15.12	175.0	5	0.86
4#	13.53	87.6	4	0.35

2）膜污染

由图 9.16 可知，2#反应器、3#反应器、4#反应器的压力保持在 20 kPa 以下，可以稳定运行。1#反应器运行 30 d 左右压力到达 45 kPa 左右，需要周期性进行清洗。

3）COD

从图 9.17 可知，在进泥滤液 COD 较大时，1#反应器、2#反应器、3#反应器的出水仍能在 22 天内保持 50 mg/L 的水平，较中试运行效果要好，可能原因是，示范工程水力停留时间要较中试水力停留时间小，从而减少了曝气对污泥冲刷的时间，使污泥絮体不易破坏而释放胞外聚合物，从而降低滤液中有机物的含量。从示范工程的混合出水

COD 在 30 天内都小于 50 mg/L，说明了平板膜污泥浓缩工艺出水水质较好。

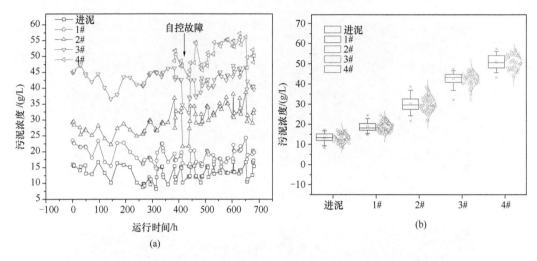

(a)

图 9.15　示范工程各反应器内污泥浓度随时间变化及数理统计图

（a）各反应器内污泥浓度随时间变化；（b）各反应器内污泥数据方框统计图

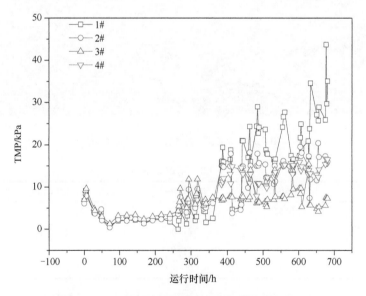

图 9.16　示范工程各反应器运行压力随时间变化

2. 污泥浓缩膜出水回用范围研究

在平板膜污泥浓缩工艺出水经过次氯酸钠消毒后，监测中水水质，表 9.9 是中水水质数据。根据表 9.9 的平板膜污泥浓缩工艺出水水质分析，可以看出，平板膜污泥浓缩工艺出水完全可以满足城市杂用水水质标准（GB/T 18920—2002），因此平板膜污泥浓缩工艺出水完全可以直接用于绿化用水和清洗生化池和格栅。平板膜污泥浓缩工艺出水同时达到循环冷却水水质标准（GB/T 50050—1995）、中水用作工业用水水源的水质标准（GB19923—2005），可以用作循环冷却水以及直流式冷却水。

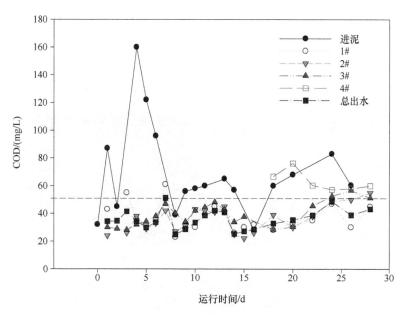

图 9.17　示范工程各反应器出水 COD 随时间变化

表 9.9　污泥浓缩膜出水质分析

监测指标	MST 出水
pH 值	7.24
色度	10
嗅	无不快感
浊度/（NTU）	0
溶解性总固体/（mg/L）	886
BOD_5/（mg/L）	12
氨氮/（mg/L）	9.7
阴离子活性表面剂/（mg/L）	0.9
铁/（mg/L）	0.12
锰/（mg/L）	0.075
溶解氧/（mg/L）	1.3
总余氯/（mg/L）	1.8
总大肠杆菌群/（个/L）	0
Na^+/（mg/L）	392.4
Al^{3+}/（mg/L）	0.14
Ca^{2+}/（mg/L）	126.8
SiO_2/（mg/L）	13.6
总硬度/（以 $CaCO_3$ 计，mg/L）	397.5
总碱度/（以 $CaCO_3$ 计，mg/L）	64.3
硫酸盐/（mg/L）	349
总磷/（以 P 计，mg/L）	10.7
石油类/（mg/L）	0.8
粪大肠菌群/（个/L）	0
硅酸/（mg/L）	38.8
游离酸/（mg/L）	0.4

在进行中水回用时,同时要考虑中水可能带来的腐蚀问题。为了比较试片在平板膜污泥浓缩工艺出水和自来水中的腐蚀和结垢性,将 A3 碳钢试片和不锈钢试片分别安放在平板膜污泥浓缩工艺清水池和自来水池。试片在水中悬挂的时间为 30 d,取出时进行外观检查和腐蚀速率计算。挂片形貌如图 9.18 所示。

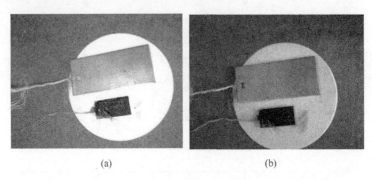

(a)　　　　　　　　　　　　(b)

图 9.18　挂片在平板膜污泥浓缩工艺出水中和自来水中试验效果

(a) 挂片在污泥浓缩膜出水中试验后效果;(b) 挂片在自来水中试验后效果

从现场试验照片可以看出,无论是平板膜污泥浓缩工艺清水池内的还是自来水池内的不锈钢试片都几乎没发生变化,而碳钢试片都发生不同程度的腐蚀,表面有一层厚厚的褐色腐蚀物。具体腐蚀结果列于表 9.10 中。

表 9.10　挂片实验结果一览表

项目	平板膜污泥浓缩工艺清水池		自来水池	
	A3 碳钢	不锈钢	A3 碳钢	不锈钢
实验前质量/mg	8.4	26.5	7.9	29.7
实验后质量/mg	7.2	26.5	7.4	29.7
表面积/dm^2	12.6×10^{-2}	36.6×10^{-2}	12.6×10^{-2}	39.7×10^{-2}
实验天数/d		30		
密度/(g/cm^3)	7.85	7.9	7.85	7.9
腐蚀速率/(mm/a)	1.476×10^{-3}	0	6.15×10^{-4}	0

从表 9.10 可以看出,平板膜污泥浓缩工艺清水池和自来水池内的不锈钢试片在实验前后质量并未发生变化,因此可以说平板膜污泥浓缩工艺出水和自来水对不锈钢既不会产生结垢也不会产生腐蚀。对于碳钢,自来水的腐蚀速率为 6.15×10^{-4} mm/a,小于循环冷却水水质标准(GB 50050—1995)中规定的 0.125 mm/a;平板膜污泥浓缩工艺出水的腐蚀速率为 1.476×10^{-3} mm/a,虽然比自来水的大,但仍然满足循环冷却水水质标准中的规定。

为进一步研究污泥浓缩膜出水是否可以用于混凝剂配药水,对水质进行了进一步对比分析,如表 9.11 所示。自来水和平板膜污泥浓缩工艺出水溶解絮凝剂后的黏度变化如表 9.12 所示。

表 9.11　平板膜污泥浓缩工艺出水和自来水的水质区别（25℃）

水种类	pH 值	硬度/（mg/L）
自来水	7.16	150
中水	6.47	270

表 9.12　自来水和平板膜污泥浓缩工艺出水溶解絮凝剂后的黏度变化

药剂	水种类	溶解浓度/（g/L）	黏度	条件/rpm
阳离子 PAM（污泥脱水）	自来水	5	1460	6
	中水	5	920	
阴离子 PAM（混凝加药）	自来水	3	2290	
	中水	3	2030	

从以上结果可以看出，平板膜污泥浓缩工艺出水的硬度高于自来水，导致溶解后絮凝剂的黏度存在一定差异。针对沉淀池进水做了絮凝试验，使用中水溶解的絮凝剂比使用自来水溶解的絮凝剂污泥絮凝效果并无明显差异，自来水在最佳混凝条件下的浊度去除率为 88.45%、COD 去除率为 34.72%，采用中水作为混凝剂配药水其浊度去除率为 87.83%、COD 去除率为 33.94%。

9.2　平板膜应用于剩余污泥同步浓缩消化

9.2.1　平板膜污泥同步浓缩消化系统及关键参数

试验采用 4 个相同的反应器和相同的运行参数如下：有效容积为 41.4 L，膜面积为 0.173 m²，HRT=14.9 h，曝气为 2 m³/h，通量为 18.5 L/m² h，抽停比为 10∶2。

本试验进泥是来自上海某污水处理厂曝气池的污泥，由进泥泵送入平板膜处理剩余活性污泥反应器，当反应器内污泥浓度达到 30 g/L 以上时，对反应器内污泥进行排放，运行周期为 15 天。为了考察膜污染物的形成和变化，4 个反应器在运行不同时间（4 天、8 天、12 天、15 天）后，将污染的膜取出，同时将新膜元件放入反应器，继续运行直到最终完成一个周期 15 天。

9.2.2　平板膜污泥同步浓缩消化运行情况

图 9.19 是各反应器中和进泥的 MLSS 浓度和 MLSS 浓度随时间变化的曲线。从图 9.19 中可看出，在每个运行周期结束时，反应器内污泥 MLSS 浓度和 MLVSS 浓度分别从 3.5 g/L 和 1.8 g/L 增加到 30 g/L 和 22 g/L。反应器中污泥浓度的增加主要是由于平板膜对污泥的截留作用。

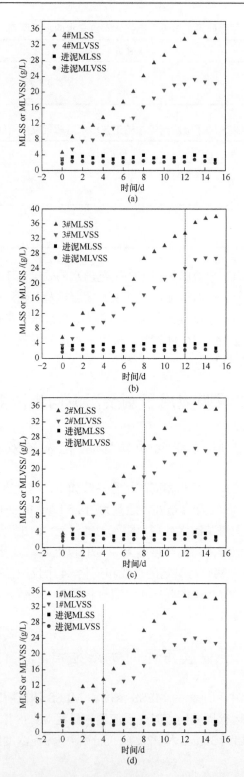

图 9.19 进泥和各反应器的 MLSS 浓度和 MLVSS 浓度随时间变化的曲线

虚线表示在该天将受污染的膜从反应器中取出,并放入新膜继续运行

(a) 4#;(b) 3#;(c) 2#;(d) 1#

　　通过计算可以发现，MSTD 工艺在 15 天内 MLVSS 消解率分别达到 51.4%，满足《城镇污水处理厂污染物排放标准（GB 18918—2002）》规定的有机物降解率大于 40%污泥稳定化控制指标。因此，采用 MSTD 工艺是完全可以实现污泥同步浓缩消化的。

　　图 9.20 是各反应器膜通量及膜压力随时间变化的曲线。从图中可看出，膜压力随着时间的增加而升高，而膜通量在每个周期的最后阶段发生严重衰减。在 1#反应器至 3#反应器中，当受污染的膜被新膜代替时，膜压力出现先略微下降后随着运行时间的增加急剧升高的现象。有研究表明，随着污泥浓度的增加，污泥混合液中的污泥小颗粒物质、胶体物质、大分子有机物质会大量增加，这些物质极容易堵塞膜孔，从而加剧膜污染。从以上分析可看出，平板膜-污泥同步浓缩消化工艺较严重的膜污染可能是由于反应器中污泥浓度的大幅增加。

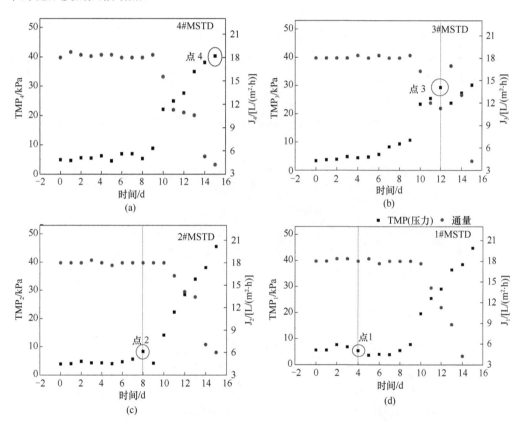

图 9.20　各反应器膜通量及膜压力随时间变化的曲线
(a) 4#；(b) 3#；(c) 2#；(d) 1#
虚线表示在该天将受污染的膜从反应器中取出，并放入新膜继续运行；第 1/2/3/4 点分别表示在第 4 天、第 8 天、第 12 天和第 15 天从反应器中取出受污染的膜

　　表 9.13 是关于平板膜-污泥同步浓缩消化工艺出水水质。从表中可看出，在运行周期结束时，出水氨氮浓度和 COD 浓度分别从初始的 2.4 mg/L 和 22.3 mg/L 增加到 26.3 mg/L 和 86.5 mg/L；而硝酸盐从初始的 40.6 mg/L 下降到最后的 11.6 mg/L。试验中出水 COD 的增加的主要原因是在好氧消化的条件下，污泥絮体胞外聚合物会释放到滤液中，而氨氮的增加和硝酸盐的降低主要由于高污泥浓度下反应器内溶解氧下降的原因。各个

反应器的 pH 值在运行周期中保持在 6.4～7.8。

表 9.13　平板膜-污泥同步浓缩消化工艺出水水质

指标	浓度/（mg/L）
COD	22.3～86.5
NH$_3$-N	2.4～26.3
NO$_2^-$-N	0～4.1
NO$_3^-$-N	40.6～11.6
SS	0

9.2.3　膜污染特性

图 9.21 是不同运行时间受污染膜的表面情况。从图中可以清楚地发现，在刚开始阶段（运行 4 天），膜表面的污染情况不是很严重，膜表面无明显吸附污染物现象，其与新膜区别是，膜的表观颜色发生变化，由新膜的白色变成淡黄色；在中间阶段（运行 8 天），膜表面可以明显发现一些污染物，随着运行的进一步增加，膜表面吸附的污染物质越来越多。到运行的终点（第 15 天），膜表面吸附沉积大量的污染物质，膜污染较为严重。

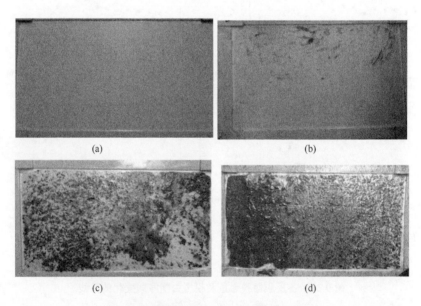

图 9.21　不同运行时间受污染膜的表面情况
（a）4 天；（b）8 天；（c）12 天；（d）15 天

图 9.22 是不同运行时间的受污染膜的膜阻力分布图。从图中可以看出，泥饼层阻力（R_c）从第 1 点到第 4 点一直呈增加的趋势。在第 4 点，即运行终点时，泥饼层阻力占总阻力（R_t）的 83%以上。在第 1 点，即运行 4 天时，泥饼层阻力远远小于膜孔阻力（R_f）。由此可以看出，在前 4 天的运行过程中，膜内部污染是主要的膜污染形式；随后，膜外部污染大幅增加，最终成为膜污染的主要原因。此分析与图 9.21 膜表观现象的变化也是

相符合的。

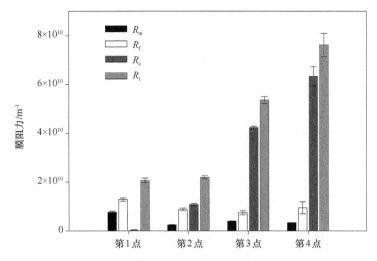

图 9.22　同时间的受污染膜的膜阻力分布

R_m, R_f, R_c, R_t 分别表示膜固有阻力、膜孔阻力、泥饼层阻力和总阻力

图 9.23 是不同运行时间的单位面积受污染膜的膜污染物量和性质分析。从图 9.23（a）可看出，随着时间的增加，膜污染中 MLSS 和 MLVSS 含量逐渐增加，说明在运行的过程，污泥絮体大量沉积在膜表面。此结果与泥饼层膜阻力变化一致。而在图中 MLVSS/MLSS 的值随着时间的增加而减少，说明随着运行时间的增加，更多的无机物质沉积到膜表面。其原因可能是在运行的最后阶段，反应器内污泥浓度很高（30 g/L 以上），造成大量的污泥絮体沉积到膜表面，而污泥絮体与胞外聚合物相比含有大量的无机物质，因此膜污染物的无机物质含量增加。从图 9.23（b）可知，随着运行时间的增加，膜污染物中的 EPS 浓度逐渐增加，从初始的约 15 mg EPS/g VSS 增加到运行终点的约 140 mg EPS/g VSS。同时发现膜污染物 EPS 浓度在第 2 点和第 3 点之间差值远大于第 3 点和第 4 点之间的差值。这个现象与膜压力变化幅度一致，在第 2 点和第 3 点之间，膜压力增加了约 22kPa，而在第 3 点和第 4 点之间只增加了约 10kPa。在图 9.23（b）中，EPS 中的蛋白质/糖类比值变化说明了膜污染物性质的变化。蛋白质/糖类的比值随着运行时间的增加而减小，说明膜污染物中糖类物质在逐渐增加。

同时对膜内污染物和膜外污染物进行了分析（具体图表略），研究发现在起始阶段（前 4 天），膜内污染物荧光特性物质主要以类腐殖酸物质为主；随后，膜内污染物中类蛋白质物质的含量增加。同时发现，随着运行时间的增加，膜外污染物中类蛋白质物质的含量是逐渐增加的。通过聚类分析，发现膜内污染物的荧光特性与污泥 EPS 的相类似；同时发现，运行 8 天的污染膜其膜外污染物荧光特性与后期污染膜的膜外污染物荧光特性完全不同。

PSD 分析发现，膜内污染物以小粒径颗粒物质为主，其平均粒径要远远小于膜外污染物的平均粒径，同时，膜外污染物平均粒径随着时间的增加而增加，说明膜外污染物中大颗粒物质的比例是随着运行时间的增加而增加的，其原因是运行后期，膜表面吸附

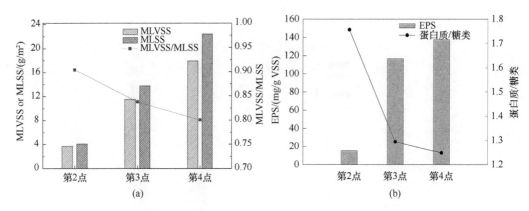

图 9.23　不同运行时间的单位面积受污染膜的膜污染物量和性质分析

（a）膜表面单位面积污泥 MLSS 量、MLVSS 量和 MVLSS/MLSS 比值；（b）膜表面单位面积 EPS 的含量和蛋白质/糖类的比值（在第 1 点，即运行 4 天时，受污染膜的膜表面污染物量太少，因此不进行分析）

了大量大颗粒的污泥絮体。GFC 分析表明，在运行后期，膜污染物大分子物质的出现是导致膜压力突然上升的原因；同时发现，膜内污染物的分子量随着时间的增加而增加，而膜外污染物的分子量要远大于膜内污染物的分子量。由 FTIR 分析可知，污染膜表面主要是被糖类和蛋白质物质覆盖，而随着运行时间的增加，膜表面的糖类物质和蛋白质物质的含量是逐渐增加的。

9.2.4　污泥消化机制

MSTD 工艺的消化机制并不同于传统的好氧消化和厌氧消化，具有自己独特的特点，相当于二者的一种组合，通过溶解氧的改变使反应器内的污泥顺序经历好氧消化和缺氧消化或厌氧消化。具体消化机制分析可以参见发表文献（Wang et al.，2009）。在第 1 阶段，由于溶解氧较高，属于好氧消化和微好氧消化，降解的是二价金属离子连接的生物聚合物，然后造成多糖和蛋白质以及二价钙离子的释放；第 2 阶段，溶解氧很低，属于缺氧消化或部分厌氧消化，降解的主要是铁离子连接的蛋白质，导致蛋白质的浓度突然升高。在 MSTD 工艺中，污泥脱水性能急剧下降，污泥毛细吸水时间（CST）从初始的 24.5 s 上升到了 1200 s 左右。MLSS、污泥粒径和生物聚合物对污泥的脱水性能有重要影响。在 MSTD 过程中，在 MLSS 小于 15 g/L 时，污泥浓缩作用对污泥脱水性能的影响更显著，而当 MLSS 大于 15 g/L 尤其是大于 20 g/L 时，污泥消化作用对脱水性能的影响远大于污泥浓缩作用。

9.3　厌氧动态膜生物反应器用于污泥发酵

9.3.1　厌氧动态膜生物反应器发酵系统与关键参数

本节研究的处理对象为上海市某污水处理厂的二级生物处理装置（A/A/O）的剩余活性污泥。该污泥通过孔径 0.9 mm 的筛网过滤掉杂质后，将其作为 AnDMBR 装置的进泥。接种污泥取自上海某污水处理厂的污泥厌氧消化罐,其主要生化性质见表 9.14。启动时,接种污泥与剩余污泥的体积比为 1∶1。

表 9.14　接种污泥的性质

参数	数值
pH 值	7.18±0.04
TSS/（g/L）	41.69±0.08
VSS/（g/L）	21.41±0.30
总 COD/（mg/L）	33111±363
溶解性 COD/（mg/L）	1255±15

本研究采用的 AnDMBR 小试装置见图 9.24。

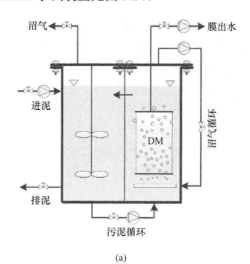

(a)

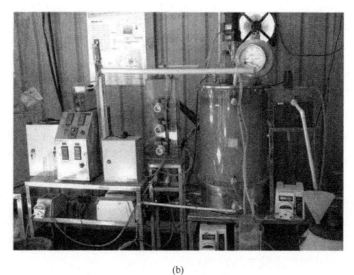

(b)

图 9.24　AnDMBR 装置
（a）示意图；（b）实物图

AnDMBR 装置由两部分耦合，分别是有效容积为 67 L 的完全混合型主体厌氧发酵区和有效容积为 2 L 的浸没式厌氧动态膜分离区，其中后者体积仅占前者的 3%。两区域的反应器设置可以实现在动态膜分离区完成膜清洗和替换时，保持主体发酵区的严格厌氧环境。每日的剩余污泥处理量约为 17 L；系统的水力停留时间（HRT）和污泥停留时间（SRT）分别为 6 天和 20 天。装置采用连续流方式运行。通过设置进泥槽的溢流口位置，维持装置内的液位恒定。装置外围设置加热棒和水浴，保持系统内的温度为（35±2）℃（中温消化）。主体厌氧发酵区内设置搅拌转速为 50 rpm。主体厌氧发酵区的污泥通过蠕动泵循环至动态膜分离区，污泥循环比例为 300%；主体厌氧发酵区和动态膜分离区的中上部通过污泥回流管连接。在动态膜分离区内，装有一片浸没式平板动态膜组件；膜组件采用涤纶网制成，孔径约为 39 μm，膜组件总面积为 0.038 m²。通过蠕动泵抽吸动态膜出水，维持动态膜运行的瞬时通量为 15 L/（m²·h）；蠕动泵采用间歇抽吸模式运行，一个抽吸循环中包括 10 min 过滤和 2 min 暂停。在出水端通过水银压力计记录动态膜组件的跨膜压差。在主体厌氧发酵区的顶部设置湿式气体流量计记录反应器的沼气产量和温度。在动态膜分离区，通过沼气循环的方式控制动态膜的形成与膜污染。一个沼气循环周期包含 20 min 的沼气循环模式关闭过程和 1 min 的沼气循环模式启动过程。在沼气循环模式启动时，按升流区投影面积计算的沼气循环强度为 25.0 m³/（m²·h）。当跨膜压差上升至 30 kPa 时，对动态膜组件进行清洗。

9.3.2　启动阶段反应器运行特性

1. 厌氧消化效果

1）厌氧消化指标的变化

在剩余活性污泥的厌氧消化过程中，污泥颗粒中的有机组分转化为易生物降解的溶解性组分，转化为挥发性脂肪酸（VFA）作为中间产物，被产甲烷菌利用产生以甲烷为主的沼气，从而完成污泥的减量化、稳定化和资源化的目的。在本研究中，AnDMBR 小试系统的启动时间为 46 天，在启动阶段的剩余活性污泥厌氧消化指标的变化情况见图 9.25。如图 9.25（a）所示，整个启动阶段进泥的 VSS 浓度为（4.90±1.29）g/L（n=11），而在启动 7 天后 AnDMBR 装置污泥的平均 VSS 浓度为 8.06 g/L，后者的 VSS 浓度约为前者的 1.6 倍，从而表明污泥在该工艺内得到一定程度的浓缩。而在污泥减量方面，在启动阶段的 VSS 消解率达到 48.7%，表明该 AnDMBR 装置可实现污泥的同步浓缩消化效果。

图 9.25（b）表征了启动阶段的 COD 变化情况，其中进泥的溶解性 COD 浓度为（35±15）mg/L（n=8）。AnDMBR 装置内污泥的溶解性 COD 浓度达到（315±183）mg/L（n=10），达到了进泥的溶解性 COD 浓度的 8 倍。由于溶解性 COD 浓度的增加可以表征污泥水解情况，因此可以推测在该发酵系统内，溶解性的有机物得到了大量释放，为后续的微生物代谢提供底物。系统膜出水的总 COD 浓度为（152±79）mg/L（n=9），低于系统内污泥的溶解性 COD 浓度，表明动态膜的过滤作用可部分拦截 AnDMBR 系统内溶

解性有机物。

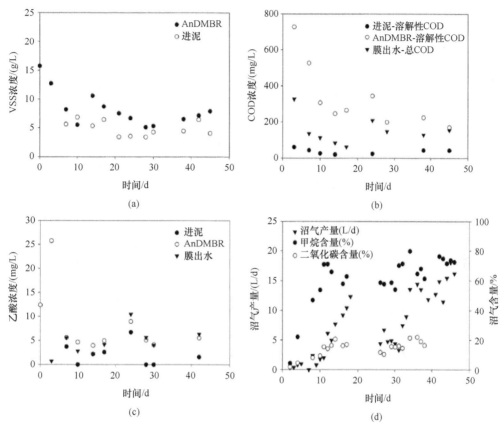

图 9.25　启动阶段剩余活性污泥的发酵情况
（a）VSS；（b）COD；（c）乙酸；（d）沼气产量和含量

在 VFA 组分方面，乙酸是 VFA 中最主要的组分，占到了 VFA 总含量的 91%以上。乙酸浓度的变化见图 9.25（c），其中进泥的乙酸浓度范围是 0～2.1 mg/L。而在发酵系统内，乙酸在启动 3 天时得到短暂累积，之后乙酸浓度下降并维持在（5.4±1.6）mg/L（$n=8$）的水平。此外，在启动 7 天之后，系统膜出水的乙酸浓度为（5.2±2.6）mg/L（$n=8$），与该系统内的乙酸浓度相似，说明乙酸可以透过动态膜。

图 9.25（d）表示了 AnDMBR 装置启动过程中的产气情况。启动 2 天后发现了产气情况，并且在启动后 2～18 天内沼气产量呈几乎直线上升的趋势。在启动后 20～31 天内由于装置出现了漏气状况，导致记录的沼气产量下降。启动后 34～46 天内，沼气产量保持在（12.6±4.6）L/d（$n=11$）。在甲烷含量方面，在启动初期甲烷含量不断上升，并在启动 11 天后维持在（67.8±7.6）%（$n=21$）的水平。在启动阶段末期，沼气产量达到相对稳定。启动后 34～46 天内，以消解单位质量 VSS 计的甲烷产率达到 0.32 L/gVSS 消解。

2）污泥中溶解性有机物的变化情况

图 9.26 表示启动阶段溶解性有机物的变化情况，以多糖、蛋白质和腐殖酸为代表。

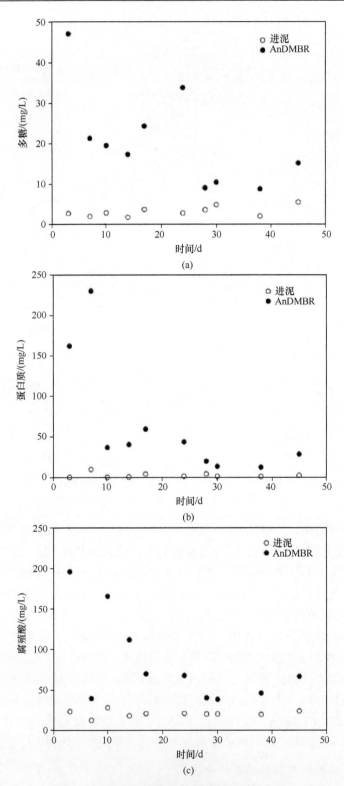

图 9.26 启动阶段溶解性有机物组分的变化情况

（a）多糖；（b）蛋白质；（c）腐殖酸

其中进泥中溶解性多糖、蛋白质和腐殖酸的浓度分别为（3.3±1.2）mg/L、（2.3±2.9）mg/L 和（20.4±4.0）mg/L（$n=10$）。从图 9.26 中可见，在 46 天的启动时间内，AnDMBR 系统内污泥中三种溶解性有机物的浓度在启动 24 天内呈现波动状态；启动 28 天后，多糖、蛋白质和腐殖酸的浓度分别为（10.9±3.0）mg/L、（18.5±7.3）mg/L 和（47.8±13.0）mg/L。AnDMBR 系统内污泥的三种溶解性有机物浓度均高于进泥；启动 28 天后，系统内污泥的溶解性多糖、蛋白质和腐殖酸的平均浓度分别是进泥的 3.3 倍、8.0 倍和 2.3 倍。上述结果表明在 AnDMBR 系统内，污泥中溶解性有机物得到大量释放，而且不同种类溶解性有机物释放程度的大小为蛋白质＞多糖＞腐殖酸。溶解性有机物为后续微生物的利用提供了大量底物，从而促进了厌氧消化过程。

2. 启动阶段反应器内微生物结构及多样性分析

1）微生物种群丰度与多样性统计

为了研究 AnDMBR 装置内的微生物（细菌和古菌）群落在启动阶段内的变化情况，分别在启动 0 天、7 天、14 天、28 天、38 天和 46 天收集反应器内的污泥样品，并通过高通量 454 焦磷酸测序手段进行分析。通过高通量 454 焦磷酸测序法，本章研究分别构建了 6 个细菌 16S rRNA V1-V3 基因库和 6 个古菌 16S rRNA V3-V5 基因库。细菌基因库和古菌基因库（各 6 个样品）的总有效序列数分别为 79085 条和 75933 条，平均每个样品的有效序列数分别为 13181 条和 12666 条。在有效序列的去杂优化后，得到细菌基因库和古菌基因库的高质量优化序列数分别为 56926 条和 60634 条，每条序列的平均长度分别为 474 bp 和 508 bp。在 97%的相似水平上，在细菌基因库和古菌基因库分别通过聚类获得 2447～3311 和 860～1055 个分类操作单元（OTU）。表 9.15 列出了反应器启动阶段细菌与古菌群落的丰度与多样性指数。

表 9.15 启动阶段细菌与古菌群落的丰度与多样性指数 [a]

时间/d	细菌群落				古菌群落			
	OTUs	Chao1	Shannon	覆盖率	OTUs	Chao1	Shannon	覆盖率
0	3311	10014	7.14	0.69	971	1757	3.96	0.95
7	2778	8185	6.66	0.73	1011	1969	3.94	0.95
14	2726	8069	6.98	0.73	860	1721	3.85	0.94
28	2447	7962	6.82	0.71	888	1887	4.29	0.93
38	2551	7823	6.85	0.73	899	1821	4.26	0.94
46	2850	8983	7.03	0.70	1055	2075	4.39	0.94

a 指数的相似性水平为 97%。

在细菌域内，OTU 数量在启动 28 天内下降，启动 28 天至 46 天内又有所上升。同时，通过 Chao1 指数也可估算 OTU 的总数量。Chao1 指数的变化趋势与 OTUs 的相似，但 Chao1 指数的最低值出现在启动后 38 天。OTUs 和 Chao1 指数均表明，在启动阶段细菌群落的丰度呈现先下降后上升的趋势。稀释性曲线的结果也证实了这些结论［图 9.27（a）］。细菌群落的多样性可通过 Shannon 指数表征。从表 9.15 中可见，在反应器启动 46 天内，Shannon 指数在 6.66～7.14 的范围内波动，表明启动阶段细菌群落的多样性无明显变化。

与细菌域内的变化不同，在古菌域，OTUs 数量在启动 14 天内呈现先上升后下降的变化趋势，启动 14 天至 38 天内保持相对稳定，启动 38 天后又呈现上升趋势。Chao1 指数的变化与 OTUs 的变化相似，且古菌群落的稀释性曲线数据也呈现相似的变化趋势[图 9.27（b）]。而 Shannon 指数在启动 14 天内维持在 3.85～3.96 的范围内，并在启动 28 天后有所上升，并保持在 4.26～4.39 的水平。在启动 46 天时，古菌群落的 OTUs 数量、Chao1 和 Shannon 指数均为启动阶段的最高值，表明启动阶段结束时古菌群落的丰度和多样性均达到顶峰。另一方面，样品基因库中的 Good's 覆盖率表征了样品中序列被检测出的概率，可用于评估测序结果反映样品中微生物真实情况的程度。从表 9.15 中可见，细菌和古菌群落的样品覆盖率范围分别是 0.69～0.73 和 0.93～0.95，表明焦磷酸测序结果可表征本研究中的大部分物种的遗传信息。

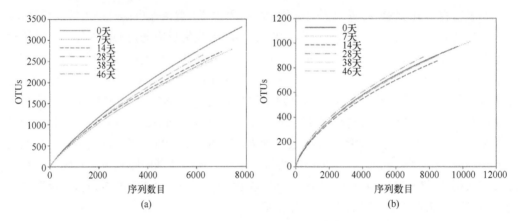

图 9.27　相似性水平为 97%的稀释性曲线
（a）细菌；（b）古菌

2）细菌群落结构变化

AnDMBR 装置启动过程中的微生物群落结构变化见图 9.28。如图 9.28（a）所示，变形菌门（*Proteobacteria*）和拟杆菌门（*Bacteroidetes*）在门分类学水平上的丰度最高，其相对丰度分别为 29.6%～52.3% 和 15.4%～26.1%。在整个启动阶段，变形菌门（*Proteobacteria*）的相对丰度在启动阶段开始时为 38.1%，启动后下降至启动 7 天时的 29.6%，之后又上升至启动 46 天时的 52.3%；而拟杆菌门（*Bacteroidetes*）的相对丰度在启动后 38 天内上升至 24.2%，并在 38～46 天内维持在 24.2%～26.1%的相对稳定水平。在 AnDMBR 系统启动阶段结束时，变形菌门（*Proteobacteria*）和拟杆菌门（*Bacteroidetes*）在系统内累积，并超过其他细菌门。相关研究表明这两类细菌门参与大分子物质和外源性化合物的降解过程。因此，这两类丰富存在的细菌门可以在 AnDMBR 系统中参与污泥分解过程。

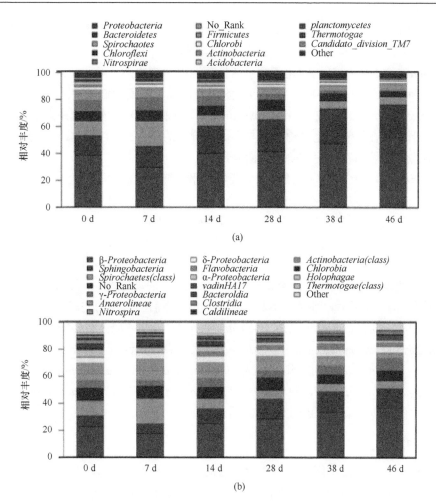

图 9.28　启动阶段细菌群落结构的变化情况（彩图扫描封底二维码获取）
（a）门分类学水平；（b）纲分类学水平
相对丰度低于 1%的门或纲在其对应分类学水平上被归类为 "Other（其他）"

　　如图 9.28（b）所示，变形菌门（*Proteobacteria*）下属的五类分支（即 α-变形菌纲、β-变形菌纲、γ-变形菌纲、δ-变形菌纲、ε-变形菌纲）均在 AnDMBR 系统启动阶段检测到，但 β-变形菌纲、γ-变形菌纲和 δ-变形菌纲是变形菌门（*Proteobacteria*）的主要分支，这三类细菌纲占到了纲分类学水平下的 25.6%～49.4%。其中，β-变形菌纲（*β-Proteobacteria*）是启动阶段丰度最高的纲，其相对丰度在启动后 7 天内短暂下降，之后便呈现上升的趋势。这类细菌纲是厌氧发酵系统中利用丙酸、丁酸和乙酸的最主要菌群，因此，β-变形菌纲（*β-Proteobacteria*）可能消耗了 AnDMBR 系统中的 VFA，导致了装置启动过程中的低 VFA 含量。

　　在拟杆菌门（*Bacteroidetes*）中，鞘脂杆菌纲（*Sphingobacteria*）的相对丰度保持在 8.4%～15.5%，在启动阶段结束时成为其中丰度最高的分支［图 9.28（b）］。在启动阶段结束时，黄杆菌纲（*Flavobacteria*）成为了拟杆菌门（*Bacteroidetes*）中相对丰度第二高的细菌纲，在启动 14 天至 46 天内其相对丰度为 3.54%～5.10%。拟杆菌门（*Bacteroidetes*）

中的噬细胞菌-黄杆菌群（*Cytophaga-Flavobacteria*）可利用几丁质、*N*-乙酰葡糖胺、蛋白质等物质，并参与分解大分子组分和溶解性有机物。因此，推测黄杆菌纲（*Flavobacteria*）的存在可能强化了剩余活性污泥中污染物的去除。此外，除了上述丰度较高的细菌纲，在 AnDMBR 装置的启动阶段也发现了丰度较低的细菌纲，如 α-变形菌纲（α-*Proteobacteria*）和梭菌纲（*Clostridia*）（图 9.28（b））。本研究中发现的这些低丰度的细菌纲可能在厌氧消化过程中参与了产氢阶段的代谢。产生的氢气作为底物，可能被氢营养型产甲烷菌在产甲烷阶段代谢利用。

图 9.29 显示了反应器启动阶段属分类学水平上细菌群落的层析聚类分析结果。根据聚类距离的远近，启动阶段不同时间的 6 个细菌基因库被归为 4 簇：簇 I 包含启动 0 天和 7 天的细菌样本；簇 II 包含启动 14 天的细菌样本；簇III包含启动 28 天的细菌样本；簇IV包含启动 38 天和 46 天的细菌样本。其中，簇 I 内的细菌样本（启动 0 天和 7 天）和簇IV内的细菌样本（启动 38 天和 46 天）具有高度的同源性。此外，簇 II、簇III、簇IV之间的距离小于其和簇 I 的距离。层析聚类分析结果表明，在启动过程中，细菌群落发生了巨大变化，且在启动 38 天后，细菌群落趋于稳定，预示着启动阶段的完成。在启动完成时，丰度较高的属主要包括 β-变形菌纲（β-*Proteobacteria*）下的 *Thauera*、*Zoogloea*、*Azospira*、*Propionivibrio*、*Comamonadaceae_uncultured*，γ-变形菌纲（γ-*Proteobacteria*）下的 *Xantho-monadaceae_uncultured*，鞘脂杆菌纲（*Sphingobacteria*）下的 *Saprospiraceae_ uncultured*、*Chitinophagaceae_uncultured*，黄杆菌纲（*Flavobacteria*）下的 *Flavobacterium* 等。这与细菌属水平上的分布结果一致［图 9.28（b）］。

3）古菌群落结构变化

为了研究启动阶段不同时间内古菌群落的相似性特征，本章研究针对不同样品古菌群落的 OTU 数据（97%相似性）进行了主成分分析（Principle component analysis，PCA），分析结果见图 9.30。OTUs 数据被提取出两个主成分，其中第一主成分（PC1）和第二主成分（PC2）分别可以解释 PCA 结果的 85.3%和 12.4%，二者累计解释 PCA 结果的 97.7%，大于常用阈值（85%）。根据 PCA 结果中样品间的相似性差异，启动阶段不同时间的古菌样品可以分为四组：组 I 包含启动 0 天和 7 天的样品；组 II 包含启动 14 天的样品；组III为启动 28 天的样品；组IV包含启动 38 天和 46 天的样品。各组内的样品（组 I 中的 0 天和 7 天、组IV中的 38 天和 46 天的样品）具有高度的相似性。此外，组 II、组 III、组IV之间的横坐标差异很小，而组 I 与其他三组的横坐标差异十分明显。由于 x 轴的差异可以解释绝大部分的分析结果（85.3%），因此可以推断 AnDMBR 系统的古菌群落结构在启动 7 天后发生了显著变化，并在启动 38 天后保持相对稳定。PCA 的结果与沼气产量的变化［图 9.25（d）］及细菌属水平上的群落分布（图 9.29）吻合，从而表明该 AnDMBR 装置可以在 38～46 天的启动期内完成。

除 PCA 外，启动阶段古菌群落的变化特性还可通过古菌群落结构表征（图 9.31）。

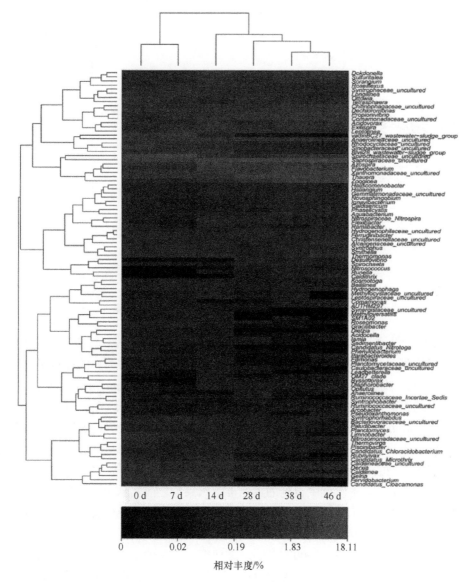

图 9.29　启动阶段属分类学水平上细菌群落的层析聚类分析及热图（heatmap）
（彩图扫描封底二维码获取）

其中选取了丰度最高的 100 个属。距离算法：Bray-Curtis，聚类方法：complete。图中颜色梯度对应不同细菌属的相对丰度大小

　　为了进一步研究反应器启动阶段古菌群落的变化情况和功能菌群，在属的分类学水平上进行了聚类分析。如图 9.32 所示，根据聚类距离的远近，启动阶段不同时间的 6 个古菌基因库被归为 4 簇：簇Ⅰ包含启动 0 天和 7 天的样本；簇Ⅱ包含启动 14 天的样本；簇Ⅲ包含启动 28 天的样本；簇Ⅳ包含启动 38 天和 46 天的样本。其中，簇Ⅰ内的样本（启动 0 天和 7 天）和簇Ⅳ内的样本（启动 38 天和 46 天）具有高度的同源性。启动阶段属分类学水平上古菌群落的层析聚类分析结果与 OTUs 数据的主成分分析结果（图 9.30）相似，证实了启动过程中古菌群落发生了明显变化，且在启动 38 天后保持相

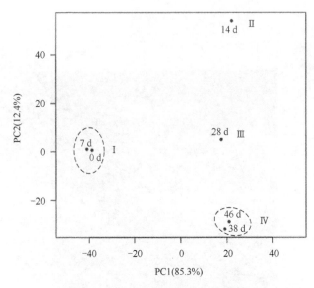

图 9.30　启动阶段不同样品古菌群落 OTU 数据的主成分分析结果

OTUs 的相似性水平为 97%

对稳定。甲烷绳菌属（*Methanolinea*）和甲烷鬃菌属（*Methanosaeta*）成为了系统启动阶段丰度最高的两个古菌属。在启动刚刚开始时（0 天），这两种古菌属的相对丰度分别为 50.0%和 10.3%。然而随着启动阶段的进行，甲烷绳菌属（*Methanolinea*）的相对丰度不断增加，甲烷鬃菌属（*Methanosaeta*）的相对丰度不断减少，导致在启动 28～46 天内，甲烷绳菌属（*Methanolinea*）成为了丰度最高的古菌属。而在关于传统厌氧消化工艺中古菌群落结构的研究中发现，乙酸发酵型的甲烷鬃菌属（*Methanosaeta*）是最主要的古菌属，而氢营养型的甲烷绳菌属（*Methanolinea*）只占到了古菌属水平上的很小一部分（Nelson et al.，2011）。本研究中得到的古菌群落结果与之前文献中的结果差异，表明该 AnDMBR 工艺的古菌群落具有区别于传统厌氧消化工艺的独特分布。据研究报道，在低乙酸浓度条件下，甲烷鬃菌属（*Methanosaeta*）是厌氧反应器中的主要乙酸发酵型产甲烷菌群（Zheng and Raskin，2000）。因此，本研究中丰富的甲烷鬃菌属（*Methanosaeta*）与启动阶段低水平的乙酸浓度［图 9.25（c）］一致。然而，在反应器启动 7 天之后，产生沼气中二氧化碳的含量只有 8%～22%［图 9.25（d）］，低于典型厌氧消化工艺中 30%～35%的含量，从而表明部分二氧化碳可能被氢营养型产甲烷菌利用，充当产甲烷过程中的碳源，这也与启动过程中甲烷绳菌属（*Methanolinea*）的高丰度吻合。在上述结果的基础上推测，甲烷绳菌属（*Methanolinea*）和甲烷鬃菌属（*Methanosaeta*）是该 AnDMBR 系统最主要的产甲烷菌群。由于它们分别是氢营养型产甲烷菌和乙酸发酵型产甲烷菌，因此两种产甲烷途径可能同时存在，但氢营养型产甲烷途径的比例更大。

　　为了进一步证实装置启动阶段的有效产甲烷途径，对启动开始（0 天）和启动结束（46 天）的反应器污泥样品进行了比产甲烷活性（SMA）测试。其中 SMA 测试分别选取乙酸和氢气/二氧化碳作为底物以模拟不同的产甲烷途径。如图 9.33 所示，在装置启动 0 天和 46 天时，以乙酸为底物的比产甲烷活性（SAMA）分别为（25.3±6.5）mlCH$_4$/gVSS d 和（17.1±2.0）mlCH$_4$/gVSS d，表明在启动结束时乙酸发酵型产甲烷菌的丰度下降。

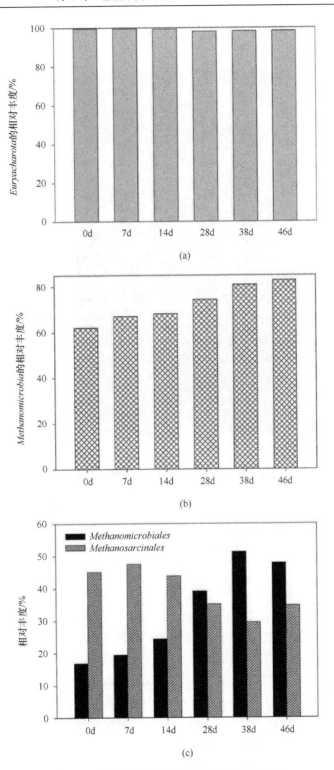

图 9.31　启动阶段古菌群落结构随时间的变化

（a）门分类学水平；（b）纲分类学水平；（c）目分类学水平

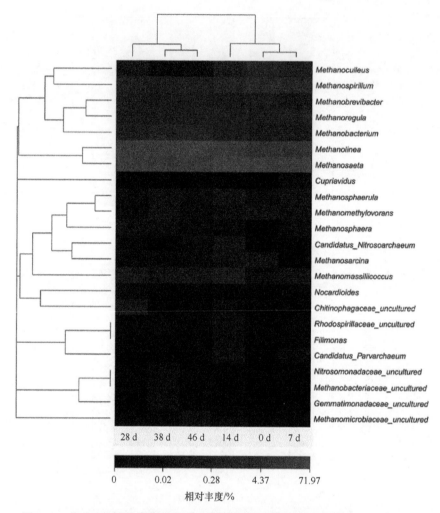

图 9.32 启动阶段属分类学水平上古菌群落的层析聚类分析及热图（heatmap）
（彩图扫描封底二维码获取）

距离算法：Bray-Curtis；聚类方法：complete。图中颜色梯度对应不同古菌属的相对丰度大小

然而，在装置启动 0 天和 46 天时，以氢气/二氧化碳为底物的比产甲烷活性（SHMA）分别为（46.6±8.4）mlCH$_4$/gVSS·d 和（112.4±20.5）mlCH$_4$/gVSS·d，表明在启动结束时氢营养型产甲烷菌的丰度上升。尽管由于底物类型和浓度的原因，SAMA 和 SHMA 的数值不能直接比较，但 SHMA/SAMA 值可以反映两种类型产甲烷菌的比例变化。SHMA/SAMA 在启动结束时的比例均值是在启动开始时的 3.6 倍，从而表明在氢营养型产甲烷菌对乙酸发酵型产甲烷菌的比例在 AnDMBR 系统启动阶段得到提升。根据 SMA 的测试结果推断，在系统启动过程中，氢营养型产甲烷途径和乙酸发酵型产甲烷途径同时存在，但在启动阶段结束时 AnDMBR 系统中氢营养型产甲烷途径占主导作用，SMA 的测试结果与古菌群落结构特征的分析一致（图 9.32）。

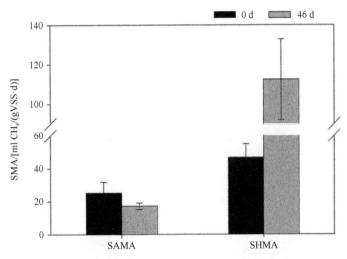

图 9.33 启动 0 天和 46 天时的 SMA 测试结果

SAMA 和 SHMA 分别表征以乙酸和氢气/二氧化碳为底物时的比产甲烷活性

9.3.3 AnDMBR 长期运行特性

本节研究中的剩余活性污泥取自上海市某污水处理厂的二级生物处理（A/A/O）装置。利用三套工艺系统平行处理该剩余活性污泥，工艺流程图如图 9.34 所示。其中在第一套和第二套污泥消化系统中，剩余活性污泥通过孔径 0.9 mm 的筛网过滤掉杂质后，分别进入厌氧动态膜生物反应器（AnDMBR）和传统厌氧发酵（CAD）装置。此外，9.2 节的研究中发现该 AnDMBR 系统具有污泥同步浓缩消化效果，因此另设置一套传统厌氧发酵（CAD2）系统处理上海市曲阳污水处理厂的重力浓缩污泥以进行辅助比较。剩余活性污泥在重力浓缩池内的停留时间为 12 h，浓缩污泥通过孔径 0.9 mm 的筛网过滤掉杂质后作为第三套污泥消化系统的进泥。不同进泥的性质见表 9.16。剩余活性污泥经过重力浓缩后，VSS 浓度提高了 3.6 倍，同时伴随着大量的溶解性有机物及氮磷释放。

表 9.16 剩余活性污泥和浓缩污泥的性质

污泥种类	VSS/（g/L）	溶解性COD/（mg/L）	乙酸/（mg/L）	氨氮/(mg/L)	正磷酸盐/（mg/L）	CST_n/（s·L/g TSS）
剩余活性污泥	3.47±0.82	30±17	3.5±2.4	4.9±5.2	10.9±7.1	3.3±0.5
浓缩污泥	17.55±3.46	847±468	56.5±31.8	93.9±64.5	281.3±101.1	8.7±4.2

AnDMBR 共运行 200 天，装置图见图 9.24。但长期运行阶段该 AnDMBR 系统的操作参数与启动期的略有差别，具体区别如下。启动期结束后，污泥的水力停留时间（HRT）和固体停留时间（SRT）分别为 5 天和 20 天。在动态膜分离区内，仍然采取间歇沼气循环的方式控制动态膜的形成与膜污染。一个沼气循环周期为：120 min 的沼气循环关闭和 20 min 的沼气循环开启。在沼气循环模式启动时，按升流区投影面积计算的沼气循环强度为 37.5 m³/（m²·h），动态膜运行的瞬时通量为 15 L/（m²·h）。在本章研究中，采用两种动态膜过滤操作方式（连续过滤和间歇过滤）。在运行 51～117 天，采取连续过滤方式，此时的膜面积为 0.038 m²。在运行 118～200 天时，采用间歇过滤方式：一个

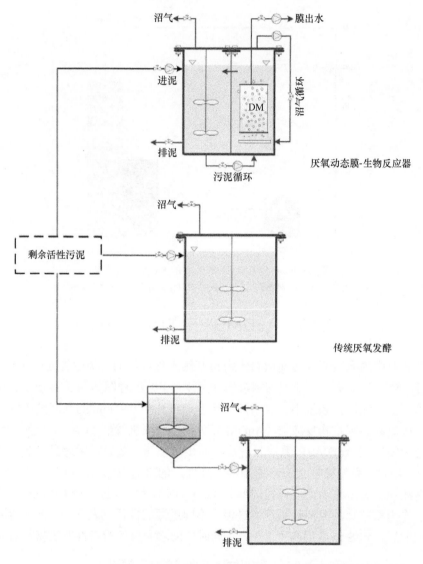

图 9.34　三套剩余活性污泥消化系统的流程图

过滤周期中包括 10 min 过滤和 2 min 暂停。为了保持与连续过滤方式相同的 HRT，膜面积增加至 0.046 m²。其他操作条件与 9.3.1 节相同。

　　为了方便工艺对比，同时设置了传统厌氧发酵的小试装置。该小试装置的有效容积为 5 L，采用半连续流的方式运行。装置的搅拌速度设置为 50 rpm，消化温度为（35±2）℃，以保持与 AnDMBR 装置的条件一致。由于在 CAD 工艺中，HRT 与 SRT 相同，为了方便与 AnDMBR 装置对照，需要对 CAD 装置分别设置 5 天和 20 天的 SRT（HRT）运行工况。在 SRT 短于 5 天的条件下，由于产甲烷菌随系统的流出，VFA 的消耗减弱导致其在系统内大量累积，因此短于 5 天的 SRT 不足以维持稳定的消化效果；在 SRT 不长于 20 天的范围内，消化效果随 SRT 的增加而提升。为了使该 CAD 厌氧消化装置达到更好的消化效果，SRT 的参数选择为 20 天。在图 9.34 中的第二套工艺（CAD）中，采用该装置处理剩余活性污泥，共运行 200 天；在图 9.34 中的第三套工艺（CAD2）中，采用该装置处理浓缩的剩余活性污泥，共运行 150 天。

本章研究中，VSS 的消解率根据式（9.1）计算：

$$\text{VSS}_{RR} = \frac{\text{VSS}_0 Q_0 - \text{VSS}_1 Q_1 - \text{VSS}_2 Q_2}{\text{VSS}_0 Q_0} \times 100\% \qquad (9.1)$$

式中，VSS_{RR} 为 VSS 的消解率，%；VSS_0、VSS_1 和 VSS_2 分别为厌氧消化系统进泥、消化污泥和膜出水的 VSS 浓度，g/L；Q_0、Q_1 和 Q_2 分别为厌氧消化系统进泥、消化污泥和膜出水的流量，L/d。需要特别指出的是，对于传统厌氧消化系统（CAD、CAD2）而言，不存在膜出水一项，因此 VSS_2 和 Q_2 的值为 0。

1. 厌氧消化效果

1）剩余活性污泥的厌氧可生物降解性

作为发酵底物，进泥的厌氧可生物降解性是影响厌氧发酵效果的重要指标之一。产甲烷潜力（BMP）测试是用于评价底物厌氧可生物降解性的有效手段。本章研究中，剩余活性污泥的 BMP 测试结果见图 9.35。从图中可见，本节研究中的剩余活性污泥以加入单位质量 VSS 计的最大甲烷产量为（199.5±6.4）ml/g VSS 加入。一般剩余活性污泥的产甲烷的 BMP 在（206～427）ml/g VSS 加入的范围内。本节研究中的剩余活性污泥呈现较低的 BMP 水平，表明其厌氧可生物降解性较差。在污水的生物处理系统中，尤其是较长污泥龄的条件下，大量死细胞及惰性悬浮颗粒的累积导致了剩余活性污泥较差的厌氧可生物降解性。

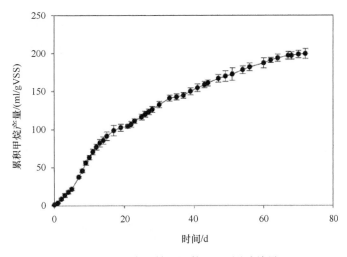

图 9.35　剩余活性污泥的 BMP 测试结果

2）VSS 浓度及消解率

图 9.36 表示了不同厌氧消化工艺中 VSS 的相关情况。如图 9.36（a）所示，AnDMBR 系统的 VSS 浓度是 CAD 系统的 4.0 倍。AnDMBR 系统的进泥 VSS 浓度是 CAD2 系统

的 0.2 倍（表 9.16），但 AnDMBR 系统内污泥的 VSS 浓度达到了 CAD2 系统的 0.9 倍。通过 AnDMBR 工艺与不同进泥来源的传统厌氧消化工艺的 VSS 浓度对比结果表明该 AnDMBR 系统具有有效的浓缩效果。图 9.36（b）表征了三种污泥厌氧消化系统中的污泥减量情况。t 检验的结果表明 CAD 系统和 CAD2 系统的 VSS 消解率无显著差异（p=0.51），即浓缩过程对于传统厌氧消化系统中污泥的 VSS 去除效果没有显著影响。而在 AnDMBR 系统中，VSS 的消解率达到（50.8±6.8）%，高于传统厌氧消化系统（CAD 和 CAD2），表明该工艺强化了污泥的减量效果。关于 VSS 的研究结果表明该 AnDMBR 系统具备剩余活性污泥的同步浓缩消化效果。

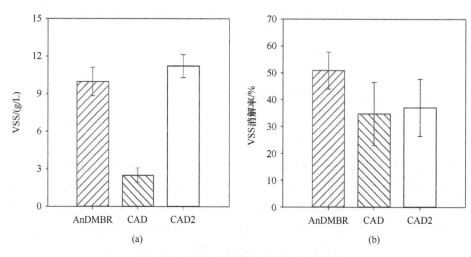

图 9.36 三种厌氧消化工艺的 VSS 情况
（a）VSS 浓度；（b）VSS 消解率

由于 CAD2 系统与 CAD 系统的 VSS 消解率无显著差异，且 CAD2 系统的进泥为浓缩污泥，与另外两套系统的进泥来源不同，因此后续研究主要围绕 AnDMBR 工艺与 CAD 系统的比较进行。

3）溶解性 COD 浓度

图 9.37 表示 AnDMBR 系统和 CAD 系统内污泥的溶解性 COD 的浓度变化。

与进泥的溶解性 COD（表 9.16）比较，经过厌氧消化过程，污泥的溶解性 COD 浓度均呈现不同程度的增加。从图 9.37 中可见，AnDMBR 装置中污泥的溶解性 COD 浓度是 CAD 装置的 1.7 倍。由于在厌氧发酵过程中，污泥的水解程度可通过溶解性 COD 浓度的变化表征。因此，溶解性 COD 的结果表明与 CAD 系统相比，该 AnDMBR 系统可以更好的促进污泥水解，从而为后续的微生物代谢提供有机底物。

4）氮磷元素的释放

在剩余活性污泥的厌氧消化过程中，含氮有机物的降解同时释放大量的氨氮（NH$_3$-N）；同时，强化生物除磷工艺（如 A/A/O 工艺等）的污泥中，聚磷菌在厌氧条件下也释放大量的磷酸盐（PO$_4^{3-}$-P）。因此，溶解性的氨氮 NH$_3$-N 和正磷酸盐（PO$_4^{3-}$-P）

成为厌氧消化工艺中的副产物。此外，高浓度的氨氮也可抑制厌氧消化过程的进行。两种反应器中溶解性氨氮和正磷酸盐的浓度如图 9.38 所示。

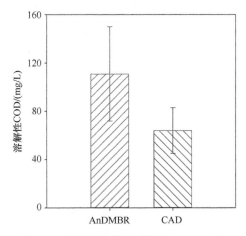

图 9.37　不同反应器的溶解性 COD 浓度

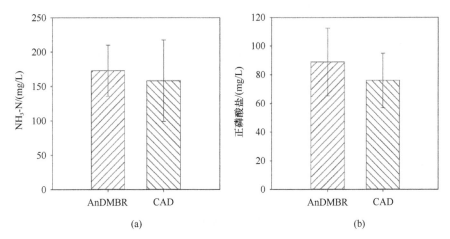

图 9.38　不同反应器的溶解性氮磷元素释放情况

（a）NH_3-N；（b）正磷酸盐

　　与进泥的氨氮浓度（表 9.16）相比，AnDMBR 和 CAD 反应器中污泥的平均溶解性氨氮浓度分别是进泥的 35.2 倍和 32.3 倍 [图 9.38（a）]，表明两种厌氧消化工艺中均有大量的氨氮产生。同时，AnDMBR 装置中的平均氨氮浓度略高于 CAD 装置（前者氨氮浓度为后者的 1.1 倍），表明 AnDMBR 工艺促进了溶解性有机物释放的同时，也少量促进了氨氮的释放。从两套反应器的浓度比例来看，与 CAD 反应器相比，AnDMBR 装置对于溶解性氨氮释放的促进程度低于溶解性 COD（图 9.37）。此外，尽管 AnDMBR 装置中的氨氮浓度略高，但未达到抑制厌氧消化作用的抑制浓度阈值（200 mg/L）（Chen et al.，2008），表明当前浓度的氨氮对于剩余活性污泥的厌氧消化过程无明显负面影响。

　　由于本章研究中的剩余活性污泥来自 A/A/O 工艺，因此在其厌氧消化过程中存在磷的释放。与进泥的正磷酸盐浓度（表 9.16）相比，AnDMBR 和 CAD 反应器中污泥的平均溶解性正磷酸盐浓度分别是进泥的 8.2 倍和 7.0 倍 [图 9.38 (b)]，表明剩余活性污泥在两种厌氧消化的过程中也伴有正磷酸盐产生。与氨氮的浓度规律相似，AnDMBR 装置的平均正磷酸盐浓度同样略高于 CAD 装置（前者正磷酸盐浓度为后者的 1.2 倍），表明该工艺也少量促进了正磷酸盐的释放。进泥的溶解性 C∶N∶P 值（分别以溶解性 COD、氨氮、正磷酸盐计）为 1.00∶0.12∶0.27，而 AnDMBR 系统内污泥的溶解性 C∶N∶P 值为 1.00∶1.27∶0.65，表明经过该系统厌氧消化后的污泥中氨氮和正磷酸盐的比例相对提升，具备氮磷回收的潜能。

5）乙酸浓度

本节研究中，挥发性脂肪酸（VFA）中最主要的成分为乙酸，其含量占到 VFA 的 90%以上。图 9.39 表示了两套反应器中污泥的乙酸浓度情况。尽管 AnDMBR 工艺中乙酸的浓度是 CAD 工艺的 1.6 倍，但与进泥的乙酸浓度（表 9.16）相比，AnDMBR 和 CAD 反应器中的乙酸浓度没有如其他指标一样出现明显提升，且处于较低的浓度值。推测原因可能是产生的乙酸被迅速利用参与产甲烷过程，导致反应器内的净乙酸含量较低。

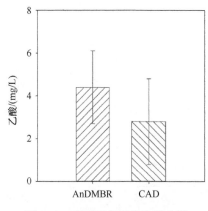

图 9.39　不同反应器的乙酸含量

6）甲烷产量

图 9.40 表示了长期运行条件下不同反应器的甲烷产量变化情况，其中甲烷产量均换算为标准状况（温度为 0℃，压强为 1 标准大气压）1 标准大气压=1.013×10^5Pa 的产气量。在 AnDMBR 装置中，以单位体积反应器计的甲烷产量为（0.15±0.05）L/（L 反应器·d），远远高于 CAD 反应器的甲烷产量。同时，AnDMBR 装置中以消解单位质量 VSS 计的甲烷产率为（0.27±0.07）L/g VSS 消解，同样远远高于 CAD 反应器的甲烷产率 [（0.02±0.02）L/g VSS 消解]。上述结果显示了该 AnDMBR 反应器具有强化产甲烷的效果。此外，为了研究微生物的产甲烷特性，对两套反应器内的污泥进行了比产甲烷活性（SMA）测试。为了检测乙酸发酵型产甲烷菌和氢营养型产甲烷菌的活性，在 SMA 测试中分别采用乙酸和 H_2/CO_2 作为测试底物，不同底物的 SMA 测试结果见表 9.17。AnDMBR 装置的基于两种底物的 SMA 结果均高于 CAD 装置，表明该 AnDMBR 工艺中的微生物也具有更高的比产甲烷活性，从而验证了该 AnDMBR 反应器可以获得更高的甲烷产量。该

AnDMBR 反应器的强化产甲烷效果可以由以下两个原因解释：第一个原因是 VSS 容积负荷的提升；在传统厌氧消化工艺中，HRT 和 SRT 两个操作参数的数值相等，而在 AnDMBR 系统中，由于膜分离的作用，将 HRT 和 SRT 两个操作参数解耦，相对缩短了 HRT，因此与传统厌氧消化工艺相比，可以大幅提升 VSS 的容积负荷。在本章研究中，在相同 SRT 的条件下，AnDMBR 装置的 VSS 容积负荷是 CAD 装置的 5 倍。因此，在 AnDMBR 系统中存在充足的有机底物用于厌氧消化，而 CAD 装置中的有机底物明显不足。第二个原因是沼气循环，在本章研究中，AnDMBR 装置中的沼气循环不仅起到控制动态膜形成和膜污染的作用，而且还提供了附加的混合效果。沼气循环增加了有机底物和微生物之间的接触机会、强化了厌氧生化反应的传质过程，从而提升了剩余活性污泥的厌氧消化效果。

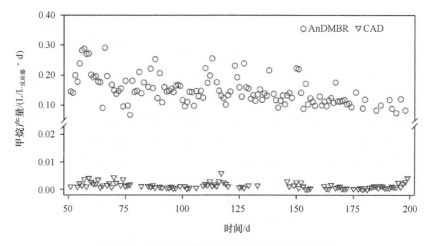

图 9.40　不同反应器的甲烷产量随时间的变化

表 9.17　基于不同底物的 SMA 测试结果

底物	SMA 数值/ [ml/ (g VSS·d)]	
	AnDMBR	CAD
乙酸	33.8±2.3	10.0±0.8
H_2/CO_2	127.0±3.8	48.3±13.8

　　在 AnDMBR 装置的长期运行中，还同步监测了沼气的成分。该装置中沼气的主要成分（甲烷与二氧化碳）的含量见图 9.41。从图中可见，在本章研究中，除了甲烷产量的提升，AnDMBR 装置的沼气中也发现了高浓度的甲烷成分。AnDMBR 装置中甲烷体积浓度达到（72.0±8.2）%，处于文献报道的典型污泥厌氧消化工艺的甲烷浓度范围（60%～70%）的较高水平（Appels et al.，2008）。同时，AnDMBR 装置中二氧化碳的体积浓度为（16.8±4.0）%，明显低于文献报道的范围（30%～35%）（Appels et al.，2008）。由于沼气中的甲烷是可燃性气体，因此 AnDMBR 系统的沼气中更大比例的甲烷也意味着其相对更高的能源回收潜力。

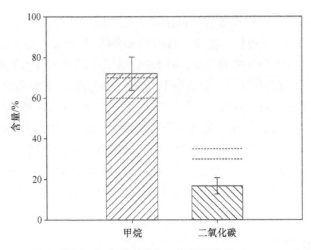

图 9.41 AnDMBR 装置沼气中的甲烷与二氧化碳含量（Appels et al.，2008）
虚线表示文献报道的常规厌氧发酵工艺沼气中的甲烷与二氧化碳含量范围

推测 AnDMBR 系统的高甲烷浓度可能与其系统内的产甲烷途径有关。在污泥厌氧消化中最常见的甲烷化途径见表 9.18。从表中可见，理论条件下乙酸发酵型产甲烷途径产生的沼气中甲烷和二氧化碳体积浓度相同；而氢营养型产甲烷途径可以消耗沼气中的二氧化碳产生甲烷，从而增加沼气中的甲烷浓度、降低二氧化碳的浓度。在本章研究中，为了评估两套厌氧消化反应器中的产甲烷途径，采用稳定同位素 ^{13}C 示踪技术，分析计算上述两种甲烷生成途径对总甲烷产生量的贡献（Conrad，2005）。如表 9.19 所示，AnDMBR 系统中甲烷的稳定同位素丰度低于 CAD 系统，而二氧化碳的稳定同位素丰度则高于 CAD 系统。根据甲烷和二氧化碳的稳定同位素丰度计算的表观产甲烷同位素分馏因子（α_c）可用于判断甲烷生成途径。α_c 值越高，说明氢营养型产甲烷途径的比例越多。一般认为，当 $\alpha_c > 1.065$ 时，甲烷主要由氢营养型途径产生；当 $\alpha_c < 1.025$ 时，甲烷主要由乙酸发酵型途径产生；当 α_c 值在 1.045 附近时，甲烷由两种途径共同产生（Conrad，2005）。从表 9.19 中可见，两套厌氧消化反应器中的产甲烷途径均为氢营养型和乙酸发酵型的混合途径，但在 AnDMBR 系统中氢营养型产甲烷途径贡献的程度更高。稳定同位素示踪的结果解释了 AnDMBR 系统产生的沼气中更高浓度的甲烷和更低浓度的二氧化碳的原因。

表 9.18 污泥厌氧消化中的主要产甲烷途径

产甲烷途径	生化反应式	$\Delta G^\theta /$（kJ/mol CH_4）
乙酸发酵型	$CH_3COOH \longrightarrow CH_4 + CO_2$	−31.0
氢营养型	$4H_2 + CO_2 \longrightarrow CH_4 + 2H_2O$	−135.6

表 9.19 两套厌氧消化系统中的稳定同位素示踪指标

指标	AnDMBR	CAD
δCH_4/‰	−51.50±0.14	−44.80±0.28
δCO_2/‰	1.20±0.14	−4.25±0.07
α_c	1.056±0.001	1.042±0.001

2. 动态膜过滤效果

在 AnDMBR 系统的运行过程中，动态膜的形成是决定膜出水质量的关键因素。然而，动态膜的过度增长导致跨膜压差（TMP）的快速增加，从而造成膜污染。因此，为了控制动态膜的形成及膜污染，在 AnDMBR 系统中采用沼气循环的操作方式，按照升流区投影面积计算的沼气循环强度为 37.5 m³/（m²·h）。中试规模的厌氧膜-生物反应器工艺运行中通常采用的沼气循环强度为 17.6～5.0 m³/（m²·h），本章研究中的沼气循环强度处于上述范围的中等水平。之前的研究发现，采用连续沼气循环操作模式严重破坏了动态膜的形成，导致膜出水的水质变差（膜出水浊度高于 1000 NTU）。为了同时控制动态膜形成和膜污染，在 AnDMBR 装置的长期运行中采用间歇沼气循环的操作模式（关闭时间 120 min、开启时间 20 min）。此外，与连续沼气循环模式相比，本章研究中的间歇沼气循环操作模式在相同沼气循环强度条件下可节省约 85.7%的能耗。

图 9.42 显示了长期运行条件下 AnDMBR 装置的动态膜过滤效果。在长期运行阶段，依次采用了两种过滤模式，即连续过滤和间歇过滤（10 min 抽吸、2 min 暂停）。在两种过滤模式中，TMP 随运行时间的变化呈现明显的两阶段增长特征，即初始阶段 TMP 长时间的缓慢增长和后续阶段 TMP 短时间的快速增长。如图 9.43 所示，在粒径分布方面，与反应器内的污泥相比，AnDMBR 系统两种过滤模式下的膜出水中的粒径更小，表明两种过滤模式下的动态膜层均有效拦截了污泥混合液中的颗粒。在膜出水的水质方面，连续过滤和间歇过滤模式下的出水浊度分别为（84.4±60.8）NTU 和（98.0±66.6）NTU，t 检验的结果表明两组出水浊度没有显著差异（p=0.40）。然而，两种过滤模式在膜污染控制方面有明显不同。如图 9.42 所示，间歇过滤和连续过滤模式的膜清洗周期分别为（16.6±8.0）天和（4.3±1.3）天，前者的平均膜清洗周期是后者的 3.9 倍。在动态膜过滤效果相似的情况下，更长的膜清洗周期表明间歇过滤模式在控制动态膜过度增长方面的

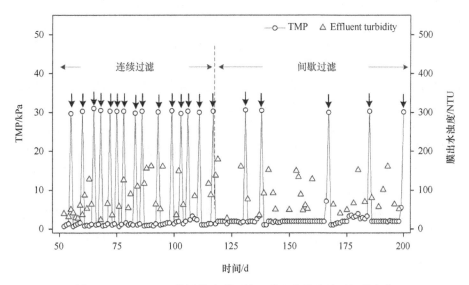

图 9.42　AnDMBR 装置的跨膜压差及膜出水浊度随时间的变化

箭头表示物理清洗的时间点

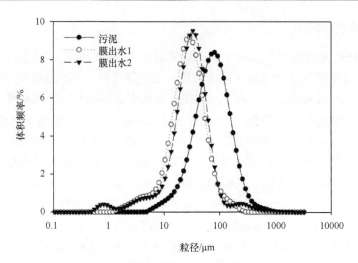

图 9.43　AnDMBR 装置中污泥和膜出水的粒径分布

膜出水 1 和膜出水 2 分别代表连续过滤和间歇过滤模式的膜出水

优势。主要原因是在间歇过滤模式中，当出水泵暂停抽吸时，部分膜污染物（动态膜）在浓度梯度和表面剪切力的作用下脱离膜表面，从而有效控制了动态膜的过度增长。因此，本章研究中，该 AnDMBR 装置的运行更适合采用间歇过滤模式。

3. 污泥性质

1）胞外有机物分布

在厌氧消化过程中，污泥的水解导致了污泥内微生物细胞的细胞壁破裂及胞外聚合物（EPS）的释放，从而为产酸微生物提供溶解性有机物（DOM）等物质。因此，污泥絮体中 DOM 和附着性 EPS 的含量是表征厌氧消化过程的重要指标。图 9.44 显示了胞外有机物的主要三种组分，即 DOM、松散附着性 EPS（LB-EPS）和紧密附着性 EPS（TB-EPS）在不同污泥中的分布。在进泥与消化污泥中，胞外有机物的分布规律相似，即主要分布在 TB-EPS 中，其次分布在 LB-EPS 中，而 DOM 中的有机物含量最低。在 LB-EPS 和 TB-EPS 组分中，不同污泥的有机物总含量均呈现如下规律：AnDMBR 污泥＜CAD 污泥＜进泥。与 CAD 工艺相比，AnDMBR 工艺的污泥附着性 EPS 含量的削减量更多，从而表明 AnDMBR 工艺达到了强化降解 EPS 的效果。在 DOM 组分方面，t 检验的结果表明两套厌氧消化装置的蛋白质含量无显著差异（$p=0.95$），但 AnDMBR 污泥 DOM 组分的多糖和腐殖酸类物质含量及 DOM 组分总含量均低于 CAD 污泥。在本章研究中，剩余活性污泥作为唯一的碳源，在厌氧消化阶段污泥释放的 DOM 可充当后续生化反应的电子供体。推测与 CAD 系统相比，AnDMBR 系统中更多的 DOM 可能被微生物利用参与产甲烷过程，从而导致了其 DOM 表观含量低于 CAD 系统。

2）DOM 的特性

不同污泥样品 DOM 组分的分子量分布见图 9.45。按分子量从小到大可分成三个峰，从图中可见，不同污泥样品 DOM 组分的峰数量和峰位置均发生了变化。进泥的 DOM

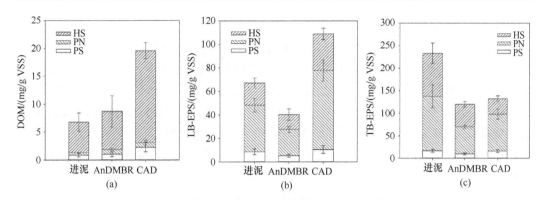

图 9.44　不同污泥的胞外有机物分布

（a）DOM；（b）LB-EPS；（c）TB-EPS

PS、PN 和 HS 分别表征多糖、蛋白质和腐殖酸类物质

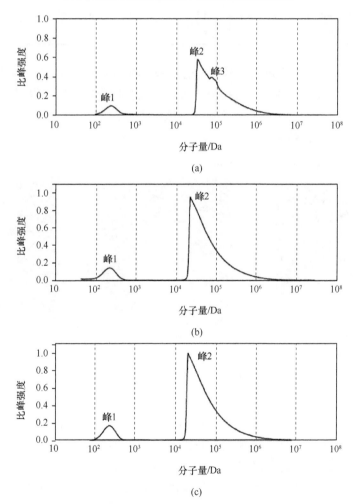

图 9.45　不同污泥样品 DOM 组分的分子量分布

（a）进泥；（b）AnDMBR 污泥；（c）CAD 污泥

组分中含有三个峰，而消化污泥的 DOM 组分只含有两个峰（峰 3 消失）；此外，与进泥的 DOM 组分相比，消化污泥的 DOM 组分中峰 1 和峰 2 的位置均向小分子的方向移动。上述结果表明，经过厌氧消化后，污泥 DOM 组分的分子量减小。表 9.20 总结了不同污泥样品 DOM 组分的分子量特征值。AnDMBR 污泥的数均分子量（Mn）比 CAD 污泥低 12.2%，而重均分子量（M_w）仅比 CAD 污泥高 0.2%，表明 AnDMBR 污泥 DOM 组分中存在更多的小分子物质。此外，AnDMBR 污泥 DOM 组分的 Mw/Mn 值高于 CAD 污泥，表明其分子量分布更宽。推测可能是与 CAD 工艺相比，AnDMBR 工艺中溶解性有机物的释放和降解更多，因此导致了其分子量分布变宽。

表 9.20　不同污泥样品 DOM 组分的分子量特征

污泥样品	Mn/kDa	Mw/kDa	Mw/Mn
进泥	5.9	142.3	24.0
AnDMBR 污泥	4.5	107.3	23.7
CAD 污泥	5.1	107.1	20.8

　　除分子量分布外，还通过三维激发发射矩阵（EEM）荧光谱图技术分析表征了不同样品 DOM 组分的荧光特性。通过插值法去除瑞利和拉曼散射后，得到不同样品 DOM 组分的 EEM 光谱（图 9.46）。在此基础上，通过荧光区域积分（FRI）的方法定量分析 EEM 光谱，FRI 的分析结果见图 9.47。

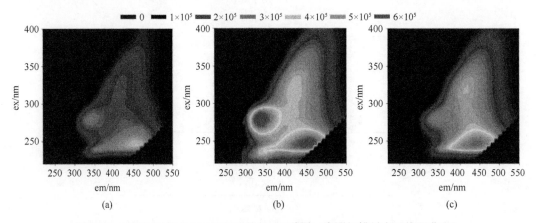

图 9.46　不同污泥样品 DOM 组分的 EEM 谱图（彩图扫描封底二维码获取）
(a) 进泥；(b) AnDMBR 污泥；(c) CAD 污泥

　　EEM 的谱图可分为 5 个区域（Chen et al.，2003），其中区域Ⅰ至区域Ⅴ分别表征类酪氨酸的芳香族蛋白质、类色氨酸的芳香族蛋白质、类富里酸物质、类溶解性微生物代谢产物和类腐殖酸物质。其中，区域Ⅱ和区域Ⅳ中的荧光物质具有较高的可生物降解性，而区域Ⅲ和区域Ⅴ中的荧光物质的可生物降解性较低。从图 9.47 中可见，与 CAD 系统相比，AnDMBR 系统的污泥 DOM 组分中区域Ⅱ和区域Ⅳ所占的比例更高，而区域Ⅲ和区域Ⅴ所占的比例更低，表明该 AnDMBR 系统可以在剩余活性污泥厌氧消化的过程中提供更利于后续厌氧微生物代谢的底物。这也是该反应器甲烷产量提升的原因之一。

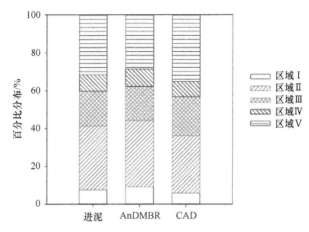

图9.47 不同污泥样品 DOM 组分的 FRI 分析结果

3）污泥粒径

图9.48 显示了进泥和消化污泥的粒径情况。两种消化污泥的体积平均粒径和体积分布的中位粒径均明显小于进泥，表明厌氧消化工艺可以有效减少污泥粒径。然而，t 检验的结果显示 AnDMBR 与 CAD 污泥的体积平均粒径和体积分布的中位粒径的 p 值分别为 0.21 和 0.28，从而表明两种厌氧消化工艺的污泥粒径没有显著差异。推测原因可能是在 AnDMBR 反应器中，除排泥外还有一部分小颗粒物质以膜出水的形式流出系统，从而使系统内净累积的污泥粒径相对增加，因此两种厌氧消化系统的污泥粒径没有显著差异。

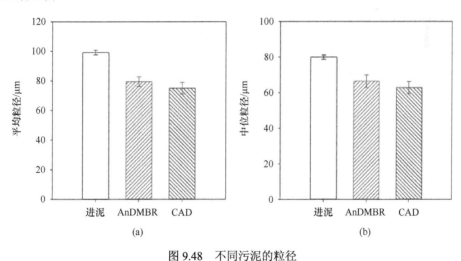

图9.48 不同污泥的粒径
（a）体积平均粒径；（b）按体积分布的中位粒径

4）污泥脱水性能

在剩余活性污泥的处理工艺中，厌氧消化的下一步工序通常是污泥脱水。在本章研究中，将标准毛细吸水时间（CST_n）作为衡量污泥脱水性能的指标。两种厌氧消化工艺的消化污泥的 CST_n 值见图9.49。与进泥相比，消化污泥的 CST_n 值明显升高，表明厌氧消化后剩余活性污泥的脱水性能有所恶化。然而，消化污泥的 CST_n 值却低于重力浓缩的污泥（表9.16），从而表明消化污泥具有比重力浓缩污泥更好的脱水特性。

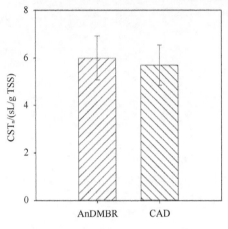

图 9.49　两种消化污泥的 CST_n 情况

此外，对两种消化污泥的 CST_n 值进行了 t 检验，结果显示两者之间没有显著差异（$p=0.65$）。AnDMBR 装置的污泥显示了与 CAD 装置污泥相似的脱水特性。由于污泥粒径是影响污泥脱水性能的因素之一，本章研究中污泥脱水性能的结果与污泥粒径的结果一致。污泥脱水性能还与 DOM 中的组分相关。如图 9.50 所示，在 DOM 的三种主要组分中，蛋白质含量与 CST_n 值呈现高度相关性，而多糖和腐殖酸类物质与 CST_n 值的相关性较低，从而证实 DOM 组分中的蛋白质含量可以显著影响污泥的脱水性能。如前文所述，AnDMBR 与 CAD 系统的 DOM 组分中蛋白质含量无明显差异，这也合理解释了本章研究中两套厌氧消化系统相似的污泥脱水性能。

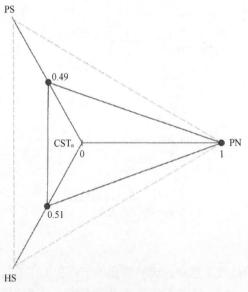

图 9.50　CST_n 与 DOM 各组分的相关系数

PS、PN 和 HS 分别表征多糖、蛋白质和腐殖酸类物质

5）污泥重金属含量

表 9.21 显示了两种工艺消化污泥的重金属情况。其中重金属含量基于单位质量的干污泥计算。从表 9.21 中可见，两种厌氧消化污泥中的重金属含量均满足《城镇污水处理厂污泥处置 农用泥质 CJ/T 309—2009》中 A 级污泥的标准，表明从重金属的角度考虑，两种工艺的消化污泥均具备农用处置的潜能，在经过无害化处理后，可施用于蔬菜、粮食作物、油料作物、果树、饲料作物、纤维作物等农作物，从而实现污泥的资源化处置。

表 9.21　不同污泥的重金属含量　　　（单位：mg/kg）

项目	AnDMBR 消化污泥	CAD 消化污泥	标准限值 [a]
总镉	未检出	未检出	<3
总铬	51±33	89±33	<500
总铜	169±90	136±9	<500
总汞	未检出	未检出	<3
总镍	未检出	未检出	<100
总铅	75±50	68±44	<300
总锌	878±306	803±168	<1500

a 表示采用《城镇污水处理厂污泥处置 农用泥质 CJ/T 309—2009》的 A 级污泥限值。

4. 微生物群落特性

1）微生物种群丰度与多样性统计

为了研究不同反应器内的微生物群落情况，在两台反应器运行至 180 天时收集 AnDMBR 和 CAD 装置内的污泥样品，同时收集进泥的样品作为对照（共 3 个样品）。在采集污泥样品时，系统的运行时间均超过 3 倍的污泥龄，达到稳定运行的状态。采用高通量 454 焦磷酸测序手段进行分析细菌和古菌群落特征。

通过高通量 454 焦磷酸测序法，本章研究分别构建了 3 个细菌 16S rRNA V1-V3 基因库和 3 个古菌 16S rRNA V3-V5 基因库。在有效序列的去杂优化后，得到细菌基因库和古菌基因库的高质量优化序列数分别为 21887 条和 30683 条，每条序列的平均长度分别为 422 bp 和 471 bp。不同污泥样品的高质量优化序列数见表 9.22。为了在相同的测序深度下公平比较，分别将细菌和古菌样品的序列数抽平至 4046 条和 8609 条。在 97% 的相似水平上，在细菌基因库和古菌基因库通过聚类获得分类操作单元（OTU）。

表 9.22　不同污泥样品的细菌与古菌群落的丰度与多样性指数

样品		优质序列数	抽平后序列数	OTUs	Chao	Shannon	覆盖率
细菌群落	进泥	9446	4046	407	448	5.15	0.98
	AnDMBR	8395	4046	360	409	4.95	0.98
	CAD	4046	4046	317	317	4.52	1.00
古菌群落	进泥	9567	8609	45	47	1.53	1.00
	AnDMBR	12507	8609	78	80	1.97	1.00
	CAD	8609	8609	65	67	2.92	1.00

如表 9.22 所示，在细菌和古菌群落中，所有污泥样品的覆盖率均超过 0.98，表明在本章研究的基因库中检测到了大多数常见的系统发育种群。在细菌群落中，两种厌氧消化工艺污泥的 Chao 指数和 Shannon 指数均低于进泥；而在古菌群落中，两种厌氧消化工艺污泥的 Chao 指数和 Shannon 指数均高于进泥。由此可见，在剩余活性污泥的厌氧消化工艺过程中，细菌群落的丰度和多样性有所下降，而古菌群落的丰度和多样性有所上升。污泥样品在细菌和古菌群落的稀释性曲线结果也可支撑上述结论（图 9.51）。

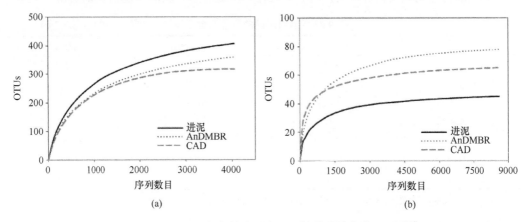

图 9.51　相似性水平为 97% 的稀释性曲线

（a）细菌；（b）古菌

2）细菌群落结构

图 9.52 显示了三种污泥样品（即进泥、AnDMBR 工艺的污泥和 CAD 工艺的污泥）的细菌群落分布。

如图 9.52（a）所示，在两种厌氧消化工艺的细菌群落中，变形菌门（*Proteobacteria*）和拟杆菌门（*Bacteroidetes*）是两种丰度最高的细菌门。与 CAD 工艺相比，在 AnDMBR 工艺中，以上两种细菌门在相应分类学水平上占有更高的比例，从而在微生物角度上解释了 AnDMBR 工艺能够强化胞外有机物降解的原因。在这些检测到的细菌门中，变形菌门（*Proteobacteria*）的相对丰度最高，并且其五个分支（即 α-变形菌纲、β-变形菌纲、γ-变形菌纲、δ-变形菌纲、ε-变形菌纲）在纲分类学水平上的分布情况见图 9.52（b）。β-变形菌纲（*β-Proteobacteria*）是两种消化污泥样品中丰度最高的纲。如图 9.52（b）所示，该细菌纲在 AnDMBR 反应器中的相对丰度高于 CAD 反应器，这也与 AnDMBR 工艺的强化降解效果相对应。此外，β-变形菌纲（*β-Proteobacteria*）也是利用丙酸、丁酸和乙酸的微生物群落中的优势细菌纲，因此在 AnDMBR 和 CAD 工艺中，高丰度的 β-变形菌纲（*β-Proteobacteria*）可能参与消耗了 VFA，从而导致这两种厌氧消化系统中的低 VFA 浓度。除了上述丰度较高的细菌，一些丰度较低的细菌在厌氧消化过程中也可能发挥了作用。本章研究中检测到了少量产氢细菌的存在，如 α-变形菌纲（*α-Proteobacteria*）中的红杆菌属（*Rhodobacter*），这些产氢细菌的存在意味着可能在反应器内出现多样的产甲烷途径，如氢营养型产甲烷途径。

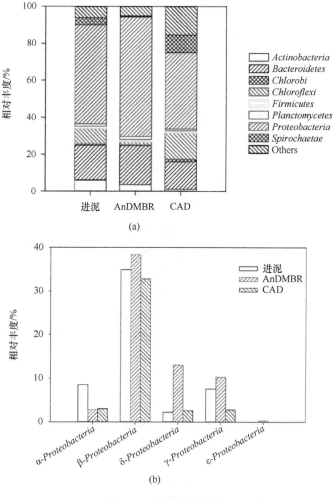

图 9.52　细菌群落分布

（a）门分类学水平；（b）变形菌门（*Proteobacteria*）在纲分类学水平上的分支
相对丰度低于 1%的门在其对应分类学水平上被归类为"Other（其他）"

3）古菌群落结构

为了阐释不同古菌群落间的相似性，根据相似性水平 97%的古菌样品 OTUs 结果进行 Venn 分析，分析结果如图 9.53 所示。在 3 个污泥样品中共存在 112 个 OTUs，而 3 个污泥样品共享的 OTUs 数量为 26，占 OTUs 总数量的 23.2%。AnDMBR 污泥样品独有的 OTUs 占 OTUs 总数量的 35.7%，而 CAD 污泥样品独有的 OTUs 比例为 17.0%。在与进泥的共享 OTUs 方面，AnDMBR 污泥与进泥共享的 OTUs 占 OTUs 总数量的 26.8%，而 CAD 污泥与进泥共享的 OTUs 比例为 33.9%。从图 9.53 可见，与 CAD 工艺的污泥相比，AnDMBR 污泥样品独有的 OTUs 比例更高，且跟进泥共享的 OTUs 比例更低。Venn 分析的结果表明，与 CAD 系统相比，经过 AnDMBR 系统的厌氧消化后，污泥的古菌群落变化更大。

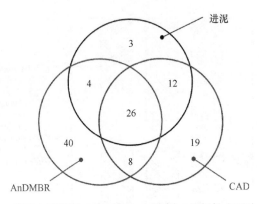

图 9.53　基于古菌样品 OTU 的 Venn 分析（相似性水平为 97%）

　　在古菌属的分类学水平上，采用 STAMP 软件对两种厌氧消化工艺的污泥样品进行成对统计学比较，比较结果见图 9.54。从图 9.54（a）中可见，AnDMBR 反应器中最主要的两个产甲烷古菌属分别为甲烷八叠球菌属（*Methanosarcina*）和甲烷鬃菌属（*Methanosaeta*）。其中，甲烷八叠球菌属（*Methanosarcina*）是 AnDMBR 工艺中的优势古菌属，其相对丰度达到 46.4%。甲烷鬃菌属（*Methanosaeta*）是 AnDMBR 系统中丰度第二高的古菌属（相对丰度 37.3%），然而却是 CAD 系统中丰度最高的古菌属（相对丰度 53.3%）。如图 9.54（b）所示，从统计学的角度而言，AnDMBR 工艺中甲烷八叠球菌

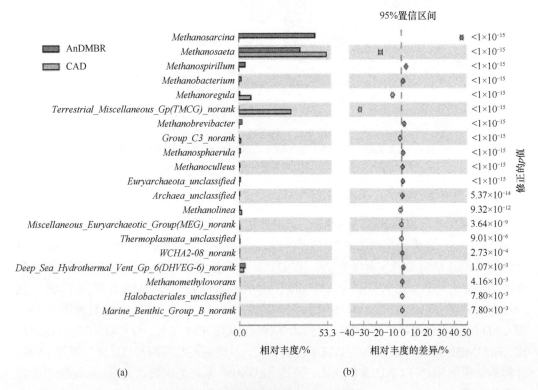

(a)　　　　　　　　　　　(b)

图 9.54　古菌属分类学水平上的分布
(a) 相对丰度；(b) 相对丰度的统计学分析差异

属（*Methanosarcina*）丰度显著高于 CAD 工艺，而前者的甲烷鬃菌属（*Methanosaeta*）丰度显著低于后者。甲烷八叠球菌属（*Methanosarcina*）是一种生存能力极强的产甲烷菌，可以耐受多种环境因子压力，如高氨氮浓度、高盐浓度、pH 值冲击和有机负荷冲击等。因此，在 AnDMBR 系统的长期运行过程中，甲烷八叠球菌属（*Methanosarcina*）的丰度逐渐超过其他相对脆弱的古菌属，成为系统中的优势产甲烷古菌属。此外，AnDMBR 反应器内两种主要的产甲烷古菌属（*Methanosarcina* 和 *Methanosaeta*）的相对丰度之和高于 CAD 反应器，这也从微生物角度解释了其 SMA 值更高的原因（表 9.17）。

　　在产甲烷菌的代谢过程中，甲烷八叠球菌属（*Methanosarcina*）和甲烷鬃菌属（*Methanosaeta*）消耗不同类型的底物以完成产甲烷过程。前者可利用多种有机底物，例如乙酸、氢气、二氧化碳、甲醇和甲酸等，而后者为乙酸发酵型产甲烷菌，在产甲烷的过程中主要以乙酸作为底物。丰富的甲烷八叠球菌属（*Methanosarcina*）存在于 AnDMBR 反应器中，可利用不同底物，通过多种产甲烷途径完成甲烷生成过程；与之相比，CAD 反应器中以甲烷鬃菌属（*Methanosaeta*）为主的产甲烷菌主要通过乙酸发酵途径生成甲烷。产甲烷菌在 AnDMBR 和 CAD 工艺中的分布也合理解释了稳定同位素示踪的分析结果相吻合（表 9.17）。

参 考 文 献

王新华, 2009. 平板膜-污泥浓缩消化工艺的机理及应用研究. 上海: 同济大学博士学位论文.

于鸿光, 2016. 厌氧动态膜-生物反应器用于污泥发酵的机制及动态膜形成研究. 上海: 同济大学博士学位论文.

朱学峰, 2012. 平板膜处理剩余活性污泥工艺的工程应用及机理研究. 上海: 同济大学博士学位论文.

Appels L, Baeyens J, Degrève J, et al. 2008. Principles and potential of the anaerobic digestion of waste-activated sludge. Progress in Energy and Combustion Science, 34(6): 755-781.

Chen W, Westerhoff P, Leenheer J A, et al. 2003. Fluorescence excitation-emission matrix regional integration to quantify spectra for dissolved organic matter. Environmental Science & Technology, 37(24): 5701-5710.

Chen Y, Cheng J J, Creamer K S. 2008. Inhibition of anaerobic digestion process: a review. Bioresource Technology, 99(10): 4044-4064.

Conrad R. 2005. Quantification of methanogenic pathways using stable carbon isotopic signatures: a review and a proposal. Organic Geochemistry, 36(5): 739-752.

Nelson MC, Morrison M, Yu Z. 2011. A meta-analysis of the microbial diversity observed in anaerobic digesters, Bioresource Technology, 102 (4): 3730-3739.

Wang X H, Wu Z C, Wang Z W, et al. 2009. Floc destruction and its impact on dewatering properties in the process of using flat-sheet membrane for simultaneous thickening and digestion of waste activated sludge. Bioresource Technology, 100(6): 1937-1942.

Wang Z W, Wu Z C, Hua J, et al. 2008. Application of flat-sheet membrane to thickening and digestion of waste activated sludge (WAS). Journal of Hazardous Materials, 154 (1-3): 535-542.

Zheng D, Raskin L. 2000. Quantification of Methanosaeta species in anaerobic bioreactors using genus-and species-specific hybridization probes. Microbial Ecology, 39(3): 246-262.

第10章 膜生物反应器技术工程设计与应用案例

10.1 MBR 工艺设计

10.1.1 MBR 工艺设计一般要求

1. MBR 工艺的预处理要求

MBR 处理工艺除配有传统处理工艺的粗格栅、细格栅之外，一般应配有超细格栅（间隙一般在 1 mm 左右）。在 MBR 处理实际工程中，有条件的地方可以采用去除精度在 0.5 mm 或者更高精度的精细格栅（精细杂质分离设备）；甚至可以设置精度在 0.2 mm 及以上精度的精细格栅。精细杂质分离设备的过滤孔形式宜采用圆形或网格形。

MBR 工艺要求进水动植物油宜小于 30 mg/L，矿物油宜小于 3 mg/L，不满足此条件的进水应考虑气浮等预处理除油设施。MBR 工艺需要设置沉砂池，池型宜采用曝气沉砂池。

2. MBR 生化处理工艺的一般要求

当以去除碳源污染物为主要目标时，可采用单一的好氧膜生物反应器（O-MBR）工艺；当以去除碳源污染物及脱氮为主要目标时，可采用缺氧/好氧膜生物反应器（A/O-MBR）组合工艺；当以脱氮除磷为主要目标时，可采用配有化学除磷的厌氧/缺氧/好氧膜生物反应器（A/A/O-MBR）或配有化学除磷的缺氧/好氧膜生物反应器（A/O-MBR）组合工艺或各种改进生物工艺。

生物反应区（池）中的厌氧区（池）、缺氧区（池）应采用机械搅拌，由于 MBR 中污泥浓度比传统活性污泥法高，因此各反应池混合输出功率取大值，宜为 $5\sim8$ W/m^3。机械搅拌器布置的间距、位置应根据相关资料确定。

对于中空纤维膜而言，一般好氧池和膜池分开设置；对于平板膜而言当计算好氧区（池）与膜区（池）体积相差较大时，好氧池和膜池分开设置；反之，膜区和好氧区合建（即膜池同时发挥好氧池功能）。

好氧区（池）及膜区（池）宜采用鼓风曝气。好氧区（池）可选择微孔曝气器或穿孔曝气管，曝气量应根据污染物降解需氧量及污泥悬浮所需最低气量，两者比较后取大值；膜区（池）宜采用穿孔曝气管。

10.1.2　MBR 工艺设计计算

1. MBR 工艺主要参数

MBR 工艺设计主要参数取值范围与传统活性污泥法不同，在进行工艺具体设计时，需要选择适宜的工艺参数和动力学参数取值。MBR 主要的设计参数取值范围总结列于表 10.1 中。

表 10.1　MBR 生物处理的主要工艺参数及微生物动力学参数汇总表

参数	单位	取值范围
COD 容积负荷（L_{VCOD}）	kg COD/（m^3·d）	1.0~3.0
BOD$_5$ 污泥负荷（L_{SBOD}）	kg BOD$_5$/（kg MLSS·d）	0.05~0.15
凯氏氮容积负荷（L_{VTKN}）	kg TKN/（m^3·d）	0.11~0.20
总氮污泥负荷（L_{STN}）	kg TN/（kg MLSS·d）	≤0.05
污泥龄（θ_C）	d	15~60
MBR 池污泥浓度	g MLSS/L	8~18
污泥表观产率系数（Y_{obs}）	kg MLVSS/（kg COD·d）	0.05~0.25
污泥净产率系数（Y）	kg MLVSS/（kg COD·d）	0.2~0.4
20 ℃ 内源呼吸衰减系数（K_d）	d^{-1}	0.08~0.20
20 ℃ 脱氮速率（K_{de}）	kg NO$_3$-N/（kg MLSS·d）	0.02~0.07

2. 以去除碳源污染物为目标的 MBR 工艺

当以去除碳源污染物为主要目标时，好氧生物反应池的容积，可按下列公式计算。

1）好氧池容积

（1）按容积负荷计算：

$$V_O = \frac{Q(S_O - S_e)}{1000 L_{VCOD}} \tag{10.1}$$

式中，V_O 为好氧区（池）容积，m^3；Q 为生物反应池的设计进水量，m^3/d；S_O 为生物反应池进水 COD 浓度，mg/L；S_e 为生物反应池出水 COD 浓度，mg/L；L_{VCOD} 为生物反应池 COD 容积负荷，kg COD/（m^3·d），一般取 1.0~3.0。

（2）如果 MBR 采用的是中空纤维膜或者管式膜组件，膜池容积另算。如果系统采用的是平板膜组件，好氧池容积需要校核平板膜组件布置所需最小有效容积：

$$V_{om} = n_1(l+0.6) \times (b+0.4) \times (h_1 + n_2 h_2 + 0.2) \tag{10.2}$$

式中，V_{om} 为平板膜组件布置所需容积，m^3，应与平板膜制造商校核；n_1 为单层平板膜组件数量，套；l 为单个平板膜组件长度，m；b 为单个平板膜组件宽度，m；h_1 为单个平板膜组件底座高度，m；n_2 为平板膜组件层数，层；h_2 为单个平板膜组件高度，m。式中的数字为膜组件安装基本要求。

如果按照容积负荷计算得出的好氧池容积小于平板膜布置所需最小容积，则需要按照平板膜布置所需最小容积设计。

2）剩余污泥量

剩余污泥量可以通过式（10.3）计算：

$$\Delta X = \frac{Q}{1000}\left[f_{\text{NVSS}}(\text{SS}_{\text{O}}) + \frac{Y_{\text{COD}}\left(S_{\text{O}} - S_{\text{E}}\right)}{1 + K_{\text{dT}}\theta_{\text{c}}}\right] \tag{10.3}$$

式中，ΔX 为剩余污泥量，kg MLSS/d；f_{NVSS} 为生物反应池进水 SS 中的 NVSS 所占比例，一般取 0.17～0.28；SS_{O} 为生物反应池的进水悬浮物浓度，mg/L，Y_{COD} 为污泥产率系数，kg MLVSS/kg COD，宜根据试验资料确定，无试验资料时，一般取 0.2～0.4；K_{dT} 为 T℃ 时的衰减系数，d^{-1}；θ_{c} 为生物反应池设计污泥泥龄，天，一般取 15～60。

衰减系数 K_{d} 值应根据不同季节污水温度进行修正，可按下列公式计算：

$$K_{\text{dT}} = K_{\text{d20}}\left(\theta_{\text{T}}\right)^{T-20} \tag{10.4}$$

式中，K_{d20} 为 20℃ 时的衰减系数，d^{-1}，一般取 0.08～0.20；θ_{T} 为温度系数，一般取 1.02～1.06；T 为设计温度，℃。

3）生物反应池内 MLSS 平均浓度

$$X_{\text{O}} = \frac{\Delta X}{V_{\text{O}}/\theta_{\text{co}}} \tag{10.5}$$

式中，X_{O} 为好氧区（池）内 MLSS 平均浓度，g MLSS/L；ΔX 为剩余污泥量，kg MLSS/d；θ_{co} 为好氧区（池）设计污泥泥龄，天，一般取 15～60。

4）污泥回流

对于膜池与好氧区分建的 MBR（或称之为分体浸没式 O-MBR），由膜区（池）到好氧区（池）的混合液回流量可按式（10.6）计算：

$$Q_{\text{R1}} = QR_1 \tag{10.6}$$

式中，Q_{R1} 为由膜区（池）到好氧区（池）的污泥混合液回流量，m^3/d；Q 为生物反应池的设计进水量，m^3/d；R_1 为由平板膜分离单元区（池）到好氧区（池）的污泥混合液回流比，%，一般取 150～300。

5）好氧池（区）设计校核

好氧池（区）可按下列公式校核各项参数值：

（1）COD 容积负荷：

$$L_{\text{VCOD}} = \frac{Q\left(S_{\text{O}} - S_{\text{e}}\right)}{1000V_{\text{O}}} \tag{10.7}$$

式中，L_{VCOD} 为生物反应池化学需氧量容积负荷，kg COD/（$\text{m}^3\cdot\text{d}$）；V_{O} 为好氧区（池）容积，m^3；S_{O} 为生物反应池进水 COD 浓度，mg/L；S_{e} 为生物反应池出水 COD 浓度，mg/L。

（2）BOD$_5$污泥负荷：

$$L_{\text{SBOD}} = \frac{Q(S_O - S_e)}{1000 X_O V_O} \tag{10.8}$$

式中，L_{SBOD} 为生物反应池五日生化需氧量污泥负荷，kg BOD/（kg MLSS·d），一般取 0.05～0.15；S_O 为生物反应池的进水五日生化需氧量浓度，mg/L；S_e 为生物反应池的出水五日生化需氧量浓度，mg/L。

3. 以去除碳源污染物和脱氮为目标的 MBR 工艺

当以去除碳源污染物和脱氮为主要目的时，好氧区（池）的容积，可按下列公式计算。

1）好氧区容积计算

（1）按化学需氧量容积负荷计算：

$$V_O = \frac{Q(S_o - S_e - \Delta S)}{1000 L_{\text{VCOD}}} \tag{10.9}$$

$$\Delta S = \frac{2.86 \times (N_{\text{ko}} - N_{\text{te}})}{1 - 1.42 \times Y_{\text{COD}} / (1 + K_{\text{dT}} \theta_c)} \tag{10.10}$$

式中，V_O 为好氧区（池）容积，m^3；Q 为生物反应池的设计进水量，m^3/d；ΔS 为缺氧区（池）去除的化学需氧量，mg/L；N_{ko} 为生物反应池的进水凯氏氮浓度，mg/L，无数据时，可采用进水总氮浓度，mg/L；N_{te} 为生物反应池的出水总氮浓度，mg/L；Y_{COD} 为污泥产率系数，kg MLVSS/kg COD，宜根据试验资料确定，无试验资料时，一般取 0.2～0.4；K_{dT} 为 T℃时的衰减系数，d^{-1}；θ_c 为生物反应池的设计污泥泥龄，天，一般取 15～60。

（2）按凯氏氮容积负荷计算：

$$V_O = \frac{Q(N_{\text{ko}} - N_{\text{ke}})}{1000 L_{\text{VN}}} \tag{10.11}$$

式中，V_O 为好氧区（池）容积，m^3；Q 为生物反应池的设计进水量，m^3/d；N_{ko} 为生物反应池的进水凯氏氮浓度，mg/L，无数据时，可采用进水总氮浓度，mg/L；N_{ke} 为生物反应池的出水凯氏氮浓度，mg/L；L_{VN} 为生物反应池的凯氏氮容积负荷，kg TKN/（m^3·d），一般取 0.11～0.20。

（3）如果 MBR 采用的是中空纤维膜或者管式膜组件，膜池容积另算。如果系统采用的是平板膜组件，好氧池容积需要按照式（10.2）校核平板膜组件布置所需最小有效容积。

2）剩余污泥量

可按式（10.3）计算，并按下列公式校核所取好氧池污泥龄是否满足硝化要求，若不满足，则根据下列公式计算好氧池污泥龄。

$$\theta_{\text{co}} = F \frac{1}{\mu} \tag{10.12}$$

$$\mu = \mu_{\max} \frac{N_a}{K_n + N_a} 1.072^{(T-20)} \tag{10.13}$$

式中，μ 为硝化菌比增长速率，d^{-1}；$\mu_{\max}$ 为 20℃时硝化细菌最大比生长速率，d^{-1}，一般取 0.5～1.0；T 为设计温度，℃；N_a 为反应池中的氨氮浓度，mg/L；K_n 为 20℃时硝化作用中氮的半速率常数，mg/L，硝化细菌比生长速率等于硝化细菌最大比生长速率一半时的铵氮浓度，一般取 1.0；θ_{co} 为好氧区（池）设计污泥泥龄，天，一般取 15～30；F 为安全系数，与水温、进出水水质、水量等因素有关，一般取 1.5～3.0。

3）缺氧区（池）容积

按反硝化动力学计算：

$$V_n = \frac{Q(N_{ko} - N_{te}) - 0.12\Delta X_v}{1000 K_{de} X_a} \tag{10.14}$$

$$K_{de(T)} = K_{de(20)} 1.08^{(T-20)} \tag{10.15}$$

$$\Delta X_v = Y_{COD} \frac{Q(COD_O - COD_e)}{1000(1 + K_{dT}\theta_c)} \tag{10.16}$$

$$X_a = X_O \frac{R}{R+1} \tag{10.17}$$

式中，V_n 为缺氧区（池）容积，m^3；Q 为生物反应池的设计进水量，m^3/d；N_{ko} 为生物反应池进水总凯氏氮浓度，mg/L；N_{te} 为生物反应池出水总氮浓度，mg/L；ΔX_v 为排出生物反应池系统的微生物量，kg MLVSS/d；K_{de} 为脱氮速率，（kg NO_3^--N）/（kg MLSS·d），宜根据试验资料确定，无试验资料时，20℃的 K_{de} 可采用 0.02～0.07（黄菲，2015；韩小蒙，2016），并进行温度修正；$K_{de(T)}$、$K_{de(20)}$分别为 T℃和 20℃时的脱氮速率；X_a 为缺氧区（池）内混合液悬浮固体平均浓度，g MLSS/L；T 为设计温度，℃；Y_{COD} 为污泥产率系数（kg MLVSS/kg COD），宜根据试验资料确定，无试验资料时，一般取 0.2～0.4；COD_O 为生物反应池进水化学需氧量，mg/L；COD_e 为生物反应池出水化学需氧量，mg/L；X_O 为好氧区（池）内混合液悬浮固体平均浓度，g MLSS/L；R 为混合液回流比，%。

4）生物反应池设计校核

生物反应池容积可按下列公式校核各项参数值。

（1）COD 容积负荷：

$$L_{VCOD} = \frac{Q(COD_O - COD_e)}{1000(V_O + V_n)} \tag{10.18}$$

式中，L_{VCOD} 为生物反应池化学需氧量容积负荷，kg COD/（m^3·d），一般取 1.0～3.0；V_O 为好氧区（池）容积，m^3；V_n 为缺氧区（池）容积，m^3。

（2）BOD_5 污泥负荷：

$$L_{SBOD} = \frac{Q(S_O - S_e)}{1000(X_O V_O + X_a V_n)} \tag{10.19}$$

式中，L_{SBOD} 为生物反应池五日生化需氧量污泥负荷，kg BOD/(kg MLSS·d)，一般取 0.05～0.15。

（3）氨氮容积负荷：

$$L_{VN} = \frac{Q(N_{ko} - N_{ke})}{1000V_O} \tag{10.20}$$

式中，L_{VN} 为生物反应池的铵氮容积负荷，kg NH₃-N/（m³·d），一般取 0.11～0.20。

（4）总氮污泥负荷：

$$L_{STN} = \frac{Q(N_{to} - N_{te})}{1000X_a V_n} \tag{10.21}$$

式中，L_{STN} 为总氮污泥负荷，kg TN/（kg MLSS·d）；一般为≤0.05；N_{to} 为生物反应池的进水总氮浓度，（mg/L）；N_{te} 为生物反应池的出水总氮浓度，mg/L。

5）混合液回流比

对于膜池与好氧区分建的 MBR，由膜区（池）到好氧区（池）的混合液回流量可按式（10.6）计算。

好氧池与缺氧池之间混合液回流可按下列公式计算，并宜同时满足以下两个条件。

（1）根据好氧区（池）物料衡算：

混合液回流量为

$$Q_R = \frac{1000V_n K_{de} X_O}{N_{te} - N_{ke}} \tag{10.22}$$

式中，Q_R 为混合液回流量，m³/d。

混合液回流比为

$$R = \frac{Q_R}{Q} \times 100\% \tag{10.23}$$

式中，R 为混合液回流比，%。

（2）根据最大脱氮率：

混合液回流比为

$$\frac{R}{R+1} = \frac{N_{to} - N_{te}}{N_{to}} \tag{10.24}$$

4. 以去除碳源污染物和脱氮除磷为目标的 MBR 工艺

1）好氧区和缺氧区容积计算

当以去除碳源污染物和脱氮除磷为主要目的时，好氧区（池）的容积和缺氧区（池）的容积可按第 1.1.2 节所列要求计算。

2）厌氧区（池）的容积可按下列公式计算

$$V_p = \frac{t_P Q}{24} \tag{10.25}$$

式中，V_p 为厌氧区（池）容积，m^3；t_p 为厌氧区（池）水力停留时间，h，宜为 $1\sim2$；Q 为生物反应池的设计进水量，m^3/d。

3）MBR 化学除磷

当 MBR 工艺出水总磷（TP）达不到出水要求时，宜通过投加混凝剂的方法去除。采用化学除磷时，可按下列要求选择：可不设厌氧区（池）；加药点可选择前置投加或后置投加；投加药剂种类宜选择铁盐类混凝剂。

除磷药剂投加量可根据除磷药剂种类及进、出水水质要求来计算。

（1）需去除的溶解性总磷浓度：

$$C_p = TP_0 - TP_e - \frac{i_p \Delta X_v}{Q} \times 1000 \qquad (10.26)$$

式中，C_p 为需去除的溶解性总磷浓度，mg/L；TP_0 为进水总磷浓度，mg/L；TP_e 为反应池出水总磷浓度，mg/L；i_p 为活性污泥混合液中磷的质量分数，mg TP/g MLVSS，一般取 0.03；ΔX_v 为排出生物反应池系统的微生物量，kg MLVSS/d。

（2）金属盐类投加浓度：

$$C_M = \frac{\beta M C_p}{P} \qquad (10.27)$$

式中，C_M 为混凝剂的投加量（以金属计），mg/L；β 为混凝剂的投加摩尔比，一般取 $1.5\sim3.0$；M 为混凝剂中金属的原子量；P 为磷的原子量，$P=31$。

（3）化学污泥量，可按下列公式计算：

$$\Delta X_{化} = \frac{Q\left[f_{cp}C_p + f_{ch}\left(C_M - f_{mc}C_p\right)\right]}{1000} \qquad (10.28)$$

式中，$\Delta X_{化}$ 为化学污泥量，kgMLSS/d；f 为化学加药除磷的转化系数；f_{ch}、f_{cp}、f_{mc} 分别为金属氢氧化物和金属的分子量之比、金属磷酸盐沉淀物和磷的分子量之比，以及金属和磷的分子量之比，应按表 10.2 取值：

表 10.2　化学除磷过程转化系数

符号	f_{ch}	f_{cp}	f_{mc}
铝盐	2.89	3.94	0.87
铁盐	1.91	4.87	1.81
符号说明	M（OH）$_3$/M	MPO$_4$/P	M/P

4）污泥总量

当采用化学除磷时，生化污泥总量可按下列公式计算：

$$\Delta X + \Delta X_{化} = \frac{Q}{1000}\left[f_{NVSS}\left(SS_0 - SS_e\right) + \frac{Y_{COD}\left(COD_0 - COD_e\right)}{\left(1 + K_{dT}\theta_C\right)} + f_{cp}C_p + f_{ch}\left(C_M - f_{mc}C_p\right)\right]$$

$$(10.29)$$

式中，ΔX 为剩余污泥量，kg MLSS/d；$\Delta X_{化}$ 为化学污泥量，kg MLSS/d。

5. MBR 工艺曝气量

生物反应池中好氧区（池）的供气量，应同时满足污水处理的生化需氧量以及膜污染控制的需气量。生化需氧量的设计应符合现行国家标准《室外排水设计规范》GB50014 的有关规定。在计算过程中，注意氧传质系数的修正系数（$\alpha=k_{La污水}/k_{La清水}$）与传统活性污泥法发生了较大变化，一般在 MBR 污泥浓度的范围内 α 值为 0.19～0.50（王志伟，2007）。

膜组件污染控制所需的曝气量通常是根据实际实验、工程等确定或者依据厂商资料选取。膜区单位曝气量（specific aeration demand，SAD）可以用三种方式进行表征，即气水比、单位膜面积曝气强度（SAD_m）和单位膜组件底部投影面积曝气强度（SAD_p）。在 MBR 设计中，膜区曝气强度更倾向于使用 SAD_m 和 SAD_p。根据工程数据和资料调研，按照气水比计量的膜区曝气量一般为 5.7～15.0，且随着技术的发展，膜区气水比逐渐降低。表 10.3 列出了 MBR 膜组件供应厂商和实际工程采用的曝气强度值。

表 10.3　MBR 实际工程和供应厂商的膜区 SAD_m、SAD_p 和气水比取值

工程/厂商	膜类型*	SAD_m/ [m^3/ (m^2·h)]	SAD_p/ [m^3/ (m^2·h)]	气水比
A（国外厂商）	平板	0.53	—	—
B（国外厂商）	平板	0.56	—	—
C（国外厂商）	反洗平板膜	0.3～0.6	—	—
D（国内厂商）	平板	0.48	—	—
E（国内厂商）	平板	0.36～0.66	42～72	—
F（国外厂商）	中空纤维（帘式）	0.29	—	—
G（国外厂商）	中空纤维（束状）	0.3	—	—
H（国外厂商）	中空纤维（束状）	0.2	—	—
I（国外厂商）	中空纤维（帘式）	0.15	—	—
J（国外厂商）	中空纤维（束状）	0.2～0.28	—	—
K（国内厂商）	中空纤维（帘式）	0.15	—	—
L（国内厂商）	中空纤维（帘式）	0.3	—	—
WX（工程）	中空纤维	—	—	9∶1
ZH（工程）	中空纤维	—	—	9∶1
FZ（工程）	中空纤维	0.18	42.5	5.7∶1
P（工程）**	—	0.19～0.25	56.3～115.3	9.6～12.8∶1

*表示根据平板膜厂商提供资料，如果膜组件采用双层布设，SAD_m 可以减小至 1/2，三层布设可减小为 1/3；**表示此组实际工程数据来源于黄霞和文湘华著《水处理膜生物反应器原理与应用》。

10.1.3　膜分离系统计算

膜通量宜根据膜制造商提供数据选择，有条件时可以测定膜的临界通量，设计的平均膜通量取值不宜大于临界通量的 50%。无资料时，平板膜可取 16～30 L/（m^2·h）；中空纤维膜可取 10～30 L/（m^2·h）。高峰时段或清洗时段的膜通量取值不宜大于临界通量。无资料时，高峰时段的膜通量一般小于 30 L/（m^2·h）。

膜元件或者膜组件的数量可按下列公式计算：

$$n = \frac{kQ}{S \times J \times T_{\text{net}}} \tag{10.30}$$

式中，n 为膜元件/组件数量；k 为平板膜组件变化系数，宜根据实际进水量波动情况确定，无资料时，一般取 1.0～1.5；Q 为生物反应池的设计进水量，m^3/d；S 为每个膜元件/膜组件的有效面积，m^2；J 为膜通量，L/（$m^2 \cdot h$）；T_{net} 为膜累积产水时间，h/d。

10.2　MBR 工程应用案例

10.2.1　上海金山区廊下污水处理厂

金山廊下污水处理厂处理对象为生活污水及部分工业废水，水质波动大，进水总磷达到 8 mg/L。一期现有处理规模为 1.0 万 m^3/d，二期扩建规模为 2.0 万 m^3/d，远期规模 3.0 万 m^3/d。改造工程设备按照二期配置，采用 MBR 工艺，土建按照远期建设。在进水 COD 400 mg/L，BOD_5 180 mg/L，SS 300 mg/L，NH_3-N 30 mg/L，TN 45 mg/L，TP 8 mg/L 的条件下，出水水质达到一级 A 排放标准。

金山廊下污水处理厂二期改造针对部分工业废水，水质波动大，将原 CAST 池改造为均质池。在预处理中，新增杂质分离设备，保护 MBR 系统的稳定运行。主体生化工艺新建，消毒池利旧。其工艺流程如图 10.1 所示。

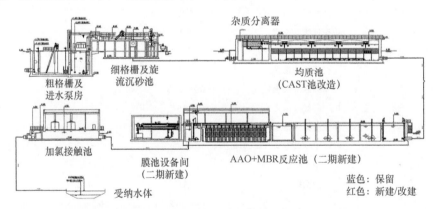

图 10.1　MBR 工艺流程图（彩图扫描封底二维码获取）

廊下污水处理厂二期工程为国内目前最大平板膜 MBR 污水处理工程。由于土建按照远期建设，因此二期水力停留时间偏高。其主要设计参数如表 10.4 所示。平板膜单元关键设计参数如表 10.5 所示。工程膜组件及工程相关图片如图 10.2 所示。

廊下污水处理厂二期工程首次采用自主研发的杂质分离设备，代替了传统细格栅，配套 MBR 工艺，预处理精度达到 0.2 mm，为国内最高，去除效率达到 90% 以上。其主要特点为：污水杂质分离器采用在线自清洗技术控制微网污染速率，同时配合定期化学清洗以长期维持运行通量。微网采用自流方式出水，避免污水二次提升。设备水头损失小，一般 0.3～0.5m。设备停留时间短，一般为 2.5～4.5min，不造成易降解碳源损失。

表 10.4　总反应池工程主要设计参数

参数		单位	二期（2.0 万 m³/d）	远期（3.0 万 m³/d）
	池体尺寸	m	27.3×64.25×6.0	
	有效容积	m³	7203	7910
停留时间	总停留时间	h	17.3	12.7
	厌氧	h	2.4	1.6
	缺氧	h	7.5	5.0
	好氧	h	4.0	2.7
	膜池	h	3.4	3.4

表 10.5　膜单元主要设计参数

参数	单位	二期（2.0 万 m³/d）	远期（3.0 万 m³/d）
平板膜面积	m²	51948	78156
平均运行通量	L/（m²·h）	19.3	19.2
高峰运行通量	L/（m²·h）	28.8	27.8
平板膜廊道数量	个	8	12
单个廊道组件数量	个	13	13
MBR 污泥浓度	g/L	10	12

图 10.2　MBR 工程照片

10.2.2　上海某污水处理厂 400 m³/d 中水回用工程

上海某污水处理厂的污泥离心机采用自来水进行冷却，此外污泥脱水机房和高效沉淀池用自来水溶解混凝剂，自来水用量大，成本较高，不符合清洁生产的理念。如果将高效沉淀池出水进行处理，达到中水标准，并进行回用，则可以大幅降低成本。在此背景下建设了 400 m³/d 的平板膜-生物反应器中水回用工程。处理出水可用作厂内混凝剂配制用水和污泥离心机冷却用水。工艺设计流程如图 10.3 所示，实际工程图片如图 10.4 所示。该厂污水首先经过现有的格栅、沉砂池和高效混凝沉淀池处理，出水经过细格网的过滤后依靠潜水泵提升进入 MBR 的进水渠中，污水在 MBR 池内通过微生物和膜组件的作用实现污染物的去除，MBR 出水进入清水池中，再由清水泵输送到中水回用点

（王旭，2008）。

图 10.3　上海某污水处理厂中水回用工程流程图

图 10.4　上海某污水处理厂中水回用工程图片

　　由于该工程出水仅要求满足杂用水水质标准，因而工艺仅设置了一级好氧 MBR 工艺。MBR 水力停留时间为 3.4 h，MBR 池共分 4 格，每格有效容积为 14 m³。膜设计运行通量为 20 L/（m²·h），采取间歇抽吸模式运行，即抽 10min，停 2min。在进水 COD 为 150 mg/L、BOD₅ 为 60 mg/L、SS 为 40 mg/L 和 NH₃-N 为 30 mg/L 左右条件下，工程稳定运行出水 BOD₅＜5 mg/L、NH₃-N＜2 mg/L、浊度＜I NTU 和 pH 值为 6～9。

　　采用朗格利尔（Langlier）饱和指数和临界 pH 值判定 MBR 出水结垢和腐蚀的可能性。MBR 出水碱度为 24.2 mg/L，pH 值为 6.96，TDS 为 668 mg/L，总硬度为 245.6mg/L，可得 $I_L=-1.05$。由于 MBR 出水 $I_L<0$，因此属于腐蚀性水质（王新华等，2009）。通过实验得出 MBR 出水的 pH$_c$ 值为 9.40，其 pH$_c$ 值也大于实际 pH 值（9.40＞6.96），不属于结垢型水质（王新华等，2009）。

　　由于 MBR 出水属于腐蚀性水质，进一步通过现场腐蚀挂片实验测定其腐蚀速率，判定是否符合标准规定。研究表明不锈钢试片腐蚀速率为 1.22×10^{-4} mm/a。对于碳钢，MBR 出水的腐蚀速率为 4.92×10^{-4} mm/a，小于循环冷却水水质标准（GB50050—1995）中规定的 0.125mm/a，可以用作离心机的直流冷却水。同时通过混凝实验，也并未发现对混凝效果的不利影响。

10.2.3　上海联家超市污水处理与回用工程

　　上海某大型超市的一层分布着大量的中、西式餐馆，每天排放大量的餐饮废水。与生活污水相比，该类废水具有 BOD₅ 值和 COD$_{Cr}$ 值高、含油量大，有一定色度和气味，水质水量变化较大。由于餐饮废水的特点，污水须经一定程度的预处理后方可排入城市污水管网；从长远来看，伴随着城市自来水价格的不断攀升和污水排放要求的水质指标不断提高，该部分污水的中水回用可以大幅度节省运行成本。该超市位于上海市中心城区，能提供的可用占地面积较小，而 MBR 工艺具有占地面积小、设计安装灵活、处理效果好的优点，因此该大型超市决定选用平板膜-生物反应器处理餐饮废水并回用为冲厕水、绿化浇灌等。其处理工艺流程如图 10.5 所示，工程实际图片如图 10.6 所示。

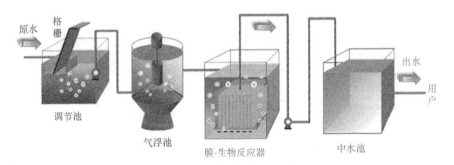

图 10.5　上海某大型超市中水回用工程流程

图 10.6　上海某大型超市中水回用工程

污水首先经过格栅，去除固体垃圾，其中分离的垃圾直接通过机械作用进入垃圾桶内。之后污水经过化粪池处理，去除大部分排泄物和细菌。随后污水进入调节池内，调节池能够起到调节水质、水量的作用；同时在调节池内设置曝气管，通过曝气防止污水中的悬浮物在池内沉积。然后，采用高效溶气气浮设备，达到去除污水中的油类（主要是浮油和乳化油）和部分胶体类污染物的目的，减轻后续生物处理的压力；分离的浮渣通过刮渣机清除后进入垃圾桶内，人工外运。气浮池出水自流进入好氧 MBR 池。

工程的设计废水处理能力为 180 m^3/d，各式餐厅产生的餐饮废水直接进入管道，输送至工程进水井，由此进入处理工艺。进水水质如表 10.6 所示。

表 10.6　进水水质　　　　　　　　　　　　（单位：mg/L）

项目	COD_{Cr}	BOD_5	TN	NH_3-N	SS
进水水质	1260~4637	876~1042	18.27~43.44	5.64~24.35	198~327

该工程设计参数如表 10.7 所示。

表 10.7 工程设计参数

设计参数	参数值
SRT/d	>30
HRT/h	4.5～8.5
MLSS/（g/L）	13～24
膜通量/[L/（m²·h）]	7.9～18.0
DO/（mg/L）	1.0～3.7

10.2.4　嘉兴某纺织废水处理工程

嘉兴某纺织废水处理工程设计规模 1500 t/d，设计工艺采用"细格栅+调节池+气浮池+A/O-MBR+紫外消毒"，辅助化学除磷工艺，工艺流程如图 10.7 所示，工程实际照片见图 10.8。

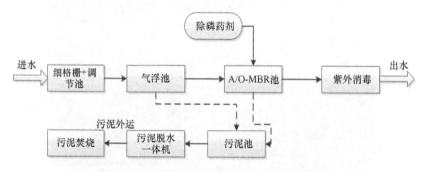

图 10.7　嘉兴某纺织废水处理工程工艺流程图

图 10.8　嘉兴某纺织废水处理工程实际图片

工程处理对象为两家大型纺织企业和 10 余家散户纺织户的生产废水。同时区域内现有居住人口约 1100 人，同时规划有一所小学和一所幼儿园。本工程进水水量分布 80% 为喷水织机废水，20% 为生活污水。该污水处理站设计进水水质指标如表 10.8 所示。本工程污水处理厂尾水排水放表执行《城镇污水处理厂污染物排放标准》一级 B 标准。A/O-MBR 工艺总 HRT 设计为 7.9 h。缺氧池设 1 组，好氧 MBR 池 4 组。

表 10.8　设计进水水质　　　　　　　（单位：mg/L）

水质指标	COD	BOD$_5$	SS	NH$_3$-N	TN	TP
进水水质	400	120	240	25	35	4.0

参 考 文 献

韩小蒙. 2016. 膜生物反应器中微生物产物的产生特性与作用. 上海: 同济大学博士学位论文.

黄菲. 2015. 膜生物反应器强化脱氮及氮磷回收工艺初探. 上海: 同济大学硕士学位论文.

王新华, 吴志超, 杨彩凤, 等, 2009. 膜生物反应器出水回用领域的扩展研究. 环境科学与技术, 32(3): 159-160, 172.

王旭. 2008. 平板膜-生物反应器工程化应用中的关键问题研究. 上海: 同济大学硕士学位论文.

王志伟. 2007. 浸没式平板膜-生物反应器长期运行特性研究. 上海: 同济大学博士学位论文.

王志伟, 张新颖, 陆风海, 等. 2011. 一种膜生物反应器在线清洗方法: ZL201110127476.8.